Writing the results of a research paper utilizing the Rasch model-based FACETS / WINSTEPS programs

Rasch 모형 기반 FACETS/WINSTEPS 프로그램을 활용하여 논문 결과 작성하기

김세형 지음

- FACETS 프로그램 실행 방법과 논문 결과 작성
- WINSTEPS 프로그램 실행 방법과 논문 결과 작성
- Rasch 평정척도모형과 Rasch 부분점수모형 결과 비교
- 다요인 심리측정척도 자료 분석 방법과 논문 결과 작성
- WINSTEPS 프로그램과 R 프로그램 연결을 통한 그래픽 예제 수록
- WINSTEPS 프로그램으로 인지능력검사 자료 분석 방법 제시

황소걸음 아카데미
Slow & Steady

Rasch 모형 기반 FACETS/WINSTEPS 프로그램을 활용하여 논문 결과 작성하기

펴낸날 | 2023년 8월 10일 초판 1쇄
지은이 | 김세형
만들어 펴낸이 | 정우진 강진영
디자인 | 김재석(carp518@hanmail.net)
펴낸곳 | 서울시 마포구 토정로 222 한국출판콘텐츠센터 420호
편집부 | (02) 3272-8863
영업부 | (02) 3272-8865
팩　스 | (02) 717-7725
홈페이지 | www.bullsbook.co.kr
이메일 | bullsbook@hanmail.net
등　록 | 제22-243호(2000년 9월 18일)

황소걸음
아카데미
Slow & Steady

ISBN 979-11-86821-86-2 93310

머리말

FACETS 프로그램 또는 WINSTEPS 프로그램을 사용하여 논문을 준비하는 연구자들은 프로그램 실행하는 방법과 실행 후 제시된 결과를 해석하는데 확고한 자신감이 없다. 두 프로그램을 어떻게 실행하고 어떻게 해석하는 것이 적합한지를 구체적으로 소개한 우리나라 책은 아직 찾아볼 수 없기 때문이다. 따라서 이 책은 필자가 연구에 사용했던 자료들을 통해 첫째, 프로그램을 실행하는 방법을 제시하였다. 둘째, 프로그램 실행 후 제시되는 많은 결과들 중에서 논문에 필요한 결과가 무엇인지를 제시하였다. 셋째, 논문에 필요한 결과를 보고 어떻게 논문의 표와 글을 작성해야 하는지를 제시하였다. 이 책을 쓰는데 사용된 모든 자료는 도서출판 황소걸음 웹사이트(bullsbook.co.kr)에서 다운받을 수 있다. 우선 자료를 다운받고, 이 책의 내용을 토대로 프로그램을 실행하면서 공부하는 것이 효율적인 도움이 될 것이다. FACETS 프로그램 또는 WINSTEPS 프로그램을 사용하여 논문 결과를 작성하는 분들에게 조금이나마 도움이 되길 바라며 의문이 생기는 부분은 필자의 이메일(ksme@cbnu.ac.kr)을 통해 질문하면 최대한 빠른 시일 내에 답변하도록 노력할 것이다. 이 책을 쓰는 데 많은 도움을 주신 John Michael Linacre 교수에게 진심으로 감사드린다.

2023년 6월

김세형

차례

제1부 FACETS 프로그램 활용하여 논문 결과 작성하기

제2부 WINSTEPS 프로그램 활용하여 논문 결과 작성하기

그림 차례

제1부 FACETS 프로그램 활용하여 논문 결과 작성하기

제2부 WINSTEPS 프로그램 활용하여 논문 결과 작성하기

제 1 부

FACETS 프로그램 활용하여 논문 결과 작성하기

FACETS 프로그램과 WINSTEPS 프로그램은 모두 John Michael Linacre(존 마이크 리나커) 교수에 의해 개발된 프로그램이고 현재 계속 업그레이드되고 있다. 구체적으로 두 프로그램은 모두 Rasch 모형을 기반으로 하지만 FACETS 프로그램은 다국면(Many-facet) Rasch 모형 분석에 주로 활용되고, WINSTEPS 프로그램은 2국면(Two-facet) Rasch 모형 분석에 주로 활용된다.

여기서 2국면은 문항의 난이도(곤란도)와 응답자의 능력(속성)이다. 연구주제에 따라 2국면이 심사자의 엄격성과 응시생의 능력이라고 명명될 수도 있다. 구체적으로 WINSTEPS 프로그램은 2국면을 기본으로 추정하고, 하나의 변인만 더 추가한 분석이 가능하다. 한편 FACETS 프로그램은 2국면을 기본으로 추정하고, 다수의 변인을 더 추가한 분석이 가능하다.

지금까지 연구들을 살펴보면 WINSTEPS 프로그램은 문항의 곤란도와 응답자의 속성에 하나의 변인을 추가한 분석으로 충분한 정보를 제시할 수 있는 심리측정척도 개발 및 타당화 연구에 주로 사용되고 있다. 그리고 FACETS 프로그램은 심사자의 엄격성과 응시생의 능력 추정과 다수의 변인 효과를 동시에 추정하는 연구에 주로 사용되고 있다. 여기서 다수는 수학적으로는 제한이 없다고 해도 무방하지만 대부분 연구는 10개 이하에 변인을 적용하는 것을 볼 수 있다. 우선 두 프로그램 중 FACETS 프로그램에 사용법과 산출된 결과에 대한 해석, 그리고 실제 논문 결과를 작성하는 방법을 소개한다.

Enjoy FACETS program, cordially!!

FACETS 프로그램 실행을 위한 EXCEL 프로그램 활용

이 책에서 FACETS 프로그램 활용법은 필자가 연구한 자료 또는 국가 공개 자료 일부분을 토대로 작성하였다. 첫 번째 자료는 필자가 단독 연구한 '다국면 Rasch 측정 모형을 적용한 무용연기력 평가자료 분석 및 심사자 무선배치설계의 유용성 검토'에 사용한 자료이다. FACETS 프로그램을 사용하여 분석 결과를 나타나게 하는 방법은 다양하지만, 프로그램 개발자인 John Michael Linacre 교수가 최근 제안한 방법을 위주로 소개한다.

우선 연구자들은 측정한 자료를 윈도우 EXCEL 프로그램에 다음 **<그림 1>**과 같이 코딩한다(첨부된 자료: data-1). 구체적으로 살펴보면, 심사자(rater) 5명이 무용시험 응시생(examinee) 40명에게 두 가지 평가요인(factor)을 보고 채점한 점수(score)를 긴 수직형태(long format)로 코딩한 것이다. 따라서 총 응시생은 40명이지만 5명의 심사자가 2가지 요인을 측정하였기 때문에 400행(40×5×2)으로 코딩이 된 것이다.

F2 =B2&","&C2&","&D2&","&E2

	A	B	C	D	E	F
1	ID	rater	examinee	factor	score	
2	1	1	1	1	7	1,1,1,7
3	2	2	1	1	7	2,1,1,7
4	3	3	1	1	6	3,1,1,6
5	4	4	1	1	7	4,1,1,7
6	5	5	1	1	7	5,1,1,7
7	6	1	2	1	6	1,2,1,6
8	7	2	2	1	6	2,2,1,6
9	8	3	2	1	5	3,2,1,5
10	9	4	2	1	4	4,2,1,4
11	10	5	2	1	6	5,2,1,6
	⋮	⋮	⋮	⋮	⋮	⋮
392	391	1	39	2	5	1,39,2,5
393	392	2	39	2	4	2,39,2,4
394	393	3	39	2	2	3,39,2,2
395	394	4	39	2	4	4,39,2,4
396	395	5	39	2	4	5,39,2,4
397	396	1	40	2	4	1,40,2,4
398	397	2	40	2	5	2,40,2,5
399	398	3	40	2	4	3,40,2,4
400	399	4	40	2	3	4,40,2,3
401	400	5	40	2	5	5,40,2,5

〈그림 1〉 FACETS 프로그램 실행을 위한 EXCEL 프로그램 코딩

FACETS 프로그램을 실행하기 위해서 필요한 EXCEL 프로그램의 열은 **〈그림 1〉**에 F열이다. 5명 심사자 측정값, 40명 응시생 측정값, 2가지 요인 측정값, 그리고 평가된 점수 사이마다 콤마(,) 표시가 된 한 열을 만든 것이다.

만드는 방법은 F2 셀에 =B2&","&C2&","&D2&","&E2 를 입력하고 엔터를 누른다. 그리고 다시 F2 셀을 선택한 다음에 하단 오른쪽 모서리를 더블 클릭하면, FACETS 설계서에 사용할 수 있는 F열이 완성된다.

FACETS 프로그램 실행을 위한 메모장 만들기

FACETS 프로그램을 실행하기 위해서는 우선 EXCEL 프로그램을 활용하여 완성된 **<그림 1>**에 F열 전체를 복사하여 윈도우 메모장(notepad)에 붙이고, 그 위에 다음 **<그림 2>**와 같은 FACETS 설계서를 작성해야 한다(첨부된 자료: facets-specifications-1). 작성 시 영어 대・소문자, 띄어쓰기, 줄 간격은 연구자가 자유롭게 설정해도 분석 결과가 산출되는데 문제가 없다.

```
*facets-specifications-1 - Windows 메모장
파일(F) 편집(E) 서식(O) 보기(V) 도움말(H)
title=dance evaluation
facets=3
non-centered=1
positive=2
model=?,?,?,R10
*

labels=
1,rater
1=A
2=B
3=C
4=D
5=E
*

2,examinee
1-40
*

3,factor
1=SKILL
2=ART
*

vertical=(1A, 2L, 3A)

data=
1,1,1,7
2,1,1,7
3,1,1,6
4,1,1,7
5,1,1,7
1,2,1,6
2,2,1,6
3,2,1,5
4,2,1,4
5,2,1,6
   ⋮

1,40,2,4
2,40,2,5
3,40,2,4
4,40,2,3
5,40,2,5
```

〈그림 2〉 FACETS 프로그램 실행을 위한 윈도우 메모장 설계 (1)

첫 번째 행에 title= 은 분석 제목이다. 연구자가 자유롭게 결정하여 영어로 작성하면 된다. 이 연구는 무용연기력 평가자료 분석이기 때문에 dance evaluation으로 작성하였다.

두 번째 행에 facets= 은 국면에 수를 의미한다. 이 연구에서 1국면은 rater(심사자), 2국면은 examinee(응시생), 3국면은 factor(평가요인)이기 때문에 facets=3으로 작성한 것이다.

세 번째 행에 non-centered= 은 수학적으로 조정(centered)하지 않아도 되는, 주요관심이 되는 국면을 연구자가 지정하라는 것을 의미한다. 즉 기준이 되는 국면을 설정하는 것을 의미한다. 이 연구에서 non-centered=1로 설정한 것은 1국면인 rater(심사자)를 주요관심 국면으로 지정한 것이다. 그러나 어떤 국면을 non-centered로 설정해도 궁극적인 최종 결과 해석은 동일하다. 즉 non-centered=2로 설정하여도, non-centered=3으로 설정하여도 국면의 각 측정값은 다르게 나타나지만, 최종 영향을 미치는 변인의 순서와 논문을 쓰는데 필요한 검정통

계량과 유의확률은 모두 동일하게 나타난다. non-centered= 을 noncentered= 으로 입력해도 무방하다.

네 번째 행에 positive= 은 상대적으로 높은 측정치를 가진 국면을 지정하라는 것을 의미한다. 이 연구에서 1국면인 rater(심사자) 5명, 2국면인 examinee(응시생) 40명, 그리고 3국면인 factor(평가요인) 2개이다. 따라서 상대적으로 높은 측정치를 가진 2국면을 positive=2로 설정한 것이다. 그러나 positive= 을 다른 국면으로 설정해도 결과의 부호와 순서는 다르게 나타나지만 최종 결과 해석은 역시 동일하다. 연구자가 positive= 을 주요관심이 되는 국면으로 설정하기도 한다.

다섯 번째 행에 model= 은 국면의 수를 물음표(?)와 쉼표(,)로 나타내고 마지막에 평가 최고점수 앞에 R을 입력한다. 즉 이 연구에서 심사자가 무용 응시생에게 각 요인마다 줄 수 있는 최고 점수가 10점이기 때문에 R10으로 입력한 것이다. 이렇게 다섯 번째 행까지 설정을 통해 자료의 전체적인 국면과 척도가 어떠한지를 알 수 있다. 그리고 반드시 * 을 입력하고 다음 설계로 넘어가야 한다.

다음의 labels= 은 이 연구의 세 국면이 어떠한지를 자세하게 제시해 주는 설계다. labels= 을 lables= 으로 입력해도 무방하다.

첫째, 1국면으로 결정한 1, rater는 다섯명 심사자의 명칭을 어떻게 할 것인지를 설정하는 것이다. 연구자가 심사자의 명칭을 구분하기 위해서 영어로 자세히 입력해도 문제없다. 이 연구에서는 1, 2, 3, 4, 5로 코딩한 심사자 다섯명을 A, B, C, D, E로 명명한 것이다. 그리고 반드시 * 을 입력하고 다음 설계로 넘어가야 한다.

둘째, 이 연구에서 2국면으로 결정한 2, examinee는 40명의 응시생이 있다는 것을 1−40으로 입력한 것이다. 만일 응시생의 이름을 모두 제시하고 싶다면, 1, rater처럼 1부터 40까지 자세히 명명해도 된다. 그리고 반드시 * 을 입력하고 다음 설계로 넘어가야 한다.

셋째, 이 연구에서 3국면으로 결정한 3, factor는 2가지 평가요인의 명칭을 어떻게 할 것인지를 설정하는 것이다. 이 연구에서 1로 코딩한 것은 평가요인 중 기술성 능력 평가이기에 SKILL로 명명하였고, 2로 코딩한 것은 예술성 능력 평가이기에 ART로 명명한 것이다. 그리고 반드시 * 을 입력하고 다음 설계로 넘어가야 한다.

넷째, vertical=(1A, 2L, 3A)는 FACETS 프로그램을 통해 분석할 때 중요한 도표 결과인 수직 단면 분포도의 문자, 숫자 표현방식을 설정하는 것이다. 1A는 이 연구의 1국면인 rater를 명명한 문자(A, B, C, D, E) 그대로 엄격성의 순위가 수직 단면 분포도에 나타나게 명령하는 것이다. 2L은 이 연구의 2국면인 examinee 40명의 능력 순위가 실제 응시생 번호(숫자)로 나타나게 명령하는 것이다. 만일 2L을 생략하였다면, 실제 응시생 번호로 순위가 나타나지 않고 모든 응시생이 * 로 나타나게 되어 응시생들의 능력 순위를 수직 단면 분포도에서 판단할 수가 없다. 3A도 마찬가지로 이 연구의 3국면인 factor를 명명한 문자(SKILL, ART) 그대로 난이도 순위가 수직 단면 분포도에 나타나게 명령하는 것이다. 여기서는 마지막에 * 을 입력하는 것은 필요하지 않다.

마지막으로 EXCEL 프로그램을 활용하여 완성된 **<그림 1>**에 F열 전체가 복사되어 있는 첫 번째 행 위에 data= 이라고 입력하면 FACETS 프로그램을 실행하기 위한 FACETS 설계서 작성이 모두 완료되는 것이다. 데이터 마지막 끝에 * 을 입력하는 것은 필요하지 않다.

[알아두기]
EXCEL 프로그램에서 F열 작업에 의미

FACETS 프로그램을 실행하기 위해 **<그림 1>**에 F열을 만드는 것이 반드시 필요하지는 않다. 즉 F열을 만들지 않고 자료(B열, C열, D열, E열)를 전체 드래그하고 복사해서 **<그림 2>** data= 밑에 붙여도 FACETS 프로그램은 실행되고 동일한 결과가 나타난다. FACETS 설계서를 완성하기 위해서는 EXCEL 프로그램 코딩이 필요하고, 코딩된 열 들을 간명하게 한 열에 핸들링하는 EXCEL의 기능을 소개한 것이다. 변인에 수가 많아지면 F열과 같은 작업을 통해 간명하게 모든 데이터가 보이도록 하는 것이 의미가 있다.

FACETS 프로그램 실행

EXCEL 프로그램과 윈도우 메모장을 통해서 FACETS 설계서가 완성이 되면 FACETS 프로그램을 실행하면 된다. FACETS 프로그램은 https://www.winsteps.com/winbuy.htm 에서 구매할 수 있다. 구매 후 설치하면 바탕화면에 [Facets Rasch] 아이콘이 자동 생성된다. 아이콘을 더블 클릭 다음 **<그림 3-1>**이 나타난다.

Facets

Files Edit Font Estimation Output Tables & Plots Output Files Graphs Help

Facets (Many-Facet Rasch Measurement) Version No. 3.81.2 Copyright ©(c) 1987-2019, John M, Linacre, All rights reserved,
2020-09-25 오후 3:43:34
Current folder: C:₩Facets₩examples
Editor = notepad,exe
Use Files pull-down menu for Specification File Name, or Ctrl+O

<그림 3-1> FACETS 프로그램 실행

다음으로 **<그림 3-2>**와 같이 왼쪽 상단 [Files] 클릭하고 나타나는 첫 번째 행 [Specification File Name?]을 클릭하면 작성한 FACETS 설계서(facets-specifications-1.txt) 파일을 저장한 곳을 찾을 수 있다. 저장된 파일을 선택하고 [열기]를 클릭하면, 다음 **<그림 3-3>** 왼쪽에 작은 [Extra Specifications? F1 for Help] 창이 나타난다.

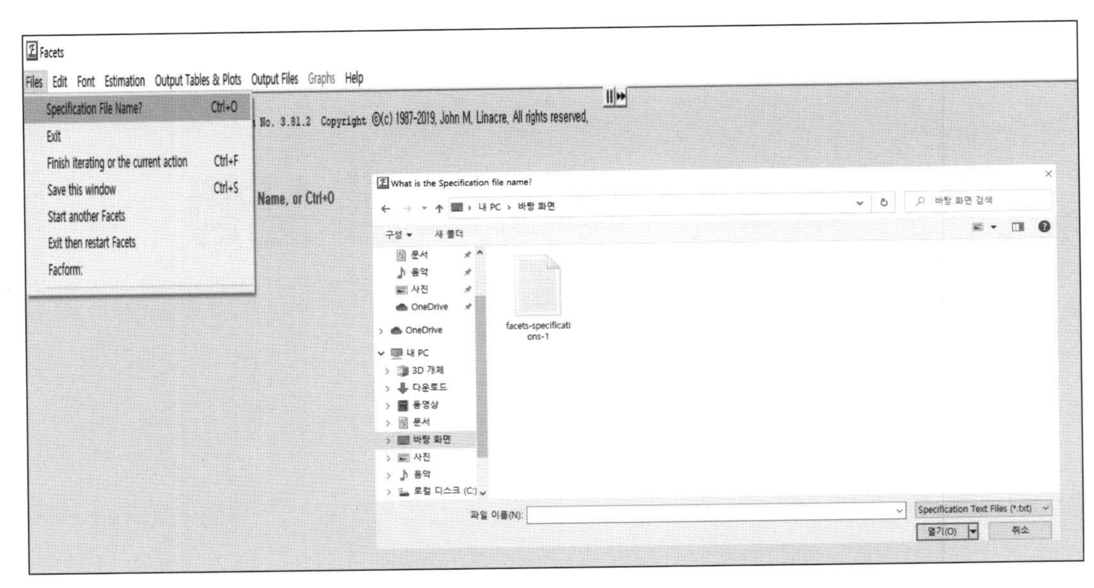

<그림 3-2> FACETS 프로그램 실행 후 FACETS 설계서 불러오기

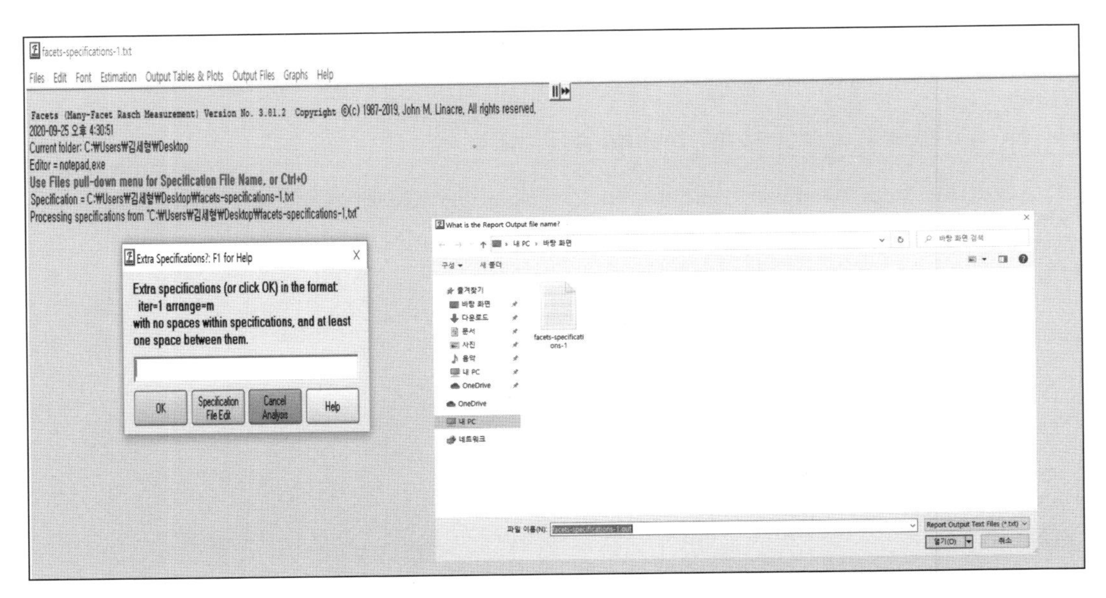

<그림 3-3> FACETS 프로그램 실행 후 최종 분석 결과 저장하기

FACETS 프로그램을 실행하기 위한 FACETS 설계서 메모장을 완성했기 때문에 나타난 작은 [Extra Specifications? F1 for Help] 창에 아무것도 입력하지 말고 바로 [OK]를 클릭한다.

그러면 작은 창은 사라지고, 오른쪽에 분석 결과 메모장을 어디에 어떤 이름으로 저장할 것인지를 설정할 수 있는 창이 나타난다. 나타난 창에 디폴트 파일명은 처음에 연구자가 만들고 저장한 FACETS 설계서 이름(facets-specifications-1)에 .out만 붙여진 파일명이다. 따라서 디폴트 파일명을 바꾸지 않은 상태 그대로 저장되는 위치만 확인하고 [열기]를 클릭하는 것을 권장한다.

그러면 FACETS 프로그램이 다음 **<그림 3-4>**와 같이 실행되고, facets-specifications-1.out 이름으로 저장된 최종 결과 메모장이 나타난다.

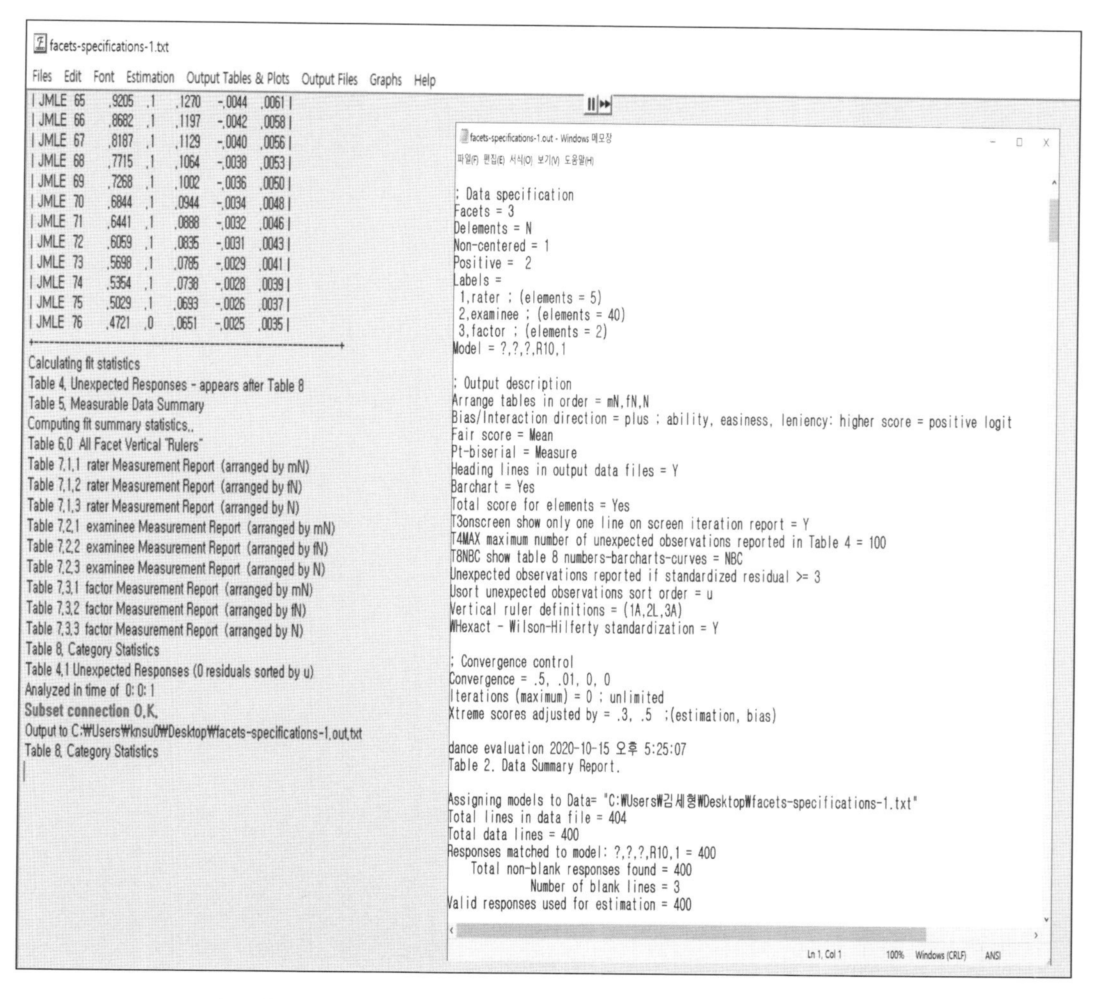

<그림 3-4> FACETS 프로그램 실행 후 최종 결과 메모장

[알아두기]
설계서 이름 결정과 빠른 실행 방법

메모장에 FACETS 설계서를 만들고 파일 이름을 반드시 필자처럼 facets-specifications-1로 명명해야 하는 것은 당연히 아니다. 연구자가 구분하기 쉽게 영어 또는 숫자로 메모장 파일에 이름을 결정하면 된다. 단 한글로 메모장 이름을 설정하면 FACETS 프로그램 실행 시 에러가 발생할 수 있다.

그리고 **<그림 3-1>**과 **<그림 3-2>**에 과정을 생략할 수 있다. 완성한 FACETS 설계서 메모장 파일(facets-specifications-1)을 바탕화면에 있는 [Facets Rasch] 아이콘 위에 마우스로 끌어서 놓기만 하면 바로 **<그림 3-3>**이 나타난다. 최종 결과 메모장 파일(facets-specifications-1.out)이 조금 더 빠르게 나타나게 하는 방법이다.

FACETS 프로그램 결과 해석

FACETS 프로그램을 실행하고 나타난 최종 결과 메모장을 살펴보면(첨부된 자료: facets-specifications-1.out), 분석한 날짜와 시간을 시작으로 매우 자세한 결과표(Table)들이 많이 제시되어 있다. 그 중에서 '다국면 Rasch 측정 모형을 적용한 무용연기력 평가자료 분석 및 심사자 무선배치설계의 유용성 검토' 논문 결과를 작성하기 위해 필요한 Table들을 설명하면 다음과 같다.

4-1) 수직 단면 분포도 탐색

Table 6.0은 수직 단면 분포도(Vertical Rulers)로 명명할 수 있다. 이 연구에 사용된 국면들의 측정치를 모두 로짓(logits) 값으로 표준화시켜 동일한 수직 단면에서 위치를 탐색할 수 있다. 그 결과는 다음 **<그림 4-1>**과 같이 나타난다.

```
+-----------------------------------------------------------+
|Measr|-rater|+examinee               |-factor|Scale|
+-----------------------------------------------------------+
|   3 +      +                        +       + (9) |
|     |      |                        |       | --- |
|     |      |                        |       |     |
|     |      | 14                     |       |     |
|     |      | 15                     |       |     |
|     |      | 3    5                 |       |  7  |
|   2 +      +                        +       +     |
|     |      |                        |       |     |
|     |      | 8                      |       | --- |
|     |      | 1    19                | ART   |     |
|   1 +      + 17   9                 +       +     |
|     |      | 10   30                |       |     |
|     | D    | 16   23                |       |  6  |
|     |      | 11   21                |       |     |
|     |      | 24   4                 |       |     |
|     |      | 18   25   7            |       | --- |
*   0 *      * 20   35                *       *     *
|     | C    |                        |       |     |
|     |      | 2    29                |       |     |
|     |      | 12   6                 |       |  5  |
|     | B  E | 38                     |       |     |
|     | A    | 13   34   37           |       |     |
|  -1 +      + 27   31                + SKILL +     |
|     |      | 32   33   39   40      |       | --- |
|     |      | 36                     |       |     |
|     |      | 28                     |       |     |
|  -2 +      + 22                     +       +  4  |
|     |      |                        |       |     |
|     |      | 26                     |       |     |
|     |      |                        |       | --- |
|  -3 +      +                        +       + (2) |
+-----------------------------------------------------------+
|Measr|-rater|+examinee               |-factor|Scale|
+-----------------------------------------------------------+
```

〈그림 4-1〉 수직 단면 분포도 (1)

상단과 하단에 동일하게 쓰여진 Measr은 Measurement(측정치)의 단축어로 세 국면에 로짓값 범위를 나타낸다. 로짓값 0을 중심으로 제시되지만, 항상 −3부터 +3까지의 범위로 고정되어 제시되는 것은 아니다.

−rater는 이 연구에서 심사자의 엄격성을 의미한다. 여기서 엄격성이라고 명명한 이유는 심사자들이 무용 응시생을 보고 주관적으로 부여하는 점수이기 때문이다. 낮은 점수를 부여하는 심사자일수록 엄격하다고 할 수 있고, 높은 점수를 부여하는 심사자일수록 엄격하지 않다고 할 수 있다. 그런데 해석이 매우 중요하다. rater 앞에 −기호가 있기 때문에 높은 측정치(로짓값)를 지닌 심사자 일수록 낮은 점수를 부여하는 엄격한 심사자이다. 따라서 심사자 D가 응시생들에게 낮은 점수를 부여하는 상대적으로 가장 엄격한 심사자이고, 심사자 A가 응시생들에게 높은 점수를 부여하는 상대적으로 가장 엄격하지 않은 심사자라고 해석해야 한다.

+examinee는 무용시험 응시생에 능력을 의미한다. rater와 다르게 +기호가 앞에 제시된 이유는 **〈그림 2〉**(26쪽)에서 positive=2로 설정했기 때문이다. 따라서 높은 측정치를 지닌 응시생

일수록 능력이 높은 응시생을 의미한다. 즉 높은 위치에 배정되어 있는 응시생일 수록 심사자들에게 높은 점수를 받은 무용 능력이 높은 응시생이라고 할 수 있다.

−factor는 심사자들이 응시생들을 채점하는 두 가지 평가요인의 난이도(난도, 곤란도)를 의미한다. 심사자가 응시생들의 기술성(SKILL) 능력과 예술성(ART) 능력을 보고 각각 점수를 부여하는 것이다. 역시 −기호가 앞에 제시되어 있기 때문에 측정치가 높은 평가요인 일수록 심사자들이 낮은 점수를 부여한 것을 의미한다. 즉 응시생 측면에서는 높은 위치에 있는 평가요인일수록 난이도가 높은 곤란한 평가요인을 의미한다. 응시생들에게 예술성 요인이 기술성 요인보다 난이도가 높다고 할 수 있다.

마지막으로 score는 심사자가 측정한 실제 점수의 범위를 나타낸다. 따라서 응시생 40명에게 부여한 점수 중 최하점수는 2점 최고점수는 9점인 것을 알 수 있다.

[알아두기]
Rasch 모형 로짓(logits) 척도에 의미

수직 단면 분포도의 특징은 세 국면을 동일한 단면에서 비교할 수 있다는 것이다. 심사자 엄격성, 응시생 능력, 평가요인 난이도의 위치를 동일한 단면에서 제시해 주기 때문에 상대적 위치로 세 국면을 비교할 수 있다. 이처럼 국면의 척도가 다름에도 불구하고 로짓(logits)값으로 표준화시켜서 다국면을 동일한 단면에서 보여 주는 것이 다국면 Rasch 모형 분석의 핵심이라고 할 수 있다.

Rasch 모형에서 로짓값은 원자료 측정치를 표준화 시킨 것이기 때문에 로짓값이 0이라고 해서 심사자 엄격성, 응시생 능력, 평가요인 난이도가 절대적인 0이 아니다. 따라서 원칙적인 측면에서 Rasch 모형의 로짓값은 절대영점이 없는 가감(+, −)만 가능한 동간척도다. 그러나 실질적인 측면에서 Rasch 모형의 로짓값은 가감승제(+, −, ×, ÷)가 실행되어 결과가 산출되기 때문에 비율척도라고도 할 수 있다.

4-2) 수직 단면 분포도 논문 결과 쓰기

수직 단면 분포도 결과(Table 6.0)를 보고 논문 결과를 쓸 때의 예시는 다음과 같다. 그림에 변인들을 간명하게 설명하고, 제시된 문자와 숫자들을 독자가 이해하기 쉽게 작성하면 된다.

<수직 단면 분포도 논문 결과>

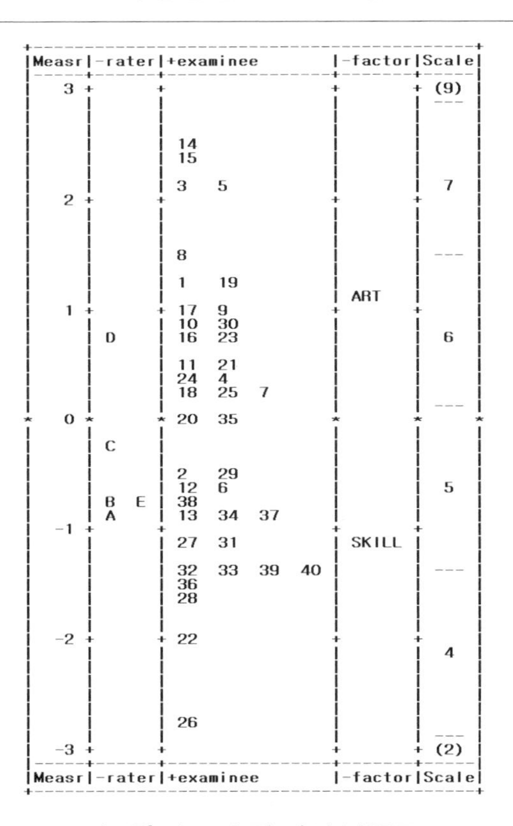

〈그림 1〉 수직 단면 분포도

〈그림 1〉은 다국면 Rasch 모형으로 분석된 수직 단면 분포도다. Measr(=Measurement)은 로짓(logits)값으로, 이 연구의 세 국면인 rater(심사자 엄격성), examinee(응시생 능력), factor(평가요인 난이도) 모두 동일한 로짓값 단면에서 비교할 수 있다. 또한 rater와 factor 앞의 '–' 기호는 두 국면은 로짓값이 높을수록 더 엄격하고 어려운 것을 의미하도록, examinee 앞의 '+' 기호는 로짓값이 높을수록 더 능력이 있는 응시생을 의미하도록 설계한 것이다. 결과를 살펴보면, 심사자의 엄격성은 심사자 D가 가장 엄격하고 심사자 A가 가장 엄격하지 않은 것을 알 수 있다. 응시생의 경우는 14번이 가장 우수하고 26번이 가장 우수하지 못한 것을 알 수 있다. 평가요인의 경우는 응시생들에게 예술성(ART) 요인이 기술성(SKILL) 요인보다 난이도가 높은 것을 알 수 있다. 또한 심사자가 평가한 점수 척도(Scale)의 범위는 최소 2점에서 최대 9점인 것으로 나타났다.

[알아두기]
논문 결과에 적절한 문어체

논문에서 결과 작성은 기본적으로 표 또는 그림에 제시된 측정치들을 간명하게 글로 설명하는 것으로 충분하다. 따라서 논문 결과의 문어체는 '~나타났다.' 또는 '~알 수 있다.'가 적절하다고 할 수 있다. 연구자의 생각 또는 사전연구 결과와 비교하는, '~생각한다.' 또는 '~시사한다.' 등의 문어체는 논문 결과가 아닌 논의 부분에 적합하다고 할 수 있다.

4-3) 심사자의 엄격성 탐색

최종 결과 메모장(facets-specifications-1.out)에 나오는 Table 7.1.1, Table 7.1.2, Table 7.1.3은 숫자 정렬 순서만 다른 동일한 결과이다. 구체적으로 Table 7.1.1은 심사자 엄격성 측정치(measure)를 기준으로, Table 7.1.2는 적합도 지수(infit and outfit)를 기준으로 내림차순으로 정렬된 결과다. 그리고 Table 7.1.3은 코딩된 심사자 숫자를 기준으로 오름차순(1=A, 2=B, 3=C, 4=D, 5=E)으로 정렬된 결과다. 따라서 논문을 쓸 때 세 Table 중 어떤 Table을 보고 결과를 작성하여도 무방하다. 심사자 엄격성 측정치를 기준으로 내림차순으로 정리한 Table 7.1.1을 토대로 기본적으로 인지해야 할 부분들을 간단히 설명하면 다음과 같다.

Table 7.1.1 rater Measurement Report (arranged by mN).

Total Score	Total Count	Obsvd Average	Fair(M) Average	- Measure	Model S.E.	Infit MnSq	Infit ZStd	Outfit MnSq	Outfit ZStd	Estim. Discrm	Correlation PtMea	Correlation PtExp	N rater
397	80	4.96	4.95	.73	.14	.69	-2.1	.70	-2.1	1.28	.83	.81	4 D
450	80	5.63	5.59	-.24	.13	1.52	2.9	1.50	2.8	.47	.73	.81	3 C
478	80	5.97	5.96	-.75	.13	.69	-2.2	.68	-2.2	1.31	.87	.81	2 B
479	80	5.99	5.97	-.77	.13	.71	-2.0	.70	-2.1	1.29	.86	.81	5 E
482	80	6.03	6.01	-.82	.13	1.34	2.0	1.33	1.9	.71	.80	.81	1 A
457.2	80.0	5.72	5.70	-.37	.14	.99	-.3	.98	-.3		.82		Mean (Count: 5)
32.2	.0	.40	.40	.59	.00	.36	2.3	.36	2.3		.05		S.D. (Population)
36.1	.0	.45	.45	.66	.00	.41	2.5	.40	2.5		.06		S.D. (Sample)

Model, Populn: RMSE .14 Adj (True) S.D. .57 Separation 4.23 Strata 5.97 Reliability .95
Model, Sample: RMSE .14 Adj (True) S.D. .64 Separation 4.75 Strata 6.67 Reliability .96
Model, Fixed (all same) chi-square: 93.3 d.f.: 4 significance (probability): .00
Model, Random (normal) chi-square: 3.8 d.f.: 3 significance (probability): .28

Total Score는 각 심사자가 40명의 무용 응시생들을 보고 2가지 요인에 부여한 실제 총합점수다. 따라서 총합점수가 낮을수록 무용 응시생들에게 높은 점수를 부여하지 않는 엄격한 심사자라고 할 수 있다.

Total Count는 각 심사자가 부여한 점수 행의 빈도다. 각 심사자마다 무용 응시생 40명을 보고 2가지 요인을 측정했기 때문에 80행이 존재한다.

Obsvd Average는 Observed Average의 단축어로 관측된(실제 측정된) 점수의 평균이다. 즉 각 심사자가 무용 응시생의 2가지 요인을 보고 부여한 평균 점수다. 따라서 Total Score를 Total Count로 나눈 값이 바로 Observed Average다.

Fair(M) Average는 Observed Average를 조정한(adjustment) 점수이다. Fair는 공정하다는 의미로 엄격한 심사자와 관대한 심사자가 부여한 실제 관측된 평균(Observed Average) 점수가 통계적으로 조정된 공정한 평균 점수라고 할 수 있다. 즉 세 국면(심사자 엄격성, 응시생 능력, 평가요인 난이도)을 고려해 오차를 최소화한 공정한 평균 점수라고 할 수 있다.

Measure는 심사자들이 부여한 점수를 로짓(logits)값으로 변환하여 심사자들의 엄격성 정도를 나타내는 지수라고 할 수 있다. 즉 심사자들의 엄격성 측정치를 표준화된 로짓값 척도로 변환한 것이다. +Measure가 아닌 −Measure이기 때문에 측정치(로짓값)가 높을수록 엄격한 심사자, 낮을수록 관대한 심사자라고 할 수 있다. Table 7.1.1은 이 측정치를 기준으로 내림차순으로 정렬한 표이기 때문에 심사자 D, C, B, E, A 순으로 엄격한 심사자라고 할 수 있다. 앞서 수직 단면 분포도 **〈그림 4-1〉**(34쪽)에서 심사자 B와 E의 엄격성이 동일한 것처럼 보이지만 심사자 B가 심사자 E에 비해 더 엄격한 것을 알 수 있다.

Infit MnSq와 Outfit MnSq는 적합도 지수를 나타낸다. MnSq는 Mean square에 단축어로 제곱평균을 의미한다. 따라서 Infit MnSq는 내적합도 제곱평균 지수, Outfit MnSq는 외적합도 제곱평균 지수다. 일반적으로 간추려서 Infit을 내적합도 지수, Outfit을 외적합도 지수로 표현한다. 두 적합도 지수가 모두 1.50 이상(또는 초과)이면 심사자가 일관성 없게 평가하는 것을 의미한다. 또한 두 적합도 지수 중 하나만 1.50 기준을 넘어서도 일관성이 없게 평가하는 심사자로 판단하기도 한다. 1.50 기준은 다국면 Rasch 모형을 적용한 심사자 엄격성 탐색 연구에서 주로 적용되는 기준이지만 연구자가 경험적 배경 또는 사전연구를 근거로 조금 더 높게 또는 조금 더 낮게 변경할 수 있다. 그리고 ZStd는 Z-standardized(standardized as a z-score)의 단축어로 표준정규분포(Z분포)의 지수를 의미한다. ZStd 값이 양수로 커질수록

'심사자가 일관성 있게 평가한다'는 영가설이 강하게 기각된다. 일반적으로 Infit ZStd 또는 Outfit ZStd가 3.0 기준 이상이면 심사자가 일관성 없게 평가하는 것을 의미한다. 단 3.0 기준도 연구자가 논리적으로 더 높게 또는 낮게 설정할 수 있다.

Estim. Discrm은 Estimate of the element's discrimination의 단축어이다. 구성의 판별 추정치라고 할 수 있다. 그러나 이 지수는 이분법 데이터(예: 정답, 오답)에 대한 난이도와 변별도를 모두 고려한 문항반응이론(IRT: Item Response Theory)의 2모수 로지스틱모형에 의해 추정된 문항 판별과 유사한 지수다.

Correlation PtMea PtExp는 관측된 점이연 상관계수(Correlation PtMea: Observed value of a Point correlation)와 기대된 점이연 상관계수(Correlation PtExp: Expected value of a Point correlation)에 단축어이다. 두 계수의 차이가 어느 정도 나는지를 볼 수 있다. 그러나 점이연 상관계수는 고전검사이론(CTT: Classical Test Theory)을 바탕으로 한 연구에 주로 적용되는 지수다.

따라서 Estim. Discrm과 Correlation PtMea PtExp 지수들은 다국면 Rasch 모형을 근거로한 명확한 기준이 없기 때문에 다국면 Rasch 모형으로 국면들의 적합도를 판단하는데는 적용되지 않는다. 다국면 Rasch 모형에서는 앞서 제시한 내적합도(infit) 지수와 외적합도(outfit) 지수로 적합도를 판단하는게 적절하다.

다음으로 표 하단 부분에 나타난 결과 항목들을 설명하면, 우선 Model은 다국면 Rasch 모형에 의해 추정된 Facets 모형을 의미한다.

Populn은 Population의 단축어로 전집(모집단)을 의미한다. 분석 자료를 전집으로 간주하였을때의 통계 지수를 의미한다.

Sample은 표본을 의미한다. 분석 자료를 전집의 일부인 표본으로 간주하였을 때 통계 지수를 의미한다. 일반적으로 연구의 기본적인 자료는 표본 자료이기 때문에 이 결과를 논문에 제시하는 것이 적합하다.

RMSE는 Root-Mean-Square-Error의 단축어로 평균 제곱 오차 제곱근을 의미한다. 이 지수는 Facets 모형 분석의 정밀도를 나타내는 지수로 낮을수록 통계적 표준오차가 적은 것을 의미한다. 그러나 Facets 모형의 RMSE는 각 변수들의 표본수의 큰 영향을 받기 때문에 기준설정은 무의미하다.

Fixed는 통계추정의 고정효과(fixed effect) 설정을 의미한다. 연구에 설계된 Facets 집단의 측정치들은 모두 통계적으로 유의한 차이가 없다는 영가설을 검증한다. 따라서 일반적인 연구는 Fixed 통계추정치를 보고, 각 연구 집단 간의 차이가 있는지를 유의수준 5%에서 영가설 기각 유무로 판단한다. Fixed chi-square 통계 검증 결과 유의확률(significance probability)값이 5%, 즉 0.05보다 작게 산출되면 영가설이 기각되어 집단들 간에 통계적으로 유의한 차이가 있다는 것을 의미한다. 여기서 각 집단은 심사자(A, B, C, D, E)가 되는 것이고 측정치는 심사자가 부여한 점수(Measure)가 되는 것이다.

Random은 통계추정의 무선효과(random effect) 설정을 의미한다. 연구에 설계된 Facets 집단은 모두 정규분포 모집단으로부터 무선 추출된 표본이다는 영가설을 검증한다. 따라서 유의수준보다 유의확률이 높게 산출되는 것이 적합하다. 그러나 연구가설을 판단하는 유의확률이 아니기 때문에 일반적으로 연구 결과에 Random chi-square 결과는 보고하지 않는다.

Separation은 분리지수를 나타내고, Reliability는 신뢰도 지수를 나타낸다. 두 지수를 같이 설명하는 이유는 분리지수 = $\sqrt{\text{신뢰도 지수}/(1-\text{신뢰도 지수})}$와 같은 모형을 지니고 있기 때문이다. 따라서 분리지수를 알면 신뢰도 지수도 알게 되고, 반대로 신뢰도 지수를 알면 분리지수도 알게 된다.

두 지수는 다국면 Rasch 모형을 적용한 측정평가 연구에서는 차이에 정확성을 보여주는 지수로 신뢰도 지수가 0.80 이상(=분리지수가 2.00 이상)을 기준으로 한다. 따라서 두 지수를 합쳐서 신뢰도 지수(reliability)를 분리 신뢰도(reliability of separation)로 표현하기도 한다. 분리 신뢰도가 0.80 이상으로 1.00에 가깝게 나타날수록 심사자 간의 엄격성(Measure=logits)이 명확히 분리되었다고 해석할 수 있다. 분리 신뢰도 지수가 0.00에 가까울수록 심사자 간의 엄격성 분리가 명확하지 않은 것, 채점에 큰 차이가 없는 것이기 때문에 심사자 간의 신뢰도(일치도)는 높다고 할 수 있다. 즉 분리 신뢰도 지수가 높을수록(1.00에 가까울수록) 심사자 간의 채점의 일치도는 높은 것이 아니라 낮다는 것을 혼동하지 말고 해석해야 된다.

Strata는 층화(계층) 지수로 표현할 수 있다. 이 지수는 극단값(outlier)이 존재할 때, 자료가 정규분포를 벗어나 강하게 편파되어 있을때 Saparation(분리지수)를 사용해서 계산하게 된다. 따라서 층화 지수 공식은, 층화 지수=(4 × 분리지수+1)/3이다. 층화 지수는 연구 목적에 따라 국면의 분포를 비교하는 지수로 사용된다. 즉 심사자의 층화 지수 값과 응시생의 층화 지수 값이 어느정도 일치하는지, 또는 응시생의 층화 지수 값과 평가요인의 층화 지수 값이 어느정도 일치하는지를 보고할 때 사용되는 지수이다. 비교되는 국면들 간의 층화 지수 값이 일치할수록 측정에 오차는 줄어든다고 할 수 있다.

위와같이 기본적으로 Table 7.1.1에 제시된 값들을 인지했다면, 논문 결과표에 필요한 부분은 다음 **〈그림 4-2〉**와 같다.

Table 7.1.1 rater Measurement Report (arranged by mN).

Total Score	Total Count	Obsvd Average	Fair(M) Average	- Measure	Model S.E.	Infit MnSq	Infit ZStd	Outfit MnSq	Outfit ZStd	Estim. Discrm	Correlation PtMea	Correlation PtExp	N rater
397	80	4.96	4.95	.73	.14	.69	-2.1	.70	-2.1	1.28	.83	.81	4 D
450	80	5.63	5.59	-.24	.13	1.52	2.9	1.50	2.8	.47	.73	.81	3 C
478	80	5.97	5.96	-.75	.13	.69	-2.2	.68	-2.2	1.31	.87	.81	2 B
479	80	5.99	5.97	-.77	.13	.71	-2.0	.70	-2.1	1.29	.86	.81	5 E
482	80	6.03	6.01	-.82	.13	1.34	2.0	1.33	1.9	.71	.80	.81	1 A
457.2	80.0	5.72	5.70	-.37	.14	.99	-.3	.98	-.3		.82		Mean (Count: 5)
32.2	.0	.40	.40	.59	.00	.36	2.3	.36	2.3		.05		S.D. (Population)
36.1	.0	.45	.45	.66	.00	.41	2.5	.40	2.5		.06		S.D. (Sample)

Model, Populn: RMSE .14 Adj (True) S.D. .57 Separation 4.23 Strata 5.97 Reliability .95
Model, Sample: RMSE .14 Adj (True) S.D. .64 Separation 4.75 Strata 6.67 Reliability .96
Model, Fixed (all same) chi-square: 93.3 d.f.: 4 significance (probability): .00
Model, Random (normal) chi-square: 3.8 d.f.: 3 significance (probability): .28

〈그림 4-2〉 심사자 엄격성 분석 결과 중 논문 작성에 필요한 부분

4-4) 심사자 엄격성 분석 논문 결과 쓰기

〈그림 4-2〉를 토대로 논문 결과를 작성하는 예시는 다음과 같다.

<심사자 엄격성 분석 논문 결과>

〈표 1〉 심사자 엄격성 분석

심사자	엄격성 지수	내적합 지수	외적합 지수
A	−.82	1.34	1.33
B	−.75	.69	.68
C	−.24	1.52	1.50
D	.73	.69	.70
E	−.77	.71	.70

$\chi^2(4) = 93.3$, $p < .001$, RS = .96

<표 1>은 심사자의 엄격성을 분석한 결과이다. 심사자 D가 엄격성 지수 로짓(logits)값이 .73으로 가장 엄격하게 평가하는 심사자로 나타났다. 다음으로 심사자 C(logits= −.24), 심사자 B(logits= −.75), 심사자 E(logits= −.77), 심사자 A(logits = −.82) 순으로 나타났다. 즉 심사자 A가 가장 관대하게 평가하는 심사자로 나타났다. 내적합도 지수와 외적합도 지수를 살펴보면, 5명의 심사자 중 심사자 C의 내적합도 지수와 외적합도 지수가 모두 1.50 이상으로 나타났다. 따라서 심사자 C는 평정을 일관성 있게 하지 않는 것을 알 수 있다. 심사자 간의 엄격성은 $\chi^2(4)=93.3$, $p < .001$ 수준에서 통계적으로 유의한 차이가 있는 것으로 나타났다. 또한 분리 신뢰도(reliability of separation: RS) 지수도 .96으로 1.00에 매우 가깝게 나타났다. 심사자 간의 엄격성 차이가 분명한 것을 알 수 있다.

[알아두기]
심사자 엄격성에 의미

위와같은 분석으로 논문 결과표와 글을 작성할 때, Measure 로짓값을 반드시 '심사자의 엄격성'으로 명명하여 작성해야 되는 것은 아니다. 만일 표의 제목이 '심사자의 관대성 분석'이라면 국어적 표현이 반대가 되어야 할 것이다. Table 7.1.1에 나오는 Measure 값의 명명은 연구자가 연구주제에 맞게 결정하고 글을 작성하면 되는 것이다.

4-5) 응시생의 능력 탐색

최종 결과 메모장(facets-specifications-1.out)에 나오는 Table 7.2.1, Table 7.2.2, Table 7.2.3은 숫자 정렬 순서만 다른 동일한 결과이다. 구체적으로 Table 7.2.1은 응시생의 능력 측정치(measure)를 기준으로, Table 7.2.2은 적합도 지수(infit and outfit)를 기준으로 내림차순으로 정렬된 결과다. 그리고 Table 7.2.3은 응시생 번호를 기준으로 오름차순으로 정리한 Table이다.

응시생의 능력 측정치를 기준으로 정리한 Table 7.2.1에서 논문 결과표에 필요한 부분은 다음 **<그림 4-3>**과 같다.

Table 7.2.1 examinee Measurement Report (arranged by mN).

Total Score	Total Count	Obsvd Average	Fair(M) Average	+ Measure	Model S.E.	Infit MnSq	Infit ZStd	Outfit MnSq	Outfit ZStd	Estim. Discrm	Correlation PtMea	Correlation PtExp	Nu examinee
74	10	7.40	7.45	2.48	.40	1.09	.3	1.07	.2	1.04	.85	.75	14 14
73	10	7.30	7.35	2.32	.40	.36	-1.8	.36	-1.8	1.66	.89	.75	15 15
72	10	7.20	7.24	2.16	.39	.79	-.3	.83	-.2	1.13	.69	.75	3 3
72	10	7.20	7.24	2.16	.39	1.32	.8	1.23	.6	.63	.82	.75	5 5
68	10	6.80	6.83	1.56	.38	1.56	1.2	1.45	1.0	.35	.62	.76	8 8
66	10	6.60	6.62	1.27	.38	.80	-.3	.81	-.3	1.15	.52	.76	1 1
66	10	6.60	6.62	1.27	.38	.70	-.6	.66	-.7	1.44	.82	.76	19 19
64	10	6.40	6.41	.98	.38	1.72	1.5	1.70	1.4	.34	.69	.76	9 9
64	10	6.40	6.41	.98	.38	.97	.0	.99	.1	1.10	.73	.76	17 17
63	10	6.30	6.30	.84	.38	.18	-2.8	.18	-2.8	1.85	.92	.76	10 10
63	10	6.30	6.30	.84	.38	.91	.0	.90	.0	1.02	.65	.76	30 30
62	10	6.20	6.20	.69	.38	.62	-.8	.63	-.8	1.45	.72	.76	16 16
62	10	6.20	6.20	.69	.38	1.20	.5	1.21	.5	.88	.46	.76	23 23
61	10	6.10	6.09	.55	.38	1.47	1.0	1.46	1.0	.67	.77	.76	11 11
61	10	6.10	6.09	.55	.38	1.58	1.2	1.61	1.3	.32	.82	.76	21 21
60	10	6.00	5.98	.41	.38	1.00	.1	.97	.0	1.00	.50	.76	4 4
60	10	6.00	5.98	.41	.38	.92	.0	.93	.0	1.09	.54	.76	24 24
59	10	5.90	5.87	.26	.38	.80	-.3	.77	-.3	1.28	.71	.76	7 7
59	10	5.90	5.87	.26	.38	.21	-2.5	.21	-2.5	1.79	.90	.76	18 18
59	10	5.90	5.87	.26	.38	.26	-2.2	.26	-2.2	1.75	.97	.76	25 25
57	10	5.70	5.66	-.03	.38	1.69	1.4	1.70	1.4	.50	.25	.76	20 20
57	10	5.70	5.66	-.03	.38	2.15	2.0	2.22	2.1	-.14	.83	.76	35 35
54	10	5.40	5.37	-.46	.38	1.05	.2	1.07	.2	.87	.39	.76	2 2
54	10	5.40	5.37	-.46	.38	.96	.0	.95	.0	1.05	.97	.76	29 29
53	10	5.30	5.27	-.60	.38	1.29	.7	1.22	.6	.96	.41	.75	6 6
53	10	5.30	5.27	-.60	.38	1.42	.9	1.40	.9	.67	-.07	.75	12 12
52	10	5.20	5.18	-.74	.38	.45	-1.4	.45	-1.4	1.60	.86	.75	38 38
51	10	5.10	5.09	-.88	.38	.84	-.2	.83	-.2	1.24	.46	.75	13 13
51	10	5.10	5.09	-.88	.38	1.12	.4	1.12	.4	.93	.95	.75	34 34
51	10	5.10	5.09	-.88	.38	1.74	1.5	1.72	1.5	.09	.78	.75	37 37
49	10	4.90	4.90	-1.17	.38	1.88	1.7	1.83	1.6	.22	.84	.75	27 27
49	10	4.90	4.90	-1.17	.38	1.35	.8	1.34	.8	.30	.76	.75	31 31
48	10	4.80	4.81	-1.31	.38	.70	-.6	.70	-.6	1.11	.85	.75	32 32
48	10	4.80	4.81	-1.31	.38	.86	-.1	.85	-.2	1.08	.84	.75	33 33
48	10	4.80	4.81	-1.31	.38	1.05	.2	1.04	.2	.69	.82	.75	39 39
48	10	4.80	4.81	-1.31	.38	.40	-1.6	.39	-1.7	1.67	.81	.75	40 40
47	10	4.70	4.72	-1.46	.38	.84	-.2	.84	-.2	1.15	.72	.75	36 36
46	10	4.60	4.62	-1.60	.38	.32	-2.0	.30	-2.1	1.65	.93	.75	28 28
43	10	4.30	4.31	-2.05	.39	.74	-.4	.80	-.3	1.05	.71	.75	22 22
39	10	3.90	3.85	-2.69	.41	.14	-2.9	.15	-2.9	1.94	.93	.75	26 26
57.2	10.0	5.72	5.71	.00	.38	.99	-.1	.98	-.1		.72		Mean (Count: 40)
8.6	.0	.86	.87	1.24	.01	.49	1.3	.49	1.3		.21		S.D. (Population)
8.7	.0	.87	.88	1.26	.01	.50	1.3	.50	1.3		.22		S.D. (Sample)

```
Model, Populn: RMSE .38  Adj (True) S.D. 1.18  Separation 3.09  Strata 4.46  Reliability .91
Model, Sample: RMSE .38  Adj (True) S.D. 1.20  Separation 3.14  Strata 4.51  Reliability .91
Model, Fixed (all same) chi-square:  407.2  d.f.: 39  significance (probability): .00
Model,  Random (normal) chi-square:  36.0  d.f.: 38  significance (probability): .56
```

〈그림 4-3〉 응시생의 능력 분석 결과 중 논문 작성에 필요한 부분

4-6) 응시생 능력 분석 논문 결과 쓰기

〈그림 4-3〉을 토대로 논문 결과를 작성하는 예시는 다음과 같다.

<응시생 능력 분석 논문 결과>

〈표 1〉 응시생 능력 분석

순위	응시생 번호	능력 지수	내적합 지수	외적합 지수
1	14	2.48	1.09	1.07
2	15	2.32	0.36	0.36
3	3	2.16	0.79	0.83
3	5	2.16	1.32	1.23
5	8	1.56	1.56	1.45
6	1	1.27	0.80	0.81
6	19	1.27	0.70	0.66
8	9	0.98	1.72	1.70
8	17	0.98	0.97	0.99
10	10	0.84	0.18	0.18
10	30	0.84	0.91	0.90
12	16	0.69	0.62	0.63
12	23	0.69	1.20	1.21
14	11	0.55	1.47	1.46
14	21	0.55	1.58	1.61
16	4	0.41	1.00	0.97
16	24	0.41	0.92	0.93
18	7	0.26	0.80	0.77
18	18	0.26	0.21	0.21
18	25	0.26	0.26	0.26
21	20	−0.03	1.69	1.70
21	35	−0.03	2.15	2.22
23	2	−0.46	1.05	1.07
23	29	−0.46	0.96	0.95
25	6	−0.60	1.29	1.22
25	12	−0.60	1.42	1.40
27	38	−0.74	0.45	0.45
28	13	−0.88	0.84	0.83
28	34	−0.88	1.12	1.12
28	37	−0.88	1.74	1.72
31	27	−1.17	1.88	1.83
31	31	−1.17	1.35	1.34
33	32	−1.31	0.70	0.70
33	33	−1.31	0.86	0.85
33	39	−1.31	1.05	1.04
33	40	−1.31	0.40	0.39
37	36	−1.46	0.84	0.84
38	28	−1.60	0.32	0.30
39	22	−2.05	0.74	0.80
40	26	−2.69	0.14	0.15

$\chi^2(39) = 407.2$, $p < .001$, RS = .91

<표 1>은 무용연기력 시험에 응시한 학생들 능력을 분석한 결과이다. 40명의 응시생 중에서 응시생 14번의 능력 지수 로짓(logits)값이 2.48로 가장 우수하게 1등으로 나타났다. 다음으로 응시생 15번(logits=2.32)이 2등으로 나타났고, 응시생 3번(logits=2.16)과 응시생 5번(logits=2.16)이 동일한 능력 지수로 공동 3등으로 나타났다. 내적합 지수와 외적합 지수를 살펴보면, 40명의 응시생 중 6명(9번, 20번, 21번, 27번, 35번, 37번)이 내적합도 지수와 외적합도 지수가 모두 1.50 이상으로 나타났다. 따라서 이 학생들은 상대적으로 무용연기력에 일관성이 부족한 것을 알 수 있다. 무용 응시생들 간의 능력 수준은 $\chi^2(39)=407.2$, $p < .001$ 수준에서 통계적으로 유의한 차이가 있는 것으로 나타났다. 또한 분리 신뢰도(reliability of separation: RS) 지수도 .91로 높게 나타났다. 응시생들 간의 능력 차이가 분명한 것을 알 수 있다.

[알아두기]
응시생 능력 지수와 공정한 평균 점수

응시생의 능력을 탐색하는 논문 표를 작성할 때 위와같이 응시생 능력 지수(+Measure) 값으로 판단해도 되지만, Table 7.2.1에서 Fair(M) Average(공정한 평균) 점수로 판단해도 무방하다. 그 이유는 Fair(M) Average 순위는 응시생 능력 지수(+Measure) 순위와 항상 동일하기 때문이다. 각 응시생이 심사자들에게 받은 능력 지수와 공정한 평균 점수를 표에 같이 제시하는 것도 의미가 있다.

4-7) 평가요인의 난이도 탐색

최종 결과 메모장(facets-specifications-1.out)에 나오는 Table 7.3.1, Table 7.3.2, Table 7.3.3도 숫자 정렬 순서만 다른 동일한 결과다. 따라서 평가요인(기술성, 예술성) 난이도를 기준으로 정리한 Table 7.3.1에서 논문 결과표에 필요한 부분은 다음 **<그림 4-4>**와 같다.

```
Table 7.3.1  factor Measurement Report  (arranged by mN).

+---------------------------------------------------------------------------------------------------------------------+
| Total   Total   Obsvd  Fair(M)|   -      Model | Infit        Outfit      |Estim.| Correlation |                    |
| Score   Count  Average Average|Measure  S.E.  | MnSq ZStd   MnSq ZStd    |Discrm| PtMea PtExp | N factor           |
|-------------------------------+----------------+-------------------------+------+-------------+--------------------|
|   992    200     4.96   4.96  |  1.09    .09  | 1.10   .9   1.09   .8    |  .89 |  .72   .75  | 2 ART              |
|  1294    200     6.47   6.49  | -1.09    .09  |  .89 -1.1    .87 -1.3    | 1.14 |  .79   .76  | 1 SKILL            |
|-------------------------------+----------------+-------------------------+------+-------------+--------------------|
| 1143.0  200.0    5.71   5.72  |   .00    .09  |  .99  -.1    .98  -.2    |      |  .75        | Mean (Count: 2)    |
|  151.0     .0     .75    .77  |  1.09    .00  |  .10  1.1    .11  1.1    |      |  .04        | S.D. (Population)  |
|  213.5     .0    1.07   1.09  |  1.54    .00  |  .15  1.5    .15  1.6    |      |  .06        | S.D. (Sample)      |
+---------------------------------------------------------------------------------------------------------------------+
Model, Populn: RMSE .09  Adj (True) S.D. 1.09  Separation 12.71  Strata 17.28  Reliability .99
Model, Sample: RMSE .09  Adj (True) S.D. 1.54  Separation 18.01  Strata 24.34  Reliability 1.00
Model, Fixed (all same) chi-square:  325.2  d.f.: 1  significance (probability): .00
-----------------------------------------------------------------------------------------------------------------------
```

〈그림 4-4〉 평가요인 난이도 분석 결과 중 논문 작성에 필요한 부분

4-8) 평가요인 난이도 분석 논문 결과 쓰기

〈그림 4-4〉를 토대로 논문 결과를 작성하는 예시는 다음과 같다.

<평가요인 난이도 분석 논문 결과>

〈표 1〉 평가요인 난이도 분석

평가요인	난이도	내적합 지수	외적합 지수
예술성	1.09	1.10	1.09
기술성	−1.09	.89	.87
$\chi^2(1) = 352.2$, $p < .001$, RS = 1.00			

〈표 1〉은 두 평가요인(예술성과 기술성)의 난이도를 분석한 결과이다. 예술성 평가요인(logits=1.09)이 기술성 평가요인(logits=−1.09)에 비해 난이도가 높게 나타났다. 무용 응시생들에게 예술성 평가요인이 더 어려운 것을 알 수 있다. 즉 심사자들에게 전반적으로 예술성 평가점수를 기술성 평가점수보다 더 낮게 부여받는 것을 알 수 있다. 두 평가요인의 내적합 지수와 외적합 지수는 모두1.50 미만으로 나타났다. 난이도가 일관성있게 측정된 것을 알 수 있다. 평가요인 간의 난이도는 $\chi^2(1) = 352.2$, $p < .001$ 수준에서 통계적으로 유의한 차이가 있는 것으로 나타났다. 또한 분리 신뢰도(reliability of separation: RS) 지수가 1.00으로 나타났다. 따라서 두 평가요인 간의 난이도 차이가 분명한 것을 알 수 있다.

평가요인에 대한 편파적 심사자 추정 방법 및 결과 해석

다국면 Rasch 모형을 적용하여 무용연기력 평가자료를 분석하고 논문에 제시하는 유의한 정보는 평가요인에 대한 편파적(bias) 심사자 분석이라고 할 수 있다. 구체적으로 어떤 심사자가 어떤 평가요인(예술성, 기술성)에 편파적으로 평가하는지를 분석하는 것이다. 즉 무용연기력 심사에서 동등하게 중요시되는 두 가지 평가요인임에도 불구하고 차별되게 평가하는 심사자를 검토하는 것이다. 편파적 심사자 분석은 차별기능문항(differential item functioning: DIF) 분석과 동일한 모형이다. 다만 분석하는 목적 변인(변수)이 상이하기 때문에 명칭만을 다르게 제시하는 것이라고 할 수 있다. 이 장에서는 평가요인에 대한 편파적 심사자를 추정하는 방법을 소개한다.

5-1) 평가요인에 대한 편파적 심사자 추정

Rasch 모형을 적용한 심리측정척도(설문지) 문항 분석 연구에서는 성별에 따른 차별기능문항(DIF) 추출 분석을 많이 실행한다. 성별에 따른 DIF 분석은 남자와 여자가 모두 동일한 능력(속성)을 가지고 있음에도 불구하고 남자 또는 여자에게 유리하게 응답을 하도록 유도하는 문항을 통계적으로 추정하는 분석을 의미한다. 즉 심리측정척도 문항들이 남자와 여자에게 모두 사용되는 것이라면, 남자 또는 여자에게 유리한 응답을 하도록 편파되는 문항(문항 편파성)은 부적절한 문항이다. 따라서 연구에 사용되는 심리측정척도 문항들이 남자와 여자 집단에 관계없이 동일하게 기능을 하고 있는지를 검증하는 것이 바로 성별에 따른 차별기능 문항 분석이다.

그러나 이 연구는 성별에 따라 심리측정척도 문항에 응답한 자료를 분석하는 것이 아니다. 이 연구는 두 평가요인(기술성, 예술성)에 대해서 심사자들이 무용 응시생들을 평가한 자료를 분석하는 것이다. 따라서 성별에 따라 차별되는 문항을 추출하는 것이 아니라, 평가요인에 따라 차별되게 심사하는 심사자를 추출하는 것이다. 즉 심리측정척도 자료 분석 연구에서는 성별(남자, 여자)에 따른 차별기능문항을 추출하는 것이고, 이 연구에서는 평가요인에 따른 편파적인 심사자를 추정하는 것이다. 두 평가요인은 동일하게 중요한 평가요인임에도 불구하고 기술성 또는 예술성에 편파된(차별된) 점수를 부여하는 심사자를 통계적으로 추정하는 것이다.

평가요인을 편파되게 측정하는 심사자를 분석하기 위해서는 앞서 **<그림 3-4>**(31쪽)에서 [Output Tables & Plots]를 클릭하고 다음 **<그림 5-1>**과 같이 [Table 12-13-14: Bias/Interaction Reports and Plots]를 클릭하면 **<그림 5-2>**에 왼쪽 그림이 디폴트로 나타난다. 연구목적에 맞게 국면을 선택(Select Facet)해야 한다. 이 연구는 평가요인에 대한 편파적인 심사자를 추정하는 것이 목적이기 때문에 오른쪽 그림과 같이 심사자(rater)와 평가요인(factor)을 선택한다.

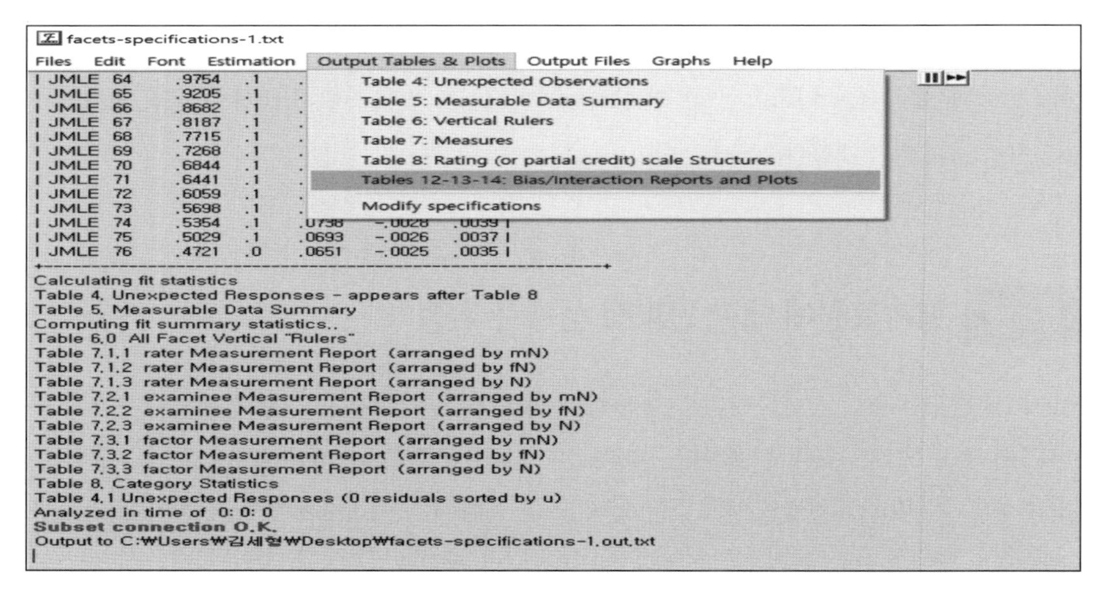

<그림 5-1> FACETS 프로그램에서 편파적 심사자 추정 분석 실행하기

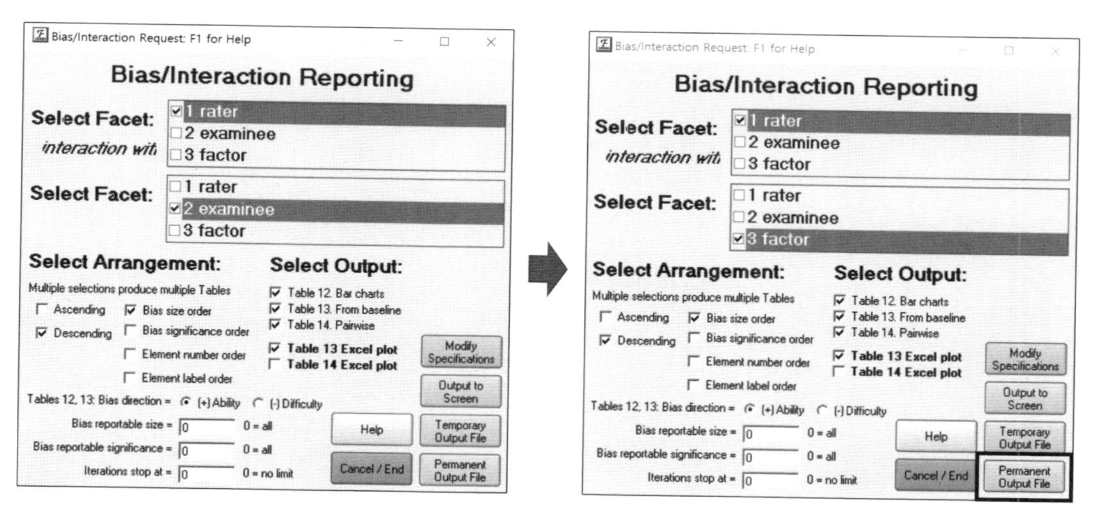

<그림 5-2> 평가요인에 대한 편파적 심사자 추정을 위한 선택

그리고 오른쪽 하단에 검은색 틀로 표시한 [Permanent Output File]을 클릭하면 다음 **<그림 5-3>**과 같이 결과가 나타나는 메모장에 명칭을 입력하고, 어디에 저장할 것인지를 결정하는 창이 나타난다. 파일 이름을 bias-interaction-1로 명명하고 설정된 곳에 [저장]을 클릭하면, 다음 **<그림 5-4>**와 같이 최종 결과가 EXCEL과 메모장으로 동시에 나타난다. 여기서 파일 이름은 연구자가 영어와 숫자로 자유롭게 결정해도 된다. 설계된 메모장 파일과 생성된 결과 메모장 파일들을 모두 같은 폴더에 저장하는 것을 권장한다.

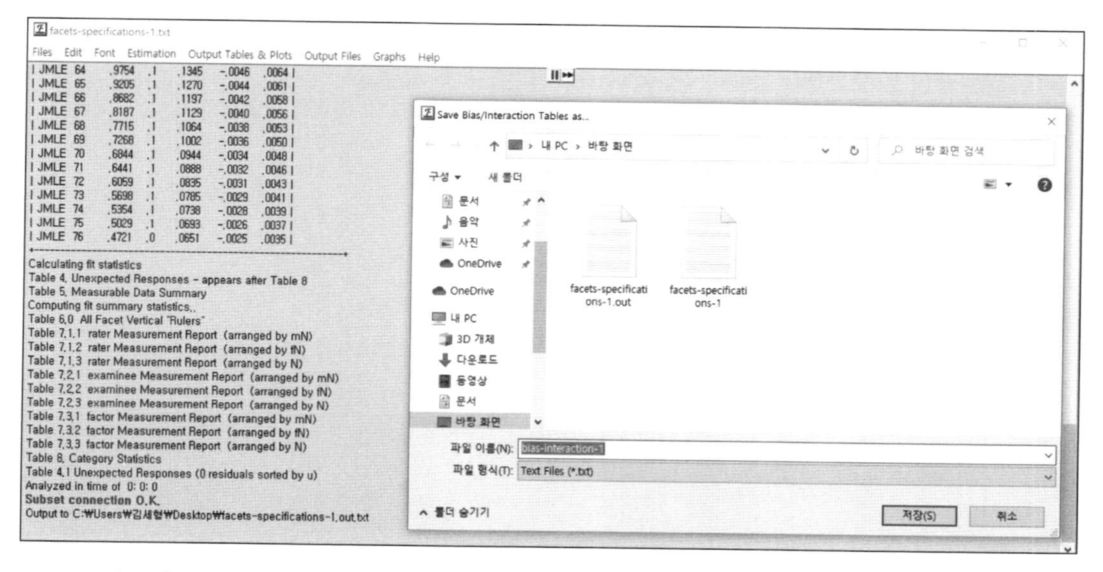

<그림 5-3> FACETS 프로그램에서 편파적 심사자 추정 분석 결과 저장하기

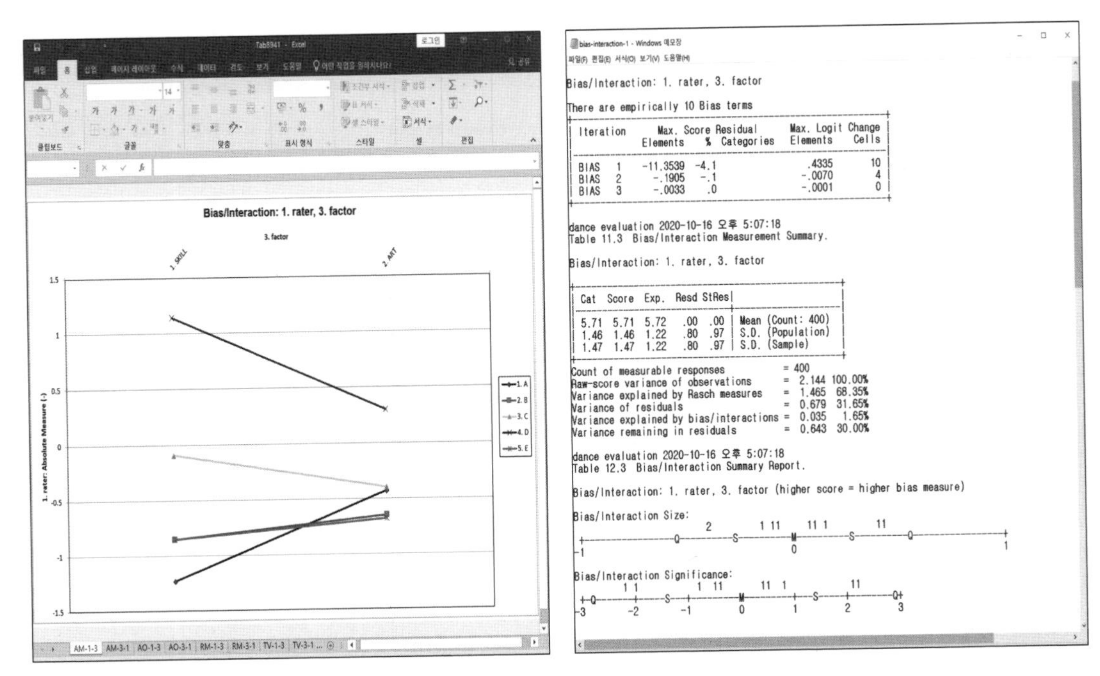

〈그림 5-4〉 평가요인에 대한 편파적 심사자 추정 최종 결과

저장된 파일(첨부된 자료: bias-interaction-1) 결과 중에서 평가요인에 대한 편파적인 심사자를 추정하는데 필요한 표는 가장 밑에 제시된 Table 14.3.1.3이다. 논문 결과표에 필요한 부분은 **〈그림 5-5〉**와 같다.

또한 논문에 표와 함께 제시할 그림이 바로 **〈그림 5-4〉**에서 왼쪽 EXCEL 파일 그림이다(첨부된 자료: bias-interaction-figure-1). 가로축과 세로축에 따라 다양한 그림이 제공되지만, 논문에 표와 함께 제시되는 가장 적절한 그림은 첫 번째 Sheet에 나오는 AM-1-3이라고 할 수 있다.

Table 14.3.1.3 Bias/Interaction Pairwise Report (arranged by mN).

Bias/Interaction: 1. rater, 3. factor

Target N r	Target-Measr	S.E.	Obs-Exp Average	Context N facto	Target-Measr	S.E.	Obs-Exp Average	Context N facto	Target-Contrast	Joint S.E.	Rasch-Welch t	d.f.	Prob.
4 D	1.14	.19	-.28	1 SKILL	.30	.19	.28	2 ART	.83	.27	3.08	77	.0029
3 C	-.09	.19	-.11	1 SKILL	-.40	.19	.11	2 ART	.31	.27	1.15	77	.2552
5 E	-.85	.19	.06	1 SKILL	-.68	.19	-.06	2 ART	-.17	.27	-.62	77	.5373
2 B	-.85	.19	.07	1 SKILL	-.65	.19	-.07	2 ART	-.20	.27	-.75	77	.4538
1 A	-1.23	.19	.27	1 SKILL	-.43	.19	-.27	2 ART	-.79	.27	-2.92	77	.0047

〈그림 5-5〉 평가요인에 대한 편파적 심사자 추정 결과 중 논문 작성에 필요한 부분

5-2) 평가요인에 대한 편파적 심사자 추정 논문 결과 쓰기

<그림 5-4>에 왼쪽 그림과 <그림 5-5>를 토대로 논문 결과를 작성하는 예시는 다음과 같다.

<평가요인에 따른 편파적 심사자 추정 논문 결과>

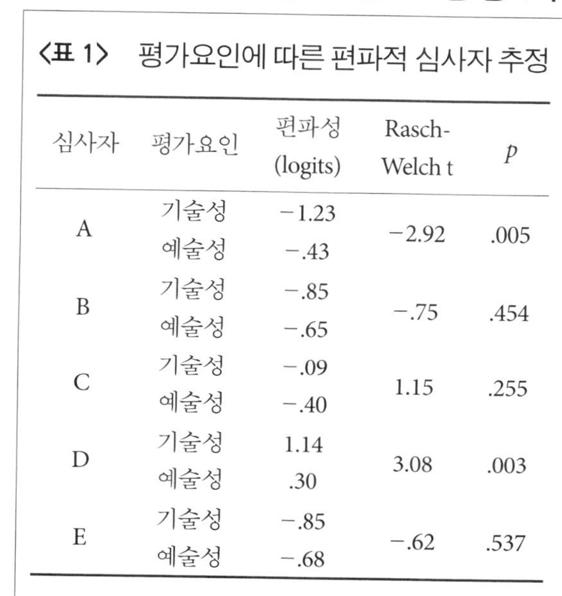

<표 1> 평가요인에 따른 편파적 심사자 추정

심사자	평가요인	편파성 (logits)	Rasch-Welch t	*p*
A	기술성	−1.23	−2.92	.005
	예술성	−.43		
B	기술성	−.85	−.75	.454
	예술성	−.65		
C	기술성	−.09	1.15	.255
	예술성	−.40		
D	기술성	1.14	3.08	.003
	예술성	.30		
E	기술성	−.85	−.62	.537
	예술성	−.68		

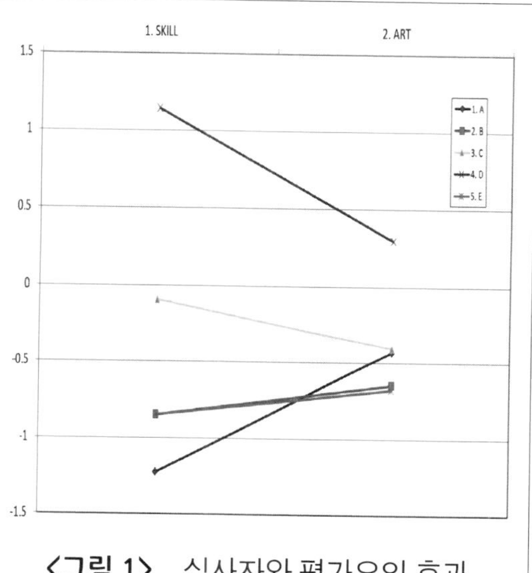

<그림 1> 심사자와 평가요인 효과

<표 1>과 <그림 1>은 평가요인(기술성, 예술성)에 대해서 편파적 채점 경향을 가지고 있는 심사자를 추정한 결과이다. 여기서 편파성(logits)은 엄격성을 의미한다. 따라서 편파성 값이 높을수록 낮은 점수를 부여하는 심사자다. 우선 <표 1>에 결과를 보면, 다섯명의 심사자들 중 심사자 A와 심사자 D가 평가요인을 통계적으로 유의하게 편파적으로 평가하는 것으로 나타났다. 구체적으로 심사자 A의 Rasch-Welch t값(RW t값)은 −2.92, p = .005 수준에서 통계적으로 유의하게 나타났다. 또한 심사자 D는 RW t값은 3.08, p = .003 수준에서 통계적으로 유의하게 나타났다. 다른 세 명의 심사자는 p > .05 수준에서 통계적으로 유의하게 평가요인을 편파적으로 평가하지 않는 것으로 나타났다. <그림 1>에서 각 심사자의 편파적 채점 경향이 어떤 평가요인에서 더 엄격하게 적용되는지를 볼 수 있다. 평가요인을 유의하게 편파적으로 평가하는 심사자 A는 기술성(logits = −1.23)에 비해 예술성(logits = −.43)을 더 엄격하게 채점하는 편파성이 있는 것을 볼 수 있다. 반면 심사자 D는 예술성(logits = .30)에 비해 기술성(logits = 1.14)을 더 엄격하게 채점하는 편파성이 있는 것을 볼 수 있다. 상대적으로 다른 세 명의 심사자는 기술성과 예술성 요인을 채점하는데 큰 편파성이 없는 것을 볼 수 있다. 특히 심사자 B와 심사자 E는 평가요인에 채점 형태가 매우 유사한 것을 볼 수 있다.

[알아두기]
Table 뒤에 긴 숫자에 의미

EXCEL 그림은 논문(학회지) 형식에 맞게 EXCEL 그림 편집 기능을 활용하고 윈도우 캡처 또는 그림판 등을 이용하여 알맞게 필요한 부분만 자르는 것을 권장한다. 또한 FACETS 프로그램이 업그레이드되어 결과가 추가되면 Table 뒤에 숫자가 길어진다. Table 14.3.1.3은 Table 14와 관련된 더 추가된 결과 Table들이 생기면서 Table 번호가 길어진 것이라고 생각하면 된다. 업그레이드가 되면서 Table이 더 추가될 수는 있어도 기존에 있던 Table 번호가 변경되지는 않는다.

다국면 Rasch 모형을 적용한 심사자 무선배치 설계

지금까지 FACETS 프로그램을 통해 다국면 Rasch 모형을 적용하여 수직 단면 분포도, 심사자의 엄격성, 응시생의 능력, 평가요인의 난이도, 그리고 평가요인에 따른 심사자의 편파성을 검증하는 방법과 논문 결과 제시하는 방법을 소개하였다.

다시 처음 자료(data-1)를 살펴보면, 5명의 심사자가 모두 40명 응시생에게 2가지 요인을 평가하였다. 그러나 다국면 Rasch 모형을 적용한다면 모든 심사자가 모든 응시생들을 다 평가할 필요는 없다.

원칙적으로 다국면 Rasch 모형은 모든 심사자가 모든 응시생들을 측정하지 않아도 통계적으로 수직 단면 분포도, 심사자의 엄격성, 응시생의 능력, 평가요인의 난이도, 그리고 평가요인에 따른 심사자의 편파성 추정이 가능한 모형이다. 즉 심사자들이 응시생이 매우 많을 경우 심사자 배치 설계를 통해서 모든 심사자가 모든 응시생을 평가하지 않더라도 응시생의 점수를 추정할 수 있다는 것이다.

따라서 다국면 Rasch 모형은 질적 평가(무용, 체조, 논술, 말하기, 작문 평가 등)에서 응시생이 너무 많을 때, 논리적으로 심사자들을 무선으로 배치하여 응시생을 평가할 때 유용하게 사용될 수 있다. 여기서 논리적으로 심사자들을 무선으로 배치한다는 것은 평가요인을 고려하여 심사자를 무선배치하였을 때 연결된 디자인(linked design)이 형성되어야 한다는 것을 의미한다.

다음 **<그림 6-1>**에 왼쪽 그림은 40명 응시생의 2가지 요인을 5명의 심사자가 모두 평가하였을 때 설계다. 지금까지 위에 제시한 모든 결과는 이 설계로 산출된 것이다. 그리고 오른쪽 그림은 응시생의 2가지 요인을 5명의 심사자가 모두 심사하는 것이 아니라 5명의 심사자 중 3명의 심사자를 무작위로 배정하여 2가지 요인을 평가하게 한 설계다. 선택된 셀이 무선으로 배정된 심사자이다.

examinee1	rater1	rater2	rater3	rater4	rater5
examinee2	rater1	rater2	rater3	rater4	rater5
examinee3	rater1	rater2	rater3	rater4	rater5
examinee4	rater1	rater2	rater3	rater4	rater5
examinee5	rater1	rater2	rater3	rater4	rater5
examinee6	rater1	rater2	rater3	rater4	rater5
examinee7	rater1	rater2	rater3	rater4	rater5
examinee8	rater1	rater2	rater3	rater4	rater5
examinee9	rater1	rater2	rater3	rater4	rater5
examinee10	rater1	rater2	rater3	rater4	rater5
examinee11	rater1	rater2	rater3	rater4	rater5
examinee12	rater1	rater2	rater3	rater4	rater5
examinee13	rater1	rater2	rater3	rater4	rater5
examinee14	rater1	rater2	rater3	rater4	rater5
examinee15	rater1	rater2	rater3	rater4	rater5
examinee16	rater1	rater2	rater3	rater4	rater5
examinee17	rater1	rater2	rater3	rater4	rater5
examinee18	rater1	rater2	rater3	rater4	rater5
examinee19	rater1	rater2	rater3	rater4	rater5
examinee20	rater1	rater2	rater3	rater4	rater5
examinee21	rater1	rater2	rater3	rater4	rater5
examinee22	rater1	rater2	rater3	rater4	rater5
examinee23	rater1	rater2	rater3	rater4	rater5
examinee24	rater1	rater2	rater3	rater4	rater5
examinee25	rater1	rater2	rater3	rater4	rater5
examinee26	rater1	rater2	rater3	rater4	rater5
examinee27	rater1	rater2	rater3	rater4	rater5
examinee28	rater1	rater2	rater3	rater4	rater5
examinee29	rater1	rater2	rater3	rater4	rater5
examinee30	rater1	rater2	rater3	rater4	rater5
examinee31	rater1	rater2	rater3	rater4	rater5
examinee32	rater1	rater2	rater3	rater4	rater5
examinee33	rater1	rater2	rater3	rater4	rater5
examinee34	rater1	rater2	rater3	rater4	rater5
examinee35	rater1	rater2	rater3	rater4	rater5
examinee36	rater1	rater2	rater3	rater4	rater5
examinee37	rater1	rater2	rater3	rater4	rater5
examinee38	rater1	rater2	rater3	rater4	rater5
examinee39	rater1	rater2	rater3	rater4	rater5
examinee40	rater1	rater2	rater3	rater4	rater5

examinee1	rater1	rater2	rater3	rater4	rater5
examinee2	rater1	rater2	rater3	rater4	rater5
examinee3	rater1	rater2	rater3	rater4	rater5
examinee4	rater1	rater2	rater3	rater4	rater5
examinee5	rater1	rater2	rater3	rater4	rater5
examinee6	rater1	rater2	rater3	rater4	rater5
examinee7	rater1	rater2	rater3	rater4	rater5
examinee8	rater1	rater2	rater3	rater4	rater5
examinee9	rater1	rater2	rater3	rater4	rater5
examinee10	rater1	rater2	rater3	rater4	rater5
examinee11	rater1	rater2	rater3	rater4	rater5
examinee12	rater1	rater2	rater3	rater4	rater5
examinee13	rater1	rater2	rater3	rater4	rater5
examinee14	rater1	rater2	rater3	rater4	rater5
examinee15	rater1	rater2	rater3	rater4	rater5
examinee16	rater1	rater2	rater3	rater4	rater5
examinee17	rater1	rater2	rater3	rater4	rater5
examinee18	rater1	rater2	rater3	rater4	rater5
examinee19	rater1	rater2	rater3	rater4	rater5
examinee20	rater1	rater2	rater3	rater4	rater5
examinee21	rater1	rater2	rater3	rater4	rater5
examinee22	rater1	rater2	rater3	rater4	rater5
examinee23	rater1	rater2	rater3	rater4	rater5
examinee24	rater1	rater2	rater3	rater4	rater5
examinee25	rater1	rater2	rater3	rater4	rater5
examinee26	rater1	rater2	rater3	rater4	rater5
examinee27	rater1	rater2	rater3	rater4	rater5
examinee28	rater1	rater2	rater3	rater4	rater5
examinee29	rater1	rater2	rater3	rater4	rater5
examinee30	rater1	rater2	rater3	rater4	rater5
examinee31	rater1	rater2	rater3	rater4	rater5
examinee32	rater1	rater2	rater3	rater4	rater5
examinee33	rater1	rater2	rater3	rater4	rater5
examinee34	rater1	rater2	rater3	rater4	rater5
examinee35	rater1	rater2	rater3	rater4	rater5
examinee36	rater1	rater2	rater3	rater4	rater5
examinee37	rater1	rater2	rater3	rater4	rater5
examinee38	rater1	rater2	rater3	rater4	rater5
examinee39	rater1	rater2	rater3	rater4	rater5
examinee40	rater1	rater2	rater3	rater4	rater5

<그림 6-1> 심사자 전체배정과 무선배정

위와같이 무작위로 배정하기 위해서는 EXCEL 프로그램을 사용할 수 있다. EXCEL 프로그램을 통해 응시생 1명당 심사자 3명을 무작위로 배치한 설계이다(첨부된 자료: random selection). 즉 응시생 1명당 반드시 심사자 3명이 무선으로 배정되도록 명령한 것이다.

그러나 다국면 Rasch 모형에서 요구하는 무선배정은 반드시 각 응시생마다 동일한 심사자 수가 배정되어야 하는 것은 아니다. 즉 각 심사자가 반드시 동일한 응시생 수를 평가해야 되는 것은 아니다. 다국면 Rasch 모형에서 연결된 디자인(linked design)은 **〈그림 6-1〉**에 왼쪽 그림과 같이 200개의 전체 셀(응시생 40명 × 심사자 5명) 중에서 연구자가 연구에 필요한 셀의 수를 컴퓨터를 사용하여 랜덤(무작위)으로 선택하는 디자인을 의미한다. 이 연구에서는 200개의 셀 중에서 응시생당 심사자 수를 3명으로 고정하고 120개의 셀을 무작위로 선택하였지만, 응시생당 심사자 수를 3명으로 고정하지 않고 120개의 셀을 무작위로 선택하여도 연결된 디자인 설계가 될 가능성이 높다고 할 수 있다.

구체적으로 연결된 디자인 설계를 예를 들어 설명하면, 한 대학교에서 응시생 2000명이 작성한 논술을 10명의 심사자가 채점해야 한다고 하자. 지정된 시간내에 각 심사자가 2000개의 논술을 모두 읽고 평가해야 한다는 것은 현실적으로 불가능하다. 모든 응시생이 동일한 10명의 심사자들에게 모두 평가받아 합산된 점수로 순위가 결정되는 것이 공정하지만, 현실적으로 이루어지지 않고 있으며, 이루어진다고 해도 심사자의 피로도로 측정오차가 증가하는 것은 분명하다. 따라서 현실적으로 한 응시생당 10명의 심사자 중 무작위로 3명의 심사자를 배정하여 평가하고 있다.

그렇다면 응시생이 어떤 심사자에게 배정이 되는지에 따라 높은 점수 또는 낮은 점수로 평가될 수 있다. 응시생이 채점 성향이 온화한 심사자들이 있는 조에 배정된다면 높은 점수가 부여될 것이고, 채점 성향이 엄격한 심사자들이 있는 조에 배정된다면 낮은 점수가 부여될 것이다. 즉 심사자의 특성에 따라 평가의 공정성이 보장되지 않을 수 있다. 이처럼 논술과 같이 심사자들의 질적인 판단이 요구되는 평가에서는 심사자의 엄격성에 따라 피험자의 능력이 과소 또는 과대 평가될 수 있다.

이러한 상황에서 심사자의 엄격성을 수학적 논리로 보정하는 모형이 다국면 Rasch 모형이다. 논술 또는 실기 평가에서 응시생이 매우 많을 경우 심사자를 연결된 디자인으로 배치 설계하여 다국면 Rasch 모형을 적용하면 심사자 모두가 모든 응시생을 평가하지 않더라도 공정하게 응시생 점수를 추정할 수 있다.

그렇다고 심사자들이 자신이 원하는 만큼만 응시생을 평가한다는 것은 비논리적이다. 따라서 컴퓨터 프로그램을 사용하여 공정하게 심사자들을 응시생에게 무작위(random)로 배정할 경우에 연결된 디자인이 형성될 가능성이 높다. 그러나 앞서 예를 든 논술 심사 같은 경우에는 상대적으로 소수의 심사자(10명)가 다수의 응시생(2000명)을 심사한다. 따라서 컴퓨터 프로그램을 사용하여 응시생 한 명당 심사자 3명씩을 무작위로 배정하여도 연결된 디자인 설계가 형성되지 않을 수도 있다. 다음 **<그림 6-2>**는 심사자들의 연결된 디자인 설계를 이해하기 위한 그림이다.

	rater1	rater2	rater3	rater4	rater5	rater6	rater7	rater8	rater9	rater10
examinee1				o			o		o	
examinee2		o				o			o	
examinee3	o				o				o	
examinee4				o		o			o	
examinee5		o			o	o				
examinee6		o		o					o	
examinee7					o		o		o	
examinee8			o			o			o	
examinee9				o		o			o	
examinee10			o			o			o	
examinee11		o		o		o				
examinee12		o			o			o		
examinee13			o		o				o	
.	.	.	.	.	.	.	.	.	.	.
.	.	.	.	.	.	.	.	.	.	.
examinee1988				o		o		o		
examinee1989			o	o						o
examinee1990		o		o			o			
examinee1991	o		o	o						
examinee1992				o	o					o
examinee1993		o			o			o		
examinee1994			o		o				o	
examinee1995		o			o	o				
examinee1996				o		o		o		
examinee1997			o		o			o		
examinee1998			o			o			o	
examinee1999	o		o				o			
examinee2000			o			o		o		

	rater1	rater2	rater3	rater4	rater5	rater6	rater7	rater8	rater9	rater10	
examinee1				o			o		o		
examinee2		o				o			o		
examinee3	o				o					o	No linking
examinee4				o		o			o		
examinee5		o			o	o					
examinee6		o		o					o		
examinee7					o		o		o		
examinee8			o			o			o		
examinee9				o		o			o		
examinee10			o			o		o			
examinee11		o		o		o					
examinee12		o			o			o			
examinee13			o		o				o		
.	.	.	.	.	.	.	.	.	.	.	
.	.	.	.	.	.	.	.	.	.	.	
examinee1988				o		o		o			
examinee1989			o	o						o	
examinee1990		o		o			o				
examinee1991	o		o					o			No linking
examinee1992				o	o					o	
examinee1993		o			o			o			
examinee1994			o		o				o		
examinee1995		o			o	o					
examinee1996				o		o		o			
examinee1997			o		o			o			
examinee1998			o			o			o		
examinee1999	o		o				o				
examinee2000			o			o		o			

<그림 6-2> 심사자 무선배정 후 연결된 디자인 설계 검토

왼쪽, 오른쪽 그림에서 모두 생략한 가로행, 응시생 14번(examinee14)부터 응시생 1987번(examinee1987)은 모두 연결된 디자인 설계가 되었다고 가정한다. 구체적으로 왼쪽과 오른쪽 그림을 비교해서 살펴보면, 왼쪽 그림은 첫 번째 가로행부터 마지막 가로행까지 최소 한 개의 세로열이 연결되어지는 것을 볼 수 있다. 그러나 오른쪽 그림은 두 번째 행과 세 번째 행에서 하나의 세로열도 연결되지 않았고, 또한 1990번째 행과 1991번 행에서도 마찬가지인 것을 볼 수 있다. 따라서 컴퓨터 프로그램을 사용하여 응시생 한 명당 3명의 심사자를 무작위로 배정하였을 때, 왼쪽 그림과 같다면 연결된 디자인 설계이고 오른쪽 그림과 같다면 연결된 디자인 설계라고 할 수 없다.

위 그림과 같이 한 명의 응시생이 10명의 심사자들 중에서 무작위로 선택된 3명의 심사자에

게 평가받도록 컴퓨터 프로그램을 실행했을 때, 오른쪽 그림과 같이 연결된 디자인이 생성되지 않는다면 연구자가 심사자 위치를 최소로 변경하여 연결되도록 조정하는 것이 필요하다.

현실적으로 FACETS 프로그램은 오른쪽 그림과 같이 완벽하지 않게 두 행 정도가 연결이 안되어도 실행되고 결과 메모장이 제시된다. 다만 그 결과의 타당성이 완벽히 연결된 디자인 설계로 실행된 결과보다는 낮은 것은 분명하다. 디자인 설계가 매우 많이 연결이 안되어진 자료일 경우에는 FACETS 프로그램이 실행되지 않고 다시 자료 구성을 점검하라는 경고가 나타난다. 이러한 상황에서는 다시 연결된 디자인 설계가 되도록 자료 배치를 조정해야한다.

위와같이 연결된 디자인을 설계하고 FACETS 프로그램을 활용하면 모든 심사자가 모든 응시생을 평가하지 않아도 타당한 응시생 점수를 추정할 수 있다. 여기서 고려할 점은 한 학생에게 배정된 3명의 심사자가 동시에 함께 모여 심사해야 되는 것은 아니다. 즉 심사자들은 자신에게 배정된 응시생들의 논술을 독립적으로 채점하고 기록한 점수를 제출하면 되는 것이다. 코로나 19 이후 대부분의 예체능계 실기 심사(무용, 체조, 피아노, 성악 등)도 위와같이 심사자들을 배정하여 응시생들의 촬영된 비디오를 보여주고 독립적으로 채점하도록 진행되어지고 있다.

[알아두기]
FACETS 설계서에 적절한 표본 수

연구자는 FACETS 프로그램으로 심사자의 엄격성과 응시생의 능력을 추정할 때 적합한 표본 수를 생각한다. 즉 심사자 몇 명이 응시생 몇 명을 평가하는 것이 분석에 적합한지를 고민한다. John Michael Linacre 교수는 연구자들의 이러한 고민에 대한 답변이 있는 두 사이트, https://www.winsteps.com/facetman/essays.htm 과 https://www.rasch.org/rmt/rmt74m.htm 을 소개하였다. 두 사이트에 내용을 정리하면, 5명 또는 3명의 심사자가 40명의 응시생에게 2가지 요인을 평가하는 것은 Rasch 모형 분석에 문제가 되지 않는 충분한 표본 수인 것을 알 수 있다. 이보다 더 적은 표본 수도 문제가 없는 것을 알 수 있다.

다국면 Rasch 모형을 적용한 대학교 평가 자료 분석

지금까지 FACETS 프로그램을 적용하여 다국면 Rasch 모형을 적용한 무용연기력 평가 자료를 분석하고 논문에 제시하는 방법을 소개하였다. 그리고 다국면 Rasch 모형은 심사자 또는 응시생이 무선으로 배정되어 측정치가 연결된 디자인이 형성된다면, 모든 심사자가 모든 응시생을 측정하지 않아도 심사자의 엄격성과 응시생의 능력을 추정할 수 있다는 장점을 소개하였다.

이러한 다국면 Rasch 모형의 장점을 이용하여 다양한 평가가 이루어지고 있다. 따라서 이번에는 국가에서 4년제 대학교를 평가한 자료의 일부분을 사용하여 FACETS 프로그램을 통해 분석하고 논문 결과를 쓰는 방법을 소개하고자 한다.

12명의 심사자가 100개 대학교에 6개 요인(교육행정, 교육환경, 교육내용의 적절성, 교육방법의 적절성, 교육 개선 방안, 교육 운영 방안)을 평가하려고 한다. 그러나 12명의 심사자가 모두 함께 100개 대학교를 방문하면서 모두 다 평가하는 것은 현실적으로 이루어지기 어렵다. 따라서 한 대학교에 3명의 심사자가 평가하도록 결정하고, 컴퓨터 프로그램을 사용하여 무선으로 배치한다. 그리고 앞서 소개한 **<그림 6-2>**(56쪽)와 같이 연결된 디자인 설계를 고려하여 연구자가 조정한 데이터를 FACETS 프로그램을 통해 실행하면 된다(첨부된 자료: data-2).

다음 **<그림 7-1>**은 FACETS 프로그램을 실행하기 위한 FACETS 설계서이다(첨부된 자료: facets-specifications-2K).

```
facets-specifications-2K - Windows 메모장
파일(F) 편집(E) 서식(O) 보기(V) 도움말(H)
title=university evaluation
facets=3
non-centered=3
positive=2
model=
?,?,1,R10K,1
?,?,2,R10K,1
?,?,3,R30K,1
?,?,4,R30K,1
?,?,5,R10K,1
?,?,6,R10K,1
*

labels=
1,rater
1-12
*

2,university
1-100
*

3,factor
1-6
*

vertical=(1L, 2L, 3L)

data=
1,1,1,10
1,1,2,7
1,1,3,29
1,1,4,29
1,1,5,4
1,1,6,8
1,24,1,7
1,24,2,4
1,24,3,24
1,24,4,24
1,24,5,4
1,24,6,4
   ⋮

12,96,1,7
12,96,2,7
12,96,3,15
12,96,4,24
12,96,5,5
12,96,6,2
```

<그림 7-1> FACETS 프로그램 실행을 위한 윈도우 메모장 설계 (2)

이 책에서 처음 소개한 FACETS 설계서(facets-specifications-1)인 **<그림 2>**(26쪽)와 **<그림 7-1>**을 비교해 보면, 우선 positive= 은 동일하게 2국면으로 지정하였다. **<그림 2>**에서 설명했듯이 상대적으로 높은 측정치를 지정하는 것이 결과를 보기 쉽게 이해할 수 있다. 따라서 양수로 1부터 100으로 코딩된 100개의 대학(university)을 2국면으로 설정한 것이다.

<그림 2>와 비교하면, non-centered= 과 model= 의 설정이 다른 것을 볼 수 있다. 앞서

non-centered= 은 수학적으로 조정을 하지 않아도 되는, 즉 기준이 되는 국면을 연구자가 지정하는 것이라고 설명하였다. 어떤 국면을 non-centered= 으로 지정하여도 궁극적인 결과 해석은 동일하다고 하였다. 이 연구에서는 3국면인 6개 요인(factor)을 주요관심 국면으로 지정한 것이다.

또한 model= 은 **〈그림 2〉**와 많이 다른 것을 볼 수 있다. 그 이유는 **〈그림 2〉**에 자료(data)는 세 국면(심사자, 응시생, 요인)이기 때문에 물음표가 3개이고, 측정치가 모두 동일한 범위(10점 만점)이기 때문에 R10인 것이다. 반면 **〈그림 7-1〉**은 세 국면(1국면=심사자, 2국면=대학교, 3국면=요인)이지만, 3국면인 6개 요인은 요인점수의 범위가 동일하지 않기 때문에 model= 을 위와같이 작성해야 한다. 구체적으로 물음표 두 개는 동일한 2국면(심사자, 대학교)을 의미하고, 1, 2, 3, 4, 5, 6은 6개 요인을 의미한다. 그리고 6개 요인의 측정 범위가 동일하지 않기 때문에 각 요인별로 측정 점수 범위의 최고점을 제시하는 것이다.

6개 요인의 만점 점수 범위는 1요인과 2요인은 10점 만점이기 때문에 R10이고, 3요인과 4요인은 30점 만점이기 때문에 R30이다. 그리고 다시 5요인과 6요인은 10점 만점이기 때문에 R10인 것이다. 또한 각 요인별로 추가된 K에 의미(R10K, R10K, R30K, R30K, R10K, R10K)는 관측되지 않은 중간범주가 있어도 척도를 유지(keep)하라는 것이다.

예를 들어 10점 만점인 1요인에 대해서 심사자들이 대학교 평가에 부여한 최하점수가 3점이고 최고 점수가 9점, 그런데 중간에 6점을 부여받은 대학교는 없다고 하자. 즉 100개의 대학을 12명의 심사자가 무선 배정되어 평가하였지만 0점에서 10점 중 누구도 6점을 부여하지 않았다는 것이다. 이러한 경우 만일 K를 생략한다면 FACETS 프로그램은 6점이 없기 때문에 10점을 수학적으로 조정하여 결과를 산출한다는 것이다.

그러나 0점부터 10점까지 측정할 수 있는 고정된 측정 척도를 심사자들이 부여한 점수가 중간에 연결이 되지 않는다고 해서 고정된 10점 척도가 수학적으로 조정되는 것은 불합리하다. 따라서 요인별로 점수 뒤에 K를 추가하는 것이 적합하다.

그리고 마지막에 요인별로 모두 제시되는 ,1은 가중치(weight)를 의미한다. 따라서 모두 동일하게 1의 가중치를 부여하는 것이 기본 설계이다.

labels= 은 이 연구의 국면을 자세히 설명하는 것으로 1,rater는 1국면이 심사자(rater)이고 12명의 심사자인 것을 의미한다. 2,university는 2국면이 대학(university)이며 총 100개의 대학인 것을 의미하고, 3,factor는 3국면이 6개의 요인으로 구성되었다는 것을 의미한다. 앞서 제시한 FACETS 설계서, **<그림 2>**(26쪽)처럼 숫자마다 명칭을 구분해도 무방하다.

vertical= 은 수직 단면 분포도에서 각 국면에 집단이 숫자로 제시되는지, 문자로 제시되는지 또는 많은 집단은 *로 제시되는지를 명령하는 것이다. 이 연구에서 심사자, 대학교 그리고 요인을 입력된 숫자 그대로 나오도록 모두 동일하게 vertical= (1L, 2L, 3L)로 설정한 것이다.

[알아두기]
R10과 R10K에 의미

앞서 소개한 **<그림 2>**에 R10 뒤에 K를 명명하지 않은 이유는 심사자가 부여한 최하점수와 최고점수 사이에 관측되지 않은 점수가 없기 때문이다. 즉 심사자가 부여한 최하점수 2점부터 최고점수 9점 사이에 부여되지 않은 점수는 없다는 것이다. 이러한 경우는 FACETS 설계서 model에 R10으로 작성한 결과와 R10K로 작성한 결과가 동일하게 나타난다.

FACETS 프로그램 적용한 대학교 평가자료 분석 논문 결과 쓰기

완성된 FACETS 설계서(첨부된 자료: facets-specifications-2K)를 앞서 소개한 **〈그림 3-1〉**(29쪽)부터 **〈그림 3-4〉**(31쪽)까지 차례대로 FACETS 프로그램에서 실행하면, 메모장으로 결과가 나타난다(첨부된 자료: facets-specifications-2K.out). 첨부된 자료의 Table들에 자세한 설명은 이미 앞서 설명했기 때문에 생략하고, 실제 논문 결과를 작성하는 예시와 참고사항을 소개한다.

8-1) 수직 단면 분포도 분석 논문 결과 쓰기

(첨부된 자료: facets-specifications-2K.out에서 Table 6.0 보고 작성)

```
+-------------------------------------------------------------------------------------------------------------------------------------------------+
|Measr|-rater     |+university                                                                        |-factor| S.1 | S.2 | S.3 | S.4 | S.5 | S.6 |
|-----+-----------+-----------------------------------------------------------------------------------+-------+-----+-----+-----+-----+-----+-----|
|   1 +           +                                                                                   +       +(10) +(10) +(30) +(30) + (9) +(10) |
|     |           |                                                                                   |       | --- |     | 29  | --- | --- | --- |
|     |           |                                                                                   |       |  8  | --- | 28  | 28  |     |     |
|     |           |                                                                                   |       |     |  8  | --- |     |  8  |     |
|     |           |                                                                                   | 5     | --- |     | 27  | --- |     |  9  |
|     |           | 49                                                                                |       |     | --- | 26  | 27  | --- |     |
|     |           | 13                                                                                |       |  7  |  7  | 25  | --- |  7  | --- |
|     |           | 46                                                                                |       | --- | --- | 23  | 26  | --- |  8  |
|     |           | 14  15  16  32  45  64  7   78                                                    |       |     |     | 22  | --- |     | --- |
|     | 11  12  5 | 1   10  11  17  18  19  20  26  39  4   44  65  88  90  91  92                    |       |  6  |  6  | 21  |     |  6  |  7  |
|     | 2   8     | 21  31  37  38  41  56  60  72  73  74  76  8   81  82  86  87  89                |       |     |     |     |     |     |     |
*   0 * 1   6   7 * 2   24  28  33  35  42  47  48  5   57  6   67  68  69  75  79  84  85            *       * --- * --- * 19  * 25  * --- *  6  *
|     | 3   9     | 23  29  3   30  36  40  52  55  58  66  70  71  77  9   98  99                    |       |     |  5  | 18  | --- |     | --- |
|     | 10        | 12  34  43  50  51  54  80  93                                                    | 6     |  5  |     | 15  | 24  |     |  5  |
|     | 4         | 22  53  83  94  95  96                                                            | 3   4 |     | --- | 13  | 23  |  5  |  4  |
|     |           | 100 61  62  63                                                                    | 1   2 | --- |  4  | 11  | 22  |     | --- |
|     |           | 25  27  97                                                                        |       |     | --- |  9  | 21  |     |  3  |
|     |           |                                                                                   |       |  4  |     |  8  | --- |     |     |
|     |           |                                                                                   |       |     |  3  | --- | 20  |     |     |
|     |           | 59                                                                                |       |     | --- |  7  | --- |     | --- |
|     |           |                                                                                   |       | --- |     |     | 19  |     |     |
|  -1 +           +                                                                                   +       + (2) + (1) + (6) +(18) + (4) + (2) |
|-----+-----------+-----------------------------------------------------------------------------------+-------+-----+-----+-----+-----+-----+-----|
|Measr|-rater     |+university                                                                        |-factor| S.1 | S.2 | S.3 | S.4 | S.5 | S.6 |
+-------------------------------------------------------------------------------------------------------------------------------------------------+
```

<그림 8-1> 수직 단면 분포도(2)

<그림 8-1>은 이 연구의 세 국면인 rater(심사자 엄격성), university(대학교 수준), factor(평가요인 곤란도)를 모두 동일한 측정척도(로짓값)에서 비교한 수직 단면 분포도 결과이다. rater와 factor 앞의 '–' 기호는 두 국면은 로짓값이 높을수록 더 엄격한 심사자, 더 곤란한(어려운) 요인인 것을 의미하고, university 앞의 '+' 기호는 로짓값이 높을수록 더 우수한 대학교인 것을 의미한다. 또한 평가요인의 경우는 각 요인마다 총점이 다르기 때문에 1요인(S.1)부터 6요인(S.6)까지 측정된 최하점수와 최고점수 범위를 나타낸다.

구체적으로 이 연구는 12명의 심사자가 1요인은 대학교의 교육행정을 10점 만점으로, 2요인은 교육환경을 10점 만점으로 평가한다. 3요인은 교육 내용의 적절성을 30점 만점으로, 4요인은 교육 방법의 적절성을 30점 만점으로 평가한다. 그리고 5요인은 교육 개선 방안을 10점 만점으로, 6요인은 교육 운영 방안을 10점 만점으로 평가한다. 결과를 살펴보면, 심사자의 엄격성은 11번, 12번, 5번 심사자가 엄격하고 4번 심사자 가장 관대한 것을 볼 수 있다. 대학교의 경우는 49번 대학교가 가장 우수하고 59번 대학교가 가장 우수하지 못한 것을 볼 수 있다. 그리고 평가요인의 경우 대학교는 5요인(교육 개선 방안)에 곤란도(난이도)가 가장 높고, 1요인(교육 행정)과 2요인(교육 환경)에 곤란도가 낮은 것을 알 수 있다.

[알아두기]
문항 난이도, 문항 곤란도, 문항 중요도

일반적으로 다국면 Rasch 모형을 적용한 분석 결과에서 심사자의 엄격성, 응시생의 능력, 검사요인의 난이도라는 표현으로 논문을 작성한다. 그러나 연구주제와 대상에 따라 심사자의 엄격성이 아닌 심사자의 관대함, 응시생의 능력이 아닌 피험자의 수준, 검사요인의 난이도가 아닌 검사요인의 곤란도, 중요도 등으로 바꿔서 명명할 수 있다. 단, 연구자가 명명한 것에 맞게 논문 결과를 올바르게 서술해야 한다. 그리고 수직 단면 분포도는 다국면을 한 평면에서 보여주는 그림으로 전체적인 위치만을 파악할 수 있다. 자세한 수치와 순위는 다음 제시되는 표들에서 구체적으로 알 수 있다.

8-2) 심사자 엄격성 분석 논문 결과 쓰기

(첨부된 자료: facets-specifications-2K.out에서 Table 7.1.1 보고 다음 표 작성)

〈표 8-1〉 심사자 엄격성 분석

심사자	관측된 평균 점수 (Observed Average)	공정한 평균 점수 (Fair Average)	엄격성 지수 (logits)	내적합 지수	외적합 지수
11번	11.46	10.93	.22	.64	.79
12번	11.70	11.21	.17	.76	.80
5번	11.32	11.35	.15	1.17	1.21
2번	11.91	11.42	.14	1.17	2.93
8번	11.97	11.48	.13	.66	1.15
1번	12.55	12.04	.04	.64	.73
6번	12.46	12.21	.01	.86	.72
7번	12.40	12.51	−.04	1.29	1.37
3번	12.77	12.84	−.11	1.38	1.70
9번	13.48	12.99	−.14	.98	1.02
10번	14.10	13.53	−.25	.89	.76
4번	14.01	13.94	−.33	.87	.67

$\chi^2(11) = 230.0$, $p < .001$, RS = .96

<표 8-1>은 심사자들의 엄격성을 분석한 결과이다. 엄격성이 높은 심사자 순으로 작성하였다. 관측된 평균 점수는 실제 심사자들이 부여한 점수들에 평균이며, 공정한 평균 점수는 다국면 Rasch 모형을 통해 관측된 평균 점수를 조정한 점수이다. 그리고 엄격성 지수는 조정된 공정한 평균 점수를 표준화하기 위해 동일선상인 로짓(logits)값으로 변환한 것이다. 따라서 관측된 평균 점수와는 달리 공정한 평균 점수 순위와 엄격성 지수 순위는 역으로 동일하다.

구체적으로 이 연구에서 사용한 FACETS 프로그램은 심사자의 엄격성 수준을 다른 국면인 평가요인의 난이도(곤란도)와 대학교의 수준을 고려하여 동간척도 로짓값으로 변환한다. 공정한 평균 점수가 낮을수록, 심사자의 엄격성 지수는 높게 나타날수록 엄격한 심사자인 것을 알 수 있다. 11번 심사자의 공정한 평균 점수는 10.93, 엄격성 지수 로짓값이 .22로 가장 엄격한 심사자로 나타났고, 4번 심사자의 공정한 평균 점수는 13.94, 엄격성 지수 로짓값이 −.33으로 가장 온화한 심사자로 나타났다.

2번 심사자와 3번 심사자의 경우는 외적합도 지수가 1.50을 초과한 것으로 나타났다. 일반적으로 심사자 내적합 지수 또는 외적합 지수가 1.50을 초과하면, 부여하는 점수의 패턴이 다른 것을 의미한다. 따라서 2번 심사자와 3번 심사자는 상대적으로 다른 심사자들에 비해 일관성 있게 점수를 부여하지 않는 것을 알 수 있다.

FACETS 프로그램에서 제시되는 검정통계량은 χ^2 값으로 심사자 간의 엄격성 차이가 통계적으로 유의한지를 판단할 수 있으며, 분리 신뢰도(reliability for separation: RS)는 심사자가 대학교 수준을 효과적으로 변별하고 있는지를 나타내는 지수로 1.00에 가까울수록 심사자 간의 엄격성에 차이가 크고, 0.00에 가까울수록 심사자 간의 엄격성에 차이가 없는 것을 의미한다. 일반적으로 분리 신뢰도가 0.80 이상으로 나타나면 심사자 간의 엄격성에 체계적인 차이가 있는 것을 의미한다. 결과를 살펴보면, $\chi^2(11) = 230.0$, $p < .001$ 수준에서 심사자 간의 엄격성 수준은 통계적으로 유의한 차이가 있게 나타났다. 또한 RS = .96으로 나타나 12명의 심사자 간의 엄격성 수준은 차이가 분명한 것을 알 수 있다.

[알아두기]
FACETS 프로그램에서 신뢰도와 일치도 해석

첨부된 자료 분석결과 메모장(facets-specifications-2K.out)의 Table 7.1.1 밑에 제시되는 Model, Sample에 Reliability 지수(.96)가 분리 신뢰도 지수다. 이 값이 높을수록 심사자의 평가 지수가 체계적으로 다양하게 분리되는 것이기 때문에 심사자들 간 신뢰도(심사자 간 일치도)는 낮다고 할 수 있다. 즉 분리 신뢰도 지수가 1.00에 가까울수록 심사자들 간의 평가의 일치도는 낮아진다는 것이다. 일반적으로 신뢰도가 높으면 일치도가 높다는 개념과는 다른 맥락으로 해석해야 된다.

8-3) 대학교 수준 분석 논문 결과 쓰기

(첨부된 자료: facets-specifications-2K.out에서 Table 7.2.1 보고 다음 표 작성)

〈표 8-2〉는 100개의 대학교에 대한 평가 결과를 나타낸다(100개 대학 중 상하위 10개 대학 결과만 제시하였음). 구체적으로 다국면 Rasch 모형을 통해 대학교에 배정된 심사자의 엄격성과 요인별 난이도를 고려하여 공정한 평균(Fair Average) 점수와 평가 지수(logits)를 추정하였다.

〈표 8-2〉 대학교 수준 분석

순위	대학교	공정한 평균 점수 (Fair Average)	평가 지수 (logits)	내적합 지수	외적합 지수
1	49	14.88	.56	1.16	.96
2	13	14.76	.52	.69	1.03
3	46	14.13	.37	.39	.34
3	78	13.99	.34	1.53	1.43
5	45	13.95	.33	.26	.31
6	14	13.94	.33	.65	.68
7	15	13.94	.33	.48	.54
8	16	13.94	.33	.45	.48
9	64	13.93	.33	.60	.52

10	32	13.70	.28	1.06	2.08
.	.	.	.	.	.
.	.	.	.	.	.
.	.	.	.	.	.
91	53	10.13	−.33	.75	.90
92	94	10.01	−.35	.48	.61
93	63	9.88	−.36	1.00	1.64
94	100	9.71	−.39	1.39	.91
95	61	9.69	−.39	1.56	1.57
96	62	9.25	−.45	1.07	1.46
97	97	9.16	−.46	1.59	1.09
98	25	8.66	−.53	.92	5.03
99	27	8.52	−.55	1.04	4.72
100	59	7.42	−.74	1.53	5.74

$\chi^2(99) = 480.3$, $p < .001$, RS = .78

49번 대학의 공정한 평균 점수는 14.88, 평가지수는 .56으로 가장 높게 나타났으며, 59번 대학의 공정한 평균 점수는 7.42, 평가지수는 −.74로 가장 낮게 나타났다. 따라서 49번 대학이 가장 우수한 대학으로, 59번 대학이 가장 비우수한 대학으로 평가된 것을 알 수 있다.

내적합 지수 또는 외적합 지수가 1.50을 초과하면 심사자들 평가의 엄격성이 일관성 있게 유지되지 못하는 것을 의미한다. 두 지수 중에서 한 지수라도 1.50을 초과하면 심사자들에게 이질적인 평가 점수를 부여받은 대학을 의미한다. 100개의 대학 중에서 20개 대학(적합 지수가 큰 순서: 59번, 25번, 27번, 29번, 24번, 83번, 28번, 26번, 42번, 35번, 60번, 32번, 22번, 6번, 63번, 97번, 61번, 56번, 78번, 3번)이 내적합 지수 또는 외적합 지수가 1.50을 초과하는 것으로 나타났다. 따라서 남은 80개 대학은 내적합도 지수와 외적합 지수가 모두 1.50 이하인 것으로 나타났다.

대학 간의 평가된 수준은 $\chi^2(99)=480.3$, $p < .001$ 수준에서 통계적으로 유의한 차이가 있는 것으로 나타났다. 그러나 분리 신뢰도(reliability of separation: RS) 지수가 .78로 분리 신뢰도 기준 .80 이상을 만족시키지 못하는 것으로 나타났다. 따라서 대학 간의 수준의 차이가 통계적으로는 유의하지만 명확하게 구분되지는 않는 것을 알 수 있다.

8-4) 평가요인 곤란도 분석 논문 결과 쓰기

(첨부된 자료: facets-specifications-2K.out에서 Table 7.3.1 보고 다음 표 작성)

〈표 8-3〉 평가요인 곤란도 분석

평가요인	만점기준	관측된 평균 점수 (Observed Average)	공정한 평균 점수 (Fair Average)	곤란도 지수 (logits)	내적합 지수	외적합 지수
5. 교육 개선 방안	10	4.86	4.79	.55	1.19	2.13
6. 교육 운영 방안	10	7.42	7.77	−.23	1.09	1.13
4. 교육 방법의 적절성	30	25.96	26.02	−.28	.84	.83
3. 교육 내용의 적절성	30	22.96	23.48	−.30	.86	.84
1. 교육 행정	10	6.77	6.78	−.38	1.00	1.00
2. 교육 환경	10	7.09	7.15	−.43	1.02	1.00
$\chi^2(5) = 210.6$, $p < .001$, RS = .99						

〈표 8-3〉은 대학교 6개 평가요인의 곤란도 분석 결과이다. 곤란도(난이도) 지수가 높은 순서대로 나열하였다. 관측된 평균 점수와 공정한 평균 점수는 요인별로 만점 기준이 다르기 때문에 크기순으로 요인별 곤란도를 비교할 수는 없다. 따라서 공정한 평균 점수를 표준화시킨 곤란도 지수를 살펴보면, 5요인 교육 개선 방안의 곤란도가 .55로 가장 높게 나타났고, 2요인 교육 환경의 곤란도가 −.43으로 가장 낮게 나타났다.

대학교 입장에서 교육 개선 방안이 심사자들에게 높은 평가를 부여받기가 가장 어려운 것을 알 수 있고, 교육 환경이 가장 쉬운 것을 알 수 있다. 즉 심사자들이 교육 개선 방안 평가에서 엄격하게 낮은 점수를 부여하고, 교육 환경 평가에서 관대하게 높은 점수를 부여하는 것을 알 수 있다.

적합 지수를 살펴보면 곤란도가 가장 높게 나타난 5요인 교육 개선 방안의 외적합 지수가 2.13으로 1.50을 초과한 것으로 나타났다. 교육 개선 방안 평가에 대해서는 심사자들 간의 부여한 점수의 일관성이 부족한 것을 알 수 있다.

$\chi^2(5)=210.6$, $p < .001$ 수준에서 요인들 간의 곤란도는 통계적으로 유의한 차이가 나타났다. 또한 분리 신뢰도(RS) 지수는 .99로 1.00에 매우 가깝게 나타났다. 따라서 6개 요인에 대해 심

사자가 부여한 점수에 분명한 차이가 있는 것을 알 수 있다.

8-5) 평가요인에 대한 편파적 심사자 분석 결과 탐색

FACETS 프로그램에서 평가요인에 대한 편파적 심사자를 분석하는 이유는 평가요인을 편파(차별)되게 평가하는 심사자를 통계적으로 추정하기 위해서다. 앞서 소개한 **〈그림 5-1〉**(48쪽)부터 **〈그림 5-3〉**(49쪽)을 보고 실행하면 마지막 표 Table 14.8.1.3에서 다음 **〈그림 8-2〉**와 같은 결과를 볼 수 있다(첨부된 자료: bias-interaction-2).

Table 14.8.1.3 Bias/Interaction Pairwise Report (arranged by mN).

Bias/Interaction: 1. rater, 3. factor

Target Nu ra	Target-Measr	S.E.	Obs-Exp Average	Context N	facto	Target-Measr	S.E.	Obs-Exp Average	Context N	facto	Target-Contrast	Joint S.E.	Rasch-Welch t	d.f.	Prob.
1 1	3.27	.74	-.75	5	5	.12	.09	-.42	6	6	3.14	.74	4.23	24	.0003
9 9	1.43	.41	-.67	5	5	.08	.09	-.93	6	6	1.35	.42	3.19	26	.0037
2 2	.41	.11	-.85	1	1	-.61	.12	1.17	5	5	1.02	.16	6.26	47	.0000
8 8	1.06	.39	-.32	5	5	.09	.09	.26	6	6	.97	.40	2.41	26	.0234
2 2	.31	.10	-.62	2	2	-.61	.12	1.17	5	5	.92	.16	5.92	47	.0000
2 2	.22	.09	-.37	4	4	-.61	.12	1.17	5	5	.83	.15	5.63	45	.0000
5 5	.44	.08	-1.57	4	4	-.37	.16	.46	5	5	.81	.18	4.44	34	.0001
10 10	.03	.10	-1.11	4	4	-.72	.22	.70	6	6	.75	.24	3.11	33	.0038
12 12	.51	.12	-1.04	1	1	-.24	.18	.33	5	5	.75	.21	3.54	41	.0010
2 2	.13	.05	.10	3	3	-.61	.12	1.17	5	5	.75	.13	5.82	33	.0000
5 5	.37	.12	-.66	1	1	-.37	.16	.46	5	5	.74	.20	3.68	43	.0006
10 10	-.06	.19	-.25	5	5	-.72	.22	.70	6	6	.66	.29	2.23	47	.0302
	⋮				⋮					⋮				⋮	
8 8	.10	.05	.43	3	3	1.06	.39	-.32	5	5	-.95	.40	-2.41	24	.0241
8 8	.03	.10	.46	4	4	1.06	.39	-.32	5	5	-1.03	.40	-2.54	26	.0175
7 7	-.78	.13	2.13	1	1	.25	.08	-1.75	6	6	-1.03	.15	-6.64	38	.0000
3 3	-.55	.12	1.35	1	1	.55	.36	-.30	5	5	-1.10	.38	-2.87	29	.0075
9 9	-.03	.11	-.36	2	2	1.43	.41	-.67	5	5	-1.46	.43	-3.42	27	.0020
9 9	-.09	.11	-.15	1	1	1.43	.41	-.67	5	5	-1.52	.43	-3.56	27	.0014
9 9	-.29	.07	1.37	3	3	1.43	.41	-.67	5	5	-1.72	.42	-4.10	25	.0004
9 9	-.32	.10	.72	4	4	1.43	.41	-.67	5	5	-1.76	.43	-4.12	27	.0003
1 1	.03	.06	.17	3	3	3.27	.74	-.75	5	5	-3.24	.74	-4.38	24	.0002
1 1	.00	.11	.13	2	2	3.27	.74	-.75	5	5	-3.26	.75	-4.38	25	.0002
1 1	-.07	.11	.35	1	1	3.27	.74	-.75	5	5	-3.33	.75	-4.47	25	.0001
1 1	-.08	.10	.51	4	4	3.27	.74	-.75	5	5	-3.35	.74	-4.50	24	.0001
②	④				①	④				①	③		⑤		⑥

〈그림 8-2〉 편파적 심사자 추정 결과 Target-Contrast 지수 내림차순 정렬

앞서 소개한 **〈그림 5-5〉**(50쪽)와는 다르게 간명하게 해석할 수 없게 나타난다. 그 이유는 ①번 열인 평가요인(factor)이 2개가 아니라 6개이고, ②번 열인 심사자(rater)도 5명이 아니라

12명이기 때문이다. 또한 위 그림을 해석하기 어려운 이유는 그림에 숫자 정렬 기준이 ③번 열인 [Target-Contrast] 지수(심사자 엄격성)가 내림차순으로 정렬되었기 때문이다. ③번 열인 [Target-Contrast] 지수는 왼쪽부터 첫 번째 ④번 열인 [Target-Measr]과 두 번째 ④번 열인 [Target-Measr]의 차이를 나타내는 지수이다. 따라서 ③번 열인 [Target-Contrast] 지수의 절대값이 클수록 차별이 크게 나타나는 것을 의미한다. 그리고 ⑤번은 첫 번째 ④번 열과 두 번째 ④번 열이 통계적으로 유의한 차이가 있는지를 검증하는 검정통계량, Rasch-Welch t값(RW-t값)이고, ⑥번은 검정통계량에 의한 유의확률이다.

<그림 8-2>에 위에서부터 세 명의 심사자만 검토해 보면, 1번 심사자가 평가요인 중에서 5요인과 6요인을 RW-t값은 4.23, p = .0003 수준에서 통계적으로 유의하게 편파적으로 평가하는 것으로 나타났다. 그리고 9번 심사자가 평가요인 중에서 5요인과 6요인을 RW-t값은 3.19, p = .0037 수준에서 유의하게 편파적으로 평가하는 것으로 나타났다. 그리고 2번 심사자가 평가요인 중에서 1요인과 5요인을 RW-t값은 6.26, $p < .001$ 수준에서 유의하게 편파적으로 평가하는 것으로 나타났다.

이렇게 결과를 제시하는 것은 독자들에게 혼동을 준다. 즉 논문 결과의 표와 글을 작성할 때 **<그림 8-2>**에 형태로 나열된 결과를 보고 정리하는 것은 매우 어렵다. 각 심사자가 각 요인을 어떻게 편파적으로 평가하는지를 보기 쉽게 나열된 그림이 필요하다.

따라서 앞서 소개한 **<그림 5-1>**(48쪽)과 같이 다시 실행하여 다음 **<그림 8-3>**에서 [Permanent Output File]이 아닌 검은색 틀로 표시한 [Temporary Output File]을 클릭하면, 저장을 요구하지 않고 다음 **<그림 8-4>**와 같이 EXCEL 그래프와 메모장 결과가 바로 나타난다.

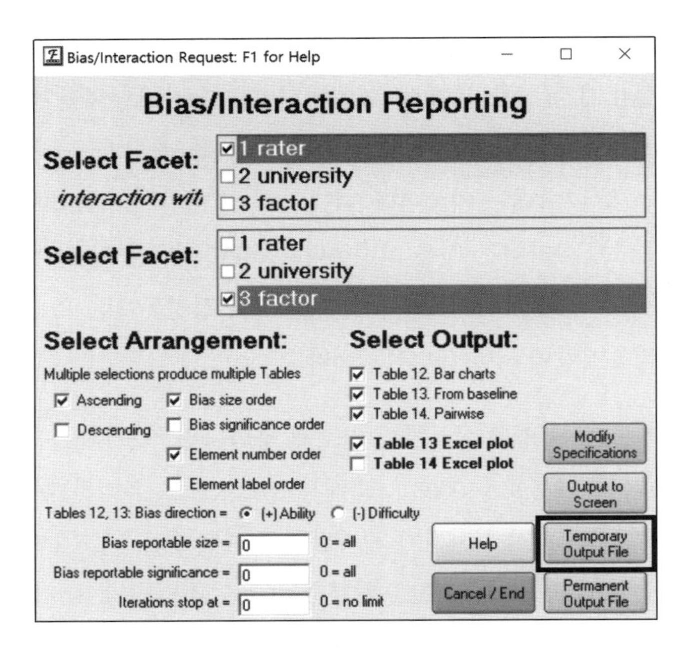

〈그림 8-3〉 편파적 심사자 추정에 대한 자세한 결과를 위한 선택

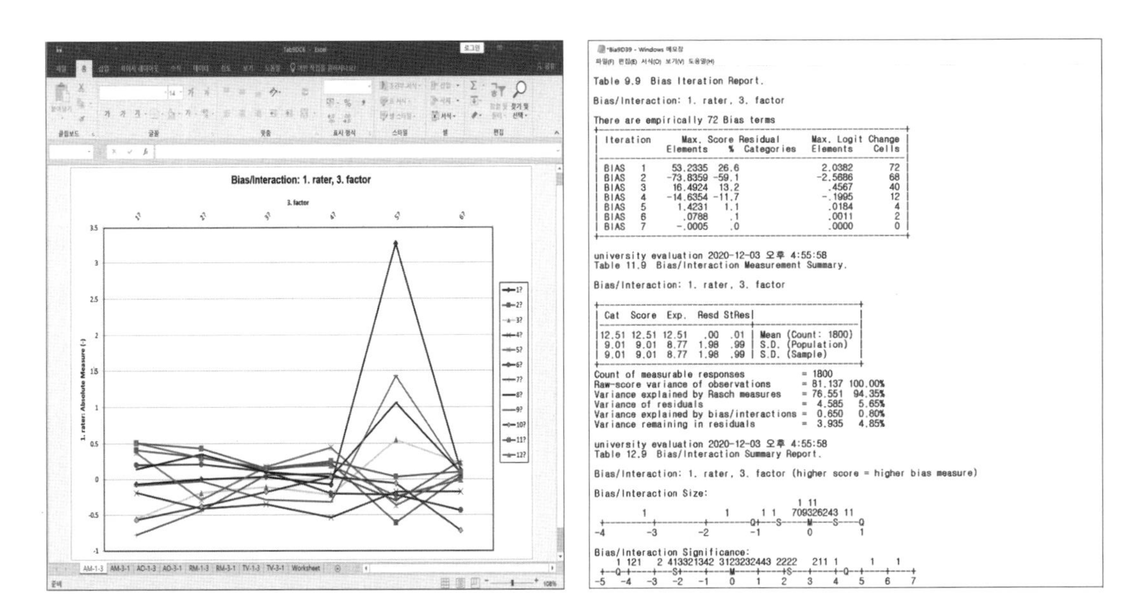


```
Table 9.9  Bias Iteration Report.

Bias/Interaction: 1. rater, 3. factor

There are empirically 72 Bias terms
+----------------------------------------------------------------+
| Iteration      Max. Score Residual        Max. Logit Change    |
|             Elements    %  Categories    Elements     Cells   |
|----------------------------------------------------------------|
| BIAS   1     53.2335  26.6                 2.0382        72   |
| BIAS   2    -73.8359 -59.1                -2.5686        68   |
| BIAS   3     16.4924  13.2                  .4567        40   |
| BIAS   4    -14.6354 -11.7                 -.1995        12   |
| BIAS   5      1.4231   1.1                  .0184         4   |
| BIAS   6       .0788    .1                  .0011         2   |
| BIAS   7      -.0005    .0                  .0000         0   |
+----------------------------------------------------------------+

university evaluation 2020-12-03 오후 4:55:58
Table 11.9  Bias/Interaction Measurement Summary.

Bias/Interaction: 1. rater, 3. factor

+-----------------------------------------------------+
| Cat  Score  Exp.  Resd StRes|                        |
|-----------------------------+------------------------|
|12.51 12.51 12.51   .00   .01 | Mean (Count: 1800)    |
| 9.01  9.01  8.77  1.98   .99 | S.D. (Population)     |
| 9.01  9.01  8.77  1.98   .99 | S.D. (Sample)         |
+-----------------------------------------------------+
Count of measurable responses              = 1800
Raw-score variance of observations         = 81.137 100.00%
Variance explained by Rasch measures       = 76.551  94.35%
Variance of residuals                      =  4.585   5.65%
Variance explained by bias/interactions    =  0.650   0.80%
Variance remaining in residuals            =  3.935   4.85%

university evaluation 2020-12-03 오후 4:55:58
Table 12.9  Bias/Interaction Summary Report.

Bias/Interaction: 1. rater, 3. factor (higher score = higher bias measure)

Bias/Interaction Size:
                                          1 11
        1               1      1 1   709326243 11
+-------+--------+--------Q+---S-----M----S----Q
-4      -3       -2       -1         0         1

Bias/Interaction Significance:
   1 121   2 413321342 3123232443 2222   211 1      1    1
+--Q-+----+---S+----+----M----+----+S---+---+-Q--+----+----+
-5  -4   -3   -2   -1    0    1    2    3   4    5    6    7
```

〈그림 8-4〉 평가요인 편파적 심사자 추정에 대한 자세한 결과

나타난 메모장을 다른 이름으로 저장(첨부된 자료: bias-interaction-2-temporary)하고 가장 밑에 Table 14.9.2.3을 보면 심사자들의 편파적 평가요인들을 쉽게 볼 수 있다. 또한 EXCEL 파일도 다른 이름으로 저장(첨부된 자료: bias-interaction-2-figure)한다.

다음 **<그림 8-5>**는 Table 14.9.2.3에서 논문 결과를 작성하는데 필요한 부분이다.

Table 14.9.2.3 Bias/Interaction Pairwise Report (arranged by N).

Bias/Interaction: 1. rater, 3. factor

Target Nu	Target ra	Target-Measr	S.E.	Obs-Exp Average	Context N	Context facto	Target-Measr	S.E.	Obs-Exp Average	Context N	Context facto	Target-Contrast	Joint S.E.	Rasch-Welch t	Rasch-Welch d.f.	Rasch-Welch Prob.
1	1	-.07	.11	.35	1	1	.00	.11	.13	2	2	-.07	.16	-.46	47	.6475
1	1	-.07	.11	.35	1	1	.03	.06	.17	3	3	-.09	.13	-.75	35	.4582
1	1	-.07	.11	.35	1	1	-.08	.10	.51	4	4	.01	.15	.07	47	.9421
1	1	-.07	.11	.35	1	1	3.27	.74	-.75	5	5	-3.33	.75	-4.47	25	.0001
1	1	-.07	.11	.35	1	1	.12	.09	-.42	6	6	-.19	.14	-1.35	44	.1849
1	1	.00	.11	.13	2	2	.03	.06	.17	3	3	-.02	.12	-.19	36	.8503
1	1	.00	.11	.13	2	2	-.08	.10	.51	4	4	.08	.15	.57	47	.5732
1	1	.00	.11	.13	2	2	3.27	.74	-.75	5	5	-3.26	.75	-4.38	25	.0002
1	1	.00	.11	.13	2	2	.12	.09	-.42	6	6	-.12	.14	-.87	45	.3916
1	1	.03	.06	.17	3	3	-.08	.10	.51	4	4	.11	.11	.93	38	.3581
1	1	.03	.06	.17	3	3	3.27	.74	-.75	5	5	-3.24	.74	-4.38	24	.0002
1	1	.03	.06	.17	3	3	.12	.09	-.42	6	6	-.10	.10	-.93	41	.3593
1	1	-.08	.10	.51	4	4	3.27	.74	-.75	5	5	-3.35	.74	-4.50	24	.0001
1	1	-.08	.10	.51	4	4	.12	.09	-.42	6	6	-.20	.13	-1.55	47	.1286
1	1	3.27	.74	-.75	5	5	.12	.09	-.42	6	6	3.14	.74	4.23	24	.0003
2	2	.41	.11	-.85	1	1	.31	.10	-.62	2	2	.10	.15	.67	47	.5031
2	2	.41	.11	-.85	1	1	.13	.05	.10	3	3	.28	.13	2.18	34	.0360
2	2	.41	.11	-.85	1	1	.22	.09	-.37	4	4	.19	.15	1.32	45	.1926
2	2	.41	.11	-.85	1	1	-.61	.12	1.17	5	5	1.02	.16	6.26	47	.0000
2	2	.41	.11	-.85	1	1	.04	.09	.56	6	6	.37	.15	2.57	45	.0134
2	2	.31	.10	-.62	2	2	.13	.05	.10	3	3	.17	.12	1.49	36	.1451
2	2	.31	.10	-.62	2	2	.22	.09	-.37	4	4	.09	.14	.65	47	.5174
2	2	.31	.10	-.62	2	2	-.61	.12	1.17	5	5	.92	.16	5.92	47	.0000
2	2	.31	.10	-.62	2	2	.04	.09	.56	6	6	.27	.14	1.98	47	.0531
2	2	.13	.05	.10	3	3	.22	.09	-.37	4	4	-.08	.11	-.79	39	.4318
2	2	.13	.05	.10	3	3	-.61	.12	1.17	5	5	.75	.13	5.82	33	.0000
2	2	.13	.05	.10	3	3	.04	.09	.56	6	6	.10	.10	.93	39	.3574
2	2	.22	.09	-.37	4	4	-.61	.12	1.17	5	5	.83	.15	5.63	45	.0000
2	2	.22	.09	-.37	4	4	.04	.09	.56	6	6	.18	.13	1.42	47	.1613
2	2	-.61	.12	1.17	5	5	.04	.09	.56	6	6	-.65	.15	-4.43	44	.0001
⋮			⋮						⋮					⋮		
12	12	.51	.12	-1.04	1	1	.30	.10	-.49	2	2	.20	.16	1.31	47	.1950
12	12	.51	.12	-1.04	1	1	.16	.05	.26	3	3	.35	.13	2.74	33	.0099
12	12	.51	.12	-1.04	1	1	.19	.09	-.07	4	4	.32	.15	2.13	45	.0385
12	12	.51	.12	-1.04	1	1	-.24	.18	.33	5	5	.75	.21	3.54	41	.0010
12	12	.51	.12	-1.04	1	1	-.01	.09	1.03	6	6	.51	.15	3.49	44	.0011
12	12	.30	.10	-.49	2	2	.16	.05	.26	3	3	.15	.11	1.28	35	.2105
12	12	.30	.10	-.49	2	2	.19	.09	-.07	4	4	.11	.14	.82	47	.4146
12	12	.30	.10	-.49	2	2	-.24	.18	.33	5	5	.55	.20	2.68	38	.0109
12	12	.30	.10	-.49	2	2	-.01	.09	1.03	6	6	.31	.14	2.28	47	.0269
12	12	.16	.05	.26	3	3	.19	.09	-.07	4	4	-.03	.11	-.31	38	.7558
12	12	.16	.05	.26	3	3	-.24	.18	.33	5	5	.40	.18	2.17	28	.0386
12	12	.16	.05	.26	3	3	-.01	.09	1.03	6	6	.16	.10	1.58	38	.1230
12	12	.19	.09	-.07	4	4	-.24	.18	.33	5	5	.43	.20	2.17	36	.0363
12	12	.19	.09	-.07	4	4	-.01	.09	1.03	6	6	.20	.13	1.53	47	.1322
12	12	-.24	.18	.33	5	5	-.01	.09	1.03	6	6	-.24	.20	-1.20	35	.2392

<그림 8-5> 6개 평가요인에 대한 편파적 심사자 추정 결과 중 논문 작성에 필요한 부분

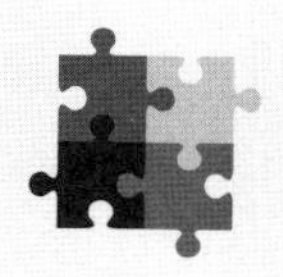

[알아두기]
다량의 결과표 작성방법

위와같이 심사자와 평가요인 빈도가 많은 경우에 평가요인 편파성이 있는 심사자 추정 결과를 논문에 표와 그림으로 모두 제시하는 것은 쉽지 않다. 1명의 심사자마다 6개 평가요인 중 어떤 요인들 간의 편파적 심사를 하는지를 추출하는 것이다. 구체적으로 1명의 심사자가 1요인과 2요인, 1요인과 3요인, 1요인과 4요인, 1요인과 5요인, 1요인과 6요인, 그리고 2요인과 3요인, 2요인과 4요인, 2요인과 5요인, 2요인과 6요인, 그리고 3요인과 4요인, 3요인과 5요인, 3요인과 6요인, 그리고 4요인과 5요인, 4요인과 6요인, 그리고 5요인과 6요인 중에서 어떤 요인들 간에 편파적 심사를 하는

지를 제시해야 한다. 이렇게 12명의 심사자가 6개 평가요인들 간의 편파적 심사 결과를 모두 제시하기 위해서는 12×[(6×5)/2)]= 180행에 결과표가 작성되어야 한다. 이처럼 다량의 결과표를 작성하기 위해서는 **<그림 8-5>**에서 통계적으로 유의한 결과들을 요약해서 다음 8-6)과 같이 그림과 함께 제시하는 것이 적절하다.

8-6) 평가요인에 대한 편파적 심사자 분석 논문 결과 쓰기

(첨부된 자료: bias-interaction-2-temporary에서 Table 14.9.2.3 보고 다음 표 작성, 그리고 bias-interaction-2-figure에서 AM-1-3 보고 다음 그림 작성)

다음 **<표 8-4>**와 **<그림 8-6>**은 6개 평가요인에 대해서 편파적(차별적) 채점 경향을 가지고 있는 12명의 심사자를 추정한 결과이다. 구체적으로 **<표 8-4>**는 심사자당 6개 평가요인들을 두 평가요인끼리 짝지어 편파적 채점을 하는 경향을 분석한 180행의 결과 중에서 유의수준 1%에서 유의하게 차별되는 48행의 결과만을 제시하였다.

<표 8-4> 평가요인에 따른 편파적 심사자 추정

심사자	평가요인A	편파성 지수A (logits)	평가요인B	편파성 지수B (logits)	편파성(A−B) 차이	Rasch-Welch t	p
1	1	−0.07	5	3.27	−3.34	−4.470	0.000
1	2	0.00	5	3.27	−3.27	−4.380	0.000
1	3	0.03	5	3.27	−3.24	−4.380	0.000
1	4	−0.08	5	3.27	−3.35	−4.500	0.000
1	5	3.27	6	0.12	3.15	4.230	0.000
2	1	0.41	5	−0.61	1.02	6.260	0.000
2	2	0.31	5	−0.61	0.92	5.920	0.000
2	3	0.13	5	−0.61	0.74	5.820	0.000
2	4	0.22	5	−0.61	0.83	5.630	0.000
2	5	−0.61	6	0.04	−0.65	−4.430	0.000
3	1	−0.55	3	−0.11	−0.44	−3.320	0.002
3	1	−0.55	5	0.55	−1.10	−2.870	0.008
3	1	−0.55	6	0.22	−0.77	−5.330	0.000

3	2	−0.19	6	0.22	−0.41	−3.020	0.004
3	3	−0.11	6	0.22	−0.33	−3.310	0.002
3	4	−0.22	6	0.22	−0.44	−3.450	0.001
5	1	0.37	2	−0.29	0.66	4.060	0.000
5	1	0.37	5	−0.37	0.74	3.680	0.001
5	2	−0.29	3	0.17	−0.46	−3.740	0.001
5	2	−0.29	4	0.44	−0.73	−5.260	0.000
5	3	0.17	4	0.44	−0.27	−2.800	0.008
5	3	0.17	5	−0.37	0.54	3.170	0.004
5	4	0.44	5	−0.37	0.81	4.440	0.000
5	4	0.44	6	0.07	0.37	3.180	0.003
6	1	0.20	6	−0.44	0.64	3.620	0.001
6	2	0.21	4	−0.20	0.41	2.870	0.006
6	2	0.21	6	−0.44	0.65	3.810	0.000
6	3	0.11	6	−0.44	0.55	3.720	0.001
7	1	−0.78	3	0.06	−0.84	−5.820	0.000
7	1	−0.78	4	0.07	−0.85	−5.200	0.000
7	1	−0.78	6	0.25	−1.03	−6.640	0.000
7	2	−0.44	3	0.06	−0.50	−3.830	0.001
7	2	−0.44	4	0.07	−0.51	−3.350	0.002
7	2	−0.44	6	0.25	−0.69	−4.850	0.000
7	5	−0.30	6	0.25	−0.55	−2.860	0.007
9	1	−0.09	5	1.43	−1.52	−3.560	0.001
9	2	−0.03	5	1.43	−1.46	−3.420	0.002
9	3	−0.29	5	1.43	−1.72	−4.100	0.000
9	3	−0.29	6	0.08	−0.37	−3.260	0.002
9	4	−0.32	5	1.43	−1.75	−4.120	0.000
9	4	−0.32	6	0.08	−0.40	−2.970	0.005
9	5	1.43	6	0.08	1.35	3.190	0.004
10	1	−0.57	4	0.03	−0.60	−3.670	0.001
10	4	0.03	6	−0.72	0.75	3.110	0.004
11	1	0.51	3	0.15	0.36	2.800	0.008
11	1	0.51	6	0.10	0.41	2.850	0.007
12	1	0.51	5	−0.24	0.75	3.540	0.001
12	1	0.51	6	−0.01	0.52	3.490	0.001

평가요인: 1=교육행정, 2=교육환경, 3=교육 내용의 적절성, 4=교육 방법의 적절성, 5=교육 개선 방안, 6=교육 운영 방안

또한 **<그림 8-6>**에 가로축은 6개의 평가요인(1요인: 교육행정, 2요인: 교육환경, 3요인: 교육내용의 적절성, 4요인: 교육 방법의 적절성, 5요인: 교육 개선 방안, 6요인: 교육 운영 방안)을 나타내고, 세로축은 심사자가 부여한 점수를 표준화한 편파성 지수인 로짓(logits)값을 나타낸다. 여기서 편파성 지수는 엄격성 지수를 의미하기 때문에 편파성 지수가 높을수록 낮은 점수를 부여하는 엄격한 심사자를 의미한다.

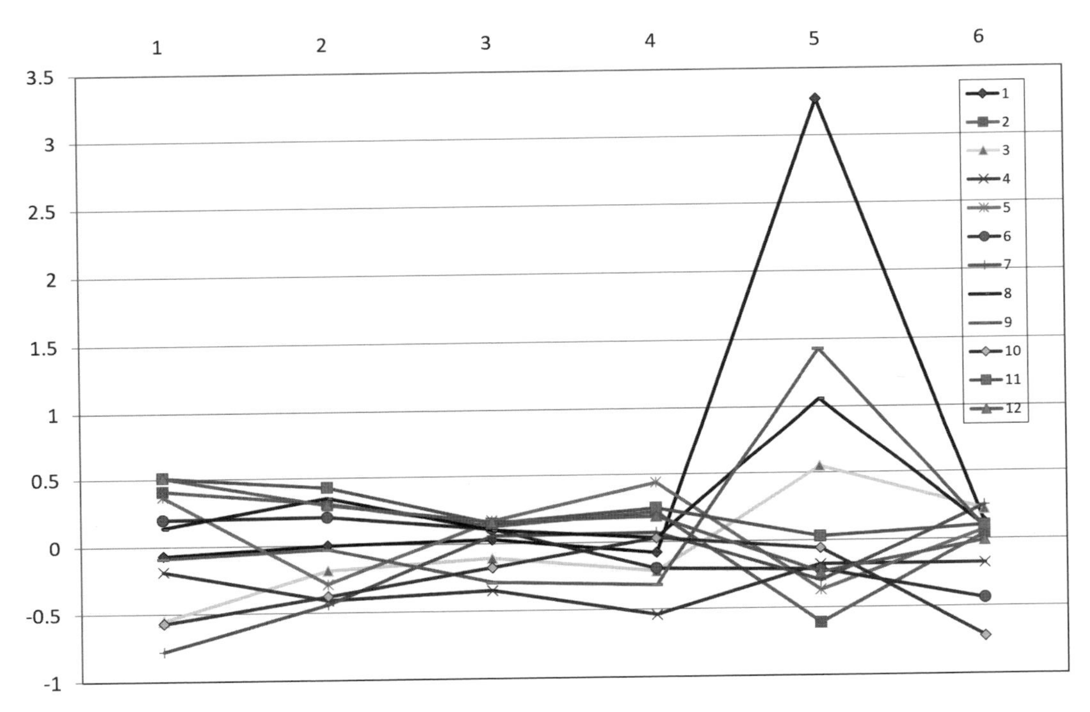

<그림 8-6> 12명의 심사자와 6개 평가요인 효과

표와 그림으로 결과를 살펴보면, 1번 심사자는 1요인, 2요인, 3요인, 4요인, 6요인을 모두 5요인과 $p < .001$ 수준에서 통계적으로 유의하게 편파되는 심사를 한 것으로 나타났다. 그래프를 살펴보면, 1번 심사자는 5요인을 상대적으로 다른 요인들에 비해 엄격하게 낮은 점수를 부여하는 것을 알 수 있다.

2번 심사자도 1요인, 2요인, 3요인, 4요인, 6요인을 모두 5요인과 $p < .001$ 수준에서 유의하게 편파되는 심사를 한 것으로 나타났다. 그러나 1번 심사자와 다르게 2번 심사자는 5요인을 상대적으로 다른 요인들에 비해 관대하게 높은 점수를 부여하는 것을 알 수 있다.

3번 심사자는 2요인, 3요인, 4요인을 모두 6요인과 $p < .01$ 수준에서 유의하게 편파되는 심사를 한 것으로 나타났다 또한 1요인은 6요인과 $p < .001$ 수준에서 유의하게 편파되는 심사를 한 것으로 나타났다. 구체적으로 6요인을 상대적으로 다른 요인들(1요인, 2요인, 3요인, 4요인)에 비해 엄격하게 낮은 점수를 부여하는 것을 알 수 있다. 또한 1요인을 3요인과 5요인에 비해 $p < .01$ 수준에서 통계적으로 유의하게 관대한 평가를 하는 것을 알 수 있다.

4번 심사자는 $p > .01$ 수준에서 유의하게 편파적으로 평가하는 요인은 나타나지 않았다.

5번 심사자는 1요인과 2요인, 2요인과 4요인, 4요인과 5요인은 $p < .001$ 수준에서 통계적으로 유의하게 편파되는 심사를 한 것으로 나타났다. 그래프를 살펴보면, 1요인은 2요인에 비해 엄격하게, 2요인은 4요인에 비해 관대하게, 그리고 4요인은 5요인에 비해 엄격하게 평가하는 것을 알 수 있다. 또한 1요인과 5요인, 2요인과 3요인, 3요인과 4요인, 3요인과 5요인, 4요인과 6요인은 $p < .01$ 수준에서 통계적으로 유의하게 편파되는 심사를 한 것으로 나타났다. 그래프를 살펴보면, 1요인은 5요인에 비해 엄격하게, 2요인은 3요인에 비해 관대하게, 3요인은 4요인에 비해 관대하게, 3요인은 5요인에 비해 엄격하게, 그리고 4요인은 6요인에 비해 엄격하게 평가하는 것을 알 수 있다.

6번 심사자는 2요인과 6요인은 $p < .001$ 수준에서 통계적으로 유의하게 편파되는 심사를 한 것으로 나타났다. 그래프를 살펴보면, 2요인을 6요인보다 엄격하게 평가하는 것을 알 수 있다. 그리고 1요인과 6요인, 2요인과 4요인, 3요인과 6요인은 $p < .01$ 수준에서 통계적으로 유의하게 편파되는 심사를 한 것으로 나타났다. 그래프를 살펴보면, 1요인을 6요인보다 엄격하게, 2요인을 4요인보다 엄격하게, 그리고 3요인을 6요인보다 엄격하게 평가하는 것을 알 수 있다.

7번 심사자는 2요인과 3요인, 2요인과 4요인, 5요인과 6요인은 $p < .01$ 수준에서 통계적으로 유의하게 편파되는 심사를 한 것으로 나타났다. 그래프를 살펴보면, 2요인을 3요인에 비해 관대하게, 2요인을 4요인에 비해 관대하게, 5요인을 6요인에 비해 관대하게 평가하는 것을 알 수 있다. 또한 3요인, 4요인, 6요인은 모두 1요인과, 그리고 2요인은 6요인과 $p < .001$ 수준에서 통계적으로 유의하게 편파되는 심사를 한 것으로 나타났다. 그래프를 살펴보면, 3요인, 4요인, 6요인을 모두 1요인에 비해 엄격하게 평가하는 것을 알 수 있다. 그리고 2요인을 6요인에 비해 관대하게 평가하는 것을 알 수 있다.

8번 심사자는 $p > .01$ 수준에서 통계적으로 유의하게 편파적으로 평가하는 요인은 나타나지 않았다.

9번 심사자는 1요인과 5요인, 2요인과 5요인, 3요인과 6요인, 4요인과 6요인, 5요인과 6요인은 $p < .01$ 수준에서 통계적으로 유의하게 편파되는 심사를 한 것으로 나타났다. 그래프를 살펴보면, 1요인은 5요인에 비해 관대하게, 2요인은 5요인에 비해 관대하게, 3요인은 6요인에 비해 관대하게, 4요인은 6요인에 비해 관대하게 5요인은 6요인에 비해 엄격하게 평가하는 것을 알 수 있다. 그리고 3요인과 5요인, 4요인과 5요인은 $p < .001$ 수준에서 통계적으로 유의하게 편파되는 심사를 한 것으로 나타났다. 그래프를 살펴보면, 3요인은 5요인에 비해 관대하게 4요인을 5요인에 비해 관대하게 평가하는 것을 알 수 있다.

10번 심사자는 1요인과 4요인, 그리고 4요인과 6요인을 $p < .01$ 수준에서 통계적으로 유의하게 편파되는 심사를 한 것으로 나타났다. 그래프를 살펴보면 4요인을 1요인과 6요인에 비해 엄격하게 평가하는 것을 알 수 있다.

11번 심사자는 1요인과 3요인, 그리고 1요인과 6요인을 $p < .01$ 수준에서 통계적으로 유의하게 편파되는 심사를 한 것으로 나타났다. 그래프를 살펴보면 1요인을 3요인과 6요인에 비해 엄격하게 평가하는 것을 알 수 있다.

12번 심사자는 1요인과 5요인, 그리고 1요인과 6요인을 $p < .01$ 수준에서 통계적으로 유의하게 편파되는 심사를 한 것으로 나타났다. 그래프를 살펴보면 1요인을 5요인과 6요인에 비해 엄격하게 평가하는 것을 알 수 있다.

[알아두기]
Rasch 모형과 1모수 로지스틱 모형

Rasch 모형과 문항반응이론에 1모수 로지스틱 모형은 동일하게 응답자 능력과 문항 난이도(item difficulty)를 추정한다. 두 모형에 최종 분석 결론은 동일하게 나타나지만, 두 모형에 수학 공식은 동일하지 않다. Rasch 모형에서는 문항 변별도(item discrimination)를 항상 1로 고정시키지만, 1모수 로지스틱모형은 문항 변별도가 동일하다고 가정하기 때문에, 단 하나의 고정 변별도 값이 추정된다. 구체적으로 문항반응이론에 1모수 로지스틱 모형과 Rasch 모형은 수학모형이 여러 측면에서 다르다. 1모수 로지스틱 모형은 응답자의 정규분포성을 가정하지만, Rasch 모형에서는 가정하지 않는다. 또한 수학 공식에서 1모수 로지스틱 모형은 문항 변별도를 정규오자이브모형에 맞추기 위해 1.702의 상수를 사용하지만, Rasch 모형은 문항 변별도를 1로 고정한다.

특히 Rasch 모형은 문항반응이론에 1모수 로지스틱 모형과 달리 응답자 능력(속성)과 문항 난이도(곤란도) 추정치를 동일한 로짓(logits)이라는 공통척도에 상호 독립적으로 위치시켜 비교할 수 있다. Rasch 모형은 '특수객관성(specific objectivity)'을 충족시켜주는 모형으로 응답자의 능력과 문항 난이도가 서로 관계없이 객관적으로 추정될 수 있는 특징을 가지고 있다. 또한 '가법결정측정(additive conjoint measurement)'으로 응답자가 정답할 확률이 응답자 능력과 문항 난이도의 선형적 방식에 의해 산출되는 특징을 가지고 있다. 그리고 모든 문항의 문항 변별도는 동일하다고 간주하여 통계적으로 만족시켜야 할 가정들도 감소하는 특성, '단순성(simplicity)'을 가지고 있다.

따라서 적지않은 연구에서 볼 수 있는 문장, '이 연구는 문항반응이론의 1모수 로지스틱 모형인 Rasch 모형을 적용하였다'는 잘못된 표현이다. 즉 문항반응이론 중에 1모수 로지스틱 모형을 적용하였는지, 아니면 Rasch 모형을 적용하였는지 명확하게 분리해서 제시해야 한다. FACETS 프로그램과 WINSTEPS 프로그램을 적용한 논문은 '이 연구는 Rasch 모형을 적용하였다'라고 표현하면 된다.

FACETS 프로그램을 적용한 심리측정척도 자료 분석

지금까지 FACETS 프로그램을 통해 다국면 Rasch 모형을 적용하여 심사자의 엄격성 분석, 심사대상(무용응시생, 대학교)의 능력(수준) 분석, 평가요인의 난이도(곤란도) 분석, 평가요인에 편파적(차별적) 심사자 분석을 제시하였다. 그리고 논문 결과 작성방법을 소개하였다.

이밖에도 FACETS 프로그램은 심리측정척도 자료 분석에도 사용될 수 있다. 즉 FACETS 프로그램을 통해 사회 행동과학 분야에서 주로 이루어지는 설문조사 자료를 가지고 다양한 분석 결과 정보를 제시할 수 있다.

다음 **<그림 9-1>**은 자아탄력성을 측정하는 설문지(심리측정척도) 내용이다. 구체적으로 우리나라 청소년(고등학교 2학년 남녀학생)의 자아탄력성, 체육수업 운동시간 정도, 그리고 자신이 생각하는 건강의 정도를 측정하는 척도이다. 이렇게 측정하고 코딩한 파일(첨부된 자료: data-3)을 가지고 FACETS 프로그램을 활용하여 다양한 분석 정보를 제시할 수 있다.

※ 다음 문항을 읽고 해당 되는 곳에 체크(✔)해 주십시오.

문항내용	전혀 그렇지 않다	그렇지 않다	그렇다	매우 그렇다
1. 나는 내 친구에게 너그럽다	1	2	3	4
2. 나는 갑자기 놀라는 일을 당해도 금방 괜찮아지고 그것을 잘 이겨 낸다	1	2	3	4
3 나는 평소에 잘 해보지 않았던 새로운 일을 해 보는 것을 좋아한다	1	2	3	4
4. 나는 사람들에게 좋은 인상을 주는 편이다	1	2	3	4
5. 나는 새로운 음식을 먹어 보는 것을 즐긴다	1	2	3	4
6. 나는 매우 에너지(힘)가 넘치는 사람이다	1	2	3	4
7. 나는 같은 장소에 갈 때도 늘 가던 길보다는 다른 길로가 보는 것을 좋아한다	1	2	3	4
8. 나는 다른 사람들보다 호기심이 많다	1	2	3	4
9. 나는 보통 행동하기 전에 생각을 많이 한다	1	2	3	4
10. 나는 새롭고 다양한 종류의 일하는 것을 좋아한다	1	2	3	4
11. 내 생활은 매일 흥미로운 일들로 가득하다	1	2	3	4
12. 나는 내가 의지가 강한 사람이라고 자신 있게 말할 수 있다	1	2	3	4
13. 나는 다른 사람에게 화가 나도 금방 괜찮아진다	1	2	3	4
14. 나는 내가 만나는 대부분의 사람들이 좋다	1	2	3	4

1. 당신의 성별은 무엇입니까? 아래 해당 번호에 체크(✔)해 주십시오.
   ① 남자 ② 여자

2. 일주일 동안 땀을 흘리며 운동한 시간은 몇 시간입니까? 아래 해당 번호에 체크(✔)해 주십시오.
   ① 없다 ② 1시간 ③ 2시간 ④ 3시간 이상

3. 자신의 건강 상태가 어떻다고 생각합니까? 아래 해당 번호에 체크(✔)해 주십시오.
   ① 건강하지 못한 편이다 ② 건강한 편이다 ③ 매우 건강하다

〈그림 9-1〉 자아탄력성 측정 설문지 내용

일반적으로 자아탄력성과 같은 설문 조사는 다음 **〈그림 9-2〉**와 같은 형태로 EXCEL 프로그램 또는 SPSS 프로그램에 코딩을 한다. 구체적으로 살펴보면, **〈그림 9-1〉** 설문지 변인들 순서를 첫 번째 열에는 id, 두 번째 열에는 성별(gender), 세 번째 열에는 운동시간(physical), 네 번째 열에는 건강정도(health) 그리고 다섯번째 열부터 14문항을 차례대로 정리한 것이다

(item1~item14). 그리고 S열은 EXCEL 기능으로 id를 포함하여 모든 응답을 정리한 셀이고, T열은 id 열만 생략하고 B열부터 R열까지 모든 응답을 정리한 셀이다.

위에 **<그림 9-1>** 자아탄력성 측정척도 14문항은 모두 긍정적으로 작성되어 있다. 따라서 높은 척도(4점)에 응답할 수록 긍정적인 높은 자아탄력성을 가지고 있는 것으로 측정되는 것을 알 수 있다. 이 경우에는 역코딩하는 핸들링은 요구되지 않는다.

	A	B	C	D	E	F	G	H	I	J	K	L	M	N	O	P	Q	R	S	T
1	id	gender	physical	health	item1	item2	item3	item4	item5	item6	item7	item8	item9	item10	item11	item12	item13	item14	id 포함	id 생략
2	1	1	1	3	4	4	4	4	4	4	3	4	2	4	4	4	4	4	1,1,1,3,4,4,4,4,4,4,3,4,2,4,4,4,4,4	1,1,3,4,4,4,4,4,4,3,4,2,4,4,4,4,4
3	2	1	1	2	3	3	3	3	3	4	4	4	4	2	2	3	3	4	2,1,1,2,3,3,3,3,3,4,4,4,4,2,2,3,3,4	1,1,2,3,3,3,3,3,4,4,4,4,2,2,3,3,4
4	3	2	1	3	3	4	4	4	4	4	3	3	3	4	2	2	3	4	3,2,1,3,3,4,4,4,4,4,3,3,3,4,2,2,3,4	2,1,3,3,4,4,4,4,4,3,3,3,4,2,2,3,4
5	4	1	1	3	3	3	3	3	4	4	4	4	1	4	4	3	2	4	4,1,1,3,3,3,3,3,4,4,4,4,1,4,4,3,2,4	1,1,3,3,3,3,3,4,4,4,4,1,4,4,3,2,4
6	5	2	1	2	3	3	3	3	4	2	3	3	3	3	2	3	4	3	5,2,1,2,3,3,3,3,4,2,3,3,3,3,2,3,4,3	2,1,2,3,3,3,3,4,2,3,3,3,3,2,3,4,3
7	6	2	1	2	2	3	3	3	3	3	2	2	4	2	3	3	3	3	6,2,1,2,2,3,3,3,3,3,2,2,4,2,3,3,3,3	2,1,2,2,3,3,3,3,3,2,2,4,2,3,3,3,3
8	7	2	1	2	3	3	3	3	3	3	1	4	2	3	3	3	3	3	7,2,1,2,3,3,3,3,3,3,1,4,2,3,3,3,3,3	2,1,2,3,3,3,3,3,3,1,4,2,3,3,3,3,3
9	8	2	1	1	2	1	2	2	3	2	2	3	3	3	1	2	1	3	8,2,1,1,2,1,2,2,3,2,2,3,3,3,1,2,1,3	2,1,1,2,1,2,2,3,2,2,3,3,3,1,2,1,3
10	9	1	1	1	2	2	2	2	2	2	2	3	2	3	2	2	2	2	9,1,1,1,2,2,2,2,2,2,2,3,2,3,2,2,2,2	1,1,1,2,2,2,2,2,2,2,3,2,3,2,2,2,2
⋮	⋮	⋮	⋮	⋮	⋮	⋮	⋮	⋮	⋮	⋮	⋮	⋮	⋮	⋮	⋮	⋮	⋮	⋮	⋮	⋮
496	495	2	1	3	2	2	3	4	4	3	4	3	2	4	3	2	2	3	495,2,1,3,2,2,3,4,4,3,4,3,2,4,3,2,2,3	2,1,3,2,2,3,4,4,3,4,3,2,4,3,2,2,3
497	496	2	1	3	3	4	4	3	2	3	3	2	3	4	2	4	4	4	496,2,1,3,3,4,4,3,2,3,3,2,3,4,2,4,4,4	2,1,3,3,4,4,3,2,3,3,2,3,4,2,4,4,4
498	497	2	1	2	3	3	3	3	3	3	3	3	3	3	3	3	3	3	497,2,1,2,3,3,3,3,3,3,3,3,3,3,3,3,3,3	2,1,2,3,3,3,3,3,3,3,3,3,3,3,3,3,3
499	498	2	1	2	3	3	3	3	2	3	2	3	3	2	2	2	2	3	498,2,1,2,3,3,3,3,2,3,2,3,3,2,2,2,2,3	2,1,2,3,3,3,3,2,3,2,3,3,2,2,2,2,3
500	499	2	1	2	3	3	2	3	2	2	2	3	3	3	3	3	4	4	499,2,1,2,3,3,2,3,2,2,2,3,3,3,3,3,4,4	2,1,2,3,3,2,3,2,2,2,3,3,3,3,3,4,4
501	500	2	1	2	3	3	3	3	2	3	3	4	3	2	3	3	3	3	500,2,1,2,3,3,3,3,2,3,3,4,3,2,3,3,3,3	2,1,2,3,3,3,3,2,3,3,4,3,2,3,3,3,3

<그림 9-2> FACETS 프로그램 실행을 위한 EXCEL 프로그램 코딩

이 책에서 처음 소개한 **<그림 1>**(24쪽)과 **<그림 9-2>**는 코딩 형태가 다른 것을 볼 수 있다. 대중화된 통계 프로그램을 실행하기 위해 자료를 코딩하는 형태는 크게 두 가지로 분류된다고 할 수 있다. **<그림 1>**과 같이 코딩하는 것이 수직형태(long format) 코딩이고, **<그림 9-2>**와 같이 코딩하는 것이 수평형태(wide format) 코딩이다. 설문조사 자료는 위와같이 수평형태 코딩이 일반적이다. 수평형태 코딩 자료를 가지고 FACETS 프로그램을 실행하기 위한 FACETS 설계서는 다음 **<그림 9-3>**과 같다(첨부된 자료: facets-specification-wide format-1).

```
facets-specification-wide format-1 - Windows 메모장
파일(F) 편집(E) 서식(O) 보기(V) 도움말(H)
title=wide format for resilience
facets=5
noncentered=1
positive=1
model=?,?,?,?,?,scale

rating scale=scale,R4
1=strongly disagree
2=disagree
3=agree
4=strongly agree
*

labels=
1,id
1-500
*

2,gender
1=boy
2=girl
*

3,physical
1-4
*

4,health
1-3
*

5,item
1-14
*

dvalues=5, 1-14

data=
1,1,1,3,4,4,4,4,4,4,3,4,2,4,4,4,4,4
2,1,1,2,3,3,3,3,3,4,4,4,4,2,2,3,3,4
3,2,1,3,3,4,4,4,4,4,3,3,3,4,2,2,3,4
4,1,1,3,3,3,3,3,4,4,4,4,1,4,4,3,2,4
                    ⋮
496,2,1,3,3,4,4,3,2,3,3,2,3,4,2,4,4,4
497,2,1,2,3,3,3,3,3,3,3,3,3,3,3,3,3,3
498,2,1,2,3,3,3,3,2,3,2,3,3,2,2,2,2,3
499,2,1,2,3,3,2,3,2,2,2,3,3,3,3,3,4,4
500,2,1,2,3,3,3,3,2,3,3,4,3,2,3,3,3,3
```

〈그림 9-3〉 FACETS 프로그램 실행을 위한 윈도우 메모장 설계 (3)

첫 번째 행에 title= 은 분석 제목, 두 번째 행에 facets= 은 국면의 수, 세 번째 행에 noncentered= 은 주요관심 국면이다. 그리고 네 번째 행에 positive= 은 상대적으로 높은 측정치를 가진 국면을 지정하는 것을 의미한다. 앞서 소개한 **〈그림 2〉**(26쪽)에서 자세히 설명하였다. 연구자가 자유롭게 설정할 수 있다.

다섯 번째 행에 model= 은 국면의 수를 물음표(?)와 쉼표(,)로 나타내고 마지막에 평가 최고 점수 앞에 R을 입력하는 것이다. 따라서 앞서 소개한 **〈그림 2〉**와 같이 간명하게 model=?,?,?,?,?,R4 로 설계해도 무방하다. 그런데 **〈그림 9-3〉**은 더 구체적으로 FACETS 설계서에 설명을 추가한 것이다. 이 분석의 자아탄력성은 4점 평정척도(rating scale)로 측정되었고, 높은 점수일수록 자아탄력성이 높은 것인지, 낮은 것인지를 1점부터 4점의 명칭을 제시한 것이다. 반드시 *을 입력하고 다음 설계로 넘어가야 한다.

다음의 labels= 은 이 연구의 다섯 국면이 어떠한지를 자세히 제시해 주는 설계다.

첫째, 1국면으로 결정한 1, id는 500명 응답자를 나타낸다. 500명 응답자의 명칭을 문자로 모두 제시하는 것은 어렵기 때문에 1−500으로 제시한 것이다. 반드시 *을 입력하고 다음 설계로 넘어가야 한다.

둘째, 이 연구에서 2국면으로 결정한 2, gender는 코딩된 1은 남학생(1=boy)을, 2는 여학생(2=girl)을 의미한다는 것을 명명한 것이다. 반드시 *을 입력하고 다음 설계로 넘어가야 한다.

셋째, 이 연구에서 3국면으로 결정한 3, physical은 1점부터 4점으로 측정되며, **〈그림 9-1〉**(82쪽)을 보면 높은 점수일 수록 운동량이 많은 것을 의미한다. 반드시 *을 입력하고 다음 설계로 넘어가야 한다.

넷째, 이 연구에서 4국면으로 결정한 4, health는 1점부터 3점으로 측정되며, 역시 **〈그림 9-1〉**을 보면 높은 점수일수록 자아건강평가가 긍정적인 것을 알 수 있다. 반드시 *을 입력하고 다음 설계로 넘어가야 한다.

다섯째, 이 연구에서 5국면으로 결정한 5, item은 14문항이기 때문에 1−14로 제시한 것이다. 반드시 *을 입력하고 다음 설계로 넘어가야 한다.

다음으로 dvalues= 은 수평형태 코딩인 경우에 반드시 제시해야 되는 명령어다. data values의 줄임어이고 data에 몇 번째 열부터 item1에서 item14 까지 코딩이 시작되는지를 명령하는 것이다. 따라서 dvalues=5, 1−14는 5번째 열부터 item1이 시작되어 마지막 열에 item14 코딩이 되었다는 것을 명령하는 것이다. dvalues= 은 *을 입력하는 것은 필요하지 않다.

마지막으로 data= 은 EXCEL 프로그램에서 정리한 S열을 복사해서 붙여넣으면 FACETS 설계서 작성이 모두 완료되는 것이다. 마지막 끝에 *을 입력하는 것은 필요하지 않다.

[알아두기]
설문지 문항 내용과 코딩된 자료 검토

연구자는 설문조사 문항들에 내용이 모두 긍정적으로 작성되어 있는지, 부정적으로 작성되어 있는지, 또는 혼합되어 작성되어 있는지를 파악하는 것이 매우 중요하다. 만일 문항들 내용이 혼합되어 있다면 반드시 연구자가 코딩된 자료를 핸들링해야 한다. 즉 역코딩된 문항 자료는 프로그램을 통해 반대로 핸들링하여, 모든 문항이 높은 점수일수록 긍정적인 것인지, 아니면 모든 문항이 높은 점수일수록 부정적인 것인지 반드시 일치시켜야 한다.

FACETS 프로그램 실행 및 경고 탐색

EXCEL 프로그램과 윈도우 메모장을 사용하여 FACETS 설계서가 완성되면 FACETS 프로그램을 실행한다(첨부된 자료: facets-specification-wide format-1). 즉 앞서 소개한 **〈그림 3-1〉**(29쪽)부터 **〈그림 3-4〉**(31쪽)와 같이 실행하면 다음 **〈그림 10-1〉**과 같이 분석 결과 메모장이 나타난다(첨부된 자료: facets-specification-wide format-1.out).

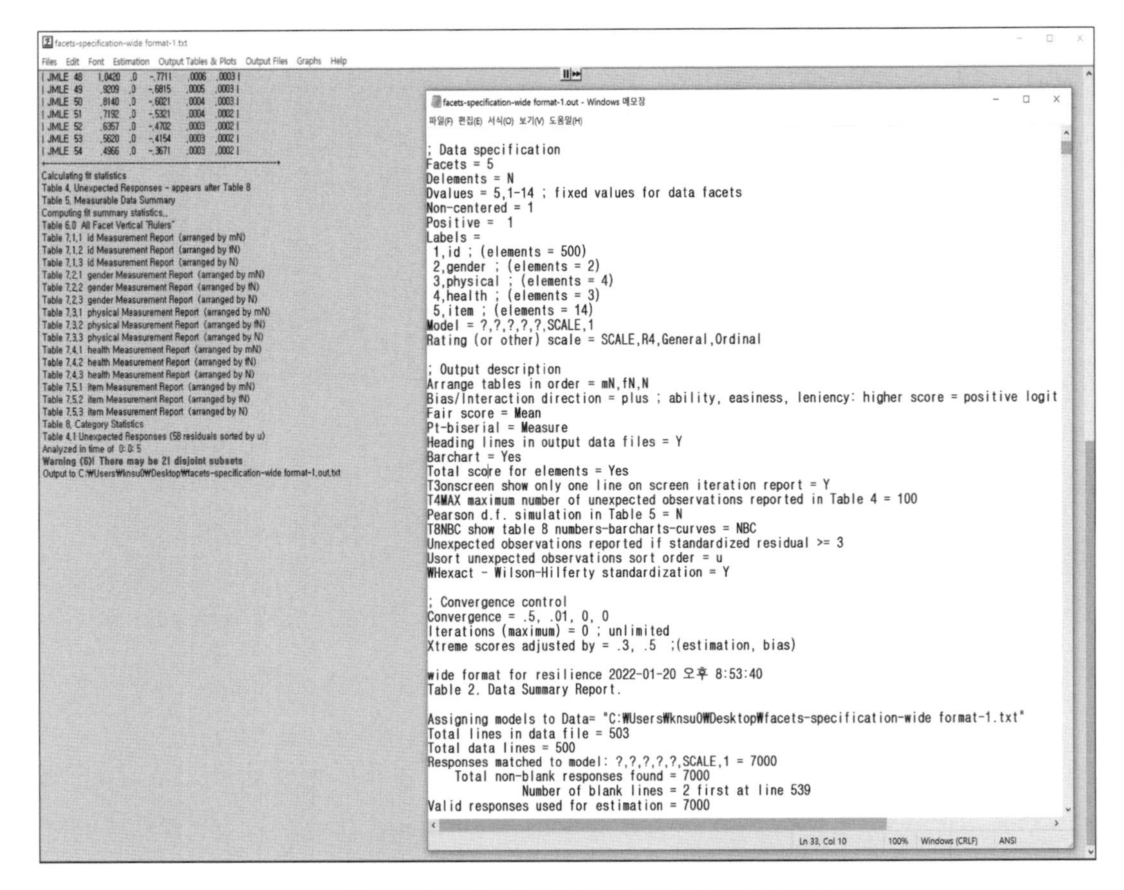

〈그림 10-1〉 FACETS 프로그램 실행 및 경고

그런데 실행된 프로그램 마지막 두번째 행에 Warning(6)! There may be 21 disjoint subsets 경고가 표시된다. 그 이유는 FACETS 설계(**〈그림 9-3〉**)(84쪽) 1국면에 id가 다른 네 개의 국면들(gender, physical, health, item)과 같이 작성되었기 때문이다. 구체적으로 FACETS 프로그램은 다국면 분석이 가능하지만, 각 개인 id(응답자) 국면을 동시에 할당할 수 있는 다국면 분석은 불가능하다. 연구자들은 위와같은 경고가 나타나도 무시하고 결과 메모장을 해석하는 경우가 적지않다. 그러나 원칙적으로 id 국면은 삭제하고 다시 FACETS 설계서를 작성하고 프로그램을 실행하는 것이 적합하다.

따라서 다시 수평형태 코딩 자료에서 위와같은 경고가 없이 FACETS 프로그램을 실행하기 위한 FACETS 설계서는 다음 **〈그림 10-2〉**와 같다(첨부된 자료: facets-specification-wide format-id-delete).

```
facets-specification-wide format-id-delete - Windows 메모장
파일(F) 편집(E) 서식(O) 보기(V) 도움말(H)
title=wide format for resilience without id
facets=4
noncentered=1
positive=1
model=?,?,?,?,scale

rating scale=scale,R4
1=strongly disagree
2=disagree
3=agree
4=strongly agree
*

labels=
1,gender
1=boy
2=girl
*

2,physical
1-4
*

3,health
1-3
*

4,item
1-14
*

dvalues=4, 1-14

data=
1,1,3,4,4,4,4,4,4,3,4,2,4,4,4,4,4
1,1,2,3,3,3,3,3,4,4,4,4,2,2,3,3,4
2,1,3,3,4,4,4,4,4,3,3,3,4,2,2,3,4
1,1,3,3,3,3,3,4,4,4,4,1,4,4,3,2,4
2,1,2,3,3,3,3,4,2,3,3,3,3,2,3,4,3
⋮
2,1,3,3,4,4,3,2,3,3,2,3,4,2,4,4,4
2,1,2,3,3,3,3,3,3,3,3,3,3,3,3,3,3
2,1,2,3,3,3,3,2,3,2,3,3,2,2,2,2,3
2,1,2,3,3,2,3,2,2,2,3,3,3,3,3,4,4
2,1,2,3,3,3,3,2,3,3,4,3,2,3,3,3,3
```

〈그림 10-2〉 FACETS 프로그램 실행을 위한 윈도우 메모장 설계 (4)

앞서 소개한 **〈그림 9-3〉**과 비교해서 무엇이 달라졌는지를 이해하는 것이 중요하다. 전체적으로 id 국면을 삭제하였기 때문에 facets=4로 변경되었고, 국면의 수를 나타내는 물음표(?)도 하나가 줄어서 model=?,?,?,?,scale로 변경되었다. 또한 dvalues=4로 변경되었고 data는 id가 생략된 코딩을 EXCEL 프로그램을 통해 작성하여 붙여넣은 것이다(**〈그림 9-2〉**(83쪽)에 T열).

이와같이 FACETS 설계서가 완성되고 FACETS 프로그램을 실행하면, 다음 **〈그림 10-3〉**과 같이 마지막 두번째 행에 Subset connection O.K. 결과가 나타난다.

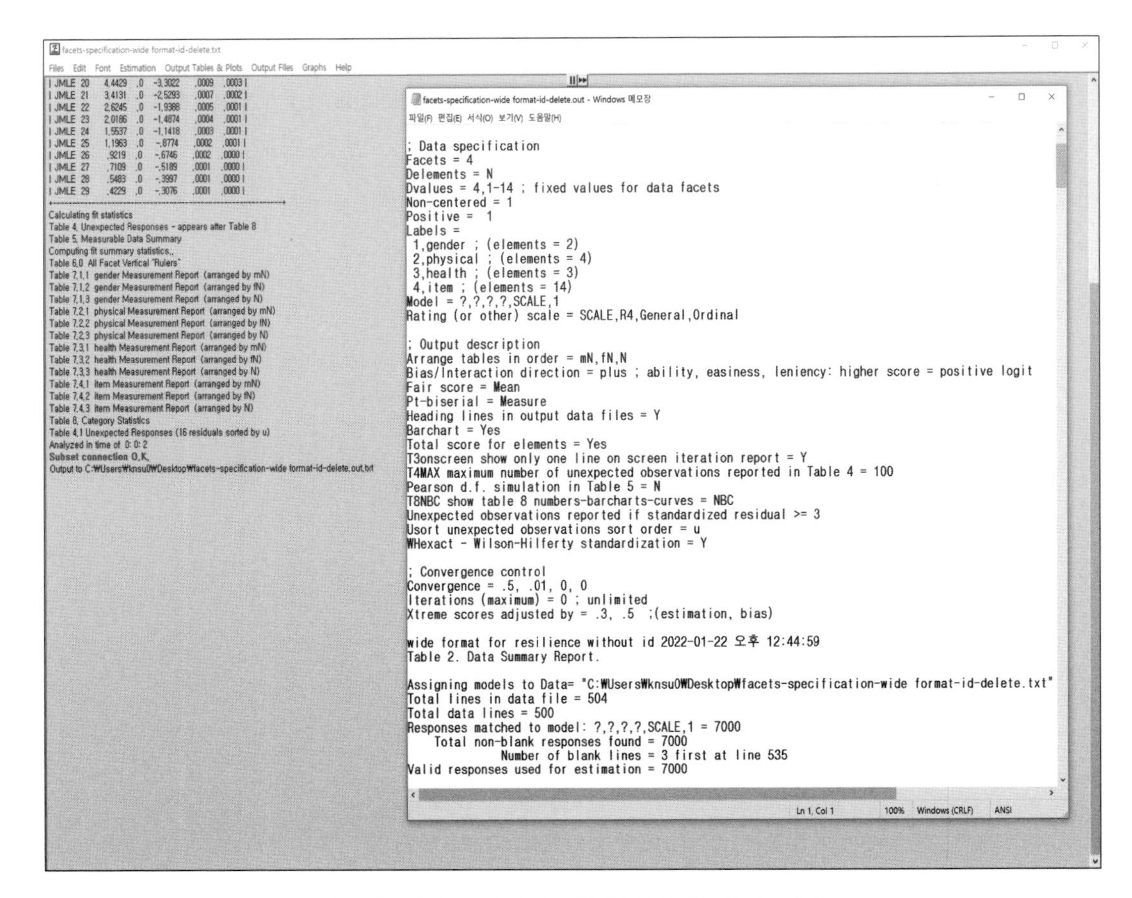

〈그림 10-3〉 FACETS 프로그램 실행 성공

데이터 구조변환과 FACETS 설계서 작성

FACETS 프로그램을 통해서 심리측정척도 자료를 분석하기 위해서는 대부분 앞서 소개한 **<그림 9-2>**(83쪽)와 같이 수평형태 코딩을 하고 실행한다. 그런데 수평형태의 자료를 수직형태의 구조로 변환하여 FACETS 설계서를 어떻게 작성하는지를 이해하는 것도 의미가 있다. 따라서 일반화되어 있는 EXCEL 프로그램을 통해 수평형태의 자료를 수직형태 자료로 변환하는 방법은 다음 **<그림 11-1>**과 같다.

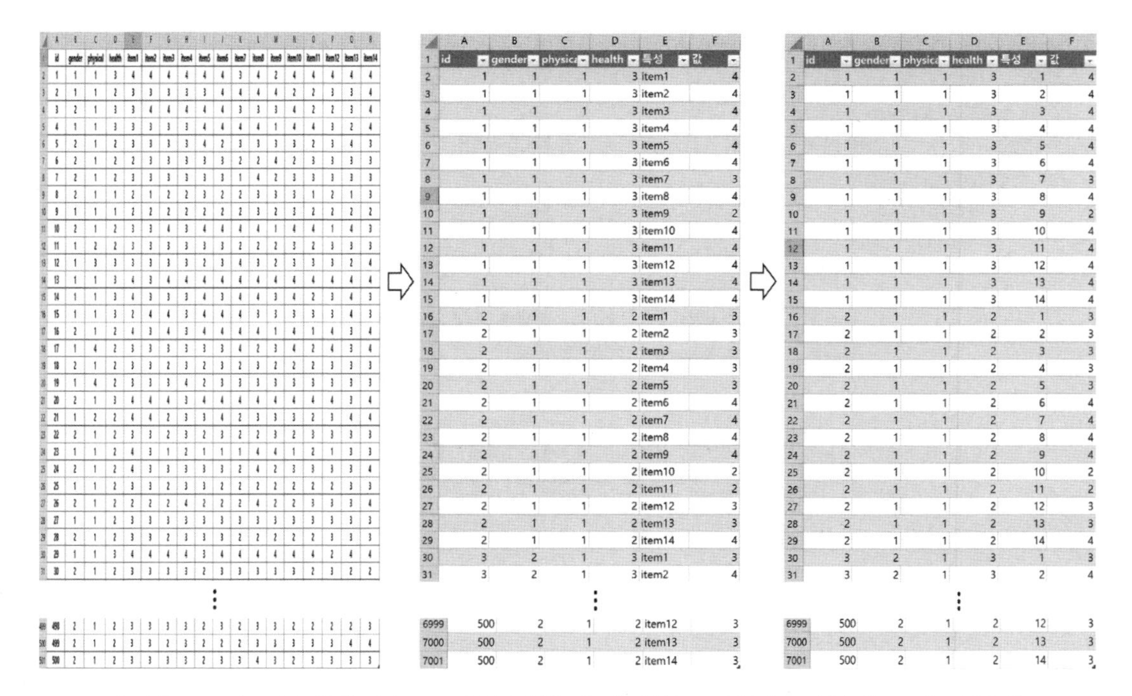

	id	gender	physica	health	특성	값
2	1	1	1	3	item1	4
3	1	1	1	3	item2	4
4	1	1	1	3	item3	4
5	1	1	1	3	item4	4
6	1	1	1	3	item5	4
7	1	1	1	3	item6	4
8	1	1	1	3	item7	3
9	1	1	1	3	item8	4
10	1	1	1	3	item9	2
11	1	1	1	3	item10	4
12	1	1	1	3	item11	4
13	1	1	1	3	item12	4
14	1	1	1	3	item13	4
15	1	1	1	3	item14	4
16	2	1	1	2	item1	3
17	2	1	1	2	item2	3
18	2	1	1	2	item3	3
19	2	1	1	2	item4	3
20	2	1	1	2	item5	3
21	2	1	1	2	item6	4
22	2	1	1	2	item7	4
23	2	1	1	2	item8	4
24	2	1	1	2	item9	4
25	2	1	1	2	item10	2
26	2	1	1	2	item11	2
27	2	1	1	2	item12	3
28	2	1	1	2	item13	3
29	2	1	1	2	item14	4
30	3	2	1	3	item1	3
31	3	2	1	3	item2	4
⋮						
6999	500	2	1	2	item12	3
7000	500	2	1	2	item13	3
7001	500	2	1	2	item14	3

	id	gender	physica	health	특성	값
2	1	1	1	3	1	4
3	1	1	1	3	2	4
4	1	1	1	3	3	4
5	1	1	1	3	4	4
6	1	1	1	3	5	4
7	1	1	1	3	6	4
8	1	1	1	3	7	3
9	1	1	1	3	8	4
10	1	1	1	3	9	2
11	1	1	1	3	10	4
12	1	1	1	3	11	4
13	1	1	1	3	12	4
14	1	1	1	3	13	4
15	1	1	1	3	14	4
16	2	1	1	2	1	3
17	2	1	1	2	2	3
18	2	1	1	2	3	3
19	2	1	1	2	4	3
20	2	1	1	2	5	3
21	2	1	1	2	6	4
22	2	1	1	2	7	4
23	2	1	1	2	8	4
24	2	1	1	2	9	4
25	2	1	1	2	10	2
26	2	1	1	2	11	2
27	2	1	1	2	12	3
28	2	1	1	2	13	3
29	2	1	1	2	14	4
30	3	2	1	3	1	3
31	3	2	1	3	2	4
⋮						
6999	500	2	1	2	12	3
7000	500	2	1	2	13	3
7001	500	2	1	2	14	3

<그림 11-1> EXCEL 프로그램을 통한 데이터 구조변환 (수평형태 → 수직형태)

우선 왼쪽 그림은 일반적으로 심리측정척도를 수평형태로 EXCEL 프로그램에 코딩한 자료이다. 앞서 소개한 **<그림 9-2>**에 S와 T열만 생략한 자료이다(첨부된 자료: data-3-restructure-long format). 그리고 가운데 그림은 EXCEL 프로그램을 통해 수직형태 자료로 변환시킨 것이고, 마지막 오른쪽 그림은 가운데 그림의 문자 열 item1~item14를 숫자 열로 1~14로 변환시킨 것이다.

첨부된 EXCEL 파일 data-3-restructure-long format를 열고, 우선 마우스로 데이터가 입력된 셀을 선택한다. 어떤 셀을 선택해도 무방하다. 빈 셀을 선택하지만 않으면 된다. 단 EXCEL 프로그램 버전에 따라 데이터를 모두 선택하라는 창이 생길 수도 있다. 그렇다면 전체 데이터를 마우스로 드래그해서 선택한다. 이것은 기본적인 EXCEL 핸들링이라고 할 수 있다.

다음으로 위쪽에 [데이터]를 클릭하고 새쿼리 아이콘 옆에 [테이블에서]를 찾아 클릭한다. 참고로 EXCEL 프로그램 버전에 따라 [테이블에서]가 [테이블/범위에서] 또는 [파워쿼리]로 표시되어 있을 수 있다. [테이블에서]를 클릭하면 'power query 편집기'라는 새로운 창이 형성된다. 이 창에서 FACETS 설계서 수직형태로 적합하게 바꾸기 위해서 item 셀들을 모두 선택하면 된다. 선택방법은 우선 item1 열을 클릭하고 shift 키를 누른 상태에서 마지막 item14 열을 클릭하면 모든 item이 선택된다.

다음으로 위쪽에 [변환]을 선택하고 [열 피벗 해제]를 클릭하면 **<그림 11-1>**에 가운데 그림 형태로 변화된 것을 볼 수 있다. 그리고 'power query 편집기' 닫기를 누르면 변경 내용을 유지할 것인지를 선택하는 작은 경고창이 생기고, 당연히 유지를 선택하면 자동으로 Sheet2에 **<그림 11-1>**에 가운데 그림이 생성된다.

그리고 마지막으로 오른쪽 그림처럼 문자 열 item1~item14를 숫자 열로 1~14로 쉽게 변환시키는 방법은 다음과 같다. 우선 item이 7001행까지 적혀있는 E열에 처음 item1 부터 item14 까지만을 숫자 1부터 14로 변경한다. 그리고 변경된 숫자 1부터 14를 선택하여 Ctrl+C로 복사한다. 복사된 셀들은 점선으로 둘러싸여 진다. 그 다음 복사된 셀 바로 아래 셀인 16행의 item1을 마우스로 반드시 한번 클릭하고, 화면에 마지막 7001행까지 보이도록 마우스로 내린 다음 반드시 Shift를 누른 상태에서 7001행의 item14 셀을 한번 클릭한다. 그러면 16행 item1부터 7001행 item14가 쉽게 모두 선택된다. 이렇게 선택된 상태에서 Ctrl+V로 붙여넣기를 하면 **<그림 11-1>**에 오른쪽 그림처럼 문자 item1~item14가 숫자 1~14로 모두 규칙적으로 변환된다.

앞서 제시한대로 A열(id)은 다국면 FACETS 설계서 실행 시 경고를 유발한다. 즉 이 분석에서 id열은 불필요하다. 따라서 B2 셀부터 F7001 셀까지가 FACETS 설계서 수직형태 data로 변경된 것이다. 이 책의 첫 번째 **<그림 1>**(24쪽)과 동일한 수직형태 data가 된 것이다. 이렇게 생성된 수직형태 data로 FACETS 설계서를 만들면 다음 **<그림 11-2>**와 같다.

EXCEL 프로그램으로 코딩된 data는 앞서 설명한 것처럼 쉼표 없이 그대로 복사해서 붙여도 산출되는 결과는 동일하다(첨부된 자료: facets-specification-long format-id-delete). 중요한 것은 수평형태 자료와 수직형태 자료를 자유롭게 핸들링할 수 있고, 그 자료에 맞게 FACETS 설계서를 작성할 수 있어야 하는 것이다. FACETS 프로그램으로 앞서 소개한 **<그림 10-2>**(89쪽)와 **<그림 11-2>**를 실행해 보면 동일한 결과 메모장이 나타난다.

```
facets-specification-long format-id-delete - Windows 메모장
파일(F) 편집(E) 서식(O) 보기(V) 도움말(H)
title=long format for resilience without id
facets=4
noncentered=1
positive=1
model=?,?,?,?,scale

rating scale=scale,R4
1=strongly disagree
2=disagree
3=agree
4=strongly agree
*

labels=
1,gender
1=boy
2=girl
*

2,physical
1-4
*

3,health
1-3
*

4,item
1-14
*

vertical=(1A, 2L, 3L, 4L)

data=
1     1     3     1     4
1     1     3     2     4
1     1     3     3     4
1     1     3     4     4
1     1     3     5     4
1     1     3     6     4
1     1     3     7     3
1     1     3     8     4
1     1     3     9     2
1     1     3     10    4
1     1     3     11    4
1     1     3     12    4
1     1     3     13    4
1     1     3     14    4
            ⋮
2     1     2     11    3
2     1     2     12    3
2     1     2     13    3
2     1     2     14    3
```

<그림 11-2> FACETS 프로그램 실행을 위한 윈도우 메모장 설계 (5)

반대로 EXCEL 프로그램을 통해 수직형태 자료를 수평형태 자료로 구조를 변환하는 방법과 FACETS 설계서를 작성하는 방법을 이해하는 것도 중요하다. 이 책의 처음 **<그림 1>**(24쪽)의 자료는 수직형태이다. 이 수직형태 자료를 EXCEL 프로그램을 통해 수평형태 자료로 변환하는 방법은 다음 **<그림 11-3>**과 같다.

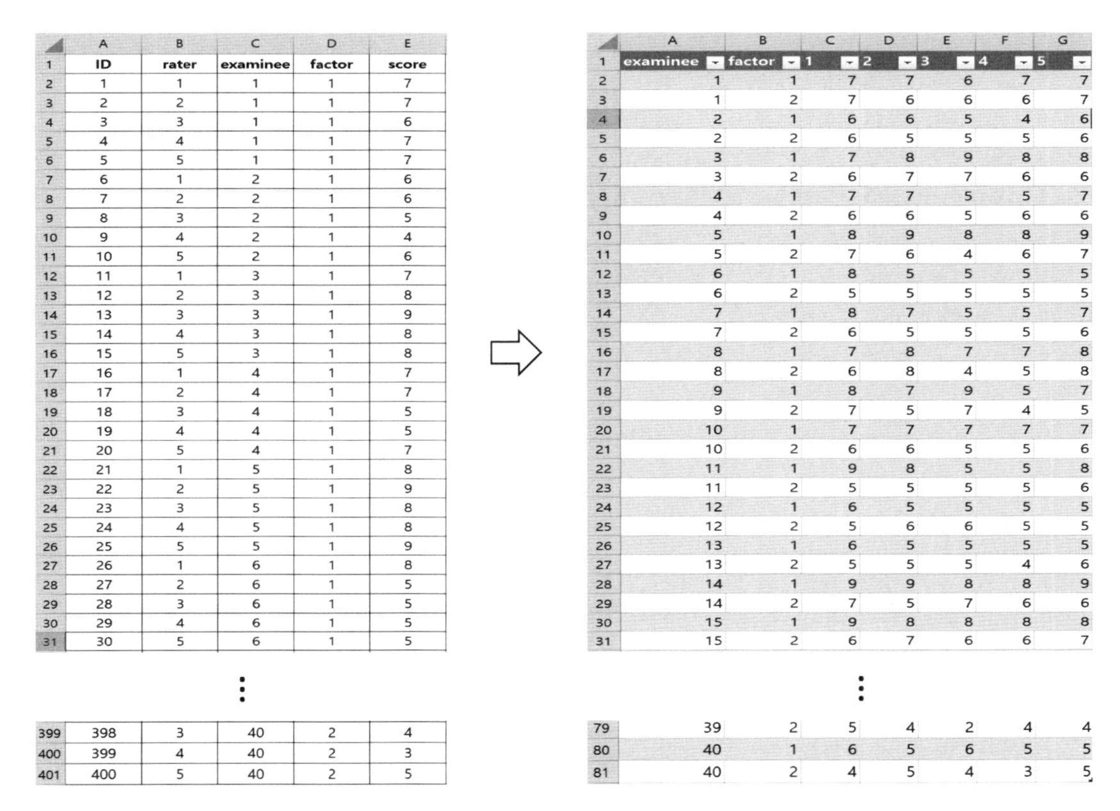

	A	B	C	D	E
1	ID	rater	examinee	factor	score
2	1	1	1	1	7
3	2	2	1	1	7
4	3	3	1	1	6
5	4	4	1	1	7
6	5	5	1	1	7
7	6	1	2	1	6
8	7	2	2	1	6
9	8	3	2	1	5
10	9	4	2	1	4
11	10	5	2	1	6
12	11	1	3	1	7
13	12	2	3	1	8
14	13	3	3	1	9
15	14	4	3	1	8
16	15	5	3	1	8
17	16	1	4	1	7
18	17	2	4	1	7
19	18	3	4	1	5
20	19	4	4	1	5
21	20	5	4	1	7
22	21	1	5	1	8
23	22	2	5	1	9
24	23	3	5	1	8
25	24	4	5	1	8
26	25	5	5	1	9
27	26	1	6	1	8
28	27	2	6	1	5
29	28	3	6	1	5
30	29	4	6	1	5
31	30	5	6	1	5
⋮					
399	398	3	40	2	4
400	399	4	40	2	3
401	400	5	40	2	5

⇨

	A	B	C	D	E	F	G
1	examinee	factor	1	2	3	4	5
2	1	1	7	7	6	7	7
3	1	2	7	6	6	6	7
4	2	1	6	6	5	4	6
5	2	2	6	5	5	5	6
6	3	1	7	8	9	8	8
7	3	2	6	7	7	6	6
8	4	1	7	7	5	5	7
9	4	2	6	6	5	6	6
10	5	1	8	9	8	8	9
11	5	2	7	6	4	6	7
12	6	1	8	5	5	5	5
13	6	2	5	5	5	5	5
14	7	1	8	7	5	5	7
15	7	2	6	5	5	5	6
16	8	1	7	8	7	7	8
17	8	2	6	8	4	5	8
18	9	1	8	7	9	5	7
19	9	2	7	5	7	4	5
20	10	1	7	7	7	7	7
21	10	2	6	6	5	5	6
22	11	1	9	8	5	5	8
23	11	2	5	5	5	5	6
24	12	1	6	5	5	5	5
25	12	2	5	6	6	5	5
26	13	1	6	5	5	5	5
27	13	2	5	5	5	4	6
28	14	1	9	9	8	8	9
29	14	2	7	5	7	6	6
30	15	1	9	8	8	8	8
31	15	2	6	7	6	6	7
⋮							
79	39	2	5	4	2	4	4
80	40	1	6	5	6	5	5
81	40	2	4	5	4	3	5

〈그림 11-3〉 EXCEL 프로그램을 통한 데이터 구조변환 (수직형태 → 수평형태)

우선 왼쪽 그림은 심사자 평가자료를 EXCEL 프로그램에 수직형태로 코딩한 자료이다. 처음 **〈그림 1〉**에서 F열만 생략한 자료이다(첨부된 자료: data-1-restructure-wide format). 그리고 오른쪽 그림이 EXCEL 프로그램을 통해 수평형태 자료로 변환시킨 것이다.

첨부된 EXCEL 파일 data-1-restructure-wide format를 열고, 앞서 제시한 것처럼 동일하게 마우스로 데이터가 입력된 셀을 선택한다. 어떤 셀을 선택해도 무방하다. 빈 셀을 선택하지만 않으면 된다. 단 EXCEL 프로그램 버전에 따라 모든 데이터를 선택하라는 창이 생길 수도 있다. 그렇다면 전체 데이터를 마우스로 드래그해서 선택한다.

다음으로 위쪽에 [데이터]를 클릭하고 새쿼리 아이콘 옆에 [테이블에서]를 찾아 클릭한다. 앞서 제시한 것처럼 EXCEL 프로그램 버전에 따라 [테이블에서]가 [테이블/범위에서] 또는 [파워쿼리]로 표시되어 있을 수 있다. [테이블에서]를 클릭하면 'power query 편집기'라는 새로운 창이 형성된다.

이 창에서 FACETS 설계서 수평형태로 적합하게 바꾸기 위해서는 우선 불필요한 id 열을 생략해야한다. 따라서 id 열을 선택해서 삭제한다. 그리고 수직형태로 되어진 rater 열을 선택한다. 즉 rater가 쓰여진 첫 행을 마우스로 클릭하면 rater 열이 전체가 선택되어진다. 5명의 심사자(rater)를 수직형태가 아닌 수평형태의 기준으로 바꾸기 위해서다.

다음으로 위쪽에 [변환]을 선택하고 [피벗 열]을 선택한다 그러면 선택한 'rater'를 사용하여 새 열을 만들 때 설정할 값의 열을 선택하는 창이 생성된다. 이 창에서 반드시 심사자가 부여한 측정값인 score를 선택하고 확인을 누른다. 그러면 **<그림 11-3>**에 오른쪽 그림처럼 각 examinee(응시생)에 factor(평가요인)별로 5명의 rater(심사자)가 부여한 score가 수평형태로 변환된 것을 볼 수 있다.

그리고 'power query 편집기' 닫기를 누르면 변경 내용을 유지할 것인지를 선택하는 작은 경고창이 생기고, 당연히 유지를 선택하면 자동으로 Sheet2에 **<그림 11-3>**에 오른쪽 그림이 생성된다. 이렇게 생성된 수평형태 data를 복사해서 FACETS 설계서를 만들면 다음 **<그림 11-4>**와 같다(첨부된 자료: facets-specifications-1-wide format).

```
facets-specifications-1-wide format - Windows 메모장
파일(F) 편집(E) 서식(O) 보기(V) 도움말(H)
title=wide format to dance evaluation
facets=3
non-centered=3
positive=1
model=?,?,?,R10
*

lables=
1,examinee
1-40
*

2,factor
1=SKILL
2=ART
*

3,rater
1=A
2=B
3=C
4=D
5=E
*

vertical=(1L, 2A, 3A)

dvalues=3, 1-5

data=
1     1     7     7     6     7     7
1     2     7     6     6     6     7
2     1     6     6     5     4     6
2     2     6     5     5     5     6
3     1     7     8     9     8     8
3     2     6     7     7     6     6
4     1     7     7     5     5     7
4     2     6     6     5     6     6
5     1     8     9     8     8     9
5     2     7     6     4     6     7
6     1     8     5     5     5     5
6     2     5     5     5     5     5
7     1     8     7     5     5     7
7     2     6     5     5     5     6
                  ⋮
38    1     6     6     7     5     6
38    2     4     5     5     3     5
39    1     7     6     6     4     6
39    2     5     4     2     4     4
40    1     6     5     6     5     5
40    2     4     5     4     3     5
```

〈그림 11-4〉 FACETS 프로그램 실행을 위한 윈도우 메모장 설계 (6)

이 설계서는 앞서 소개한 **〈그림 2〉**(26쪽) 설계서를 수평형태로만 바꾼것이기 때문에 실행된 최종 결과는 동일하게 나타난다. 따라서 FACETS 설계서를 작성할 때 **〈그림 2〉** 설계서와 **〈그림 11-4〉** 설계서를 비교하며 이해하는 것이 바람직하다.

〈그림 2〉와 **〈그림 11-4〉**를 비교해 보면, 첫 번째 행에 title= 은 분석 제목이다. **〈그림 2〉**는 dance evaluation, **〈그림 11-4〉**는 wide format to dance evaluation으로 작성하였다. 연구자가 자유롭게 영어와 숫자 제목으로 작성하면 된다.

두 번째 행에 facets= 은 국면에 수를 의미한다. 따라서 동일하게 facets=3이다. 그러나 **〈그림 2〉**에 1국면은 rater(심사자), 2국면은 examinee(응시생), 3국면은 factor(평가요인)이고, **〈그림 11-4〉**는 1국면은 examinee(응시생), 2국면은 factor(평가요인), 3국면은 rater(심사자)이다. 자료가 수직형태에서 수평형태로 전환되었기 때문에 국면의 순서가 변동된 것이다. 즉 FACETS 설계서는 자료가 어떤 형태로 코딩되었는가를 보고 작성되어야 한다.

세 번째 행에 non-centered= 은 주요관심이 되는 국면을 지정하라는 것을 의미한다. **〈그림 2〉**에서는 non-centered=1로, 1국면인 rater(심사자)를 주요관심 국면으로 지정한 것이다. **〈그림 11-4〉**에서 non-centered=3으로 설정하였지만, 3국면이 rater(심사자)이기 때문에 동일하게 설정한 것이라고 할 수 있다. 앞서 제시하였지만 어떤 국면을 non-centered로 설정해도 최종 해석은 동일하다. 그런데 앞서 소개한 **〈그림 2〉**에 결과와 **〈그림 11-4〉**에 결과가 완전히 동일하게 나오는 것을 보여주기 위해서는 3국면이 rater이기 때문에 non-centered=3으로 설정해야 한다.

네 번째 행에 positive= 은 상대적으로 높은 측정치를 가진 국면을 지정하라는 것이다. examinee(응시생)가 40명으로 가장 높다. 따라서 앞서 소개한 **〈그림 2〉**에서는 examinee(응시생)가 2국면이기 때문에 positive=2로 설정한 것이다. 그리고 **〈그림 11-4〉**에서는 examinee(응시생)가 1국면이기 때문에 positive=1로 설정한 것이다.

다섯 번째 행에 model= 은 국면의 수를 물음표(?)와 쉼표(,)로 나타내고 마지막에 평가 최고 점수 앞에 R을 입력한다. 이 연구에서 심사자가 무용 응시생에게 각 요인마다 줄 수 있는 최고 점수가 모두 동일하게 10점이기 때문에 앞서 소개한 **〈그림 2〉**와 **〈그림 11-4〉** 모두 R10으로 입력한 것이다. 이 설계서 자료(data)에는 심사자들이 부여한 점수에 관측되지 않은 중간 점수가 없기 때문에 R10을 R10K로 설정할 필요는 없다는 것을 앞서 설명하였다.

다음으로 앞서 소개한 **〈그림 2〉**와 **〈그림 11-4〉**에 labels= (lables=)과 vertical= 은 국면의 순서만 바뀌었지 동일한 설계인 것을 볼 수 있다. 다만 수직형태 **〈그림 2〉**와 달리 수평형태 **〈그림 11-4〉**에서는 마지막 국면이 자료(data)에 몇 번째 열부터 시작되고, 그 열을 시작으로 몇 번째 열에서 마무리가 되는지를 dvalues= 에 제시해 주어야 한다. 따라서 dvalues=3, 1−5에 의미는 마지막 국면 rater(심사자)는 코딩된 자료에 3번째 열부터 시작되고, 3번째 열을 1번째 열로 시작해서 5번째 열에서 마무리가 된다는 것을 제시해 준 것이다.

[알아두기]
수직형태 코딩과 수평형태 코딩

조사된 자료를 어떻게 코딩해야 되는지에 대한 정답은 없다. 연구자가 원하는대로 코딩하고 바르게 FACETS 설계서를 작성하면 된다. 코로나19 발생 이후 대면 설문조사보다 비대면 설문조사, 즉 컴퓨터 기반 설문조사가 활발히 이루어지고 있다. 따라서 컴퓨터에 응답한 측정치가 대부분 자동으로 EXCEL 파일에 코딩되고 저장된다. 저장된 코딩 형태는 어떤 컴퓨터 기반 설문조사를 사용했는지에 따라 다르다. 연구자는 자동으로 제공되는 코딩 형태를 파악하고 수평형태 또는 수직형태로 핸들링하여 FACETS 설계서를 작성하는 것이 중요하다.

FACETS 프로그램 적용한 심리측정척도 분석 결과 해석

지금까지 FACETS 프로그램을 활용하여 심사자 평가자료를 분석하고 논문 결과 작성하는 방법을 1장부터 6장까지 소개하였다. 그리고 7장과 8장에서는 대학교 평가자료를 분석하고 논문 작성하는 방법을 소개하였다. 또한 9장에서는 심리측정척도 자료에 적합한 메모장 설계서 작성방법을 소개하였고, 10장에서는 분석에 오류를 방지하기 위해 id 국면은 삭제하고 바르게 설계서를 작성하는 방법을 소개하였다. 그리고 11장에서는 심리측정척도 자료를 수평형태에서 수직형태로 변환하는 방법뿐만 아니라 심사자 평가자료를 수직형태에서 수평형태로 변환하는 방법을 제시하였다.

이 장에서는 앞서 9장과 10장에서 설계한 메모장을 이해하고, 논문 결과 작성하는 방법을 소개한다. 다음 **〈그림 12-1〉**에 왼쪽 그림이 앞서 완성한 심리측정척도 설계서이고, 오른쪽 그림은 noncentered와 positive만 간단히 수정한 것이다(첨부된 자료: facets-specification-wide format-id-delete-RE).

```
facets-specification-wide format-id-delete - Windows 메모장
파일(F) 편집(E) 서식(O) 보기(V) 도움말(H)
title=wide format for resilience without id
facets=4
noncentered=1
positive=1
model=?,?,?,?,scale

rating scale=scale,R4
1=strongly disagree
2=disagree
3=agree
4=strongly agree
*

labels=
1,gender
1=boy
2=girl
*

2,physical
1-4
*

3,health
1-3
*

4,item
1-14
*

dvalues=4, 1-14

data=
1,1,3,4,4,4,4,4,4,3,4,2,4,4,4,4,4
1,1,2,3,3,3,3,3,4,4,4,4,2,2,3,3,4
2,1,3,3,4,4,4,4,4,3,3,3,4,2,2,3,4
1,1,3,3,3,3,3,4,4,4,4,1,4,4,3,2,4
2,1,2,3,3,3,3,4,2,3,3,3,3,2,3,4,3
⋮
2,1,3,3,4,4,3,2,3,3,2,3,4,2,4,4,4
2,1,2,3,3,3,3,3,3,3,3,3,3,3,3,3,3
2,1,2,3,3,3,3,2,3,2,3,3,2,2,2,2,3
2,1,2,3,3,2,3,2,2,2,3,3,3,3,3,4,4
2,1,2,3,3,3,3,2,3,3,4,3,2,3,3,3,3
```

⇨

```
facets-specification-wide format-id-delete-RE - Windows 메모장
파일(F) 편집(E) 서식(O) 보기(V) 도움말(H)
title=wide format for resilience without id RE
facets=4
noncentered=2
positive=2
model=?,?,?,?,scale

rating scale=scale,R4
1=strongly disagree
2=disagree
3=agree
4=strongly agree
*

labels=
1,gender
1=boy
2=girl
*

2,physical
1-4
*

3,health
1-3
*

4,item
1-14
*

dvalues=4, 1-14

data=
1,1,3,4,4,4,4,4,4,3,4,2,4,4,4,4,4
1,1,2,3,3,3,3,3,4,4,4,4,2,2,3,3,4
2,1,3,3,4,4,4,4,4,3,3,3,4,2,2,3,4
1,1,3,3,3,3,3,4,4,4,4,1,4,4,3,2,4
2,1,2,3,3,3,3,4,2,3,3,3,3,2,3,4,3
⋮
2,1,3,3,4,4,3,2,3,3,2,3,4,2,4,4,4
2,1,2,3,3,3,3,3,3,3,3,3,3,3,3,3,3
2,1,2,3,3,3,3,2,3,2,3,3,2,2,2,2,3
2,1,2,3,3,2,3,2,2,2,3,3,3,3,3,4,4
2,1,2,3,3,3,3,2,3,3,4,3,2,3,3,3,3
```

〈그림 12-1〉 FACETS 프로그램 실행을 위한 윈도우 메모장 설계 (7)

화살 표시한 noncentered= 과 positive= 만 달라진 것을 볼 수 있다. 앞서 2장에서 소개했듯이 noncentered= 은 연구에 중점이 되는 국면을, positive= 은 결과를 해석하기 쉽게 상대적으로 높은 측정치를 가진 국면을 설정하는 것이 일반적이다. 그러나 연구자가 자유롭게 설정하여도 최종 결과는 동일하게 해석된다고 하였다. 구체적으로 측정치는 달라지지만 측정치의 크기 순서와 검정통계량, 유의확률은 같기 때문에 최종 결과 해석은 동일한 것이다. **〈그림 12-1〉**에 왼쪽 설계서와 오른쪽 설계서를 실행하고 결과를 비교해 보면 확인할 수 있다.

왼쪽 설계서는 1국면인 성별을 중점 국면으로 설정하였고(noncentered=1), 상대적으로 가장 높은 측정치가 아니지만 1국면인 성별을 positive로도 설정하였다(positive=1). 그리고 오른쪽 설계서는 2국면인 체육수업 운동시간을 중점 국면으로 설정하였고(noncentered=2), 상대적으로 가장 높은 측정치가 아니지만 2국면인 체육수업 운동시간을 positive로도 설정하였다(positive=2).

다음 **〈그림 12-2〉**는 **〈그림 12-1〉**에 왼쪽 설계서와 오른쪽 설계서로 산출된 수직 단면 분포도 결과이다.

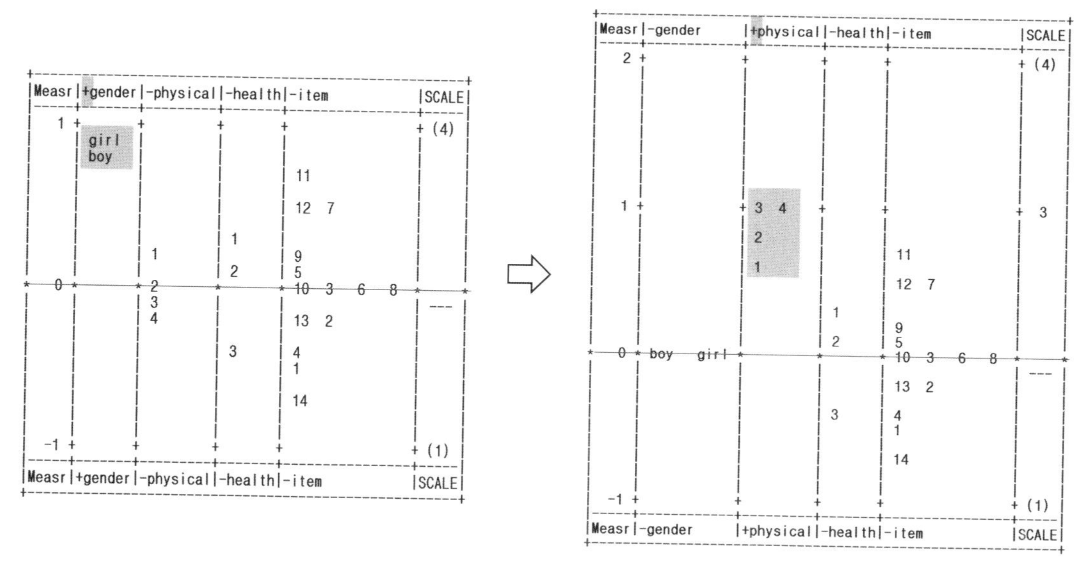

〈그림 12-2〉 수직 단면 분포도 비교

수직 단면 분포도는 연구에 설정된 모든 국면들의 실제 측정값들을 모두 로짓(logit)값으로 표준화시켜서 같은 그림 안에서 비교할 수 있게 보여준다. 왼쪽 그림은 noncentered와 positive를 동일하게 성별(gender) 국면으로 설정한 그림이다. 따라서 gender만 로짓값(Measr)이 0을 중심으로 센터링되지 않았고(noncentered), gender만 앞에 +가 설정된 것이다.

심리측정척도 자료로 다국면 Rasch 모형의 수직 단면 분포도를 해석할 때 중요한 것은 어떻게 코딩되었는지를 인지하고 해석하는 것이 중요하다. 이 연구에서 gender는 여자가 높은 값으로 코딩되었고, physical은 체육수업 시간에 운동량이 많을수록 높은 값으로 코딩되었다. 그리고 health도 자기가 건강하다고 생각할수록 높은 값으로 코딩되었다. 마지막으로 이 연구에서의 심리측정척도는 자아탄력성 문항이고 모든 문항이 높은 척도에 응답할수록 자아탄력성이 긍정적으로 높은 것으로 코딩되었다.

이처럼 이 연구에 모든 국면은 높을수록 긍정적이고 gender는 높은 값이 여학생이라고 할 수 있다. 이렇게 코딩을 인지하고 **〈그림 12-2〉**에 왼쪽 그림을 해석하면, gender만 positive(+)로 설정했기 때문에 높은 위치에 있을수록 높은 자아탄력성을 지닌다고 할 수 있다. 반대로 나머지 국면들은 모두 positive(+)가 아닌 negative(−)로 설정되었기 때문에 높은 위치에 있을수록 낮은 자아탄력성을 지닌다고 해석해야 한다. 즉 성별의 경우는 여학생이 남학생보다 자아탄력성이 높다고 해석하고, 체육수업 운동시간은 1(=0시간), 2(=1시간), 3(=2시간), 4(=3

시간 이상) 순서로 높은 위치에 있지만, 체육수업 운동시간이 0시간일 때 자아탄력성이 가장 낮고, 3시간 이상 일때 자아탄력성이 가장 높다고 해석해야 한다. 그리고 자신을 건강하게 생각하는 것도 1(=건강하지 못한 편이다), 2(=건강한 편이다), 3(=매우 건강하다) 순서로 높은 위치에 있지만 건강하지 못한 편이라고 생각할 때 자아탄력성이 가장 낮고, 매우 건강하다고 생각할 때 자아탄력성이 가장 높다고 해석해야 한다.

마지막으로 item의 경우도 positive(+)가 아닌 negative(−)로 설정되었기 때문에 높은 위치에 있는 문항일수록 자아탄력성이 낮은 값으로 측정된 문항을 의미한다. 여기서 자아탄력성이 낮은 값으로 측정되었다는 것은 응답자들이 1점 척도에 가깝게 많이 응답한 문항을 의미한다. 따라서 높은 위치에 있는 11번 문항이 응답자들에게 1점 척도에 가깝게 가장 많이 응답하게 하는 문항이라고 할 수 있고, 14번 문항이 응답자들에게 4점 척도에 가깝게 가장 많이 응답하게 하는 문항이라고 할 수 있다. 따라서 11번 문항이 곤란도(난이도)가 가장 높은 문항이고, 14번 문항이 곤란도가 가장 낮은 문항이다.

<그림 12-2>에 오른쪽 그림도 위와같이 해석해 보면, noncentered와 positive를 동일하게 체육수업 운동시간(physical) 국면으로 설정한 그림이다. 따라서 physical만 로짓값 0을 중심으로 센터링되지 않았고(noncentered), physical만 positive(+)로 설정된 것이다. 따라서 왼쪽 그림과 달리 physical을 제외한 다른 국면들(gender, health, item)은 모두 로짓값 0을 중심으로 센터링 된 것을 볼 수 있다. 앞서 제시한 것처럼 체육수업 운동시간은 1(=0시간), 2(=1시간), 3(=2시간), 4(=3시간 이상)로 코딩되었기 때문에 왼쪽 그림과 반대로 높은 위치에 있을수록 자아탄력성이 높다고 해석해야 한다. 즉 체육수업 운동시간이 3시간 이상일 때 자아탄력성이 가장 높고, 체육수업 운동시간이 0시간일 때 자아탄력성이 가장 낮다고 해석해야 한다. 앞서 소개한 것처럼 결과의 최종 해석은 동일해진다.

[알아두기]
noncentered와 positive 설정에 의미

수직 단면 분포도에서 noncentered로 설정된 국면은 다른 국면들에 비해 조정되지 않은 위치에 상세히 제시된다. **<그림 12-2>**에 왼쪽 그림은 성별(gender) 국면을 noncentered와 positive로 설정했기 때문에, 그리고 오른쪽 그림은 체육수업 운동시간(physical) 국면을 noncentered와 positive로 설정했기 때문에 집단별로 위치가 더 구체적으로 제시된 것이다.

오른쪽 그림에 체육수업 운동시간(physical) 3, 4가 같은 위치에 나란히 제시되었지만 로짓(logits) 값이 완전히 동일한 것을 의미하는 것은 아니다. 수직 단면 분포도는 다국면의 전체적인 위치를 파악할 수 있는 것이고, 정확하게 숫자로 비교하기 위해서는 Table 7.2.1에 제시된 측정치(+Measure)를 보고 판단해야 한다. 즉 Table 7.2.1에서 체육수업 운동시간이 3시간 이상일 때가 2시간일 때보다 자아탄력성이 더 높은 것을 알 수 있다. noncentered와 positive를 어떻게 설정해도 최종 결과 해석은 동일해진다는 것을 확인할 수 있다.

12-1) 심리측정척도 수직 단면 분포도 분석 논문 결과 쓰기

(첨부된 자료: facets-specification-wide format-id-delete-RE.out에서 Table 6.0 보고 작성)

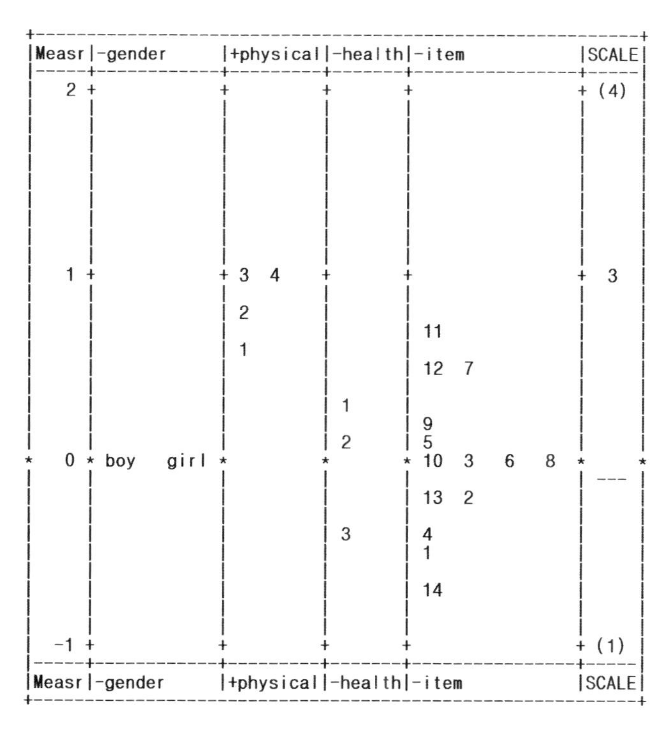

```
+----------------------------------------------------------------------+
|Measr|-gender     |+physical|-health|-item               |SCALE|
|-----+------------+---------+-------+--------------------+-----|
|  2  +            +         +       +                    + (4) |
|     |            |         |       |                    |     |
|  1  +            + 3   4   +       +                    +  3  |
|     |            | 2       |       |                    |     |
|     |            |         |       | 11                 |     |
|     |            | 1       |       |                    |     |
|     |            |         |       | 12  7              |     |
|     |            |         |  1    |                    |     |
|     |            |         |       | 9                  |     |
|     |            |         |  2    | 5                  |     |
*  0  * boy   girl *         *       * 10  3   6   8      *     *
|     |            |         |       |                    | --- |
|     |            |         |       | 13  2              |     |
|     |            |         |  3    | 4                  |     |
|     |            |         |       | 1                  |     |
|     |            |         |       | 14                 |     |
| -1  +            +         +       +                    + (1) |
|-----+------------+---------+-------+--------------------+-----|
|Measr|-gender     |+physical|-health|-item               |SCALE|
+----------------------------------------------------------------------+
```

〈그림 12-3〉 심리측정척도 수직 단면 분포도

<그림 12-3>은 이 연구의 네 국면인 gender(성별), physical(체육수업 운동시간), health(자아건강평가), item(문항)을 모두 동일한 측정척도(로짓값)에서 비교한 수직 단면 분포도 결과이다. gender, health, item 앞의 '−' 기호는 세 국면 모두 높은 위치에 있을수록 자아탄력성이 더 낮은 것을 의미한다. 구체적으로 item은 높은 위치에 있는 문항일수록 자아탄력성 낮은 척도에 많이 응답된, 문항 곤란도(난이도)가 높은 문항을 의미한다. 반면 physical 앞의 '+' 기호는 높은 위치에 있을수록 자아탄력성이 높은 것을 의미한다. 이렇게 설정된 결과를 살펴보면, 성별(gender)의 경우는 남학생과 여학생의 자아탄력성이 큰 차이가 없는 것을 볼 수 있다. 자아건강평가(health)의 경우는 건강하다고 생각할수록 자아탄력성이 높은 것을 볼 수 있다. 그리고 체육수업 운동시간의 경우는 체육수업 시간에 열심히 참여할수록 자아탄력성이 높은 것을 볼 수 있다. 구체적으로 일주일 동안 체육수업 시간에 땀을 흘리며 운동을 2시간 정도 하는 학생과 3시간 이상 하는 학생은 큰 차이가 없는 것을 볼 수 있다. 마지막으로 문항의 곤란도를 살펴보면 문항 11번(내 생활은 매일 흥미로운 일들로 가득하다)이 가장 높게 나타났고, 문항 14번(나는 내가 만나는 대부분의 사람들이 좋다)이 가장 낮게 나타났다. 즉 문항 11번은 응답자들이 가장 낮은 자아탄력성 척도(전혀 그렇지 않다)를 많이 선택하는 것을 알 수 있고, 문항 14번은 응답자들이 가장 높은 자아탄력성 척도(매우 그렇다)를 많이 선택하는 것을 알 수 있다.

12-2) 성별에 따른 자아탄력성 차이 분석 논문 결과 쓰기

(첨부된 자료: facets-specification-wide format-id-delete-RE.out에서 Table 7.1.1 보고 작성)

첨부된 자료에 나오는 Table 7.1.1, Table 7.1.2, Table 7.1.3은 숫자 정렬만 다를 뿐 동일한 결과다. Table 7.1.1을 토대로 성별에 따른 자아탄력성의 차이 결과에 대해 논문 작성에 필요한 부분은 다음 **<그림 12-4>**와 같다. 그리고 실제 논문에 활용할 표와 글을 작성하면 **<표 12-1>**과 같다.

```
Table 7.1.1  gender Measurement Report  (arranged by mN).

+------------------------------------------------------------------------------------------------------------+
| Total   Total   Obsvd  Fair(M)|   -     Model | Infit       Outfit      |Estim.| Correlation |            |
| Score   Count  Average Average|Measure  S.E.  | MnSq ZStd   MnSq ZStd   |Discrm| PtMea PtExp | N gender   |
|-------------------------------+---------------+-------------------------+------+-------------+------------|
| 10461   3584      2.92   2.93 |   .02    .02  | 1.03  1.3   1.02  1.0   |  .96 |   .33  .31  | 1 boy      |
|  9849   3416      2.88   2.95 |  -.02    .03  |  .97 -1.4    .96 -1.7   | 1.04 |   .28  .30  | 2 girl     |
|-------------------------------+---------------+-------------------------+------+-------------+------------|
| 10155.0 3500.0    2.90   2.94 |   .00    .03  | 1.00   .0    .99  -.3   |      |   .30       | Mean (Count: 2)      |
|   306.0   84.0     .02    .01 |   .02    .00  |  .03  1.4    .03  1.4   |      |   .03       | S.D. (Population)    |
|   432.7  118.8     .03    .01 |   .02    .00  |  .05  2.0    .05  2.0   |      |   .04       | S.D. (Sample)        |
+------------------------------------------------------------------------------------------------------------+
Model, Populn: RMSE .03  Adj (True) S.D. .00  Separation .00  Strata .33  Reliability .00
Model, Sample: RMSE .03  Adj (True) S.D. .00  Separation .00  Strata .33  Reliability .00
Model, Fixed (all same) chi-squared:  1.0  d.f.: 1  significance (probability): .32
--------------------------------------------------------------------------------------------------------------
```

〈그림 12-4〉 성별에 따른 자아탄력성 차이 분석 결과 중 논문 작성에 필요한 부분

〈표 12-1〉 성별에 따른 자아탄력성 차이 분석

성별	관측된 평균 (Observed Average)	공정한 평균 (Fair Average)	자아탄력성 (logits)	내적합 지수 (infit)	외적합 지수 (outfit)
남학생	2.92	2.93	.02	1.03	1.02
여학생	2.88	2.95	−.02	.97	.96
$\chi^2(1) = 1.00$, $p = .32$, RS < .001					

〈표 12-1〉은 성별에 따른 자아탄력성의 차이를 분석한 결과이다. 관측된 평균은 두 집단의 실제 응답 측정치의 평균이며, 공정한 평균은 균일하지 못한 응답 측정치를 고려해 타당하게 조정된 평균이다. 그리고 자아탄력성 지수는 공정한 평균을 표준화한 로짓(logits)값이다. 성별에 따라 자아탄력성은 $\chi^2(1)=1.00$, $p = .32$ 수준에서 통계적으로 유의한 차이가 없게 나타났다. 또한 집단 간 차이에 정도를 나타내는 분리 신뢰도(RS) 지수가 .001보다도 낮게 나타났다. 따라서 남녀 집단 간의 자아탄력성의 차이가 분명히 없는 것을 알 수 있다. 남녀학생 집단의 내적합 지수와 외적합 지수는 모두 1.50 이하로 적합하게 나타났다. 남녀학생 모두 응답하는 패턴에 큰 변화없이 일관성있게 응답하는 것을 알 수 있다.

[알아두기]

Measure + , − 값 해석의 중요성

위 결과를 구체적으로 살펴보면, 관측된 자아탄력성 평균값은 남학생이 더 높은데 비해, 조정된

공정한 자아탄력성 평균값은 여학생이 더 높게 나타난 것을 볼 수 있다. 그리고 자아탄력성 지수(logits=Measure)는 남학생(0.02)이 여학생(−0.02)보다 높게 나타난 것을 볼 수 있다. 앞서 설명했지만, 첨부된 자료 facets-specification-wide format-id-delete-RE에서 성별을 noncentered로 설정하지 않았기 때문에 높은 지수일수록 자아탄력성이 더 낮다. 즉 남학생이 여학생보다 자아탄력성 로짓(logits)값은 더 높지만 실제 자아탄력성은 더 낮은 것을 의미한다. 따라서 공정한 평균값이 남학생(2.93)이 여학생(2.95)보다 더 낮은 것을 볼 수 있다. 단 이 경우는 남녀학생 간에 자아탄력성(logits)은 통계적으로 유의한 차이가 없기 때문에 공정한 평균값을 제시하고 해석할 필요는 없다.

12-3) 체육수업 운동시간에 따른 자아탄력성 차이 분석 논문 결과 쓰기

(첨부된 자료: facets-specification-wide format-id-delete-RE.out에서 Table 7.2.1 보고 작성)

첨부된 자료에 나오는 Table 7.2.1, Table 7.2.2, Table 7.2.3은 숫자 정렬만 다를 뿐 동일한 결과다. Table 7.2.1을 토대로 체육수업 운동시간에 따른 자아탄력성의 차이 결과에 대해 논문을 작성하는데 필요한 부분은 다음 **〈그림 12-5〉**와 같다. 실제 논문에 활용할 표와 글을 작성하면 **〈표 12-2〉**와 같다.

Table 7.2.1 physical Measurement Report (arranged by mN).

Total Score	Total Count	Obsvd Average	Fair(M) Average	+ Measure	Model S.E.	Infit MnSq	Infit ZStd	Outfit MnSq	Outfit ZStd	Estim. Discrm	Correlation PtMea	Correlation PtExp	N physical
1246	406	3.07	3.02	1.01	.08	1.05	.7	1.03	.5	.93	.19	.28	4 4
3897	1288	3.03	2.99	.95	.04	1.05	1.3	1.04	1.0	.94	.24	.28	3 3
2547	868	2.93	2.92	.79	.05	.97	-.6	.97	-.6	1.04	.21	.28	2 2
12620	4438	2.84	2.84	.60	.02	.99	-.6	.98	-.9	1.01	.32	.28	1 1
5077.5	1750.0	2.97	2.94	.84	.05	1.01	.2	1.01	.0		.24		Mean (Count: 4)
4454.4	1583.0	.09	.07	.16	.02	.04	.9	.03	.8		.05		S.D. (Population)
5143.5	1827.8	.10	.08	.18	.02	.04	1.0	.04	1.0		.05		S.D. (Sample)

Model, Populn: RMSE .05 Adj (True) S.D. .15 Separation 2.86 Strata 4.15 Reliability .89
Model, Sample: RMSE .05 Adj (True) S.D. .17 Separation 3.36 Strata 4.81 Reliability .92
Model, Fixed (all same) chi-squared: 73.1 d.f.: 3 significance (probability): .00
Model, Random (normal) chi-squared: 2.8 d.f.: 2 significance (probability): .24

〈그림 12-5〉 체육수업 운동시간에 따른 자아탄력성 차이 분석 결과 중 논문 작성에 필요한 부분

〈표 12-2〉 체육수업 운동시간에 따른 자아탄력성 차이 분석

운동시간	관측된 평균 (Observed Average)	공정한 평균 (Fair Average)	자아탄력성 (logits)	내적합 지수 (infit)	외적합 지수 (outfit)
3시간 이상	3.07	3.02	1.01	1.05	1.03
2시간	3.03	2.99	.95	1.05	1.04
1시간	2.93	2.92	.79	.97	.97
없음	2.84	2.84	.60	.99	.98
$\chi^2(3) = 73.1$, $p < .001$, RS = .92					

〈표 12-2〉는 체육수업 운동에 따른 자아탄력성의 차이를 분석한 결과이다. 체육수업 운동시간에 따라 자아탄력성 지수(logits)는 $\chi^2(3)=73.1$, $p < .001$ 수준에서 통계적으로 유의한 차이가 나타났다. 또한 집단 간 차이에 정도를 나타내는 분리 신뢰도(RS) 지수는 .92로 높게 나타났다. 체육수업 운동시간에 따라 자아탄력성에 차이가 분명히 있는 것을 알 수 있다. 구체적으로 관측된 평균이 균일하게 조정된 공정한 평균을 보면 체육수업 시간에 땀을 흘리며 운동하는 시간이 많은 집단일수록 자아탄력성이 높은 것을 알 수 있다. 또한 각 집단의 내적합 지수와 외적합 지수는 모두 1.50 이하로 적합하게 나타났다. 따라서 체육수업 운동시간 네 집단 모두 자아탄력성 지수가 일관성 있게 배정된 것을 알 수 있다.

[알아두기]
'일관성 있게 배정된 것을 알 수 있다'에 의미

위 결과에 마지막 문장, '따라서 체육수업 운동시간 네 집단 모두 자아탄력성 지수가 일관성 있게 배정된 것을 알 수 있다'에 의미를 예를 들어 설명하면 다음과 같다.

일반적으로 체육수업 운동시간을 '없음'으로 선택한 응답자들(집단)은 대부분 자아탄력성을 1점 또는 2점 척도에 많이 응답할 것이다. 그렇다면 '없음' 집단은 자아탄력성 지수가 일관성 있게 배정된 것이라고 할 수 있다. 그러나 이와 반대로 만일 체육수업 운동시간 '없음'을 선택한 응답자들 중에서 자아탄력성을 4점 또는 3점 척도에 응답한 경우가 적지 않을 경우는 체육수업 운동시간 '없음' 집단은 자아탄력성 지수가 일관성 있게 배정되었다고 할 수 없다.

또한 체육수업 운동시간을 '1시간' 또는 '2시간'으로 선택한 집단은 대부분 자아탄력성을 2점 또는

3점 척도에 많이 응답할 것이다. 그렇다면 '1시간' 또는 '2시간' 집단은 자아탄력성 지수가 일관성 있게 배정된 것이라고 할 수 있다. 그러나 이와 반대로 만일 체육수업 운동시간을 '1시간' 또는 '2시간'으로 선택한 응답자들 중에서 자아탄력성을 1점 또는 4점에 응답한 경우가 적지 않을 경우는 '1시간' 또는 '2시간' 집단은 자아탄력성 지수가 일관성 있게 배정되었다고 할 수 없다.

또한 체육수업 운동시간을 '3시간 이상'으로 선택한 응답자들은 대부분 자아탄력성을 4점 또는 3점 척도에 많이 응답할 것이다. 그렇다면, '3시간 이상' 집단은 자아탄력성 지수가 일관성 있게 배정된 것이라고 할 수 있다. 그러나 이와 반대로 만일 체육수업 운동시간 '3시간 이상'을 선택한 응답자들 중에서 자아탄력성을 1점 또는 2점 척도에 응답한 경우가 적지 않을 경우는 체육수업 운동시간 '3시간 이상' 집단은 자아탄력성 지수가 일관성 있게 배정되었다고 할 수 없다.

따라서 각 집단별로 일관성있게 측정치가 배정된다면, 적합도 지수가 1.50 미만으로 나타나고, 일관성없게 측정치가 배정된다면 적합도 지수가 1.50 이상으로 나타난다. 일반적으로 위와같은 심리측정척도(설문지)는 모든 문항이 동일하게 4점 척도 또는 5점 척도로 구성되기 때문에 크게 극단값이 측정되지 않는다. 따라서 내 · 외적합도 지수가 1.50 이상인 경우가 흔하지 않다. 그러나 측정척도가 크면 클수록 1.50 이상인 경우가 흔히 발생한다. 이 책에서 처음 다룬 분석 결과를 보면 (**<그림 4-2>**)(41쪽), 심사자가 무용수를 측정하는 척도는 10점이었기 때문에 상대적으로 내 · 외적도 지수가 1.50 이상인 심사자가 발생한 것을 볼 수 있다.

12-4) 체육수업 운동시간에 따른 자아탄력성 차이 분석 논문 결과 쓰기 이해

(첨부된 자료: facets-specification-wide format-id-delete.out에서 Table 7.2.1 보고 작성)

다음 **<그림 12-6>**은 앞서 소개한 **<그림 12-1>**(102쪽)에 왼쪽 그림(첨부된 자료: facets-specification-wide format-id-delete)으로 실행한 결과의 Table 7.2.1이다. 앞서 설명했듯이 noncentered와 positive는 연구자가 설정할 수 있고, 설정에 따라 자아탄력성(logits)값은 다르게 나타나지만 최종 결과와 해석은 동일하다고 하였다. 즉 논문에 제시되는 표에 지수가 달라지지만 최종 작성하는 글은 동일하다. **<그림 12-5>**와 **<그림 12-6>**을 자세히 비교해 보면, 자아탄력성 지수(Measure)위에 +, − 가 상이하고, 측정값도 다른 것을 볼 수 있다. 그러나 다른 지수들은 상이해진 자아탄력성 지수(Measure) 값을 기준으로 내림차순 정렬되었기 때문에 순서만 바뀌었지 모두 동일한 것을 볼 수 있다. 실제 논문 결과에 필요한 표는 다음 **〈표 12-3〉**과 같다. 표를 설명하는 글은 **〈표 12-2〉**와 완전히 동일하게 작성해도 문제가 없는 것을 알 수 있다.

```
Table 7.2.1  physical Measurement Report  (arranged by mN).

+------------------------------------------------------------------------------------------------------------+
| Total   Total   Obsvd  Fair(M)|   -      Model | Infit      Outfit    |Estim.| Correlation |              |
| Score   Count  Average Average|Measure   S.E.  | MnSq ZStd  MnSq ZStd |Discrm| PtMea PtExp | N physical   |
|-------------------------------+----------------+----------------------+------+-------------+--------------|
| 12620   4438     2.84   2.84  |   .23    .02   |  .99  -.6   .98  -.9 | 1.01 |  .32   .28  | 1 1          |
| 2547     868     2.93   2.92  |   .05    .05   |  .97  -.6   .97  -.6 | 1.04 |  .21   .28  | 2 2          |
| 3897    1288     3.03   2.99  |  -.11    .04   | 1.05  1.3  1.04  1.0 |  .94 |  .24   .28  | 3 3          |
| 1246     406     3.07   3.02  |  -.17    .08   | 1.05   .7  1.03   .5 |  .93 |  .19   .28  | 4 4          |
|-------------------------------+----------------+----------------------+------+-------------+--------------|
| 5077.5  1750.0   2.97   2.94  |   .00    .05   | 1.01   .2  1.01   .0 |      |  .24        | Mean (Count: 4)      |
| 4454.4  1583.0    .09    .07  |   .16    .02   |  .04   .9   .03   .8 |      |  .05        | S.D. (Population)    |
| 5143.5  1827.8    .10    .08  |   .18    .02   |  .04  1.0   .04   .9 |      |  .05        | S.D. (Sample)        |
+------------------------------------------------------------------------------------------------------------+
Model, Populn: RMSE .05  Adj (True) S.D. .15  Separation 2.86  Strata 4.15  Reliability .89
Model, Sample: RMSE .05  Adj (True) S.D. .17  Separation 3.36  Strata 4.81  Reliability .92
Model, Fixed (all same) chi-squared:  73.1  d.f.: 3  significance (probability): .00
Model,  Random (normal) chi-squared:  2.8  d.f.: 2  significance (probability): .24
--------------------------------------------------------------------------------------------------------------
```

〈그림 12-6〉 체육수업 운동시간에 따른 자아탄력성 차이 분석 결과 중 논문 작성에 필요한 부분 이해

〈표 12-3〉 체육수업 운동시간에 따른 자아탄력성 차이 분석

운동시간	관측된 평균 (Observed Average)	공정한 평균 (Fair Average)	자아탄력성 (logits)	내적합 지수 (infit)	외적합 지수 (outfit)
없음	2.84	2.84	.23	.99	.98
1시간	2.93	2.92	.05	.97	.97
2시간	3.03	2.99	−.11	1.05	1.04
3시간 이상	3.07	3.02	−.17	1.05	1.03
$\chi^2(3) = 73.1$, $p < .001$, RS = .92					

〈표 12-3〉은 체육수업 운동에 따른 자아탄력성의 차이를 분석한 결과이다. 체육수업 운동시간에 따라 자아탄력성 지수(logits)는 $\chi^2(3)=73.1$, $p < .001$ 수준에서 통계적으로 유의한 차이가 나타났다. 또한 집단 간 차이에 정도를 나타내는 분리 신뢰도(RS) 지수는 .92로 높게 나타났다. 체육수업 운동시간에 따라 자아탄력성에 차이가 분명히 있는 것을 알 수 있다. 구체적으로 관측된 평균이 균일하게 조정된 공정한 평균을 보면 체육수업 시간에 땀을 흘리며 운동하는 시간이 많은 집단 일수록 자아탄력성이 높은 것을 알 수 있다. 또한 각 집단의 내적합 지수와 외적합 지수는 모두 1.50 이하로 적합하게 나타났다. 따라서 체육수업 운동시간 네 집단 모두 자아탄력성 지수가 일관성 있게 배정된 것을 알 수 있다.

[알아두기]
논문 결과표 작성과 글 쓰기

논문 결과를 작성할 때 독자들이 이해할 수 있도록 표에 제시된 변인(변수)들에 대해서 바르게 글을 쓰는 것은 매우 중요하다. **<표 12-2>**와 **<표 12-3>**에서 관측된 평균과 조정된 평균을 표에 제시하였다면, 글을 쓸 때도 위와같이 두 변인이 포함되어 있어야 한다. 물론 표에 제시된 변인들이 모두 글에 자세하게 설명되어야 한다는 것은 아니다. 표에 제시된 변인들이 모두 글에 간명하게 제시되어야 한다는 것이다.

만일 연구자가 관측된 평균과 조정된 평균을 표에 제시하지 않고 싶다면, 표와 글이 다음과 같이 작성되어야 한다.

운동시간	자아탄력성 (logits)	내적합 지수 (infit)	외적합 지수 (outfit)
없음	.23	.99	.98
1시간	.05	.97	.97
2시간	−.11	1.05	1.04
3시간 이상	−.17	1.05	1.03
$\chi^2(3) = 73.1$, $p < .001$, RS = .92			

체육수업 운동에 따른 자아탄력성의 차이를 분석한 결과이다. 체육수업 운동시간에 따라 자아탄력성 지수(logits)는 $\chi^2(3)$=73.1, $p < .001$ 수준에서 통계적으로 유의한 차이가 나타났다. 또한 집단간 차이에 정도를 나타내는 분리 신뢰도(RS) 지수는 .92로 높게 나타났다. 체육수업 운동시간에 따라 자아탄력성에 차이가 분명히 있는 것을 알 수 있다. 구체적으로 자아탄력성 지수를 살펴보면 체육수업 운동시간이 '없음'이 .23으로 가장 높게 나타났고, '1시간'이 .05, '2시간'이 −.11, 그리고 '3시간 이상'이 −.17 순서로 나타났다. 그러나 자아탄력성 지수가 낮을수록 높은 자아탄력성을 의미하도록 설계되었기 때문에 체육수업 운동시간이 높을수록 자아탄력성이 높은 것을 알 수 있다. 또한 각 집단의 내적합 지수와 외적합 지수는 모두 1.50 이하로 적합하게 나타났다. 따라서 체육수업 운동시간 네 집단 모두 자아탄력성 지수가 일관성 있게 배정된 것을 알 수 있다.

12-5) 자아건강평가에 따른 자아탄력성 차이 분석 논문 결과 쓰기

(첨부된 자료: facets-specification-wide format-id-delete-RE.out에서 Table 7.3.1 보고 작성)

첨부된 자료에 나오는 Table 7.3.1, Table 7.3.2, Table 7.3.3은 숫자 정렬만 다를 뿐 동일한 결과다. Table 7.3.1을 토대로 자아건강평가에 따른 자아탄력성의 차이 결과에 대해 논문을 작성하는데 필요한 부분은 다음 **〈그림 12-7〉**과 같다. 그리고 실제 논문에 활용할 표와 글을 작성하면 **〈표 12-4〉**와 같다.

```
Table 7.3.1  health Measurement Report  (arranged by mN).

+-----------------------------------------------------------------------------------------------------------------+
| Total   Total   Obsvd  Fair(M)|   -      Model | Infit       Outfit     |Estim.| Correlation |                   |
| Score   Count  Average Average|Measure   S.E.  | MnSq ZStd   MnSq ZStd  |Discrm| PtMea PtExp | N health          |
|-------------------------------+----------------+------------------------+------+-------------+-------------------|
|  1220     448    2.72    2.82 |    .28    .07  |  .99  -.1    .99  -.1  | 1.02 |   .23   .26 | 1 1               |
| 12036    4242    2.84    2.90 |    .09    .02  |  .92 -3.7    .92 -4.0  | 1.08 |   .30   .27 | 2 2               |
|  7054    2310    3.05    3.10 |   -.36    .03  | 1.15  5.0   1.13  4.5  |  .83 |   .21   .26 | 3 3               |
|-------------------------------+----------------+------------------------+------+-------------+-------------------|
| 6770.0  2333.3   2.87    2.94 |    .00    .04  | 1.02   .4   1.01   .1  |      |   .25       | Mean (Count: 3)   |
| 4420.2  1549.0    .14     .12 |    .27    .02  |  .10  3.6    .09  3.5  |      |   .04       | S.D. (Population) |
| 5413.6  1897.1    .17     .14 |    .33    .02  |  .12  4.4    .11  4.3  |      |   .05       | S.D. (Sample)     |
+-----------------------------------------------------------------------------------------------------------------+
Model, Populn: RMSE .05  Adj (True) S.D. .26  Separation 5.80  Strata 8.07  Reliability .97
Model, Sample: RMSE .05  Adj (True) S.D. .32  Separation 7.14  Strata 9.85  Reliability .98
Model, Fixed (all same) chi-squared:  155.6  d.f.: 2  significance (probability): .00
Model,  Random (normal) chi-squared:  2.0  d.f.: 1  significance (probability): .16
-------------------------------------------------------------------------------------------------------------------
```

〈그림 12-7〉 자아건강평가에 따른 자아탄력성 차이 분석 결과 중 논문 작성에 필요한 부분

〈표 12-4〉 자아건강평가에 따른 자아탄력성 차이 분석

자아건강평가	관측된 평균 (Observed Average)	공정한 평균 (Fair Average)	자아탄력성 (logits)	내적합 지수 (infit)	외적합 지수 (outfit)
건강하지 못한 편이다	2.72	2.82	.28	.99	.99
건강한 편이다	2.84	2.90	.09	.92	.92
매우 건강하다	3.05	3.10	−.36	1.15	1.13
$\chi^2(2) = 155.6$, $p < .001$, RS = .98					

〈표 12-4〉는 자아건강평가에 따른 자아탄력성의 차이를 분석한 결과이다. 자아건강평가에 따라 자아탄력성 지수(logits)는 $\chi^2(2)=155.6$, $p < .001$ 수준에서 통계적으로 유의한 차이가 나타났다. 또한 집단 간 차이에 정도를 나타내는 분리 신뢰도(RS) 지수는 .98로 높게 나타났다. 자아건강평가에 따라 자아탄력성에 차이가 분명히 있는 것을 알 수 있다. 구체적으로 관

측된 평균이 균일하게 조정된 공정한 평균을 보면 자신이 건강하다고 생각할수록 자아탄력성이 높은 것을 알 수 있다. 또한 각 집단의 내적합 지수와 외적합 지수는 모두 1.50 이하로 적합하게 나타났다. 따라서 자아건강평가 세 집단 모두 자아탄력성 지수가 일관성 있게 배정된 것을 알 수 있다.

[알아두기]
공정한 평균을 기준으로 작성하기

앞서 제시했듯이 자아탄력성 지수(Measure=logits)는 '매우 건강하다'라고 응답한 집단이 가장 낮고, '건강하지 못한 편'이라고 응답한 집단이 가장 높다. 그러나 **<그림 12-7>**에서 자아탄력성 지수(Measure=logits)는 '−'인 것을 볼 수 있다. 자아탄력성 지수가 낮을수록 실제 자아탄력성은 높은 것을 의미한다. 따라서 위와같이 공정한 평균을 표에 제시한 경우에는 자아탄력성 지수가 아닌 공정한 평균을 기준으로 글을 작성하는 것을 권장한다.

12-6) 자아탄력성 문항 곤란도와 적합도 분석 논문 결과 쓰기

(첨부된 자료: facets-specification-wide format-id-delete-RE.out에서 Table 7.4.2 보고 작성)

첨부된 자료에 나오는 Table 7.4.1, Table 7.4.2, Table 7.4.3은 숫자 정렬만 다를 뿐 동일한 결과다. 적합도 지수를 내림차순으로 정리한 Table 7.4.2를 토대로 자아탄력성 문항의 곤란도(난이도)와 적합도 분석 결과에 대해 간명하게 논문을 작성하는데 필요한 부분은 다음 **<그림 12-8>**과 같다. 우선 Table 7.4.2에 제시된 변인들에 대해 다시 바르게 이해하도록 설명하면 다음과 같다.

Table 7.4.2 item Measurement Report (arranged by fN).

Total Score	Total Count	Obsvd Average	Fair(M) Average	- Measure	Model S.E.	Infit MnSq	Infit ZStd	Outfit MnSq	Outfit ZStd	Estim. Discrm	Correlation PtMea	Correlation PtExp	Nu item
1337	500	2.67	2.71	.50	.06	1.34	5.0	1.35	5.1	.59	.11	.20	7 7
1423	500	2.85	2.88	.13	.07	1.34	4.9	1.34	4.9	.64	.16	.19	5 5
1412	500	2.82	2.86	.18	.07	1.14	2.1	1.15	2.2	.85	.08	.19	9 9
1290	500	2.58	2.62	.69	.06	1.12	1.9	1.12	2.0	.83	.24	.20	11 11
1338	500	2.68	2.71	.49	.06	1.07	1.1	1.07	1.1	.90	.29	.20	12 12
1449	500	2.90	2.93	.02	.07	1.07	1.0	1.07	1.1	.92	.20	.19	3 3
1443	500	2.89	2.92	.05	.07	1.03	.4	1.02	.3	.97	.31	.19	6 6
1446	500	2.89	2.93	.03	.07	1.00	.0	1.01	.1	.99	.09	.19	8 8
1455	500	2.91	2.95	-.01	.07	1.00	.0	1.01	.1	1.00	.18	.19	10 10
1499	500	3.00	3.03	-.21	.07	.97	-.5	.97	-.4	1.04	.21	.19	13 13
1594	500	3.19	3.22	-.66	.07	.80	-3.5	.80	-3.5	1.25	.19	.18	14 14
1508	500	3.02	3.05	-.25	.07	.69	-5.5	.69	-5.5	1.35	.22	.18	2 2
1547	500	3.09	3.13	-.43	.07	.67	-6.0	.67	-6.0	1.38	.22	.18	4 4
1569	500	3.14	3.17	-.54	.07	.62	-7.2	.62	-7.2	1.45	.15	.18	1 1
1450.7	500.0	2.90	2.94	.00	.07	.99	-.4	.99	-.4		.19		Mean (Count: 14)
85.9	.0	.17	.17	.38	.00	.22	3.7	.22	3.7		.07		S.D. (Population)
89.1	.0	.18	.18	.39	.00	.23	3.8	.23	3.9		.07		S.D. (Sample)

Model, Populn: RMSE .07 Adj (True) S.D. .37 Separation 5.61 Strata 7.81 Reliability .97
Model, Sample: RMSE .07 Adj (True) S.D. .39 Separation 5.83 Strata 8.10 Reliability .97
Model, Fixed (all same) chi-squared: 454.5 d.f.: 13 significance (probability): .00
Model, Random (normal) chi-squared: 12.6 d.f.: 12 significance (probability): .40

〈그림 12-8〉 자아탄력성 문항 곤란도와 적합도 분석 결과 중 논문 작성에 필요한 부분

마지막 열 Nu item은 각 문항의 번호다. 자아탄력성 측정 문항이 총 14문항이고 분석 결과가 문항 7번을 시작으로 문항 1번이 마지막으로 제시된 것을 알 수 있다. 이렇게 문항 순서가 제시된 이유는 적합도 지수를 내림차순으로 정렬한 그림이기 때문이다. 따라서 적합도 지수가 문항 7번이 가장 크고, 문항 1번이 가장 작은 것을 알 수 있다.

그리고 첫 번째 열에 Total Score는 500명의 응답자들이 자아탄력성 각 14문항에 응답한 총합 점수다. 따라서 총합점수가 높을수록 응답자들이 높은 척도에 많이 응답한 문항이라고 할 수 있다. 14번 문항이 가장 높은 총합점수(1594), 11번 문항이 가장 낮은 총합점수(1290)인 것을 알 수 있다.

두 번째 열 Total Count는 각 문항에 응답한 응답자 빈도(수)다. 따라서 모든 문항에 500명의 응답자가 모두 응답한 것을 알 수 있다. 즉 자아탄력성을 측정하는 14문항에 대해서 500명의 응답자가 모두 한 문항도 빠짐없이 응답한 것을 알 수 있다.

Obsvd Average는 Observed Average의 단축어로 관측된(실제 측정된) 평균이다. 구체적으로 위에 제시한 Total Score를 Total Count로 나눈 값이 된다. 사용된 자아탄력성 측정척도의 최하점 1점, 최고점 4점이다. 따라서 모든 문항의 평균의 범위는 1부터 4이다. 14번 문항이 가장 높은 평균(3.19), 11번 문항이 가장 낮은 평균(2.58)인 것을 알 수 있다. 각 문항에 응답한 응답자, 즉 Total Count가 모두 동일하게 500명이기 때문에 Total Score 순위와 Observed Average

순위는 동일하게 나타난다.

Fair(M) Average는 Observed Average를 조정한(adjustment) 점수다. Fair는 공정한, 타당하다는 의미다. 따라서 이 점수는 Rasch 모형을 통해 응답자의 속성과 문항 곤란도를 고려한 공정한 평균(Fair Average)이라고 할 수 있다. 즉 실제 관측된 평균(Observed Average)에 국면들을 고려하여 통계적 오차를 줄인 타당한 평균이라고 할 수 있다.

Measure는 응답자들이 문항에 답한 점수를 로짓(logits)값으로 변환하여 문항의 곤란도(난이도)를 나타내는 지수다. Rasch 모형에서 로짓값으로 변환하는 이유는 원칙적으로 리커트 척도(1: 전혀 그렇지 않다, 2: 그렇지 않다, 3: 그렇다, 4: 매우 그렇다)는 서열척도로 사칙연산이 불가능하기 때문이다. 응답자들이 긍정적으로 묻는 자아탄력성 문항에 낮은 척도(전혀 그렇지 않다)에 많이 응답할 수록 어려운 문항, 즉 문항 곤란도 로짓값이 높은 문항이 된다. 따라서 로짓값이 가장 높은 문항 11번(Measure= 0.69)이 문항 곤란도가 가장 높고, 응답자들이 낮은 척도(전혀 그렇지 않다)에 많이 응답하는 것을 의미한다. 반면, 로짓값이 가장 작은 문항 14번(Measure= −0.66)은 문항 곤란도가 가장 낮고, 응답자들이 높은 척도(매우 그렇다)에 많이 응답하는 것을 의미한다.

Infit MnSq와 Outfit MnSq는 적합도 지수를 나타낸다. 그리고 Infit MnSq는 내적합도 지수, Outfit MnSq는 외적합도 지수를 의미한다. 일반적으로 적합도 기준을 1.50 이상은 부적합한(misfit) 문항으로 판단하고, 0.50 이하는 과적합한(overfit) 문항으로 판단한다. 또는 적합도 기준을 1.40 이상은 부적합한 문항으로 판단하고, 0.60 이하는 과적합한 문항으로 판단한다. 또는 적합도 기준을 1.30 이상은 부적합한 문항으로 판단하고, 0.70 이하는 과적합한 문항으로 판단한다. 또는 적합도 기준을 1.20 이상은 부적합한 문항으로 판단하고, 0.80 이하는 과적합한 문항으로 판단한다. '이상'이 '초과'가 될 수도 있고, '이하'가 '미만'이 될 수도 있다.

유의수준을 연구자가 10% 또는 5% 또는 1%로 결정하듯이 위에 제시한 적합도 기준도 사전 연구를 근거로 연구자가 결정하면 된다. 적합도 지수 옆에 ZStd는 표준정규분포(Z분포)의 지수(표준점수)를 의미한다. 따라서 Infit ZStd 값 또는 Outfit ZStd 값이 양수로 크게 나타날수록 '문항은 적합하다'는 영가설이 강하게 기각된다.

Fixed는 통계추정의 고정효과(fixed effect) 설정을 의미한다. 연구에 설계된 Facets 집단의 측정치들은 모두 통계적으로 유의한 차이가 없다는 영가설을 검증한다. 따라서 일반적인 연구는 Fixed 통계추정치를 보고 집단 간의 차이가 있는지를 유의수준 5%에서 판단한다. 즉 Fixed chi-squared 통계 검증 결과 유의확률 값이 0.05보다 작게 산출되면 영가설이 기각되어 집단들 간에 측정치가 통계적으로 유의한 차이가 있다는 것을 의미한다. 여기서 각 집단은 자아탄력성 문항 14개가 되는 것이고 측정치는 각 문항의 곤란도(Measure)가 되는 것이다. 따라서 Fixed chi-squared 통계 검증 결과 유의확률이 0.05 미만으로 나타났다면 문항 14개의 곤란도는 통계적으로 유의한 차이가 있다는 것을 의미한다.

Reliability는 Rasch 모형에서 분리 신뢰도 지수를 의미한다. 분리 신뢰도 지수가 0.80 이상으로 1.00에 가깝게 나타날수록 문항들 간의 분리의 명확성을 확보한 것으로 해석할 수 있다. 구체적으로 분리 신뢰도 지수가 0.00에 가까울수록 문항 간 곤란도(난이도) 분리가 명확하지 않다는 것, 분리 신뢰도 지수가 1.00에 가까울수록 문항 간 곤란도 분리가 명확하다는 것이다. 즉 분리 신뢰도 지수가 높을수록 문항 간 곤란도의 일치도가 낮다는 것을 의미한다. 일반적으로 신뢰도가 높다는 것은 일치도가 높다는 것을 의미하는 것과는 상이한 개념이다. 이외의 Estim. Discrm, Correlation PtMea PtExp, 그리고 하단 부분에 항목들은 앞서 4-3)(37쪽) 심사자의 엄격성 탐색에서 자세히 설명하였다.

<그림 12-8>을 보고, 실제 논문 결과에 활용할 표와 글을 작성하면 다음 **<표 12-5>**와 같다.

<표 12-5> 자아탄력성 문항 곤란도와 적합도 분석

문항번호	곤란도(난이도)	내적합 지수	외적합 지수
7	.50	1.34	1.35
5	.13	1.34	1.34
9	.18	1.14	1.15
11	.69	1.12	1.12
12	.49	1.07	1.07
3	.02	1.07	1.07
6	.05	1.03	1.02
8	.03	1.00	1.01
10	−.01	1.00	1.01
13	−.21	.97	.97
14	−.66	.80	.80
2	−.25	.69	.69
4	−.43	.67	.67
1	−.54	.62	.62

$\chi^2(13)=454.5$, $p < .001$, RS = .97

<표 12-5>는 자아탄력성 14문항의 곤란도와 적합도를 분석한 결과이다. 문항 11번의 곤란도 지수 로짓(logits)값이 .69로 가장 높게 나타났고, 문항 14번의 곤란도 지수 로짓값이 −.66으로 가장 낮게 나타났다. 응답자들이 문항 11번은 낮은 척도(전혀 그렇지 않다)에 많이 응답하고, 문항 14번은 높은 척도(매우 그렇다)에 많이 응답하는 것을 알 수 있다. 문항들 간의 곤란도는 $\chi^2(13)=454.5$, $p < .001$ 수준에서 통계적으로 유의한 차이가 있는 것으로 나타났다. 또한 분리 신뢰도(reliability of separation: RS) 지수도 .97로 1.00에 매우 가깝게 나타났다. 문항들 간의 곤란도 차이가 분명한 것을 알 수 있다. 또한 문항의 적합도 분석을 위해 내적합 지수와 외적합 지수를 살펴보면, 모든 문항이 0.60보다 높고, 1.40보다 낮게 나타났다. 따라서 부적합하거나 과적합한 문항은 없는 것을 알 수 있다.

[알아두기]
부적합도 기준만으로 해석

문항의 적합도를 판정하는 기준은 앞서 설명한 것처럼 연구자가 사전연구를 근거로 결정할 수 있다. 인지적 능력을 판단하는 시험 문항의 적합도를 판단하는 경우에는 내적합도 지수 또는 외적합도 지수가 1.20 이상을 부적합 기준, 0.80 이하를 과적합 기준으로 판정하는 것이 일반적이다. 그리고 설문지 문항의 적합도를 판단하는 경우에는 내적합도 지수 또는 외적합도 지수가 1.40 이상을 부적합 기준, 0.60 이하를 과적합 기준으로 판정하는 것이 일반적이다.

그런데 과적합 기준은 제외하고 부적합 기준만 적용하여 문항의 적합도를 판단하는 연구도 볼 수 있다. 즉 설문지 문항의 적합도를 판단하는 경우에 적합도 지수가 1.40 이상으로 나타난 부적합한 문항만 제거하고 0.60 이하로 나타난 과적합한 문항은 제거하지 않는다는 것이다. 이처럼 부적합한 문항만을 제거할 것인지, 아니면 부적합한 문항과 과적합한 문항을 모두 제거할 것인지는 연구자가 문항 수와 문항 내용을 참조하여 결정하면 된다.

12-7) 응답범주의 적합성 검증 논문 결과 쓰기

(첨부된 자료: facets-specification-wide format-id-delete-RE.out에서 Table 8.1 보고 작성)

Rasch 모형은 심리측정척도 자료를 통해 사용된 응답범주 수가 적합한지를 분석할 수 있다.

즉 주로 심리측정척도에서 사용되는 4점, 5점, 6점, 7점 응답범주 수가 타당한지를 통계적으로 검증할 수 있다. 이 책에서 제시한 자아탄력성 측정척도는 4점으로 구성되어 있다(1점: 전혀 그렇지 않다, 2점: 그렇지 않다, 3점: 그렇다, 4점: 매우 그렇다). 이렇게 구성되고 측정에 사용된 4점 척도가 적합한지를 Table 8.1에서 검증할 수 있다. 논문을 작성하는데 필요한 부분은 다음 **〈그림 12-9〉**와 같다. 우선 Table 8.1에 표시된 부분을 설명하면 다음과 같다.

```
Table 8.1  Category Statistics.

 Model = ?,?,?,?,SCALE
 Rating (or partial credit) scale = SCALE,R4,G,0
+---------------------------------------------------------------------------------------------------------------+
|          DATA               | QUALITY CONTROL |RASCH-ANDRICH| EXPECTATION  |  MOST  |  RASCH-  | Cat|Response |
|       Category Counts   Cum.| Avge Exp. OUTFIT| Thresholds  | Measure at   |PROBABLE| THURSTONE|PEAK|Category |
|Score Total  Used   %    %  | Meas Meas MnSq |Measure  S.E.|Category  -0.5 |  from  |Thresholds|Prob|  Name    |
|-----------------------------+-----------------+-------------+--------------+--------+----------+----+----------|
| 1     163    163   2%   2%|  .44  .39  1.0 |             |( -3.01)       |  low   |   low    |100%| strongly disagree|
| 2    1629   1629  23%  26%|  .52  .58   .9 | -1.82   .08| -1.05  -2.16| -1.82  |  -1.98   | 52%| disagree |
| 3    3943   3943  56%  82%|  .83  .78   .9 |  -.21   .03|   .97   -.08|  -.21  |   -.14   | 60%| agree    |
| 4    1265   1265  18% 100%|  .93  .99  1.0 |  2.02   .03|(  3.18)  2.25|  2.02  |   2.11   |100%| strongly agree |
+--------------------------------------------------------------(Mean)---------(Modal)--(Median)-----------------+
```

〈그림 12-9〉 자아탄력성 응답범주 4점 척도의 적합성 분석 결과 중 논문 작성에 필요한 부분

Counts Used는 각 범주(1점, 2점, 3점, 4점)의 응답된 빈도(횟수)를 나타내고, Avge Meas는 Average Measure 단축어로 각 범주의 수준을 로짓(logits) 지수로 조정한 평균측정치를 의미한다. 그리고 OUTFIT MnSq는 OUTFIT Mean Square의 단축어로 외적합도 지수를 의미한다. 또한 RASCH-ANDRICH Thresholds Measure 지수는 Rasch와 Andrich 학자가 제시한 각 범주 로짓(logits) 확률 분포의 교차점을 나타내고, 이 지수를 단계조정값(step calibration)이라고도 명명한다. 각 범주 함수의 교차점이기에 4점 척도인 경우 3개의 단계조정값이 산출되고, 5점 척도라면 4개의 단계조정값이 산출된다.

적합한지를 판단하는 기준은 다음과 같다. 첫째, 각 범주의 빈도(Counts Used)가 모두 10보다 커야한다. 둘째, 각 범주의 평균측정치(Avge Meas)는 범주가 증가할수록 같이 단계적으로 증가해야 한다. 셋째, 각 범주의 외적합도 지수(OUTFIT MnSq)가 모두 2.0 미만이어야 한다. 넷째, RASCH-ANDRICH Thresholds Measure 지수(단계조정값)는 범주가 증가할수록 단계적으로 증가해야 한다. 그리고 그 증가하는 단계조정값의 차이에 절대값이 1.40 이상 5.00 이하일 때 적합하다고 할 수 있다.

〈그림 12-9〉를 보고, 실제 논문 결과에 활용할 표와 글을 작성하면 다음 **〈표 12-6〉**과 같다.

〈표 12-6〉 4점 응답범주의 적합성

범주	빈도	평균측정치	외적합도	단계조정값	단계조정값 차이
1	163	.44	1.0	none	
2	1629	.52	.9	−1.82	
3	3943	.83	.9	−.21	1.61
4	1265	.93	1.0	2.02	2.23

〈표 12-6〉은 자아탄력성 측정척도에 적용된 4점 응답범주의 적합성을 검증한 결과이다. 첫째, 각 범주의 빈도가 모두 10보다 크게 나타났다. 둘째, 평균측정치가 1번 범주에서 4번 범주로 증가할수록 같이 단계적으로 증가하는 것으로 나타났다(.44 < .52 < .83 < .93). 셋째, 각 범주의 외적합도 지수가 모두 2.0 미만으로 나타났다. 넷째, 단계조정값이 범주가 증가할수록 단계적으로 증가하는 것으로 나타났다(−1.82 < −.21 < 2.02). 그리고 증가하는 지수의 차이에 절대값이 모두 1.40 이상 5.00 이하인 것으로 나타났다[−1.82 − (−.21) = −1.61, 절대값 = 1.61 ; (−.21) − 2.02 = −2.23, 절대값 = 2.23]. 따라서 4점 응답범주는 적합한 것을 알 수 있다.

[알아두기]
응답범주 수 변환하기

응답범주 수가 완전히 적합하기 위해서는 Rasch 모형에서 제시한 조건들을 모두 만족해야한다. 제시한 조건이 하나라도 만족되지 못할 경우는 평균측정치의 차이 또는 단계조정값의 차이를 고려하여 두 범주를 하나의 범주로 합쳐서 다시 응답범주의 적합성을 검증하는 것을 권장한다.

예를 들어 **〈표 12-6〉**에서 평균측정치가 범주와 함께 단계적으로 같이 증가하지 않았다고 가정하자. 즉 평균측정치가 .44 < .52 < .83 < .93 이 아니라 .44 < .52 < .83 < .79 라고 가정하자. 그렇다면 4점 응답범주는 부적합한 것이다. 이렇게 부적합할 경우 평균측정치에 오류가 있는 4점 척도를 3점 척도로 변환시키는 것이 적합하다. EXCEL 프로그램 또는 SPSS 통계 프로그램을 적용해 4점으로 코딩된 값을 한번에 모두 3점으로 바꾸면 된다. 그리고 다시 응답범주의 적합성을 검증해야 된다.

다른 예를 들어 **〈표 12-6〉**에서 단계조정값이 단계적으로 증가하지 않았다고 가정하자. 즉 단계조정값이 −1.82 < −.21 < 2.02 가 아니라 −1.82 < −1.84 < 2.02 라고 가정하자. 이러한 경우 4점 응답범주는 부적합하다는 것이다. 이렇게 부적합할 경우 단계조정값의 차이가 최대한 유사해지는 것을 고려하여 1점 척도와 2점 척도 또는 2점 척도와 3점 척도 또는 3점과 4점 척도를 하나의 척도

로 묶어서 변환시키는 것이 적절하다.

구체적으로 1점은 그대로 1점으로, 2점을 1점으로, 3점을 2점으로, 그리고 4점을 3점으로 변환시켜 3점 응답범주 수의 적합성을 분석해본다. 또는 1점은 그대로 1점으로, 2점도 그대로 2점으로, 3점을 2점으로, 그리고 4점을 3점으로 변환시켜 3점 응답범주 수의 적합성을 분석해본다. 마지막으로 1점은 그대로 1점으로, 2점도 그대로 2점으로, 3점도 그대로 3점으로, 그리고 4점만 3점으로 변환시켜 3점 응답범주 수의 적합성을 분석해본다. 이렇게 3가지 경우를 모두 분석해 보고 평균측정치의 증가 정도, 단계조정값의 차이 정도를 고려해서 가장 적합한 3점 응답범주로 변환하여 분석을 시작하는 것이 적절하다.

12-8) 응답범주의 적합성 검증 그래프 작성

(첨부된 자료: facets-specification-wide format-id-delete-RE.out에서 Probability Curves)

Rasch 모형을 통해서 사용된 응답범주가 적합한지를 그래프로 검토할 수 있다. 구체적으로 각 범주들 간의 RASCH-ANDRICH Thresholds Measure 지수, 즉 단계조정값 지수의 순서와 간격이 적절한지를 탐색하는 그래프가 Table 8.1 밑에 제시된다. 다음 **<그림 12-10>**은 자아탄력성 4점 응답범주 확률곡선(probability curves)을 나타낸다.

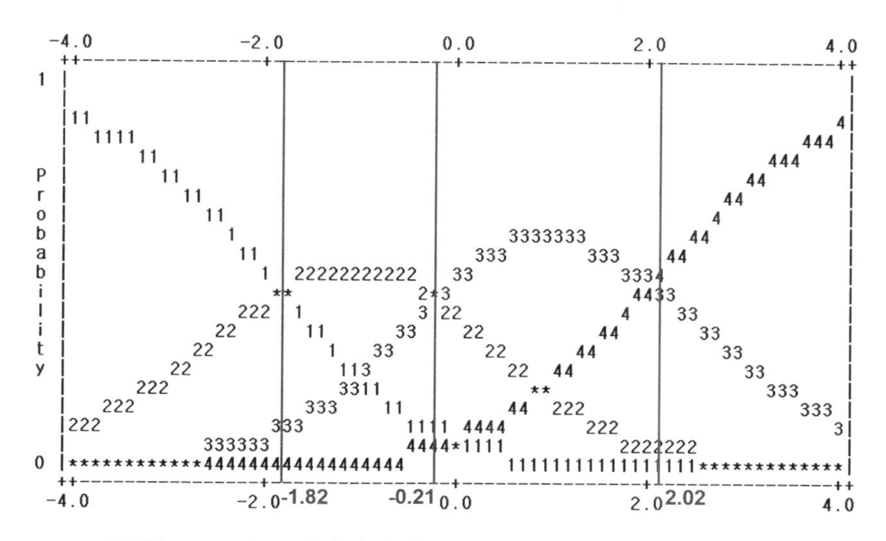

<그림 12-10> 자아탄력성 응답범주 4점 척도의 확률곡선

이 그래프는 가로축이 응답자의 능력(속성)을 나타내고 세로축이 범주에 응답할 확률을 나타낸다. 따라서 1번, 2번, 3번, 4번 응답범주 확률곡선이 차례대로 왼쪽부터 위치되는 것이 적합하다. 또한 각 응답범주 확률곡선이 교차되는 점(단계조정값)의 간격이 동일할수록 적합하다. 이 그래프를 **〈표 12-6〉**과 함께 제시하면, 응답범주 수가 적합한지를 쉽게 볼 수 있다.

[알아두기]
FACETS 프로그램 그래프

FACETS 프로그램은 메모장에 제시된 응답범주 확률곡선 그래프를 더 상세하게 제시해준다. 구체적으로 작성한 설계서(facets-specification-wide format-id-delete-RE)를 실행시킨다. 그리고 위 상단에 [Graphs]를 클릭하면, 최근 업그레이된 FACETS 3.85.1에서는 [Original], [Standard], [Enhanced]를 선택할 수 있다. 이 중에서 최근 향상된 그래프 디자인과 편집기능을 보여주는 [Enhanced]를 선택하고, [Scales]를 클릭하면 **〈그림 12-10〉**이 다음 그래프와 같이 나타난다. 이 그래프에 대한 자세한 설명은 다음 'WINSTEPS 프로그램 활용하여 논문 결과 작성하기', 7장에 제시하였다.

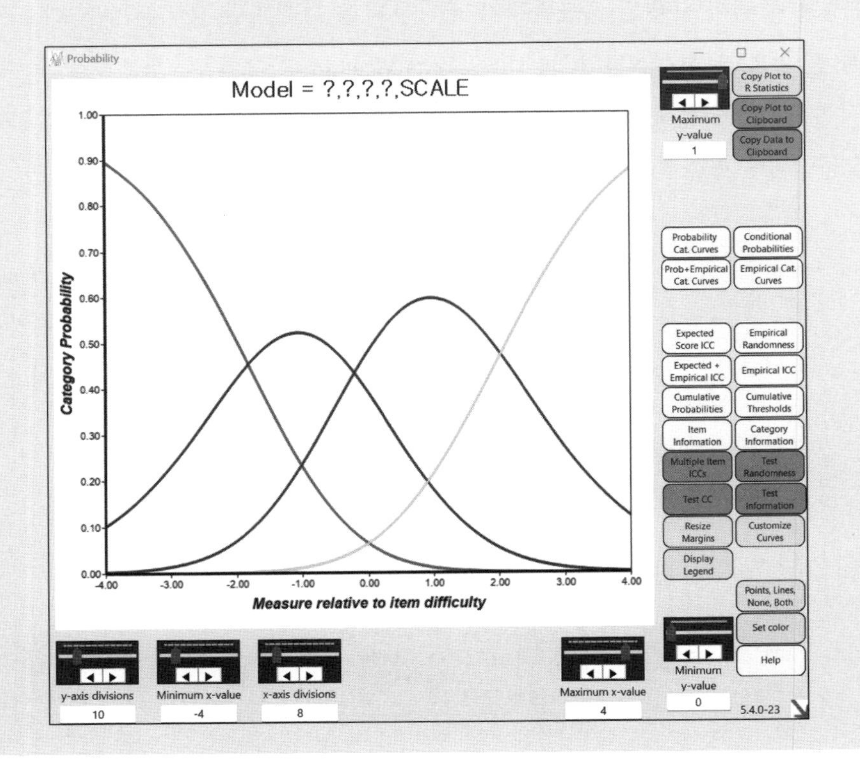

제2부

WINSTEPS 프로그램 활용하여 논문 결과 작성하기

지금까지 FACETS 프로그램 활용 방법과 제시되는 결과를 보고 논문 쓰기에 대해서 크게 두 가지 자료 틀에서 설명하였다. 첫째, 심사자 평가자료 틀에 FACETS 프로그램을 사용하여 제시되는 결과를 보고 논문 쓰는 방법을 소개하였다. 둘째, 심리측정척도(설문지) 자료 틀에 FACETS 프로그램을 사용하여 제시되는 결과를 보고 논문 쓰는 방법을 소개하였다.

FACETS 프로그램과 WINSTEPS 프로그램 개발자인 John Michael Linacre(존 마이크 리나커) 교수는 심사자 평가자료 분석에는 FACETS 프로그램을 권장하고, 심리측정척도 자료 분석에는 WINSTEPS 프로그램을 권장하고 있다. 그 이유는 심리측정척도 자료 분석에서는 WINSTEPS 프로그램이 더 다양한 정보를 줄 수 있기 때문이다. 특히 최근 WINSTEPS 프로그램은 R 프로그램과 연결이 안정화되면서 그래프와 플롯 형태가 크게 확장되었다. 따라서 연구자들은 논문에 더 유의미한 정보를 제시할 수 있게 되었다.

또한 WINSTEPS 프로그램은 FACETS 프로그램에 비해 정답, 오답이 있는 인지능력검사 자료를 분석하는 방법이 더 간명하고 다양한 그래프와 플롯을 제시할 수 있다. 즉 WINSTEPS 프로그램은 인지능력검사 2국면(피험자 능력과 문항 난이도) 추정과 더불어 성별에 따른 차별기능문항을 추출하는 분석에서 더 다양한 정보를 제시하는데 활용될 수 있다. 따라서 심리검사와 인지능력검사 자료 분석을 위해 WINSTEPS 프로그램 사용법과 산출되는 결과에 대한 해석, 그리고 실제 논문 결과를 작성하는 방법을 소개한다.

Enjoy WINSTEPS program, cordially!!

WINSTEPS 프로그램을 활용하기 위한 심리측정척도 자료

WINSTEPS 프로그램을 적용하기 위한 심리측정척도 자료는 필자의 '체육교육전공 대학생 진로불안감 측정척도 개발 및 타당화' 연구자료의 일부분이다. 우선 전문가들 의견에 따른 내용타당도 측면에서 우리나라 체육교육전공 대학생들의 진로불안 심리를 측정할 수 있는 21문항과 5점 응답범주 수를 결정하였다. 따라서 아직 통계적 타당도 검증은 이루어지지 않은 체육교육전공 대학생 진로불안감 측정척도(설문지)는 다음 **<그림 1-1>**과 같다.

※ 다음 문항을 읽고 해당 되는 곳에 체크(✔)해 주십시오.

문항내용	전혀 그렇지 않다	그렇지 않다	보통 이다	그렇다	매우 그렇다
1. 나는 체육교사가 나의 적성에 맞는 진로인지 자주 고민한다	1	2	3	4	5
2. 나는 체육교사 진로에 대한 나의 가치관을 다시 검토해 본다	1	2	3	4	5
3. 나는 체육교사 진로와 관련하여 해야 할 일을 결정했고 실행한다*	1	2	3	4	5
4. 나는 부모님이 체육교사 진로를 강요하면 나의 다른 진로를 분명히 전달하고 싶다	1	2	3	4	5
5. 나는 내가 관심있는 일이 무엇인지 고민하고 체육교사라는 진로에 포함되는지를 자주 생각한다	1	2	3	4	5
6. 나는 체육교사가 되면 행복할지에 대해 나의 모습을 자주 생각해 본다	1	2	3	4	5
7. 나는 체육교사와 관련된 사항을 스스로 결정하기 위해 나 자신을 돌이켜 본다	1	2	3	4	5
8. 나는 체육교사가 내가 가야할 길인지 고민하는 것을 줄이고 싶다	1	2	3	4	5
9. 나는 체육교사가 되면 적성에 맞지 않을 것 같은 두려움이 있다	1	2	3	4	5
10. 나는 체육교사가 되기 위해 어떤 능력이 필요한지 몰라서 답답하다	1	2	3	4	5
11. 나는 체육교사 진로에 대해 구체적인 목표가 없어서 발생하는 걱정을 줄이고 싶다	1	2	3	4	5
12. 나는 체육교사가 되는데 필요한 자신감을 갖고 싶다	1	2	3	4	5
13. 나는 체육교사 진로에 대한 막연한 걱정을 줄이고 싶다	1	2	3	4	5
14. 나는 체육교사 진로를 준비하는 친구들과 스스로 비교를 하는 걱정을 줄이고 싶다	1	2	3	4	5
15. 나는 적합한 나의 진로를 탐색하기 위해 상담을 받고 싶다	1	2	3	4	5
16. 나는 체육교사에 대해 알아보기 위해 필요한 것이 무엇인지 상담을 받고 싶다	1	2	3	4	5
17. 나는 체육교사 진로에 대한 고민을 주변의 사람들에게 표현하고 싶다	1	2	3	4	5
18. 나는 체육교사 이외에 다른 직업을 찾아보고 싶다	1	2	3	4	5
19. 나는 체육교육 전공 이외에 다른 부전공을 같이 실행하고 싶다	1	2	3	4	5
20. 나는 체육교사가 나에게 적합한 직업이라고 자신있게 표현하고 싶다*	1	2	3	4	5
21. 나는 체육교사가 되기 위해 어떻게 실행해야 되는지 계획을 세워보고 싶다	1	2	3	4	5

1. 당신의 성별은 무엇입니까? 아래 해당 번호에 체크(✔)해 주십시오.
① 남자 ② 여자

2. 지금 몇 학년입니까? 아래 해당 번호에 체크(✔)해 주십시오.
① 1학년 ② 2학년 ③ 3학년 ④ 4학년

〈그림 1-1〉 체육교육전공 대학생 진로불안감 설문지 내용

21문항 중 19문항은 높은 응답범주(5점)에 응답할수록 높은 진로불안감을 가지고 있는 것으로 작성되었다. 반대로 21문항 중 *표시된 두 문항(문항 3번, 문항 20번)은 높은 응답범주에 응답할수록 낮은 진로불안감을 가지고 있는 것으로 작성되었다. 따라서 두 문항은 반드시 역코딩하여 분석을 시작해야 한다. 역코딩이 완성된 EXCEL 자료는 **〈그림 1-2〉**와 같다(첨부된 자료: data-4). 일반적으로 설문지(심리측정척도) 측정값은 다음과 같이 수평형태로 코딩을 한다. 변인 이름들은 모두 영어로 작성하는 것을 권장한다.

	A	B	C	D	E	F	G	H	I	J	K	L	M	N	O	P	Q	R	S	T	U	V	W	X
1	id	item1	item2	item3	item4	item5	item6	item7	item8	item9	item10	item11	item12	item13	item14	item15	item16	item17	item18	item19	item20	item21	gender	grade
2	1	3	2	3	4	4	3	4	5	5	4	5	5	5	5	2	2	2	2	2	2	2	1	1
3	2	2	1	2	3	3	2	3	5	5	3	5	5	5	5	3	3	3	3	3	3	3	1	1
4	3	4	4	4	4	4	4	4	4	4	4	4	4	4	4	2	1	2	2	2	2	2	1	1
5	4	3	2	3	2	2	3	3	5	5	5	5	5	5	5	2	1	1	2	2	1	2	1	1
6	5	4	4	4	3	3	4	4	5	5	5	5	5	5	5	3	1	1	2	2	1	2	1	1
7	6	3	3	3	3	3	3	3	3	5	5	5	5	5	5	2	2	2	1	1	1	1	1	1
8	7	4	4	4	4	3	4	4	5	5	5	5	5	3	4	3	3	2	2	2	2	2	1	1
9	8	4	4	4	5	1	1	1	1	5	5	5	5	5	3	1	2	2	2	1	1	2	1	1
10	9	4	4	4	5	3	4	4	5	5	5	5	5	5	5	3	2	1	1	1	2	1	1	1
11	10	2	2	2	2	2	2	2	5	3	3	3	3	5	5	1	2	1	2	2	2	2	1	1
12	11	2	2	2	2	2	2	2	5	5	5	3	5	3	5	2	2	2	2	1	2	1	1	1
13	12	4	2	3	3	2	3	2	5	5	5	5	5	5	5	2	2	2	1	1	2	2	1	1
14	13	4	4	4	4	4	5	4	4	4	4	4	4	4	4	2	1	2	2	2	2	2	1	1
15	14	5	5	5	4	4	5	5	5	5	5	5	5	5	5	4	2	1	1	1	1	3	1	1
16	15	2	2	2	2	2	2	2	2	2	2	2	2	2	3	1	2	2	2	2	2	2	1	1
17	16	4	5	5	5	4	5	5	5	5	5	4	4	4	4	2	2	2	2	1	3	1	1	1
18	17	3	3	2	3	3	3	3	2	3	3	2	3	3	3	2	2	2	2	3	1	2	1	1
19	18	2	2	2	2	2	2	2	2	2	2	2	2	2	2	2	2	2	2	2	2	2	1	1
20	19	4	4	4	3	3	3	3	3	5	5	5	3	3	3	2	2	2	2	2	2	2	1	1
⋮	⋮	⋮	⋮	⋮	⋮	⋮	⋮	⋮	⋮	⋮	⋮	⋮	⋮	⋮	⋮	⋮	⋮	⋮	⋮	⋮	⋮	⋮	⋮	⋮
397	396	3	4	4	5	3	3	4	3	4	3	3	3	3	3	3	3	5	3	3	4	3	2	4
398	397	4	4	4	4	4	4	4	5	5	4	5	5	5	5	4	4	3	4	3	3	3	2	4
399	398	5	5	5	5	4	4	4	5	5	5	5	5	5	5	5	4	5	2	4	2	2	2	4
400	399	5	5	5	4	4	5	5	4	5	4	5	3	5	5	4	3	3	3	3	4	4	2	4
401	400	3	3	4	3	3	3	3	3	3	5	3	3	5	3	3	3	2	4	4	4	4	2	4

〈그림 1-2〉 체육교육전공 대학생 진로불안감 측정치 EXCEL 수평형태 코딩

WINSTEPS 프로그램 실행

WINSTEPS 프로그램은 FACETS 프로그램과 다르게 윈도우 메모장에 직접 설계서를 작성할 필요가 없다. WINSTEPS 프로그램은 코딩된 자료를 그대로 불러오면 자동으로 설계서가 작성된다. 그리고 작성된 설계서를 실행시키면 FACETS 프로그램보다 더 다양한 정보를 제공한다. 다만 앞서 제시했듯이 FACETS 프로그램은 2국면(응답자 속성과 문항 곤란도)에 다수의 변수를 추가해 분석할 수 있지만, WINSTEPS 프로그램은 2국면에 단 하나의 변수를 추가한 분석만 가능하다는 점이 다르다.

WINSTEPS 프로그램은 FACETS 프로그램처럼 https://www.winsteps.com/winbuy.htm에서 구매할 수 있다. 설치 후 바탕화면에 생성되는 [Winsteps Rasch] 아이콘을 실행하면 다음 **<그림 2-1>**이 나타난다. 항상 첫 줄에는 WINSTEPS 프로그램 버전과 실행한 날짜와 시간이 제시된다. 그리고 작은 Winsteps Welcome 창이 동시에 나타난다. 연구자가 어떤 프로그램에 자료를 코딩하였는지 선택하는 것이다.

이 책에서는 일반화되었고 어떤 통계 프로그램과도 쉽게 호환이 되는 EXCEL 프로그램에 코딩된 자료를 불러오는 것을 중심으로 소개한다(첨부된 자료: data-4). 만일 연구자가 SPSS 프로그램에 **<그림 1-2>**와 같은 수평형태로 코딩하였다면, 지금부터 소개하는 방법과 같은 맥락으로 진행하면 된다.

우선 EXCEL이 포함된 두 번째 화살 표시한 [Import from Excel, R, SAS, SPSS, STATA Tabbed Text]를 클릭한다.

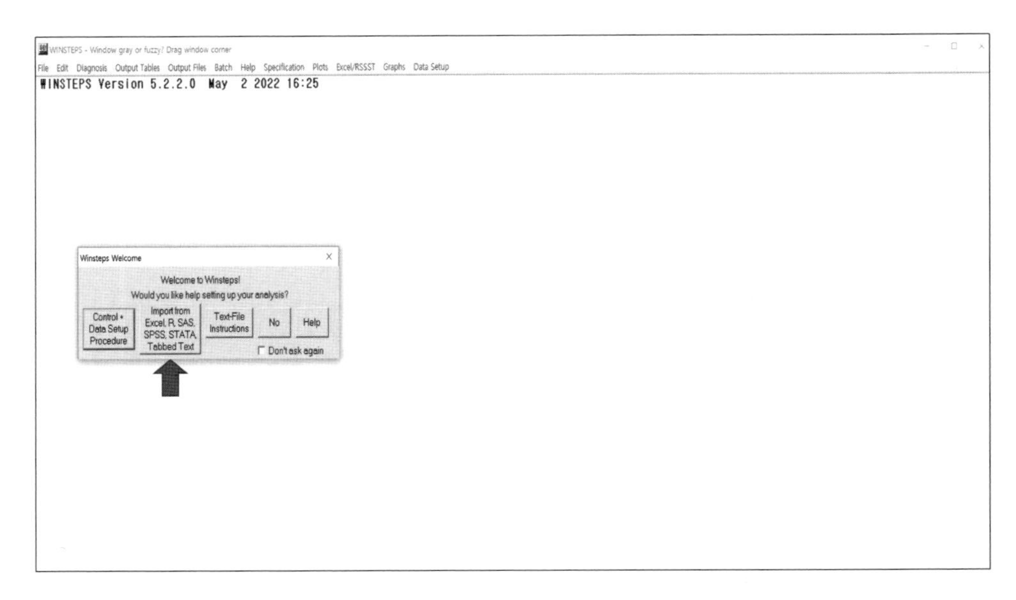

〈그림 2-1〉 WINSTEPS 프로그램 시작

그러면 다음 **〈그림 2-2〉**와 같이 구체적으로 어떤 프로그램으로 자료가 코딩이 되어 있는지를 선택하는 창이 나타난다. 화살 표시한 [Excel]을 클릭한다. 만일 SPSS 프로그램 자료면 당연히 [SPSS]를 클릭한다.

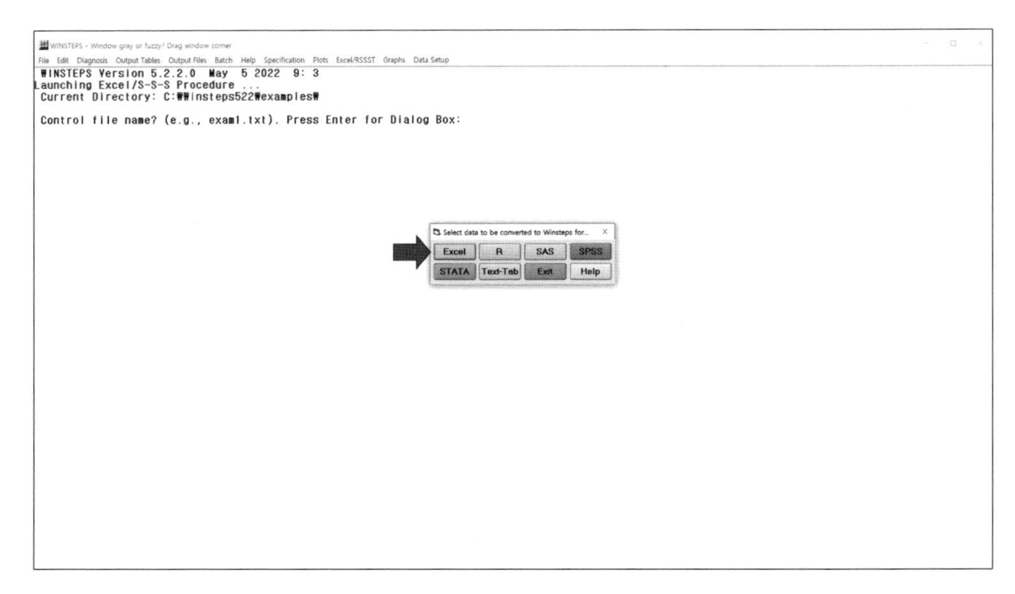

〈그림 2-2〉 코딩된 자료가 있는 프로그램 선택

그러면 **<그림 2-3>**과 같이 저장된 EXCEL 파일을 불러올 수 있는 창이 바로 생성된다. 그러면 첫 번째 화살 표시한 [Select Excel file]을 클릭한다.

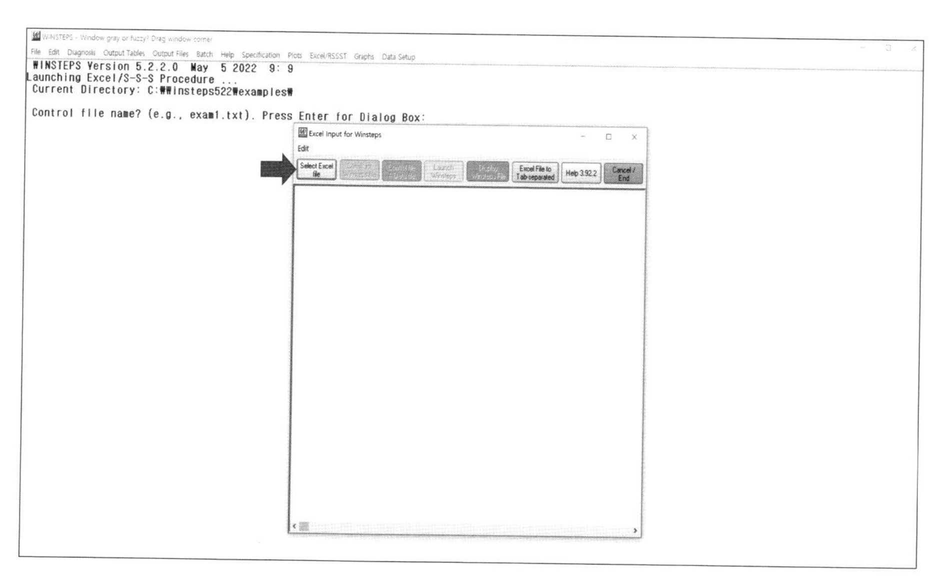

<그림 2-3> 저장된 EXCEL 자료 불러오기 선택

그리고 다음 **<그림 2-4>**와 같이 EXCEL 파일(data-4)이 저장된 곳을 찾아 선택하고 더블 클릭 또는 [열기]를 클릭한다.

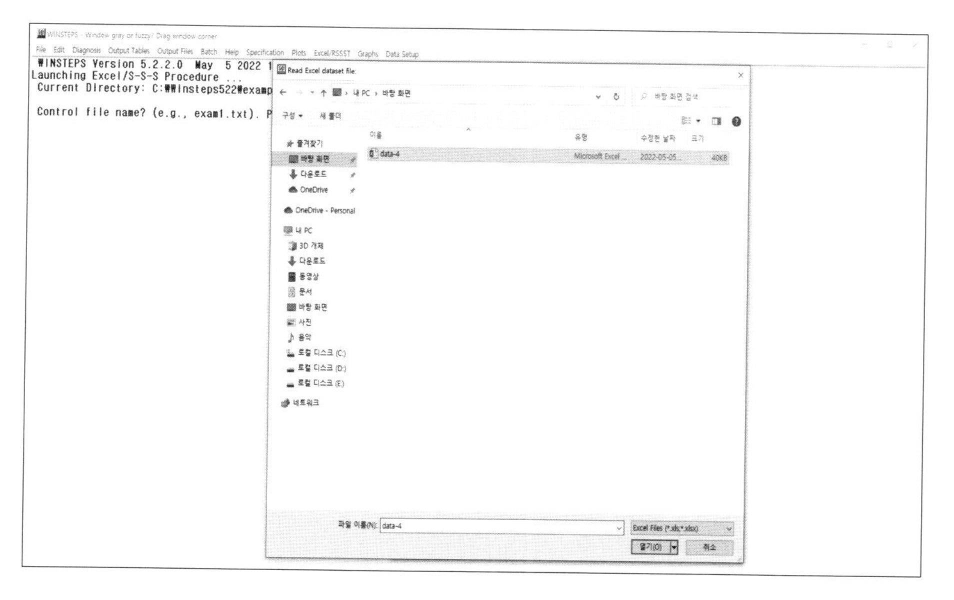

<그림 2-4> 저장된 EXCEL 자료 찾아 열기 선택

그러면 다음 **<그림 2-5>**와 같이 Excel input for Winsteps 라는 새로운 창이 생성된다. 연구자가 코딩한 EXCEL 데이터 모든 변인들이 **Other Variables (ignored)** 밑에 차례대로 제시된다.

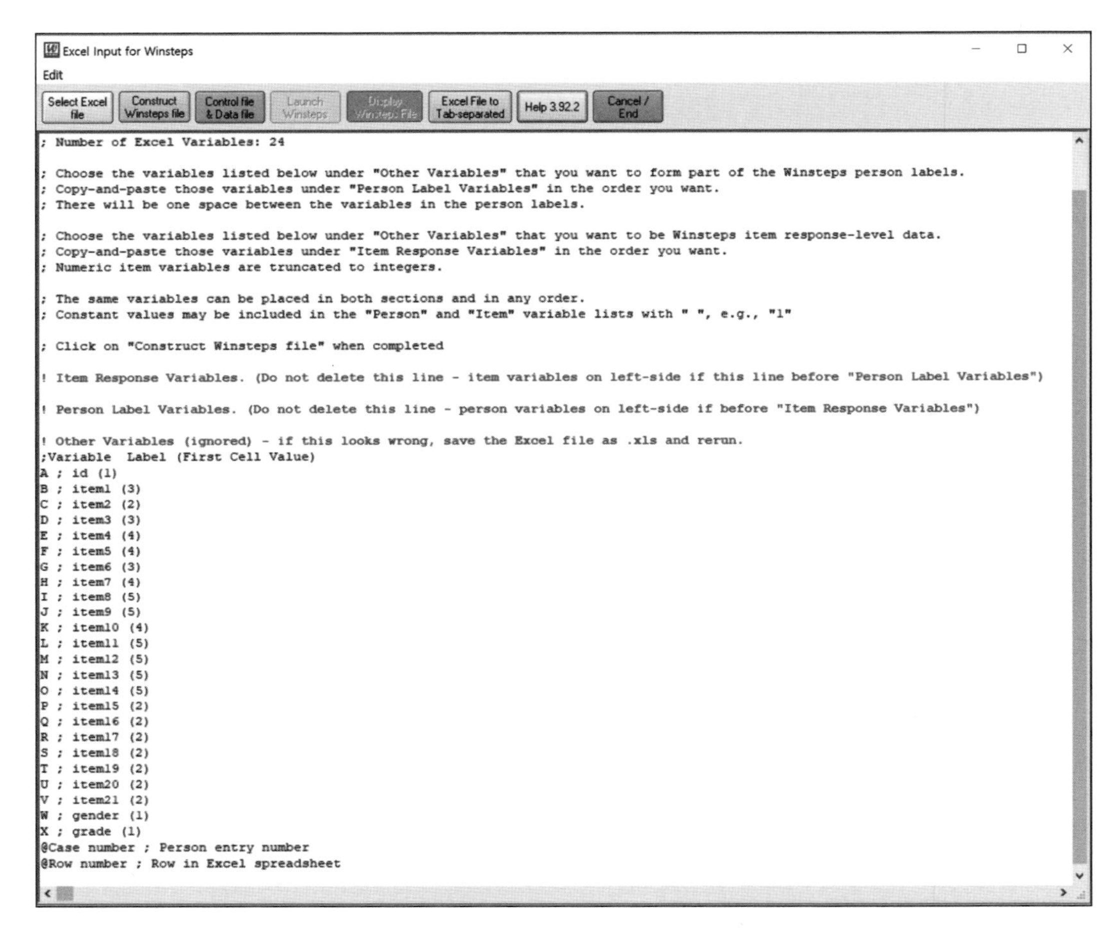

<그림 2-5> 저장된 EXCEL 자료 내용 정렬 창 생성

다음으로 **<그림 2-6>**과 같이 연구자가 연구주제에 맞게 변인들을 이동시켜야 한다. 일반적으로 심리측정척도(설문지)를 개발하거나 탐색하는 연구에서는 설문지의 문항들을 **<그림 2-6>** 처럼 선택(마우스 드래그)하여, **Item Response Variables** 밑으로 이동시킨다. 이때 반드시 모든 문항을 이동시켜야 하는 것은 아니고, 연구자가 결정한 연구설계에 필요한 문항들만 선택해서 이동시키면 된다. 필요한 문항들을 마우스로 선택해서 잘라내기, 붙어넣기를 해도 무방하다. 이 연구에서는 척도 개발이 목적이기 때문에 내용타당도 측면으로만 결정된 21문항을 모두 **Item Response Variables** 밑으로 이동시킨다.

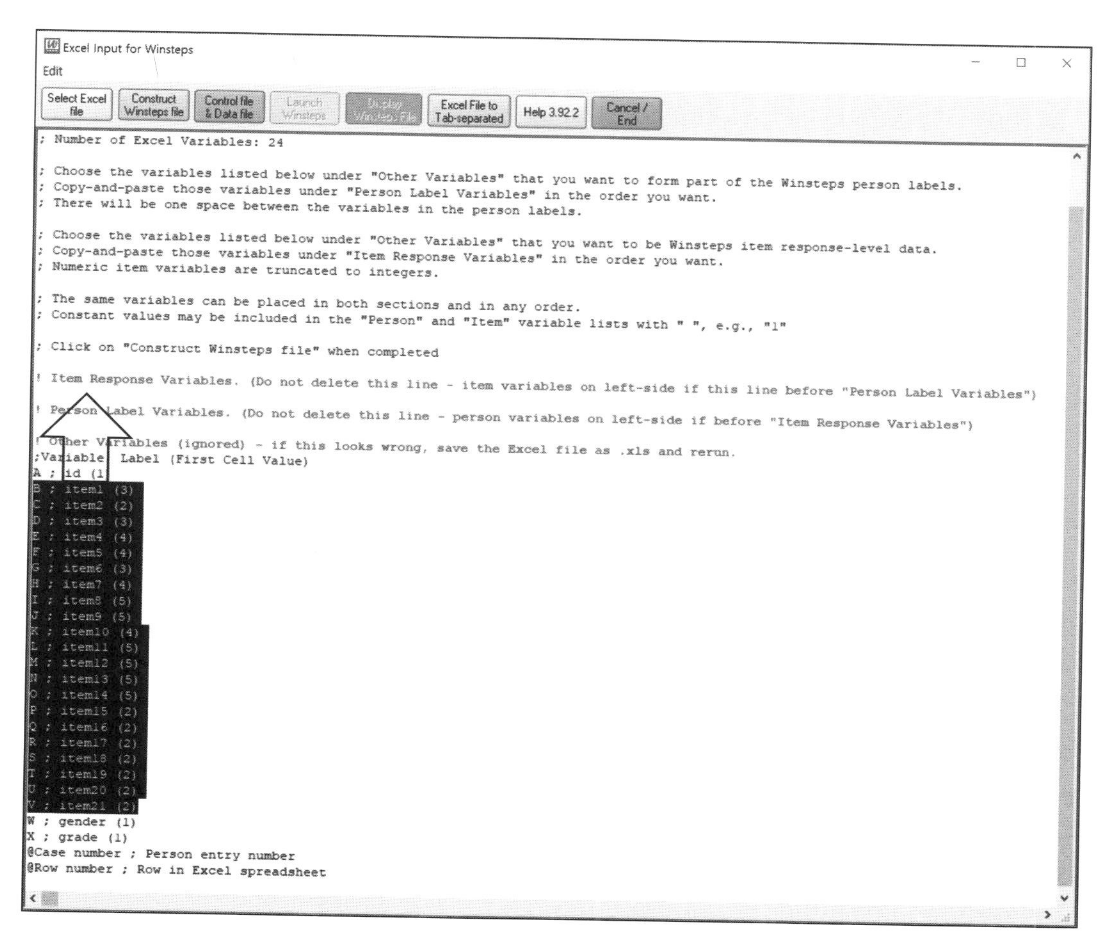

〈그림 2-6〉 연구에 필요한 문항 이동하기

다음으로 **〈그림 2-7〉**과 같이 문항 분석과 함께 연구에 필요한 변인을 **Person Label Variables** 밑으로 이동시킨다. 이 연구에서는 성별(gender)에 따라 차별되는 문항을 추출하기 위해 gender 변인을 이동시켰다. 남은 학년(grade) 변인에 따라 차별되는 문항을 추출하는 분석도 필요하다면 grade 변인을 함께 이동시켜도 무방하다. 단 분석에서는 하나의 변인씩만 선택해서 분석할 수 있다. 앞서 여러 번 제시한 것처럼 WINSTEPS 프로그램에서는 2국면(응답자 속성과 문항 곤란도)에 하나의 변인만을 추가한 결과를 제시할 수 있다.

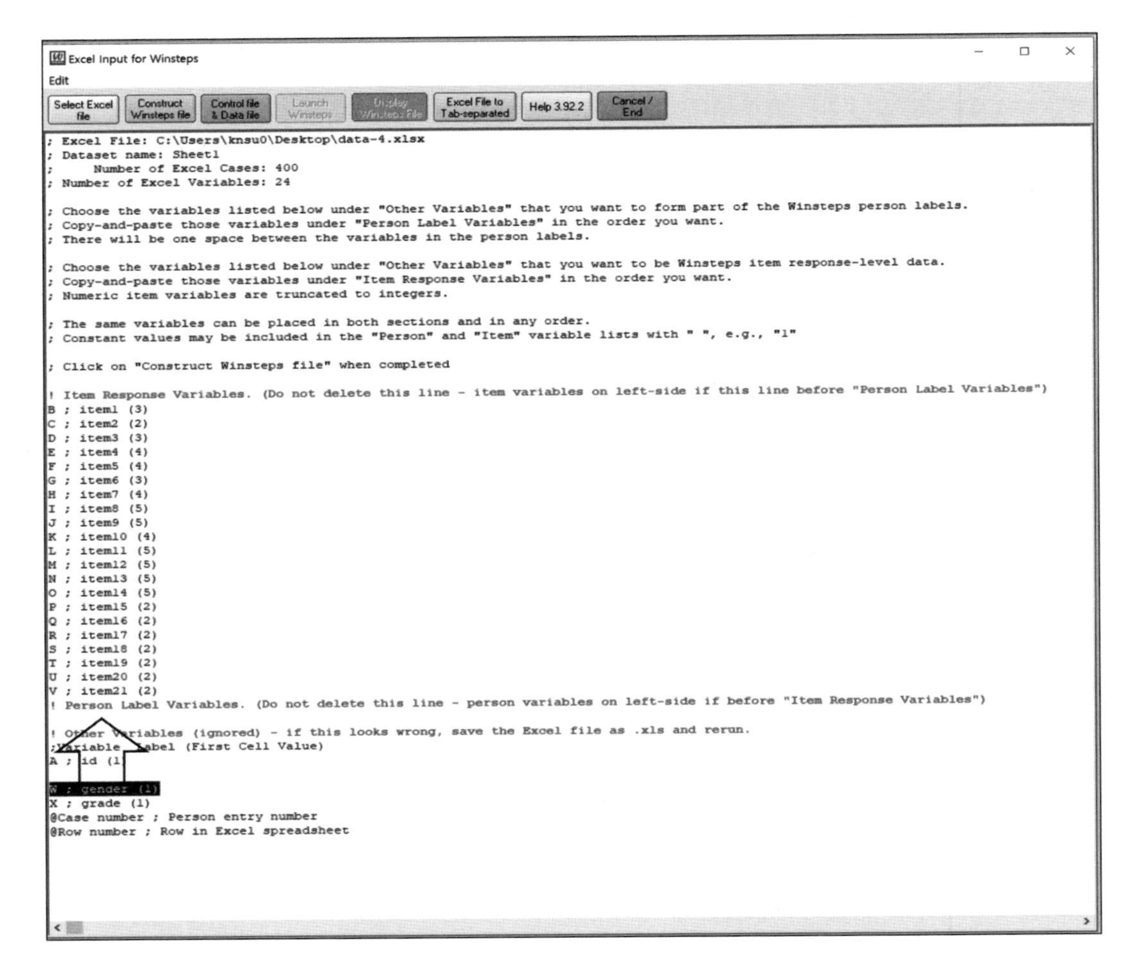

<그림 2-7> 연구에 필요한 변인 이동하기

다음 **<그림 2-8>**은 연구자가 분석에 필요한 변인들이 모두 이동된 상태이다. **Other Variables (ignored)** 밑에 남은 변인들은 분석에 사용되지 않는다는 것을 의미한다. 연구자는 **Item Response Variables** 와 **Person Label Variables** 에 변인들을 바르게 이동했는지를 최종 확인하고, 화살 표시한 [Construct Winsteps file]을 클릭한다.

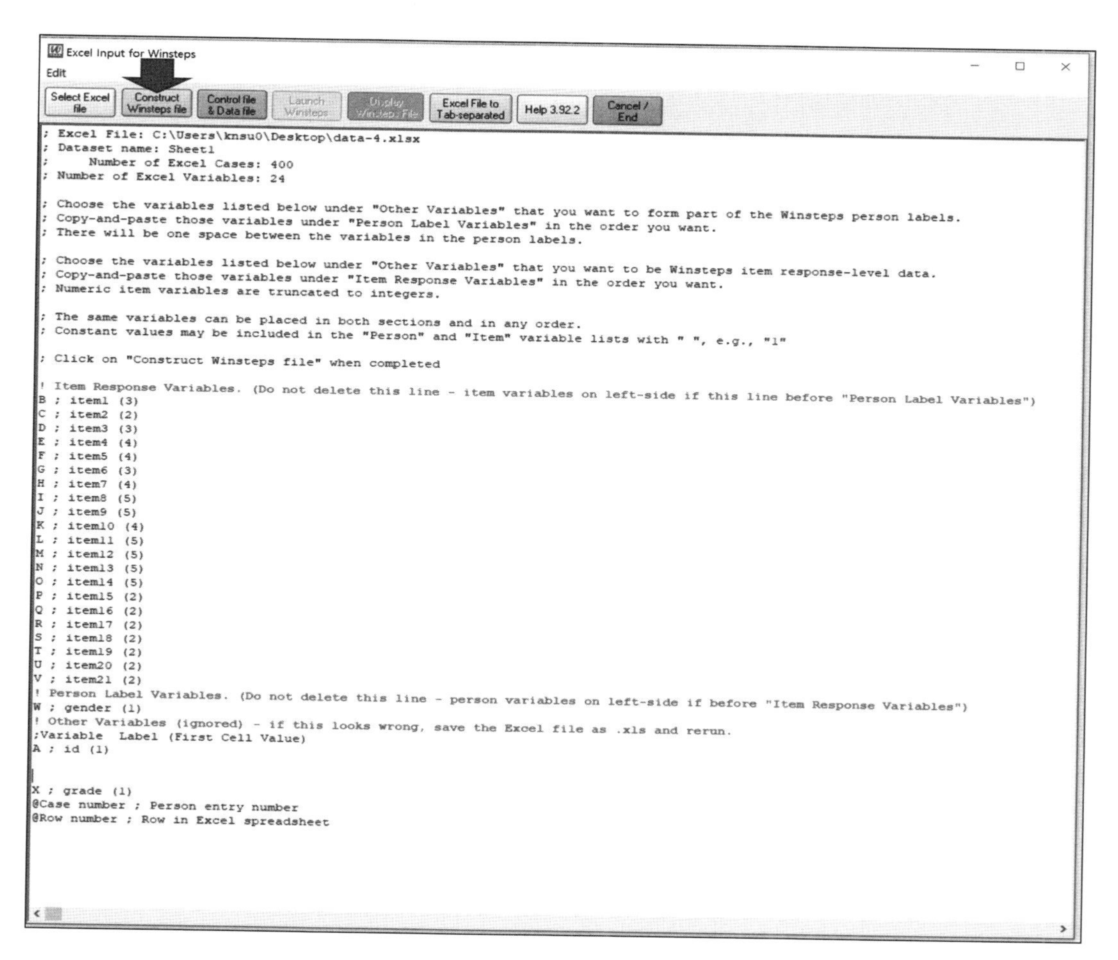

〈그림 2-8〉 연구에 필요한 문항과 변인 확인

[Construct Winsteps file]을 클릭하면 **〈그림 2-9〉**와 같이 생성될 파일에 이름과 저장할 위치를 설정하는 창이 나타난다. 연구자가 이름을 자유롭게 설정하고 [저장]을 클릭하면 된다. 단 여기서 파일 이름을 모두 영어 또는 숫자로 작성해야 프로그램 실행시 에러가 발생하지 않는다. 필자는 파일이름을 winsteps-specification-1이라고 명명하였다(첨부된 자료: winsteps-specification-1).

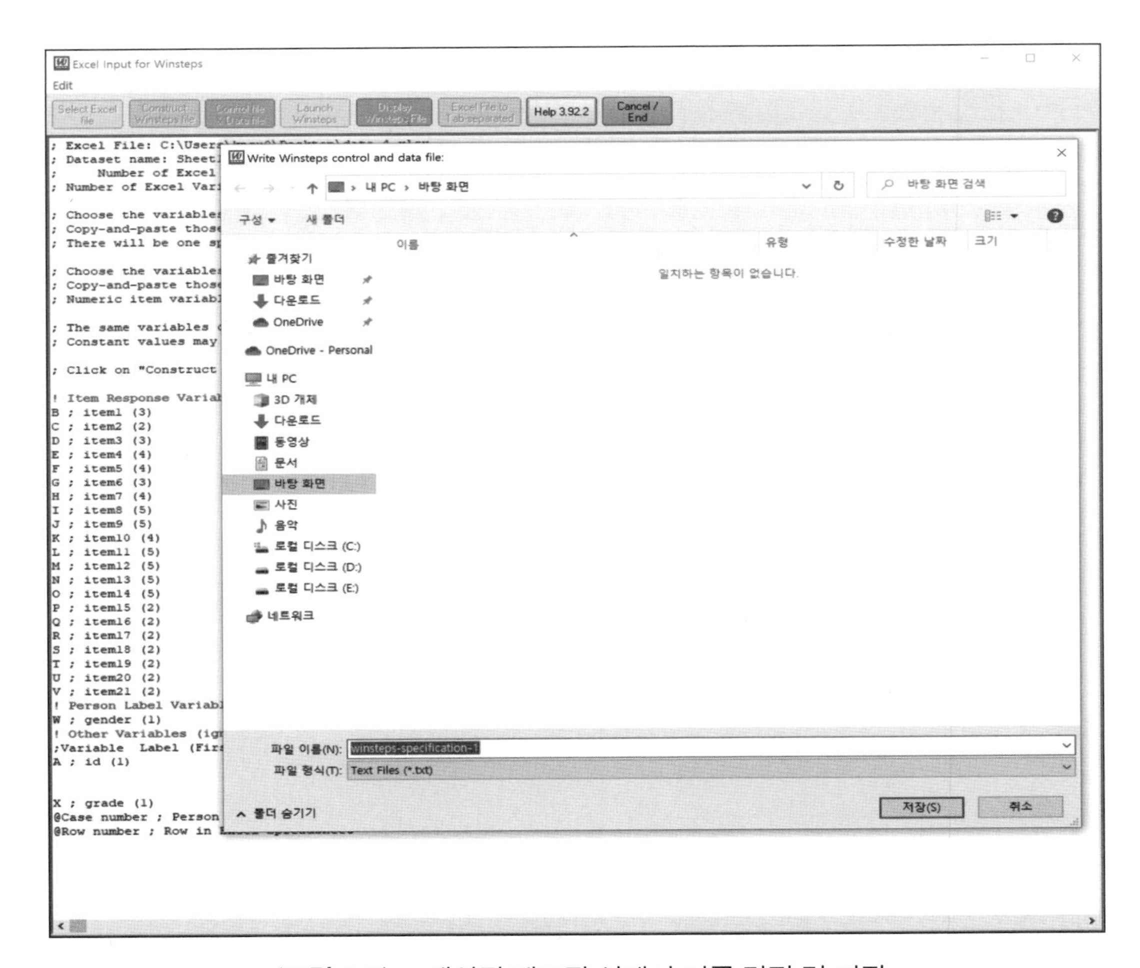

〈그림 2-9〉 생성될 메모장 설계서 이름 결정 및 저장

〈그림 2-9〉에서 이름을 결정하고 [저장]을 클릭하면 다음 **〈그림 2-10〉**과 같이 메모장 설계서(winstep-specification-1)가 나타난다. 이처럼 메모장 설계서가 생성되면 메모장 설계서를 실행시키면 된다.

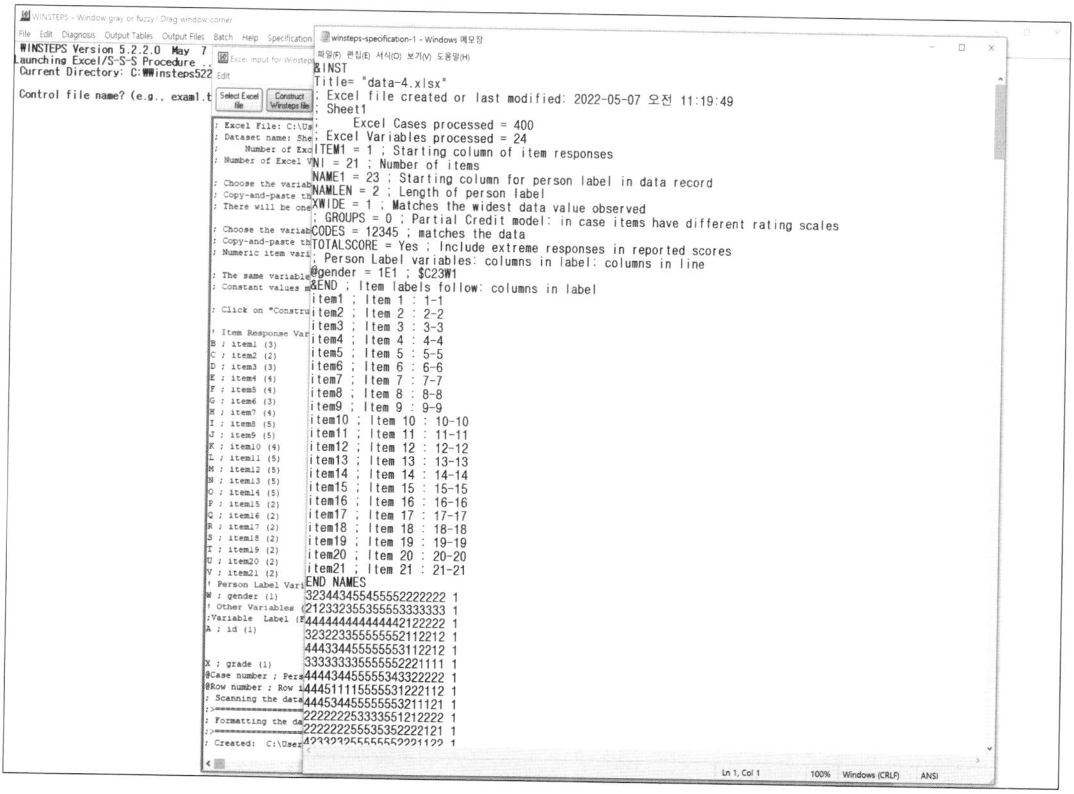

```
&INST
Title= "data-4.xlsx"
; Excel file created or last modified: 2022-05-07 오전 11:19:49
; Sheet1
;     Excel Cases processed = 400
; Excel Variables processed = 24
ITEM1 = 1 ; Starting column of item responses
NI = 21 ; Number of items
NAME1 = 23 ; Starting column for person label in data record
NAMLEN = 2 ; Length of person label
XWIDE = 1 ; Matches the widest data value observed
; GROUPS = 0 ; Partial Credit model: in case items have different rating scales
CODES = 12345 ; matches the data
TOTALSCORE = Yes ; Include extreme responses in reported scores
; Person Label variables: columns in label: columns in line
@gender = 1E1 ; $C23W1
&END ; Item labels follow: columns in label
item1 ; Item 1 : 1-1
item2 ; Item 2 : 2-2
item3 ; Item 3 : 3-3
item4 ; Item 4 : 4-4
item5 ; Item 5 : 5-5
item6 ; Item 6 : 6-6
item7 ; Item 7 : 7-7
item8 ; Item 8 : 8-8
item9 ; Item 9 : 9-9
item10 ; Item 10 : 10-10
item11 ; Item 11 : 11-11
item12 ; Item 12 : 12-12
item13 ; Item 13 : 13-13
item14 ; Item 14 : 14-14
item15 ; Item 15 : 15-15
item16 ; Item 16 : 16-16
item17 ; Item 17 : 17-17
item18 ; Item 18 : 18-18
item19 ; Item 19 : 19-19
item20 ; Item 20 : 20-20
item21 ; Item 21 : 21-21
END NAMES
323443455455552222222 1
212332355355553333333 1
444444444444442122222 1
323223355555552112212 1
444334455555553112212 1
333333335555552221111 1
444434455555343322222 1
444511115555531222112 1
444534455555553211121 1
222222253333551212222 1
222222255535352222121 1
```

〈그림 2-10〉 메모장 설계서 생성

우선 완성된(생성된) 메모장 설계서 winsteps-specification-1.txt와 Excel input for Winsteps 창을 모두 ☒ 클릭하여 닫는다. 그러면 다음 **〈그림 2-11〉**과 같이 메모장 설계서를 실행시키기 위한 창만 간단하게 보여진다.

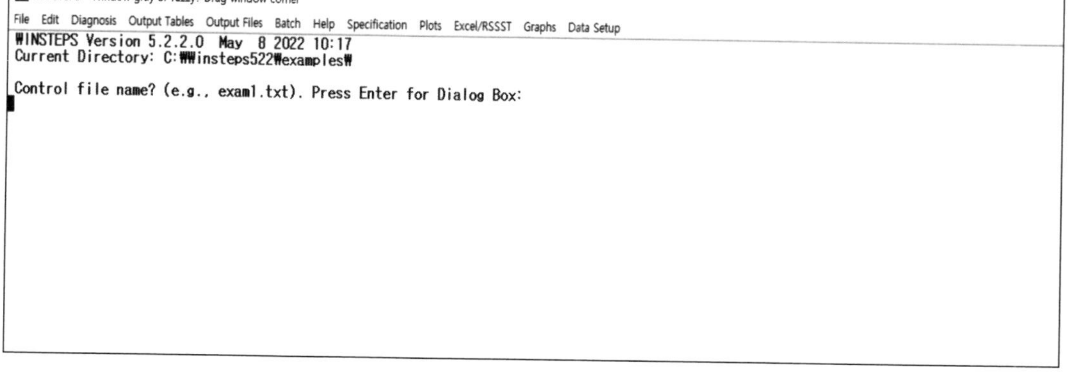

```
WINSTEPS - Window gray or fuzzy? Drag window corner
File Edit Diagnosis Output Tables Output Files Batch Help Specification Plots Excel/RSSST Graphs Data Setup
WINSTEPS Version 5.2.2.0 May 8 2022 10:17
Current Directory: C:\\winsteps522\examples\

Control file name? (e.g., exam1.txt). Press Enter for Dialog Box:
```

〈그림 2-11〉 생성된 메모장 설계서 실행 (1)

이 상태에서 컴퓨터 키보드 Enter를 한번 누르면 다음 **<그림 2-12>**와 같이 완성된 메모장 설계서(winsteps-specification-1)가 저장된 위치를 찾아 불러오는 창이 나타난다. 찾은 메모장 설계서를 더블클릭 또는 선택 후 [열기]를 클릭하면 다음 **<그림 2-13>**과 같은 창이 나타난다.

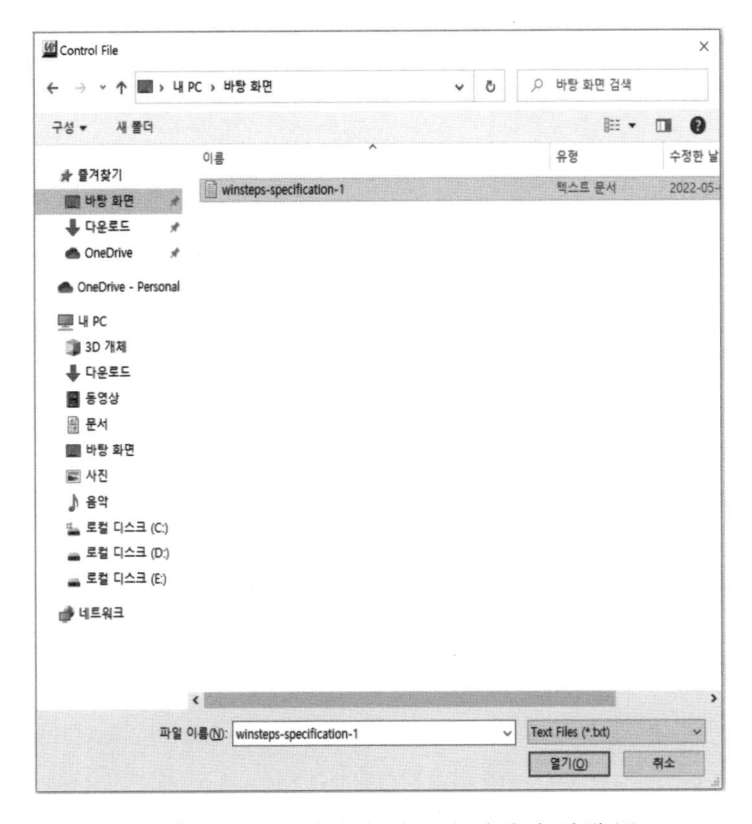

<그림 2-12> 생성된 메모장 설계서 실행 (2)

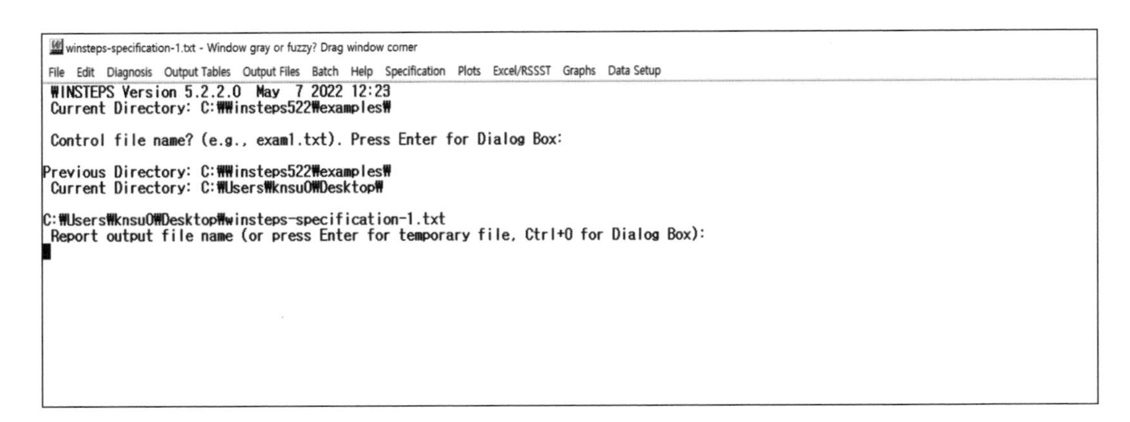

<그림 2-13> 생성된 메모장 설계서 실행 (3)

그리고 나타난 **<그림 2-13>**에서 컴퓨터 키보드 Enter를 한 번 누르면 다음 **<그림 2-14>**와 같은 창이 나타난다.

```
winsteps-specification-1.txt - Window gray or fuzzy? Drag window corner
File  Edit  Diagnosis  Output Tables  Output Files  Batch  Help  Specification  Plots  Excel/RSSST  Graphs  Data Setup
WINSTEPS Version 5.2.2.0  May  7 2022 12:23
Current Directory: C:₩₩insteps522₩examples₩

Control file name? (e.g., exam1.txt). Press Enter for Dialog Box:

Previous Directory: C:₩₩insteps522₩examples₩
Current Directory: C:₩Users₩knsu0₩Desktop₩

C:₩Users₩knsu0₩Desktop₩winsteps-specification-1.txt
Report output file name (or press Enter for temporary file, Ctrl+O for Dialog Box):

Extra specifications (if any). Press Enter to analyze:
```

<그림 2-14> 생성된 메모장 설계서 실행 (4)

여기서 또 다시 한번 Enter를 누르면 분석이 실행되고, 분석이 종료되면 다음 **<그림 2-15>**와 같이 나타난다. 완성한 메모장 설계서(winsteps-specification-1)에 대한 모든 결과를 볼 수 있는 실행 과정이 마무리된 것이다.

```
winsteps-specification-1.txt - Window gray or fuzzy? Drag window corner
File  Edit  Diagnosis  Output Tables  Output Files  Batch  Help  Specification  Plots  Excel/RSSST  Graphs  Data Setup
>=====================================<
|     9       5.17      .0374   72    11*     1    -18.55   -.0229|
>=====================================<
|    10       4.26      .0311   72    10*     1    -15.32   -.0190|
>=====================================<
|    11       3.52      .0258   72    11*     3     12.70   -.0158|
>=====================================<
|    12       2.92      .0215  150    11*     3     10.57   -.0132|
>=====================================<
|    13       2.43      .0179  150    11*     3      8.81   -.0110|
>=====================================<
|    14       2.02      .0149  150    11*     3      7.35   -.0092|
>=====================================<
|    15       1.68      .0125  150    10*     3      6.13   -.0077|
>=====================================<
|    16       1.40      .0104  150    11*     3      5.12   -.0064|
>=====================================<
|    17       1.17      .0087  150    11*     3      4.28   -.0054|
>=====================================<
|    18        .98      .0072  150    11*     3      3.58   -.0045|
>=====================================<
|    19        .82      .0062  150    11*     3      2.99   -.0038|
>=====================================<
|    20        .68      .0051  150    10*     3      2.50   -.0031|
>=====================================<
|    21        .57      .0043  150    11*     3      2.09   -.0026|
-------------------------------------------------------------------
 Calculating JMLE Fit Statistics
>=====================================<
Time for estimation: 0:0:2.459
Output to C:₩Users₩knsu0₩Desktop₩ZOU638WS.TXT
data-4.xlsx
-------------------------------------------------------------------------------
| PERSON     400 INPUT     400 MEASURED                 INFIT        OUTFIT    |
|           TOTAL      COUNT     MEASURE   REALSE    IMNSQ   ZSTD  OMNSQ   ZSTD|
| MEAN       83.7       21.0        2.20      .45      .99    -.3   1.02    -.2|
| P.SD       13.2         .0        1.70      .33      .59    1.8    .72    1.7|
| REAL RMSE    .56 TRUE SD     1.61  SEPARATION  2.89  PERSON RELIABILITY  .89|
|------------------------------------------------------------------------------|
| ITEM        21 INPUT      21 MEASURED                 INFIT        OUTFIT    |
|           TOTAL      COUNT     MEASURE   REALSE    IMNSQ   ZSTD  OMNSQ   ZSTD|
| MEAN     1594.8      400.0         .00      .08     1.02    -.1   1.02    -.3|
| P.SD      160.7         .0         .91      .01      .24    3.2    .29    2.6|
| REAL RMSE    .08 TRUE SD      .91  SEPARATION 11.01  ITEM   RELIABILITY  .99|
-------------------------------------------------------------------------------
Output written to C:₩Users₩knsu0₩Desktop₩ZOU638WS.TXT
CODES= 12345
Measures constructed: use "Diagnosis" and "Output Tables" menus
```

<그림 2-15> 생성된 메모장 설계서 실행 종료

[알아두기]
WINSTEPS 프로그램 종료

앞서 소개한 **<그림 2-10>**과 같이 메모장 설계서(Winsteps-specificaton-1.txt)가 완성되어 저장되면 WINSTEPS 프로그램이 종료(다운)되어도 무방하다. 구체적으로 WINSTEPS 프로그램을 완전히 종료된 상태에서 다시 실행하면 **<그림 2-1>**이 나타난다. 이때 Winsteps Welcome 창을 닫거나 [No]를 클릭하면 바로 **<그림 2-11>**부터 실행할 수 있다. 즉 Winsteps Welcome 창을 닫고 컴퓨터 키보드 Enter를 누르면 저장된 위치에 메모장 설계서를 불러올 수 있다. 그리고 다시 Enter를 두 번 누르면 바로 결과 산출을 위해 WINSTEPS 프로그램이 실행된다.

또한 FACETS 프로그램 두 번째 [알아두기](32쪽)에서 소개한 것처럼, 완성된 WINSTEPS 메모장 설계서(Winsteps-specificaton-1.txt)를 바탕화면에 나타나 있는 [Winsteps Rasch] 아이콘 위에 마우스로 끌어서 놓으면 바로 **<그림 2-11>**부터 실행된다. 실행 시간을 단축할 수 있는 방법이다.

실행이 완료되면 ZOU□□□WS 이름의 빈 메모장 파일이 자동으로 생성된다. 여기서 ZOU는 일시적인 결과 파일을 의미하는 단축어고, □는 랜덤으로 생성되는 고유의 숫자다. WS는 WINSTESP의 단축어이다. 즉 WINSTEPS 프로그램이 윈도우에서 실행되는 동안 일시적으로 생성되는 파일이고 WINSTEPS를 종료하면 자동으로 없어진다. WINSTEPS 버전에 따라 종료 후 없어지지 않고 남아있다면 삭제해도 무방하다.

그리고 완성된 메모장 설계서를 실행시킬 때 에러가 발생하는 이유가 있다. 앞서 제시한 것처럼 완성된 메모장 설계서 이름이 한글로 되어 있을 때이다. 또한 메모장 설계서가 저장되어 있는 폴더에 이름이 한글로 되어 있어도 에러가 발생할 수 있다. 따라서 완성된 메모장 설계서 이름과 불러오는 과정에 폴더 이름이 모두 영어 또는 숫자로만 명명해야 에러가 발생하지 않는다.

컴퓨터 사용자 이름이 한글로 되어 있어도 에러가 발생할 수 있다. 예를 들어 만일 **<그림 2-15>** 밑에서 세 번째 줄 C:\Users\knsu0\ 가 아니라 C:\Users\한글\ 로 설정되어 있는 경우에는 실행이 되지 않고 에러가 발생하는 경우가 적지 않다. 이러한 경우에는 인터넷 검색에 '윈도우 사용자 이름 영어로 바꾸는 방법'을 검색해서 단계적 절차를 거쳐서 변경하는 것을 권장한다.

WINSTEPS 프로그램 기본 탐색

결과 실행이 종료된 **<그림 2-15>**(139쪽)에 마지막 행은 Measures constructed : use "Diagnosis" and "Output Tables" menus이다. 결과들은 첫 행에 [Diagnosis]와 [Output Tables]를 클릭하면 모두 나타난다는 것을 의미한다.

다음 **<그림 3-1>**은 [Diagnosis]에서 볼 수 있는 결과들을 나타내고, **<그림 3-2>**는 [Output Tables]에서 볼 수 있는 결과들을 나타낸다. 그림에서 볼 수 있듯이 [Diagnosis]는 [Output Tables]에 나타나는 결과들의 일부이다. 즉 [Diagnosis]에 나오는 결과는 모두 [Output Tables]에서 동일하게 볼 수 있다. 이렇게 [Output Tables]에서 모두 볼 수 있음에도 불구하고 [Diagnosis] 창에서 A, B, C, D, E, F, G, H로 결과를 분류해서 나타낸 이유는 연구자들이 많이 찾는 결과들을 빨리 검색할 수 있게 하기 위해서다. 단, John Michael Linacre 교수는 모든 연구에 A, B, C, D, E, F, G, H 결과가 모두 필요한 것은 아니고, A부터 H로 나타낸 것이 연구자들이 많이 검색하는 결과 순위도 아니라고 하였다. 즉 연구자들이 많이 검색하는 결과들을 보기 쉽게 나열한 것일 뿐이지 많이 검색하는 순서는 아니라는 것이다.

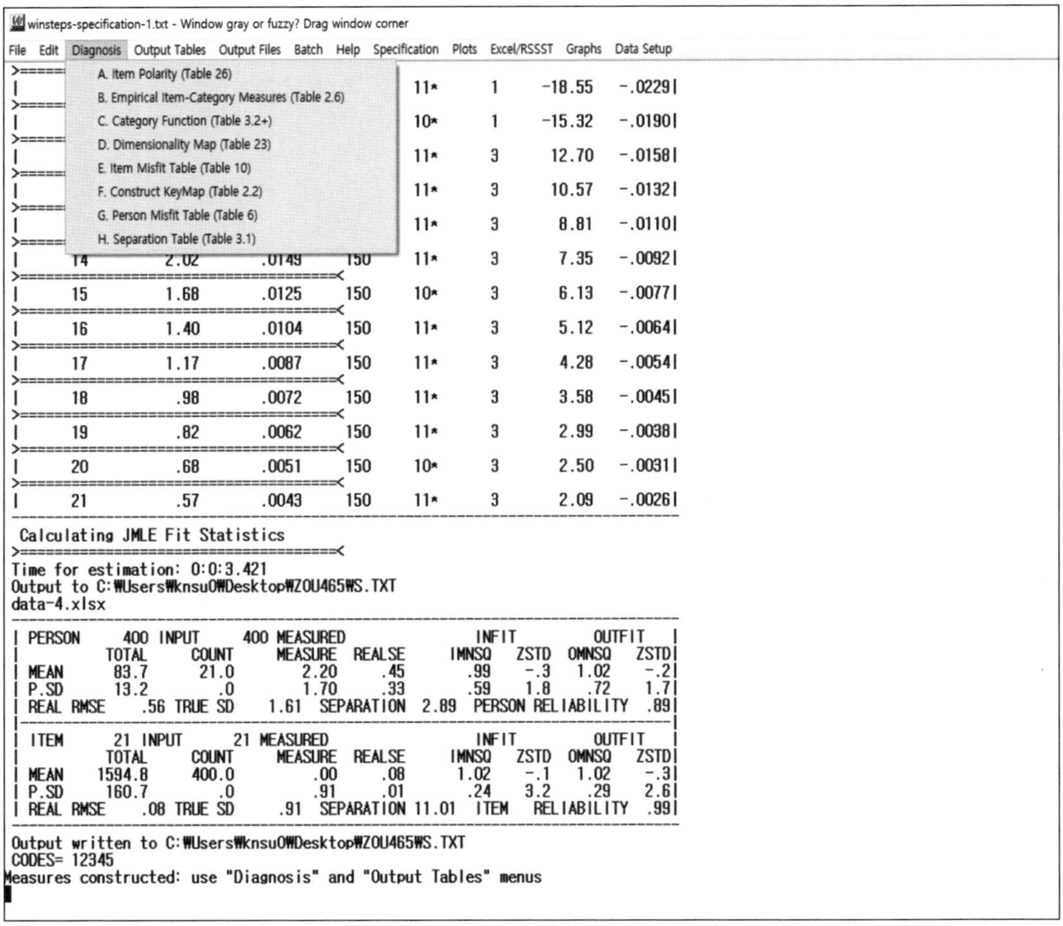

```
winsteps-specification-1.txt - Window gray or fuzzy? Drag window corner
File  Edit  Diagnosis  Output Tables  Output Files  Batch  Help  Specification  Plots  Excel/RSSST  Graphs  Data Setup
        A. Item Polarity (Table 26)
        B. Empirical Item-Category Measures (Table 2.6)
        C. Category Function (Table 3.2+)
        D. Dimensionality Map (Table 23)
        E. Item Misfit Table (Table 10)
        F. Construct KeyMap (Table 2.2)
        G. Person Misfit Table (Table 6)
        H. Separation Table (Table 3.1)
>=====                                     11*    1    -18.55   -.0229|
|                                          10*    1    -15.32   -.0190|
>=====                                     11*    3     12.70   -.0158|
|                                          11*    3     10.57   -.0132|
>=====                                     11*    3      8.81   -.0110|
|    14         2.02        .0149    150   11*    3      7.35   -.0092|
>==================================<
|    15         1.68        .0125    150   10*    3      6.13   -.0077|
>==================================<
|    16         1.40        .0104    150   11*    3      5.12   -.0064|
>==================================<
|    17         1.17        .0087    150   11*    3      4.28   -.0054|
>==================================<
|    18          .98        .0072    150   11*    3      3.58   -.0045|
>==================================<
|    19          .82        .0062    150   11*    3      2.99   -.0038|
>==================================<
|    20          .68        .0051    150   10*    3      2.50   -.0031|
>==================================<
|    21          .57        .0043    150   11*    3      2.09   -.0026|
-----------------------------------------------------------------------
 Calculating JMLE Fit Statistics
>==================================<
Time for estimation: 0:0:3.421
Output to C:\Users\knsu0\Desktop\ZOU465WS.TXT
data-4.xlsx
-----------------------------------------------------------------------
| PERSON     400 INPUT      400 MEASURED             INFIT         OUTFIT   |
|          TOTAL      COUNT     MEASURE  REALSE    IMNSQ  ZSTD  OMNSQ  ZSTD|
| MEAN      83.7       21.0        2.20     .45      .99   -.3   1.02   -.2|
| P.SD      13.2         .0        1.70     .33      .59   1.8    .72   1.7|
| REAL RMSE   .56 TRUE SD    1.61  SEPARATION  2.89  PERSON RELIABILITY  .89|
|-------------------------------------------------------------------------|
| ITEM       21 INPUT       21 MEASURED              INFIT         OUTFIT   |
|          TOTAL      COUNT     MEASURE  REALSE    IMNSQ  ZSTD  OMNSQ  ZSTD|
| MEAN    1594.8      400.0         .00     .08     1.02   -.1   1.02   -.3|
| P.SD     160.7         .0         .91     .01      .24   3.2    .29   2.6|
| REAL RMSE   .08 TRUE SD     .91  SEPARATION 11.01  ITEM   RELIABILITY  .99|
-----------------------------------------------------------------------
Output written to C:\Users\knsu0\Desktop\ZOU465WS.TXT
CODES= 12345
Measures constructed: use "Diagnosis" and "Output Tables" menus
```

〈그림 3-1〉 Diagnosis에서 볼 수 있는 결과

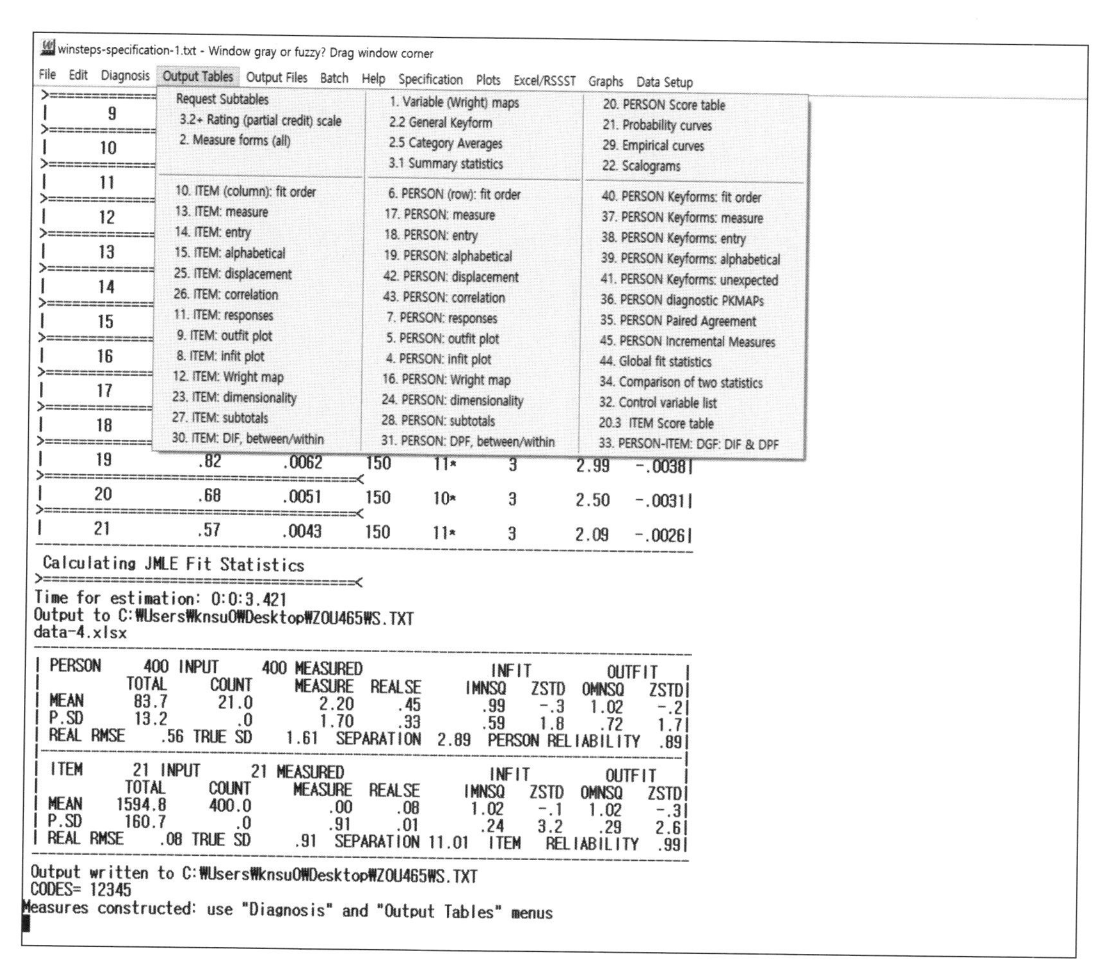

〈그림 3-2〉 Output Tables에서 볼 수 있는 결과

그리고 다음 **<그림 3-3>**과 같이 [Edit]를 클릭하고 [Edit Initial Settings]를 클릭하면 **<그림 3-4>**와 같은 창이 나타나고 다양한 설정을 할 수 있다.

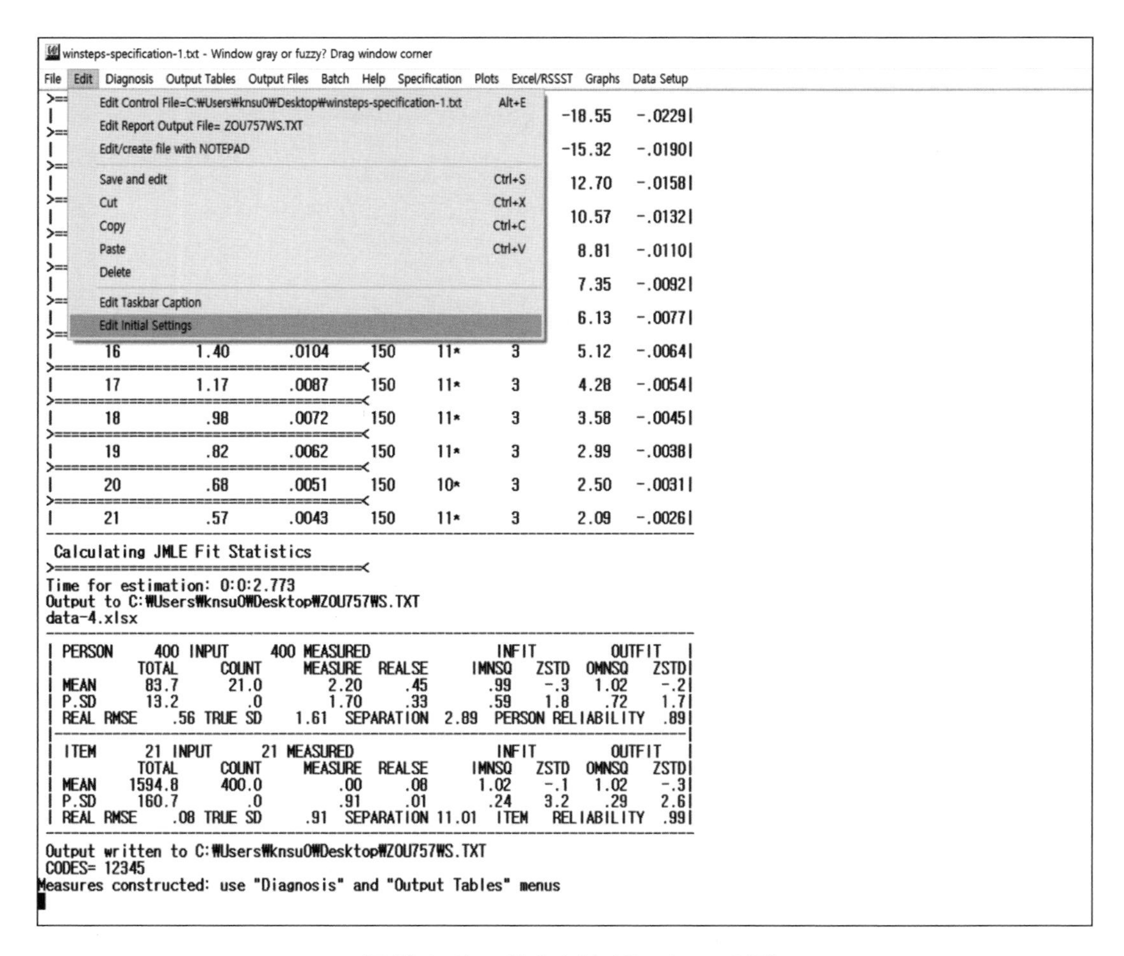

<그림 3-3> Edit Initial Settings 선택

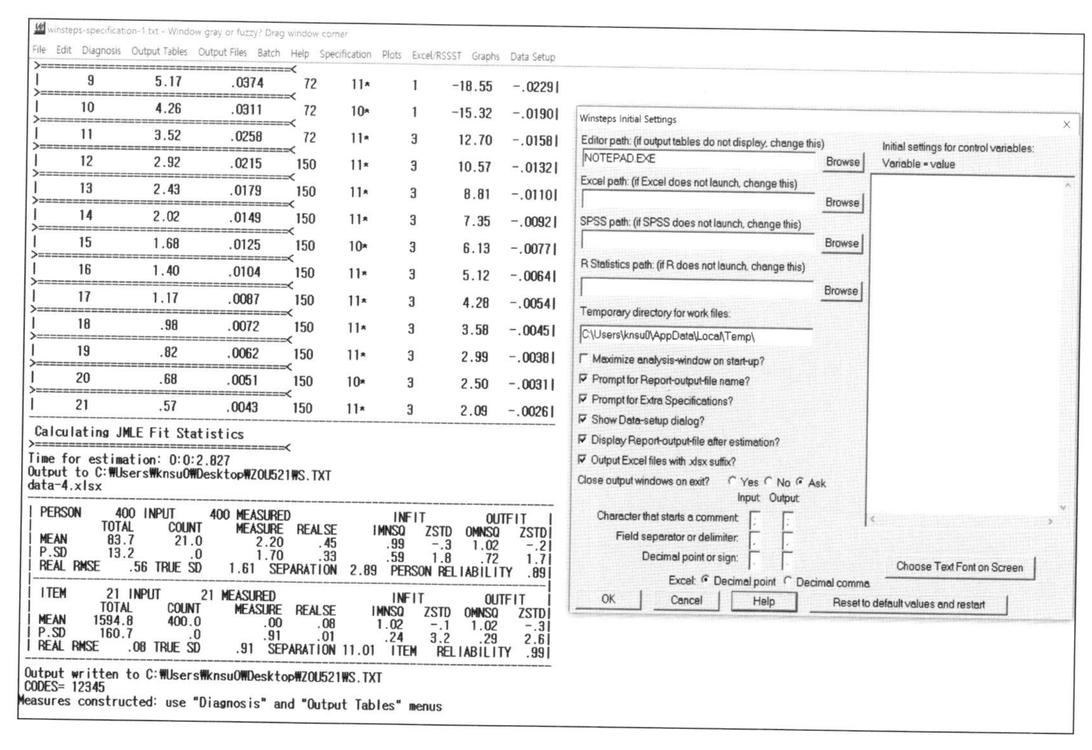

<그림 3-4> Edit Initial Settings 설정

나타난 창 오른쪽 아래 [Choose Text Font on Screen]을 클릭하고, 글자체를 굴림체로 변경하고 글자 스타일은 굵게, 그리고 글자 크기는 14로 변경할 것을 권장한다. 이렇게 변경하면 결과가 나타나는 메모장에 표들이 흩어지지 않고 보기 좋게 나열되기 때문이다. 나머지는 디폴트 상태로 [OK]를 클릭한다. 자세하게 검토하고 변경할 사항은 7장(271쪽)과 8장(347쪽)에 추가로 제시하였다.

그리고 **<그림 3-3>**에서 [Edit Initial Settings] 위에 [Edit Taskbar Caption]을 클릭하면 가장 위에 첫 번째 행, 아이콘 옆에 나타나는 글을 바꿀 수 있다. 즉 WINSTEPS-Window gray or fuzzy? Drag window corner를 연구자가 원하는 단어 또는 문장으로 바꿀 수 있다. 어떤 단어와 문장으로 바꿔도 분석하는데 문제는 없다.

참고로 실행시 디폴트로 나타나 있는 문장 WINSTEPS-Window gray or fuzzy? Drag window corner에 의미는 처음 WINSTEPS 프로그램 실행시 나타나는 앞서 소개한 **<그림 2-1>**(130쪽)이 선명하지 않게 나타날 수도 있다는 것이다. 만일 그렇다면, 창 모서리를 마우스로 끌어당기면 선명해지고 분석하는데 문제가 없다는 것이다.

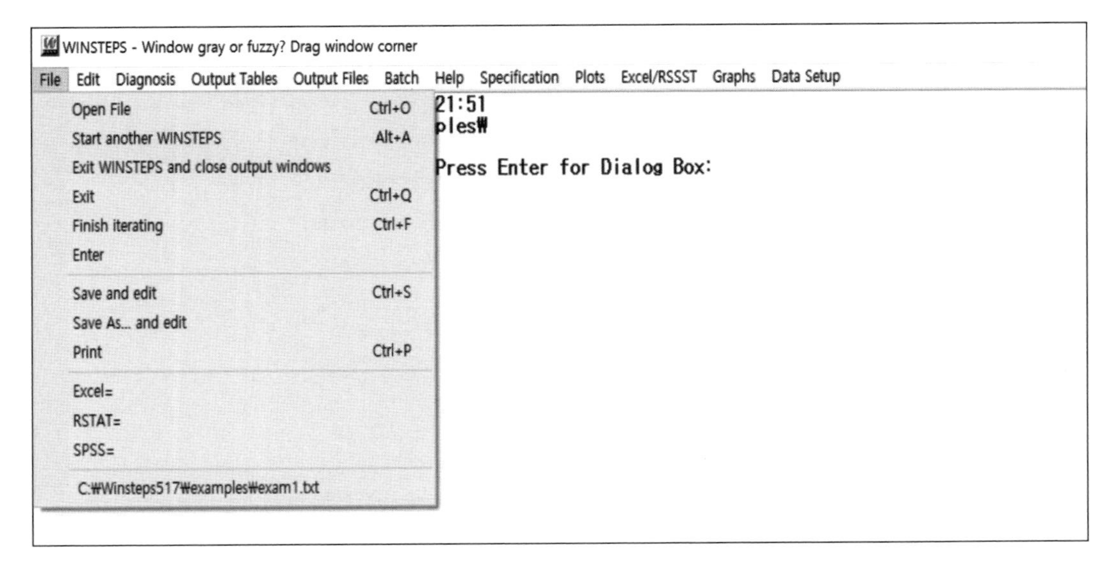

<그림 3-5> File 선택 기능

<그림 3-5>는 파일을 불러오거나 저장 또는 분석을 조정하는 창이다. [File]을 클릭하고, 첫 행에 [Open File]을 선택하면 저장된 메모장 설계서를 불러올 수 있다. 즉 앞서 '[알아두기](140쪽) WINSTEPS 프로그램 종료'에서 설명한 것처럼 완성된 메모장 설계서가 있다면 다양한 방법으로 실행시킬 수 있다. [Open File]도 처음 실행시 나타나는 [Winsteps Welcome] 창을 닫고 완성된 메모장 설계서를 찾아서 바로 실행시킬 수 있다.

다음으로 [Start another WINSTEPS]는 새로운 WINSTEPS를 다시 시작하고 싶을 때 사용한다. 즉 다른 완성된 메모장 설계서 불러오거나, 새로운 작업을 다시 실행하고 싶을때 WINSTEPS 아이콘을 찾아 다시 클릭하는 시간을 줄여주는 버튼이라고 생각하면 된다.

[Exit WINSTEPS and close output windows]와 [Exit]는 모두 종료 버튼으로 생각하면 된다. 차이점은 [Exit WINSTEPS and close output windows]는 나타난 결과 메모장을 모두 한꺼번에 종료시키는 것이고, [Exit]는 나타난 결과 메모장을 저장하고 종료할 것인지를 확인시키는 것이다. 그러나 종료시 이 두 버튼을 사용하는 것보다는 나온 결과 메모장들을 연구자가 원하는 곳에 다른 이름으로 저장하고, 오른쪽 상단에 ☒ 버튼을 누르는 것으로 종료시키는 것을 권장한다.

[Finish iterating]은 **<그림 2-14>**(139쪽)에서 Enter 키를 한번 더 누르면 실행되는 분석을 중지시키는 버튼이다. 즉 완성된 메모장이 아니라고 판단될 때 분석을 멈추는 버튼이라고 생각하

면 된다. 그러나 최근 WINSTEPS 버전은 실행이 되는 과정이 길지 않기 때문에 이 버튼을 사용하는 경우는 많지 않다. 만일 완성된 메모장이 잘못되었다면 실행 중에 [Finish iterating]으로 중지시키는 것보다 실행이 완료되면 무엇이 잘못되었는지를 탐색하고, 수정해서 다시 실행시키는 것을 권장한다.

[Enter]는 컴퓨터 키보드가 없고 마우스만 있을 때 사용하는 것이라고 할 수 있다. 분석시 컴퓨터 키보드가 없을 가능성은 적기 때문에 이 버튼을 사용하는 경우가 많지 않을 것이다.

[Save and Edit]와 [Save as... and Edit]는 앞서 소개한 **<그림 2-15>**(139쪽)에 나온 결과를 저장하는 것이다. [Save and Edit]는 이미 저장된 파일을 열고 수정하기 위한 버튼이고, [Save as... and Edit]는 다른 이름으로 저장하고, 다시 열어 수정하기 위한 버튼이라고 할 수 있다. 그러나 이 버튼들도 실제 논문쓰는데 필요한 결과를 저장하는 것은 아니고, 단지 실행된 과정을 저장하는 것이기 때문에 사용하는 경우가 많지는 않을 것이다. [Print] 버튼도 앞서 소개한 **<그림 2-15>**에 나온 결과를 프린트하는 버튼이다. 그러나 중요한 것은 [Output Tables]에서 나오는 메모장 결과들을 저장하고 프린트하는 것이다.

[Excel=], [RSTAT=], [SPSS=]은 각 프로그램이 자신의 컴퓨터 어디에 설치되어 있는지 제시해 준다. 만일 **<그림 3-5>**와 같이 아무런 제시가 되어 있지 않으면 **<그림 3-4>**에서 [Excel path], [SPSS path], [R Statistics path] 옆에 [Browse]를 클릭해서 프로그램이 저장된 위치에서 찾아 불러오는 것을 권장한다. 단, 최근 WINSTEPS 버전에서는 [Excel path]와 [SPSS path]는 저장된 위치를 자동으로 인식하기 때문에 분석시 문제가 일어나지 않는다면 두 프로그램에 저장된 위치를 반드시 검색해서 저장할 필요는 없다.

[R Statistics path]는 WINSTEPS 프로그램을 설치한 다음에 R 프로그램을 설치하면 자동으로 위치를 인식하고 **<그림 3-4>** [R Statistics path]에 자동으로 제시된다. WINSTEPS 프로그램은 2020년 업그레이드된 Winsteps 4.6.0 프로그램부터 R 프로그램과 연결되어 분석된 결과를 다양한 그래프 형태로 제시하고 있다.

마지막 행에 제시되는 메모장 파일은 가장 최근에 분석한 완성된 메모장 설계서가 순서대로 제시된다. 따라서 저장된 위치를 찾아 실행하는 것보다 더 빠른 실행을 하고 싶을 때 유용하다. 필자는 C드라이브, Winsteps517 폴더, 그리고 examples 폴더에 exam1 이름으로 저장한 메모장 설계서를 실행했던 것을 알 수 있다(C:\Winsteps517\examples\exam1.txt).

[알아두기] Don't ask again

File에서 현실적으로 유용하게 사용되는 것은 [Open File]과 [Start another WINSTEPS]라고 할 수 있다. 구체적으로 완성된 메모장 설계서가 있다면, 시작시에 가장 먼저 나타나는 [Winsteps Welcome] 창을 닫고 바로 File에 [Open File]을 클릭하여 완성된 메모장 설계서를 불러올 때 유용하게 사용된다.

또한 분석 중에 또 다른 분석을 실행하기 위해서는 현재 분석 중인 WINSTEPS를 모두 종료시키지 않고, [Start another WINSTEPS]를 클릭하면 된다. WINSTEPS 프로그램을 처음부터 다시 실행하거나 완성된 다른 메모장 설계서를 불러와서 분석할 때 많이 사용하게 된다.

따라서 처음 실행 시 나타나는 [Winsteps Welcome] 창이 나타나는 것을 원하지 않는 연구자들은 [Winsteps Welcome] 창 오른쪽 밑에 [Don't ask again]을 체크하고 ☒ 버튼을 누르면 다음 WINSTEPS 실행부터는 [Winsteps Welcome] 창이 바로 나타나지 않는다.

다시 자료가 코딩된 EXCEL, SPSS 파일 등을 불러와서 메모장 설계서를 만들어야 하는 과정을 거쳐야 하는 경우는 상단에 [Excel/RSSST] 버튼을 클릭하면 앞서 소개한 **<그림 2-2>**(130쪽)와 같이 코딩된 자료가 있는 프로그램을 선택하는 창이 바로 나타난다.

WINSTEPS 프로그램 결과 해석 및 논문쓰기

4-1) Global fit statistics 결과 실행 및 해석

WINSTEPS 프로그램을 통해 앞서 소개한 **<그림 2-15>**(139쪽)와 같이 메모장 설계서 실행이 종료되면 논문 주제에 필요한 결과들을 [Output Tables]에서 찾아 작성할 수 있다. 구체적으로 우선 내용타당화 측면에서 결정한 21문항과 5점 척도로 이루어진 설문지에 400명이 응답한 자료가 Rasch 모형을 적용하는데 문제가 없는지를 탐색하기 위해서 다음 **<그림 4-1>**과 같이 [44. Global fit statistics]를 클릭한다.

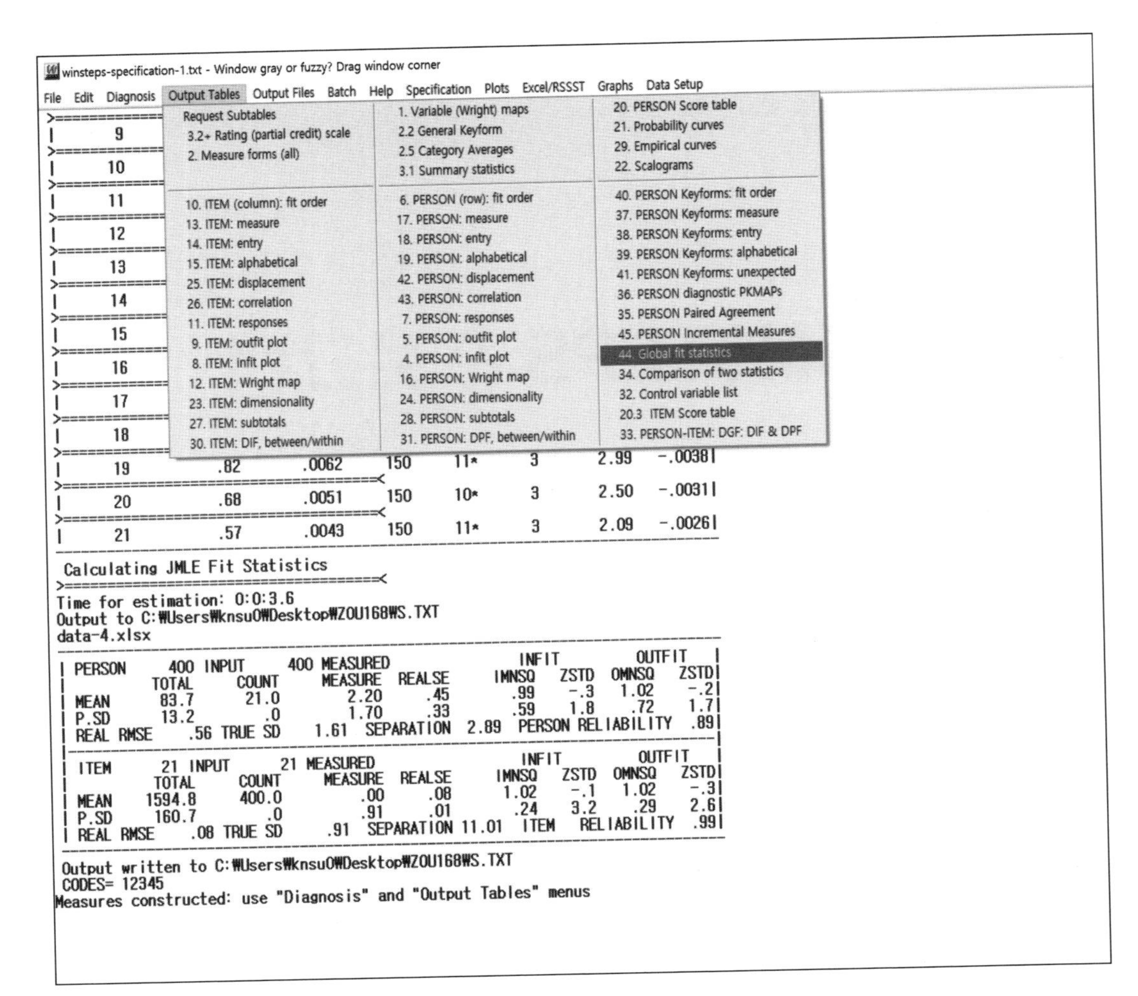

<그림 4-1> 44. Global fit statistics 선택

그러면 **<그림 4-2>**와 같은 메모장 결과가 자동으로 이름이 생성되어 나타난다. 연구자가 원하는 곳에 메모장 이름을 결과 내용에 맞게 변경하여 저장하는 것을 권장한다(첨부된 자료: global-fit-statistics-winsteps 5.2.2).

```
global-fit-statistics-winsteps 5.2.2 - Windows 메모장
파일(F) 편집(E) 서식(O) 보기(V) 도움말(H)
TABLE 44.1 data-4.xlsx                                    ZOU540WS.TXT  May 19 2022  9:59
INPUT: 400 PERSON  21 ITEM  REPORTED: 400 PERSON  21 ITEM  5 CATS WINSTEPS 5.2.2.0
--------------------------------------------------------------------------------

Global Statistics:
Active PERSON: 400, non-extreme: 382
Active ITEM: 21
Active datapoints: 8400
Missing datapoints: none
Non-extreme datapoints: 8022, ln(8022) = 8.9899
Standardized residuals N(0,1): mean: .001 P.SD: 1.009 count: 8022.00

Fit Indicators:
Equal-item-discriminations test of Parallel ICCs/IRFs: 134.6897 with 20 d.f., probability = .0000
van den Wollenberg Q1 test of Parallel ICCs/IRFs: 485.3376 with 300 d.f., probability = .0000
Log-Likelihood Degrees of freedom (d.f.) by simulation = 14953 +- 17
Log-Likelihood chi-squared: 14892.8729 with approximately 14953 d.f., probability = .6347
Estimated Parameters = Non-extreme PERSON + Non-extreme ITEM - 1 + sum(Thresholds - 1) = 405
Akaike Information Criterion, AIC = (2 * parameters) + chi-squared = 15702.8729
Schwarz Bayesian Information Criterion, BIC = (parameters * ln(non-extreme datapoints)) + chi-squared = 18533.7998
Global Root-Mean-Square Residual: .6534 with expected value: .6567 count: 8400.00
```

〈그림 4-2〉 44. Global fit statistics 결과 (WINSTEPS 5.2.2 버전)

그런데 문제가 되는 것은 2022년 5월 업그레이드된 WINSTEPS 5.2.3 버전부터는 Global fit statistics 결과가 전 버전과는 상이하게 나타난다. 즉 **〈그림 4-2〉**는 WINSTEPS 5.2.2 버전에 결과이고, 다음 **〈그림 4-3〉**은 업그레이드된 WINSTEPS 5.3.3 버전으로 실행된 Global fit statistics 결과이다(첨부된 자료: global-fit-statistics-winsteps 5.2.3).

동일한 winsteps-specification-1 설계서 파일에 대한 결과가 상이한 것을 볼 수 있다. **〈그림 4-2〉**, **〈그림 4-3〉**에 Fit Indicators: 는 전반적으로 자료가 적합한지를 나타내는 다양한 통계 지수들이다. 그 중에서 표시한 부분은 상대적으로 명확한 적합도 기준이 있다. 우선 **〈그림 4-2〉**에 첫 번째 표시한 행의 유의확률(probability=.6347)은 두 번째 표시한 행의 Global Root-Mean-Square Residual(RMSR: 평균제곱근 오차)에 제시되는 두 지수(관측된 값=.6534와 기대된 값=.6567)가 통계적 유의한 차이가 있는지를 판단한다. 그 결과는 유의확률, probability=.6347로 유의수준 5%에서 '전반적으로 RMSR 두 지수는 차이가 없다'는 영가설이 채택된다. 구체적으로 Global RMSR 지수는 관측된 값과 기대된 값이 동일할수록 전반적으로 자료가 적합한지를 나타내는 지수이다. 따라서 '전반적으로 RMSR 두 지수는 차이가 없다'는 영가설이 채택되었다는 것은 자료가 Rasch 모형에 적합하다는 것을 의미한다. 실제 나타난 관측된 값(.6534)과 기대된 값(.6567)은 매우 유사한 것을 볼 수 있다.

```
global-fit-statistics-winsteps 5.2.3 - Windows 메모장
파일(F) 편집(E) 서식(O) 보기(V) 도움말(H)
TABLE 44.1 data-4.xlsx                              ZOU552WS.TXT  May 19 2022  9:21
INPUT: 400 PERSON  21 ITEM  REPORTED: 400 PERSON  21 ITEM  5 CATS WINSTEPS 5.2.3.0
------------------------------------------------------------------------------------

Global Statistics:
Active PERSON: 400, non-extreme: 382
Active ITEM: 21
Active datapoints: 8400
Missing datapoints: none
Non-extreme datapoints: 8022, ln(8022) = 8.9899
Standardized residuals N(0,1): mean: .001 P.SD: 1.009 count: 8022.00

Fit Indicators:
Equal-item-discriminations test of Parallel ICCs/IRFs: 134.6897 with 20 d.f., probability = .0000
van den Wollenberg Q1 test of Parallel ICCs/IRFs: 485.3376 with 300 d.f., probability = .0000
Estimated Free Parameters = Lesser of (Non-extreme PERSON or Non-extreme ITEM) - 1 + Sum(Thresholds - 1) = 23
Analysis Degrees of freedom (d.f.) by counting = 8022 - 23 = 7999
Log-Likelihood chi-squared: 14892.8729 with 7999 d.f., probability = .0000
Pearson Global chi-squared: 8169.4972 with 7999 d.f., probability = .0000
Akaike Information Criterion, AIC = (2 * parameters) + chi-squared = 14938.8729
Schwarz Bayesian Information Criterion, BIC = (parameters * ln(non-extreme datapoints)) + chi-squared = 15099.6415
Global Root-Mean-Square Residual: .6534 with expected value: .6567 count: 8400.00
```

<그림 4-3> 44. Global fit statistics 결과 (WINSTEPS 5.2.3 버전)

반면 **<그림 4-3>**에 첫 번째 표시된 두 행의 유의확률은 모두 .0000이 나타났다. 유의수준 5%에서 뿐만 아니라 유의수준 1%에서도 영가설은 기각된다. 즉 '전반적으로 자료가 Rasch 모형에 적합하다'를 기각하는 것으로 나타났다. 구체적으로 첫 번째 유의확률과 두 번째 유의확률은 수학모형이 다르기 때문에 검정통계량(Chi-squared)과 유의확률이 상이하게 나타날 수 있고, 둘 중에 하나라도 유의확률이 유의수준 5%를 초과하면 '전반적으로 자료가 Rasch 모형에 적합하다'는 영가설이 채택된다. 그러나 이 결과는 두 유의확률이 모두 명확하게 영가설을 기각하고 있다. 전반적으로 자료가 Rasch 모형에 적합하지 않다는 것이다.

이렇게 동일한 자료가 버전에 따라 반대로 나타나는 것은 **<그림 4-3>**에 유의확률과 **<그림 4-2>**에 유의확률은 다른 맥락으로 산출되기 때문이다. 즉 **<그림 4-3>**에 자유도는 고정되어 있고, **<그림 4-2>**에 자유도는 대략(approximately)으로 설정되어 있다. 따라서 **<그림 4-2>**에 유의확률은 컴퓨터를 재부팅하고 다시 동일한 설계서로 실행하더라도 유의확률이 조금은 다르게 나타난다. 따라서 이처럼 상이하게 추정되는 모형을 수정하기 위해 한 단계 업그레이드된 WINSTEPS 5.2.3 버전에서는 **<그림 4-3>**으로 보완하여 제시하는 것이다.

따라서 업그레이드된 **<그림 4-3>**에 결과로 해석하는 것이 타당하다. 그렇다면 전반적으로 이 자료는 Rasch 모형에 부적합하다는 결론을 내려야 하는 것인가? 이 프로그램을 개발한 John Michael Linacre 교수는 Global-fit statistics에서 수정된 Chi-square 검증은 실증된 데이터(empirical data)에 기초하여 Rasch 모형이 적합한지를 검증하는 것이고, 유의확률은 사례수에 영향을 받기 때문에 영가설(전반적으로 자료가 Rasch 모형에 적합하다)이 기각되어도 자료가 Rasch 모형을 적용하는데 부적합한 것은 아니라고 하였다. 즉 영가설이 기각되었어도 Rasch 모형을 절대 적용할 수 없다는 것이 아니라 전반적으로 자료에 부적합한 문항을 제거할 필요가 있고, 불성실하게 응답한 자를 추출할 필요가 있다는 것을 의미한다고 하였다.

또한 **<그림 4-2>**와 **<그림 4-3>**에 표시된 마지막 행의 Global RMSR 지수는 모두 동일하게 나타났다. 구체적으로 관측된 값(.6534)과 기대된 값(.6567)은 큰 차이가 없을 때 전반적으로 자료가 Rasch 모형에 적합하다고 할 수 있다. 특히 관측된 값이 기대된 값(expected value)보다 작게 나타나는 것이 더 적합하다고 할 수 있다. 따라서 Global RMSR 적합도 지수로 해석하면 전반적으로 Rasch 모형을 적용하는데 적합한 자료라고 할 수 있다.

정리하면, **<그림 4-3>**에 전반적 적합도 지수들 중에서 표시된 두 행의 유의확률은 연구자가 결정한 유의수준보다 높게 나타나야 적합하다. 그리고 표시된 마지막 행에 Global RMSR 지수의 관측된 값과 기대된 값은 동일할수록 적합하다고 할 수 있으며, 특히 관측된 값이 기대된 값보다 작을 때 더 적합하다고 할 수 있다. 그러나 이 조건들이 반드시 모두 충족되어야 Rasch 모형 분석을 할 수 있다는 것은 아니다.

4-2) Global fit statistics 분석 논문 결과 쓰기

(첨부된 자료: global-fit-statistics-winsteps 5.2.3 보고 작성)

<표 4-1> Global fit statistics 결과

Log-Likelihood χ^2	Pearson Global χ^2	관찰된 Global RMSR	기대된 Global RMSR
14892.87***	8169.49***	.6534	.6567

***$p < .001$

<표 4-1>은 측정된 자료가 전반적으로 Rasch 모형에 적합한지를 알아보기 위한 Global fit statistics 결과이다. Log-Likelihood χ^2값은 14892.87, Pearson Global χ^2값은 8169.49로 모두 $p < .001$ 수준에서 통계적으로 유의하게 나타났다. 따라서 '전반적으로 자료가 Rasch 모형에 적합하다'는 영가설이 기각된 것으로 나타났다. 반면 Global RMSR(Root-Mean-Square Residual) 적합도 지수는 관찰된 Global RMSR 값은 .6534이고 기대된 Global RMSR 값은 .6567로 나타났다. 관찰된 값이 기대된 값보다 작게 나타났으며, 두 지수는 큰 차이가 없는 것을 알 수 있다. 따라서 전반적으로 자료를 Rasch 모형에 적용하는데 큰 문제가 없는 것을 알 수 있다.

4-3) 응답범주의 적합성 결과 실행 및 해석

WINSTEPS 프로그램에서도 FACETS 프로그램처럼 심리측정척도 자료를 통해 사용된 응답범주 수가 적합한지를 분석할 수 있다. 즉 결정된 응답범주 수(4점, 5점, 6점, 7점 등)가 통계적으로 적합한지를 검증할 수 있다. 앞서 소개한 **<그림 1-1>**(126쪽)에 제시된 체육교육전공 대학생 진로불안감 측정척도는 내용타당화 측면에서 5점으로 결정되었다(1점: 전혀 그렇지 않다, 2점: 그렇지 않다, 3점: 보통이다, 4점: 그렇다, 5점: 매우 그렇다). 이렇게 결정된 5점 응답범주 수가 적합한지를 검증하기 위해 다음 **<그림 4-4>**에 [3.2 +Rating (partial credit) scale]을 클릭한다.

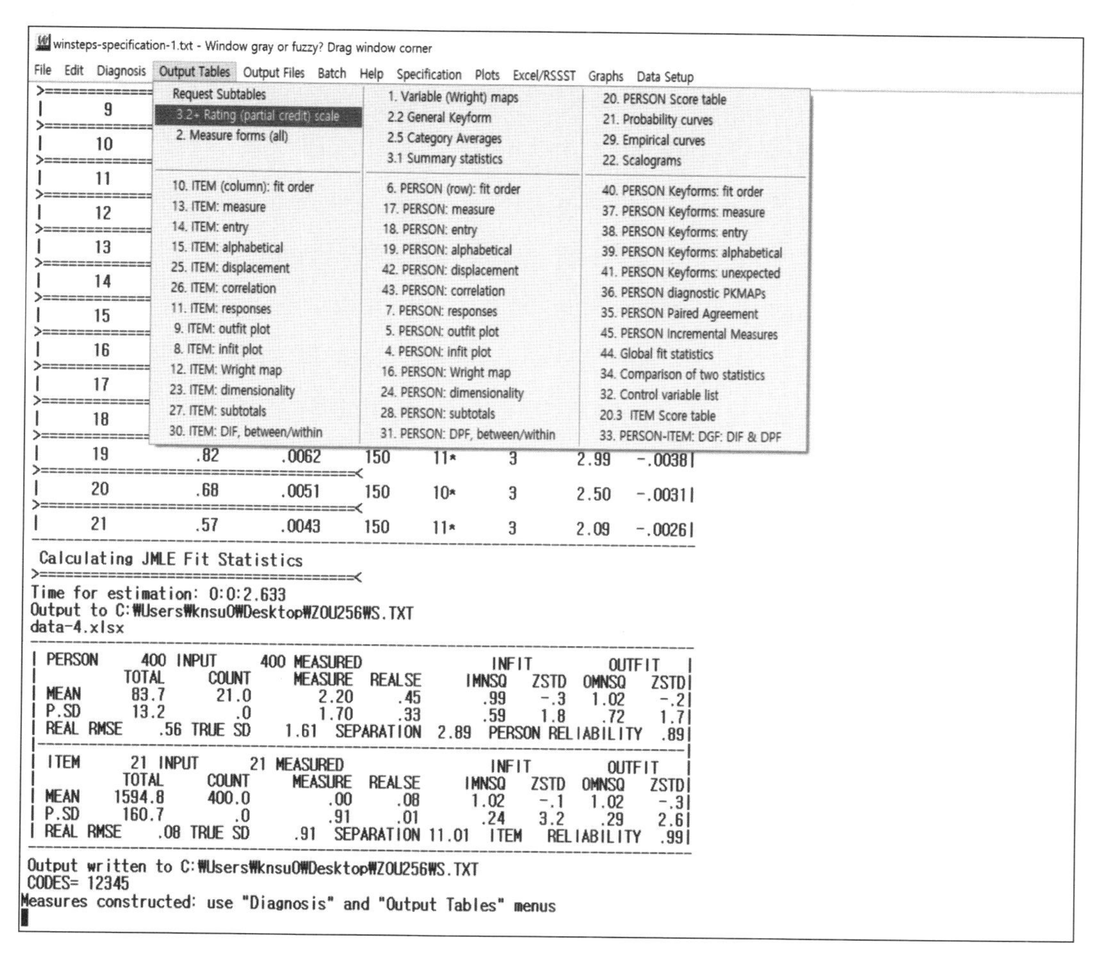

〈그림 4-4〉 3.2 +Rating (partial credit) scale 선택

그러면 메모장 결과가 바로 자동으로 나타나고, 메모장 이름을 변경하여 저장하는 것을 권장한다(첨부된 자료: rating-scale-1). 제시되는 다양한 분석 결과 중에서 논문을 작성하는데 필요한 부분은 **〈그림 4-5〉**와 같다.

SUMMARY OF CATEGORY STRUCTURE. Model="R"

CATEGORY LABEL	SCORE	OBSERVED COUNT	%	OBSVD AVRGE	SAMPLE EXPECT	INFIT MNSQ	OUTFIT MNSQ	ANDRICH THRESHOLD	CATEGORY MEASURE	
1	1	79	1	-.28	-1.13	1.67	1.61	NONE	(-3.85)	1
2	2	590	7	-.18	-.14	1.05	1.09	-2.64	-1.82	2
3	3	2066	25	.78	.84	.90	.95	-.91	.13	3
4	4	2292	27	1.91	1.90	.97	1.02	1.25	1.83	4
5	5	3373	40	3.34	3.32	.95	.96	2.29	(3.60)	5

〈그림 4-5〉 응답범주 5점 척도의 적합성 분석 결과 중 논문 작성에 필요한 부분

참고로 이 결과는 'FACETS 프로그램 활용하여 논문 결과 작성하기'에 **<그림 12-9>**(119쪽)와 동일하게 해석된다. 다만 제시된 용어가 조금은 다르다. FACETS 프로그램에서 Counts Used가 WINSTEPS 프로그램에서는 OBSERVED COUNT로 제시된다. 각 범주(1점, 2점, 3점, 4점, 5점)의 응답 빈도를 나타낸다. 그리고 FACETS 프로그램에서 Avge Meas가 WINSTEPS 프로그램에서는 OBSVD AVRGE로 제시된다. OBSERVED AVERAGE의 단축어로 각 범주의 질적인 수준을 로짓(logits) 지수로 변환한 평균측정치다. 이 지수가 범주와 함께 증가하지 않으면 등급범주에 결함이 있음을 의미한다. 즉 평균측정치(OBSERVED AVERAGE)는 각 척도(범주)에 응답자의 속성(능력)을 나타낸다. 따라서 1점 척도에 응답한 사람들을 대표하는 평균 속성(진로불안감)은 2점 척도에 응답한 사람들을 대표하는 평균 속성보다 낮아야 한다. 같은 개념으로 2점 척도에 응답한 사람들을 대표하는 평균 속성이 3점 척도에 응답하는 사람들을 대표하는 평균 속성보다 낮아야 한다. 이렇게 응답 척도가 높아질수록 평균측정치가 높아져야 문제가 없는 응답범주라고 할 수 있다.

그리고 FACETS 프로그램과 동일하게 명칭된 OUTFIT MNSQ는 OUTFIT Mean Square의 단축어로 외적합도 제곱평균 지수다. 마지막으로 ANDRICH THRESHOLD는 FACETS 프로그램에 RASCH-ANDRICH Thresholds Measure로 제시된다. WINSTEPS 구버전에서는 ANDRICH THRESHOLD 대신 단계조정값(STEP DIFFICULTY or STEP CALIBRATION or STRUCTURE CALIBRATION)이라고 제시했었다. 각 범주 함수의 교차점이기 때문에 1점 범주 구간에는 NONE이라고 제시된다. 즉 5점 척도에서는 각 범주의 확률곡선의 교차점 4개가 생성되기 때문에 4개의 단계조정값이 제시되는 것이다.

적합도를 판단하는 기준은 앞서 FACETS 프로그램 **<그림 12-9>**에서 제시한 것과 동일하다. 즉 첫째, 각 범주의 빈도(OBSERVED COUNT)가 모두 10보다 커야한다. 둘째, 각 범주의 평균측정치(OBSVD AVRGE)는 범주가 증가할수록 같이 단계적으로 증가해야 한다. 셋째, 각 범주의 외적합도 지수(OUTFIT MNSQ)가 모두 2.0 미만이어야 한다. 넷째, ANDRICH THRESHOLD 지수는 범주가 증가할수록 단계적으로 증가해야 한다. 그리고 그 증가하는 단계조정값 지수의 차이에 절대값이 1.40 이상 5.00 이하일 때 적합하다고 할 수 있다.

4-4) 응답범주의 적합성 분석 논문 결과 쓰기

(첨부된 자료: rating-scale-1에서 SUMMARY OF CATEGORY STRUCTURE 보고 작성)

〈표 4-2〉 5점 응답범주의 적합성

범주	빈도	평균측정치	외적합도	단계조정값	단계조정값 차이
1	79	−0.28	1.61	none	
2	590	−0.18	1.09	−2.64	
3	2066	0.78	0.95	−0.91	1.73
4	2292	1.91	1.02	1.25	2.16
5	3373	3.34	0.96	2.29	1.04

〈표 4-2〉는 체육교육전공 대학생 진로불안감 측정척도에 적용된 5점 응답범주의 적합성을 검증한 결과이다. 첫째, 각 범주의 빈도가 모두 10보다 크게 나타났다. 둘째, 평균측정치가 1번 범주에서 5번 범주로 증가할수록 같이 단계적으로 증가하는 것으로 나타났다(−0.28 < −0.18 < 0.78 < 1.91 < 3.34). 셋째, 각 범주의 외적합도 지수가 모두 2.0 미만으로 나타났다. 넷째, 단계조정값이 범주가 증가할수록 단계적으로 증가하는 것으로 나타났다(−2.64 < −0.91 < 1.25 < 2.29). 그러나 증가하는 지수의 차이에 절대값이 모두 1.40 이상 5.00 이하로 나타나지는 않았다[−2.64 − (−.91) = −1.73, 절대값 = 1.73 ; (−.91) − 1.25 = −2.16, 절대값 = 2.16 ; 1.25 − 2.29 = −1.04, 절대값 = 1.04]. 따라서 5점 응답범주가 다섯 가지 적합기준을 모두 만족하지는 못하는 것을 알 수 있다.

4-5) 응답범주의 적합성 검증 그래프 작성

(첨부된 자료: rating-scale-1에서 CATEGORY PROBABILITIES 보고 작성)

이 책에 FACETS 프로그램 활용방법 마지막 12장, **〈그림 12-10〉**(121쪽)에서 단계조정값 지수의 순서와 간격이 적절한지를 탐색하는 응답범주 확률곡선(probability curves)을 소개했다. WINSTEPS 프로그램에서도 다음 **〈그림 4-6〉**은 체육교육전공 대학생 진로불안감 5점 응답범주 확률곡선을 나타낸다. WINSTEPS 프로그램은 응답범주 확률곡선을 범주 확률(CATEGORY PROBABILITIES)이라고 표현한다.

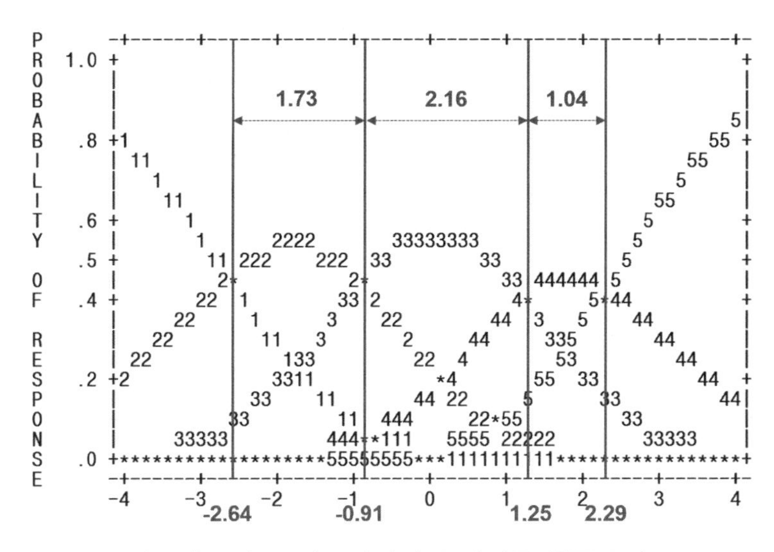

〈그림 4-6〉 진로불안감 응답범주 확률곡선

구체적으로 이 그래프는 가로축이 응답자의 속성을 나타내고 세로축이 범주별로 응답할 확률을 나타낸다. 따라서 1번, 2번, 3번, 4번 5번 척도가 차례대로 왼쪽부터 위치되는 것이 적합하고, 그 간격을 나타내는 단계조정값의 차이가 동일할수록 더 적합하다고 할 수 있다. **〈표 4-2〉**와 함께 이 그래프를 제시하면, 단계조정값이 점차적으로 증가하였는지 그리고 그 간격에 정도가 어느 정도인지 쉽게 보여줄 수 있다. 더 보기 좋게 디자인된 그래프는 7장에 제시하였다.

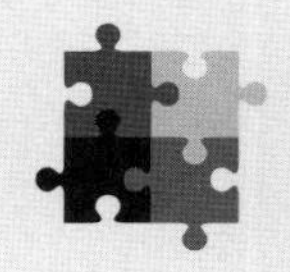

[알아두기]
응답범주 수 결정과 EXCEL 핸들링

응답범주 수가 적합한지 검증하는 방법은 앞서 제시한 것처럼 다섯 가지 조건이 있다. 이 조건을 모두 만족하면 결정된 응답범주 수가 완벽하겠지만, 모두 만족하지 못하였다고 해서 응답범주 수를 반드시 수정해야 되는 것은 아니다. John Michael Linacre 교수는 다섯 가지 조건 모두 중요하지만, 중요 순위를 결정하라고 한다면 다음과 같이 제안하였다.

1. 평균측정치의 단계적 증가는 반드시 이루어져야 한다.
2. 각 외적합도 지수가 모두 2.0 미만이어야 하는 것은 매우 중요하다.
3. 각 범주의 빈도가 모두 10보다 크게 나타나야 하는 것도 매우 중요하다.

4. 단계조정값이 점차적으로 증가하면 도움이 된다.
5. 단계조정값이 증가 지수 차이에 절대값이 모두 1.4 이상 5.0 이하이면 도움이 된다.

연구자들은 **〈그림 4-6〉**과 같이 자세하게 제시되는 단계조정값에 점차적 증가와 증가지수에 차이값에 범위가 가장 중요하다고 생각하지만 그렇지 않다. 위에 제시한 것처럼 평균측정치의 단계적 증가, 각 범주의 외적합도 지수와 빈도가 더 우선시 되어야 한다. 따라서 연구자는 중요 순서를 참고하여 응답범주 수를 묶어서 다시 검증하거나, 응답범주 수를 늘려서 다시 조사해야 한다.

일반적으로 연구자가 위에 5가지 조건을 완전히 만족하지 못하는 경우에는 응답범주 수를 늘려서 다시 설문 조사하는 것은 쉽지 않기 때문에 두 범주를 한 범주로 묶어서 응답범주 수에 적합성을 다시 검증하는 경우가 많다. 위와같은 경우 5점으로 응답한 값을 모두 4점으로 변경하면, 4점 척도가 된다. 즉 첨부된 자료 data-4에 응답 문항(item1~item21)에 5로 코딩된 값을 모두 4로 변경하면 된다.

다음 그림과 같이 data-4를 열고 변경할 문항들의 열(item1~item21)을 드래그하고, [Ctrl+h]를 누르면 찾기 및 바꾸기 창이 생성된다. 바꾸기에서 찾을 내용에 5를 입력하고 바꿀 내용에 4를 입력한다. 그리고 [모두 바꾸기(A)] 버튼을 클릭하면 한 번에 5점이 모두 4점으로 변환된다. 단 여기서 첫 행(문항 행)도 드래그했다면, item5와 item15에 5라는 숫자도 4로 변환된다. 즉 item5가 item4로 변화되고, item15가 item14로 변환된다. 따라서 처음 드래그할 때 다음 그림과 같이 첫 문항(item) 행은 제외하고 드래그한 후 [Ctrl+h]를 누르고 변경하는 것이 적절하다(첨부된 자료 data-4-parceling).

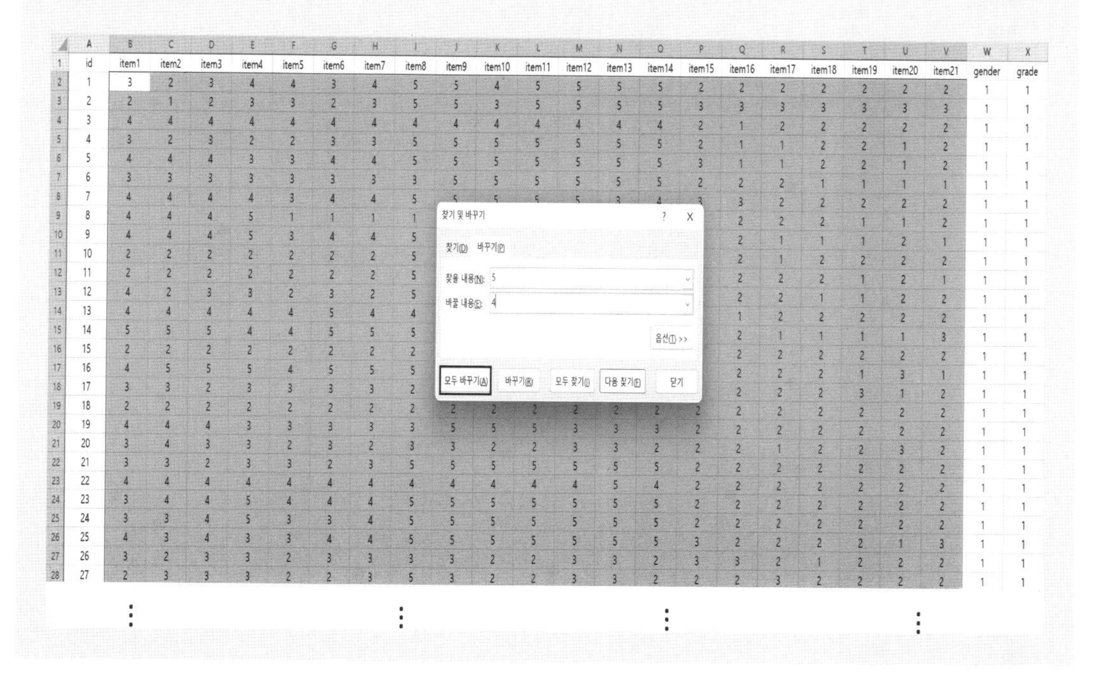

응답범주 5점에서 4점으로 변환된 data-4-parceling 파일로 설계서를 완성시킨다(첨부된 자료: winsteps-specification-1-parceling). 그리고 완성된 설계서를 실행한 그림은 다음과 같다.

```
winsteps-specification-1-parceling.txt - Window gray or fuzzy? Drag window corner
File  Edit  Diagnosis  Output Tables  Output Files  Batch  Help  Specification  Plots  Excel/RSSST  Graphs  Data Setup
|    7       4.12      .0569     64     7*     3     32.05    .0299|
>===================================<
|    8       3.26      .0454     64     7*     3     25.31    .0240|
>===================================<
|    9       2.60      .0364     64     7*     3     20.18    .0193|
>===================================<
|   10       2.08      .0292     64     7*     3     16.13    .0155|
>===================================<
|   11       1.67      .0235     64     7*     3     12.94    .0125|
>===================================<
|   12       1.34      .0190     64     7*     3     10.40    .0101|
>===================================<
|   13       1.08      .0153     64     7*     3      8.37    .0081|
>===================================<
|   14        .87      .0124     64     7*     3      6.74    .0066|
>===================================<
|   15        .70      .0100     64     7*     3      5.44    .0053|
>===================================<
|   16        .57      .0081     64     7*     3      4.40    .0043|
>===================================<
|   17        .46      .0065     64     7*     3      3.55    .0035|
>===================================<
|   18        .37      .0053     64     7*     3      2.87    .0028|
>===================================<
|   19        .30      .0043     64     7*     3      2.32    .0023|
-------------------------------------------------------------------
 Calculating JMLE Fit Statistics
>===================================<
Time for estimation: 0:0:2.850
Output to C:₩Users₩knsu0₩Desktop₩ZOU172WS.TXT
data-4-parceling.xlsx
-------------------------------------------------------------------------------
| PERSON     400 INPUT     400 MEASURED               INFIT          OUTFIT    |
|            TOTAL     COUNT     MEASURE  REALSE     IMNSQ   ZSTD  OMNSQ   ZSTD|
| MEAN        75.3      21.0        3.66     .80      1.01    -.1    .99    -.1|
| P.SD         8.5        .0        2.08     .56       .53    1.5    .78    1.4|
| REAL RMSE    .97 TRUE SD      1.83  SEPARATION  1.89  PERSON RELIABILITY  .78|
|------------------------------------------------------------------------------|
| ITEM        21 INPUT      21 MEASURED               INFIT          OUTFIT    |
|            TOTAL     COUNT     MEASURE  REALSE     IMNSQ   ZSTD  OMNSQ   ZSTD|
| MEAN      1434.1     400.0         .00     .12      1.03     .2    .99    -.1|
| P.SD        87.5        .0        1.02     .02       .16    1.8    .24    1.9|
| REAL RMSE    .12 TRUE SD      1.01  SEPARATION  8.32  ITEM   RELIABILITY  .99|
-------------------------------------------------------------------------------
 Output written to C:₩Users₩knsu0₩Desktop₩ZOU172WS.TXT
 CODES= 1234
Measures constructed: use "Diagnosis" and "Output Tables" menus
 Processing Table 3.2+
```

[Output Files]에서 [3.2+ Rating (partial credit) scale]을 클릭하면 나타나는 응답범주의 적합성 검증 결과표는 다음과 같다(첨부된 자료: rating-scale-1-parceling).

```
SUMMARY OF CATEGORY STRUCTURE.  Model="R"
-------------------------------------------------------------------------------------
|CATEGORY   OBSERVED|OBSVD SAMPLE|INFIT OUTFIT|| ANDRICH |CATEGORY|
|LABEL SCORE COUNT %|AVRGE EXPECT|  MNSQ  MNSQ||THRESHOLD| MEASURE|
|-------------------+------------+------------++---------+--------|
|  1   1      79   1|   .13  -.66|  1.57  1.66||  NONE   |( -3.28)| 1
|  2   2     590   7|   .49   .51|  1.04  1.10||  -2.10  |  -1.11 | 2
|  3   3    2066  25|  1.85  1.93|   .92   .90||   -.05  |   1.09 | 3
|  4   4    5665  67|  3.77  3.74|   .99   .99||   2.15  |(  3.33)| 4
-------------------------------------------------------------------------------------
```

각 범주의 빈도가 모두 10보다 크게 나타났고, 평균측정치가 단계적으로 증가하였고, 외적합도 지수가 모두 2.0 미만으로 나타났다. 그리고 단계조정값(ANDRICH THRESHOLD)이 점차적으로 증가하였고, 증가지수 차이에 절대값이 모두 1.4 이상 5.0 이하로 나타났다[−2.10 − (−.05) = −2.05, 절대값 = 2.05 ; −.05 − 2.15 = −2.20, 절대값 = 2.20]. 즉 다섯 가지 조건을 모두 만족시켰다.

그렇다면, 4점 응답범주로 변환된 자료로 분석을 시작해야 되는 것일까? 4점 응답범주에 적합도는 모든 조건을 만족하였지만, 실제 응답자료를 조정하였다는 점, 그리고 응답자와 문항의 분리지수와 신뢰도 지수(위 그림에 표시한 PERSON SEPARATION 1.89, RELIABILITY .78; ITEM SEPARATION 8.32, RELIABILITY .99)가 5점 응답범주보다 상대적으로 부족하다는 점을 고려하면 4점 응답범주로 변환하여 분석을 시작하는 것이 더 적절하다고 할 수는 없다. 실제 5점 응답범주의 응답자와 문항의 분리지수와 신뢰도 지수가 더 높게 나타난다. 다음 **<그림 4-7>**에서 알 수 있다.

만일 4점 응답범주가 5점 응답범주에 비해 모든 조건을 만족하였고, 응답자와 문항의 분리지수와 신뢰도 지수도 5점 응답범주보다 더 높다면, 조정한 4점 응답범주로 분석을 시작하는 것을 권장한다.

4-6) 문항 적합도 결과 실행 및 해석

WINSTEPS 프로그램에서도 FACETS 프로그램처럼 문항이 적합한지를 분석할 수 있다. 다음 **<그림 4-7>**이 문항 적합도 분석 결과를 볼 수 있는 부분이다. 틀 안에 [10. ITEM (column): fit order], [13. ITEM: measure], [14. ITEM: entry], [15. ITEM: alphabetical], [25. ITEM: displacement], [26: ITEM: correlation]은 나타나는 변인들의 측정치를 내림차순으로 정렬하는 기준이 다를 뿐 모두 동일한 결과다.

또한 [10. ITEM (column): fit order] 옆에 나란히 [6. PERSON (row): fit order]가 제시되어 있는 것을 볼 수 있다. 여기서 열(column)과 행(row)에 의미는 WINSTEPS 프로그램은 데이터를 직사각형 행렬에서 분석한다는 것을 의미한다. 일반적으로 교육자료 분석에서 문항(item)은 열(column)로 코딩되고, 사람(Person)은 행(row)으로 코딩되기 때문에 위와같이 제시된 것이다. 그러나 연구주제에 따라 열은 경제지표가 될 수도 있고 행은 국가가 될 수도 있다. 즉 WINSTEPS 프로그램은 교육학, 심리학 자료 분석을 기반으로 개발되었지만 어떤 연구 분야에서도 활용이 가능하다는 것이다.

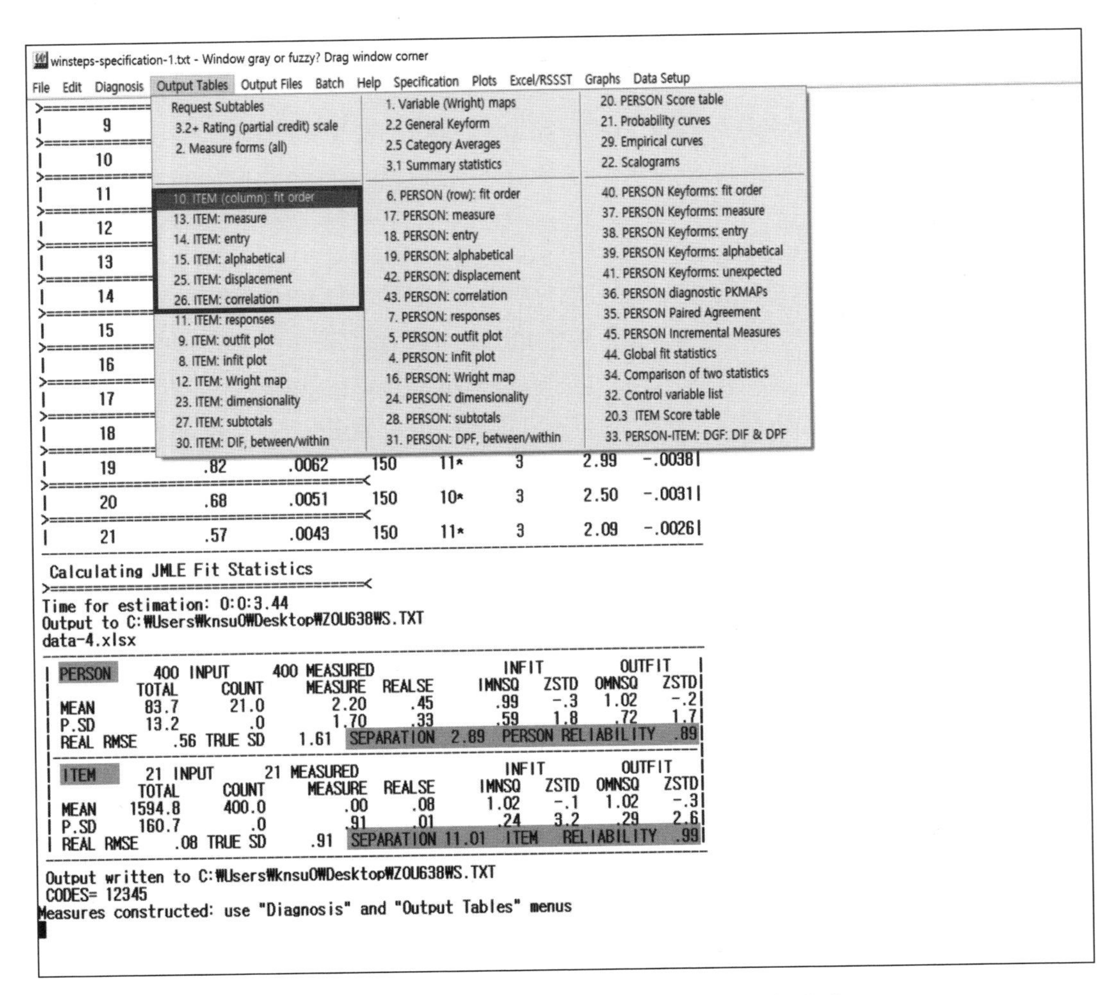

〈그림 4-7〉 ITEM 적합도 검증 결과 제시 구간

첫 번째, [10. ITEM (column): fit order]를 클릭하면 적합도(fit) 변인을 기준으로 내림차순 정렬된 메모장 결과가 나타나고, 메모장 이름을 변경하여 저장한다(첨부된 자료: item-fit-1). 제시되는 다양한 분석 결과 중에서 논문을 작성하는데 필요한 부분은 첫 번째 제시되는 TABLE 10.1 결과다. 구체적으로 필요한 부분은 다음 **〈그림 4-8〉**과 같다.

TABLE 10.1 data-4.xlsx ZOU638WS.TXT Jun 1 2022 13:29
INPUT: 400 PERSON 21 ITEM REPORTED: 400 PERSON 21 ITEM 5 CATS WINSTEPS 5.2.3.0

PERSON: REAL SEP.: 2.89 REL.: .89 ... ITEM: REAL SEP.: 11.01 REL.: .99

ITEM STATISTICS: MISFIT ORDER

ENTRY NUMBER	TOTAL SCORE	TOTAL COUNT	JMLE MEASURE	MODEL S.E.	INFIT MNSQ	INFIT ZSTD	OUTFIT MNSQ	OUTFIT ZSTD	PTMEASUR-AL CORR.	PTMEASUR-AL EXP.	EXACT MATCH OBS%	EXACT MATCH EXP%	ITEM
10	1746	400	-.83	.08	1.38	4.46	2.01	6.44	A .46	.57	51.3	60.1	item10
17	1390	400	1.12	.07	1.45	5.58	1.42	4.91	B .65	.72	48.2	51.5	item17
12	1774	400	-1.02	.08	1.27	3.22	1.34	2.34	C .52	.55	58.6	62.2	item12
14	1798	400	-1.20	.09	1.32	3.58	1.08	.61	D .51	.53	59.4	65.4	item14
8	1806	400	-1.26	.09	1.29	3.22	1.11	.74	E .50	.53	60.5	66.4	item8
13	1828	400	-1.44	.09	1.29	3.11	1.11	.71	F .48	.51	66.2	68.2	item13
11	1747	400	-.83	.08	1.26	3.23	1.15	1.22	G .56	.57	55.0	60.2	item11
9	1805	400	-1.25	.09	1.23	2.58	1.02	.20	H .51	.53	65.2	66.3	item9
1	1585	400	.12	.07	.81	-2.93	1.06	.70	I .66	.65	55.5	53.3	item1
4	1673	400	-.37	.08	1.01	.17	.94	-.56	J .61	.61	58.9	54.9	item4
20	1443	400	.85	.07	1.00	.04	.99	-.06	K .71	.71	50.8	51.2	item20
15	1437	400	.88	.07	.92	-1.08	.98	-.25	j .71	.71	55.5	51.1	item15
18	1343	400	1.35	.07	.92	-1.17	.91	-1.17	i .73	.73	57.6	51.6	item18
2	1609	400	-.01	.07	.80	-3.08	.86	-1.61	h .67	.64	59.7	53.5	item2
21	1398	400	1.08	.07	.86	-2.05	.83	-2.30	g .75	.72	54.5	51.2	item21
5	1498	400	.58	.07	.77	-3.59	.81	-2.52	f .72	.69	58.6	51.9	item5
7	1586	400	.12	.07	.80	-3.08	.81	-2.33	e .69	.65	60.7	53.3	item7
6	1547	400	.32	.07	.78	-3.33	.79	-2.68	d .71	.67	58.4	52.4	item6
3	1615	400	-.04	.07	.77	-3.59	.73	-3.17	c .69	.64	61.3	53.6	item3
19	1343	400	1.35	.07	.75	-3.78	.74	-3.83	b .78	.73	62.3	51.6	item19
16	1519	400	.47	.07	.73	-4.15	.69	-4.18	a .74	.68	63.1	52.1	item16
MEAN	1594.8	400.0	.00	.08	1.02	-.12	1.02	-.32			58.2	56.3	
P.SD	160.7	.0	.91	.01	.24	3.19	.29	2.61			4.5	5.9	

〈그림 4-8〉 문항 적합도 분석 결과 중 논문 작성에 필요한 부분

PERSON: REAL SEP. : 은 PERSON: REAL SEPARATION : 의 단축어로 응답자 분리지수를 의미한다. 그리고 REL. : 은 RELIABILITY의 단축어로 응답자 신뢰도 지수를 의미한다. 마찬가지로 ITEM: REAL SEP. : 은 ITEM: REAL SEPARATION: 의 단축어로 문항 분리지수를 의미한다. 그리고 REL. : 은 RELIABILITY의 단축어로 문항 신뢰도 지수를 의미한다. 응답자 분리지수(person separation index)와 문항 분리지수(item separation index)가 2.00 이상, 그리고 응답자 신뢰도 지수(person reliability index)와 문항 신뢰도 지수(item reliability index)가 0.80 이상이면 Rasch 모형 분석에서 응답자의 속성(능력) 분포와 문항의 곤란도(난이도) 분포, 그리고 표본 수에 큰 문제가 없는 것을 의미한다.

구체적으로 응답자 분리지수는 응답자들의 속성이 어느정도 다르게 구성되어 있는지를 의미한다. 즉 응답자 분리지수가 2.00 기준보다 높게 나타날수록 응답자들이 동질적인 속성을 지니지 않고 다양한 속성을 지니고 있다는 것을 의미한다. 그러나 만일 응답자 분리지수가 2.00 미만인 1점대로 나타난다면 응답자 속성이 거의 하나의 집단으로 매우 유사하다는 것을

의미한다. 따라서 응답자 분리지수는 응답자의 속성(능력)이 얼마나 잘 분배되어 있는가를 나타내는 것이다. 즉 응답자 분리지수가 2.00보다 높다는 것은 속성이 높은 응답자, 낮은 응답자, 중간 응답자로 다양하게 표본(응답자) 추출이 잘 되었다는 것을 의미한다.

같은 맥락으로 문항 분리지수는 문항의 곤란도(난이도)가 어느정도 다르게 구성되어 있는지를 의미한다. 즉 문항 분리지수가 2.00 기준보다 높게 나타날수록 문항의 곤란도가 다양하다는 것을 의미한다. 그러나 만일 문항 분리지수가 2.00 미만으로 나타난다면 문항 곤란도가 거의 하나로 유사하다는 것을 의미한다. 또한 문항 분리지수가 2.00 미만이라는 것은 표본 수(응답자 수)가 매우 적다는 것을 의미하기도 한다. 즉 응답자 수가 적으면 문항마다 다르게 응답하는 사람도 적어지기 때문에 문항들의 곤란도에 큰 차이가 없게 된다. 따라서 문항 곤란도가 큰 차이가 없어질수록 문항 분리지수는 더 낮게 나타난다.

수학적으로 응답자, 문항의 분리지수가 2.00 이상으로 나타나면 자동으로 응답자, 문항의 신뢰도 지수는 0.80 이상으로 나타난다. 즉 응답자, 문항의 분리지수가 2.00 이상인 것 또는 응답자, 문항의 신뢰도 지수가 0.80 이상인 것만 확인해도 Rasch 모형 분석에서 응답자의 속성 분포와 문항의 곤란도 분포 그리고 표본 수가 적합하다는 것이다. 구체적으로 응답자의 분리지수가 2.00 이상이면 응답자의 속성과 문항의 곤란도가 적절하게 배치되는 것을 의미하고, 문항의 분리지수가 2.00 이상이면 표본 수에 큰 문제가 없고, 문항의 곤란도가 적절하게 분포되어 있음을 의미한다. 따라서 응답자, 문항의 분리지수는 응답자와 문항이 Rasch 모형에 적합한지를 보여주는 중요한 지수라고 할 수 있다. 그래서 이 결과는 **〈그림 4-7〉**처럼 [Output Tables]를 클릭하지 않아도 바로 볼 수 있도록 실행이 종료되는 마지막에 표로 제시되는 것이다.

〈그림 4-8〉에 표시하지 않았지만, 네 번째 열에 JMLE MEASURE는 문항의 곤란도(난이도)를 나타낸다. JMLE는 Joint Maximum Likelihood Estimation(결합 최대우도 추정)의 단축어로 통계 모형 중에 하나이다. 이 측정값은 문항의 곤란도를 나타내는 것이지, 문항이 통계적으로 적합한지를 판단하는 지수는 아니다. 다만 연구자가 적합도와 문항의 곤란도를 함께 제시하고자 한다면 JMLE 값을 제시해야 된다. 그리고 논문에 제시되는 표에 명칭은 '문항의 곤란도와 적합도 분석'이 되어야 한다.

PTMEASUR-AL CORR. EXP. 은 Observed value and Expected value of a Point correlation의 단축어로 관측된, 기대된 점이연 상관계수(Point biserial correlation)를 나타낸다. 점이연 상관계수는 고전검사이론을 기반으로 하기 때문에 다국면 Rasch 모형에서 문항의 적합도를 판

단하는 기준이 명확하지 않다. 그러나 2국면에 하나의 변인만 추가하는 연구에서는 관측된 점이연 상관계수가 0.30 미만일 경우 부적합한 문항으로 판단할 수 있다. 즉 WINSTEPS 프로그램에서는 점이연 상관계수가 0.30 미만으로 나타나면 부적합한 문항으로 판단할 수 있다. 또한 관측된 점이연 상관계수와 기대된 점이연 상관계수가 동일하게 나타날수록 적합한 문항이라고 할 수 있다. 따라서 두 계수가 크게 차이 날수록 부적합한 문항으로 판단할 수 있다.

Rasch 모형을 기반으로 문항의 적합도를 판단하는 가장 유용한 지수가 INFIT(내적합) 지수와 OUTFIT(외적합) 지수라고 할 수 있다. INFIT 지수와 OUTFIT 지수는 응답자의 응답값과 Rasch 모형에 의해 기대되는 확률값과의 차이를 비교함으로써 문항과 응답반응의 정확성을 검증하는 통계치다. INFIT 지수와 OUTFIT 지수에 의미를 간단한 자료로 예를 들어 설명하면 다음 **<그림 4-9>**와 같다.

불안감 낮음 ↑ 응답자 속성 ↓ 불안감 높음

응답자	문항1 (fit)	문항2 (misfit)	문항3 (overfit)	불안감점수
1	1	5	1	7
2	1	5	1	7
3	1	5	1	7
4	1	5	1	7
5	1	4	2	7
6	2	4	2	8
7	2	4	2	8
8	2	4	2	8
9	1	5	3	9
10	2	4	3	9
11	3	3	3	9
12	3	3	3	9
13	3	3	3	9
14	3	3	3	9
15	3	3	3	9
16	4	2	3	9
17	5	1	3	9
18	4	2	4	10
19	4	2	4	10
20	4	2	4	10
21	5	2	4	11
22	5	1	5	11
23	5	1	5	11
24	5	1	5	11
25	5	1	5	11

<그림 4-9> 불안감 측정 세 문항과 5점 척도 측정 결과

5점 척도(1점: 전혀 그렇지 않다, 2점: 그렇지 않다, 3점: 보통이다, 4점: 그렇다, 5점: 매우 그렇다)로 구성된 불안감을 측정하는 세 문항을 응답자 25명에게 측정하였다. 중요한 것은 세 문

항 모두 높은 척도에 응답할수록 불안감이 높은 것으로 구성되었다. 즉 역으로 묻는 문항은 없다. 문항 1번은 '편안하게 쉴 수 없다', 문항 2번은 '가끔은 매우 나쁜 일이 일어날 것 같다', 문항 3번은 '침착하지 못하다'이다. 따라서 세 문항에 척도 점수를 합한 점수가 높을수록 불안감이 높은 응답자로 평가된다.

그런데 문항 2번은 특이한 결과를 볼 수 있다. 전체 불안감 점수가 낮은 응답자 임에도 불구하고 문항 2번은 높은 척도에 응답하는 것을 볼 수 있다. 즉 문항 2번에서만 불안감이 낮은 응답자가 높은 5점 척도에 많이 응답하고, 반대로 불안감이 높은 응답자가 낮은 1점 척도에 많이 응답하는 것을 볼 수 있다. 이렇게 응답자의 전반적인 속성과 반대의 응답을 유도하는 문항을 부적합한(misfit) 문항이라고 할 수 있다.

반면 문항 3번은 전체 불안감 점수가 낮은 응답자는 낮은 척도에 응답하고, 높은 응답자는 높은 척도에 응답한다. 즉 문항 3번은 전체적으로 불안감이 낮은 응답자는 낮은 1점 척도에, 불안감이 중간인 응답자는 중간 3점 척도에, 그리고 불안감이 높은 응답자는 높은 5점 척도에 응답하는 것을 볼 수 있다. 이렇게 전반적인 속성과 완전히 일치하는 문항을 과적합한(overfit) 문항이라고 할 수 있다.

마지막으로 문항 1번은 전반적으로 불안감이 낮은 사람은 1점 척도에 불안감이 높은 응답자는 5점 척도에 응답하는 것을 볼 수 있다. 그러나 세밀하게 살펴보면, 9번 응답자는 8번 응답자보다 불안감이 높지만 상대적으로 낮은 척도에 응답하였고, 18번 응답자도 17번 응답자보다 불안감이 높지만 상대적으로 낮은 척도에 응답하였다. 즉 문항 1번은 전반적으로는 불안감이 낮은 사람이 낮은 척도를 선택하고, 불안감이 높은 사람이 높은 척도를 선택한다고 할 수는 있지만, 문항 3번처럼 완전하지는 않다. 그래서 과적합(overfit)하지 않은 적합한(fit) 문항이라고 할 수 있다.

불안감을 측정하는 세 문항에 내용을 살펴보면 문항 1번, '편안하게 쉴 수 없다'는 적합한 문항, 문항 2번, '가끔은 매우 나쁜 일이 일어날 것 같다'는 부적합한 문항, 그리고 문항 3번, '침착하지 못하다'는 과적합한 문항이 된다. 부적합한 문항으로 나타난 문항 2번에 내용은 상대적으로 문항이 길고 국어적 표현이 혼동을 줄 수가 있기 때문에 응답자의 불안감 속성과 상반된 응답이 나타난다고 할 수 있다. 반면 과적합한 문항으로 나타난 문항 3번에 문항 내용은 불안감을 높게 가진 사람일수록 당연하게 높은 척도에 응답하게 되고, 불안감을 낮게 가진 사람일수록 당연하게 낮은 척도에 응답하게 유도하는 과하게 적합한 문항이라고 할 수 있다. 그리고 문항 1번에 내용은 전반적으로 불안감을 높게 가진 사람이 높은 척도에 응답하고, 전반적으로 불안감을 낮게 가진 사람은 낮은 척도에 응답하는 적합한 문항이라고 할 수 있다.

척도 개발에서 이렇게 부적합한(misfit) 문항과 과적합한(overfit) 문항은 연구자가 INFIT(내적합) 지수와 OUTFIT(외적합) 지수의 통계적 유의기준을 결정하고 제거할 수 있다. 우선 INFIT 지수와 OUTFIT 지수의 명칭을 다시 설명하면, **<그림 4-8>**에 INFIT, OUTFIT 아래 두 가지 단축어가 제시되어 있다. MNSQ와 ZSTD이다. MNSQ는 Mean of square의 단축어로 제곱평균 지수를 의미하고, ZSTD는 Z-standardized의 단축어로 표준점수를 의미한다. 따라서 원칙적으로 INFIT 지수를 INFIT MNSQ 지수로, OUTFIT 지수를 OUTFIT MNSQ 지수로 표현해야 한다. 즉 일반적으로 INFIT 지수를 내적합(도) 지수, OUTFIT 지수를 외적합(도) 지수라고 표현하지만, INFIT MNSQ를 내적합도 제곱평균, OUTFIT MNSQ를 외적합도 제곱평균이라고 제시하는 것이 원칙적이다.

그리고 INFIT ZSTD는 내적합도 표준점수, OUTFIT ZSTD는 외적합도 표준점수를 의미한다. 그러나 내적합도 표준점수와 외적합도 표준점수는 적합기준이 표본 수에 적지않은 영향을 받기 때문에 문항 적합도 판단지수로 잘 활용되지는 않는다. 다만 내적합도 표준점수와 외적합도 표준점수가 양수로 크게 나타날수록 부적합한(misfit) 문항임은 분명하다.

따라서 중요한 것은 실제 내적합도 제곱평균(INFIT MNSQ)과 외적합도 제곱평균(OUTFIT MNSQ)의 기준 결정이다. 즉 각 문항마다 제시되는 두 적합도 지수가 1.0을 기준으로 어느 기준치를 벗어났을 때 부적합한 문항 또는 과적합한 문항으로 판단할 것인지를 결정해야 한다. John Michael Linacre 교수가 제안한 문항 적합도 기준은 다음 **<표 4-3>**과 같다.

<표 4-3> 문항 적합도 판단에서 내·외적합도 제곱평균 기준

검사유형	부적합(misfit)	과적합(overfit)
규정된 시험 문항	1.2 초과	0.8 미만
임의적 시험 문항	1.3 초과	0.7 미만
설문조사 문항	1.4 초과	0.6 미만
단순한 설문조사 문항	1.5 초과	0.5 미만
임상 관찰 문항	1.7 초과	0.5 미만
판결 동의 문항	1.2 초과	0.4 미만

심리측정척도(설문지)를 개발하거나 타당화하는 과정에서 문항의 적합도를 판단할 때는 내적합도 제곱평균과 외적합도 제곱평균이 1.4(또는 1.5)를 초과하면 부적합한 문항으로, 0.6(또는 0.5) 미만이면 과적합한 문항으로 판단하는 것을 제안하였다. 연구자가 '초과'와 '미만'을 '이상'과 '이하'로 설정할 수도 있다. 여기서 '단순한 설문조사 문항'에 의미는 응답자가 응답에 어려움이 없이 이해할 수 있는 일반화된 문장 형태와 길이로 구성된 설문조사 문항을 의미한다. 예를 들어 일반화된 소비자 만족도 조사와 같이 느슨하게 통제된 설문조사 데이터는 내적합도, 외적합도 제곱평균이 0.5~1.5 이면 적합한 문항으로 판단할 수 있다는 것이다. 그러나 단순한 설문조사인지 세밀한 설문조사인지 유무를 판단하는 것은 연구자의 몫이다.

또한 연구자는 외적합도 제곱평균을 문항 적합도 판단 기준에 포함시킬지 여부도 결정할 수 있다. 그 이유는 외적합도 제곱평균 지수는 극단값(outlier)을 포함하여 계산되기 때문에 극단값에 민감한 단점이 있는 모형이고, 이 단점을 보완한 모형이 내적합도 제곱평균 지수다. 따라서 내적합도 제곱평균 지수만으로 문항 적합도 판단을 결정하는 연구들도 찾아볼 수 있다.

그리고 연구자는 문항 적합도 판단에서 과적합(overfit) 기준을 사용하지 않고 부적합(misfit) 기준만을 사용하는 경우도 있다. 즉 부적합한 문항은 제거하고 과적합한 문항은 제거하지 않는다는 것이다. 과적합한 문항을 제거하는 이유가 있다면 문항이 너무 적합하여 응답자의 속성을 변별하는데 문제가 될 수 있기 때문이다. 하지만 과적합한 문항은 심리속성이 높은 응답자에게 높은 응답범주를 선택하게 하고 심리속성이 낮은 응답자에게 낮은 응답범주를 선택하게 하는 당연한 문항이다. 따라서 과적합한 문항을 제거할지 유무를 판단하는 것도 연구자의 몫이다.

4-7) 문항 적합도 분석 논문 결과 쓰기

(첨부된 자료: item-fit-1에서 TABLE 10.1 보고 작성)

〈표 4-4〉 문항 적합도 분석

문항	내적합 제곱평균	외적합 제곱평균	점이연 상관계수
10	1.38	2.01	0.46
17	1.45	1.42	0.65
12	1.27	1.34	0.52
14	1.32	1.08	0.51
8	1.29	1.11	0.50
13	1.29	1.11	0.48
11	1.26	1.15	0.56
9	1.23	1.02	0.51
1	0.81	1.06	0.66
4	1.01	0.94	0.61
20	1.00	0.99	0.71
15	0.92	0.98	0.71
18	0.92	0.91	0.73
2	0.80	0.86	0.67
21	0.86	0.83	0.75
5	0.77	0.81	0.72
7	0.80	0.81	0.69
6	0.78	0.79	0.71
3	0.77	0.73	0.69
19	0.75	0.74	0.78
16	0.73	0.69	0.74

응답자 신뢰도 지수 = 0.89, 문항 신뢰도 지수 = 0.99

〈표 4-4〉는 체육교육전공 대학생 진로불안감 측정 21문항의 적합도를 분석한 결과이다. 우선 응답자 신뢰도 지수는 0.89, 문항 신뢰도 지수는 0.99로, 두 지수 모두 0.80 이상으로 나타났다. 문항이 응답자 속성을 측정하는데 문제가 없으며, 표본 수에도 문제가 없는 것을 알 수 있다. 21문항 모두 점이연 상관계수는 0.30 이상으로 적합하게 나타났다. 그러나 문항 10번(나는 체육교사가 되기 위해 어떤 능력이 필요한지 몰라서 답답하다)과 문항 17번(나는 체육

교사 진로에 대한 고민을 주변의 사람들에게 표현하고 싶다)은 내적합 제곱평균 또는 외적합 제곱평균이 1.40 초과하여 부적합(misfit)하게 나타났다. 과적합(overfit)한 문항(내적합 제곱평균 또는 외적합 제곱평균이 0.60 미만)은 나타나지 않았다.

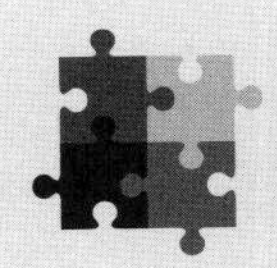

[알아두기]
내적합 지수와 외적합 지수, 부적합 문항과 과적합 문항

Rasch 모형을 적용한 우리나라 연구들을 살펴보면, INFIT MNSQ를 내적합 제곱평균, OUTFIT MNSQ를 외적합 제곱평균으로 자세하게 제시하기도 하고, MNSQ는 생략하고 INFIT을 내적합 지수, OUTFIT을 외적합 지수로 간명하게 제시하기도 한다. 그리고 내적합 지수와 외적합 지수를 모두 사용하는 경우가 있고, 내적합 지수만 사용하고 외적합 지수는 사용하지 않는 경우가 있다. 또한 부적합(misfit) 문항만 제거하고 과적합(overfit) 문항은 제거하지 않는 경우도 있다.

연구자가 자신의 논문에 적합도 지수를 어떻게 기술했는지, 내적합 지수만 사용했는지, 그리고 적합도 기준을 어느 정도로 결정했는지를 보고 '잘못했다' 또는 '잘했다'고 평가할 수는 없다. 연구자는 내적합 지수와 외적합 지수, 그리고 부적합 문항과 과적합 문항의 의미를 정확히 인지하는 것이 중요하다. 그리고 연구하는 심리측정 문항의 수와 문항의 형태, 그리고 문항의 내용을 참조하여 논리적으로 적합도 기준을 결정하면 된다.

4-8) 성별에 따른 차별기능문항 추출 결과 실행 및 해석

심리측정척도 문항이 개발되는 과정에서 중요한 것 중에 하나는 성별에 따른 차별기능문항(Differential Item Functioning: DIF) 추출이다. 성별에 따른 차별기능문항은 문항 내용이 남자 또는 여자에게 익숙하게 형성되어 공평하게 측정하지 못하는 부적합한 문항을 의미한다. 단 성별에 따른 차별기능문항에 개념에서 중요한 것은 남자와 여자가 동일한 속성(능력)을 가지고 있다는 가정이다. 성별에 따라 동등한 속성을 가지고 있음에도 불구하고 차이가 나타나는 문항이 차별기능문항이다. 성별에 관계없이 문항이 동일하게 기능하는지를 검증하는 것이고, 동일하게 기능하지 못하는 문항을 통계적으로 추정하는 것이 바로 성별에 따른 차별기능문항 추출이다.

WINSTEPS 프로그램에서 성별에 따른 차별기능문항을 추출하기 위해서는 다음 **<그림 4-10>**에 나타낸 [30. ITEM: DIF, between/within]을 클릭하면, **<그림 4-11>**과 같은 창이 나타나고, DIF=에서 @GENDER를 선택한다. 앞서 소개한 **<그림 2-7>**(134쪽)에서 Person Label Variables에 성별(gender) 변수를 이동시켰기 때문에 @GENDER가 나타나는 것이다.

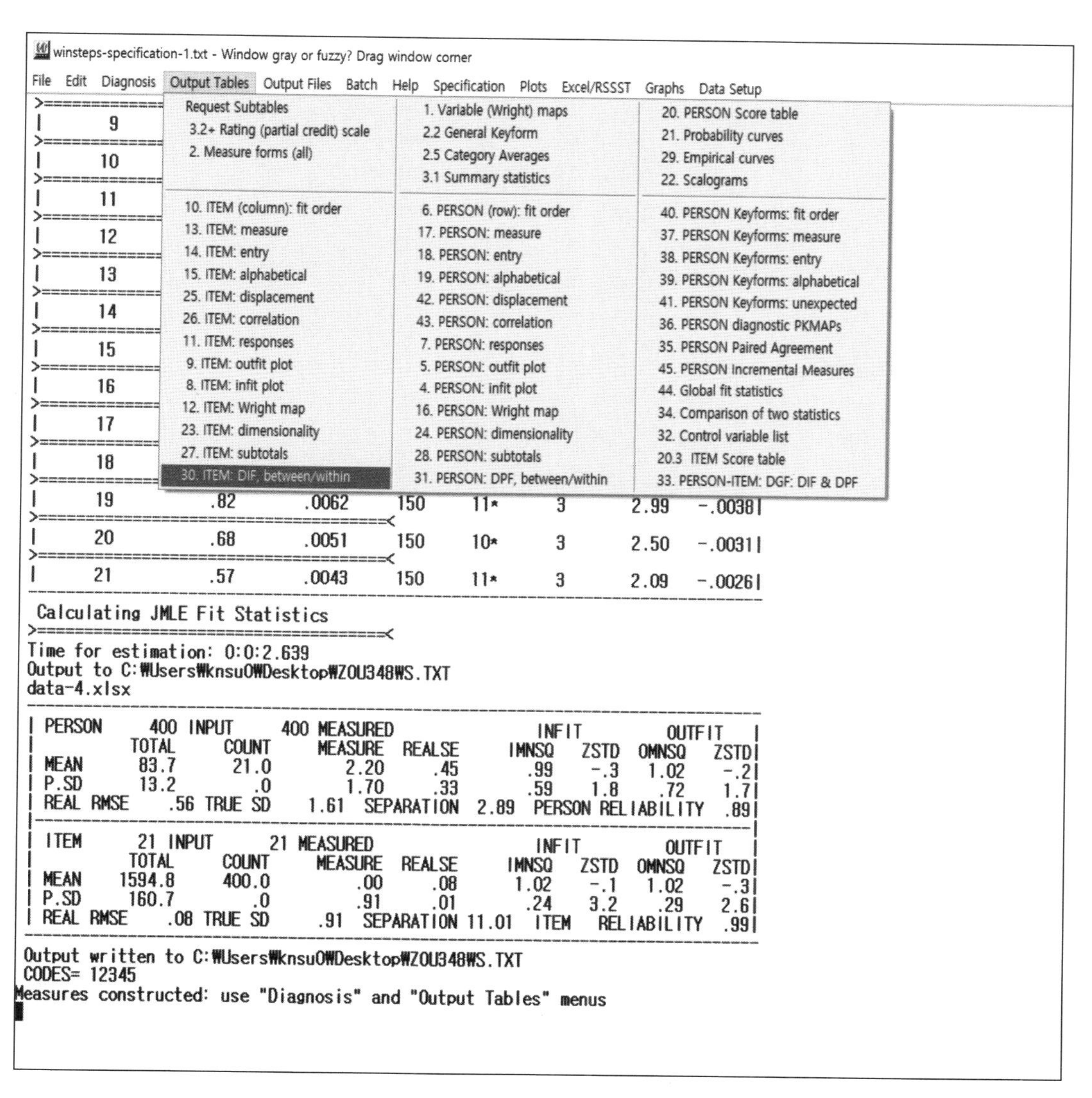

<그림 4-10> 차별기능문항 추출 선택

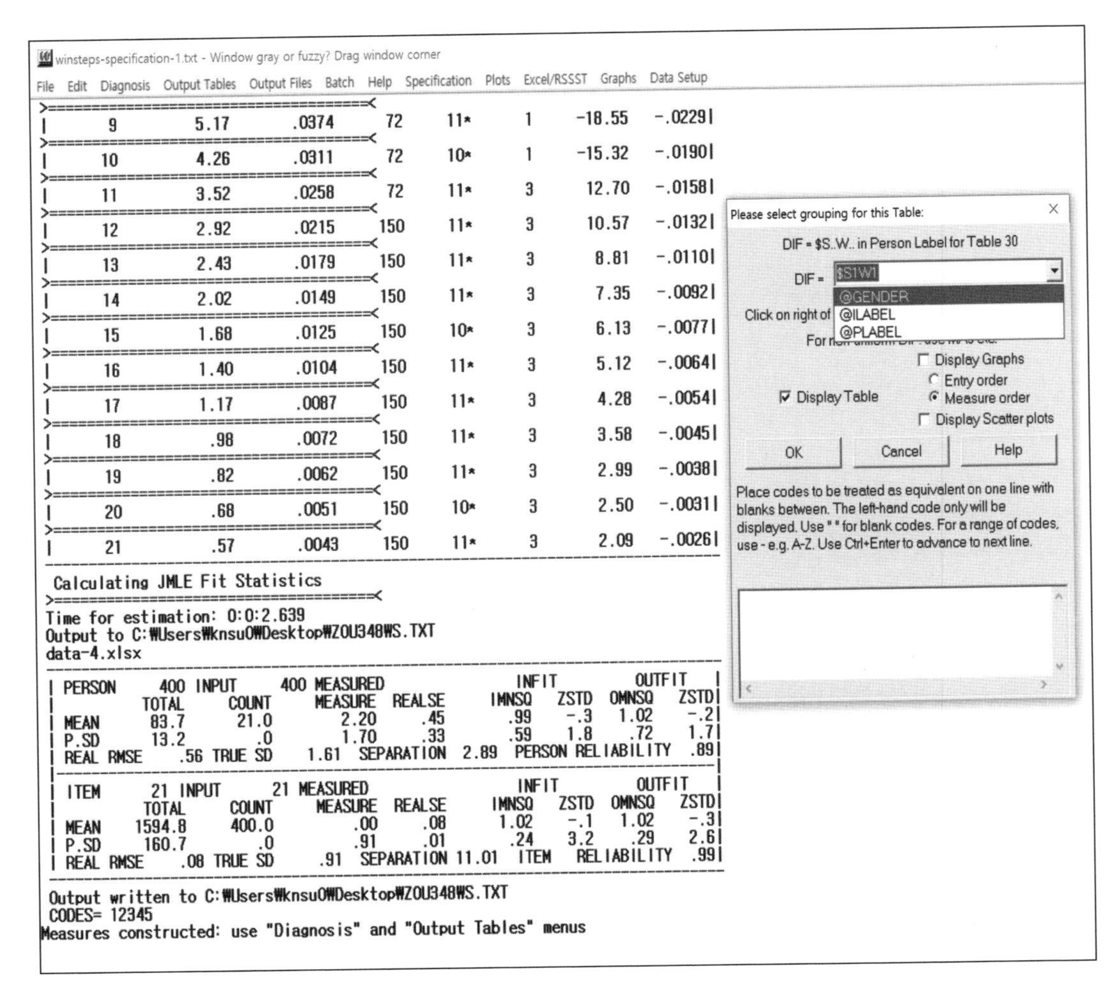

〈그림 4-11〉 성별에 따른 차별기능문항 추출 선택

구체적으로 나타난 창에서 디폴트로 [Display Table]이 체크되어 있다. DIF 결과가 메모장으로 생성된다는 것이다. 그리고 옆에 [Display Graphs]를 체크하면, 생성된 DIF 결과 메모장 표들에 일부가 EXCEL 프로그램 그래프로 나타난다. 그 밑에 선택할 수 있는 [Entry order]와 기본으로 선택되어 있는 [Measure order]는 EXCEL 프로그램으로 나타나는 그래프에 변인 정리 순서를 결정하는 것이다. 따라서 어떤 것을 선택해도 최종 결과는 동일하다. [Entry order]는 문항 번호 순서대로 정리되어 그래프가 생성되고, [Measure order]는 문항 곤란도(난이도) 크기 순서대로 정리되어 그래프가 생성된다.

그리고 [Display Scatter plots]를 체크하면 EXCEL 파일로 또 다른 그래프가 생성된다. 전반적으로 어떤 문항들이 성별에 따라 차별이 되는지 95% 신뢰구간 범위에서 보여주는 그래프이다. 생성되는 EXCEL 그래프들에 대한 설명은 7장에 자세히 제시하였다.

우선 기본으로 [Display Table]만 체크된 상황에서 [OK]를 클릭하면 바로 성별에 따른 DIF 결과 메모장이 나타나고, 메모장 이름을 변경하여 저장한다(첨부된 자료: DIF-result-1). 제시되는 다양한 분석 결과 중에서 논문을 작성하는데 필요한 부분은 첫 번째 제시되는 TABLE 30.1 결과다. 논문 결과 작성을 위해 필요한 부분은 다음 **<그림 4-12>**와 같다.

TABLE 30.1 data-4.xlsx ZOU443WS.TXT Jun 14 2022 9:53
INPUT: 400 PERSON 21 ITEM REPORTED: 400 PERSON 21 ITEM 5 CATS WINSTEPS 5.2.4.0

DIF class/group specification is: DIF=$S1W1

① PERSON CLASS/	Obs-Exp Average	DIF MEASURE	DIF S.E.	② PERSON CLASS/	Obs-Exp Average	DIF MEASURE	DIF S.E.	DIF CONTRAST	JOINT S.E.	Rasch-Welch t	d.f.	Prob.	Mantel Chi-squ	Prob.	Size CUMLOR	Active Slices	ITEM Number	Name
1	.06	.00	.10	2	-.07	.28	.11	-.28	.15	-1.86	366	.0631	1.9135	.1666	-.34	41	1	item1
1	.00	-.01	.10	2	.00	-.01	.11	.00	.15	.00	362	1.000	.3522	.5528	-.15	41	2	item2
1	.00	-.04	.10	2	.00	-.04	.12	.00	.15	.00	362	1.000	1.0154	.3136	-.26	41	3	item3
1	.02	-.41	.10	2	-.02	-.32	.12	-.09	.16	-.60	362	.5520	2.1698	.1407	-.37	41	4	item4
1	.02	.54	.09	2	-.02	.62	.11	-.08	.14	-.57	366	.5683	.2202	.6389	.12	41	5	item5
1	.03	.27	.10	2	-.03	.39	.11	-.12	.15	-.83	365	.4053	.5528	.4572	-.18	41	6	item6
1	.03	.07	.10	2	-.03	.18	.11	-.11	.15	-.74	364	.4604	1.6025	.2055	-.32	41	7	item7
1	.03	-1.33	.12	2	-.03	-1.17	.14	-.16	.18	-.87	364	.3861	.2871	.5921	-.16	41	8	item8
1	.04	-1.37	.12	2	-.05	-1.10	.14	-.27	.18	-1.52	367	.1301	1.6467	.1994	-.40	41	9	item9
1	.06	-.97	.11	2	-.07	-.63	.12	-.34	.17	-2.09	367	.0377	.3769	.5393	-.17	41	10	item10
1	.04	-.93	.11	2	-.04	-.71	.13	-.22	.17	-1.32	365	.1876	1.4401	.2301	-.34	41	11	item11
1	.06	-1.16	.11	2	-.06	-.84	.13	-.32	.17	-1.87	368	.0618	1.5197	.2177	-.35	41	12	item12
1	.01	-1.47	.12	2	-.01	-1.41	.14	-.06	.19	-.31	361	.7537	.0576	.8103	.08	41	13	item13
1	.04	-1.32	.12	2	-.05	-1.04	.13	-.27	.18	-1.53	367	.1265	.5055	.4771	-.22	41	14	item14
1	-.02	.91	.09	2	.02	.85	.11	.07	.14	.47	368	.6367	1.2054	.2723	.27	41	15	item15
1	-.07	.59	.09	2	.08	.29	.11	.30	.15	2.06	363	.0405	3.0573	.0804	.45	41	16	item16
1	-.06	1.24	.10	2	.07	.97	.11	.26	.14	1.85	369	.0655	2.3846	.1225	.36	41	17	item17
1	-.06	1.47	.10	2	.07	1.21	.11	.26	.14	1.84	371	.0663	2.5433	.1108	.40	41	18	item18
1	-.06	1.46	.10	2	.07	1.22	.11	.24	.14	1.70	371	.0897	1.6128	.2041	.34	41	19	item19
1	-.07	.98	.09	2	.08	.69	.11	.28	.14	1.97	367	.0498	2.2077	.1373	.36	41	20	item20
1	-.09	1.24	.10	2	.10	.88	.11	.36	.14	2.48	369	.0136	3.8220	.0506	.48	41	21	item21
2	-.07	.28	.11	1	.06	.00	.10	.28	[illegible]	1.86	366	.0631	1.9135	.1666	.34	41	1	item1
2	.00	-.01	.11	1	.00	-.01	.10	.00	.15	.00	362	1.000	.3522	.5528	.15	41	2	item2
2	.00	-.04	.12	1	.00	-.04	.10	.00	.15	.00	362	1.000	1.0154	.3136	.26	41	3	item3
2	-.02	-.32	.12	1	.02	-.41	.10	.09	.16	.60	362	.5520	2.1698	.1407	.37	41	4	item4
2	-.02	.62	.11	1	.02	.54	.09	.08	.14	.57	366	.5683	.2202	.6389	-.12	41	5	item5
2	-.03	.39	.11	1	.03	.27	.10	.12	.15	.83	365	.4053	.5528	.4572	.18	41	6	item6
2	-.03	.18	.11	1	.03	.07	.10	.11	.15	.74	364	.4604	1.6025	.2055	.32	41	7	item7
2	-.03	-1.17	.14	1	.03	-1.33	.12	.16	.18	.87	364	.3861	.2871	.5921	.16	41	8	item8
2	-.05	-1.10	.14	1	.04	-1.37	.12	.27	.18	1.52	367	.1301	1.6467	.1994	.40	41	9	item9
2	-.07	-.63	.12	1	.06	-.97	.11	.34	.17	2.09	367	.0377	.3769	.5393	.17	41	10	item10
2	-.04	-.71	.13	1	.04	-.93	.11	.22	.17	1.32	365	.1876	1.4401	.2301	.34	41	11	item11
2	-.06	-.84	.13	1	.06	-1.16	.11	.32	.17	1.87	368	.0618	1.5197	.2177	.35	41	12	item12
2	-.01	-1.41	.14	1	.01	-1.47	.12	.06	.19	.31	361	.7537	.0576	.8103	-.08	41	13	item13
2	-.05	-1.04	.13	1	.04	-1.32	.12	.27	.18	1.53	367	.1265	.5055	.4771	.22	41	14	item14
2	.02	.85	.11	1	-.02	.91	.09	-.07	.14	-.47	368	.6367	1.2054	.2723	-.27	41	15	item15
2	.08	.29	.11	1	-.07	.59	.09	-.30	.15	-2.06	363	.0405	3.0573	.0804	-.45	41	16	item16
2	.07	.97	.11	1	-.06	1.24	.10	-.26	.14	-1.85	369	.0655	2.3846	.1225	-.36	41	17	item17
2	.07	1.21	.11	1	-.06	1.47	.10	-.26	.14	-1.84	371	.0663	2.5433	.1108	-.40	41	18	item18
2	.07	1.22	.11	1	-.06	1.46	.10	-.24	.14	-1.70	371	.0897	1.6128	.2041	-.34	41	19	item19
2	.08	.69	.11	1	-.07	.98	.09	-.28	.14	-1.97	367	.0498	2.2077	.1373	-.36	41	20	item20
2	.10	.88	.11	1	-.09	1.24	.10	-.36	.14	-2.48	369	.0136	3.8220	.0506	-.48	41	21	item21

<그림 4-12> 성별에 따른 차별기능문항 추출 결과 중 논문 작성에 필요한 부분

우선 TABLE 30.1에 상반과 하반에 제시된 결과는 남녀를 기준으로 나열된 순서만 다르다. 즉 상반과 하반의 제시된 결과는 동일하다. 따라서 상반 또는 하반의 결과 중 어떤 결과를 봐도 최종 해석은 동일하다.

이 연구는 남자는 1, 여자는 2로 코딩했다. 따라서 **<그림 4-12>**에 ①번 틀에 제시된 값들은 남자 분석 결과이고, ②번 틀에 제시된 값들은 여자 분석 결과이다. 연구자는 남자와 여자를 어

떤 숫자로 코딩했는지를 반드시 알고 있어야 한다.

가장 오른쪽에 표시된 ITEM Number는 문항 번호다. 문항 1번부터 21번까지 순서대로 나열된 결과인 것을 알 수 있다. 두 틀 안에 DIF MEASURE는 각 문항별로 차별기능 정도를 고려한 문항 곤란도(난이도)를 나타내는 로짓(logits)값이다. 따라서 ①번 틀 안에 남자 차별기능 문항 곤란도(DIF MEASURE)와 ②번 틀 안에 여자 차별기능 문항 곤란도(DIF MEASURE)를 상대적으로 비교할 수 있다.

DIF CONTRAST는 두 DIF MEASURE의 차이 정도를 나타낸다. 즉 남자 DIF MEASURE에서 여자 DIF MEASURE를 뺀 값이다. 따라서 DIF CONTRAST의 절대값이 클수록 남자와 여자의 DIF MEASURE 차이가 큰 것을 의미한다. DIF CONTRAST의 절대값이 클수록 통계적으로 유의하게 성별에 따른 차별기능문항으로 선택될 가능성이 높아진다.

Rasch-Welch t값은 두 DIF MEASURE 값이 통계적으로 유의한 차이가 있는지를 판단하는 검정통계량이고, d.f.은 자유도(degree of freedom)이다. 그리고 바로 옆에 Prob.는 유의확률(significance probability)이다. 구체적으로 Rasch-Welch t값은 '남자 차별기능 문항 곤란도와 여자 차별기능 문항 곤란도에는 차이가 없다'는 영가설의 기각유무를 판단하기 위한 검정통계량이다. 따라서 DIF CONTRAST 절대값이 클수록 Rasch-Welch t값의 절대값도 커지고, 유의확률은 작아진다.

유의수준 5%(0.05)로 설정했을 때 Rasch-Welch t값과 자유도에 의한 유의확률을 살펴보면, 문항 10번(0.0377), 문항 16번(0.0405), 문항 20번(0.0498), 그리고 문항 21번(0.0136)이 통계적으로 성별에 따른 차별기능문항인 것을 알 수 있다.

그렇다면 이렇게 추출된 네 문항에 남자 차별기능 문항 곤란도와 여자 차별기능 문항 곤란도 크기를 비교해서 누구에게 더 곤란하게(어렵게) 차별된 것인지를 해석해야 한다. 문항 10번의 경우 여자 차별기능 문항 곤란도(−0.63)가 남자 차별기능 문항 곤란도(−0.97)에 비해 더 높게 나타난 것을 볼 수 있다. 체육교육전공 대학생 남녀 모두 동일한 진로불안감을 지니고 있다는 가정하에 여자가 남자에 비해 낮은 응답범주를 선택하게 하는 차별기능문항이라고 해석해야 한다. 즉 여자의 문항 곤란도 값이 더 높다는 것은 상대적으로 여자가 남자에 비해 그 문항을 더 어려워한다는 것이다. 따라서 여자가 남자보다 더 낮은 척도에 응답한다는 것이다.

반대로 문항 16번, 문항 20번, 문항 21번은 남자 차별기능 문항 곤란도가 여자 차별기능 문항 곤란도에 비해 더 높게 나타난 것을 볼 수 있다. 따라서 체육교육전공 대학생 남녀 모두 동일한 진로불안감을 지니고 있다는 가정하에 남자가 여자에 비해 낮은 응답범주를 선택하게 하는 차별기능문항이라고 해석해야 한다. Rasch-Welch t값의 유의확률을 근거로 할 때 네 문항(문항 10번, 문항 16번, 문항 20번, 문항 21번)은 성별에 따른 차별기능문항이라고 할 수 있다.

Mantel Chi-squ는 Mantel-Haenszel Chi-square의 단축어이고 Rasch-Welch t값과는 다른 맥락의 검정통계량이다. 그리고 Prob.는 유의확률이다. 통계적으로 Mantel-Haenszel Chi-square 값이 커질수록 유의확률은 작아진다. 그런데 Rasch-Welch t값의 유의확률 결과와 다른 결과인 것을 볼 수 있다. 즉 Mantel-Haenszel Chi-square 값의 유의확률 결과 모든 문항이 유의수준 5%에서 영가설(문항은 성별에 관계없이 동일하게 기능한다)을 채택한 것으로 나타났다. 참고로 TABLE 30.1에는 제시되지 않았지만 Mantel-Haenszel Chi-square 값의 자유도(df)는 1이 되고, 유의수준 5%에서 임계값(가설부정기준치)은 3.84이다. 따라서 검정통계량인 Mantel- Haenszel Chi-square 값이 3.84를 초과하지 못하면 영가설은 채택된다.

Size CUMLOR는 Size cumulative log-odds ratio in logits의 단축어다. Mantel-Haenszel Chi-square 값은 제곱값으로 모두 양수로 나타나기 때문에 차별되는 문항이 발견될 경우에도 누구에게 더 곤란한(어려운) 문항인지를 바로 알 수 없다. 따라서 이를 보완하기 위해 부호(+, −)가 제시되는 Size CUMLOR 값이 추가되었다. 즉 Size CUMLOR 값이 양수인지 음수인지를 보고, DIF MEASURE 지수의 크기를 보면 누구에게 더 곤란한 문항인지를 알 수 있다. 또한 Size CUMLOR 값은 차별 정도를 나타내는 기준이 있다. 구체적으로 Size CUMLOR 값의 절대값이 0.00에서 0.42의 경우는 차별이 약한, 무시할 수 있는(negligible) 문항이다(차별등급: A). 그리고 Size CUMLOR 값의 절대값이 0.43에서 0.63의 경우는 약간에서 보통(slight to moderate) 차별되는 문항이다(차별등급: B). 마지막으로 Size CUMLOR 값의 절대값이 0.64 이상일 경우는 보통에서 크게(moderate to large) 차별되는 문항이다(차별등급: C).

Mantel-Haenszel Chi-square 값과 유의확률을 보면 21문항 모두 유의수준 5%에서 성별에 따른 차별기능문항은 없다. 그런데 Size CUMLOR 값으로 해석하면, 문항 16번(0.45)과 문항 21번(0.48)은 약간에서 보통 차별되는 차별등급 B문항인 것을 알 수 있다. 또한 두 지수가 모두 양수로 나타났고, 남녀 DIF MEASURE를 비교해 보면, 남녀 모두 동일한 진로불안감을 지니고 있다는 가정에도 불구하고, 남자가 여자에 비해 문항 곤란도가 높은 것을 알 수 있다. 즉 남자가 여자에 비해 낮은 응답범주를 선택하게 유도하는 차별기능문항이라고 할 수 있다.

그렇다면 최종 어떤 문항이 성별에 따른 차별기능문항이라고 할 수 있을까? 이 결정은 역시 연구자의 몫이다. 정리하면 첫째, 체육교육전공 대학생 진로불안감을 측정하는 21문항 중에서 Rasch-Welch t값을 근거로 네 문항(문항 10, 문항 16, 문항 20, 문항 21)이 유의수준 5%에서 통계적으로 유의하게 성별에 따른 차별기능문항으로 나타났다. 둘째, Mantel-Haenszel Chi-squre 값을 근거로 유의수준 5%에서 통계적으로 유의하게 성별에 따라 차별되는 문항은 나타나지 않았다. 셋째, Size CUMLOR 값을 근거로 두 문항(문항 16, 문항 21)이 성별에 따라 약간에서 보통 차별되는 것으로 나타났다.

연구자가 조금이라도 성별에 따라 차별되는 문항을 제거하는 것이 목적인 경우는 세 조건에서 하나라도 통계적으로 유의하게 나타난 문항을 성별에 따른 차별기능문항이라고 판단하고 제거할 수 있다(문항 10, 문항 16, 문항 20, 문항 21 네 문항 모두 제거). 반대로 연구자가 확실하게 성별에 따라 차별되는 문항을 제거하는 것이 목적이라면, 세 조건에서 모두 통계적으로 유의하게 나타난 문항만을 성별에 따른 차별기능문항이라고 판단할 수 있다(제거되는 문항 없음).

이렇게 상이한 결과 중에서 어떤 결과를 선택할 것인지는 연구자의 몫이다. 통계는 결정을 내리는데 도움을 준다. 다만 통계 결과를 참조해서 최종 결론은 연구자가 결정한다. 일반적으로 문항수가 많을 경우에는 앞서 제시한 세 가지(Rasch-Welch t값, Mantel-Haenszel Chi-squre 값, Size CUMLOR 값) 검정통계량 중 한 가지만 통계적으로 유의해도 차별되는 문항으로 판단하는 경우가 많을 것이다. 반면 문항의 수가 적을 경우는 세 가지 모두가 통계적으로 유의할 경우에만 차별되는 문항으로 판단하는 경우가 많을 것이다. 연구자는 논문의 연구방법 중 자료처리 방법에 어떻게 기준을 설정할 것인지를 제시하면 된다.

4-9) 성별에 따른 차별기능문항 추출 논문 결과 쓰기

(첨부된 자료: DIF-gender-1에서 TABLE 30.1 보고 작성)

〈표 4-5〉 성별에 따른 차별기능문항(DIF)

문항	남자 DIF 측정치(곤란도)	여자 DIF 측정치(곤란도)	DIF 차이	RW-t값	MH-χ^2	Size CUMLOR	차별등급
1	0.00	0.28	−0.28	−1.86	1.914	−0.34	A
2	−0.01	−0.01	0.00	0.00	0.352	−0.15	A
3	−0.04	−0.04	0.00	0.00	1.015	−0.26	A
4	−0.41	−0.32	−0.09	−0.60	2.170	−0.37	A
5	0.54	0.62	−0.08	−0.57	0.220	0.12	A
6	0.27	0.39	−0.12	−0.83	0.553	−0.18	A
7	0.07	0.18	−0.11	−0.74	1.603	−0.32	A
8	−1.33	−1.17	−0.16	−0.87	0.287	−0.16	A
9	−1.37	−1.10	−0.27	−1.52	1.647	−0.40	A
10	−0.97	−0.63	−0.34	−2.09*	0.377	−0.17	A
11	−0.93	−0.71	−0.22	−1.32	1.440	−0.34	A
12	−1.16	−0.84	−0.32	−1.87	1.520	−0.35	A
13	−1.47	−1.41	−0.06	−0.31	0.058	0.08	A
14	−1.32	−1.04	−0.27	−1.53	0.506	−0.22	A
15	0.91	0.85	0.07	0.47	1.205	0.27	A
16	0.59	0.29	0.30	2.06*	3.057	0.45	B
17	1.24	0.97	0.26	1.85	2.385	0.36	A
18	1.47	1.21	0.26	1.84	2.543	0.40	A
19	1.46	1.22	0.24	1.70	1.613	0.34	A
20	0.98	0.69	0.28	1.97*	2.208	0.36	A
21	1.24	0.88	0.36	2.48*	3.822	0.48	B

*$p < .05$

〈표 4-5〉는 체육교육전공 대학생 진로불안감 측정 21문항의 성별에 따른 차별기능문항(DIF)을 분석한 결과이다. 우선 Rasch-Welch t검정(RW-t값) 결과, 네 문항(문항 10번, 문항 16번, 문항 20번, 문항 21번)이 성별에 따라 차별되는 것으로 나타났다. DIF 측정치를 살펴보면, 문항 10번의 경우는 여자의 문항 곤란도(−0.63)가 남자의 문항 곤란도(−0.97)보다 높게

나타났다. 여자가 남자에 비해 낮은 척도에 응답하게 유도하는 차별기능문항인 것을 알 수 있다. 반면 문항 16번, 문항 20번, 문항 21번은 모두 남자의 문항 곤란도(문항 16번: 0.59; 문항 20번: 0.98; 문항 21번: 1.24)가 여자의 문항 곤란도(문항 16번: 0.29; 문항 20번: 0.69; 문항 21번: 0.88)보다 높게 나타났다. 남자가 여자에 비해 낮은 척도에 응답하게 유도하는 차별기능문항인 것을 알 수 있다. 둘째, Mantel-Haenszel Chi-square 검정(MH-χ^2) 결과, 성별에 따른 차별기능문항은 나타나지 않았다. 셋째, Size CUMLOR 검정 결과, 문항 16번(0.45)과 문항 21번(0.48)이 성별에 따라 차별되는 것으로 나타났다. DIF 측정치를 보면 남자가 여자에 비해 낮은 척도에 응답하게 유도하는 차별기능문항인 것을 알 수 있고, 약간에서 보통(slight to moderate) 차별되는 차별등급 B 문항이라고 할 수 있다. 따라서 21문항 중 네 문항(문항 10, 문항 16번, 문항 20번, 문항 21번)이 성별에 따라 차별되는 것으로 나타났다. 그러나 세 가지 검증 방법(Rasch-Welch t검정, Mantel-Haenszel Chi-squre 검정, Size CUMLOR 검정)에 모두 유의하게 차별되는 문항은 없는 것으로 나타났다.

[알아두기]
DIF 분석과 FIT 분석 순서

적합하지 않은 문항을 제거하기 위해 문항 적합도 검증을 하고, 성별에 관계없이 동일하게 기능하는 문항들인지를 판단하기 위해 성별에 따른 차별기능문항(DIF) 검증을 한다. 여기서 연구자들의 고민은 어떤 검증을 먼저 하는 것이 올바른지일 것이다. Rasch 모형을 적용하여 척도 개발 및 타당화 사전연구들을 살펴보면, 문항 적합도 검증을 실시하여 적합하지 못한 문항을 제거하고, 남은 문항으로 성별에 따른 차별기능문항을 추출하는 경우를 쉽게 볼 수 있다. 또한 반대로 성별에 따른 차별기능문항을 분석을 먼저 실시하여 차별기능문항을 제거하고, 남은 문항으로 적합도 검증을 하는 경우도 볼 수 있다.

이처럼 문항을 제거하고 남은 문항으로 다음 검증을 실시한다면, 문항의 적합도 검증과 성별에 따른 차별기능문항 검증 중에서 어느 것을 먼저 실시해야 하는가? 어느 검증을 먼저해도 최종 남는 적합한 문항은 큰 차이가 없다. 물론 순서에 따라 동일하지 않은 결과를 보여 줄 때도 있다.

필자는 **〈표 4-4〉**(169쪽)와 **〈표 4-5〉**(177쪽)과 같이 문항 적합도 검증을 먼저 실시하였고, 부적합한 두 문항을 제거하지 않은 상태에서, 다시 전체 문항으로 성별에 따른 차별기능문항 검증을 실시하였다. 구체적으로 부적합한 두 문항은 문항 10번과 문항 17번이었고, 성별에 따라 차별되는 네 문항은 문항 10번, 문항 16번, 문항 20번, 문항 21번이었다. 문항 10번이 중복되기 때문에 최종 부적합하고, 성별에 따른 차별기능문항은 총 다섯 문항이다. 이와 같은 방법은 성별에 따른 차별기능문항을 먼저 검증하고, 다음에 문항 적합도를 검증해도 동일한 결과가 나타날 것이다. 어떤 검증을 먼저 해야 되는지에 대한 고민은 없어질 것이다.

4-10) 개발된 측정척도의 문항 차원성 탐색

지금까지 WINSTEPS 프로그램을 통해 Global fit statistics 검증, 응답범주의 적합성 검증, 문항의 적합도 검증, 그리고 성별에 따른 차별기능문항 검증에 대해서 설명하였고, 제시되는 TABLE들 중에서 어떤 TABLE에 어떤 부분을 보고, 어떻게 논문을 써야하는지를 소개하였다.

구체적으로 지금까지 전문가들이 내용타당도 측면에서 회의를 통해 결정한 문항들과 응답범주 수가 적합한지, 문항들 내용이 적합한지, 성별에 따라 차별이 되는 문항은 없는지를 통계적으로 검증하였다. 따라서 최종적으로 체육교육전공 대학생 진로불안감 측정척도를 개발하였다고 할 수 있다.

이처럼 Rasch 모형은 심리측정척도 개발하는 과정에 많이 활용되지만, 개발된 심리측정척도 문항들의 차원성(item dimensionality)은 어떠한지, 그리고 응답자 개인속성과 문항의 곤란도(난이도) 분포는 어떠한지를 탐색하는데도 많이 적용되고 있다. 이러한 탐색 과정을 개발된 척도의 타당도 검증(타당화)이라고 표현할 수도 있다.

지금까지 체육교육전공 대학생 진로불안감 측정척도를 검토한 결과, Global fit statistics 검증 결과 큰 문제가 없었고, 5점 응답범주가 4점 응답범주에 비해 더 적합하다고 판단하였다. 그리고 문항 적합도 검증 결과, 부적합한 두 문항(문항 10번, 문항 17번)이 나타났고, 성별에 따른 차별기능문항(DIF) 분석 결과, 네 문항(문항 10번, 문항 16번, 문항 20번, 문항 21번)이 추출되었다. 그런데 성별에 따른 차별기능문항을 결정하는 세 가지 검정통계량(RW-t값, MH-χ^2값, Size CUMLOR 값) 활용 기준을 엄격하게 판단(세 가지 검정통계량이 모두 유의미할 때 차별기능문항으로 판단)하여, 한 문항도 성별에 따라 차별되지 않는 것으로 판단하였다.

정리하면, 이 연구에서는 문항 수와 차별된 문항의 내용을 고려하여 성별에 따른 차별기능문항은 없는 것으로 판단하였다. 따라서 21문항 중 부적합한 두 문항만을 제거하고 최종 개발된 19문항 자료(첨부된 자료: data-5)를 가지고 문항의 차원성을 먼저 탐색한다. 우선 저장한 EXCEL data-5를 앞서 소개한 **<그림 2-1>**(130쪽)부터 **<그림 2-9>**(136쪽)에 과정을 거쳐 메모장 설계서를 만들고 저장한다(첨부된 자료: winsteps-specification-2).

그리고 **<그림 2-10>**(137쪽)부터 **<그림 2-15>**(139쪽)에 과정으로 완성된 설계서, winsteps-specification-2 파일을 실행시킨다. 그리고 다음 **<그림 4-13>**과 같이 [Output Files]에 [23. ITEM: dimensionality]를 클릭한다.

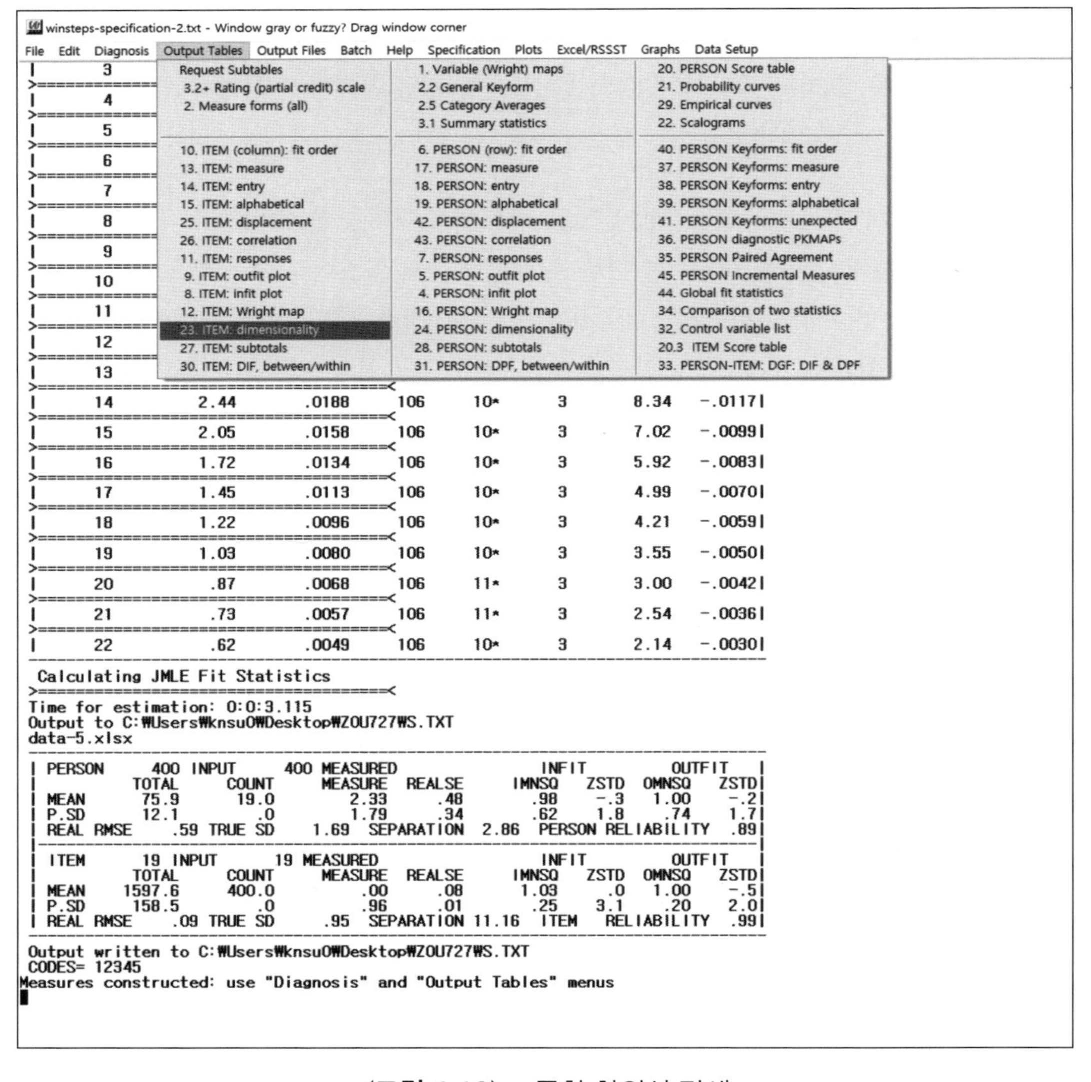

<그림 4-13> 문항 차원성 탐색

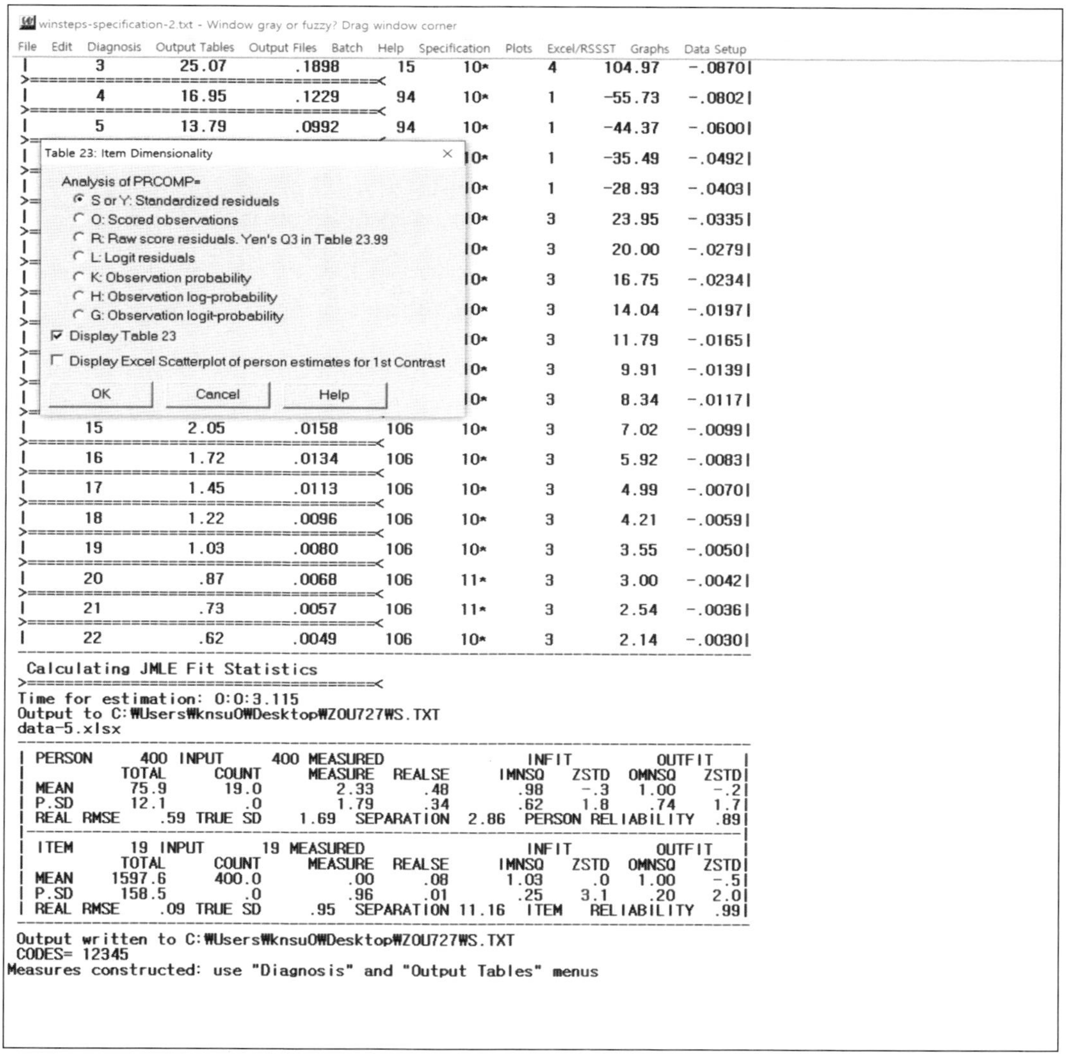

```
winsteps-specification-2.txt - Window gray or fuzzy? Drag window corner
File  Edit  Diagnosis  Output Tables  Output Files  Batch  Help  Specification  Plots  Excel/RSSST  Graphs  Data Setup
|      3      25.07      .1898    15     10*     4    104.97   -.0870|
>===================================<
|      4      16.95      .1229    94     10*     1    -55.73   -.0802|
>===================================<
|      5      13.79      .0992    94     10*     1    -44.37   -.0600|
>=
|                                        10*     1    -35.49   -.0492|
>=
|                                        10*     1    -28.93   -.0403|
>=
|                                        10*     3     23.95   -.0335|
>=
|                                        10*     3     20.00   -.0279|
>=
|                                        10*     3     16.75   -.0234|
>=
|                                        10*     3     14.04   -.0197|
>=
|                                        10*     3     11.79   -.0165|
>=
|                                        10*     3      9.91   -.0139|
>=
|                                        10*     3      8.34   -.0117|
>=
|     15       2.05      .0158   106     10*     3      7.02   -.0099|
>===================================<
|     16       1.72      .0134   106     10*     3      5.92   -.0083|
>===================================<
|     17       1.45      .0113   106     10*     3      4.99   -.0070|
>===================================<
|     18       1.22      .0096   106     10*     3      4.21   -.0059|
>===================================<
|     19       1.03      .0080   106     10*     3      3.55   -.0050|
>===================================<
|     20        .87      .0068   106     11*     3      3.00   -.0042|
>===================================<
|     21        .73      .0057   106     11*     3      2.54   -.0036|
>===================================<
|     22        .62      .0049   106     10*     3      2.14   -.0030|
------------------------------------------------------------------------
 Calculating JMLE Fit Statistics
>===================================<
Time for estimation: 0:0:3.115
Output to C:\Users\knsu0\Desktop\ZOU727WS.TXT
data-5.xlsx
------------------------------------------------------------------------
| PERSON     400 INPUT     400 MEASURED              INFIT        OUTFIT   |
|           TOTAL      COUNT     MEASURE  REALSE    IMNSQ   ZSTD  OMNSQ   ZSTD|
| MEAN       75.9       19.0        2.33     .48      .98    -.3   1.00    -.2|
| P.SD       12.1         .0        1.79     .34      .62    1.8    .74    1.7|
| REAL RMSE    .59 TRUE SD    1.69  SEPARATION  2.86  PERSON RELIABILITY  .89|
|---------------------------------------------------------------------------|
| ITEM        19 INPUT      19 MEASURED              INFIT        OUTFIT   |
|           TOTAL      COUNT     MEASURE  REALSE    IMNSQ   ZSTD  OMNSQ   ZSTD|
| MEAN     1597.6      400.0         .00     .08     1.03     .0   1.00    -.5|
| P.SD      158.5         .0         .96     .01      .25    3.1    .20    2.0|
| REAL RMSE    .09 TRUE SD     .95  SEPARATION 11.16  ITEM   RELIABILITY  .99|
------------------------------------------------------------------------
Output written to C:\Users\knsu0\Desktop\ZOU727WS.TXT
CODES= 12345
Measures constructed: use "Diagnosis" and "Output Tables" menus

Table 23: Item Dimensionality
  Analysis of PRCOMP=
    (•) S or Y: Standardized residuals
    ( ) O: Scored observations
    ( ) R: Raw score residuals. Yen's Q3 in Table 23.99
    ( ) L: Logit residuals
    ( ) K: Observation probability
    ( ) H: Observation log-probability
    ( ) G: Observation logit-probability
  [x] Display Table 23
  [ ] Display Excel Scatterplot of person estimates for 1st Contrast
  [OK]  [Cancel]  [Help]
```

<그림 4-14> 문항 차원성 탐색 선택

그러면 **<그림 4-14>**와 같이 [Table 23: Item Dimensionality] 차원성 분석 선택 창이 나타난다. 디폴트 선택상태, [S or Y: Standardized residuals]와 [Display Table 23]에서 [OK]를 클릭하면 바로 문항 차원성 결과 메모장이 나타난다. 그리고 메모장 이름을 변경하여 저장한다(첨부된 자료: item-dimensionality-2). 제시되는 다양한 분석 결과 중에서 논문을 작성하는데 필요한 부분은 TABLE 23.0과 TABLE 23.1 결과다. 우선 다음 **<그림 4-15>** TABLE 23.0에서 논문 결과에 필요한 부분은 다음과 같다.

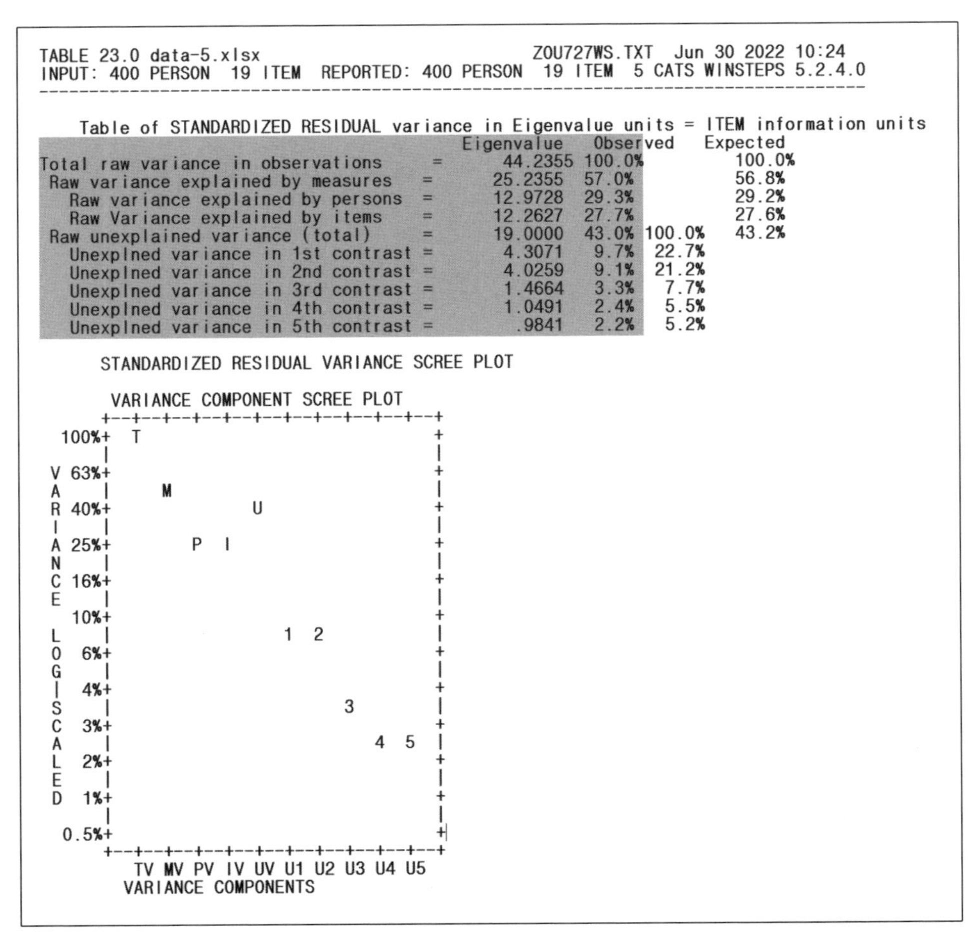

```
TABLE 23.0 data-5.xlsx                          ZOU727WS.TXT  Jun 30 2022 10:24
INPUT: 400 PERSON  19 ITEM  REPORTED: 400 PERSON  19 ITEM  5 CATS WINSTEPS 5.2.4.0
--------------------------------------------------------------------------------

    Table of STANDARDIZED RESIDUAL variance in Eigenvalue units = ITEM information units
                                          Eigenvalue   Observed    Expected
Total raw variance in observations     =    44.2355 100.0%           100.0%
 Raw variance explained by measures    =    25.2355  57.0%            56.8%
   Raw variance explained by persons   =    12.9728  29.3%            29.2%
   Raw Variance explained by items     =    12.2627  27.7%            27.6%
 Raw unexplained variance (total)      =    19.0000  43.0% 100.0%     43.2%
   Unexplned variance in 1st contrast =     4.3071   9.7%  22.7%
   Unexplned variance in 2nd contrast =     4.0259   9.1%  21.2%
   Unexplned variance in 3rd contrast =     1.4664   3.3%   7.7%
   Unexplned variance in 4th contrast =     1.0491   2.4%   5.5%
   Unexplned variance in 5th contrast =      .9841   2.2%   5.2%

      STANDARDIZED RESIDUAL VARIANCE SCREE PLOT

       VARIANCE COMPONENT SCREE PLOT
       +--+--+--+--+--+--+--+--+--+--+
   100%+  T                          +
       |                             |
 V  63%+                             +
 A     |     M                       |
 R  40%+              U              +
 I     |                             |
 A  25%+        P  I                 +
 N     |                             |
 C  16%+                             +
 E     |                             |
    10%+                             +
 L     |                 1  2        |
 O   6%+                             +
 G     |                             |
 |   4%+                             +
 S     |                       3     |
 C   3%+                             +
 A     |                          4  5 |
 L   2%+                             +
 E     |                             |
 D   1%+                             +
       |                             |
  0.5%+                              +
       +--+--+--+--+--+--+--+--+--+--+
          TV MV PV IV UV U1 U2 U3 U4 U5
         VARIANCE COMPONENTS
```

〈그림 4-15〉 문항 차원성 분석 결과 중 논문 작성에 필요한 부분 (1)

Table of STANDARDIZED RESIDUAL variance in Eigenvalue units는 Rasch 모형에서 문항 차원성(item dimensionality)을 탐색하기 위해 추정되는 '고유값(Eigenvalue) 단위에 의한 표준화된 잔차 분산 표'이다. 이 표가 Rasch 주성분 분석(Rasch principal component analysis: PCA) 결과라고 할 수 있다. 그리고 그 밑에 STANDARDIZED RESIDUAL VARIANCE SCREE PLOT는 '고유값(Eigenvalue) 단위에 의한 표준화된 잔차 분산 표' 측정치 중에서 고유값의 관찰된(Observed) 퍼센트(%)를 보기 쉽게 나타낸 그림이다.

구체적으로 첫 번째 줄에 Total raw variance in observations(단축어 T or TV)는 '전체 관찰 분산'으로 고유값이 44.2355이고, 관찰된 퍼센트는 100%이다. 두 번째 줄에 Raw variance explained by measures(단축어 M or MV)는 '측정값에 의해 설명되는 분산'으로 고유값이

25.2355이고, 관찰된 퍼센트는 57.0%이다. 세 번째 줄에 Raw variance explained by persons(단축어 P or PV)는 '응답자에 의해 설명되는 분산'으로 12.9728이고, 관찰된 퍼센트는 29.3%이다. 그리고 네 번째 줄에 Raw variance explained by items(단축어 I or IV)는 '문항에 의해 설명되는 분산'으로 12.2627이고 관찰된 퍼센트는 27.7%이다.

다섯 번째 줄부터 다른 맥락에 지수다. 즉 Raw unexplained variance (total), (단축어 U or UV)는 '전체 설명되지 않는 분산'으로 고유값이 19.0000이고, 관찰된 퍼센트는 43.0%이다. 앞서 두 번째 줄에 '측정값에 의해 설명되는 분산'에 역 값으로 두 값이 합쳐지면 첫 줄에 '전체 관찰 분산' 100%가 된다. 여기서 중요한 것은 고유값 19.0000은 문항 수(19문항)를 의미한다는 것이다.

여섯 번째 줄에 Unexplned(=Unexplained) variance in 1st contrast(단축어 1 or U1)는 '1요인에 대조하여 설명되지 않는 분산'으로 고유값이 4.3071이고 관찰된 퍼센트는 9.7%이다. 일곱 번째 줄에 Unexplned(=Unexplained) variance in 2nd contrast(단축어 2 or U2)는 '2요인에 대조하여 설명되지 않는 분산'으로 고유값이 4.0259이고 관찰된 퍼센트는 9.1%이다. 여덟 번째 줄에 Unexplned(=Unexplained) variance in 3rd contrast(단축어 3 or U3)는 '3요인에 대조하여 설명되지 않는 분산'으로 고유값이 1.4664이고 관찰된 퍼센트는 3.3%이다. 아홉 번째 줄에 Unexplned(=Unexplained) variance in 4th contrast(단축어 4 or U4)는 '4요인에 대조하여 설명되지 않는 분산'으로 고유값이 1.0491이고 관찰된 퍼센트는 2.4%이다. 마지막으로 열 번째 줄에 Unexplned(=Unexplained) variance in 5th contrast(단축어 5 or U5)는 '5요인에 대조하여 설명되지 않는 분산'으로 고유값이 0.9841이고 관찰된 퍼센트는 2.2%이다. 지금까지 기술한 퍼센트 값들을 STANDARDIZED RESIDUAL VARIANCE SCREE PLOT로 쉽게 위치를 비교해 볼 수 있다.

여기서 차원성을 탐색하기 위해 중요한 지수는 전체 설명되지 않는 분산 중 '1요인에 대조하여 설명되지 않는 분산'에 고유값이다. 즉 Unexplned variance in 1st contrast 고유값(Eigenvalue)은 3.0 미만이면 문항들이 일차원성(unidimensionality)을 가진다고 판단할 수 있고, 2.0 미만이면 더 확실하게 문항들이 일차원성을 가진다고 판단할 수 있다. 여기서 문항들이 일차원성이라는 것은 이 연구에서 최종 개발된 19문항이 하나의 요인에 속하는지를 의미한다. 즉 19문항이 모두 유사하게 체육교육전공 대학생 진로불안감을 측정하는지를 의미한다.

그 결과 Unexplned variance in 1st contrast 고유값은 4.3071로 일차원성 최소 기준(3.0 미만)을

만족하지 못하였다. 즉 19문항이 모두 유사한 하나의 속성인 체육교육전공 대학생 진로불안감을 측정한다고 할 수 없다. 19문항이 전반적으로 체육교육전공 대학생 진로불안감을 측정하기 위해 개발되었지만, 응답자들의 측정치를 근거로 추정한 결과 일차원성(일요인)이라고 판단할 수 없다는 것이다. 그렇다면 몇 차원(요인)으로 구성되었는지를 탐색하기 위해서 필요한 결과가 바로 TABLE 23.1이다. 다음 **<그림 4-16>**은 TABLE 23.1에 일부분이다. ①번과 ②번 틀 안에 결과가 **<그림-4-15>**에 표시한 부분과 같이 논문 결과 작성에 필요한 부분이다.

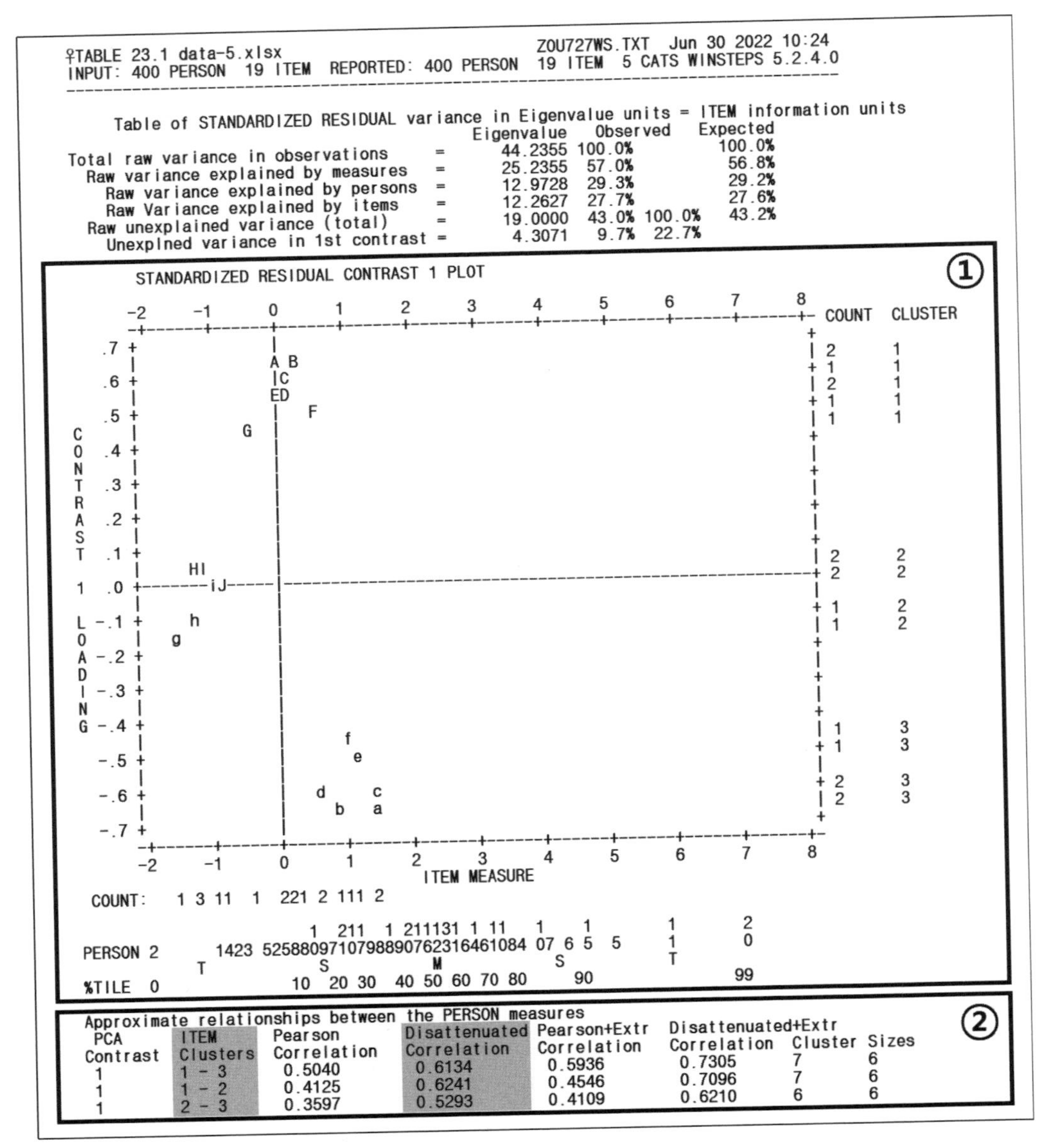

```
♀TABLE 23.1 data-5.xlsx                                  ZOU727WS.TXT  Jun 30 2022 10:24
INPUT: 400 PERSON  19 ITEM  REPORTED: 400 PERSON  19 ITEM  5 CATS WINSTEPS 5.2.4.0
------------------------------------------------------------------------------------

     Table of STANDARDIZED RESIDUAL variance in Eigenvalue units = ITEM information units
                                           Eigenvalue  Observed   Expected
Total raw variance in observations     =     44.2355 100.0%         100.0%
  Raw variance explained by measures   =     25.2355  57.0%          56.8%
    Raw variance explained by persons  =     12.9728  29.3%          29.2%
    Raw Variance explained by items    =     12.2627  27.7%          27.6%
  Raw unexplained variance (total)     =     19.0000  43.0% 100.0%   43.2%
    Unexplned variance in 1st contrast =      4.3071   9.7%  22.7%
```

①

```
      STANDARDIZED RESIDUAL CONTRAST 1 PLOT

         -2     -1      0      1      2      3      4      5      6      7      8
         -+------+------+------+------+------+------+------+------+------+------+- COUNT  CLUSTER
      .7 +              |                                                        +
         |              A B                                                      | 2      1
      .6 +              |C                                                       + 1      1
         |              ED                                                       | 2      1
      .5 +              |  F                                                     + 1      1
 C       |            G |                                                        | 1      1
 O    .4 +              |                                                        +
 N       |              |                                                        |
 T    .3 +              |                                                        +
 R       |              |                                                        |
 A    .2 +              |                                                        +
 S       |              |                                                        |
 T    .1 +              |                                                        +
         |     HI       |                                                        | 2      2
 1    .0 +---------iJ---|--------------------------------------------------------+ 2      2
         |              |                                                        |
 L   -.1 +     h        |                                                        + 1      2
 O       |    g         |                                                        | 1      2
 A   -.2 +              |                                                        +
 D       |              |                                                        |
 I   -.3 +              |                                                        +
 N       |              |                                                        |
 G   -.4 +              |                                                        + 1      3
         |              |     f                                                  | 1      3
     -.5 +              |      e                                                 +
         |              |                                                        |
     -.6 +              |   d     c                                              + 2      3
         |              |     b   a                                              | 2      3
     -.7 +              |                                                        +
         -+------+------+------+------+------+------+------+------+------+------+-
         -2     -1      0      1      2      3      4      5      6      7      8
                                         ITEM MEASURE

 COUNT:     1 3 11   1   221 2 111 2

                          1   211   1 211131 1 11    1    1          1       2
 PERSON 2          1423 525880971079889076231646l084 07 6 5   5        1       0
                T               S          M            S           T
 %TILE  0                    10  20 30  40 50 60 70 80      90                 99
```

②

Approximate relationships between the PERSON measures

PCA Contrast	ITEM Clusters	Pearson Correlation	Disattenuated Correlation	Pearson+Extr Correlation	Disattenuated+Extr Correlation	Cluster Sizes	
1	1 - 3	0.5040	0.6134	0.5936	0.7305	7	6
1	1 - 2	0.4125	0.6241	0.4546	0.7096	7	6
1	2 - 3	0.3597	0.5293	0.4109	0.6210	6	6

<그림 4-16> 문항 차원성 분석 결과 중 논문 작성에 필요한 부분 (2)

①번 틀 안에 그림 명칭은 STANDARDIZED RESIDUAL CONTRAST 1 PLOT, '표준화된 잔차 대조 1 구성 도면'이라고 할 수 있다. 가로축은 문항 곤란도(난이도)를 나타내는 로짓(logits)값이다. 세로축은 대조를 위한 척도로 −1.0 부터 1.0 범위로 표준화한 측정값(요인부하량)이다. 그리고 그림 안에 19개의 알파벳(A, B, C, D, E, F, G, H, I, J, a, b, c, d, e, f, g, h, i)은 이 연구에서 개발된 19문항을 나타낸다. 참고로 영어 대문자(A, B, C…) 순서는 위에서부터 제시되고, 영어 소문자(a, b, c…) 순서는 아래서부터 제시된다.

가로축 아래쪽과 세로축 오른쪽에 COUNT는 선상에 문항 빈도를 나타낸다. 즉 위에서부터 첫 번째 행으로 나타나는 A문항과 B문항이 두 개이기 때문에 오른쪽에 COUNT는 2가 되고, 왼쪽부터 첫 번째 열에 나타나는 g문항은 한 개이기 때문에 아래쪽 COUNT는 1이 되는 것이다. 그리고 오른쪽 COUNT 옆에 CLUSTER는 군집으로 19문항의 차원성을 알아보기 위해 3개의 군집으로 나누어 분석된다.

여기서 중요한 것은 문항 수와 관계없이 CLUSTER(군집)는 언제나 3개의 군집(1, 2, 3)으로 제시된다는 것이다. 즉 19문항이 3개의 군집으로 구분된다는 것은 아니라 3개의 군집으로 구분될 수 있는지를 확인하라는 것이다. 이렇게 항상 3개의 군집으로 제시하는 이유는 3개의 군집으로 나누어 계산하는 상관분석과 그 기준이 명확하기 때문이다. 즉 ②번 틀 안에 표시한 Disattenuated correlation(강화된 상관) 계수가 0.70 이상이면 군집간의 일차원성(unidimensionality)이 충족된다고 할 수 있다. 여기서 Disattenuated correlation은 측정오류를 제거한 조정된 상관을 의미하기 때문에 강화된 상관으로 표현한다. 결과를 살펴보면 CLUSTER 1과 CLUSTER 3의 강화된 상관계수는 0.6134, CLUSTER 1과 CLUSTER 2의 강화된 상관계수가 0.6241, 그리고 CLUSTER 2와 CLUSTER 3의 강화된 상관계수는 0.5293으로 모두 0.70 미만인 것을 알 수 있다. 따라서 군집 1과 군집 3, 군집 1과 군집 2, 그리고 군집 2와 군집 3은 모두 동일한 차원성을 지닌다고 할 수 없다.

또한 이 세 가지 경우를 모두 확인하는 것도 의미가 있지만 CLUSTER 1과 CLUSTER 3의 강화된 상관계수만 0.70 미만이어도 일차원성을 충족하지 못하는 것으로 판단할 수 있다. WINSTEPS 프로그램 개발자 John Michael Linacre 교수에 따르면 CLUSTER 1과 CLUSTER 3의 강화된 상관계수가 0.70 이상이면 문항들은 일차원성을 충족한다고 할 수 있고, 만일 CLUSTER 1과 CLUSTER 3의 강화된 상관계수가 0.30 미만이면 일차원성을 명확하게 충족하지 못하는 것이라고 하였다. 만일 강화된 상관계수가 음수로 나타나면 문항 내용과 자료를 다시 검토해 볼 필요가 있다고 하였다. 따라서 세 요인에 강화된 상관이 모두 0.30 이상이고 0.70 미만으로 나타난 체육교육전공 대학생 진로불안감 측정 19문항은 문항내용과 자료에 문제는 없는 것을 알 수 있고, 일차원성을 충족하지 못하는 것을 알 수 있다.

또한 **〈그림 4-16〉**에서 각 알파벳(대문자, 소문자)이 정확히 몇 번 문항인지는 TABLE 23.2에서 알 수 있다. 다음 **〈그림 4-17〉**은 TABLE 23.2에 일부분이다. 표시된 부분이 알파벳이 가르치는 문항 번호다. 두 문항이 제거되었기 때문에 ENTRY NUMBER와 문항번호는 일치하지 않는다.

```
TABLE 23.2 data-5.xlsx                        ZOU207WS.TXT  Jul  2 2022 15:43
INPUT: 400 PERSON  19 ITEM  REPORTED: 400 PERSON  19 ITEM  5 CATS WINSTEPS 5.2.4.0
--------------------------------------------------------------------------------

 CONTRAST 1 FROM PRINCIPAL COMPONENT ANALYSIS
  STANDARDIZED RESIDUAL LOADINGS FOR ITEM (SORTED BY LOADING)

-------------------------------------------------------  -------------------------------------------
|CON-  |       |        INFIT OUTFIT| ENTRY        |  |       |        INFIT OUTFIT| ENTRY        |
| TRAST|LOADING|MEASURE  MNSQ MNSQ |NUMBER ITEM     |  |LOADING|MEASURE  MNSQ MNSQ |NUMBER ITEM     |
|------+-------+-------------------+-------------- |  |-------+-------------------+----------------|
|   1  |   .66 |   -.03   .78  .73 |A     3 item3  |  |   -.66|   1.45   .80  .79 |a    17 item19 |
|   1  |   .63 |    .36   .76  .78 |B     6 item6  |  |   -.64|    .92  1.08 1.07 |b    18 item20 |
|   1  |   .62 |    .14   .78  .79 |C     7 item7  |  |   -.62|   1.45  1.00  .99 |c    16 item18 |
|   1  |   .55 |    .14   .82 1.06 |D     1 item1  |  |   -.58|    .51   .81  .76 |d    15 item16 |
|   1  |   .54 |    .00   .81  .88 |E     2 item2  |  |   -.50|   1.16   .91  .89 |e    19 item21 |
|   1  |   .52 |    .62   .76  .79 |F     5 item5  |  |   -.44|    .95   .97 1.02 |f    14 item15 |
|   1  |   .44 |   -.38  1.03  .95 |G     4 item4  |  |   -.15|  -1.50  1.40 1.21 |g    12 item13 |
|   1  |   .05 |  -1.32  1.34 1.15 |H     8 item8  |  |   -.09|  -1.25  1.40 1.17 |h    13 item14 |
|   1  |   .04 |  -1.31  1.31 1.11 |I     9 item9  |  |       |                   |               |
|   1  |   .01 |   -.87  1.39 1.39 |J    10 item11 |  |       |                   |               |
|   1  |   .01 |  -1.06  1.39 1.44 |i    11 item12 |  |       |                   |               |
-------------------------------------------------------  -------------------------------------------

-------------------------------------------------------
|CON CL|       |        INFIT OUTFIT| ENTRY        |
|TRA US|LOADING|MEASURE  MNSQ MNSQ |NUMBER ITEM     |
|------+-------+-------------------+-------------- |
|  1 1 |   .66 |   -.03   .78  .73 |A     3 item3  |
|  1 1 |   .63 |    .36   .76  .78 |B     6 item6  |
|  1 1 |   .62 |    .14   .78  .79 |C     7 item7  |
|  1 1 |   .55 |    .14   .82 1.06 |D     1 item1  |
|  1 1 |   .54 |    .00   .81  .88 |E     2 item2  |
|  1 1 |   .52 |    .62   .76  .79 |F     5 item5  |
|  1 1 |   .44 |   -.38  1.03  .95 |G     4 item4  |
|  1 2 |   .05 |  -1.32  1.34 1.15 |H     8 item8  |
|  1 2 |   .04 |  -1.31  1.31 1.11 |I     9 item9  |
|  1 2 |   .01 |   -.87  1.39 1.39 |J    10 item11 |
|  1 2 |   .01 |  -1.06  1.39 1.44 |i    11 item12 |
|      |-------+-------------------+-------------- |
|  1 3 |  -.66 |   1.45   .80  .79 |a    17 item19 |
|  1 3 |  -.64 |    .92  1.08 1.07 |b    18 item20 |
|  1 3 |  -.62 |   1.45  1.00  .99 |c    16 item18 |
|  1 3 |  -.58 |    .51   .81  .76 |d    15 item16 |
|  1 3 |  -.50 |   1.16   .91  .89 |e    19 item21 |
|  1 3 |  -.44 |    .95   .97 1.02 |f    14 item15 |
|  1 2 |  -.15 |  -1.50  1.40 1.21 |g    12 item13 |
|  1 2 |  -.09 |  -1.25  1.40 1.17 |h    13 item14 |
-------------------------------------------------------
```

〈그림 4-17〉 문항 차원성 분석 그림 안에 알파벳과 문항 번호 연결

따라서 **<그림 4-16>**에 알파벳을 **<그림 4-17>**을 보고 문항 번호를 확인하고 논문 표에 제시해야한다. 여기서 ENTRY NUMBER(기입된 번호)와 실제 문항 번호가 다르다는 것을 인지하고 바르게 작성해야한다.

[알아두기]
일차원성 가정과 일차원성 탐색, 그리고 문항 제거 딜레마

Rasch 모형을 공부하면서 문항의 일차원성 가정과 지역독립성 가정, 그리고 차원성 탐색의 개념이 혼란스러울 때가 있을 것이다. 우선 Rasch 모형 일차원성 가정은 한 문항은 하나의 능력(속성)만을 측정한다는 가정이다. 예를 들어 문항 1번, '나는 체육교사가 나의 적성에 맞는 진로인지 자주 고민한다'의 내용을 잘 읽어보면, 체육교육전공 대학생들에게 진로 불안이 어느 정도인지, 진로 불안 하나만 측정하는 문항이라고 할 수 있다. 즉 Rasch 모형의 일차원성 가정을 만족하는 문항이라고 할 수 있다.

일차원성을 만족하는지를 가장 쉽게 알려주는 지수가 바로 적합도 지수이다. 즉 문항의 적합도 지수(INFIT 또는 OUTFIT)가 결정된 범위를 벗어나지 않는다면 일차원성 가정을 만족하는 문항이다. 실제 문항 1번의 적합도 지수는 INFIT=0.82, OUTFIT=1.06으로, 이 연구에서 결정한 적합도 지수 범위(0.60~1.40)에 포함되는 것을 알 수 있다.

만일 문항 1번이 '나는 체육교사가 나의 적성에 맞는 진로와 나의 진정한 삶의 질과 관련 있는지를 고민한다'였다면, 체육교육전공 대학생들의 진로 불안을 측정하는 것인지 삶의 질을 측정하는 것인지 하나만 측정하는 문항이라고 할 수 없다. 즉 Rasch 모형의 일차원성 가정을 만족하는 문항이라고 볼 수 없으며 실제 적합도 지수가 높게, 부적합하게 나올 가능성이 높다.

지역독립성 가정은 한 문항의 응답이 다른 문항 응답에 영향을 주지 않는다는 가정이다. 예를 들어 응답자가 문항 1번을 5점 척도에 응답하였다고 가정하자. 그런데 문항 2번 내용이 문항 1번 내용에 직접적인 영향을 받아서 응답자가 또 5점 척도를 응답하게 되었다면 문항 2번은 지역 독립성 가정이 위배된 것이다. 그러나 한 문항이 하나의 속성만을 측정한다는 일차원성 가정이 만족된다면, 다른 문항에 직접적인 영향을 줄 가능성이 매우 낮기 때문에 일차원성 가정을 만족하면 지역독립성 가정도 만족하는 것으로 판단할 수 있다. 따라서 각 문항의 적합도 지수가 연구자가 결정한 적합 판정 지수 구간에 속한다면 일차원성 가정과 지역독립성 가정을 만족한다고 할 수 있는 것이다.

그리고 이번 장에서 다룬 차원성 검증은 Rasch 모형의 기본 가정인 일차원성 가정을 검증하는 것이 목적이 아니라, 문항들이 몇 개의 차원(영역)으로 구성되는지를 탐색하는 것이라고 할 수 있다. 즉 주성분 분석(principal component analysis) 또는 요인분석(factor analysis)처럼 문항들이 몇 개의 요인으로 구성되는지를 탐색하는 것과 같은 맥락이다. 예를 들어 이 연구에서 적용한 Rasch 주성분 분석 결과에 '1요인에 대조하여 설명되지 않는 분산' 고유값이 3.0 미만으로 낮게 나타났다면, 19문항이 일차원성(1개 영역, 1개 요인)으로 모두 유사한 문항 내용인 것을 의미한다.

그러나 실제 이 연구에서 '1요인에 대조하여 설명되지 않는 분산' 고유값은 3.0 이상으로 나타났고, '표준화된 잔차 대조 1 도표'를 보면 3개의 영역으로 확실히 구분되는 것을 볼 수 있다. 즉 19문항은 전체적으로 모두 체육교육전공 대학생들의 진로불안감을 측정하는 것이지만, 구체적으로 3개의 하위영역(3개 요인)이 존재할 수 있다는 것을 의미한다. 따라서 '1요인에 대조하여 설명되지 않는 분산' 고유값이 3.0 이상으로 나타났다고 해서 Rasch 모형의 기본가정인 일차원성을 충족하지 못했다고 해석하는 것은 적절하지 않다. 즉 문항 차원성을 탐색하는 것이지 Rasch 모형의 기본가정인 일차원성을 검증하는 것은 아니라는 것이다.

또한 문항을 제거하고 남은 문항으로 다시 분석했을 때 문항의 적합도를 살펴보면 적합기준을 만족하지 못하는 문항이 또 생겨날 수 있다. **〈그림 4-17〉** 결과에서 적합도 지수들(INFIT, OUTFIT)을 보면 문항 12, 문항 13, 문항 14는 내적합 지수 또는 외적합 지수가 1.40 이상인 것으로 나타났다. 그렇다면 세 문항을 또 제거하고 다시 문항 적합도 분석을 반복해야 하는가? John Mike Linacre 교수는 이러한 경우에 적합도 분석을 반복하는 것을 권장하지 않는다. 한 번으로 충분하다는 것이다. 만일 연구자가 내・외적합도 지수 0.50~1.50 범위로 설정했었다면, 세 문항은 모두 적합하게 나타난다. 이렇듯 처음 모든 문항이 있는 상황에서 연구자가 결정한 적합도 기준을 벗어나는 문항을 제거하였다면, 제거하고 남은 문항을 가지고 다시 적합도 검증을 반복하는 것은 권장하지 않는다.

4-11) 차원성 탐색 논문 결과 쓰기

(첨부된 자료: item-dimensionality-2에서 TABLE 23.0과 TABLE 23.1 보고 작성)

〈표 4-6〉 차원성 탐색 (표준화된 잔차 분산 고유값과 표준화된 잔차 대조 1 구성 도면)

	Eigen.	%
Total raw variance in observations	44.2	100.0
Raw variance explained by measures	25.2	57.0
Raw variance explained by persons	13.0	29.3
Raw variance explained by items	12.3	27.7
Total raw variance explained	19.0	43.0
Unexplained variance in 1st contrast	4.3	9.7
Unexplained variance in 2nd contrast	4.0	9.1
Unexplained variance in 3rd contrast	1.4	3.3
Unexplained variance in 4th contrast	1.0	2.4
Unexplained variance in 5th contrast	1.0	2.2

군집 1-군집 3 : disattenuated correlation = 0.61
군집 1-군집 2 : disattenuated correlation = 0.62
군집 2-군집 3 : disattenuated correlation = 0.53

군집 1: A=문항3, B=문항6, C=문항7, D=문항1, E=문항2, F=문항5, G=문항4
군집 2: H=문항8, I=문항9, J=문항11, i=문항12, h=문항14, g=문항13
군집 3: f=문항15, e=문항21, d=문항16, c=문항18, b=문항20, a=문항19

〈표 4-6〉은 개발된 체육교육전공 대학생 진로불안감 측정 19문항의 차원성을 탐색하기 위해 Rasch 주성분 분석(principal component analysis: PCA)을 실시한 결과이다. 구체적으로 표 안에 왼쪽 표는 표준화된 잔차 분산 고유값을 나타내는 지수(standardized residual variance in eigenvalue units)이다. 오른쪽 그림은 표준화된 잔차 대조 1 구성 도면(standardized residual contrast 1 plot)을 나타낸다. 가로축은 문항 곤란도를 나타내는 로짓(logits)값이고, 세로축은 대조를 위한 척도로 −1.0 부터 1.0 범위로 표준화한 측정값(요인부하량)이다. 문항 차원성 판단 기준은 왼쪽 표에 1요인에 대조하여 설명되지 않는 분산(Unexplained variance in 1st contrast)에 고유값(Eigen.)이다. 이 값이 4.3으로 일차원성 허용하는 기준(3.0 미만)보다 높게 나타났다. 또한 오른쪽 그림 밑에 제시한 각 군집 간의 강화된 상관(disattenuated correlation)은 모두 일차원성을 허용하는 기준(0.70 이상)을 만족하지 못하는 것으로 나타났다. 따라서

오른쪽 그림을 살펴보면 19문항은 크게 세 개의 군집으로 나누어 지는 것을 볼 수 있다. 군집 1은 일곱 문항(요인부하량 순서: A=문항3, B=문항6, C=문항7, D=문항1, E=문항2, F=문항5, G=문항4)으로 나타났고, 군집 2는 여섯 문항(요인부하량 순서: H=문항8, I=문항9, J=문항11, i=문항12, h=문항14, g=문항13)으로 나타났다. 그리고 군집 3은 여섯 문항(요인부하량 순서: f=문항15, e=문항21, d=문항16, c=문항18, b=문항20, a=문항19)으로 나타났다. 따라서 검토된 체육교육전공 대학생 진로불안감 측정척도 19문항은 3개의 하위영역으로 구성되는 것을 알 수 있다.

4-12) 개발된 측정척도의 응답자 속성과 문항 곤란도 분포도 탐색

WINSTEPS 프로그램은 2국면(응답자 속성과 문항 곤란도)과 하나의 변인만을 추가하여 분석할 수 있다고 하였다. 따라서 매우 의미있는 그래프는 2국면 분포도다. 즉 응답자 속성 분포와 문항 곤란도 분포를 동일선상에서 보여주는 그래프다. 이 그래프는 **<그림 4-18>**과 같이 [1. Variable (Wright) maps] 또는 [12. ITEM: Wright map] 또는 [16. PERSON: Wright map]에서 동일한 결과를 다양한 형태로 볼 수 있다.

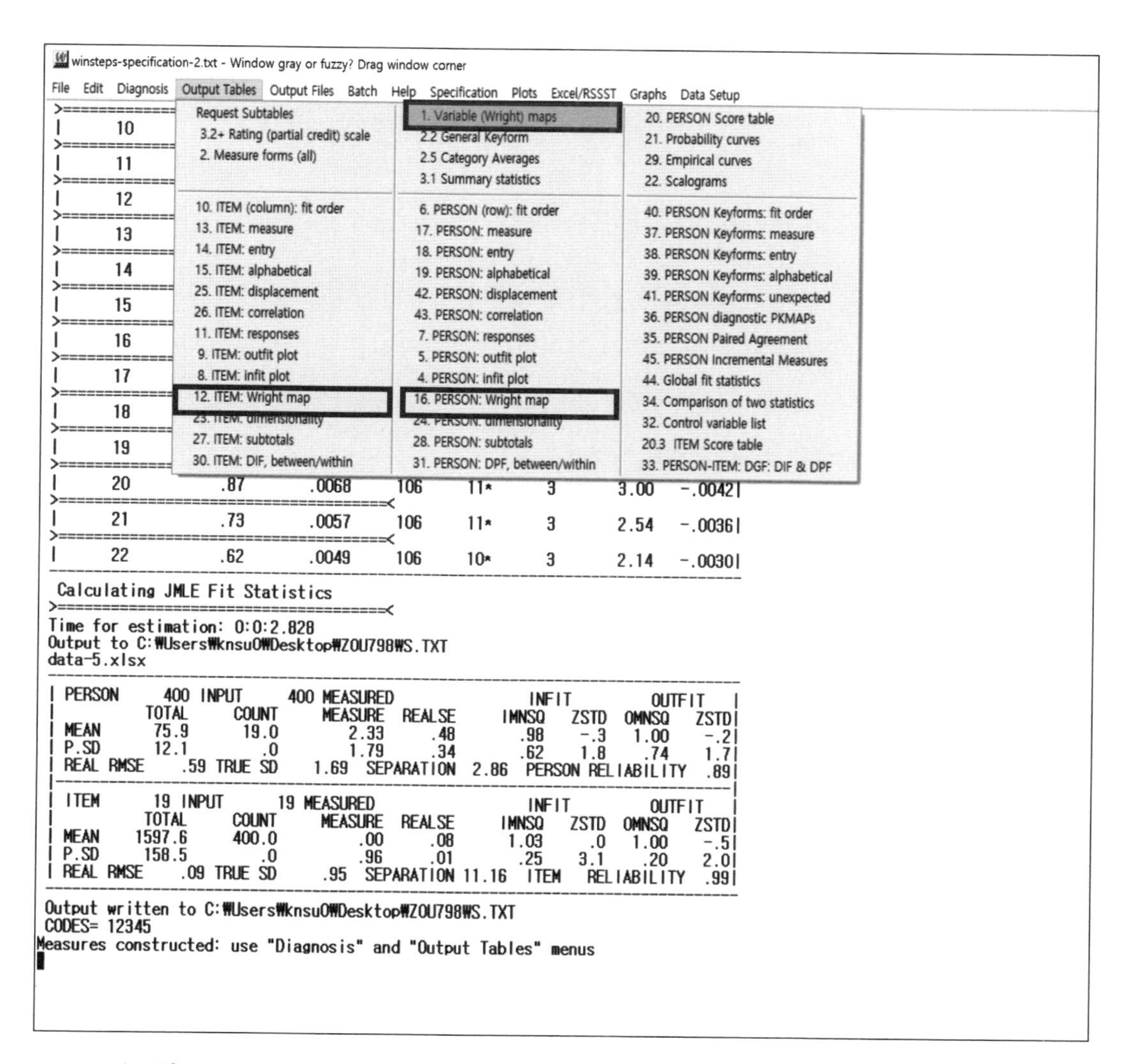

<그림 4-18> 응답자 속성과 문항 곤란도 분포도 Variable (Wright) maps 선택

이 중에서 [1. Variable (Wright) maps]를 클릭하면 메모장 결과가 바로 나타난다(첨부된 자료: variable-wright-maps-2). 제시되는 다양한 분석 결과 중 논문을 작성하는데 가장 많이 활용되는 부분은 TABLE 1.0과 TABLE 1.2이다. 다음 **<그림 4-19>** 두 TABLE 결과를 같이 비교하기 위해 나란히 나열하였다.

왼쪽 그림(TABLE 1.0)과 오른쪽 그림(TABLE 1.2)은 동일한 결과를 다른 지수와 기호로 제시한 것 뿐이다. 두 그림 가장 좌측에 MEASURE는 WINSTEPS 프로그램의 주요 측정 단위인 로짓(logits)값이다. 그리고 -MAP- 이라는 중심에 세로축을 토대로 왼쪽 PERSON은 응답자의 속성(능력) 분포를 나타내고, 오른쪽 ITEM은 문항 곤란도(난이도) 분포를 나타낸다. 구체적으로 MAP에 세로축을 중심으로 왼쪽 M은 응답자 속성의 평균 로짓값을 나타내고, M을 중심으로 위와 아래에 제시된 S는 M±1×표준편차, T는 M±2×표준편차를 나타낸다. 같은 맥락으로 오른쪽 M은 문항 곤란도의 평균 로짓값을 나타내고, M을 중심으로 위와 아래에 제시된 S는 M±1×표준편차, T는 M±2×표준편차를 나타낸다.

또한 왼쪽 위에 〈more〉와 아래 〈less〉는 위쪽에 위치하는 응답자일수록 응답자 속성이 높고 아래쪽에 위치할수록 응답자 속성이 낮음을 의미한다. 마찬가지로 영어표현이 다르지만 오른쪽 위에 〈rare〉와 오른쪽 아래 〈freq〉는 문항 곤란도가 위쪽에 위치할수록 높고, 아래쪽에 위치할수록 문항 곤란도가 낮음을 의미한다.

첨부된 자료 variable-wright-maps-2에 TABLE 1.10을 보면 문항의 〈rare〉와 〈freq〉에 위치가 반대로 바뀐 것을 볼 수 있다. 문항 곤란도가 위쪽에 위치할수록 낮고, 아래쪽에 위치할수록 문항 곤란도가 높음을 의미한다. 따라서 〈more〉, 〈less〉, 〈rare〉, 〈freq〉에 상하 위치를 확인하고 비교, 해석하는 것이 중요하다. 같은 방향으로 높아지고 낮아지도록 그려지는 TABLE 1.0으로 해석하는 것을 권장하지만, TABLE 1.10을 TABLE 1.0과 동일하게 해석할 수 있는 것도 중요하다.

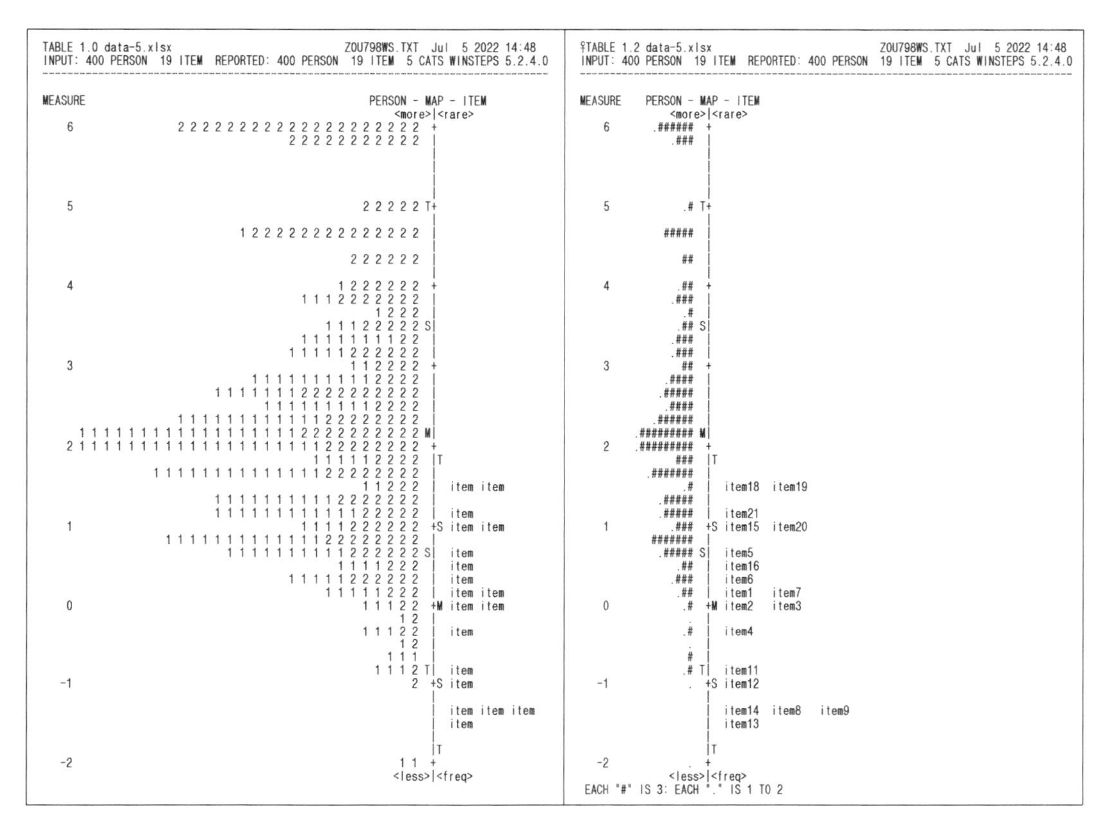

〈그림 4-19〉 응답자 속성과 문항 곤란도 분포도

우선 **〈그림 4-19〉**에서 두 그림을 제시한 이유는 왼쪽 그림(TABLE 1.0)은 응답자 속성은 명확하게 제시되었지만, 문항 곤란도(난이도)를 나타내는 문항(item)들 번호가 제시되지 않았다. 반대로 오른쪽 그림(TABLE 1.2)은 문항 곤란도를 나타내는 문항들 번호가 명확하게 제시되었지만, 응답자 속성이 명확하게 제시되지 않고 #과 · 기호로 제시되었다. 밑에 #은 3명을 의미하고 · 은 1명 또는 2명을 의미한다고 제시되었지만, 왼쪽 그림(TABLE 1.0)처럼 응답자 빈도와 성별(1=남자 200명, 2=여자 200명)까지 자세하게 제시되지 않았다. 따라서 TABLE 1.0에 응답자 속성 분포와 TABLE 1.2처럼 문항 번호가 명확히 제시된 응답자 속성과 문항 곤란도 분포도가 필요하다. 이 문제를 해결하는 방법이 있다. 연구자가 기본으로 형성되는 문항 곤란도와 응답자 속성 분포도 그림을 수정할 수 있다. winsteps-specification-2로 명명하고 저장한 메모장 파일을 열고 명령어를 추가하여 실행하면 연구자가 원하는대로 분포도가 나타난다.

다음 **〈그림 4-20〉**에 왼쪽은 완성된 winsteps-specification-2 메모장이고, 오른쪽은 응답자 속성과 문항 곤란도 분포도를 수정하기 위해 추가한 명령어가 포함된 메모장이다(첨부된 자료: winsteps-specification-2-re). 구체적으로 오른쪽 그림에 검은색 틀 안이 5개의 명령어가 추가되었다. 명령어들에 의미는 다음 **〈그림 4-21〉**을 보면 이해하기 쉽다(첨부된 자료: variable-wright-maps-2).

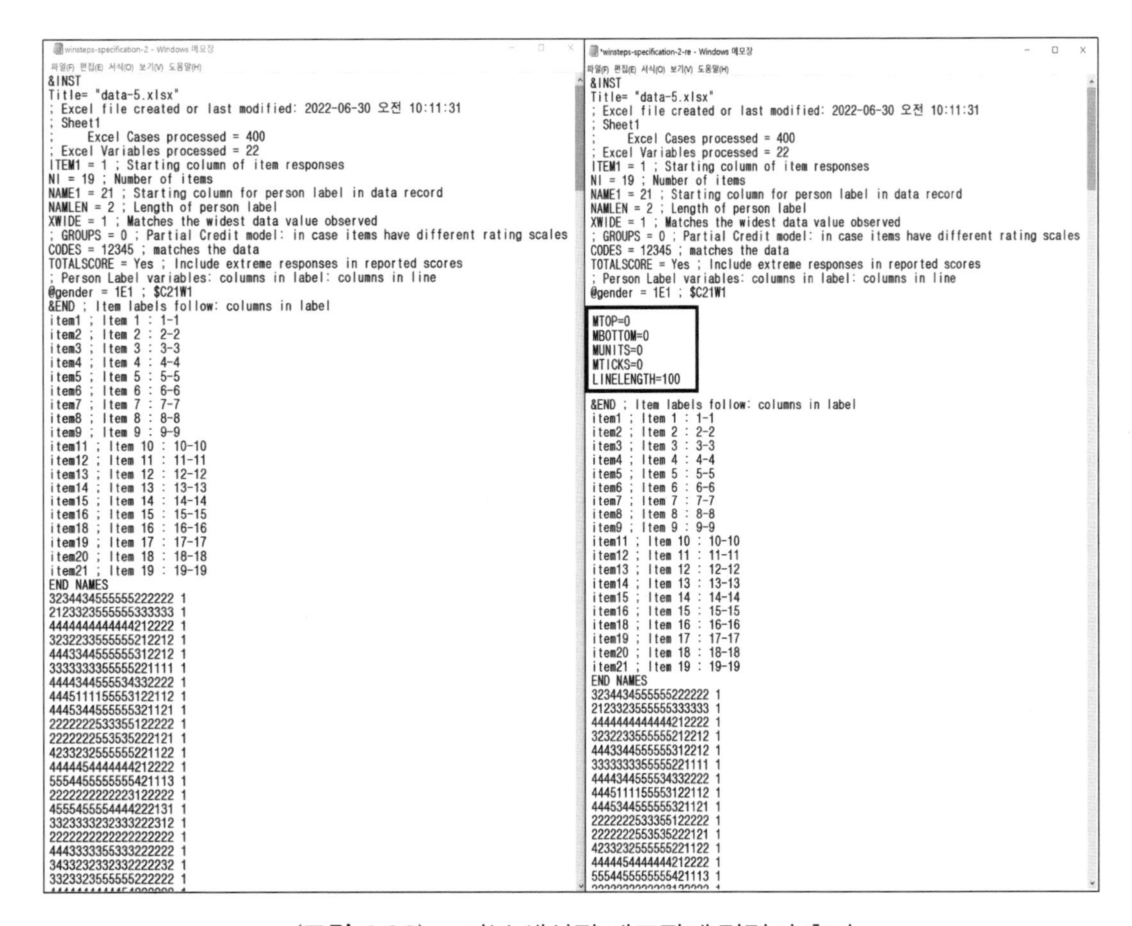

```
winsteps-specification-2 - Windows 메모장
파일(F) 편집(E) 서식(O) 보기(V) 도움말(H)
&INST
Title= "data-5.xlsx"
; Excel file created or last modified: 2022-06-30 오전 10:11:31
; Sheet1
;     Excel Cases processed = 400
; Excel Variables processed = 22
ITEM1 = 1 ; Starting column of item responses
NI = 19 ; Number of items
NAME1 = 21 ; Starting column for person label in data record
NAMLEN = 2 ; Length of person label
XWIDE = 1 ; Matches the widest data value observed
; GROUPS = 0 ; Partial Credit model: in case items have different rating scales
CODES = 12345 ; matches the data
TOTALSCORE = Yes ; Include extreme responses in reported scores
; Person Label variables: columns in label: columns in line
@gender = 1E1 ; $C21W1
&END ; Item labels follow: columns in label
item1 ; Item 1 : 1-1
item2 ; Item 2 : 2-2
item3 ; Item 3 : 3-3
item4 ; Item 4 : 4-4
item5 ; Item 5 : 5-5
item6 ; Item 6 : 6-6
item7 ; Item 7 : 7-7
item8 ; Item 8 : 8-8
item9 ; Item 9 : 9-9
item11 ; Item 10 : 10-10
item12 ; Item 11 : 11-11
item13 ; Item 12 : 12-12
item14 ; Item 13 : 13-13
item15 ; Item 14 : 14-14
item16 ; Item 15 : 15-15
item18 ; Item 16 : 16-16
item19 ; Item 17 : 17-17
item20 ; Item 18 : 18-18
item21 ; Item 19 : 19-19
END NAMES
3234434555555222222 1
2123323555555333333 1
4444444444444212222 1
3232233555555212212 1
4443344555555312212 1
3333333355555221111 1
4444344555534332222 1
4445111155553122112 1
4445344555555321121 1
2222222533355122222 1
2222222553535222121 1
4233232555555221122 1
4444454444444212222 1
5554455555555421113 1
2222222222223122222 1
4555455554444222131 1
3323333232333222312 1
2222222222222222222 1
4443333355333222222 1
3433232332332222232 1
3323323555555222222 1
```

```
*winsteps-specification-2-re - Windows 메모장
파일(F) 편집(E) 서식(O) 보기(V) 도움말(H)
&INST
Title= "data-5.xlsx"
; Excel file created or last modified: 2022-06-30 오전 10:11:31
; Sheet1
;     Excel Cases processed = 400
; Excel Variables processed = 22
ITEM1 = 1 ; Starting column of item responses
NI = 19 ; Number of items
NAME1 = 21 ; Starting column for person label in data record
NAMLEN = 2 ; Length of person label
XWIDE = 1 ; Matches the widest data value observed
; GROUPS = 0 ; Partial Credit model: in case items have different rating scales
CODES = 12345 ; matches the data
TOTALSCORE = Yes ; Include extreme responses in reported scores
; Person Label variables: columns in label: columns in line
@gender = 1E1 ; $C21W1
MTOP=0
MBOTTOM=0
MUNITS=0
MTICKS=0
LINELENGTH=100
&END ; Item labels follow: columns in label
item1 ; Item 1 : 1-1
item2 ; Item 2 : 2-2
item3 ; Item 3 : 3-3
item4 ; Item 4 : 4-4
item5 ; Item 5 : 5-5
item6 ; Item 6 : 6-6
item7 ; Item 7 : 7-7
item8 ; Item 8 : 8-8
item9 ; Item 9 : 9-9
item11 ; Item 10 : 10-10
item12 ; Item 11 : 11-11
item13 ; Item 12 : 12-12
item14 ; Item 13 : 13-13
item15 ; Item 14 : 14-14
item16 ; Item 15 : 15-15
item18 ; Item 16 : 16-16
item19 ; Item 17 : 17-17
item20 ; Item 18 : 18-18
item21 ; Item 19 : 19-19
END NAMES
3234434555555222222 1
2123323555555333333 1
4444444444444212222 1
3232233555555212212 1
4443344555555312212 1
3333333355555221111 1
4444344555534332222 1
4445111155553122112 1
4445344555555321121 1
2222222533355122222 1
2222222553535222121 1
4233232555555221122 1
4444454444444212222 1
5554455555555421113 1
```

〈그림 4-20〉 기본 생성된 메모장에 명령어 추가

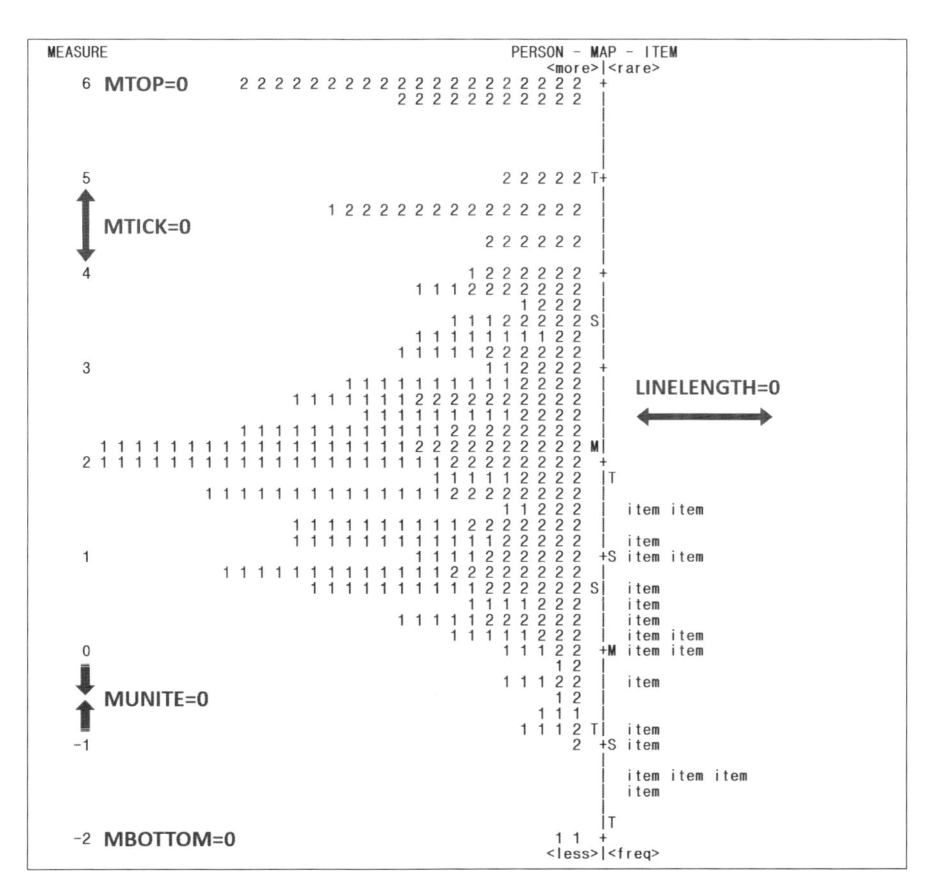

〈그림 4-21〉 응답자 속성과 문항 곤란도 분포도 측정 결과 간격 조정

MTOP은 가장 위에 MEASURE 숫자를 몇으로 설정할지를 연구자가 결정할 수 있는 명령어다. 그리고 MBOTTOM은 가장 아래 MEASURE 숫자를 몇으로 설정할지를 연구자가 결정할 수 있는 명령어다. MTICK은 보이는 측정치(MEASURE) 단위를 어떻게 나타나게 할지를 연구자가 결정할 수 있는 명령어다. 그리고 MUNITE는 나타나는 측정치(MEASURE) 간격을 좁게 또는 넓게 연구자가 결정할 수 있는 명령어다. 마지막으로 LINELENGTH는 오른쪽 문항 곤란도 간격을 조정하는 명령어다. 즉 item들의 번호까지 나타나도록 수정해야 되는 명령어다.

〈그림 4-20〉에서 왼쪽 그림은 MTOP=0, MBOTTOM=0, MTICK=0, MUNITE=0, LINELENGTH=0으로 인식하고 있다. 즉 왼쪽 그림에는 MTOP=0, MBOTTOM=0, MTICK=0, MUNITE=0, LINELENGTH=0이 생략되어 있는 것이라고 할 수 있다. 그런데 **〈그림 4-21〉**에서 연구자가 수정하고 싶은 것은 문항의 글자가 모두 나타나게 LINELENGTH

의 간격을 넓히는 것이다. 따라서 **〈그림 4-20〉**에 오른쪽 그림을 보면 LINELENGTH=0이 아니라 LINELENGTH=100으로 설정한 것이다. winsteps-specification-2-re를 실행시키면 다음 **〈그림 4-22〉**와 같이 문항 번호도 자세히 나타난다(첨부된 자료: variable-wright-maps-2-re). 만일 자세히 나타나지 않으면, LINELENGTH= 을 100보다 조금 더 높게 설정하고 실행하면 된다.

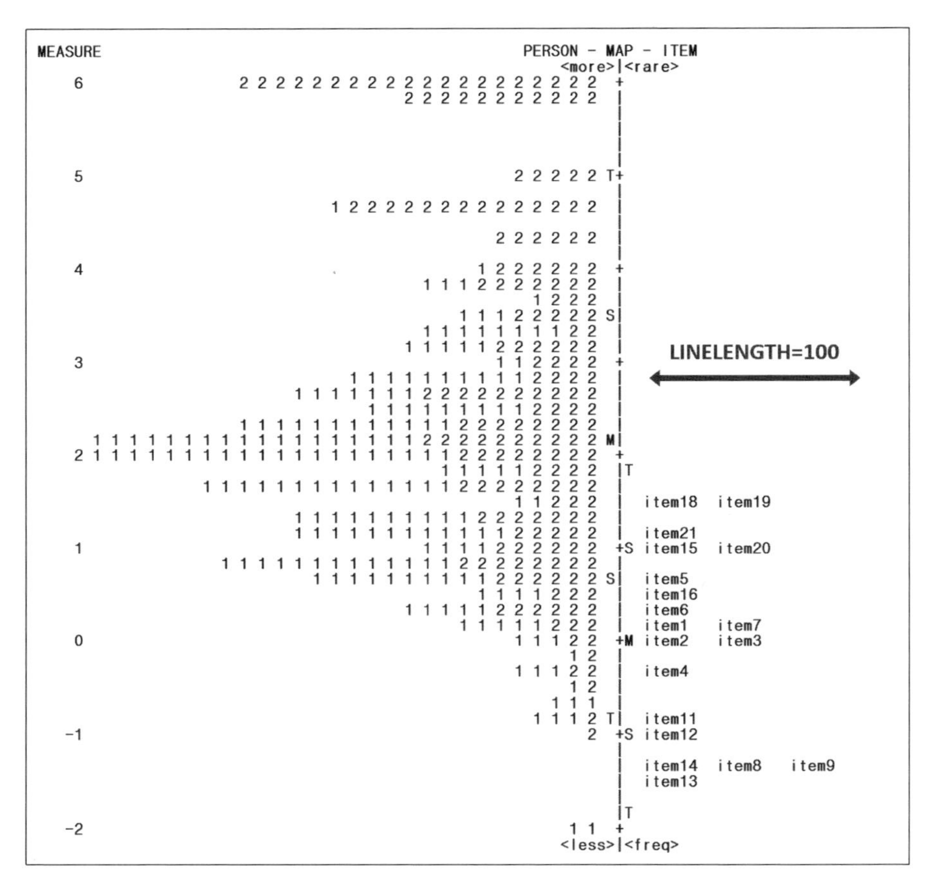

〈그림 4-22〉 응답자 속성과 문항 곤란도 분포도 측정 결과 (LINELENGTH 조정)

논문에 독자들이 이해하기 쉬운 응답자 속성과 문항 곤란도 분포도를 제시하기 위해서는 LINELENGTH 간격만 늘려도 된다. 따라서 **〈그림 4-20〉** 오른쪽 그림에서 제시한 검은색 틀 안에 명령에서 LINELENGTH=100만 작성해도 동일한 그림이 나타난다. 즉 MTOP=0, MBOTTOM=0, MTICK=0, MUNITE=0은 삭제하고 실행해도 **〈그림 4-22〉**와 같이 동일한 결과가 나타난다.

만일 연구자가 MTOP=10, MBOTTOM=−10으로 작성하면 MEASURE 범위가 −2에서 6이 아니라 −10에서 10으로 나타난다. 또한 만일 연구자가 MTICK=2로 작성하면 '6, 5, 4, 3, 2, 1, 0, −1, −2'와 같이 1 간격이 아니라 '6, 4, 2, 0, −2'로 나타난다. 그리고 만일 연구자가 MUNITE=0이 아닌 0보다 큰 숫자로 작성할수록 MEASURE 숫자들에 보이는 간격이 모두 좁아지게 된다.

정리하면, 문항의 숫자가 나열된 가로 길이를 보고 LINELENGTH만 늘려 주는 것을 권장한다. 늘리는 숫자의 제한은 없다. 기본적으로 100으로 설정하면 위와같이 item 3개가 가로로 나열된 번호가 모두 보여진다. 만일 item 번호가 아니라 item 문항 내용이 모두 나타나게 하려면 data-5에서 item1, item2 … item 21 대신에 각 문항 내용을 모두 다 적으면 된다. 그러면 LINELENGTH를 100이 아니라 200, 300, 400, 500… 으로 수정해 가면서 모든 문항 내용이 모두 다 보이도록 설정하면 된다.

그리고, MTOP, MBOTTOM, MTICK, MUNITE는 조정하지 않으면 가장 보기쉽게 나타난다고 할 수 있다. 즉 WINSTEPS 프로그램이 MTOP=6, MBOTTOM=−2, MTICK=1, MUNITE=0으로 가장 보기쉽게 자동으로 MEASURE에 최대값, 최소값, 단위 간격과 폭을 결정하여 제시한 것이다.

이제 중요한 것은 보기 좋게 완성된 **<그림 4-22>**를 해석하는 것이다. 우선 높은 위치에 있을수록 응답자의 속성(능력), 즉 진로불안감이 높은 응답자인지 낮은 응답자인지, 그리고 높은 위치에 있을수록 문항의 곤란도(난이도)가 높은 문항인지 낮은 문항인지를 명확히 판단하고 해석하는 것이 필요하다. 이 해석은 응답자의 속성을 내림차순으로 정리한 TABLE 17.1과 문항 곤란도를 내림차순으로 정리한 TABLE 13.1을 확인하는 것이 명확하다.

구체적으로 winsteps-specification-2-re를 실행하고 [Output Tables]를 클릭한다. 그리고 응답자의 진로불안감 순서를 알기 위해 [17. PERSON measure]를 클릭한다. 그러면 **<그림 4-23>**과 같이 TABLE 17.1 결과가 나타난다(첨부된 자료: person-measure-2).

TABLE 17.1 data-5.xlsx ZOU437WS.TXT Jul 8 2022 11:55
INPUT: 400 PERSON 19 ITEM REPORTED: 400 PERSON 19 ITEM 5 CATS WINSTEPS 5.2.4.0

PERSON: REAL SEP.: 2.86 REL.: .89 ... ITEM: REAL SEP.: 11.16 REL.: .99

PERSON STATISTICS: MEASURE ORDER

ENTRY NUMBER	TOTAL SCORE	TOTAL COUNT	JMLE MEASURE	MODEL S.E.	INFIT MNSQ	INFIT ZSTD	OUTFIT MNSQ	OUTFIT ZSTD	PTMEASUR-AL CORR.	PTMEASUR-AL EXP.	EXACT MATCH OBS%	EXACT MATCH EXP%	PERSON
264	95	19	7.02	1.83	MAXIMUM MEASURE				.00	.00	100.0	100.0	2
266	95	19	7.02	1.83	MAXIMUM MEASURE				.00	.00	100.0	100.0	2
269	95	19	7.02	1.83	MAXIMUM MEASURE				.00	.00	100.0	100.0	2
272	95	19	7.02	1.83	MAXIMUM MEASURE				.00	.00	100.0	100.0	2
273	95	19	7.02	1.83	MAXIMUM MEASURE				.00	.00	100.0	100.0	2
274	95	19	7.02	1.83	MAXIMUM MEASURE				.00	.00	100.0	100.0	2
275	95	19	7.02	1.83	MAXIMUM MEASURE				.00	.00	100.0	100.0	2
276	95	19	7.02	1.83	MAXIMUM MEASURE				.00	.00	100.0	100.0	2
279	95	19	7.02	1.83	MAXIMUM MEASURE				.00	.00	100.0	100.0	2
281	95	19	7.02	1.83	MAXIMUM MEASURE				.00	.00	100.0	100.0	2
282	95	19	7.02	1.83	MAXIMUM MEASURE				.00	.00	100.0	100.0	2
283	95	19	7.02	1.83	MAXIMUM MEASURE				.00	.00	100.0	100.0	2
287	95	19	7.02	1.83	MAXIMUM MEASURE				.00	.00	100.0	100.0	2
288	95	19	7.02	1.83	MAXIMUM MEASURE				.00	.00	100.0	100.0	2
289	95	19	7.02	1.83	MAXIMUM MEASURE				.00	.00	100.0	100.0	2
290	95	19	7.02	1.83	MAXIMUM MEASURE				.00	.00	100.0	100.0	2
292	95	19	7.02	1.83	MAXIMUM MEASURE				.00	.00	100.0	100.0	2
298	95	19	7.02	1.83	MAXIMUM MEASURE				.00	.00	100.0	100.0	2
299	95	19	7.02	1.83	MAXIMUM MEASURE				.00	.00	100.0	100.0	2
300	95	19	7.02	1.83	MAXIMUM MEASURE				.00	.00	100.0	100.0	2
245	94	19	5.79	1.01	.82	.14	.32	-.20	.36	.18	94.7	94.9	2
255	94	19	5.79	1.01	.94	.27	.56	.10	.23	.18	94.7	94.9	2
261	94	19	5.79	1.01	.93	.27	.54	.08	.23	.18	94.7	94.9	2
265	94	19	5.79	1.01	1.05	.38	1.43	.74	.00	.18	94.7	94.9	2
267	94	19	5.79	1.01	.99	.32	.76	.29	.15	.18	94.7	94.9	2
271	94	19	5.79	1.01	1.04	.37	1.24	.63	.03	.18	94.7	94.9	2
284	94	19	5.79	1.01	1.04	.37	1.24	.63	.03	.18	94.7	94.9	2
291	94	19	5.79	1.01	1.04	.37	1.24	.63	.03	.18	94.7	94.9	2
294	94	19	5.79	1.01	1.09	.42	3.43	1.55	-.21	.18	94.7	94.9	2
295	94	19	5.79	1.01	1.10	.43	4.18	1.77	-.26	.18	94.7	94.9	2
296	94	19	5.79	1.01	1.04	.37	1.24	.63	.03	.18	94.7	94.9	2
213	93	19	5.06	.73	.83	-.02	.47	-.29	.37	.25	89.5	90.0	2
225	93	19	5.06	.73	.83	-.03	.46	-.31	.38	.25	89.5	90.0	2
239	93	19	5.06	.73	.87	.05	.52	-.21	.34	.25	89.5	90.0	2
244	93	19	5.06	.73	.83	-.03	.46	-.31	.38	.25	89.5	90.0	2
260	93	19	5.06	.73	1.06	.31	1.07	.42	.09	.25	89.5	90.0	2
195	92	19	4.62	.61	.80	-.18	.68	-.15	.36	.30	84.2	85.4	1
204	92	19	4.62	.61	.53	-.80	.29	-.92	.61	.30	84.2	85.4	2
231	92	19	4.62	.61	.57	-.69	.32	-.83	.58	.30	84.2	85.4	2
⋮						⋮					⋮		
11	50	19	-.64	.33	1.84	2.21	1.79	2.11	.83	.55	42.1	53.0	1
10	49	19	-.74	.33	1.37	1.14	1.32	1.01	.79	.55	52.6	53.2	1
20	49	19	-.74	.33	.72	-.86	.72	-.87	.39	.55	68.4	53.2	1
17	48	19	-.85	.33	.78	-.63	.79	-.61	.34	.55	52.6	53.2	1
26	48	19	-.85	.33	.65	-1.12	.66	-1.12	.46	.55	52.6	53.2	1
27	48	19	-.85	.33	.76	-.72	.74	-.81	.59	.55	78.9	53.2	1
304	48	19	-.85	.33	.65	-1.12	.66	-1.12	.46	.55	52.6	53.2	2
305	46	19	-1.07	.33	.37	-2.51	.37	-2.55	.61	.55	73.7	53.6	2
15	38	19	-1.99	.35	.43	-2.30	.46	-2.13	.37	.55	63.2	52.3	1
18	38	19	-1.99	.35	.43	-2.28	.46	-2.13	.00	.55	63.2	52.3	1
MEAN	75.9	19.0	2.33	.45	.98	-.27	1.00	-.22			59.3	57.4	
P.SD	12.1	.0	1.79	.34	.62	1.75	.74	1.70			21.4	11.6	

〈그림 4-23〉 응답자 속성 탐색

표시한 왼쪽 부분부터 설명하면 ENTRY NUMBER는 응답자 번호이다.

TOTAL SCORE는 응답자들이 19문항 5점 척도에 응답한 총합점수이다. 이 연구는 체육교육 전공 대학생 진로불안감 측정 문항이 총 19문항으로 재구성되었고, 측정된 척도는 5점 척도(1점: 전혀 그렇지 않다, 2점: 그렇지 않다, 3점: 보통이다, 4점: 그렇다, 5점: 매우 그렇다)이다. 따라서 첫 번째 행의 응답자 264번에 TOTAL SCORE가 95인 것은, 응답자 264번은 19문항에 모두 5점 척도를 선택한 것이다($19 \times 5 = 95$). 즉 진로불안감이 가장 높은 대학생인 것이다.

동일하게 19문항에 모두 5점 척도에 응답한 사람은 264번 응답자부터 300번 응답자까지 20명인 것을 알 수 있다.

TOTAL SCORE를 로짓값으로 환산하여 나타낸 값이 JMLE MEASURE이다. 구체적으로 JMLE는 Joint Maximum Likelihood Estimation의 단축어로 공동(결합) 최대우도 추정법을 의미한다. 따라서 JMLE MEASURE 값은 공동 최대우도 추정 수학모형을 적용한 응답자의 속성(능력)을 나타내는 로짓값이다. [17. PERSON measure]를 선택하였기 때문에 JMLE MEASURE 값을 기준으로 내림차순 정렬된 결과를 보여주고, 이 결과는 TOTAL SCORE 내림차순 결과와 동일하다. JMLE MEASURE 값이 높은 것은 응답자의 속성이 높다는 것이고, 여기서 응답자의 속성이 바로 진로불안감을 의미한다. 즉 JMLE MEASURE 값이 클수록 진로불안감이 높은 것을 의미한다.

다음으로 INFIT MNSQ 지수는 응답자의 적합도를 측정하는 가중된 통계치이고, OUTFIT MNSQ 지수는 응답자의 적합도를 측정하는 가중되지 않은 통계치다. INFIT MNSQ와 OUTFIT MNSQ 지수가 모두 2.00 이상으로 크게 나타나면 확신없이 비차원적인 응답을 하는 부적합한 응답자라고 할 수 있고, 0.50 미만으로 낮게 나타나면 자기가 확신하는 문항에만 신중히 응답을 하는 과적합한 응답자라고 할 수 있다. 문항(ITEM) INFIT MNSQ 지수와 OUTFIT MNSQ 지수와 같은 맥락으로 이해할 필요가 있다.

응답한 19문항의 총합점수(TOTAL SCORE)가 높을수록 진로불안감이 높은 응답자이고, 낮을수록 진로불안감이 낮은 응답자이다. 총합점수가 높은 응답자 일수록 응답자의 속성(JMLE MEASURE)도 높게 나타난다. 즉 진로불안감이 높게 나타난다. 총합점수가 낮은 응답자일수록 응답자의 속성(JMLE MEASURE)도 낮게 나타난다. 즉 진로불안감이 낮게 나타난다. 따라서 총합점수(TOTAL SCORE)와 응답자의 속성(JMLE MEASURE)은 정비례한다.

마지막 가장 오른쪽 부분에 PERSON은 성별(1: 남학생 2: 여학생)을 나타낸다. 따라서 264번 응답자부터 300번 응답자까지 20명이 가장 높은 진로불안감을 가지고 있는 것을 알 수 있고, 모두 여학생인 것을 알 수 있다. 이 정보를 가지고 **<그림 4-22>**에 응답자의 속성 부분(왼쪽)을 보면, 첫 번째 행에 2라는 숫자 20개는 **<그림 4-23>**에 첫 번째 행의 264번 응답자부터 20번째 행의 300번 응답자까지 20명이 모두 여학생이라는 것을 알 수 있다. 20명 응답자에 진로불안감 지수는 7.02로 모두 동일하기 때문에 나란히 제시된 것이다. 또한 **<그림 4-22>**에 응답자의 속성 부분 마지막 행에 두 개의 1이라는 숫자는 가장 낮은 진로불안감을 가지고 있는 응답자 18번과 응답자 15번이라는 것이고, 두 응답자 모두 남학생인 것을 알 수 있다. 두 응답자에 진로불안감 지수는 −1.99로 동일하기 때문에 나란히 제시된 것이다. 이처럼 **<그림 4-22>**에서 200개에 1과 200개의 2에 의미를 **<그림 4-23>**을 통해 명확히 알 수 있다.

다음으로 **<그림 4-22>**에 문항 곤란도 부분(오른쪽)을 살펴보면, 높은 위치에 있을수록 문항 곤란도가 높은 문항인지 낮은 문항인지를 명확히 판단하기 위해서는 winsteps-specification-2-re를 실행하고 [Output Tables]를 클릭한다. 그리고 문항의 곤란도 순서를 알기 위해 [13. ITEM measure]를 클릭한다. 그러면 다음 **<그림 4-24>**와 같이 TABLE 13.1 결과가 나타난다(첨부된 자료: item-measure-2).

```
TABLE 13.1 data-5.xlsx                              ZOU437WS.TXT   Jul  8 2022 11:55
INPUT: 400 PERSON  19 ITEM  REPORTED: 400 PERSON  19 ITEM  5 CATS WINSTEPS 5.2.4.0
------------------------------------------------------------------------------------
PERSON: REAL SEP.: 2.86  REL.: .89 ... ITEM: REAL SEP.: 11.16  REL.: .99

        ITEM STATISTICS:  MEASURE ORDER
```

ENTRY NUMBER	TOTAL SCORE	TOTAL COUNT	JMLE MEASURE	MODEL S.E.	INFIT MNSQ	INFIT ZSTD	OUTFIT MNSQ	OUTFIT ZSTD	PTMEASUR-AL CORR.	PTMEASUR-AL EXP.	EXACT MATCH OBS%	EXACT MATCH EXP%	ITEM
16	1343	400	1.45	.07	1.00	.03	.99	-.07	.73	.75	57.4	52.9	item18
17	1343	400	1.45	.07	.80	-2.88	.79	-3.06	.78	.75	63.2	52.9	item19
19	1398	400	1.16	.07	.91	-1.26	.89	-1.47	.75	.74	54.2	52.7	item21
14	1437	400	.95	.07	.97	-.33	1.02	.28	.72	.73	53.2	52.7	item15
18	1443	400	.92	.07	1.08	1.13	1.07	.95	.71	.72	51.6	52.3	item20
5	1498	400	.62	.07	.76	-3.74	.79	-2.77	.74	.71	62.4	53.4	item5
15	1519	400	.51	.07	.81	-2.89	.76	-3.12	.74	.70	62.9	53.1	item16
6	1547	400	.36	.07	.76	-3.61	.78	-2.86	.74	.69	59.2	53.7	item6
1	1585	400	.14	.08	.82	-2.70	1.06	.73	.68	.67	57.1	54.7	item1
7	1586	400	.14	.08	.78	-3.41	.79	-2.61	.72	.67	63.2	54.7	item7
2	1609	400	.00	.08	.81	-2.87	.88	-1.38	.69	.66	61.1	54.8	item2
3	1615	400	-.03	.08	.78	-3.34	.73	-3.15	.71	.66	64.7	54.8	item3
4	1673	400	-.38	.08	1.03	.38	.95	-.43	.63	.63	58.4	56.4	item4
10	1747	400	-.87	.08	1.39	4.54	1.39	2.82	.55	.59	55.5	61.0	item11
11	1774	400	-1.06	.09	1.39	4.44	1.44	2.89	.51	.57	57.6	63.7	item12
13	1798	400	-1.25	.09	1.40	4.40	1.17	1.13	.51	.55	59.2	66.0	item14
9	1805	400	-1.31	.09	1.31	3.51	1.11	.73	.51	.54	62.6	66.4	item9
8	1806	400	-1.32	.09	1.34	3.75	1.15	.98	.51	.54	58.2	66.5	item8
12	1828	400	-1.50	.09	1.40	4.16	1.21	1.22	.48	.52	65.8	68.8	item13
MEAN	1597.6	400.0	.00	.08	1.03	-.04	1.00	-.48			59.3	57.4	
P.SD	158.5	.0	.96	.01	.25	3.15	.20	1.97			3.9	5.7	

<그림 4-24> 문항 곤란도 탐색

심리측정척도에서 문항 곤란도(난이도)를 판단할 때 중요한 개념은 응답자들이 낮은 척도에 많이 응답한 문항일수록 곤란한(어려운) 문항이라는 것이다. 응답자들이 높은 척도에 많이 응답한 문항일수록 문항 곤란도가 높은 문항이라고 판단하면 안된다.

표시한 왼쪽부터 설명하면, TOTAL SCORE는 400명의 응답자들이 각 문항에 대해 응답한 척도들의 총합점수(총 응답점수)이다. 따라서 이 값이 낮으면 응답자들이 낮은 척도(1점: 전혀 그렇지 않다 또는 2점: 그렇지 않다)에 많이 응답한 것을 의미한다. 즉 이 값이 낮을수록 문항 곤란도가 높은 문항이 된다.

JMLE MEASURE는 문항 곤란도를 나타내는 로짓(logits)값이다. 이 값과 TOTAL SCORE를 비교해 보면 TOTAL SCORE 값이 낮을수록 JMLE MEASURE 값은 높은 것을 알 수 있다. 즉 TOTAL SCORE와 JMLE MEASURE는 반비례한다. 총 응답점수가 낮은 문항일수록 문항 곤란도는 높고, 총 응답점수가 높은 문항일수록 문항 곤란도가 낮다는 것이다.

따라서 가장 오른쪽 ITEM을 보면 문항 18번(나는 체육교사 이외에 다른 직업을 찾아보고 싶다)과 문항 19번(나는 체육교육 전공 이외에 다른 부전공을 같이 실행하고 싶다)에 문항 곤란도가 동일하게 1.45로 가장 높고, 문항 13번(나는 체육교사 진로에 대한 막연한 걱정을 줄이고 싶다)에 문항 곤란도가 −1.50으로 가장 낮은 것을 알 수 있다.

〈그림 4-22〉에 문항 곤란도 부분(오른쪽)과 비교해 보면 상위에 있는 문항일수록 곤란한(어려운) 문항이라는 것을 명확히 확인할 수 있다.

지금까지 **〈그림 4-22〉**에 좌측은 응답자의 진로불안감 속성을 나타내며 상단에 있을수록 진로불안감이 높은 것을 확인했고, 우측은 문항의 곤란도를 나타내며 상단에 있을수록 곤란도가 높은 문항이라는 것을 확인했다. 이제 중요한 것은 좌측과 우측이 얼마나 잘 조화되는지를 검증하는 것이다. 즉 개발된 19문항의 곤란도 분포가 400명의 응답자 속성 분포와 얼마나 잘 일치하는가를 탐색하는 것이 중요하다.

그런데 **〈그림 4-22〉**를 보면 19문항이 400명의 속성을 모두 측정하지 못한다고 생각하게 된다. 그 이유는 전체적으로 동일한 로짓 척도에서 응답자 속성의 평균(M)과 표준편차(S, T)가 문항 곤란도의 평균(M)과 표준편차(S, T)에 비해 크고 두 분포 위치가 일치하지 않는 것을 쉽게 볼 수 있기 때문이다. 따라서 개발된 19문항은 400명 중 진로불안감이 낮은 학생들만 측정한다고 판단할 수 있다.

그러나 이와같이 해석하는 것은 부적절하다. 단지 19문항이 실제 400명의 응답자 개개인의 속성을 모두 다 측정할 수 있다는 것은 불가능한게 자연스러운 현상이다. 전반적으로 19문항은 400명 중 진로불안감이 낮은 속성을 가진 학생들을 주로 측정하는 문항이다. 따라서 진로불안감이 높은 학생을 측정할 수 있는 곤란도가 높은 문항이 추가될 필요가 있다고 해석하는 것이 틀린 것은 아니다. 하지만 개발된 19문항이 400명의 진로불안감을 측정하는데 부적절하지 않다는 것을 증명할 수 있다. 문항 곤란도 분포가 세밀하게 제시된 그래프와 기준이 있는 수리적 지수로 증명할 수 있다. 세밀하게 제시된 문항 곤란도 분포는 다음 **〈그림 4-25〉**와 같다.

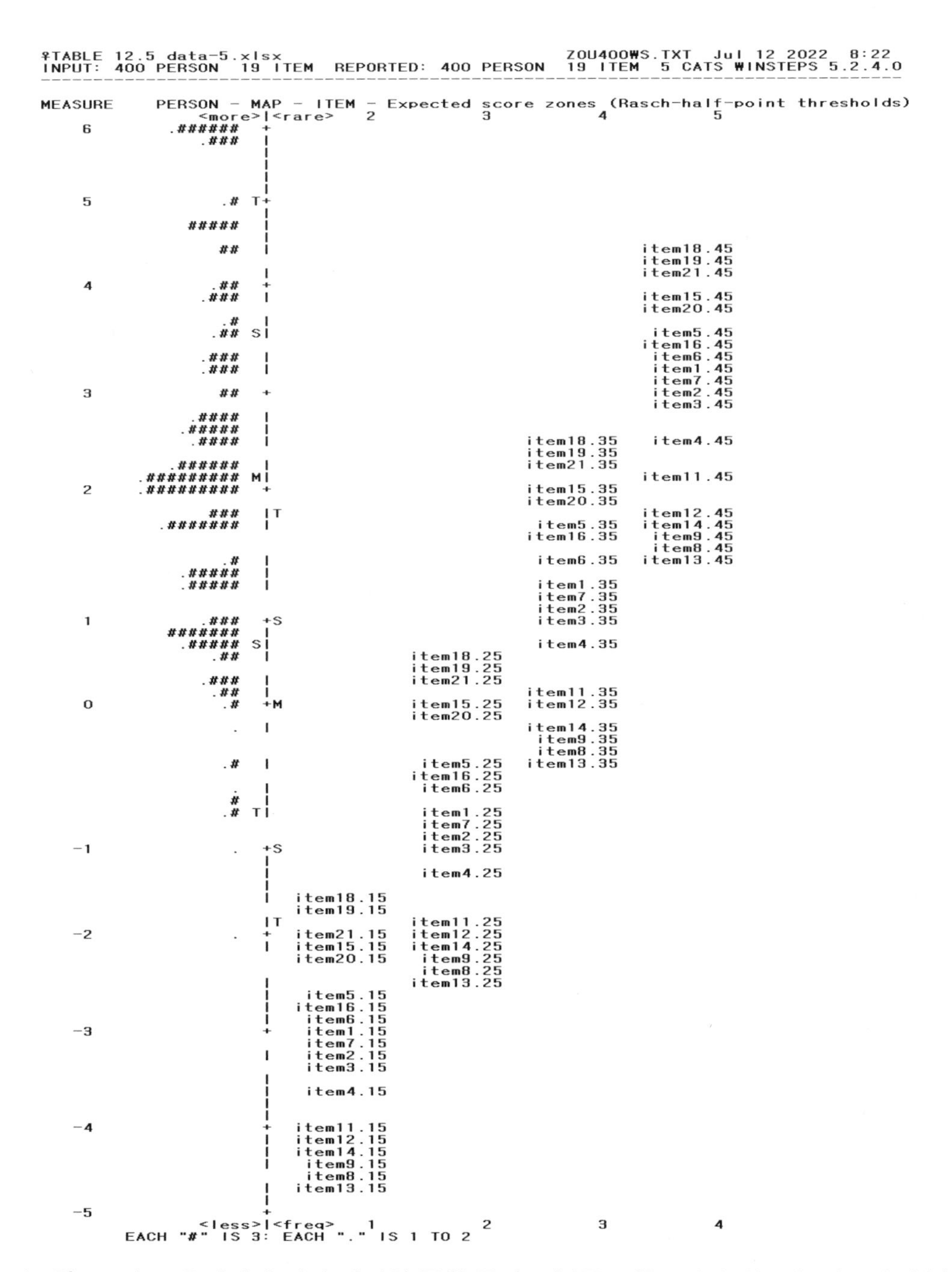

〈그림 4-25〉 응답자 속성과 세밀한 문항 곤란도 분포도 (Rasch-half-point thresholds)

첨부된 자료 variable-wright-maps-2-re에 TABLE 1.5 또는 실행된 [Output Tables]에서 [12. ITEM: Wright map]을 클릭하면 생성되는 파일에 TABLE 12.5이다(첨부된 자료: wright-map-2-re). 즉 TABLE 1.5와 TABLE 12.5 결과는 동일하다.

앞서 소개한 **<그림 4-22>**(196쪽) 결과보다 문항 곤란도 분포가 더 자세하게 제시되었고 응답자의 속성(진로불안감) 분포와 대부분 교차되는 것을 볼 수 있다. **<그림 4-22>**에 문항 곤란도 분포는 각 문항에 대한 평가 척도에 중간점을 나타낸다. 각 문항마다 추정된 곤란도를 대표하는 하나의 값을 의미한다. 이에 비해 **<그림 4-25>**는 각 문항마다 추정된 하나의 곤란도 값이 아니라 각 문항마다 여러개의 곤란도 값을 나타낸다.

구체적으로 살펴보면, 각 문항마다 응답범주의 중앙점에 해당하는 곤란도 값들을 제시하였다. 응답범주 1점과 응답범주 2점의 중앙점인 응답범주 1.5점에 해당하는 각 문항들의 곤란도 분포, 응답범주 2점과 응답범주 3점의 중앙점인 응답범주 2.5점에 해당하는 각 문항들의 곤란도 분포, 응답범주 3점과 응답범주 4점의 중앙점인 응답범주 3.5점에 해당하는 각 문항들의 곤란도 분포, 그리고 응답범주 4점과 응답범주 5점의 중앙점인 응답범주 4.5점에 해당하는 각 문항들의 곤란도 분포를 제시하였다. 여기서 응답범주의 중앙점을 Rasch-half-point thresholds 값이라고 표현한다. 이 값은 응답범주 중앙점을 통해 정보를 더 세밀하게 제시하기 위해 사용된다.

<그림 4-25>를 보면, 각 문항은 5개의 응답범주로 측정되었기 때문에 4개의 응답범주 중앙점이 생성된다. 아래 1과 위에 2 사이에 나열된 item 13.15부터 item 18.15는 응답범주 1점과 2점에 중앙점에서 추정된 문항 곤란도 분포를 의미한다. 여기서 모든 문항 번호 뒤에 동일하게 나타나는 .15는 1점을 .10, 2점을 .20으로 보았을 때 중앙점인 .15를 의미한다.

같은 맥락으로 살펴보면, 아래 2와 위에 3 사이에 나열된 item 13.25부터 item 18.25는 응답범주 2점과 3점에 중앙점에서 추정된 문항 곤란도 분포를 의미한다. 그리고 아래 3과 위에 4 사이에 나열된 item 13.35부터 item 18.35는 응답범주 3점과 4점에 중앙점에서 추정된 문항 곤란도 분포를 의미한다. 마지막으로 아래 4와 위에 5 사이에 나열된 item 13.45부터 item 18.45는 응답범주 4점과 5점에 중앙점에서 추정된 문항 곤란도 분포를 의미한다.

이처럼 구체적으로 생성된 **<그림 4-25>**를 보면 개발된 19문항은 진로불안감 속성이 매우 높은 학생들을 제외하고 전반적으로 응답자의 속성을 측정하는데 큰 문제가 없는 것을 볼 수 있다. 이렇게 큰 문제가 없어 보이는 증거를 보여주는 수리적 지수가 바로 앞서 소개한 **〈그림 4-8〉**(163쪽)에 응답자 분리지수(person separation index)와 문항 분리지수(item separation index)다.

두 지수 모두 중요하지만, 응답자의 속성과 문항의 곤란도가 적절하게 배치되어 있는지를 설명하는 지수는 응답자 분리지수라고 할 수 있다. 응답자 분리지수가 2.00 이상이면 문항들이 속성이 높은 응답자와 낮은 응답자를 구분하는데 큰 문제가 없는 응답자 속성과 문항 곤란도 분포도라고 할 수 있다. 응답자 분리지수가 3.00 이상이면 더 확실하다고 할 수 있다. 따라서 논문 결과에는 **〈그림 4-22〉** 또는 **〈그림 4-25〉**에 응답자 분리지수를 같이 제시할 필요가 있다. 사전연구들을 살펴보면, 응답자 분리지수 대신 같이 산출되는 응답자 신뢰도 지수(person reliability index)를 제시하기도 한다.

앞서 응답자 분리지수와 응답자 신뢰도 지수 공식을 설명했듯이 두 지수는 동일한 개념이다. 즉 응답자 분리지수가 2.00이면 응답자 신뢰도 지수는 0.80으로 계산된다. 따라서 응답자 신뢰도 지수가 0.80 이상이면 문항들이 응답자의 속성분포를 잘 설명해 준다는 것을 의미한다.

정리하면, 우선 응답자 속성과 문항 곤란도 분포가 어느정도 일치하는지는 **〈그림 4-22〉**보다는 **〈그림 4-25〉**로 판단하는 것을 권장한다. 그리고 응답자 속성과 문항 곤란도 분포의 적합성을 수리적 지수로 판단하는데는 응답자 분리지수가 2.00 이상, 즉 응답자 신뢰도 지수가 0.80 이상으로 높게 나타날수록 적절하다고 할 수 있다.

4-13) 응답자 속성과 문항 곤란도 분포도 논문 결과 쓰기

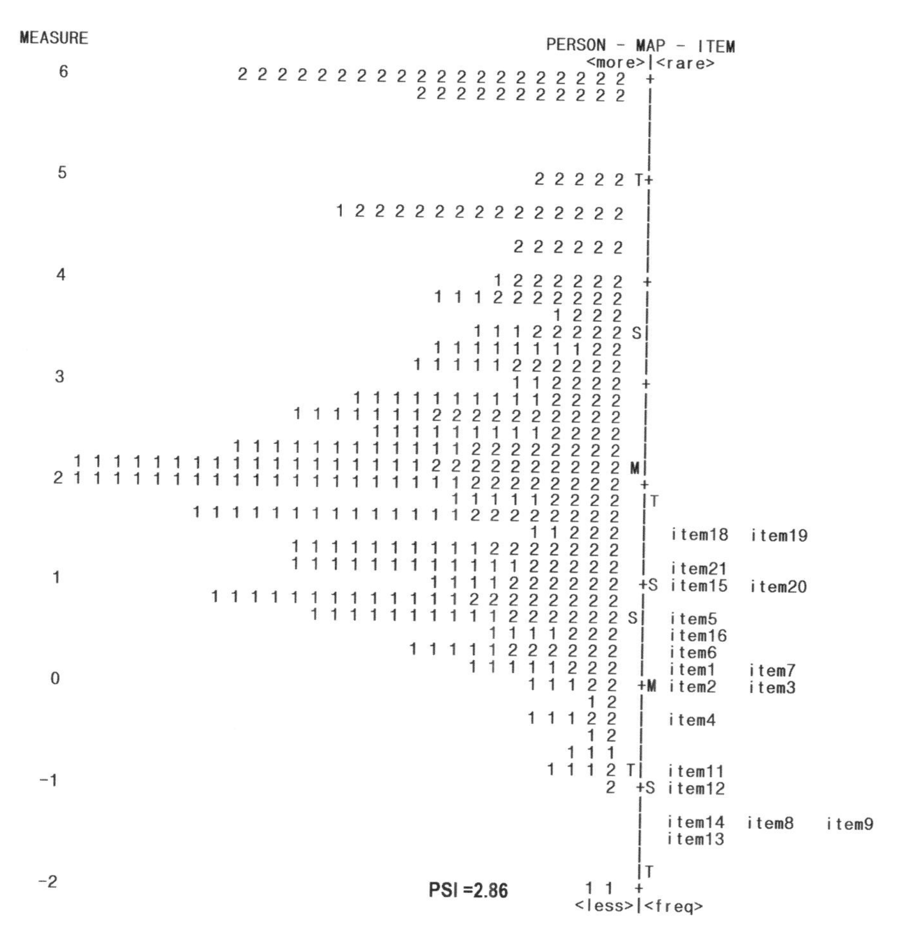

〈그림 4-26〉 응답자 속성과 문항 곤란도 분포도

〈그림 4-26〉은 체육교육전공 대학생 진로불안감 측정척도의 응답자 속성과 문항 곤란도 분포도이다. 응답자 속성과 문항 곤란도 단위를 모두 로짓(logits)값으로 동일화하여 하나의 선상에서 보여 준다. 구체적으로 가운데 로짓 선상에 왼쪽은 400명 응답자의 속성(남학생=1, 여학생=2)을 나타내고 오른쪽은 19문항의 곤란도를 나타낸다. 응답자와 문항이 상위에 위치할수록 진로불안감이 높은 응답자이고, 문항의 곤란도가 높은 문항이다. 동일 로짓 선상의 M은 응답자 속성 분포와 문항 곤란도 분포의 평균에 위치를 나타내고, S와 T는 평균을 중심으로 퍼진 정도인 표준편차(standard deviation: SD)를 나타낸다. 즉 S는 평균으로부터 1×표준편차(M±1×SD)를 나타내고, T는 평균으로부터 2×표준편차(M±2×SD)를 나타낸다. 전반적으로

여학생이 남학생에 비해 진로불안감이 높은 것을 볼 수 있고, 문항 18번과 문항 19번의 문항 곤란도가 가장 높고, 문항 13번의 문항 곤란도가 가장 낮은 것을 볼 수 있다. 또한 응답자 분리지수(person separation index: PSI)는 2.86으로, 기준값 2.00 이상으로 나타났다. 따라서 개발된 19문항은 400명의 응답자의 속성을 측정하는데 문제가 없는 것을 알 수 있다.

[알아두기]
심리측정척도에서 문항 난이도 이해

심리측정척도에서 문항 난이도를 이해하는 것은 중요하다. 우선 인지능력을 측정하는 문항은 정답이 있기 때문에 문항 난이도를 이해하기 쉽다. 즉 응답자들이 정답을 많이 선택하는 문항은 난이도가 낮은 쉬운 문항이고, 응답자들이 정답을 많이 선택하지 못하는 문항은 난이도가 높은 어려운 문항이다.

그런데 심리측정척도는 정답이 없다. 그래서 심리측정척도 조사(설문조사)에서 어떤 문항이 '어렵다', '쉽다'라는 표현보다 문항에 응답하는게 '곤란하다', '곤란하지 않다'라는 표현이 더 적합하다고 할 수 있다. 그래서 심리측정척도 분석에서는 문항 난이도를 문항 곤란도라고 표현하는 것이다. 그렇다면 심리측정척도에서 어떤 문항이 응답하기 곤란한 문항이라고 할 수 있는가.

예를 들어 우울감을 측정하는 5점 척도에 문항 1번은 '나는 가끔 외롭다'이고 문항 3번은 '나는 자살하고 싶다'라고 가정하자. 우울감을 가지고 있는 사람들이 문항 1번은 그렇다는 높은 척도(4점 또는 5점)에 응답하기 쉽지만, 문항 3번은 그렇다는 높은 척도에 응답하는게 쉽지 않을 것이다. 따라서 문항 3번이 문항 1번에 비해 곤란한(어려운) 문항이 되는 것이다. 즉 심리측정척도에서는 많은 응답자들이 낮은 응답 척도(1점 또는 2점)를 많이 선택할수록 문항 곤란도가 높은 문항이 되는 것이다.

마찬가지로 응답자의 속성(능력)도 이해하기 어렵지 않다. 진로불안감이 너무 높아서 역코딩 완료된 모든 문항에 가장 높은 척도를 응답하였다면 응답자의 속성, 진로불안감이 가장 높은 것이 된다. 또한 낮은 척도에 응답을 많이 할수록 진로불안감이 낮은 응답자가 된다. 즉 응답자가 문항에 응답한 총합점수가 높을수록 진로불안감이 높은 응답자이다. WINSTEPS 프로그램은 이 총합점수를 로짓값으로 변환한 것이다. 그 값이 바로 JMLE MEASURE이다.

Rasch 평정척도모형과 Rasch 부분점수모형의 이해와 적용

문항반응이론(item response theory: IRT)의 모형은 크게 이점척도 모형(dichotomous model)과 다점척도 모형(polytomous model)으로 나누어 진다. 이점척도 모형은 1모수 로지스틱 모형, 2모수 로지스틱 모형, 3모수 로지스틱 모형, 그리고 Rasch 모형으로 구성된다.

다점척도 모형은 크게 평정척도모형(rating scale model: RSM), 부분점수모형(partial credit model: PCM), 그리고 등급반응모형(graded response model: GRM), 일반화 평정척도모형(generalized rating scale model: GRSM), 일반화 부분점수모형(generalized partial credit model: GPCM)으로 구성된다.

WINSTEPS 프로그램은 이점척도 모형과 다점척도 모형 분석이 모두 가능하다. 이점척도 모형은 인지능력검사(정답, 오답) 자료 분석이 가능한 모형을 의미하고, 다점척도 모형은 지금까지 제시한 심리측정척도(전혀 그렇지 않다~매우 그렇다) 자료 분석이 가능한 모형을 의미한다. 구체적으로 WINSTEPS 프로그램에 핵심은 'Rasch 모형'을 기반으로 이점척도 모형과 다점척도 모형 분석이 가능하다는 것이다. 따라서 WINSTEPS 프로그램은 Rasch 이점척도 모형(Rasch dichotomous model)과 Rasch 다점척도 모형(Rasch polytomous model)이 가능하다고 표현하는 것이 적합하다.

그리고 WINSTEPS 프로그램은 Rasch 다점척도 모형에서는 평정척도모형과 부분점수모형을 기반으로 분석한 정보가 제공된다. 따라서 WINSTEPS 프로그램은 Rasch 이점척도 모형 분석과 Rasch 평정척도모형(Rasch rating scale model: RSM) 분석 그리고 Rasch 부분점수모형(Rasch partial credit model: PCM) 분석이 가능하다고 정리할 수 있다.

등급반응모형(GRM), 그리고 일반화 평정척도모형(GRSM)과 일반화 부분점수모형(GPCM)은 문항반응이론(IRT)을 기반으로 하기 때문에 Rasch 모형이라고 할 수 없다. 따라서 Rasch 모형을 기반으로 하는 WINSTEPS 프로그램에서 세 모형(GRM, GRSM, GPCM)은 적용되지 않는다.

지금까지 소개한 다점척도인 심리측정척도(설문지) 자료 분석은 모두 Rasch 평정척도모형을 적용하여 분석한 것이다. WINSTEPS 프로그램을 실행해서 자동 생성되는 메모장 설계서에 기본설정이 Rasch 평정척도모형으로 되어 있다. 그렇다면 언제, 어떻게 Rasch 부분점수모형을 적용해야 하는 것일까? 원칙적으로 심리측정척도(전혀 그렇지 않다~매우 그렇다) 자료는 서열척도이다. 그 이유는 '전혀 그렇지 않다'에서 '그렇지 않다'로 가는 심리간격과, '그렇지 않다에'서 '보통이다'로 가는 심리간격과 '보통이다'에서 '그렇다'로 가는 심리간격과 '그렇다'에서 '매우 그렇다'로 가는 심리간격이 모두 동일하다고 할 수 없기 때문이다. 그러나 현실적으로 심리측정척도 자료를 비율척도로 간주하고 분석하고 있다. 예를 들어 5점 척도, 전혀 그렇지 않다 1점, 그렇지 않다 2점, 보통이다 3점, 그렇다 4점, 매우 그렇다 5점으로 정의하고 사칙연산하여 인간의 심리를 점수화한다.

따라서 이러한 모순을 줄이기 위해 WINSTEPS 프로그램은 측정척도 원점수를 로짓 척도로 변환하여 동간성을 가정한다. 여기서 중요한 것이 동간성을 가정(assumption)한다는 것이다. 만약에 문항들에 척도는 모두 간격이 동일하다고 가정한 상태에서 개발된 심리측정척도라면 Rasch 평정척도모형을 적용하는 것이 타당하다. 지금까지 이 책에서 제시한 심리측정척도(체육교육전공 대학생 진로불안감 측정척도: **〈그림 1-1〉**(126쪽))는 모든 문항들 척도 체크란에 점수를 적어놓았다. 따라서 문항들에 측정척도의 동간성을 가정한 것이므로, 1978년 Andrich가 개발한 Rasch 평정척도모형을 적용하는 것이 적합하다고 할 수 있다.

반면 각 문항의 척도 동간성을 가정하지 않는다면 Rasch 부분점수모형을 적용하는 것이 타당하다. 즉 심리측정척도에 각 문항들마다 모두 5점 척도를 사용하지만, 문항의 곤란도(난이도)에 따라서 척도에 경계점이 다르다고 가정한다면 1982년 Masters가 개발한 Rasch 부분점수모형을 적용하는 것이 적합하다고 할 수 있다.

일반적으로 심리측정척도 자료는 각 문항의 척도는 동간성을 가진다고 가정하고 Rasch 평정척도모형을 적용하여 분석한다. 하지만 현실적으로 심리측정척도 자료의 각 문항이 모두 동일한 동간성을 가진다고 확신할 수는 없다. 즉 모든 문항이 동일한 척도 수를 쓰지만 문항의 곤란도에 따라 척도의 동간성이 다르다고 가정하면 심리측정척도 자료에 Rasch 부분점수모형을 적용할 수 있다. 연구자가 어떻게 문항들에 측정척도의 동간성을 가정하는지에 따라 Rasch 평정척도모형과 Rasch 부분점수모형 적용을 선택할 수 있다.

이렇게 Rasch 평정척도모형과 Rasch 부분점수모형을 구분하는 가장 핵심은 각 문항마다 척도의 간격이 다른가 아니면 모두 동일한가이다. 따라서 두 모형의 분석 결과에서 가장 다르게 나타나는 것은 응답범주의 적합도 검증 결과이다. 지금까지 제시한 응답범주의 적합도 검증 결과는 Rasch 평정척도모형을 적용하였기 때문에 단 하나의 결과만 제시되었다(**<그림 4-6>**(158쪽)). 반면 Rasch 부분점수모형은 각 문항마다 응답범주의 적합도 검증 결과가 제시된다. 이 외에는 문항 적합도 분석, 차별기능문항 분석, 응답자 속성과 문항 곤란도 분포도 분석, 차원성 분석이 모두 가능하고 Rasch 평정척도모형과 동일한 형태에 표로 제시된다. 따라서 Rasch 부분점수모형이 Rasch 평정척도모형에 비해 복잡한 수학모형이지만 두 모형은 상이한 모형이라고 표현하지 않고 유사한 모형이라고 표현한다.

연구자는 어떤 형태의 심리측정척도 분석에서도 Rasch 평정척도모형 대신 Rasch 부분점수모형을 적용할 수 있다. 단 Rasch 부분점수모형을 적용하는 논리적 이유가 필요하다. 각 문항마다 모두 척도의 간격은 다르다는 것이 설득되어야 한다.

5-1) WINSTEPS 프로그램을 적용한 Rasch 부분점수모형 분석 설계

다음 **<그림 5-1>**에 왼쪽 그림은 체육교육전공 대학생 진로불안감 측정척도 개발 및 타당화 자료를 통해 생성된 메모장 설계서이다(첨부된 자료: winstpes-specification-1). 그리고 오른쪽 그림은 왼쪽 그림에 화살표로 표시한 세미콜론(;)만 삭제한 그림이다. 즉 왼쪽 그림은 WINSTEPS 프로그램 실행 후 자동으로 처음 나타나는 메모장 설계서(**<그림 2-10>**(137쪽))이고, 오른쪽 그림은 Rasch 부분점수모형을 실행시키기 위해 간단히 수정한 메모장 설계서이다(첨부된 자료: winsteps-specification-1-PCM).

```
winsteps-specification-1 - Windows 메모장
파일(F) 편집(E) 서식(O) 보기(V) 도움말(H)
&INST
Title= "data-4.xlsx"
; Excel file created or last modified: 2022-05-07 오전 11:19:49
; Sheet1
;     Excel Cases processed = 400
; Excel Variables processed = 24
ITEM1 = 1 ; Starting column of item responses
NI = 21 ; Number of items
NAME1 = 23 ; Starting column for person label in data record
NAMLEN = 2 ; Length of person label
XWIDE = 1 ; Matches the widest data value observed
; GROUPS = 0 ; Partial Credit model: in case items have different rating scales
CODES = 12345 ; matches the data
TOTALSCORE = Yes ; Include extreme responses in reported scores
; Person Label variables: columns in label: columns in line
@gender = 1E1 ; $C23W1
&END ; Item labels follow: columns in label
item1 ; Item 1 : 1-1
item2 ; Item 2 : 2-2
item3 ; Item 3 : 3-3
item4 ; Item 4 : 4-4
item5 ; Item 5 : 5-5
item6 ; Item 6 : 6-6
item7 ; Item 7 : 7-7
item8 ; Item 8 : 8-8
item9 ; Item 9 : 9-9
item10 ; Item 10 : 10-10
item11 ; Item 11 : 11-11
item12 ; Item 12 : 12-12
item13 ; Item 13 : 13-13
item14 ; Item 14 : 14-14
item15 ; Item 15 : 15-15
item16 ; Item 16 : 16-16
item17 ; Item 17 : 17-17
item18 ; Item 18 : 18-18
item19 ; Item 19 : 19-19
item20 ; Item 20 : 20-20
item21 ; Item 21 : 21-21
END NAMES
323443455455552222222 1
212332355355553333333 1
444444444444442122222 1
323223355555552112212 1
        ⋮
```

```
winsteps-specification-1-PCM - Windows 메모장
파일(F) 편집(E) 서식(O) 보기(V) 도움말(H)
&INST
Title= "data-4.xlsx"
; Excel file created or last modified: 2022-05-07 오전 11:19:49
; Sheet1
;     Excel Cases processed = 400
; Excel Variables processed = 24
ITEM1 = 1 ; Starting column of item responses
NI = 21 ; Number of items
NAME1 = 23 ; Starting column for person label in data record
NAMLEN = 2 ; Length of person label
XWIDE = 1 ; Matches the widest data value observed
GROUPS = 0 ; Partial Credit model: in case items have different rating scales
CODES = 12345 ; matches the data
TOTALSCORE = Yes ; Include extreme responses in reported scores
; Person Label variables: columns in label: columns in line
@gender = 1E1 ; $C23W1
&END ; Item labels follow: columns in label
item1 ; Item 1 : 1-1
item2 ; Item 2 : 2-2
item3 ; Item 3 : 3-3
item4 ; Item 4 : 4-4
item5 ; Item 5 : 5-5
item6 ; Item 6 : 6-6
item7 ; Item 7 : 7-7
item8 ; Item 8 : 8-8
item9 ; Item 9 : 9-9
item10 ; Item 10 : 10-10
item11 ; Item 11 : 11-11
item12 ; Item 12 : 12-12
item13 ; Item 13 : 13-13
item14 ; Item 14 : 14-14
item15 ; Item 15 : 15-15
item16 ; Item 16 : 16-16
item17 ; Item 17 : 17-17
item18 ; Item 18 : 18-18
item19 ; Item 19 : 19-19
item20 ; Item 20 : 20-20
item21 ; Item 21 : 21-21
END NAMES
323443455455552222222 1
212332355355553333333 1
444444444444442122222 1
323223355555552112212 1
        ⋮
```

<그림 5-1> Rasch 부분점수모형 메모장 설계서 만들기

5-2) 각 문항별로 산출되는 응답범주 결과 분석

수정된 Rasch 부분점수모형 메모장 설계서, winsteps-specification-1-PCM에 결과를 보기 위해 WINSTEPS 프로그램을 실행시킨다. 다음 **<그림 5-2>**는 WINSTEPS 프로그램을 실행시킨 첫 화면이다. 앞서 제시한 것처럼 **<그림 2-1>**(130쪽)과 다른 이유는 자동 생성되는 [Winsteps Welcome] 창이 자동으로 생성되지 않도록 [Don't ask again]을 클릭했기 때문이다.

```
WINSTEPS - Window gray, fuzzy or blank? Drag window corner
File  Edit  Diagnosis  Output Tables  Output Files  Batch  Help  Specification  Plots  Excel/RSSST  Graphs  Data Setup
WINSTEPS Version 5.2.5.0  Jul 31 2022 19:55
Current Directory: C:\Winsteps\examples\

Control file name? (e.g., exam1.txt). Press Enter for Dialog Box:
```

<그림 5-2> WINSTEPS 프로그램 시작 (Winsteps Welcome 창 자동생성 삭제)

이 화면에서 엔터를 한번 누르거나 마우스로 왼쪽 상단 [File]을 클릭하고, [Open File]을 클릭하면 winsteps-specification-1-PCM이 어디에 저장되어 있는지 불러올 수 있는 창이 생긴다. 찾아서 더블클릭 또는 [열기]를 클릭하고, 엔터를 두 번 누르면 다음 **<그림 5-3>**과 같이 모든 결과를 볼 수 있도록 실행이 완료된다.

```
winsteps-specification-1-PCA.txt - Window gray, fuzzy or blank? Drag window corner
File  Edit  Diagnosis  Output Tables  Output Files  Batch  Help  Specification  Plots  Excel/RSSST  Graphs  Data Setup
|    3      15.21      .1347     15     2*     4      5.32   -.0428|
>=================================================================<
|    4       7.11      .0649     15     2*     3      2.16   -.0515|
>=================================================================<
|    5       6.74      .0517     15     8*     4      2.73   -.0316|
>=================================================================<
|    6       5.38      .0381     15     8*     4      2.16   -.0259|
>=================================================================<
|    7       4.33      .0298     15     8*     4      1.77    .0196|
>=================================================================<
|    8       3.36      .0233     15     8*     4      1.37    .0156|
>=================================================================<
|    9       2.62      .0185     15     8*     4      1.07    .0124|
>=================================================================<
|   10       2.03      .0146     15     8*     4       .83    .0099|
>=================================================================<
|   11       1.58      .0116     15     8*     4       .65    .0079|
>=================================================================<
|   12       1.23      .0092     15     8*     4       .50    .0063|
>=================================================================<
|   13        .97      .0073     15     8*     4       .40    .0050|
>=================================================================<
|   14        .76      .0057     15     8*     4       .31    .0040|
>=================================================================<
|   15        .60      .0046     15     8*     4       .24    .0031|
-------------------------------------------------------------------
 Calculating JMLE Fit Statistics
>=================================================================<
Time for estimation: 0:0:2.906
Output to C:\Users\knsu0\Desktop\ZOU687WS.TXT
data-4.xlsx
-------------------------------------------------------------------
| PERSON     400 INPUT      400 MEASURED              INFIT        OUTFIT   |
|          TOTAL      COUNT     MEASURE  REALSE    IMNSQ  ZSTD  OMNSQ  ZSTD|
| MEAN      83.7       21.0       1.70     .46      1.00   -.2   1.08   -.2|
| P.SD      13.2         .0       1.78     .34       .60   1.8   1.02   1.7|
| REAL RMSE    .57 TRUE SD    1.68  SEPARATION  2.98  PERSON RELIABILITY  .90|
|---------------------------------------------------------------------------|
| ITEM        21 INPUT       21 MEASURED              INFIT        OUTFIT   |
|          TOTAL      COUNT     MEASURE  REALSE    IMNSQ  ZSTD  OMNSQ  ZSTD|
| MEAN    1594.8      400.0        .00     .08       .99   -.2   1.08    .1|
| P.SD     160.7         .0        .52     .00       .13   1.8    .37   2.4|
| REAL RMSE    .08 TRUE SD     .51  SEPARATION  6.54  ITEM   RELIABILITY  .98|
-------------------------------------------------------------------
Output written to C:\Users\knsu0\Desktop\ZOU687WS.TXT
CODES= 12345
ISGROUPS= 0
Measures constructed: use "Diagnosis" and "Output Tables" menus
```

<그림 5-3> Rasch 부분점수모형 메모장 설계서 실행 완료

우선 완료된 첫 화면에서 PERSON SEPARATION 지수는 2.98, ITEM의 SEPARATION 지수는 6.54로 모두 기준 2.00 이상으로 나타난 것을 알 수 있다. 따라서 응답자의 속성과 문항의 곤란도가 적절하게 배치되었고, 표본 수에 큰 문제가 없는 것을 알 수 있다. Rasch 평정척도 모형 분석 결과인 앞서 소개한 **<그림 2-15>**(139쪽)와 비교해 보면 PERSON SEPARATION 지수는 2.89로 매우 유사하게 나타났다. 그런데 ITEM의 SEPARATION 지수는 11.01로 Rasch 평정척도모형이 Rasch 부분점수모형보다 상대적으로 더 높게 나타난 것을 알 수 있다.

두 모형에 가장 다르게 제시되는 응답범주의 결과를 보기 위해서 [Output Tables]에 [3.2+ Rating (partial credit) scale]을 클릭하면 메모장으로 결과가 바로 나타난다(첨부된 자료: rating-scale-1-PCM). Rasch 평정척도모형과는 다르게 각각의 문항마다 5점 응답범주가 적합한지를 판단할 수 있다. 즉 21개 문항마다 응답범주 수가 적합한지를 독립적으로 판단할 수 있다.

앞서 응답범주 수가 적합한지를 판단하기 위한 중요 순서는 첫째, 평균측정치가 단계적으로 증가하는가, 둘째, 각 범주의 외적합도 지수가 2.0 미만인가, 셋째, 각 범주의 빈도가 모두 10보다 크게 나타났는가, 넷째, 단계조정값이 범주가 증가할수록 점차적으로 증가하였는가, 그리고 다섯째, 단계조정값의 증가 차이에 절대값이 1.4이상 5.0 이하인가로 정리했다.

따라서 21개 문항에 5가지 조건을 모두 적용하여 판단하는 것보다는 평균측정치가 단계적으로 증가하지 못하는 문항을 추출하면 총 10문항(문항 2, 문항 5, 문항 6, 문항 7, 문항 8, 문항 16, 문항 17, 문항 18, 문항 19, 문항 20)이다. 평균측정치는 각 척도(범주)에 응답자의 속성을 나타내는 로짓(logits)값이기 때문에 범주가 높아질수록 평균측정치도 단계적으로 높게 나타나야 적합한 척도를 지닌 문항이 된다. 평균측정치는 응답범주 수의 적합도를 판단하는데 가장 우선적으로 검토해야 되는 지수이기 때문에 판별하기 쉽게 *로 표시된다. 21개 문항 중 평균측정치가 부적합하게 나타난 10문항의 결과표를 정리하면 다음 **<그림 5-4>**와 같다.

item2

CATEGORY LABEL	SCORE	OBSERVED COUNT	%	OBSVD AVRGE	SAMPLE EXPECT	INFIT MNSQ	OUTFIT MNSQ	ANDRICH THRESHOLD	CATEGORY MEASURE
1	1	1	0	.14	-1.08	1.76	1.71	NONE	(-4.79)
2	2	19	5	-.50*	-.27	.80	.77	-2.98	-2.57
3	3	86	22	.37	.46	.83	.79	-.78	-.59
4	4	158	40	1.35	1.31	.94	1.04	.89	1.30
5	5	136	34	2.75	2.72	.94	.95	2.86	(3.42)

item5

CATEGORY LABEL	SCORE	OBSERVED COUNT	%	OBSVD AVRGE	SAMPLE EXPECT	INFIT MNSQ	OUTFIT MNSQ	ANDRICH THRESHOLD	CATEGORY MEASURE
1	1	3	1	-.21	-.85	1.35	1.36	NONE	(-3.97)
2	2	30	8	-.39*	-.05	.75	.74	-2.77	-1.98
3	3	126	32	.66	.70	.85	.84	-1.14	-.05
4	4	148	37	1.74	1.63	.87	.92	.95	2.03
5	5	93	23	3.10	3.13	1.00	1.00	2.97	(4.19)

item6

CATEGORY LABEL	SCORE	OBSERVED COUNT	%	OBSVD AVRGE	SAMPLE EXPECT	INFIT MNSQ	OUTFIT MNSQ	ANDRICH THRESHOLD	CATEGORY MEASURE
1	1	3	1	-.21	-.89	1.39	1.41	NONE	(-3.90)
2	2	26	7	-.35*	-.11	.80	.80	-2.48	-1.99
3	3	115	29	.47	.62	.72	.74	-1.06	-.18
4	4	133	33	1.59	1.46	.80	.78	1.04	1.65
5	5	123	31	2.89	2.86	.91	.92	2.50	(3.57)

item7

CATEGORY LABEL	SCORE	OBSERVED COUNT	%	OBSVD AVRGE	SAMPLE EXPECT	INFIT MNSQ	OUTFIT MNSQ	ANDRICH THRESHOLD	CATEGORY MEASURE
1	1	5	1	-.37	-.90	1.37	1.36	NONE	(-3.22)
2	2	17	4	-.43*	-.17	.86	.85	-1.61	-1.75
3	3	95	24	.41	.52	.81	.78	-1.41	-.41
4	4	153	38	1.35	1.36	.88	.83	.58	1.42
5	5	130	33	2.90	2.77	.79	.84	2.44	(3.51)

item8

CATEGORY LABEL	SCORE	OBSERVED COUNT	%	OBSVD AVRGE	SAMPLE EXPECT	INFIT MNSQ	OUTFIT MNSQ	ANDRICH THRESHOLD	CATEGORY MEASURE
1	1	3	1	-.21	-1.22	1.98	2.02	NONE	(-3.29)
2	2	6	2	-.73*	-.54	.89	4.42	-.61	-2.05
3	3	45	11	-.20	.08	.63	.40	-1.29	-1.03
4	4	74	19	1.14	.77	1.16	1.00	.87	.10
5	5	272	68	1.93	2.00	1.33	1.20	1.03	(1.55)

item16

CATEGORY LABEL	SCORE	OBSERVED COUNT	%	OBSVD AVRGE	SAMPLE EXPECT	INFIT MNSQ	OUTFIT MNSQ	ANDRICH THRESHOLD	CATEGORY MEASURE
1	1	4	1	.06	-.82	1.58	1.60	NONE	(-3.69)
2	2	30	8	-.19*	-.05	.92	.91	-2.46	-1.81
3	3	116	29	.53	.67	.70	.63	-1.06	-.06
4	4	143	36	1.47	1.55	.79	.63	.86	1.83
5	5	107	27	3.30	3.00	.65	.71	2.66	(3.89)

item17

CATEGORY LABEL	SCORE	OBSERVED COUNT	%	OBSVD AVRGE	SAMPLE EXPECT	INFIT MNSQ	OUTFIT MNSQ	ANDRICH THRESHOLD	CATEGORY MEASURE
1	1	16	4	.45	-.41	2.04	2.25	NONE	(-2.71)
2	2	66	17	.40*	.29	1.44	1.59	-2.18	-.82
3	3	124	31	.95	.97	1.03	1.12	-.72	.77
4	4	100	25	1.71	1.83	1.20	1.11	.88	2.26
5	5	94	24	3.13	3.21	1.18	1.16	2.03	(4.03)

item18

CATEGORY LABEL	SCORE	OBSERVED COUNT	%	OBSVD AVRGE	SAMPLE EXPECT	INFIT MNSQ	OUTFIT MNSQ	ANDRICH THRESHOLD	CATEGORY MEASURE
1	1	10	3	.42	-.50	1.71	1.72	NONE	(-3.16)
2	2	62	16	.20*	.28	1.09	1.16	-2.76	-1.17
3	3	169	42	1.00	1.07	.76	.71	-1.18	.89
4	4	93	23	2.08	2.10	.94	.88	1.31	2.85
5	5	66	17	3.74	3.59	.86	.85	2.64	(4.74)

item19

CATEGORY LABEL	SCORE	OBSERVED COUNT	%	OBSVD AVRGE	SAMPLE EXPECT	INFIT MNSQ	OUTFIT MNSQ	ANDRICH THRESHOLD	CATEGORY MEASURE
1	1	9	2	.06	-.51	1.34	1.36	NONE	(-3.27)
2	2	63	16	.02*	.28	.75	.77	-2.85	-1.23
3	3	173	43	1.06	1.07	.76	.72	-1.14	.92
4	4	86	22	2.13	2.10	.81	.73	1.46	2.83
5	5	69	17	3.78	3.56	.79	.80	2.53	(4.62)

item20

CATEGORY LABEL	SCORE	OBSERVED COUNT	%	OBSVD AVRGE	SAMPLE EXPECT	INFIT MNSQ	OUTFIT MNSQ	ANDRICH THRESHOLD	CATEGORY MEASURE
1	1	12	3	.20	-.56	1.65	1.72	NONE	(-2.79)
2	2	42	11	.01*	.14	.97	1.00	-1.99	-1.12
3	3	127	32	.82	.84	.98	.90	-1.16	.38
4	4	129	32	1.59	1.74	1.06	1.02	.70	2.18
5	5	90	23	3.44	3.20	.64	.71	2.45	(4.21)

〈그림 5-4〉 Rasch 부분점수모형을 적용한 응답범주 수 부적합 문항 추출

10문항 응답범주의 특성을 살펴보면 1점 응답범주에 응답한 빈도가 매우 적은 것을 볼 수 있다. 따라서 이렇게 문제가 나타난 10문항의 1점 응답범주와 2점 응답범주를 하나의 범주 1점 응답범주로 묶고, 다음으로 나머지 응답범주를 차례대로 변환시킨다. 즉 3점 응답범주를 2점 응답범주로, 4점 응답범주를 3점 응답범주로, 5점 응답범주를 4점 응답범주로 변환시킨다. 이 변환 방법을 EXCEL 프로그램으로 실행하는 순서는 다음 **〈그림 5-5〉**와 같다.

우선 5점 응답범주를 4점 응답범주로 바꿔야 하는 10문항을 선택해야 한다. 여기서 첫 번째 행의 item 옆의 숫자도 같이 변경되지 않도록 10문항 모두 2행부터 드래그해서 선택한다. 참고로 EXCEL 프로그램에서 원하는 열(셀)만을 선택하여 드래그하기 위해서는 [Ctrl]을 누른 상태에서 드래그하면 된다. 이렇게 변환할 10문항을 선택하고 [Ctrl + h]를 누르면 '찾기 및 바꾸기' 창이 나타나고, 여기서 순서대로 **〈그림 5-5〉**와 같이 2점 응답범주를 1점 응답범주로, 3점 응답범주를 2점 응답범주로, 4점 응답범주를 3점 응답범주로, 5점 응답범주를 4점 응답범주로 변환시킨다. 이와 같은 변환 작업은 SPSS 프로그램에서도 쉽게 할 수 있다.

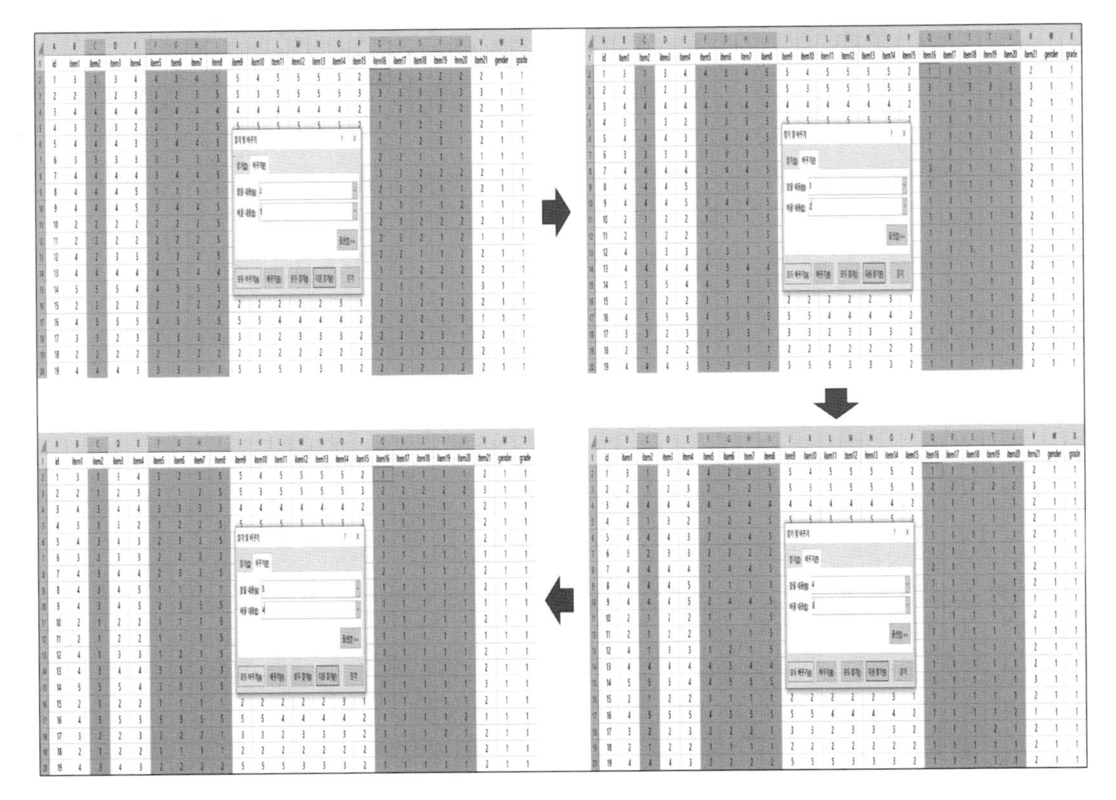

<그림 5-5> EXCEL 프로그램을 이용한 코딩 숫자 변경

이처럼 평균측정치에 문제가 있던 10문항들만 5점 응답범주를 4점 응답범주로 변환시킨 후 다른 이름으로 저장한다(첨부된 자료: data-4-PCM). 그리고 WINSTEPS 프로그램을 통해 앞서 소개한 **<그림 5-1>**(210쪽)과 같이 Rasch 부분점수모형 메모장 설계서를 만든다(첨부된 자료: winsteps-specification-1-PCM-re). 그리고 실행시켜 [Output Tables]에 [3.2+ Rating (partial credit) scale]을 클릭하면 메모장으로 결과가 바로 나타난다(첨부된 자료: rating-scale-1-PCM-re). 10문항에 평균측정치가 모두 문제없이 단계적으로 증가된 결과를 볼 수 있다. 다만 처음 평균측정치에 문제가 없었던 21번 문항에서 평균측정치가 단계적으로 증가하지 않는 결과가 나타난 것을 볼 수 있다.

따라서 21번 문항만 다시 위와같은 과정을 거쳐 4점 응답범주로 변환하고 메모장 설계서를 만든다(첨부된 자료: winsteps-specification-1-PCM-re21). 그리고 다시 실행하면 모든 문항의 평균측정치가 문제없이 단계적으로 증가된 결과를 볼 수 있다(첨부된 자료: rating-scale-1-PCM-re21).

이와같이 Rasch 부분점수모형이 Rasch 평정척도모형과 가장 큰 차이점은 각 문항별로 응답범주가 적합한지를 확인하고 수정할 수 있다는 것이다. 즉 응답범주 수가 부적합한 문항들만 선택하여 척도의 수를 수정할 수 있다. 이 연구에서는 5점 응답범주로 구성된 21문항 중 11문항(문항 2, 문항 5, 문항 6, 문항 7, 문항 8, 문항 16, 문항 17, 문항 18, 문항 19, 문항 20, 문항 21)의 응답범주 수를 4점 응답범주로 조정하였다.

5-3) Rasch 부분점수모형을 적용한 응답범주 적합성 분석 논문 결과 쓰기

(첨부된 자료: rating-scale-1-PCM, rating-scale-1-PCM-re, rating-scale-1-PCM-re21 보고 작성)

〈표 5-1〉 Rasch 부분점수모형 문항별 응답범주 적합성 분석

	평균측정치(수정전)					평균측정치(수정후)				
문항	범주1	범주2	범주3	범주4	범주5	범주1	범주2	범주3	범주4	범주5
1		−0.73	0.50	1.55	2.66		−1.53	0.07	1.17	2.30
2	0.14	−0.50*	0.37	1.35	2.75	−1.15	−0.07	0.97	2.39	
3		−0.37	0.37	1.22	2.80		−1.06	−0.07	0.84	2.44
4		−0.54	0.20	1.43	2.30		−1.31	−0.25	1.04	1.94
5	−0.21	−0.39*	0.66	1.74	3.10	−0.97	0.25	1.36	2.73	
6	−0.21	−0.35*	0.47	1.59	2.89	−0.94	0.05	1.22	2.53	
7	−0.37	−0.43*	0.41	1.35	2.90	−1.04	−0.02	0.96	2.53	
8	−0.21	−0.73*	−0.20	1.14	1.93	−1.39	−0.69	0.75	1.55	
9		−0.55	−0.06	1.03	1.95		−1.45	−0.55	0.64	1.58
10		−0.73	0.32	1.58	1.86		−1.60	−0.13	1.19	1.49
11		−0.60	0.20	1.28	2.04		−1.34	−0.25	0.90	1.67
12		−0.61	0.15	1.18	1.98		−1.47	−0.32	0.79	1.61
13		−0.77	−0.03	0.98	1.88		−1.78	−0.52	0.59	1.51
14		−0.80	0.10	1.12	1.93		−1.60	−0.38	0.74	1.56
15	−0.80	0.15	0.84	1.81	3.26	−1.47	−0.34	0.43	1.43	2.89
16	0.06	−0.19*	0.53	1.47	3.30	−0.70	0.11	1.08	2.93	
17	0.45	0.40*	0.95	1.71	3.13	−0.05	0.54	1.33	2.75	
18	0.42	0.20*	1.00	2.08	3.74	−0.25	0.61	1.71	3.37	
19	0.06	0.02*	1.06	2.13	3.78	−0.45	0.66	1.75	3.41	
20	0.20	0.01*	0.82	1.59	3.44	−0.44	0.41	1.21	3.07	
21	−0.23	−0.30*	0.51	1.57	3.17	−0.36	0.46	1.53	3.12	

〈표 5-1〉은 Rasch 부분점수모형을 통해 21문항에 동일하게 적용된 5점 응답범주가 각 문항별로 적합한지를 분석한 결과이다. 우선 9문항(문항1, 문항3, 문항4, 문항9, 문항10, 문항11, 문항12, 문항13, 문항14)은 범주1을 선택한 응답자는 없는 것을 알 수 있다. 21문항 중 11문항은 평균측정치가 응답범주가 증가할수록 단계적으로 증가하지 않는 것으로 나타났다. 구체적으로 평균측정치는 로짓(logits)값으로 각 범주에서 응답자의 속성을 대표하는 값이다. 따라서 범주1에 응답한 사람들을 대표하는 평균측정치는 범주2에 응답한 사람들을 대표하는 평균측정치보다 낮아야 한다. 즉 평균측정치는 응답범주(범주1, 범주2, 범주3, 범주4, 범주5)가 증가갈수록 같이 증가되어야 응답범주 수에 문제가 없다고 할 수 있다. 좌측 평균측정치(수정전)에 *이 표시된 11문항은 범주가 증가할수록 평균측정치가 증가되지 않는 것으로 나타났다. 따라서 우측 평균측정치(수정후)는 5점 응답범주를 적용하는데 문제가 되는 11문항에 1점 범주와 2점 범주를 통합하여 4점 응답범주로 변환시킨 결과다. 모든 문항이 범주가 증가할수록 평균측정치가 증가하는 것을 볼 수 있다. 21문항 중 11문항은 4점 척도로 수정하여 측정하고, 10문항은 5점 척도로 측정하는 것이 적합한 것을 알 수 있다.

5-4) Rasch 평정척도모형 분석 결과와 Rasch 부분점수모형 분석 결과 비교

이 연구에서 Rasch 평정척도모형(RSM)을 통해 분석한 순서대로 Rasch 부분점수모형(PCM)을 통해 분석한 결과와 비교해 보면, 우선 Global fit statistics 결과는 다음 **〈그림 5-6〉**과 같다(첨부된 자료: global-fit-statistics-1-PCM).

```
global-fit-statistics-winsteps 5.2.3 - Windows 메모장
파일(F) 편집(E) 서식(O) 보기(V) 도움말(H)
TABLE 44.1 data-4.xlsx                          ZOU552WS.TXT  May 19 2022  9:21
INPUT: 400 PERSON  21 ITEM  REPORTED: 400 PERSON  21 ITEM  5 CATS WINSTEPS 5.2.3.0
--------------------------------------------------------------------------------

Global Statistics:
Active PERSON: 400, non-extreme: 382
Active ITEM: 21
Active datapoints: 8400
Missing datapoints: none
Non-extreme datapoints: 8022, ln(8022) = 8.9899
Standardized residuals N(0,1): mean: .001 P.SD: 1.009 count: 8022.00          Rasch RSM

Fit Indicators:
Equal-item-discriminations test of Parallel ICCs/IRFs: 134.6897 with 20 d.f., probability = .0000
van den Wollenberg Q1 test of Parallel ICCs/IRFs: 485.3376 with 300 d.f., probability = .0000
Estimated Free Parameters = Lesser of (Non-extreme PERSON or Non-extreme ITEM) - 1 + Sum(Thresholds - 1) = 23
Analysis Degrees of freedom (d.f.) by counting = 8022 - 23 = 7999
Log-Likelihood chi-squared: 14892.8729 with 7999 d.f., probability = .0000
Pearson Global chi-squared: 8169.4972 with 7999 d.f., probability = .0000
Akaike Information Criterion, AIC = (2 * parameters) + chi-squared = 14938.8729
Schwarz Bayesian Information Criterion, BIC = (parameters * ln(non-extreme datapoints)) + chi-squared = 15099.6415
Global Root-Mean-Square Residual: .6534 with expected value: .6567 count: 8400.00
```

```
global-fit-statistics-1-PCM - Windows 메모장
파일(F) 편집(E) 서식(O) 보기(V) 도움말(H)
TABLE 44.1 data-4-PCMre21.xlsx                  ZOU046WS.TXT  Aug  5 2022 15:25
INPUT: 400 PERSON  21 ITEM  REPORTED: 400 PERSON  21 ITEM  85 CATS WINSTEPS 5.2.5.0
--------------------------------------------------------------------------------

Global Statistics:
Active PERSON: 400, non-extreme: 382
Active ITEM: 21
Active datapoints: 8400
Missing datapoints: none
Non-extreme datapoints: 8022, ln(8022) = 8.9899
Standardized residuals N(0,1): mean: -.014 P.SD: 1.040 count: 8022.00         Rasch PCM

Fit Indicators:
Equal-item-discriminations test of Parallel ICCs/IRFs: 99.7012 with 20 d.f., probability = .0000
van den Wollenberg Q1 test of Parallel ICCs/IRFs: 494.2761 with 300 d.f., probability = .0000
Estimated Free Parameters = Lesser of (Non-extreme PERSON or Non-extreme ITEM) - 1 + Sum(Thresholds - 1) = 63
Analysis Degrees of freedom (d.f.) by counting = 8022 - 63 = 7959
Log-Likelihood chi-squared: 14038.8520 with 7959 d.f., probability = .0000
Pearson Global chi-squared: 8681.5887 with 7959 d.f., probability = .0000
Akaike Information Criterion, AIC = (2 * parameters) + chi-squared = 14164.8520
Schwarz Bayesian Information Criterion, BIC = (parameters * ln(non-extreme datapoints)) + chi-squared = 14605.2184
Global Root-Mean-Square Residual: .6328 with expected value: .6357 count: 8400.00
```

<그림 5-6> Rasch RSM과 Rasch PCM의 Global fit statistics 결과 비교

앞서 소개했듯이 Global fit statistics는 측정된 자료가 전반적으로 Rasch 모형에 적합한지를 알아보는 분석이다. Rasch RSM과 Rasch PCM 결과에 큰 차이가 없는 것을 볼 수 있다. 즉 두 모형 모두 Log-Likelihood χ^2값과 Pearson Global χ^2값은 $p < .001$ 수준에서 통계적으로 유의하게 나타났다. 그리고 Global RMSR 적합도 지수는 관찰된 Global RMSR 값이 기대된 Global RMSR 값보다 큰 차이 없이 작게 나타났다. 따라서 두 모형 모두 전반적으로 자료를 Rasch 모형에 적용하는데 큰 문제가 없는 것을 알 수 있다.

Rasch RSM과 Rasch PCM의 문항 적합도 분석 결과(첨부된 자료: item-fit-1-PCM)를 비교하면 **<그림 5-7>**과 같다.

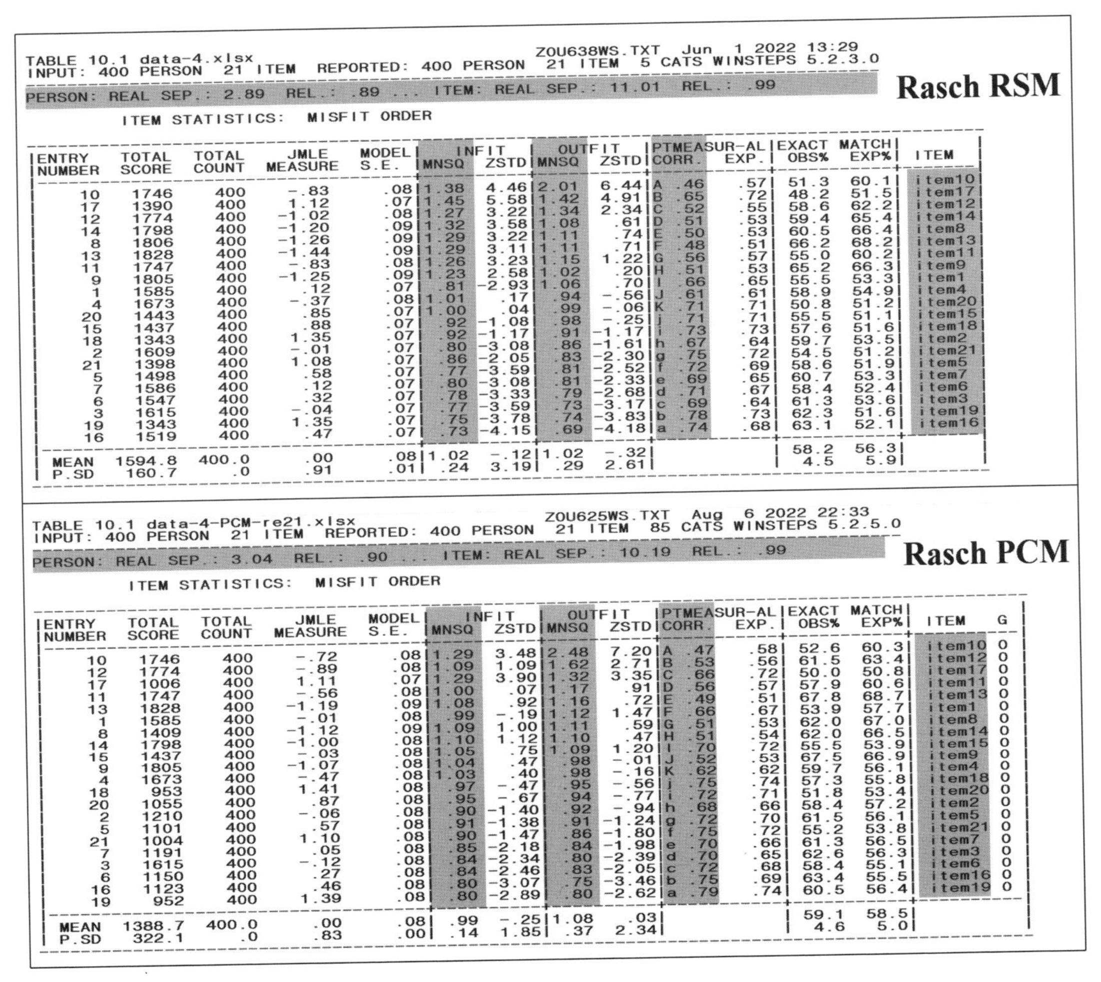

TABLE 10.1 data-4.xlsx　　ZOU638WS.TXT　Jun　1 2022 13:29
INPUT: 400 PERSON　21 ITEM　REPORTED: 400 PERSON　21 ITEM　5 CATS WINSTEPS 5.2.3.0

PERSON: REAL SEP.: 2.89　REL.: .89 ... ITEM: REAL SEP.: 11.01　REL.: .99

Rasch RSM

ITEM STATISTICS:　MISFIT ORDER

ENTRY NUMBER	TOTAL SCORE	TOTAL COUNT	JMLE MEASURE	MODEL S.E.	INFIT MNSQ	INFIT ZSTD	OUTFIT MNSQ	OUTFIT ZSTD	PTMEASUR-AL CORR.	PTMEASUR-AL EXP.	EXACT MATCH OBS%	EXACT MATCH EXP%	ITEM
10	1746	400	-.83	.08	1.38	4.46	2.01	6.44	A .46	.57	51.3	60.1	item10
17	1390	400	1.12	.07	1.45	5.58	1.42	4.91	B .65	.72	48.2	51.5	item17
12	1774	400	-1.02	.08	1.27	3.22	1.34	2.34	C .52	.55	58.6	62.2	item12
14	1798	400	-1.20	.09	1.32	3.58	1.08	.61	D .51	.53	59.4	65.4	item14
8	1806	400	-1.26	.09	1.29	3.22	1.11	.74	E .50	.53	60.5	66.4	item8
13	1828	400	-1.44	.09	1.29	3.11	1.11	.71	F .48	.51	66.2	68.2	item13
11	1747	400	-.83	.08	1.26	3.23	1.15	1.22	G .56	.57	55.0	60.2	item11
9	1805	400	-1.25	.09	1.23	2.58	1.02	.20	H .51	.53	65.2	66.3	item9
1	1585	400	.12	.07	.81	-2.93	1.06	.70	I .66	.65	55.5	53.3	item1
4	1673	400	-.37	.08	1.01	.17	.94	-.56	J .61	.61	58.9	54.9	item4
20	1443	400	.85	.07	1.00	.04	.99	-.06	K .71	.71	50.8	51.2	item20
15	1437	400	.88	.07	.92	-1.08	.98	-.25	j .71	.71	55.5	51.1	item15
18	1343	400	1.35	.07	.92	-1.17	.91	-1.17	i .73	.73	57.6	51.6	item18
2	1609	400	-.01	.07	.80	-3.08	.86	-1.61	h .67	.64	59.7	53.5	item2
21	1398	400	1.08	.07	.86	-2.05	.83	-2.30	g .75	.72	54.5	51.2	item21
5	1498	400	.58	.07	.77	-3.59	.81	-2.52	f .72	.69	58.6	51.9	item5
7	1586	400	.12	.07	.80	-3.08	.81	-2.33	e .69	.65	60.7	53.3	item7
6	1547	400	.32	.07	.78	-3.33	.79	-2.68	d .71	.67	58.4	52.4	item6
3	1615	400	-.04	.07	.77	-3.59	.73	-3.17	c .69	.64	61.3	53.6	item3
19	1343	400	1.35	.07	.75	-3.78	.74	-3.83	b .78	.73	62.3	51.6	item19
16	1519	400	.47	.07	.73	-4.15	.69	-4.18	a .74	.68	63.1	52.1	item16
MEAN	1594.8	400.0	.00	.08	1.02	-.12	1.02	-.32			58.2	56.3	
P.SD	160.7	.0	.91	.01	.24	3.19	.29	2.61			4.5	5.9	

TABLE 10.1 data-4-PCM-re21.xlsx　　ZOU625WS.TXT　Aug　6 2022 22:33
INPUT: 400 PERSON　21 ITEM　REPORTED: 400 PERSON　21 ITEM　85 CATS WINSTEPS 5.2.5.0

PERSON: REAL SEP.: 3.04　REL.: .90 ... ITEM: REAL SEP.: 10.19　REL.: .99

Rasch PCM

ITEM STATISTICS:　MISFIT ORDER

ENTRY NUMBER	TOTAL SCORE	TOTAL COUNT	JMLE MEASURE	MODEL S.E.	INFIT MNSQ	INFIT ZSTD	OUTFIT MNSQ	OUTFIT ZSTD	PTMEASUR-AL CORR.	PTMEASUR-AL EXP.	EXACT MATCH OBS%	EXACT MATCH EXP%	ITEM	G
10	1746	400	-.72	.08	1.29	3.48	2.48	7.20	A .47	.58	52.6	60.3	item10	0
12	1774	400	-.89	.08	1.09	1.09	1.62	2.71	B .53	.56	61.5	63.4	item12	0
17	1006	400	1.11	.07	1.29	3.90	1.32	3.35	C .66	.72	50.0	50.8	item17	0
11	1747	400	-.56	.08	1.00	.07	1.17	.91	D .56	.57	57.9	60.6	item11	0
13	1828	400	-1.19	.09	1.08	.92	1.16	.72	E .49	.51	67.8	68.7	item13	0
1	1585	400	-.01	.08	.99	-.19	1.12	1.47	F .66	.67	53.9	57.7	item1	0
8	1409	400	-1.12	.09	1.09	1.00	1.11	.59	G .51	.53	62.0	67.0	item8	0
14	1798	400	-1.00	.08	1.10	1.12	1.10	.47	H .51	.54	62.0	66.5	item14	0
15	1437	400	-.03	.08	1.05	.75	1.09	1.20	I .70	.72	55.5	53.9	item15	0
9	1805	400	-1.07	.08	1.04	.47	.98	-.01	J .52	.53	67.5	66.9	item9	0
4	1673	400	-.47	.08	1.03	.40	.98	-.16	K .62	.62	59.7	56.1	item4	0
18	953	400	1.41	.08	.97	-.47	.95	-.56	j .75	.74	57.3	55.8	item18	0
20	1055	400	.87	.08	.95	-.67	.94	-.77	i .72	.71	51.8	53.4	item20	0
2	1210	400	-.06	.08	.90	-1.40	.92	-.94	h .68	.66	58.4	57.2	item2	0
5	1101	400	.57	.08	.91	-1.38	.91	-1.24	g .72	.70	61.5	56.1	item5	0
21	1004	400	1.10	.08	.90	-1.47	.86	-1.80	f .75	.72	55.2	53.8	item21	0
7	1191	400	.05	.08	.85	-2.18	.84	-1.98	e .70	.66	61.3	56.5	item7	0
3	1615	400	-.12	.08	.84	-2.34	.80	-2.39	d .70	.65	62.6	56.3	item3	0
6	1150	400	.27	.08	.84	-2.46	.83	-2.05	c .72	.68	58.4	55.1	item6	0
16	1123	400	.46	.08	.80	-3.07	.75	-3.46	b .75	.69	63.4	55.5	item16	0
19	952	400	1.39	.08	.80	-2.89	.80	-2.62	a .79	.74	60.5	56.4	item19	0
MEAN	1388.7	400.0	.00	.08	.99	-.25	1.08	.03			59.1	58.5		
P.SD	322.1	.0	.83	.00	.14	1.85	.37	2.34			4.6	5.0		

〈그림 5-7〉 Rasch RSM과 Rasch PCM의 문항 적합도 결과 비교

우선 Rasch RSM과 Rasch PCM에서 모두 응답자 분리지수와 문항 분리지수가 모두 2.0 이상으로 나타났고, 따라서 응답자 신뢰도 지수와 문항 신뢰도 지수도 모두 0.80 이상으로 나타났다. 두 모형 모두 문항이 응답자 속성을 측정하는데 문제가 없으며, 표본 수에도 문제가 없는 것을 알 수 있다.

그러나 결정한 내·외 적합도 기준(1.40 이상 부적합, 0.60 이하 과적합)으로 보면 결과가 조금 다른 것을 볼 수 있다. 즉 Rasch RSM의 경우 문항 10번과 문항 17번이 부적합한 문항으로 나타났고, Rasch PCM에서는 문항 10번과 12번이 부적합한 문항으로 나타났다.

다음으로 Rasch RSM과 Rasch PCM의 성별에 따른 차별기능문항 분석 결과(첨부된 자료:

DIF-gender-1-PCM)를 비교하면 **〈그림 5-8〉**과 같다.

TABLE 30.1 data-4.xlsx ZOU443WS.TXT Jun 14 2022 9:53
INPUT: 400 PERSON 21 ITEM REPORTED: 400 PERSON 21 ITEM 5 CATS WINSTEPS 5.2.4.0

Rasch RSM

DIF class/group specification is: DIF=$S1W1

PERSON CLASS/	Obs-Exp Average	DIF MEASURE	DIF S.E.	PERSON CLASS/	Obs-Exp Average	DIF MEASURE	DIF S.E.	DIF CONTRAST	JOINT S.E.	Rasch-Welch t	d.f.	Prob.	Mantel Chi-squ	Prob.	Size CUMLOR	Active Slices	ITEM Number	Name
1	.06	.00	.10	2	-.07	.28	.11	-.28	.15	-1.86	366	.0631	1.9135	.1666	-.34	41	1	item1
1	.00	-.01	.10	2	.00	-.01	.11	.00	.15	.00	362	1.000	.3522	.5528	-.15	41	2	item2
1	.00	-.04	.10	2	.00	-.04	.12	.00	.15	.00	362	1.000	1.0154	.3136	-.26	41	3	item3
1	.02	-.41	.10	2	-.02	-.32	.12	-.09	.16	-.60	362	.5520	2.1698	.1407	-.37	41	4	item4
1	.02	.54	.09	2	-.02	.62	.11	-.08	.14	-.57	366	.5683	.2202	.6389	.12	41	5	item5
1	.03	.27	.10	2	-.03	.39	.11	-.12	.15	-.83	365	.4053	.5528	.4572	-.18	41	6	item6
1	.03	.07	.10	2	-.03	.18	.11	-.11	.15	-.74	364	.4604	1.6025	.2055	-.32	41	7	item7
1	.03	-1.33	.12	2	-.03	-1.17	.14	-.16	.18	-.87	364	.3861	.2871	.5921	-.16	41	8	item8
1	.04	-1.37	.12	2	-.05	-1.10	.14	-.27	.18	-1.52	367	.1301	1.6467	.1994	-.40	41	9	item9
1	.06	-.97	.11	2	-.07	-.63	.12	-.34	.17	-2.09	367	.0377	.3769	.5393	-.17	41	10	item10
1	.04	-.93	.11	2	-.04	-.71	.13	-.22	.17	-1.32	365	.1876	1.4401	.2301	-.34	41	11	item11
1	.06	-1.16	.11	2	-.06	-.84	.13	-.32	.17	-1.87	368	.0618	1.5197	.2177	-.35	41	12	item12
1	.01	-1.47	.12	2	-.01	-1.41	.14	-.06	.19	-.31	361	.7537	.0576	.8103	.08	41	13	item13
1	.04	-1.32	.12	2	-.05	-1.04	.13	-.27	.18	-1.53	367	.1265	.5055	.4771	-.22	41	14	item14
1	-.02	.91	.09	2	.02	.85	.11	.07	.14	.47	368	.6367	1.2054	.2723	.27	41	15	item15
1	-.07	.59	.09	2	.08	.29	.11	.30	.15	2.06	363	.0405	3.0573	.0804	.45	41	16	item16
1	-.06	1.24	.10	2	.07	.97	.11	.26	.14	1.85	369	.0655	2.3846	.1225	.36	41	17	item17
1	-.06	1.47	.10	2	.07	1.21	.11	.26	.14	1.84	371	.0663	2.5433	.1108	.40	41	18	item18
1	-.06	1.46	.10	2	.07	1.22	.11	.24	.14	1.70	371	.0897	1.6128	.2041	.34	41	19	item19
1	-.07	.98	.09	2	.08	.69	.11	.28	.14	1.97	367	.0498	2.2077	.1373	.36	41	20	item20
1	-.09	1.24	.10	2	.10	.88	.11	.36	.14	2.48	369	.0136	3.8220	.0506	.48	41	21	item21

TABLE 30.1 data-4-PCM-re21.xlsx ZOU625WS.TXT Aug 6 2022 22:33
INPUT: 400 PERSON 21 ITEM REPORTED: 400 PERSON 21 ITEM 85 CATS WINSTEPS 5.2.5.0

Rasch PCM

DIF class/group specification is: DIF=$S1W1

PERSON CLASS/	Obs-Exp Average	DIF MEASURE	DIF S.E.	PERSON CLASS/	Obs-Exp Average	DIF MEASURE	DIF S.E.	DIF CONTRAST	JOINT S.E.	Rasch-Welch t	d.f.	Prob.	Mantel Chi-squ	Prob.	Size CUMLOR	Active Slices	ITEM Number	Name
1	.05	-.13	.11	2	-.06	.16	.12	-.29	.16	-1.75	368	.0808	.8620	.3532	-.22	42	1	item1
1	.00	-.06	.11	2	.00	-.06	.12	.00	.16	.00	365	1.000	.1995	.6551	-.11	42	2	item2
1	.00	-.12	.10	2	.00	-.12	.12	.00	.16	.00	363	1.000	.4753	.4906	-.17	42	3	item3
1	.02	-.51	.10	2	-.02	-.41	.12	-.10	.16	-.64	361	.5220	1.1817	.2770	-.27	42	4	item4
1	.01	.57	.11	2	-.01	.57	.12	.00	.16	.00	369	1.000	.1351	.7133	.09	42	5	item5
1	.03	.22	.10	2	-.03	.35	.12	-.13	.15	-.82	366	.4154	.4573	.4989	-.17	42	6	item6
1	.02	.01	.10	2	-.02	.10	.12	-.10	.16	-.60	366	.5512	.5605	.4540	-.19	42	7	item7
1	.03	-1.19	.11	2	-.03	-1.03	.13	-.16	.17	-.91	364	.3616	.3538	.5519	-.17	42	8	item8
1	.04	-1.17	.11	2	-.05	-.92	.13	-.25	.17	-1.47	367	.1418	1.5294	.2162	-.38	42	9	item9
1	.06	-.86	.11	2	-.07	-.53	.12	-.33	.16	-2.07	367	.0388	.7222	.3954	-.24	42	10	item10
1	.04	-.64	.10	2	-.04	-.45	.12	-.19	.15	-1.27	364	.2052	1.4764	.2243	-.34	42	11	item11
1	.06	-1.01	.11	2	-.06	-.72	.12	-.29	.16	-1.81	367	.0711	2.1284	.1446	-.42	42	12	item12
1	.01	-1.22	.11	2	-.01	-1.16	.13	-.06	.18	-.35	362	.7276	.0134	.9078	.04	42	13	item13
1	.05	-1.11	.11	2	-.05	-.87	.12	-.24	.16	-1.46	367	.1443	.8876	.3461	-.30	42	14	item14
1	-.03	.03	.10	2	.03	-.09	.11	.12	.15	.78	369	.4350	1.6015	.2057	.32	42	15	item15
1	-.07	.61	.10	2	.08	.26	.12	.35	.16	2.21	365	.0274	2.3334	.1266	.38	42	16	item16
1	-.04	1.18	.10	2	.05	1.01	.11	.18	.14	1.22	368	.2217	1.9858	.1588	.32	42	17	item17
1	-.07	1.57	.11	2	.07	1.23	.12	.34	.16	2.17	375	.0309	3.4363	.0638	.47	42	18	item18
1	-.05	1.51	.11	2	.06	1.25	.12	.25	.16	1.60	375	.1104	.9647	.3260	.26	42	19	item19
1	-.07	1.01	.10	2	.07	.70	.11	.31	.15	2.02	368	.0441	1.2251	.2684	.26	42	20	item20
1	-.08	1.27	.10	2	.09	.89	.11	.38	.15	2.47	371	.0138	4.5034	.0338	.52	42	21	item21

〈그림 5-8〉 Rasch RSM과 Rasch PCM의 성별에 따른 DIF 결과 비교

첫째, Rasch-Welch t검정(RW-t값) 결과, Rasch RSM에서는 네 문항(문항 10번, 문항 16번, 문항 20번, 문항 21번)이 $p < .05$ 수준에서 성별에 따라 차별되는 것으로 나타났다. Rasch PCM에서는 $p < .05$ 수준에서 동일한 네 문항과 한 문항(문항 18번)이 더 추가되어 다섯 문항이 성별에 따라 차별되는 것으로 나타났다.

둘째, Mantel-Haenszel Chi-squre 검정(MH-χ^2) 결과, Rasch RSM에서는 $p > .05$ 수준에서 성

별에 따른 차별기능문항은 나타나지 않았다. Rasch PCM에서는 $p < .05$ 수준에서 한 문항(문항 21번)이 성별에 따라 차별되는 것으로 나타났다.

셋째, Size CUMLOR 검정 결과, Rasch RSM에서는 두 문항(문항 16번, 문항 21번)이 성별에 따라 차별되는 것으로 나타났다. Rasch PCM에서는 두 문항(문항 18번, 문항 21번)이 성별에 따라 차별되는 것으로 나타났다.

Rasch RSM에서는 Rasch-Welch t검정(RW-t값) 결과, Mantel-Haenszel Chi-squre 검정(MH-χ^2) 결과, 그리고 Size CUMLOR 검정 결과를 모두 고려할 때 성별에 따른 차별기능 문항은 없는 것으로 나타났다. 그러나 Rasch PCM에서는 문항 21번이 Rasch-Welch t검정(RW-t값) 결과, Mantel-Haenszel Chi-squre 검정(MH-χ^2) 결과, 그리고 Size CUMLOR 검정 결과에서 모두 유의하게 성별에 따라 차별되는 문항으로 나타났다.

[알아두기]
Rasch RSM, Rasch PCM 결과 비교

Rasch RSM 결과와 Rasch PCM 결과를 정리하면 다음과 같다.

	global-fit	scale-fit	item fit	DIF
Rasch RSM	적합	21문항: 5점 척도 적합	10번, 17번 부적합	없음
Rasch PCM	적합	11문항: 4점 척도 적합, 10문항: 5점 척도 적합	10번, 12번 부적합	21번

21문항 5점 척도로 구성된 체육교육전공 대학생 진로불안감 심리측정척도를 개발 또는 타당도 검증하는 과정에서 연구자는 Rasch RSM 또는 Rasch PCM을 선택한다. 그리고 전반적인 자료의 적합성(global-fit), 응답범주의 적합성(scale-fit), 문항 적합도(item-fit), 그리고 성별에 따른 차별기능문항(DIF)을 분석할 수 있다. 우선 Rasch RSM을 선택하여 분석한 결과는 전반적으로 자료가 Rasch 모형에 적합한 것으로 나타났다. 그리고 모든 문항의 응답범주는 5점 척도가 적합한 것으로 나타났다. 또한 두 문항(문항 10번, 문항 17번)이 부적합하게 나타났으며, 성별에 따른 차별기능문항은 나타나지 않았다. 다음으로 Rasch PCM을 선택하여 분석한 결과는 전반적으로 자료가 Rasch 모형에 적합한 것으로 나타났다. 그리고 문항의 응답범주는 11문항은 4점 척도가 적합하고 10문항은 5점 척도가 적합한 것으로 나타났다. 또한 두 문항(문항 10번, 문항 12번)이 부적합하게 나타

났으며, 21번 문항이 성별에 따른 차별기능문항으로 나타났다.

이처럼 두 모형의 최종 결과는 다른 것을 알 수 있다. 심리측정척도 개발 및 타당화 과정에서 어떤 모형을 선택할 것인지는 연구자의 몫이다. 중요한 것은 연구자가 각 문항마다 척도의 간격이 모두 동일하다고 가정할 것인가 아니면 모두 다르다고 가정할 것인가이다.

5-5) Rasch 평정척도모형과 Rasch 부분점수모형 탐색 결과 비교

이 장에서 WINSTEPS 프로그램의 Rasch 부분점수모형(PCM)을 소개하고, Rasch 평정척도모형(RSM)과 비교하였다. 이처럼 심리측정척도를 개발하는 과정은 우선 전문가들이 문헌고찰과 회의(내용타당화)를 통해 문항과 척도를 결정하고, 통계적으로 응답범주의 적합성 검증, 문항 적합도 검증, 그리고 성별에 따른 차별기능문항을 추출하는 것이 일반적이다.

연구자는 전문가들이 문헌고찰과 회의를 통해 결정된 문항과 척도 수가 '개발'이라고 정의할 수도 있다. 이런 경우는 통계적으로 검증한 세 가지 방법(응답범주의 적합성, 문항 적합도 검증, 차별기능문항 추출)은 개발된 척도의 타당도 검증(타당화) 방법이라고 할 수 있다.

반면 연구자는 전문가들이 문헌고찰과 회의를 통해 결정된 문항과 척도 수를 개발이 아니라 내용타당화 측면에서 '결정'한 것이라고 정의할 수 있다. 이런 경우는 통계적으로 검증한 세 가지 방법(응답범주의 적합성, 문항 적합도 검증, 차별기능문항 추출)이 타당도 검증 방법이 아닌 '개발' 방법이라고 할 수 있다. 그렇다면 개발된 척도가 타당한지를 검증할 필요가 있다. 따라서 개발된 척도를 실제 활용하여 또 다른 분석을 적용하는 것이 타당도 검증이라고 할 수 있다. 이처럼 심리측정척도 개발 및 타당도 검증과 관련된 양적연구들은 연구자가 연구방법을 조작적 정의하고 진행할 수 있다. 단 조작적 정의에 대한 논리적인 증거(사전연구)가 뒷받침되어야 한다.

체육교육전공 대학생 진로불안감 측정척도 개발 및 타당화라는 연구에서 우선 내용타당화 측면에서 21문항 5점 척도를 결정하였고, 이번에는 Rasch RSM이 아닌 Rasch PCM을 적용하여 총 18문항(10문항 4점 척도, 8문항 5점 척도)이 개발되었다(첨부된 자료: data-5-PCM). 그리고 타당도를 검증(탐색)하기 위해 Rasch RSM에서 실시한 두 가지 방법(문항 차원성, 응답자 속성과 문항 곤란도 분포도)을 적용하였고, 결과를 비교하였다. 여기서 원칙적으로는 개발된 18문항을 다른 연구대상에게 조사한 자료로 두 가지 방법을 적용하는 것이 타당도 검증이라고 할 수 있다.

우선 세 문항을 제거한 EXCEL 자료(data-5-PCM)를 WINSTEPS 프로그램으로 실행시킨다. 그리고 앞서 소개한 **<그림 5-1>**(210쪽)과 같이 세미콜론(;)을 제거하여 Rasch 부분점수모형 메모장 설계서를 만든다(첨부된 자료: winsteps-specification-2-PCM). 그리고 앞서 소개한 **<그림 2-11>**(137쪽)부터 **<그림 2-15>**에 과정으로 winsteps-specification-2-PCM 파일을 실행시킨다. 그 다음, 앞서 소개한 **<그림 4-13>**(180쪽), **<그림 4-14>** 과정을 실행하면, 문항 차원성 결과 메모장이 바로 생성된다(첨부된 자료: item-dimensionality-2-PCM). 생성된 결과와 Rasch RSM 결과를 비교하면 **<그림 5-9>**와 같다.

두 모형 모두 Unexplned variance in 1st contrast 고유값(Eigenvalue)은 3.0 이상으로 나타났고, 전체적으로 3개의 군집으로 이루어진 공통점을 볼 수 있다. 또한 Table 23.1에 알파벳이 정확히 어떤 문항인지를 보여주는 Table 23.2를 비교해 보면, 3개 군집에 문항들이 완전히 동일하지는 않지만 매우 유사한 것을 볼 수 있다.

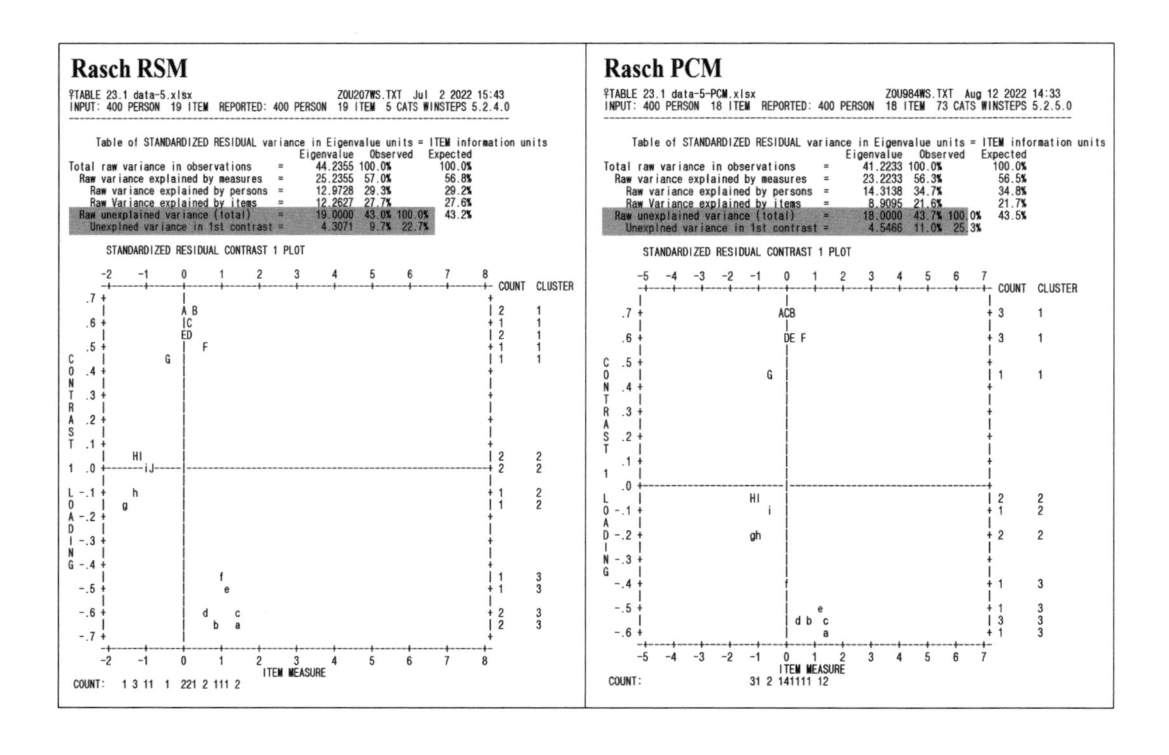

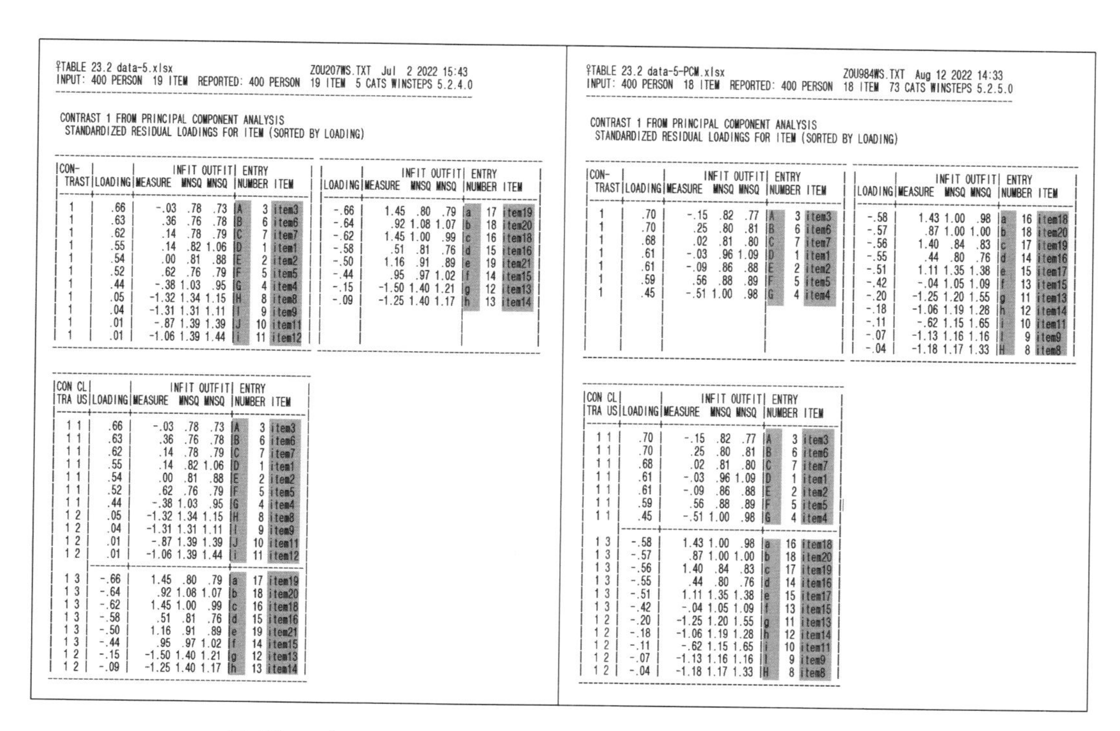

TABLE 23.2 data-5.xlsx ZOU207WS.TXT Jul 2 2022 15:43
INPUT: 400 PERSON 19 ITEM REPORTED: 400 PERSON 19 ITEM 5 CATS WINSTEPS 5.2.4.0

CONTRAST 1 FROM PRINCIPAL COMPONENT ANALYSIS
STANDARDIZED RESIDUAL LOADINGS FOR ITEM (SORTED BY LOADING)

CONTRAST	LOADING	MEASURE	INFIT MNSQ	OUTFIT MNSQ	ENTRY	NUMBER	ITEM
1	.66	-.03	.78	.73	A	3	item3
1	.63	.36	.76	.78	B	6	item6
1	.62	.14	.78	.79	C	7	item7
1	.55	.14	.82	1.06	D	1	item1
1	.54	.00	.81	.88	E	2	item2
1	.52	.62	.76	.79	F	5	item5
1	.44	-.38	1.03	.95	G	4	item4
1	.05	-1.32	1.34	1.15	H	8	item8
1	.04	-1.31	1.31	1.11	I	9	item9
1	.01	-.87	1.39	1.39	J	10	item11
1	.01	-1.06	1.39	1.44	i	11	item12

LOADING	MEASURE	INFIT MNSQ	OUTFIT MNSQ	ENTRY	NUMBER	ITEM
-.66	1.45	.80	.79	a	17	item19
-.64	.92	1.08	1.07	b	18	item20
-.62	1.45	1.00	.99	c	16	item18
-.58	.51	.81	.76	d	15	item16
-.50	1.16	.91	.89	e	19	item21
-.44	.95	.97	1.02	f	14	item15
-.15	-1.50	1.40	1.21	g	12	item13
-.09	-1.25	1.40	1.17	h	13	item14

CONTRA	CLUS	LOADING	MEASURE	INFIT MNSQ	OUTFIT MNSQ	ENTRY	NUMBER	ITEM
1	1	.66	-.03	.78	.73	A	3	item3
1	1	.63	.36	.76	.78	B	6	item6
1	1	.62	.14	.78	.79	C	7	item7
1	1	.55	.14	.82	1.06	D	1	item1
1	1	.54	.00	.81	.88	E	2	item2
1	1	.52	.62	.76	.79	F	5	item5
1	1	.44	-.38	1.03	.95	G	4	item4
1	2	.05	-1.32	1.34	1.15	H	8	item8
1	2	.04	-1.31	1.31	1.11	I	9	item9
1	2	.01	-.87	1.39	1.39	J	10	item11
1	2	.01	-1.06	1.39	1.44	i	11	item12
1	3	-.66	1.45	.80	.79	a	17	item19
1	3	-.64	.92	1.08	1.07	b	18	item20
1	3	-.62	1.45	1.00	.99	c	16	item18
1	3	-.58	.51	.81	.76	d	15	item16
1	3	-.50	1.16	.91	.89	e	19	item21
1	3	-.44	.95	.97	1.02	f	14	item15
1	2	-.15	-1.50	1.40	1.21	g	12	item13
1	2	-.09	-1.25	1.40	1.17	h	13	item14

TABLE 23.2 data-5-PCM.xlsx ZOU984WS.TXT Aug 12 2022 14:33
INPUT: 400 PERSON 18 ITEM REPORTED: 400 PERSON 18 ITEM 73 CATS WINSTEPS 5.2.5.0

CONTRAST 1 FROM PRINCIPAL COMPONENT ANALYSIS
STANDARDIZED RESIDUAL LOADINGS FOR ITEM (SORTED BY LOADING)

CONTRAST	LOADING	MEASURE	INFIT MNSQ	OUTFIT MNSQ	ENTRY	NUMBER	ITEM
1	.70	-.15	.82	.77	A	3	item3
1	.70	.25	.80	.81	B	6	item6
1	.68	.02	.81	.80	C	7	item7
1	.61	-.03	.96	1.09	D	1	item1
1	.61	-.09	.86	.88	E	2	item2
1	.59	.56	.88	.89	F	5	item5
1	.45	-.51	1.00	.98	G	4	item4

LOADING	MEASURE	INFIT MNSQ	OUTFIT MNSQ	ENTRY	NUMBER	ITEM
-.58	1.43	1.00	.98	a	16	item18
-.57	.87	1.00	1.00	b	18	item20
-.56	1.40	.84	.83	c	17	item19
-.55	.44	.80	.76	d	14	item16
-.51	1.11	1.35	1.38	e	15	item17
-.42	-.04	1.05	1.09	f	13	item15
-.20	-1.25	1.20	1.55	g	11	item13
-.18	-1.06	1.19	1.28	h	12	item14
-.11	-.62	1.15	1.65	i	10	item11
-.07	-1.13	1.16	1.16	I	9	item9
-.04	-1.18	1.17	1.33	H	8	item8

CONTRA	CLUS	LOADING	MEASURE	INFIT MNSQ	OUTFIT MNSQ	ENTRY	NUMBER	ITEM
1	1	.70	-.15	.82	.77	A	3	item3
1	1	.70	.25	.80	.81	B	6	item6
1	1	.68	.02	.81	.80	C	7	item7
1	1	.61	-.03	.96	1.09	D	1	item1
1	1	.61	-.09	.86	.88	E	2	item2
1	1	.59	.56	.88	.89	F	5	item5
1	1	.45	-.51	1.00	.98	G	4	item4
1	3	-.58	1.43	1.00	.98	a	16	item18
1	3	-.57	.87	1.00	1.00	b	18	item20
1	3	-.56	1.40	.84	.83	c	17	item19
1	3	-.55	.44	.80	.76	d	14	item16
1	3	-.51	1.11	1.35	1.38	e	15	item17
1	3	-.42	-.04	1.05	1.09	f	13	item15
1	2	-.20	-1.25	1.20	1.55	g	11	item13
1	2	-.18	-1.06	1.19	1.28	h	12	item14
1	2	-.11	-.62	1.15	1.65	i	10	item11
1	2	-.07	-1.13	1.16	1.16	I	9	item9
1	2	-.04	-1.18	1.17	1.33	H	8	item8

〈그림 5-9〉 Rasch RSM과 Rasch PCM 차원성 결과 비교

다음으로 Rasch RSM 응답자 속성과 문항 곤란도 분포도와 Rasch PCM 응답자 속성과 문항 곤란도 분포도를 비교하기 위해 Rasch PCM 메모장 설계서, winsteps-specification-2-PCM에 앞서 소개한 **〈그림 4-20〉**(194쪽)과 같이 명령어를 추가하였다. 추가한 메모장 설계서는 다음 **〈그림 5-10〉**과 같다(첨부된 자료: winsteps-specification-2-PCM-re). 응답자 성별 번호(남자=1, 여자=2)와 문항 번호가 완전히 모두 나타나도록 LINELENGTH=105로 설정하였다.

```
winsteps-specification-2-PCM-re - Windows 메모장
파일(F) 편집(E) 서식(O) 보기(V) 도움말(H)
&INST
Title= "data-5-PCM.xlsx"
; Excel file created or last modified: 2022-08-11 오후 2:15:01
; Sheet1
;     Excel Cases processed = 400
; Excel Variables processed = 21
ITEM1 = 1 ; Starting column of item responses
NI = 18 ; Number of items
NAME1 = 20 ; Starting column for person label in data record
NAMLEN = 2 ; Length of person label
XWIDE = 1 ; Matches the widest data value observed
GROUPS = 0 ; Partial Credit model: in case items have different rating scales
CODES = 12345 ; matches the data
TOTALSCORE = Yes ; Include extreme responses in reported scores
; Person Label variables: columns in label: columns in line
@gender = 1E1 ; $C20W1
MTOP=0
MBOTTOM=0
MUNITS=0
MTICKS=0
LINELENGTH=105
&END ; Item labels follow: columns in label
item1 ; Item 1 : 1-1
item2 ; Item 2 : 2-2
item3 ; Item 3 : 3-3
item4 ; Item 4 : 4-4
item5 ; Item 5 : 5-5
item6 ; Item 6 : 6-6
item7 ; Item 7 : 7-7
item8 ; Item 8 : 8-8
item9 ; Item 9 : 9-9
item11 ; Item 10 : 10-10
item13 ; Item 11 : 11-11
item14 ; Item 12 : 12-12
item15 ; Item 13 : 13-13
item16 ; Item 14 : 14-14
item17 ; Item 15 : 15-15
item18 ; Item 16 : 16-16
item19 ; Item 17 : 17-17
item20 ; Item 18 : 18-18
END NAMES
313432345555211111 1
212321245555322222 1
434433334444211111 1
313212245555211111 1
434323345555311111 1
323322225555211111 1
434423345534321111 1
434511115553111111 1
   ⋮
```

<그림 5-10> Rasch PCM 메모장 설계서 명령어 추가

이 메모장 설계서를 실행시키고 [1. Variable (Wright) maps]를 클릭하면, 분석된 응답자 속성과 문항 곤란도 분포도가 나타난다(첨부된 자료: variable-wright-maps-2-PCM-re). Rasch PCM 결과와 비교하면 **<그림 5-11>**과 같다.

Rasch PCM의 측정치(MEASURE) 범위가 Rasch RSM에 비해 상대적으로 더 넓은 것을 볼 수 있다. 구체적으로 살펴보면, Rasch PCM 문항 분포가 Rasch RSM 문항 분포에 비해 응답자 속성 분포와 더 많이 겹쳐지는 것을 볼 수 있다. 즉 Rasch PCM이 Rasch RSM에 비해 문항이 응답자 속성을 측정하는데 더 적절한 것을 알 수 있다.

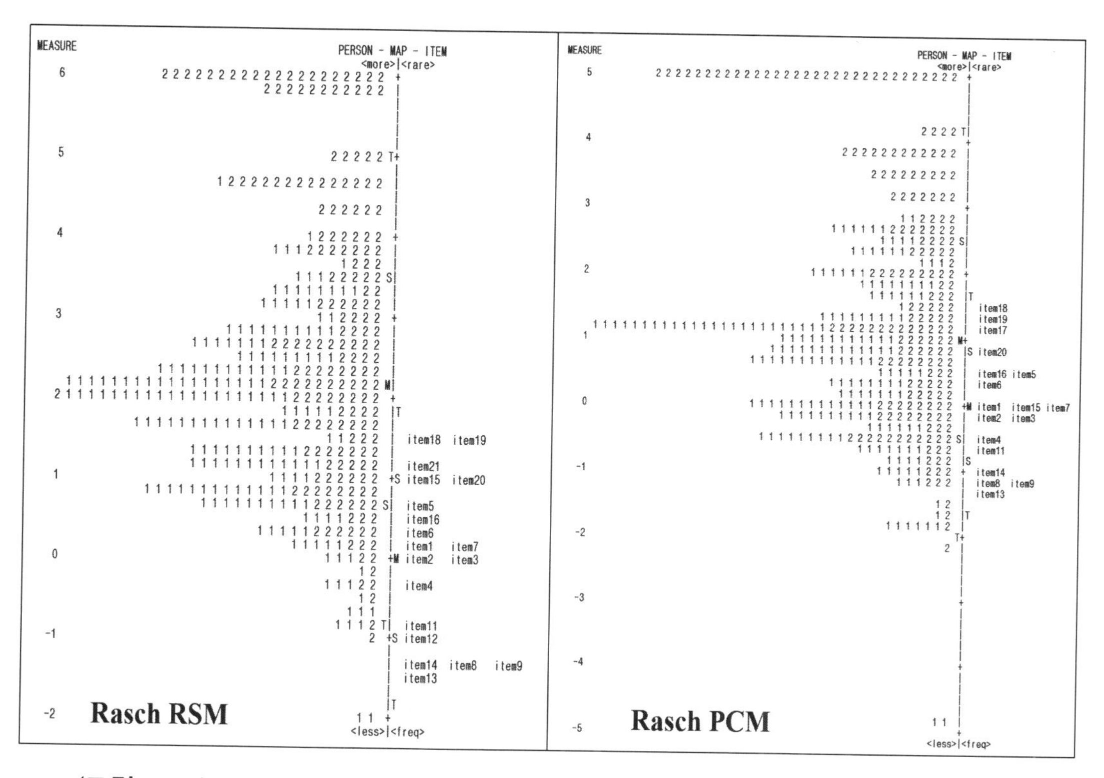

〈그림 5-11〉 Rasch RSM과 Rasch PCM 응답자 속성과 문항 곤란도 분포도 비교

[알아두기]
Rasch PCM이 FACETS 프로그램에서도 가능 (? vs #)

지금까지 WINSTEPS 프로그램으로 Rasch RSM과 Rasch PCM을 모두 분석하고 결과를 비교해 보았다. FACETS 프로그램에서도 Rasch PCM 분석이 가능하다. 앞서 'FACETS 프로그램 활용하여 논문 결과 작성하기'에서 메모장 명령어를 작성하는 방법을 이해하였다면, 다음과 같이 메모장을 설계하면 Rasch PCM 분석 결과가 동일하게 나타난다(첨부된 자료: facets-specification-PCM.txt).

즉 다음 메모장 설계서, facets-specification-PCM을 FACETS 프로그램에서 실행시킨 결과 메모장(첨부된 자료: facets-specification-PCM.out.txt)과 winsteps-specification-2-PCM을 WINSTEP 프로그램에서 실행시킨 결과 TABLE들을 비교해 보면 최종 해석은 동일하게 나타난다. 간단히 아래 FACETS 설계서에서 문항 국면을 나타내는 표시한 부분이 ? 이면 Rasch RSM으로 분석되는 것이고, # 이면 Rasch PCM으로 분석되는 것이다.

facets-specification-PCM - Windows 메모장

파일(F) 편집(E) 서식(O) 보기(V) 도움말(H)

Rasch PCM in FACETS

```
title=faccets-specification-PCM
facets=2
Noncentered=1
Positive=1
model=?,#,scale

rating scale=scale,R5
1=strongly disagree
2=disagree
3=neutral
4=agree
5=strongly agree
*

labels=
1,id
1-400
*

2,item
1-18
*

dvalues=2, 1-18

data=
1    3  1  3  4  3  2  3  4  5  5  5  5  2  1  1  1  1  1
2    2  1  2  3  2  1  2  4  5  5  5  5  3  2  2  2  2  2
3    4  3  4  4  3  3  3  3  4  4  4  4  2  1  1  1  1  1
4    3  1  3  2  1  2  2  4  5  5  5  5  2  1  1  1  1  1
5    4  3  4  3  2  3  3  4  5  5  5  5  3  1  1  1  1  1
6    3  2  3  3  2  2  2  2  5  5  5  5  2  1  1  1  1  1
7    4  3  4  4  2  3  3  4  5  5  3  4  3  2  1  1  1  1
8    4  3  4  5  1  1  1  1  5  5  5  3  1  1  1  1  1  1
9    4  3  4  5  2  3  3  4  5  5  5  5  3  1  1  1  1  1
10   2  1  2  2  1  1  1  4  3  3  5  5  1  1  1  1  1  1
11   2  1  2  2  1  1  1  4  5  3  3  5  2  1  1  1  1  1
12   4  1  3  3  1  2  1  4  5  5  5  5  2  1  1  1  1  1
13   4  3  4  4  3  4  3  3  4  4  4  4  2  1  1  1  1  1
14   5  4  5  4  3  4  4  4  5  5  5  5  4  1  1  1  1  1
15   2  1  2  2  1  1  1  1  2  2  2  3  1  1  1  1  1  2
16   4  4  5  5  3  4  4  4  5  4  4  4  2  1  1  1  2  1
17   3  2  2  3  2  2  2  1  3  2  3  3  2  1  1  1  1  1
18   2  1  2  2  1  1  1  1  2  2  2  2  2  1  1  1  1  1
19   4  3  4  3  2  2  2  2  5  5  3  3  2  1  1  1  1  2
20   3  3  3  3  1  2  1  2  3  2  3  2  2  1  1  1  1  1
21   3  2  2  3  2  1  2  4  5  5  5  5  2  1  1  1  1  1
22   4  3  4  4  3  3  3  3  4  4  5  4  2  1  1  1  1  1
23   3  3  4  5  3  3  3  4  5  5  5  5  2  1  1  1  1  1
24   3  2  4  5  2  2  3  4  5  5  5  5  2  1  1  1  1  1
25   4  2  4  3  2  3  3  4  5  5  5  5  3  1  1  1  1  1
26   3  1  3  3  1  2  2  2  3  2  3  2  3  2  1  1  1  1
27   2  2  3  3  1  1  2  4  3  2  3  2  2  1  2  1  1  1
                    ⋮                 ⋮                 ⋮
398  5  4  5  5  3  3  3  4  5  5  5  5  5  3  4  1  3  1
399  5  4  5  4  3  4  4  3  5  5  5  5  4  2  2  2  2  3
400  3  2  4  3  2  2  2  2  3  3  5  3  3  2  1  3  3  3
```

WINSTEPS 프로그램을 활용한 다요인 심리측정척도 자료 분석

<그림 6-1>은 성인들의 여가활동 만족도를 측정하는 설문지이다. 앞서 체육교육전공 대학생 진로불안감 측정척도, **<그림 1-1>**(126쪽)과는 다르게 여섯 개의 요인으로 구분되어 있고, 각 요인의 이름도 결정되어 있다. 구체적으로 총 6요인 24문항(심리요인 4문항, 교육요인 4문항, 사회요인 4문항, 휴식요인 4문항, 신체요인 4문항, 미적요인 4문항)으로 구성되어 있다.

이 장에서는 Rasch 평정척도모형을 적용하여 이미 우리나라 성인을 위해 개발되어진 여가활동 만족도 측정척도를 분석(검토, 탐색)하는 연구 논문을 작성할 경우에 적절한 WINSTEPS 프로그램 활용법과 논문 결과 쓰는 방법을 소개한다. 따라서 앞서 소개한 Rasch 모형을 적용한 심리측정척도 개발 및 타당화 연구와는 분석하는 순서가 다르다고 할 수 있다.

※ 다음 문항들은 당신의 여가활동 만족도를 측정합니다. 읽고 해당 되는 곳에 체크(✔)해 주십시오.

하위 요인	문항내용	전혀 그렇지 않다	그렇지 않다	보통 이다	그렇다	매우 그렇다
심리	1. 나의 여가활동은 나에게 매우 흥미롭다					
	2. 나의 여가활동은 나에게 자신감을 준다					
	3. 나의 여가활동은 나에게 성취감을 준다					
	4. 나는 여가활동에서 다양한 기술과 능력을 사용한다					
교육	5. 나의 여가활동은 주변 사물에 대한 지식을 증가시킨다					
	6. 나의 여가활동은 새로운 것을 시도할 기회를 제공한다					
	7. 나의 여가활동은 나 자신에 대해 배우는데 도움이 된다					
	8. 나의 여가활동은 다른 사람들에 대해 배우는데 도움이 된다					
사회	9. 나는 여가활동을 통해 다른 사람들과 사회적 교류를 한다					
	10. 나의 여가활동은 다른 사람들과 친밀한 관계를 발전시키는데 도움이 된다					
	11. 여가활동에서 만나는 사람들이 친절하다					
	12. 나는 여가활동을 즐기는 사람들과 여가 시간에 많이 어울린다					
휴식	13. 나의 여가활동은 내가 긴장을 푸는데 도움이 된다					
	14. 나의 여가활동은 스트레스 해소에 도움이 된다					
	15. 나의 여가활동은 나의 정서적 안녕에 기여한다					
	16. 나는 여가활동이 편안하기 때문에 여가에 참여한다					
신체	17. 나의 여가활동은 육체적인 도전이다					
	18. 나는 체력을 기르기 위해 여가활동을 한다					
	19. 나는 신체적으로 회복되는 여가활동을 한다					
	20. 나의 여가활동은 내가 건강을 유지하는데 도움이 된다					
미적	21. 내가 여가활동을 하는 지역이나 장소는 신선하고 깨끗하다					
	22. 내가 여가활동을 하는 지역이나 장소는 흥미롭다					
	23. 내가 여가활동을 하는 지역이나 장소는 아름답다					
	24. 내가 여가활동을 하는 지역이나 장소는 잘 설계되어 있다					

1. 당신의 성별은 무엇입니까? 아래 해당 번호에 체크(✔)해 주십시오.
   ① 남자 ② 여자

2. 당신의 연령대는 어떻게 되십니까? 아래 해당 번호에 체크(✔)해 주십시오.
   ① 20~34세 ② 35~49세 ③ 50~64세

〈그림 6-1〉 성인 여가활동 만족도 설문지 내용

6-1) 다요인의 차원성 탐색

지금까지 심리측정척도 개발 및 타당도를 검증하는 연구에 WINSTEPS 프로그램을 사용하는 방법과 논문 결과 쓰는 방법을 소개하였다. 그런데 연구자들은 다요인으로 구성된 심리측정척도(설문지) 자료에 경우는 어떻게 WINSTEPS 프로그램을 사용하여 분석할지 고민한다. 각 요인별로 분석을 할 것인지 아니면 한 요인으로 분석을 할 것인지 생각하게 된다. 즉 **〈그림 6-1〉**은 6개 요인으로 구분되어 있지만, 궁극적으로는 6개 요인은 모두 여가활동 만족도를 측정하는 한 요인이라고도 할 수 있기 때문이다.

따라서 이렇게 측정된 자료(첨부된 자료: data-6)를 가지고 각 요인별로 4문항씩 나누어서 분석하는 것이 적합한지, 아니면 24문항을 합쳐서 분석하는 것이 적합한지를 고민하게 된다. 이 고민을 해결할 수 있는 논리적인 검증이 차원성 탐색이라고 할 수 있다. 즉 24문항에 차원성(dimensionality)이 일차원성(unidimensionality)을 만족하면 6개 요인을 한 요인으로 판단하고 분석하는 것이 적합하고, 일차원성을 만족하지 못하면 각 요인별로 분석하는 것이 적합하다고 할 수 있다. 앞서 차원성을 탐색하는 방법과 논문 결과 쓰는 방법을 제시하였다. 우선 첨부된 EXCEL 파일 data-6을 통해 앞서 소개한 **〈그림 2-1〉**(130쪽)부터 **〈그림 2-9〉**(136쪽) 과정으로 메모장 설계서를 만든다(첨부된 자료: winsteps-specification-3). 그러나 이 과정에서 다른 점은 다음 **〈그림 6-2〉**와 같다.

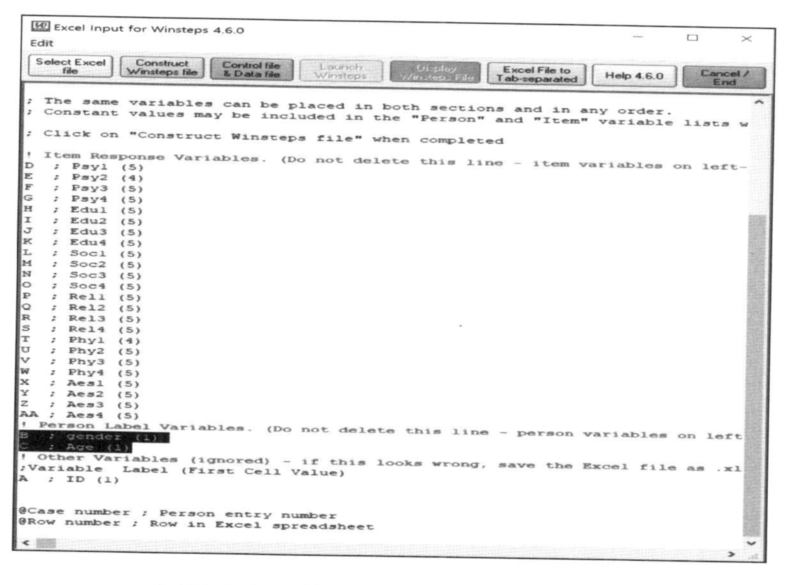

〈그림 6-2〉 Person Label Variables 이해

앞서 소개한 **<그림 2-7>**(134쪽)에서는 gender만 Person Label Variables에 옮겼지만, 이번에는 Age도 같이 옮겼다. 그 이유는 Age 변인처럼 집단이 3개 이상일 때 연령에 따른 차별기능문항 결과를 해석하고 논문쓰는 방법을 소개하기 위해서다. 단 gender와 Age를 함께 Person Label Variables에 옮겼다고 두 변인이 동시에 분석되는 것은 아니다. 이 책에 첫 장에서 제시한 것처럼 WINSTEPS 프로그램은 기본적으로 2국면(응답자 속성과 문항 곤란도)과 하나의 변인만을 추가해서 분석이 가능하다. 따라서 두 변인을 Person Label Variable로 모두 옮겼지만, 두 변인 중 하나의 변인만 선택해서 분석이 되는 것이다.

앞서 소개한 **<그림 4-13>**(180쪽), **<그림 4-14>** 과정을 통해 차원성을 탐색한 결과는 **<그림 6-3>**과 같다. 1요인에 대조하여 설명되지 않는 분산(Unexplned variance in 1st contrast)의 고유값(Eigenvalue)이 3.2972로 3.0 이상으로 나타났다. 24문항은 일차원성을 충족한다고 할 수 없다. 따라서 각 요인별로 분류하여 분석하는 것이 적절한 것을 알 수 있다.

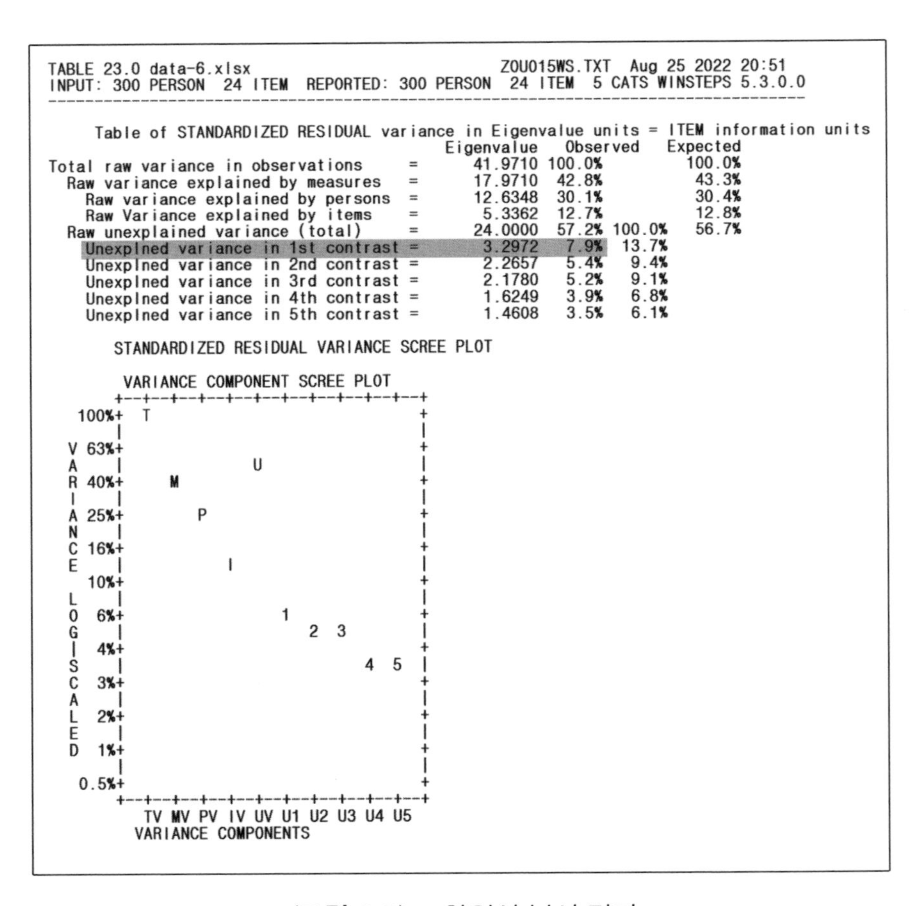
```
TABLE 23.0 data-6.xlsx                              ZOU015WS.TXT  Aug 25 2022 20:51
INPUT: 300 PERSON  24 ITEM  REPORTED: 300 PERSON  24 ITEM  5 CATS WINSTEPS 5.3.0.0
------------------------------------------------------------------------------------

     Table of STANDARDIZED RESIDUAL variance in Eigenvalue units = ITEM information units
                                          Eigenvalue   Observed     Expected
Total raw variance in observations     =     41.9710 100.0%           100.0%
  Raw variance explained by measures   =     17.9710  42.8%            43.3%
    Raw variance explained by persons  =     12.6348  30.1%            30.4%
    Raw Variance explained by items    =      5.3362  12.7%            12.8%
  Raw unexplained variance (total)     =     24.0000  57.2% 100.0%     56.7%
    Unexplned variance in 1st contrast =      3.2972   7.9%  13.7%
    Unexplned variance in 2nd contrast =      2.2657   5.4%   9.4%
    Unexplned variance in 3rd contrast =      2.1780   5.2%   9.1%
    Unexplned variance in 4th contrast =      1.6249   3.9%   6.8%
    Unexplned variance in 5th contrast =      1.4608   3.5%   6.1%

      STANDARDIZED RESIDUAL VARIANCE SCREE PLOT

       VARIANCE COMPONENT SCREE PLOT
       +--+--+--+--+--+--+--+--+--+--+--+
   100%+  T                              +
       |                                 |
V  63%+                                  +
A      |           U                     |
R  40%+     M                            +
I      |                                 |
A  25%+        P                         +
N      |                                 |
C  16%+                                  +
E      |           I                     |
   10%+                                  +
L      |                                 |
O   6%+                 1                +
G      |                   2  3          |
I   4%+                                  +
S      |                         4  5    |
C   3%+                                  +
A      |                                 |
L   2%+                                  +
E      |                                 |
D   1%+                                  +
       |                                 |
  0.5%+                                  +
       +--+--+--+--+--+--+--+--+--+--+--+
         TV MV PV IV UV U1 U2 U3 U4 U5
         VARIANCE COMPONENTS
```

<그림 6-3> 차원성 분석 결과

6-2) 요인별 분석을 위한 메모장 설계서 보완

<그림 6-2> 과정을 거쳐서 생성된 메모장 설계서(winsteps-specification-3)는 다음 **<그림 6-4>**와 같다. 구체적으로 앞서 제시한 것처럼 Rasch 평정척도모형으로 분석하는 설계서인 것을 알 수 있고, 요인을 구분하지 않고 모든 문항을 한 번에 분석하는 설계서인 것을 알 수 있다. 그리고 이 설계서로 차원성을 분석한 결과(**<그림 6-3>**), 각 요인별로 분석하는 것이 더 적절한 것을 알 수 있기 때문에 각 요인별로 결과를 보기 위해 보완한 메모장 설계서는 **<그림 6-5>**와 같다(첨부된 자료: winsteps-specification-3-re). 표시된 부분, ISELECT=Psy가 추가되었을 뿐이다.

```
winsteps-specification-3 - Windows 메모장
파일(F) 편집(E) 서식(O) 보기(V) 도움말(H)
&INST
Title= "data-6.xlsx"
; Excel file created or last modified: 2022-08-22 오후 4:50:34
; data-6
;     Excel Cases processed = 300
; Excel Variables processed = 27
ITEM1 = 1 ; Starting column of item responses
NI = 24 ; Number of items
NAME1 = 26 ; Starting column for person label in data record
NAMLEN = 4 ; Length of person label
XWIDE = 1 ; Matches the widest data value observed
; GROUPS = 0 ; Partial Credit model: in case items have different rating scales
CODES =    12345  ; matches the data
TOTALSCORE = Yes ; Include extreme responses in reported scores
; Person Label variables: columns in label: columns in line
@gender = 1E1 ; $C26W1
@Age = 3E3 ; $C28W1
&END ; Item labels follow: columns in label
Psy1 ; Item 1 : 1-1
Psy2 ; Item 2 : 2-2
Psy3 ; Item 3 : 3-3
Psy4 ; Item 4 : 4-4
Edu1 ; Item 5 : 5-5
Edu2 ; Item 6 : 6-6
Edu3 ; Item 7 : 7-7
Edu4 ; Item 8 : 8-8
Soc1 ; Item 9 : 9-9
Soc2 ; Item 10 : 10-10
Soc3 ; Item 11 : 11-11
Soc4 ; Item 12 : 12-12
Rel1 ; Item 13 : 13-13
Rel2 ; Item 14 : 14-14
Rel3 ; Item 15 : 15-15
Rel4 ; Item 16 : 16-16
Phy1 ; Item 17 : 17-17
Phy2 ; Item 18 : 18-18
Phy3 ; Item 19 : 19-19
Phy4 ; Item 20 : 20-20
Aes1 ; Item 21 : 21-21
Aes2 ; Item 22 : 22-22
Aes3 ; Item 23 : 23-23
Aes4 ; Item 24 : 24-24
END NAMES
545555555555555545555555 1 1
555455555555555543555555 1 1
545555555555555545555555 1 1
345555555555555555555555 1 1
555555555555555543455555 1 1
555555555555555515555555 1 1
555555555555554515555555 1 1
        ⋮
```

<그림 6-4> 메모장 설계서 (24문항 분석)

구체적으로 ISELECT=Psy를 추가하면 전체 문항들 중에서 Psy로 시작되는 문항들만을 선택해서 분석하라는 것을 의미한다. 즉 심리요인 Psy1, Psy2, Psy3, Psy4 문항만 분석한 결과가 나타난다. 따라서 연구자가 원하는 요인(문항들)의 결과만 선택해서 보고 싶을 때 'ISELECT='을 이용한다. ISELECT=Psy를 지우고 ISELECT=Edu, ISELECT=Soc, ISELECT=Rel, ISELECT=Phy, ISELECT=Aes로 바꾸어 실행하면 각 요인별로 나타난 결과를 볼 수 있다. 한 번에 모든 요인의 결과가 요인별로 나누어져 한 메모장 파일에 모두 나오게 할 수 있는 추가 명령어는 없다.

```
winsteps-specification-3-re - Windows 메모장
파일(F) 편집(E) 서식(O) 보기(V) 도움말(H)
&INST
Title= "data-6.xlsx"
; Excel file created or last modified: 2022-08-22 오후 4:50:34
; data-6
;     Excel Cases processed = 300
; Excel Variables processed = 27
ITEM1 = 1 ; Starting column of item responses
NI = 24 ; Number of items
NAME1 = 26 ; Starting column for person label in data record
NAMLEN = 4 ; Length of person label
XWIDE = 1 ; Matches the widest data value observed
; GROUPS = 0 ; Partial Credit model: in case items have different rating scales
CODES =    12345  ; matches the data
TOTALSCORE = Yes ; Include extreme responses in reported scores
; Person Label variables: columns in label: columns in line
@gender = 1E1 ; $C26W1
@Age = 3E3 ; $C28W1

ISELECT=Psy

&END ; Item labels follow: columns in label
Psy1 ; Item 1 : 1-1
Psy2 ; Item 2 : 2-2
Psy3 ; Item 3 : 3-3
Psy4 ; Item 4 : 4-4
Edu1 ; Item 5 : 5-5
Edu2 ; Item 6 : 6-6
Edu3 ; Item 7 : 7-7
Edu4 ; Item 8 : 8-8
Soc1 ; Item 9 : 9-9
Soc2 ; Item 10 : 10-10
Soc3 ; Item 11 : 11-11
Soc4 ; Item 12 : 12-12
Rel1 ; Item 13 : 13-13
Rel2 ; Item 14 : 14-14
Rel3 ; Item 15 : 15-15
Rel4 ; Item 16 : 16-16
Phy1 ; Item 17 : 17-17
Phy2 ; Item 18 : 18-18
Phy3 ; Item 19 : 19-19
Phy4 ; Item 20 : 20-20
Aes1 ; Item 21 : 21-21
Aes2 ; Item 22 : 22-22
Aes3 ; Item 23 : 23-23
Aes4 ; Item 24 : 24-24
END NAMES
545555555555555455555555 1 1
555455555555555435555555 1 1
545555555555555455555555 1 1
345555555555555555555555 1 1
555555555555555434555555 1 1
555555555555555551555555 1 1
555555555555555451555555 1 1

      ⋮
```

〈그림 6-5〉 메모장 설계서 (24문항 중 Psy로 시작되는 문항들만 분석)

[알아두기]
ISELECT와 요인별로 다시 설계서 만들기

WINSTEPS 프로그램에서 요인별로 분석하기 위해서는 <그림 6-5>와 같이 ISELECT로 명령해도 되고, 다음 그림처럼 원하는 요인 문항들만을 선택해서 메모장 설계서를 만들어도 된다. 모든 결과는 동일하게 나타난다(첨부된 자료: winsteps-specification-3-Psy).

```
Excel Input for Winsteps 4.6.0
Edit
Select Excel file | Construct Winsteps file | Control file & Data file | Launch Winsteps | | Excel File to Tab-separated | Help 4.6.0 | Cancel / End
; Processing: C:\Users\knsu0\Desktop\data-6.xlsx
; Excel 2016 WININPUT 4.6.0 Windows 8 2.6.2
; Excel File: C:\Users\knsu0\Desktop\data-6.xlsx
; Dataset name: data-6
;      Number of Excel Cases: 300
; Number of Excel Variables: 27

; Choose the variables listed below under "Other Variables" that you want to form part of the Winsteps person labels.
; Copy-and-paste those variables under "Person Label Variables" in the order you want.
; There will be one space between the variables in the person labels.

; Choose the variables listed below under "Other Variables" that you want to be Winsteps item response-level data.
; Copy-and-paste those variables under "Item Response Variables" in the order you want.
; Numeric item variables are truncated to integers.

; The same variables can be placed in both sections and in any order.
; Constant values may be included in the "Person" and "Item" variable lists with " ", e.g., "1"

; Click on "Construct Winsteps file" when completed

! Item Response Variables. (Do not delete this line - item variables on left-side if this line before "Person Label Variables")
D  ; Psy1 (5)
E  ; Psy2 (4)
F  ; Psy3 (5)
G  ; Psy4 (5)
! Person Label Variables. (Do not delete this line - person variables on left-side if before "Item Response Variables")
B  ; gender (1)
C  ; Age (1)
! Other Variables (ignored) - if this looks wrong, save the Excel file as .xls and rerun.
;Variable  Label (First Cell Value)
A  ; ID (1)


H  ; Edu1 (5)
I  ; Edu2 (5)
J  ; Edu3 (5)
K  ; Edu4 (5)
L  ; Soc1 (5)
M  ; Soc2 (5)
N  ; Soc3 (5)
O  ; Soc4 (5)
P  ; Rel1 (5)
Q  ; Rel2 (5)
R  ; Rel3 (5)
S  ; Rel4 (5)
T  ; Phy1 (4)
U  ; Phy2 (5)
V  ; Phy3 (5)
W  ; Phy4 (5)
X  ; Aes1 (5)
Y  ; Aes2 (5)
Z  ; Aes3 (5)
AA ; Aes4 (5)
@Case number ; Person entry number
@Row number ; Row in Excel spreadsheet
```

```
*winsteps-specification-3-Psy - Windows 메모장
파일(F) 편집(E) 서식(O) 보기(V) 도움말(H)
&INST
Title= "data-6.xlsx"
; Excel file created or last modified: 2022-08-22 오후 4:50:34
; data-6
;     Excel Cases processed = 300
; Excel Variables processed = 27
ITEM1 = 1 ; Starting column of item responses
NI = 4 ; Number of items
NAME1 = 6 ; Starting column for person label in data record
NAMLEN = 4 ; Length of person label
XWIDE = 1 ; Matches the widest data value observed
; GROUPS = 0 ; Partial Credit model: in case items have different rating scales
CODES = 12345 ; matches the data
TOTALSCORE = Yes ; Include extreme responses in reported scores
; Person Label variables: columns in label: columns in line
@gender = 1E1 ; $C6W1
@Age = 3E3 ; $C8W1
&END ; Item labels follow: columns in label
Psy1 ; Item 1 : 1-1
Psy2 ; Item 2 : 2-2
Psy3 ; Item 3 : 3-3
Psy4 ; Item 4 : 4-4
END NAMES
5455 1 1
5554 1 1
5455 1 1
3455 1 1
5555 1 1
5555 1 1
5555 1 1
4445 1 1
5555 1 1
5454 1 1
5455 1 1
5555 1 1
5444 1 1
5245 1 1
5445 1 1
4445 1 1
5555 2 1
5455 2 1
4445 1 1
5564 1 1
5553 1 1
4445 1 1
4454 1 1
5454 2 1
5555 2 1
5545 1 3
5552 2 3
4444 1 2
⋮
```

6-3) 심리측정척도 분석 순서

WINSTEPS 프로그램을 이용하여 심리측정척도 개발 및 타당화하는 과정은 앞서 소개하였다. 구체적으로 척도를 개발하는 과정은 첫째, 응답범주 수가 적합한지 검증. 둘째, 문항의 적합도 검증. 셋째, 성별에 따른 차별기능문항 검증이었다. 그리고 이렇게 개발된 척도를 타당화하는 과정은 첫째, 차원성 탐색, 둘째, 응답자 속성과 문항 곤란도 분포도를 탐색하는 것이었다. 단, 이 책에서 소개한 심리측정척도 개발 및 타당화 분석 순서는 변경되어도 무방하다.

이 장에서는 이미 개발되었고 사용되어지고 있는 심리측정척도를 Rasch 평정척도모형 또는 Rasch 부분점수모형으로 분석했다는 것을 알리는 연구 제목이면 된다. 따라서 연구 제목은

'Rasch 평정척도모형을 적용한 한국 성인 여가활동 만족도 측정척도 분석'이 적합하다고 할 수 있다. '분석'을 '검토', '검증', '확인', '탐색' 등으로 제시하는 논문도 적지 않다.

Rasch 모형을 적용한 심리측정척도 연구는 분석 순서가 명확히 정해진 것은 아니다. 따라서 WINSTEPS 프로그램을 적용하여 심리측정척도 개발 및 타당화 또는 탐색을 하는 연구자들은 다양한 분석 순서를 보여준다.

FACETS 프로그램과 WINSTEPS 프로그램 개발자 John Michael Linacre 교수는 분석 순서의 정답은 없고 연구자가 결정한 주제에 따라 달라진다고 하였다. 중요한 것은 연구자가 분석한 순서에 대한 논리가 독자들에게 설득이 되어야 한다고 하였다.

WINSTEPS 프로그램에 결과를 보는 [Output Tables]를 클릭하면 Table 앞에 숫자가 나타난다. 그 숫자들은 John Michael Linacre 교수가 1990년대 대학교 교수로 있을 때 학생들을 가르친 순서를 의미한다고 하였다. 그러나 가르치는 순서와 연구의 분석 순서는 무관하다고 하였다. WINSTEPS 프로그램을 이용하여 심리측정척도 분석과 관련된 연구를 하고 논문 결과를 작성할 때 그가 권장하는 전반적인 심리측정척도 분석 순서를 정리하면 다음과 같다.

첫째, 응답자와 문항의 분리지수와 신뢰도 지수 분석
둘째, 응답자 속성 및 문항 곤란도 분포 분석
셋째, 응답범주의 적합성 분석
넷째, 차원성과 지역독립성 분석
다섯째, 문항의 곤란도와 적합도 분석
여섯째, 차별기능문항 분석

6-4) 요인별 응답자와 문항의 분리지수와 신뢰도 지수 분석

응답자의 분리지수와 신뢰도 지수, 그리고 문항의 분리지수와 신뢰도 지수는 WINSTEPS 프로그램을 실행한 후 가장 먼저 볼 수 있는 결과다. 6개 요인별로 결과가 나타나도록 메모장 설계서를 나누어 저장한다(첨부된 자료: winsteps-specification-3-re-Psy, winsteps-specification-3-re-Edu, winsteps-specification-3-re-Soc, winsteps-specification-3-re-Rel, winsteps-specification-3-re-Phy, winsteps-specification-3-re-Aes). 그리고 실행시키기 위해 WIN-

STEPS 프로그램 아이콘을 클릭하면 다음 **<그림 6-6>**과 같이 나타난다. 앞서 소개한 **<그림 2-1>**(130쪽)과 동일하지 않은 이유는 처음 자동으로 나타나는 [Winsteps Welcome] 창이 자동으로 나타나지 않도록 [Don't ask again]을 한번 체크하였기 때문이라고 하였다. 완성된 메모장 설계서를 찾아서 실행시키기 위해 [ENTER]를 한 번 누르면, 다음 **<그림 6-7>**과 같이 메모장을 선택할 수 있는 창이 나타난다.

<그림 6-6> WINSTEPS 프로그램 실행 [Winsteps Welcome] 창 자동생성 생략 설정

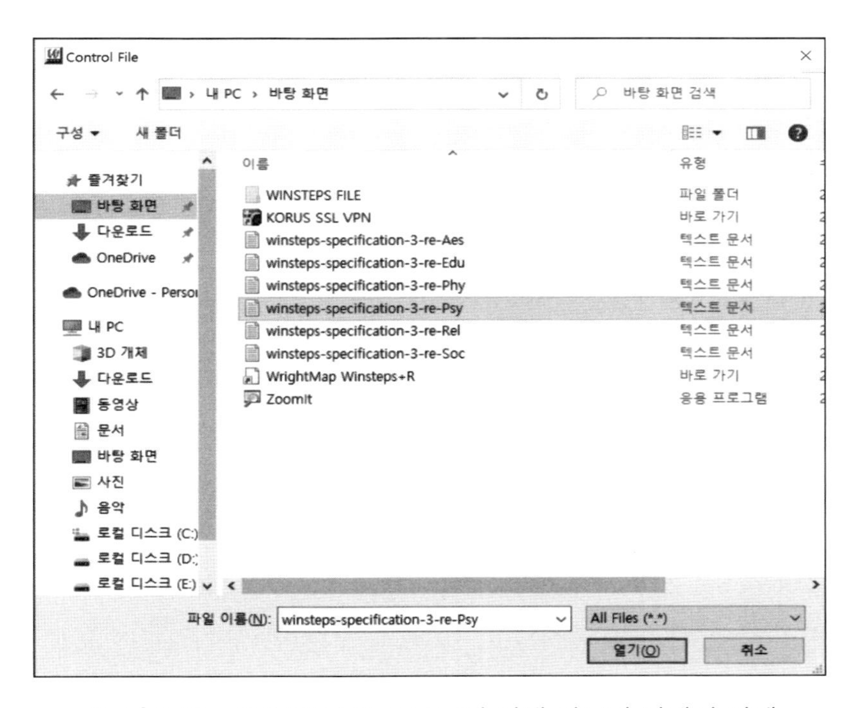

<그림 6-7> WINSTEPS 프로그램 실행 메모장 설계서 선택

처음 실행할 1요인, 심리(Psy)요인 메모장 설계서(winsteps-specification-3-re-Psy)를 선택하고 [열기]를 누르고, [ENTER]를 두 번 누르면 분석이 시작된다. 분석된 창에 바로 나타나는 Table 결과는 다음 **〈그림 6-8〉**과 같다. 표시된 부분이 응답자(PERSON)와 문항(ITEM)의 분리(SEPARATION)지수와 신뢰도(RELIABILITY) 지수 분석 결과이다.

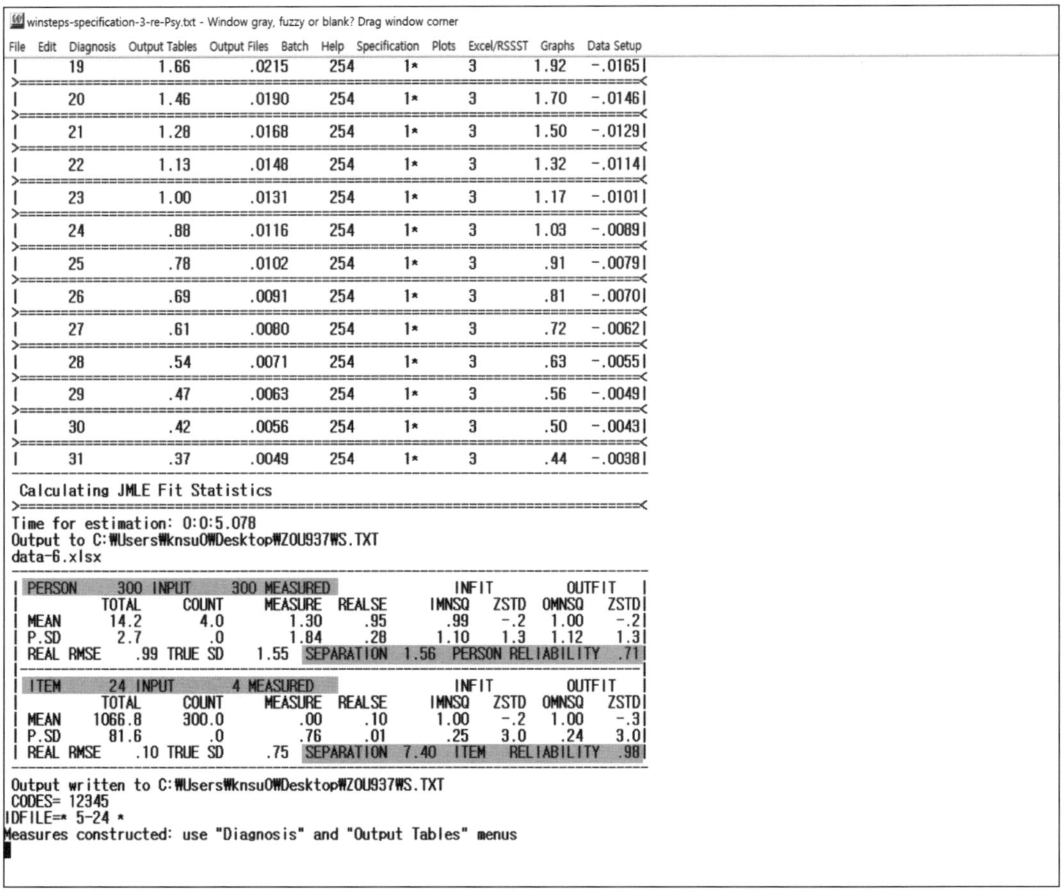

```
winsteps-specification-3-re-Psy.txt - Window gray, fuzzy or blank? Drag window corner
File  Edit  Diagnosis  Output Tables  Output Files  Batch  Help  Specification  Plots  Excel/RSSST  Graphs  Data Setup
|     19        1.66     .0215     254      1*      3      1.92   -.0165|
>=====================================================================<
|     20        1.46     .0190     254      1*      3      1.70   -.0146|
>=====================================================================<
|     21        1.28     .0168     254      1*      3      1.50   -.0129|
>=====================================================================<
|     22        1.13     .0148     254      1*      3      1.32   -.0114|
>=====================================================================<
|     23        1.00     .0131     254      1*      3      1.17   -.0101|
>=====================================================================<
|     24         .88     .0116     254      1*      3      1.03   -.0089|
>=====================================================================<
|     25         .78     .0102     254      1*      3       .91   -.0079|
>=====================================================================<
|     26         .69     .0091     254      1*      3       .81   -.0070|
>=====================================================================<
|     27         .61     .0080     254      1*      3       .72   -.0062|
>=====================================================================<
|     28         .54     .0071     254      1*      3       .63   -.0055|
>=====================================================================<
|     29         .47     .0063     254      1*      3       .56   -.0049|
>=====================================================================<
|     30         .42     .0056     254      1*      3       .50   -.0043|
>=====================================================================<
|     31         .37     .0049     254      1*      3       .44   -.0038|
-----------------------------------------------------------------------
 Calculating JMLE Fit Statistics
>=====================================================================<
Time for estimation: 0:0:5.078
Output to C:₩Users₩knsu0₩Desktop₩ZOU937WS.TXT
data-6.xlsx
-----------------------------------------------------------------------
| PERSON     300 INPUT     300 MEASURED              INFIT        OUTFIT   |
|            TOTAL     COUNT     MEASURE  REALSE    IMNSQ  ZSTD  OMNSQ  ZSTD|
| MEAN        14.2       4.0        1.30     .95      .99   -.2   1.00   -.2|
| P.SD         2.7        .0        1.84     .28     1.10   1.3   1.12   1.3|
| REAL RMSE    .99 TRUE SD    1.55  SEPARATION  1.56  PERSON RELIABILITY  .71|
|-----------------------------------------------------------------------------|
| ITEM        24 INPUT       4 MEASURED              INFIT        OUTFIT   |
|            TOTAL     COUNT     MEASURE  REALSE    IMNSQ  ZSTD  OMNSQ  ZSTD|
| MEAN      1066.8     300.0         .00     .10     1.00   -.2   1.00   -.3|
| P.SD        81.6        .0         .76     .01      .25   3.0    .24   3.0|
| REAL RMSE    .10 TRUE SD     .75  SEPARATION  7.40  ITEM   RELIABILITY  .98|
-----------------------------------------------------------------------
Output written to C:₩Users₩knsu0₩Desktop₩ZOU937WS.TXT
CODES= 12345
IDFILE=* 5-24 *
Measures constructed: use "Diagnosis" and "Output Tables" menus
```

〈그림 6-8〉 WINSTEPS 프로그램 실행 후 응답자(문항) 분리지수와 신뢰도 지수 결과

이 결과는 [Output Tables]에 [10. ITEM (column): fit order]부터 [26. ITEM: correlation] 결과 메모장 세 번째 행에 나타나는 값과 동일하다. 300명의 응답자를 측정하였으며 문항 24개 중 4문항이 측정된 결과인 것을 볼 수 있다. 그리고 분리지수와 신뢰도 지수를 살펴보면, 응답자의 경우는 분리지수는 1.56으로 나타났고, 신뢰도 지수는 0.71로 나타났다. 또한 문항의 경우는 분리지수는 7.40으로 나타났고, 신뢰도 지수는 0.98로 나타났다.

응답자와 문항의 분리지수 기준은 2.00이고 신뢰도 지수 기준은 0.80이다. 즉 2.00보다, 0.80보다 높게 나타날수록 응답자의 속성(능력)이 다양하다는 것, 그리고 문항의 곤란도(난이도)가 다양하다는 것을 의미한다. 결과를 살펴보면 응답자의 분리지수(1.56)와 신뢰도 지수(0.71)는 기준 미만, 문항의 분리지수(7.40)와 신뢰도 지수(0.98)는 기준 이상인 것을 알 수 있다. 따라서 300명의 응답자는 심리요인이 유의하게 이질적이라고 할 수 없고 동질적이라고 해석할 수 있다. 반면 문항의 곤란도는 기준이상으로 나타나 4문항의 곤란도가 이질적이라고 해석할 수 있다.

이와같이 **<그림 6-6>**에서 **<그림 6-8>** 과정을 거쳐 6개 요인별로 나누어 분석한 응답자와 문항의 분리지수와 신뢰도 지수를 정리하면 다음 **<그림 6-9>**와 같다.

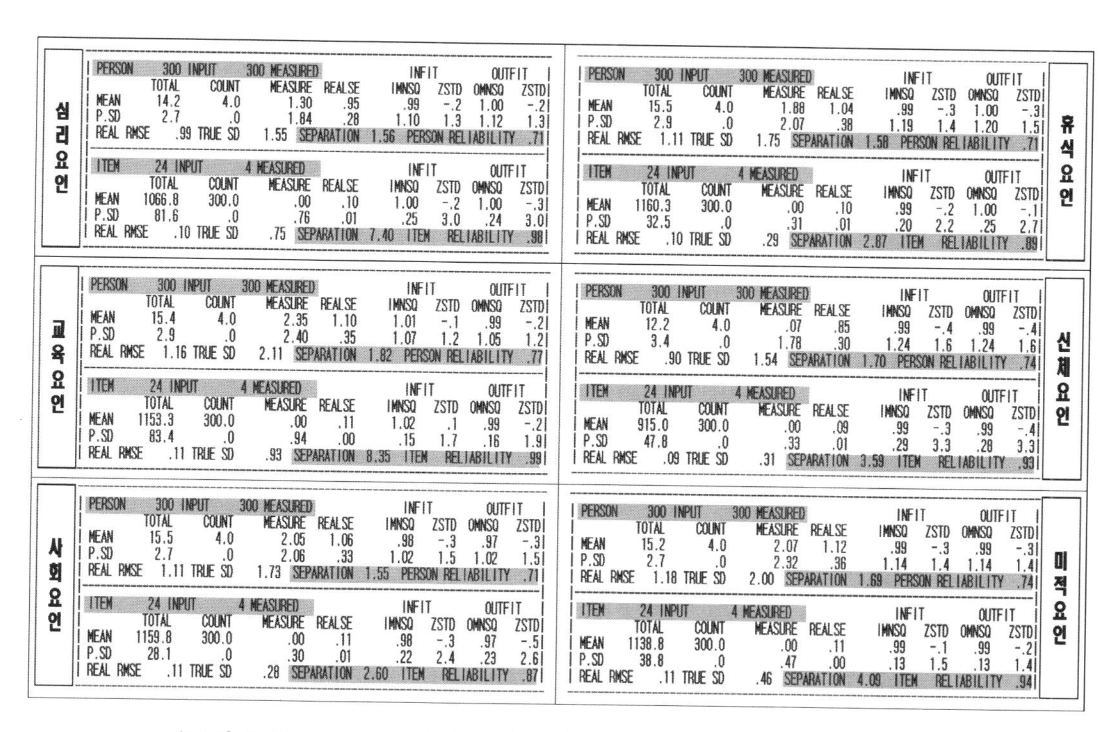

심리요인
```
| PERSON     300 INPUT     300 MEASURED              INFIT          OUTFIT   |
|           TOTAL     COUNT      MEASURE  REALSE    IMNSQ   ZSTD  OMNSQ   ZSTD|
| MEAN       14.2       4.0        1.30     .95      .99    -.2   1.00    -.2|
| P.SD        2.7        .0        1.84     .28     1.10    1.3   1.12    1.3|
| REAL RMSE   .99 TRUE SD    1.55  SEPARATION  1.56  PERSON RELIABILITY  .71|
|-----------------------------------------------------------------------------|
| ITEM        24 INPUT       4 MEASURED              INFIT          OUTFIT   |
|           TOTAL     COUNT      MEASURE  REALSE    IMNSQ   ZSTD  OMNSQ   ZSTD|
| MEAN     1066.8     300.0         .00     .10     1.00    -.2   1.00    -.3|
| P.SD       81.6        .0         .76     .01      .25    3.0    .24    3.0|
| REAL RMSE   .10 TRUE SD     .75  SEPARATION  7.40  ITEM   RELIABILITY  .98|
```

휴식요인
```
| PERSON     300 INPUT     300 MEASURED              INFIT          OUTFIT   |
|           TOTAL     COUNT      MEASURE  REALSE    IMNSQ   ZSTD  OMNSQ   ZSTD|
| MEAN       15.5       4.0        1.88    1.04      .99    -.3   1.00    -.3|
| P.SD        2.9        .0        2.07     .38     1.19    1.4   1.20    1.5|
| REAL RMSE  1.11 TRUE SD    1.75  SEPARATION  1.58  PERSON RELIABILITY  .71|
|-----------------------------------------------------------------------------|
| ITEM        24 INPUT       4 MEASURED              INFIT          OUTFIT   |
|           TOTAL     COUNT      MEASURE  REALSE    IMNSQ   ZSTD  OMNSQ   ZSTD|
| MEAN     1160.3     300.0         .00     .10      .99    -.2   1.00    -.1|
| P.SD       32.5        .0         .31     .01      .20    2.2    .25    2.7|
| REAL RMSE   .10 TRUE SD     .29  SEPARATION  2.87  ITEM   RELIABILITY  .89|
```

교육요인
```
| PERSON     300 INPUT     300 MEASURED              INFIT          OUTFIT   |
|           TOTAL     COUNT      MEASURE  REALSE    IMNSQ   ZSTD  OMNSQ   ZSTD|
| MEAN       15.4       4.0        2.35    1.10     1.01    -.1    .99    -.2|
| P.SD        2.9        .0        2.40     .35     1.07    1.2   1.05    1.2|
| REAL RMSE  1.16 TRUE SD    2.11  SEPARATION  1.82  PERSON RELIABILITY  .77|
|-----------------------------------------------------------------------------|
| ITEM        24 INPUT       4 MEASURED              INFIT          OUTFIT   |
|           TOTAL     COUNT      MEASURE  REALSE    IMNSQ   ZSTD  OMNSQ   ZSTD|
| MEAN     1153.3     300.0         .00     .11     1.02     .1    .99    -.2|
| P.SD       83.4        .0         .94     .00      .15    1.7    .16    1.9|
| REAL RMSE   .11 TRUE SD     .93  SEPARATION  8.35  ITEM   RELIABILITY  .99|
```

신체요인
```
| PERSON     300 INPUT     300 MEASURED              INFIT          OUTFIT   |
|           TOTAL     COUNT      MEASURE  REALSE    IMNSQ   ZSTD  OMNSQ   ZSTD|
| MEAN       12.2       4.0         .07     .85      .99    -.4    .99    -.4|
| P.SD        3.4        .0        1.78     .30     1.24    1.6   1.24    1.6|
| REAL RMSE   .90 TRUE SD    1.54  SEPARATION  1.70  PERSON RELIABILITY  .74|
|-----------------------------------------------------------------------------|
| ITEM        24 INPUT       4 MEASURED              INFIT          OUTFIT   |
|           TOTAL     COUNT      MEASURE  REALSE    IMNSQ   ZSTD  OMNSQ   ZSTD|
| MEAN      915.0     300.0         .00     .09      .99    -.3    .99    -.4|
| P.SD       47.8        .0         .33     .01      .29    3.3    .28    3.3|
| REAL RMSE   .09 TRUE SD     .31  SEPARATION  3.59  ITEM   RELIABILITY  .93|
```

사회요인
```
| PERSON     300 INPUT     300 MEASURED              INFIT          OUTFIT   |
|           TOTAL     COUNT      MEASURE  REALSE    IMNSQ   ZSTD  OMNSQ   ZSTD|
| MEAN       15.5       4.0        2.05    1.06      .98    -.3    .97    -.3|
| P.SD        2.7        .0        2.06     .33     1.02    1.5   1.02    1.5|
| REAL RMSE  1.11 TRUE SD    1.73  SEPARATION  1.55  PERSON RELIABILITY  .71|
|-----------------------------------------------------------------------------|
| ITEM        24 INPUT       4 MEASURED              INFIT          OUTFIT   |
|           TOTAL     COUNT      MEASURE  REALSE    IMNSQ   ZSTD  OMNSQ   ZSTD|
| MEAN     1159.8     300.0         .00     .11      .98    -.3    .97    -.5|
| P.SD       28.1        .0         .30     .01      .22    2.4    .23    2.6|
| REAL RMSE   .11 TRUE SD     .28  SEPARATION  2.60  ITEM   RELIABILITY  .87|
```

미적요인
```
| PERSON     300 INPUT     300 MEASURED              INFIT          OUTFIT   |
|           TOTAL     COUNT      MEASURE  REALSE    IMNSQ   ZSTD  OMNSQ   ZSTD|
| MEAN       15.2       4.0        2.07    1.12      .99    -.3    .99    -.3|
| P.SD        2.7        .0        2.32     .36     1.14    1.4   1.14    1.4|
| REAL RMSE  1.18 TRUE SD    2.00  SEPARATION  1.69  PERSON RELIABILITY  .74|
|-----------------------------------------------------------------------------|
| ITEM        24 INPUT       4 MEASURED              INFIT          OUTFIT   |
|           TOTAL     COUNT      MEASURE  REALSE    IMNSQ   ZSTD  OMNSQ   ZSTD|
| MEAN     1138.8     300.0         .00     .11      .99    -.1    .99    -.2|
| P.SD       38.8        .0         .47     .00      .13    1.5    .13    1.4|
| REAL RMSE   .11 TRUE SD     .46  SEPARATION  4.09  ITEM   RELIABILITY  .94|
```

<그림 6-9> 요인별 응답자와 문항의 분리지수와 신뢰도 지수 결과

6-5) 요인별 응답자와 문항의 분리지수와 신뢰도 지수 분석 논문 결과 쓰기

(첨부된 자료: winsteps-specification-3-re-Psy, winsteps-specification-3-re-Edu, winsteps-specification-3-re-Soc, winsteps-specification-3-re-Rel, winsteps-specification-3-re-Phy, winsteps-specification-3-re-Aes 실행 후 나타나는 마지막 표 보고 작성)

〈표 6-1〉 응답자와 문항의 분리지수와 신뢰도 지수 분석

	응답자			문항		
요인	응답자 수	분리지수	신뢰도 지수	문항 수	분리지수	신뢰도 지수
심리요인	300	1.56	0.71	4	7.40	0.98
교육요인	300	1.82	0.77	4	8.35	0.99
사회요인	300	1.55	0.71	4	2.60	0.87
휴식요인	300	1.58	0.71	4	2.87	0.89
신체요인	300	1.70	0.74	4	3.59	0.93
미적요인	300	1.69	0.74	4	4.09	0.94

〈표 6-1〉은 Rasch 평정척도모형을 통해 6개 요인별로 응답자의 분리지수와 신뢰도 지수, 그리고 문항의 분리지수와 신뢰도 지수를 분석한 결과이다. 분리지수는 2.00 이상이고 신뢰도 지수는 0.80 이상일 때 응답자의 경우 다양한 속성(능력)을 가진 응답자로 구성된 것을 의미하고, 문항의 경우는 다양한 곤란도(난이도)를 가진 문항들로 구성된 것을 의미한다. 응답자 분리지수와 신뢰도 지수는 6개 요인에서 모두 분리지수가 2.00 미만, 신뢰도 지수가 0.80 미만으로 나타났다. 300명의 응답자들 속성이 유의하게 분리되지 않은 것을 알 수 있다. 반면 문항의 분리지수와 신뢰도 지수는 6개 요인 모두 분리지수가 2.00 이상, 신뢰도 지수가 0.80 이상으로 나타났다. 각 요인별로 4문항의 곤란도가 모두 유의하게 분리되어 있는 것을 알 수 있다.

6-6) 요인별 응답자 속성과 문항 곤란도 분포도 분석

요인별로 응답자 속성과 문항 곤란도 분포도를 논문에 간명하게 제시하기 위해서는 분포도 크기를 조정하는 것을 권장한다. **〈그림 6-10〉**은 6개 요인 중 첫 번째 요인(심리요인) 메모장

설계서에 분포도 크기를 줄이기 위해 앞서 설명한 명령문(MUNITS=)을 추가하고 다시 저장하였다(첨부된 자료: winsteps-specification-3-re-Psy). 따라서 검은색 틀 안에 명령문(MUNITS=0.5)을 복사해서 나머지 다섯 요인 메모장 설계서에 붙여서 다시 저장하고 각각 실행시키면 된다.

```
winsteps-specification-3-re-Psy.txt - Windows 메모장
파일(F) 편집(E) 서식(O) 보기(V) 도움말(H)
&INST
Title= "data-6.xlsx"
; Excel file created or last modified: 2022-08-22 오후 4:50:34
; data-6
;     Excel Cases processed = 300
; Excel Variables processed = 27
ITEM1 = 1 ; Starting column of item responses
NI = 24 ; Number of items
NAME1 = 26 ; Starting column for person label in data record
NAMLEN = 4 ; Length of person label
XWIDE = 1 ; Matches the widest data value observed
; GROUPS = 0 ; Partial Credit model: in case items have different rating scales
CODES =    12345  ; matches the data
TOTALSCORE = Yes ; Include extreme responses in reported scores
; Person Label variables: columns in label: columns in line
@gender = 1E1 ; $C26W1
@Age = 3E3 ; $C28W1

ISELECT=Psy

MUNITS=0.5

&END ; Item labels follow: columns in label
Psy1 ; Item 1 : 1-1
Psy2 ; Item 2 : 2-2
Psy3 ; Item 3 : 3-3
Psy4 ; Item 4 : 4-4
Edu1 ; Item 5 : 5-5
Edu2 ; Item 6 : 6-6
Edu3 ; Item 7 : 7-7
Edu4 ; Item 8 : 8-8
Soc1 ; Item 9 : 9-9
Soc2 ; Item 10 : 10-10
Soc3 ; Item 11 : 11-11
Soc4 ; Item 12 : 12-12
Rel1 ; Item 13 : 13-13
Rel2 ; Item 14 : 14-14
Rel3 ; Item 15 : 15-15
Rel4 ; Item 16 : 16-16
Phy1 ; Item 17 : 17-17
Phy2 ; Item 18 : 18-18
Phy3 ; Item 19 : 19-19
Phy4 ; Item 20 : 20-20
Aes1 ; Item 21 : 21-21
Aes2 ; Item 22 : 22-22
Aes3 ; Item 23 : 23-23
Aes4 ; Item 24 : 24-24
END NAMES
545555555555555545555555 1 1
555455555555555543555555 1 1
545555555555555545555555 1 1
345555555555555555555555 1 1
        ⋮
```

〈그림 6-10〉 요인별 메모장 설계서에 MUNITS 명령문 추가

다시 앞서 소개한 **〈그림 6-6〉**부터 **〈그림 6-8〉** 과정으로 실행시키고, 다음 **〈그림 6-11〉**과 같이 [12. ITEM: Wright map]을 클릭하면, **〈그림 6-12〉**와 같은 메모장 결과가 바로 나타난다(첨부된 자료: wright map-Psy).

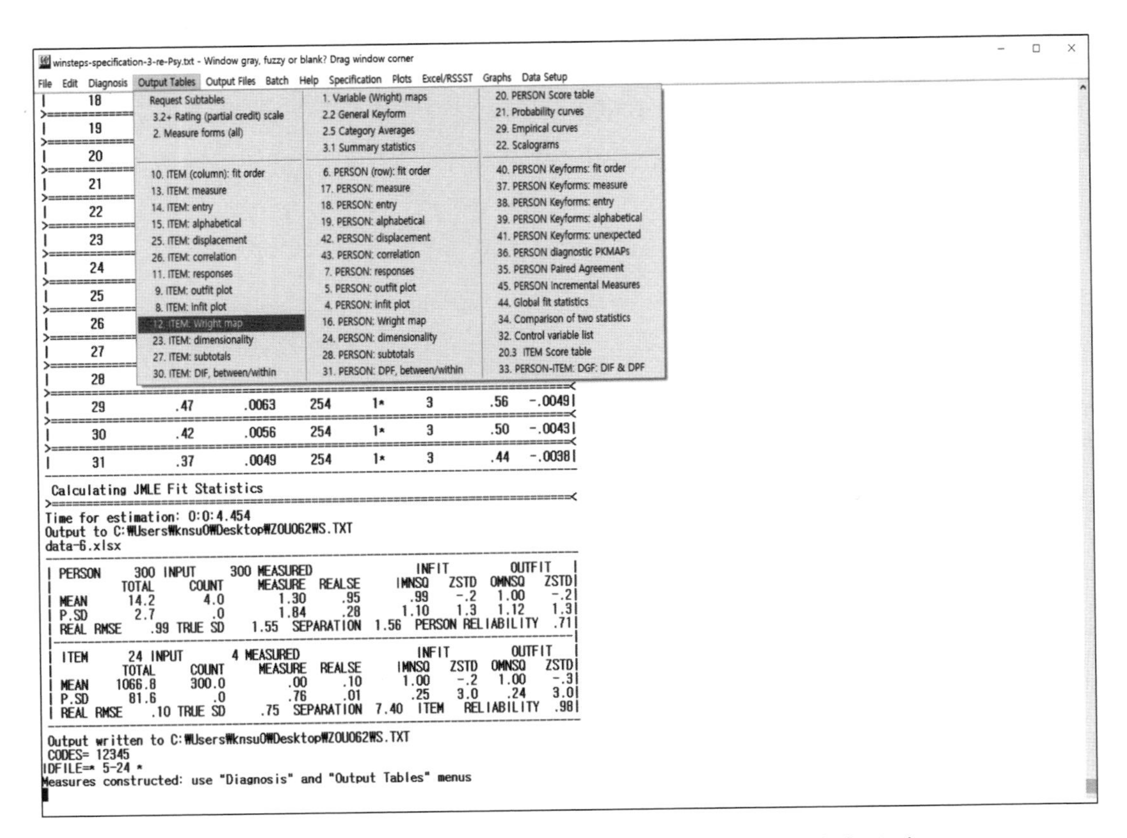

〈그림 6-11〉 응답자 속성과 문항 곤란도 분포도 결과 보기

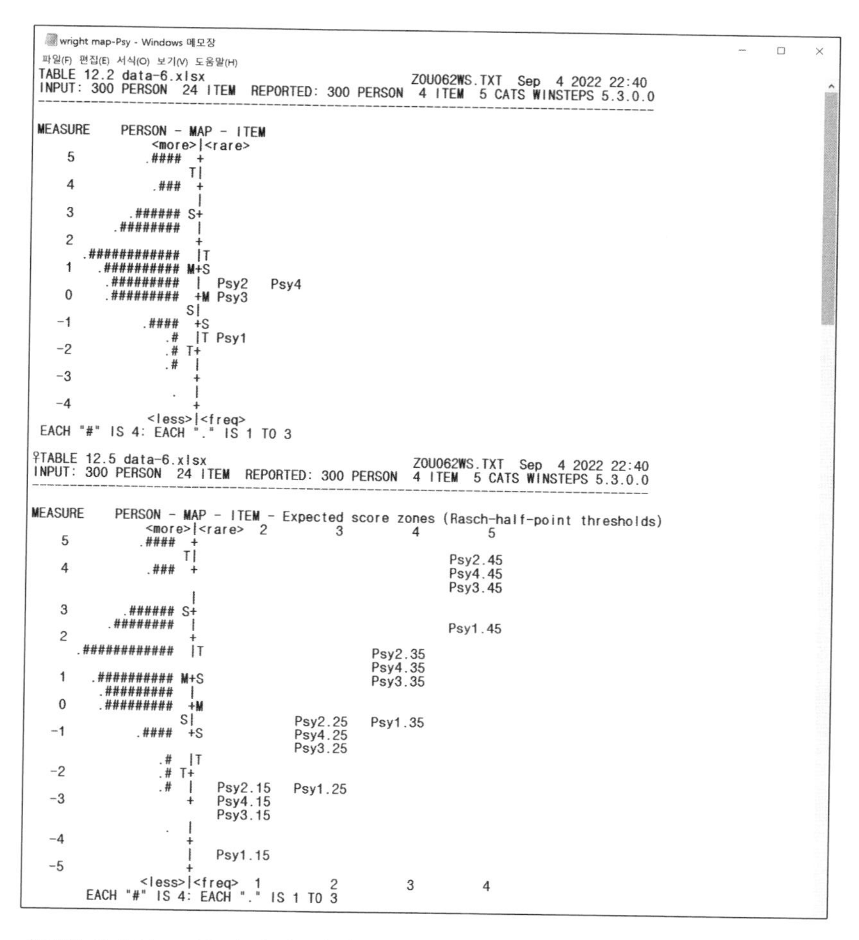

```
wright map-Psy - Windows 메모장
파일(F) 편집(E) 서식(O) 보기(V) 도움말(H)
TABLE 12.2 data-6.xlsx                                ZOU062WS.TXT  Sep  4 2022 22:40
INPUT: 300 PERSON  24 ITEM  REPORTED: 300 PERSON  4 ITEM  5 CATS WINSTEPS 5.3.0.0
--------------------------------------------------------------------------------

MEASURE    PERSON - MAP - ITEM
                <more>|<rare>
   5          .####  +
                    T|
   4           .###  +
                     |
   3        .###### S+
         .########   |
   2                 +
    .############    |T
   1   .########## M+S
      .#########     |  Psy2   Psy4
   0  .#########     +M Psy3
                    S|
  -1          .####  +S
                 .#  |T Psy1
  -2             .# T+
                 .#  |
  -3                 +
                  .  |
  -4                 +
              <less>|<freq>
 EACH "#" IS 4: EACH "." IS 1 TO 3

♀TABLE 12.5 data-6.xlsx                               ZOU062WS.TXT  Sep  4 2022 22:40
INPUT: 300 PERSON  24 ITEM  REPORTED: 300 PERSON  4 ITEM  5 CATS WINSTEPS 5.3.0.0
--------------------------------------------------------------------------------

MEASURE    PERSON - MAP - ITEM - Expected score zones (Rasch-half-point thresholds)
                <more>|<rare>  2         3         4         5
   5          .####  +
                    T|
   4           .###  +                                  Psy2.45
                                                        Psy4.45
                                                        Psy3.45
                     |
   3        .###### S+
         .########   |                                  Psy1.45
   2                 +
    .############    |T                       Psy2.35
                                              Psy4.35
   1   .########## M+S                        Psy3.35
      .#########     |
   0  .#########     +M
                    S|              Psy2.25   Psy1.35
  -1          .####  +S             Psy4.25
                                    Psy3.25
                 .#  |T
  -2             .# T+
                 .#  |  Psy2.15   Psy1.25
  -3                 +  Psy4.15
                        Psy3.15
                  .  |
  -4                 +
                     |  Psy1.15
  -5                 +
              <less>|<freq>  1         2         3         4
      EACH "#" IS 4: EACH "." IS 1 TO 3
```

〈그림 6-12〉 응답자 속성과 문항 곤란도 분포도 결과 일부 (심리요인)

앞서 소개한 것처럼 **〈그림 6-12〉**에 정리한 TABLE 12.2 또는 TABLE 12.5는 둘 다 논문에 제시하기 적합한 그림이라고 할 수 있다. TABLE 12.2는 간명하게 각 문항마다 추정된 곤란도 값을 나타낸 것이고, TABLE 12.5는 좀 더 구체적으로 각 문항마다 추정된 응답범주의 교차점 분포를 나타낸 것이다.

또한 같은 선상(MAP)에서 평균(M), M±1×표준편차(S), M±2×표준편차(T)를 통해 분포위치와 퍼진 정도를 비교할 수 있다. 응답자 속성과 문항 곤란도의 M, S, T 위치가 동일할수록 문항들이 응답자 속성 분포를 잘 설명한다고 할 수 있다. 수리적 기준은 앞서 소개한 **〈그림 4-26〉**(206쪽)에서 제시한 대로 응답자 분리지수가 2.00 이상(=응답자 신뢰도 지수가 0.80 이상)으로 나타나면 문항들이 응답자의 속성 분포를 잘 설명해 준다고 할 수 있다. 이와같이 나머지 다섯 요인(교육, 사회, 휴식, 신체, 미적)도 분석하여 간명한 TABLE 12.2 결과와 응답자 분리지수 (또는 신뢰도 지수)가 같이 제시되는 그림을 만들어서 논문 결과를 작성하는 것을 권장한다.

6-7) 요인별 응답자 속성과 문항 곤란도 분포도 분석 논문 결과 쓰기

(첨부된 자료: wright map-Psy, wright map-Edu, wright map-Soc, wright map-Rel, wright map-Phy, wright map-Aes에서 TABLE 12.2 보고 작성).

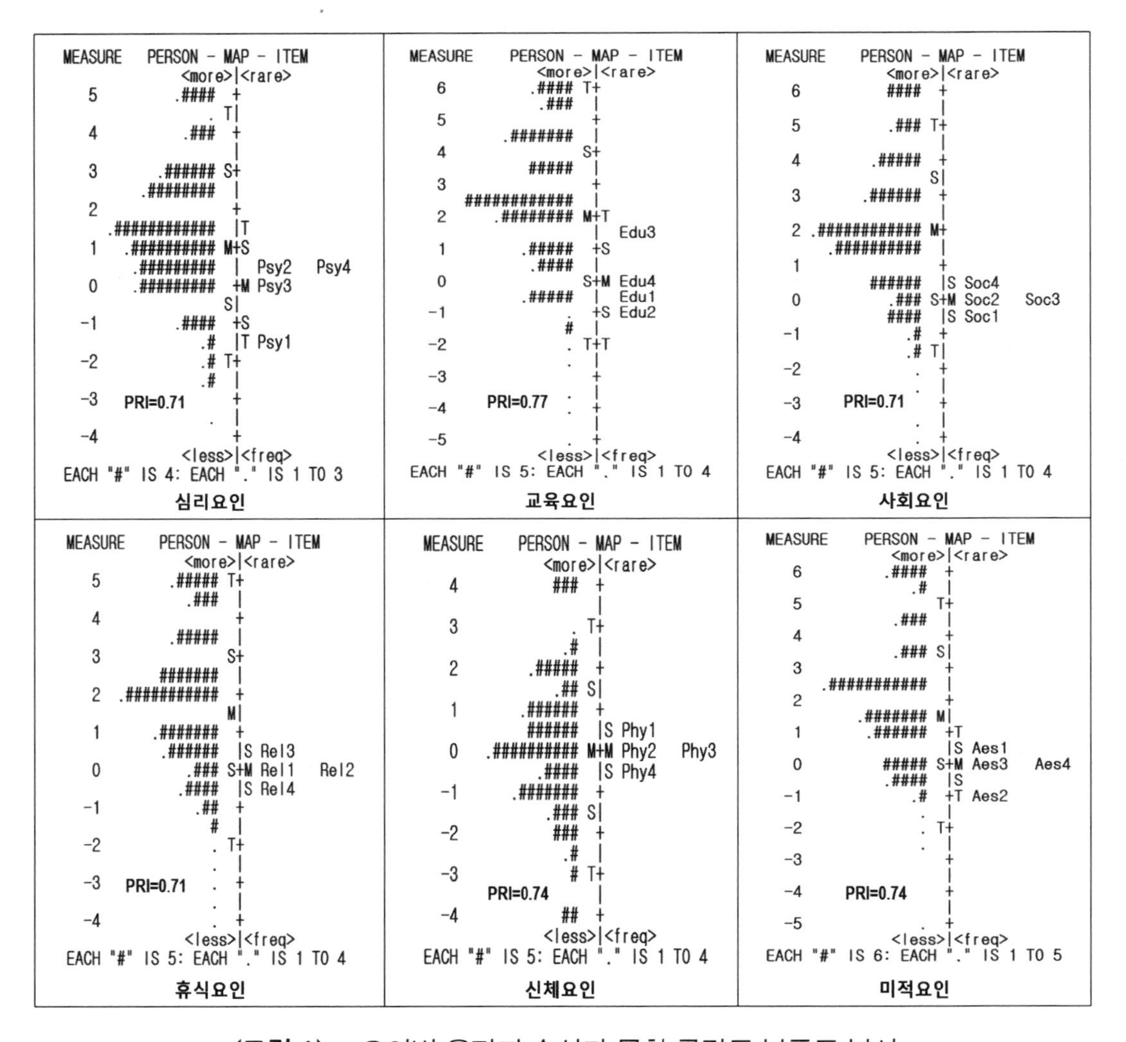

〈그림 1〉 요인별 응답자 속성과 문항 곤란도 분포도 분석

<그림 1>은 6개 요인별로 응답자 속성 분포와 문항 곤란도 분포와의 관계를 동일한 로짓(logits) 척도 선상에서 비교한 결과이다. 선상에 M은 평균, S는 평균±(1×표준편차), T는 평균±(2×표준편차)로 응답자 속성과 문항 곤란도의 분포 정도를 비교할 수 있다. 따라서 좌우 M, S, T의 위치가 동일할수록 응답자의 속성을 문항들이 문제없이 측정하는 것을 의미한다. 또한 PRI는 응답자 신뢰도 지수(Person Reliability Index: PRI)로 0.80 이상으로 나타났을 때 응답자의 속성을 문항이 설명하는데 문제가 없음을 의미한다. 결과를 살펴보면, 6개 요인 모두 좌우 M, S, T의 위치에 차이가 나타났고, 모두 PRI가 0.80 미만으로 나타났다. 따라서 6개 요인 모두 문항들이 응답자 속성을 측정하는데 문제가 있는 것을 알 수 있다.

6-8) 요인별 응답범주의 적합성 분석

Rasch 평정척도모형에서는 Rasch 부분점수모형과는 다르게 요인별로 하나씩 적용된 응답범주 수가 적합한지를 대표하는 결과가 나타난다. WINSTEPS 프로그램에서 응답범주가 적합한지를 검증하는 방법과 해석하는 조건은 앞서 자세히 제시하였다. 동일한 응답범주 적합성 결과를 [Diagnosis]를 클릭하여 볼 수도 있다. 우선 앞서 소개한 **<그림 6-6>**(235쪽)부터 **<그림 6-8>**과정으로 실행시키고, 다음 **<그림 6-13>**과 같이 [Diagnosis]를 클릭하고 [C. Category Function (Table 3.2+)]를 클릭하면, **<그림 6-14>**에 첫 번째 심리요인 응답범주 적합성 결과가 나타난다(첨부된 자료: category-function-Psy).

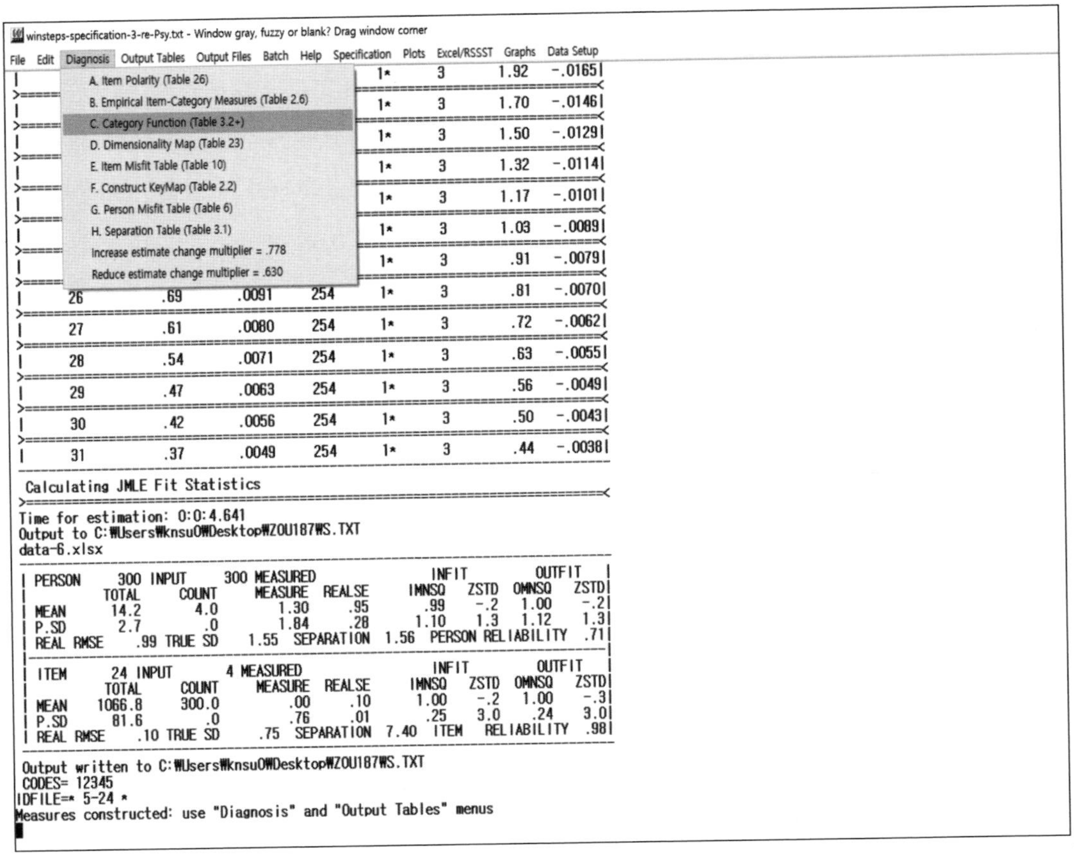

```
winsteps-specification-3-re-Psy.txt - Window gray, fuzzy or blank? Drag window corner
File  Edit  Diagnosis  Output Tables  Output Files  Batch  Help  Specification  Plots  Excel/RSSST  Graphs  Data Setup

  A. Item Polarity (Table 26)
  B. Empirical Item-Category Measures (Table 2.6)
  C. Category Function (Table 3.2+)
  D. Dimensionality Map (Table 23)
  E. Item Misfit Table (Table 10)
  F. Construct KeyMap (Table 2.2)
  G. Person Misfit Table (Table 6)
  H. Separation Table (Table 3.1)
  Increase estimate change multiplier = .778
  Reduce estimate change multiplier = .630

|                                      1*     3      1.92   -.0165|
>=================================================================<
|                                      1*     3      1.70   -.0146|
>=================================================================<
|                                      1*     3      1.50   -.0129|
>=================================================================<
|                                      1*     3      1.32   -.0114|
>=================================================================<
|                                      1*     3      1.17   -.0101|
>=================================================================<
|                                      1*     3      1.03   -.0089|
>=================================================================<
|                                      1*     3       .91   -.0079|
>=================================================================<
|  26        .69      .0091    254     1*     3       .81   -.0070|
>=================================================================<
|  27        .61      .0080    254     1*     3       .72   -.0062|
>=================================================================<
|  28        .54      .0071    254     1*     3       .63   -.0055|
>=================================================================<
|  29        .47      .0063    254     1*     3       .56   -.0049|
>=================================================================<
|  30        .42      .0056    254     1*     3       .50   -.0043|
>=================================================================<
|  31        .37      .0049    254     1*     3       .44   -.0038|
-------------------------------------------------------------------
 Calculating JMLE Fit Statistics
>=================================================================<
Time for estimation: 0:0:4.641
Output to C:\Users\knsu0\Desktop\ZOU187WS.TXT
data-6.xlsx
-------------------------------------------------------------------
| PERSON     300 INPUT      300 MEASURED             INFIT        OUTFIT   |
|            TOTAL     COUNT     MEASURE  REALSE   IMNSQ  ZSTD  OMNSQ  ZSTD|
| MEAN       14.2        4.0        1.30     .95     .99   -.2   1.00   -.2|
| P.SD        2.7         .0        1.84     .28    1.10   1.3   1.12   1.3|
| REAL RMSE     .99 TRUE SD    1.55  SEPARATION  1.56  PERSON RELIABILITY  .71|
|--------------------------------------------------------------------------|
| ITEM        24 INPUT        4 MEASURED             INFIT        OUTFIT   |
|            TOTAL     COUNT     MEASURE  REALSE   IMNSQ  ZSTD  OMNSQ  ZSTD|
| MEAN     1066.8      300.0         .00     .10    1.00   -.2   1.00   -.3|
| P.SD       81.6         .0         .76     .01     .25   3.0    .24   3.0|
| REAL RMSE     .10 TRUE SD     .75  SEPARATION  7.40  ITEM   RELIABILITY  .98|
-------------------------------------------------------------------
 Output written to C:\Users\knsu0\Desktop\ZOU187WS.TXT
 CODES= 12345
IDFILE=* 5-24 *
Measures constructed: use "Diagnosis" and "Output Tables" menus
```

〈그림 6-13〉 [Diagnosis]에서 응답범주의 적합성 검증

이 결과는 앞서 소개한 [Output Tables]를 클릭하고 [3.2 +Rating (partial credit) scale]을 클릭한 것과 동일한 결과다. 이와같이 나머지 다섯 요인도 실행하고 논문 결과에 필요한 부분을 나타내면 **〈그림 6-14〉**와 같다.

심리요인

CATEGORY LABEL	SCORE	OBSERVED COUNT	%	OBSVD AVRGE	SAMPLE EXPECT	INFIT MNSQ	OUTFIT MNSQ	ANDRICH THRESHOLD	CATEGORY MEASURE
1	1	28	2	-1.98	-2.40	1.44	1.50	NONE	(-4.32)
2	2	116	10	-1.05	-.95	.97	.99	-3.09	-2.35
3	3	410	34	.29	.37	.86	.87	-1.55	-.25
4	4	453	38	1.92	1.82	.89	.90	.98	2.34
5	5	193	16	3.43	3.52	1.13	1.11	3.66	(4.81)

휴식요인

CATEGORY LABEL	SCORE	OBSERVED COUNT	%	OBSVD AVRGE	SAMPLE EXPECT	INFIT MNSQ	OUTFIT MNSQ	ANDRICH THRESHOLD	CATEGORY MEASURE
1	1	28	2	-1.43	-1.83	1.49	1.84	NONE	(-3.65)
2	2	71	6	-.97	-.70	.71	.62	-2.33	-1.97
3	3	251	21	.45	.41	1.05	1.10	-1.42	-.44
4	4	532	44	1.74	1.75	.89	.94	.31	1.91
5	5	318	27	3.24	3.21	1.03	.97	3.44	(4.57)

교육요인

CATEGORY LABEL	SCORE	OBSERVED COUNT	%	OBSVD AVRGE	SAMPLE EXPECT	INFIT MNSQ	OUTFIT MNSQ	ANDRICH THRESHOLD	CATEGORY MEASURE
1	1	29	2	-2.60	-3.12	1.77	2.07	NONE	(-4.59)
2	2	66	6	-.99	-1.30	1.37	1.42	-3.36	-2.61
3	3	279	23	.39	.57	.88	.84	-1.80	-.41
4	4	515	43	2.46	2.48	.95	.87	.91	2.59
5	5	311	26	4.47	4.35	.91	.91	4.25	(5.38)

신체요인

CATEGORY LABEL	SCORE	OBSERVED COUNT	%	OBSVD AVRGE	SAMPLE EXPECT	INFIT MNSQ	OUTFIT MNSQ	ANDRICH THRESHOLD	CATEGORY MEASURE
1	1	111	9	-1.77	-2.01	1.36	1.37	NONE	(-3.79)
2	2	243	20	-1.09	-.97	.84	.85	-2.55	-1.88
3	3	444	37	-.08	-.02	.76	.75	-1.10	-.05
4	4	279	23	1.26	1.07	.85	.87	.97	1.87
5	5	123	10	2.35	2.51	1.30	1.26	2.68	(3.90)

사회요인

CATEGORY LABEL	SCORE	OBSERVED COUNT	%	OBSVD AVRGE	SAMPLE EXPECT	INFIT MNSQ	OUTFIT MNSQ	ANDRICH THRESHOLD	CATEGORY MEASURE
1	1	18	2	-1.71	-1.93	1.25	1.33	NONE	(-4.08)
2	2	60	5	-.77	-.75	.98	.98	-2.80	-2.26
3	3	267	22	.49	.57	.98	.97	-1.59	-.46
4	4	575	48	2.08	2.03	.78	.81	.52	2.22
5	5	280	23	3.56	3.61	1.14	1.06	3.88	(5.00)

미적요인

CATEGORY LABEL	SCORE	OBSERVED COUNT	%	OBSVD AVRGE	SAMPLE EXPECT	INFIT MNSQ	OUTFIT MNSQ	ANDRICH THRESHOLD	CATEGORY MEASURE
1	1	18	2	-1.22	-1.85	1.44	1.75	NONE	(-4.32)
2	2	50	4	-.88	-.86	1.02	1.06	-2.99	-2.60
3	3	336	28	.37	.45	.89	.89	-2.14	-.61
4	4	551	46	2.16	2.10	.89	.88	.77	2.57
5	5	245	20	3.78	3.84	1.12	1.06	4.36	(5.48)

〈그림 6-14〉 요인별 응답범주 수의 적합성 검증 결과 중 논문 작성에 필요한 부분

[알아두기]
응답범주 확률곡선의 X축 간격 조정

첨부된 자료, category-function-Psy.txt에서 마지막 그림인 응답범주 확률곡선의 가로축(X축)이 매우 좁게 나타난다. 그 이유는 첨부된 자료 winsteps-specification-3-re-Psy 에서 MUNITS=0.5로 설정했기 때문이다. MUNITS=0으로 변경 또는 삭제하고 다시 설계서를 실행시키면 응답범주 확률곡선이 더 보기 좋게 나타난다.

6-9) 요인별 응답범주의 적합도 분석 논문 결과 쓰기

(첨부된 자료: category-function-Psy, category-function-Edu, category-function-Soc, category-function-Rel, category-function-Phy, category-function-Aes에서 TABLE 3.2 보고 작성).

〈표 6-2〉 요인별 5점 응답범주의 적합성 분석

요인	범주	빈도	평균측정치	외적합도	단계조정값	단계조정값 차이
심리 요인	1	28	−1.98	1.50	none	
	2	116	−1.05	0.99	−3.09	
	3	410	0.29	0.87	−1.55	1.54
	4	453	1.92	0.90	0.98	2.53
	5	193	3.43	1.11	3.66	2.68
교육 요인	1	29	−2.60	2.07	none	
	2	66	-.99	1.42	−3.36	
	3	279	0.39	0.84	−1.80	1.56
	4	515	2.46	0.87	0.91	2.71
	5	311	4.47	0.91	4.25	3.34
사회 요인	1	18	−1.71	1.33	none	
	2	60	−0.77	0.98	−2.80	
	3	267	0.49	0.97	−1.59	1.21
	4	575	2.08	0.81	0.52	2.11
	5	280	3.56	1.06	3.88	3.36
휴식 요인	1	28	−1.43	1.87	none	
	2	71	−0.97	0.62	−2.33	
	3	251	0.45	1.10	−1.42	0.91
	4	532	1.74	0.94	0.31	1.73
	5	318	3.24	0.97	3.44	3.13
신체 요인	1	111	−1.77	1.37	none	
	2	243	−1.09	0.85	−2.55	
	3	444	−0.08	0.75	−1.10	1.45
	4	279	1.26	0.87	0.97	2.07
	5	123	2.35	1.26	2.68	1.71
미적 요인	1	18	−1.22	1.75	none	
	2	50	−0.88	1.06	−2.99	
	3	336	0.37	0.89	−2.14	0.85
	4	551	2.16	0.88	0.77	2.91
	5	245	3.78	1.06	4.36	3.59

〈표 6-2〉는 6개 요인(심리요인, 교육요인, 사회요인, 휴식요인, 신체요인, 미적요인)별로 여가 활동 만족도 측정척도에 적용된 5점 응답범주의 적합성을 검증한 결과이다. 첫째, 6개 요인 모두 각 범주의 빈도가 10보다 크게 나타났다. 둘째, 6개 요인 모두 평균측정치가 1범주에서

5범주로 증가할수록 같이 단계적으로 증가하는 것으로 나타났다. 셋째, 각 범주의 외적합도 지수는 교육요인의 1범주가 2.07로 나타났다. 다른 요인들에서는 모두 2.0 미만으로 나타났다. 넷째, 6개 요인 모두 단계조정값이 범주가 증가할수록 단계적으로 증가하는 것으로 나타났다. 다섯째, 범주별 단계조정값 차이에 절대값이 사회요인에 2범주와 3범주에서 1.21, 휴식요인에 2범주와 3범주에서 0.91, 미적요인에 2범주와 3범주에서 0.85로 나타났다. 따라서 사회요인, 휴식요인, 미적요인은 적합기준인 1.40 이상 5.00 이하를 만족하지 못하는 것으로 나타났다. 다른 요인들(심리요인, 교육요인, 신체요인)은 단계조정값 차이에 절대값 적합기준을 모두 만족하는 것으로 나타났다.

6-10) 요인별 차원성과 지역독립성 분석

앞서 WINSTEPS 프로그램을 통한 차원성 검증에 대해서 자세히 설명하였다. 그러나 아직 WINSTEPS 프로그램을 통한 지역독립성(local independence) 분석에 대해서는 설명하지 않았다. 문항 분석에 Rasch 모형을 적용하기 위해서는 원칙적으로 일차원성 가정과 지역독립성 가정이 요구된다. 즉 한 문항은 하나의 능력만을 측정하여야 한다는 일차원성 가정, 그리고 한 문항 응답이 다른 문항 응답에 영향을 주면 안된다는 지역독립성 가정이 요구된다. 일반적으로 일차원성 가정을 만족하면 지역독립성 가정도 만족하는 것으로 판단할 수 있다. 따라서 지금까지 일차원성을 검증하기 위해서는 문항의 적합도 검증 또는 차원성 탐색으로 판단하는 것을 제시하였다. 이 장에서는 WINSTEPS 프로그램에서 요인별 차원성 탐색과 더불어 지역독립성을 검증하는 방법을 소개한다.

우선 차원성 검증 결과를 [Diagnosis]를 클릭하여 볼 수도 있다. 앞서 소개한 **<그림 6-6>**(235쪽)부터 **<그림 6-8>** 과정을 다시 실행시키고, 다음 **<그림 6-15>**와 같이 [Diagnosis]를 클릭하고 [D. Dimensionality Map (Table 23)]을 클릭하면, **<그림 6-16>**과 같은 결과가 나타난다(첨부된 자료: dimenstionality-independence-Psy). 아래쪽에 TABLE 23.99에 표시한 부분이 심리요인 네 문항에 지역독립성이 확보되었는지를 판단할 수 있는 지수다. 구체적으로 TABLE 23.99에 CORRELATION 값은 두 문항들 간의 지역독립성을 판단할 수 있는 최대 표준화 잔차 상관계수다. 이 상관계수의 절대값이 0.30 미만이면 두 문항은 지역독립성을 확실히 확보하였다고 할 수 있다.

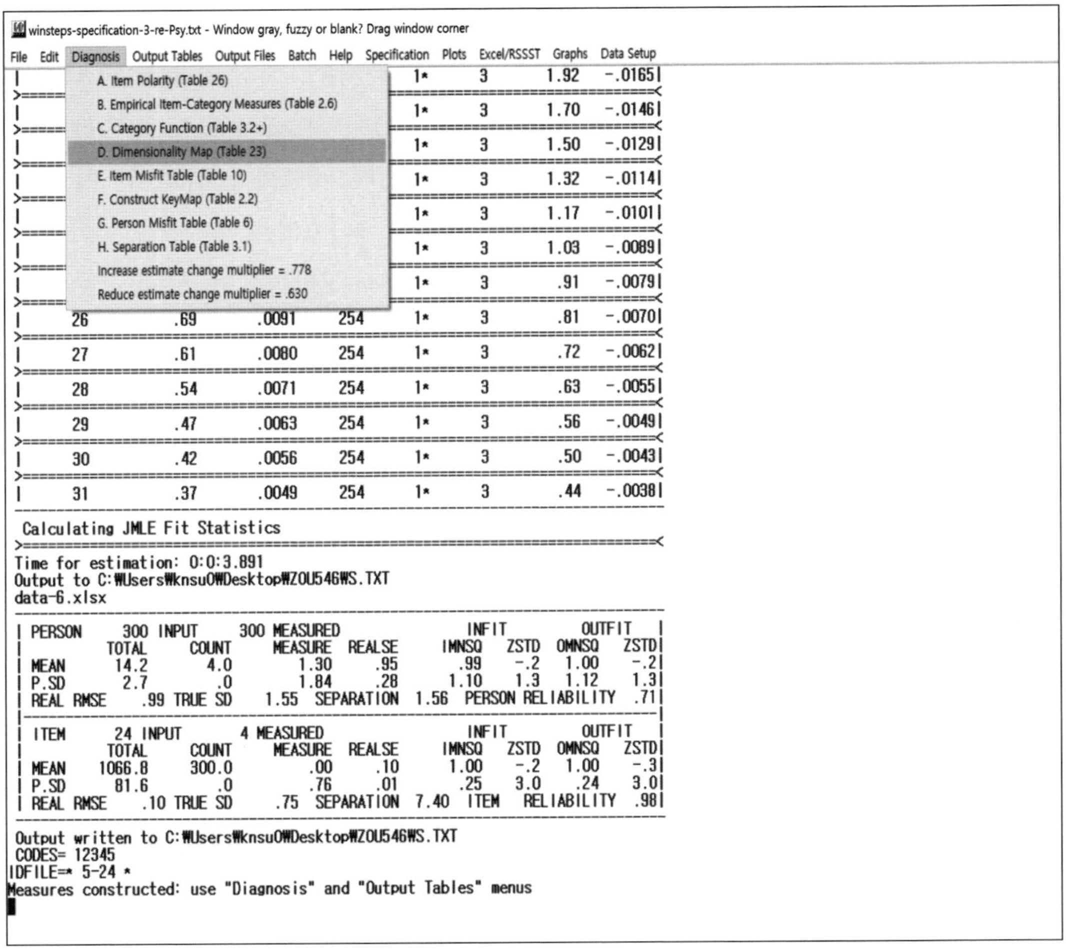

```
winsteps-specification-3-re-Psy.txt - Window gray, fuzzy or blank? Drag window corner
File  Edit  Diagnosis  Output Tables  Output Files  Batch  Help  Specification  Plots  Excel/RSSST  Graphs  Data Setup

  A. Item Polarity (Table 26)
  B. Empirical Item-Category Measures (Table 2.6)
  C. Category Function (Table 3.2+)
  D. Dimensionality Map (Table 23)
  E. Item Misfit Table (Table 10)
  F. Construct KeyMap (Table 2.2)
  G. Person Misfit Table (Table 6)
  H. Separation Table (Table 3.1)
  Increase estimate change multiplier = .778
  Reduce estimate change multiplier = .630

|                               1*     3     1.92   -.0165|
|                               1*     3     1.70   -.0146|
|                               1*     3     1.50   -.0129|
|                               1*     3     1.32   -.0114|
|                               1*     3     1.17   -.0101|
|                               1*     3     1.03   -.0089|
|                               1*     3      .91   -.0079|
|   26     .69    .0091   254   1*     3      .81   -.0070|
|   27     .61    .0080   254   1*     3      .72   -.0062|
|   28     .54    .0071   254   1*     3      .63   -.0055|
|   29     .47    .0063   254   1*     3      .56   -.0049|
|   30     .42    .0056   254   1*     3      .50   -.0043|
|   31     .37    .0049   254   1*     3      .44   -.0038|

 Calculating JMLE Fit Statistics
Time for estimation: 0:0:3.891
Output to C:₩Users₩knsu0₩Desktop₩ZOU546WS.TXT
data-6.xlsx
--------------------------------------------------------------------------------
| PERSON     300 INPUT     300 MEASURED              INFIT         OUTFIT    |
|           TOTAL     COUNT     MEASURE  REALSE    IMNSQ   ZSTD  OMNSQ   ZSTD|
| MEAN       14.2       4.0       1.30     .95       .99    -.2   1.00    -.2|
| P.SD        2.7        .0       1.84     .28      1.10    1.3   1.12    1.3|
| REAL RMSE    .99 TRUE SD    1.55  SEPARATION  1.56  PERSON RELIABILITY  .71|
|------------------------------------------------------------------------------|
| ITEM        24 INPUT       4 MEASURED              INFIT         OUTFIT    |
|           TOTAL     COUNT     MEASURE  REALSE    IMNSQ   ZSTD  OMNSQ   ZSTD|
| MEAN     1066.8     300.0        .00     .10      1.00    -.2   1.00    -.3|
| P.SD       81.6        .0        .76     .01       .25    3.0    .24    3.0|
| REAL RMSE    .10 TRUE SD     .75  SEPARATION  7.40  ITEM   RELIABILITY  .98|
--------------------------------------------------------------------------------
Output written to C:₩Users₩knsu0₩Desktop₩ZOU546WS.TXT
CODES= 12345
IDFILE=* 5-24 *
Measures constructed: use "Diagnosis" and "Output Tables" menus
```

〈그림 6-15〉 [Diagnosis]에서 차원성과 지역독립성 검증

결과를 살펴보면, 네 문항(Psy1, Psy2, Psy3, Psy4)간의 6개의 상관계수(Psy1과 Psy2; Psy1과 Psy3; Psy1과 Psy4; Psy2와 Psy3; Psy2와 Psy4; Psy3과 Psy4)가 나타난다. 그 결과 2번 문항(Psy2)과 3번 문항(Psy3) 간의, 그리고 1번 문항(Psy1)과 3번 문항(Psy3) 간의 상관계수 절대값이 0.30 미만으로 나타났다. 다른 문항들 간의 상관계수 절대값은 모두 0.30 이상으로 나타났다. 즉 문항들 간에 지역독립성을 완전히 충족하지 못하는 것을 알 수 있다.

반면 1요인에 대조하여 설명되지 않는 분산(unexplaind variance in 1st contrast)은 1.5654로 나타났다. 기준 3.0 미만으로 나타나 일차원성을 충족하는 것으로 나타났다. 이와같이 나머지 다섯 요인도 실행하고 논문 결과를 작성하면 된다.

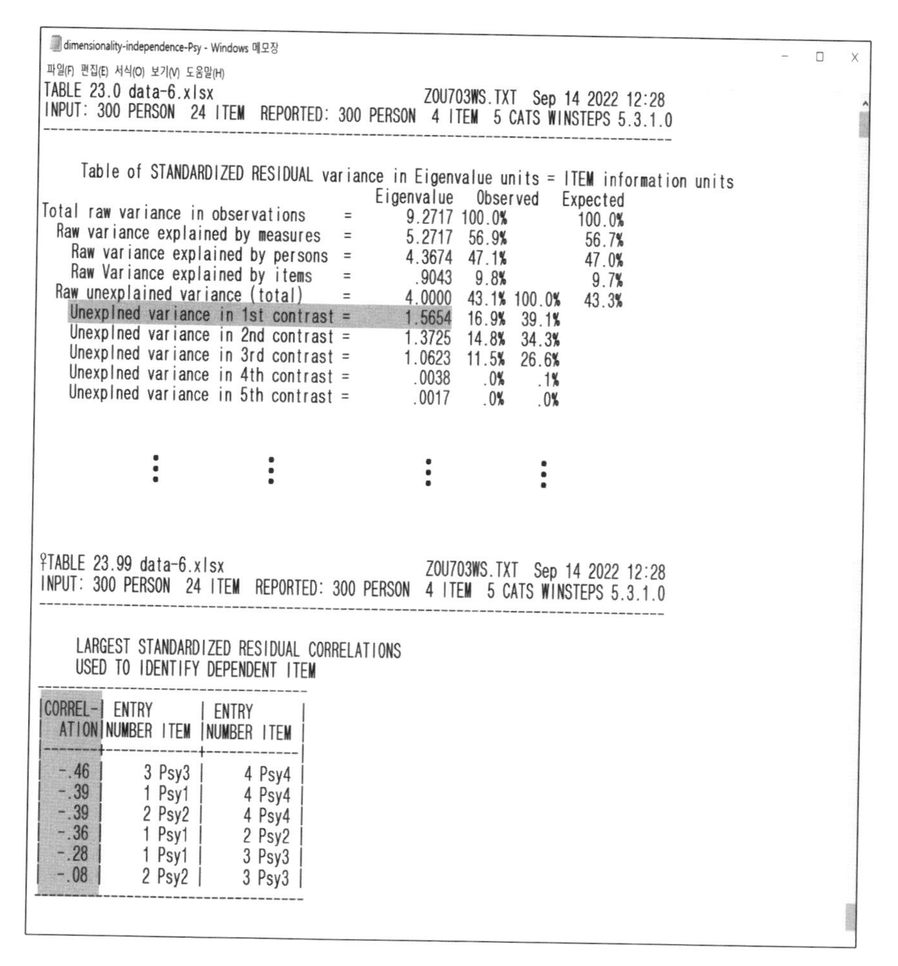

dimensionality-independence-Psy - Windows 메모장

파일(F) 편집(E) 서식(O) 보기(V) 도움말(H)

```
TABLE 23.0 data-6.xlsx                              ZOU703WS.TXT  Sep 14 2022 12:28
INPUT: 300 PERSON  24 ITEM  REPORTED: 300 PERSON  4 ITEM  5 CATS WINSTEPS 5.3.1.0
--------------------------------------------------------------------------------

    Table of STANDARDIZED RESIDUAL variance in Eigenvalue units = ITEM information units
                                              Eigenvalue   Observed     Expected
Total raw variance in observations     =        9.2717 100.0%            100.0%
  Raw variance explained by measures   =        5.2717  56.9%             56.7%
    Raw variance explained by persons  =        4.3674  47.1%             47.0%
    Raw Variance explained by items    =         .9043   9.8%              9.7%
  Raw unexplained variance (total)     =        4.0000  43.1% 100.0%      43.3%
    Unexplned variance in 1st contrast =        1.5654  16.9%  39.1%
    Unexplned variance in 2nd contrast =        1.3725  14.8%  34.3%
    Unexplned variance in 3rd contrast =        1.0623  11.5%  26.6%
    Unexplned variance in 4th contrast =         .0038    .0%    .1%
    Unexplned variance in 5th contrast =         .0017    .0%    .0%

          ⋮          ⋮             ⋮          ⋮

TABLE 23.99 data-6.xlsx                             ZOU703WS.TXT  Sep 14 2022 12:28
INPUT: 300 PERSON  24 ITEM  REPORTED: 300 PERSON  4 ITEM  5 CATS WINSTEPS 5.3.1.0
--------------------------------------------------------------------------------

    LARGEST STANDARDIZED RESIDUAL CORRELATIONS
    USED TO IDENTIFY DEPENDENT ITEM
-------------------------------------
|CORREL-| ENTRY        | ENTRY       |
|  ATION|NUMBER ITEM   |NUMBER ITEM  |
|-------+--------------+-------------|
|  -.46 |     3 Psy3   |     4 Psy4  |
|  -.39 |     1 Psy1   |     4 Psy4  |
|  -.39 |     2 Psy2   |     4 Psy4  |
|  -.36 |     1 Psy1   |     2 Psy2  |
|  -.28 |     1 Psy1   |     3 Psy3  |
|  -.08 |     2 Psy2   |     3 Psy3  |
-------------------------------------
```

〈그림 6-16〉 차원성과 지역독립성 검증 결과 일부 (심리요인)

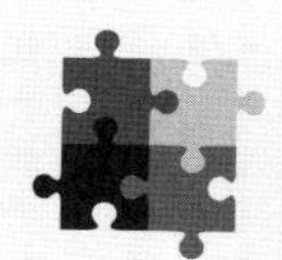

[알아두기]
문항 차원성과 지역독립성 분석 딜레마

〈그림 6-16〉에서 소개한 지역독립성을 판단하는 지수는 최대 표준화 잔차 상관계수다. 이 상관계수의 절대값이 0.30 미만이면 두 문항은 지역독립성을 확보했다고 할 수 있다. 그렇다면 결과표(TABLE 23.99)에 제시되는 문항들 간의 상관계수의 절대값이 모두 0.30 미만으로 산출되어야지만 Rasch 모형의 기본가정인 지역독립성 가정이 성립되는 것인가? 꼭 그렇다고 할 수 없다.

John Mike Linacre 교수는 문항의 일차원성의 만족여부를 판단하는 가장 명확한 것은 문항마다 산출되는 적합도 지수(INFIT, OUTFIT)라고 제안하였다. 즉 문항의 적합도 지수가 연구자가 결정한 적합도 기준 범위에 속하면, 그 문항은 일차원성을 만족한 문항으로 판단해도 된다고 하였다. 그리고 일차원성을 만족하면 기본가정인 지역독립성 가정을 만족하는 문항으로 간주할 수 있다고 하였다.

1요인에 대조하여 설명되지 않는 분산이 3.0 미만이면 각 문항은 일차원성을 가지기 때문에 하나의 요인으로 구성될 가능성이 높다는 것에 대해서는 앞서 충분히 설명하였다. 구체적으로 문항들의 지역독립성 결과를 제시하고자 하는 연구자들은 위와같이 문항들간의 관계를 탐색하고, 제시하는 것으로 충분하다.

정리하면, 차원성 분석과 지역독립성 분석은 자료가 어떠한지 보여주는 것이다. 두 가지 모두 완벽하게 기준을 만족하지 못하였다고 Rasch 모형 분석을 할 수 없는 것은 아니다. 일차원성과 지역독립성을 위반하는 문항을 제거하고 싶다면 문항의 적합도 지수(INFIT, OUTFIT)로 판단하면 된다.

6-11) 요인별 차원성과 지역독립성 분석 논문 결과 쓰기

(첨부된 자료: dimensionality-independence-Psy, dimensionality-independence-Edu, dimensionality-independence-Soc, dimensionality-independence-Rel, dimensionality-independence-Phy, dimensionality-independence-Aes에서 TABLE 23.0과 TABLE 23.99 보고 작성).

<표 6-3> 요인별 차원성과 지역독립성 분석

요인	문항	문항	SRCor.	Un 1st.	요인	문항	문항	SRCor.	Un 1st
심리 요인	1	2	−0.36	1.5654	휴식 요인	1	2	0.14	1.8776
	1	3	−0.28			1	3	−0.51	
	1	4	−0.39			1	4	−0.41	
	2	3	−0.08			2	3	−0.40	
	2	4	−0.39			2	4	−0.51	
	3	4	−0.46			3	4	−0.26	

교육 요인	1	2	−0.06	1.7293	신체 요인	1	2	−0.56	2.0726
	1	3	−0.49			1	3	−0.61	
	1	4	−0.36			1	4	−0.19	
	2	3	−0.55			2	3	0.25	
	2	4	−0.26			2	4	−0.46	
	3	4	−0.24			3	4	−0.36	
사회 요인	1	2	−0.40	1.5461	미적 요인	1	2	−0.27	1.5168
	1	3	−0.23			1	3	−0.49	
	1	4	−0.12			1	4	−0.36	
	2	3	−0.43			2	3	−0.33	
	2	4	−0.43			2	4	−0.29	
	3	4	−0.33			3	4	−0.25	

SRCor.=최대 표준화 잔차; Un 1st.=1요인에 대조하여 설명되지 않는 분산

<표 6-3>은 6개 요인(심리요인, 교육요인, 사회요인, 휴식요인, 신체요인, 미적요인)별로 차원성(dimensionality)과 지역독립성(local independence)을 검증한 결과이다. SRCor.은 최대 표준화 잔차 상관계수(standardized residual correlations)로 절대값이 0.30 미만일 때 문항간 지역독립성이 완전히 충족되는 것으로 판단한다. 또한 Un 1st.는 1요인에 대조하여 설명되지 않는 분산(unexplained variance in 1st contrast)으로 3.0 미만일 때 일차원성을 충족하는 것으로 판단한다. 첫째, 심리요인에서는 1번 문항과 3번 문항, 2번 문항과 3번 문항의 표준화 잔차 상관계수 절대값이 0.30 미만으로 나타났다. 둘째, 교육요인에서는 1번 문항과 2번 문항, 2번 문항과 4번 문항, 그리고 3번 문항과 4번 문항의 표준화 잔차 상관계수 절대값이 0.30 미만으로 나타났다. 셋째, 사회요인에서는 1번 문항과 3번 문항, 1번 문항과 4번 문항의 표준화 잔차 상관계수 절대값이 0.30 미만으로 나타났다. 넷째, 휴식요인에서는 1번 문항과 2번 문항, 3번 문항과 4번 문항의 표준화 잔차 상관계수 절대값이 0.30 미만으로 나타났다. 다섯째, 신체요인에서는 1번 문항과 4번 문항, 2번 문항과 3번 문항의 표준화 잔차 상관계수 절대값이 0.30 미만으로 나타났다. 여섯째, 미적요인에서는 1번 문항과 2번 문항, 2번 문항과 4번 문항, 그리고 3번 문항과 4번 문항의 표준화 잔차 상관계수 절대값이 0.30 미만으로 나타났다. 따라서 6개 요인 모두 문항간의 지역독립성을 완전히 충족시키지는 못하는 것을 알 수 있다. 반면 차원성을 검증한 결과는 6개 요인에서 모두 1요인에 대조하여 설명되지 않는 분산이 3.0 미만으로 나타났다. 따라서 모든 요인은 일차원성을 충족하는 것을 알 수 있다.

6-12) 요인별 문항 곤란도와 적합도 분석

WINSTEPS 프로그램에서 문항의 적합도 분석을 실행하는 방법과 해석하는 방법은 앞서 자세히 설명하였다. 간단히 정리하면 문항 곤란도(난이도) 값은 JMLE MEASURE 값으로 높을수록 곤란도가 높은 문항이다. 즉 응답자들이 낮은 척도에 많이 응답하는 곤란한(어려운) 문항이다. 문항의 적합도 지수는 INFIT, OUTFIT 지수로 산출되고 이 두 지수가 1.50 이상이면 부적합한(misfit) 문항, 0.50 이하이면 과적합한(overfit) 문항으로 판단할 수 있다. 또한 적합도 지수가 1.50 이상으로 나타나는 부적합한 문항은 일차원성과 지역독립성을 위반하는 문항으로 판단할 수 있다.

문항 적합도 결과도 [Diagnosis]를 클릭하여 볼 수도 있다. 앞서 소개한 **〈그림 6-6〉**(235쪽)부터 **〈그림 6-8〉** 과정으로 실행시키고, 다음 **〈그림 6-17〉**과 같이 [Diagnosis]에서 [E. Item Misfit Table (Table 10)]을 클릭하면, **〈그림 6-18〉**과 같이 결과가 나타난다(첨부된 자료: misfit-Psy).

```
winsteps-specification-3-re-Psy.txt - Window gray, fuzzy or blank? Drag window corner
File  Edit  Diagnosis  Output Tables  Output Files  Batch  Help  Specification  Plots  Excel/RSSST  Graphs  Data Setup

  A. Item Polarity (Table 26)
  B. Empirical Item-Category Measures (Table 2.6)
  C. Category Function (Table 3.2+)
  D. Dimensionality Map (Table 23)
  E. Item Misfit Table (Table 10)
  F. Construct KeyMap (Table 2.2)
  G. Person Misfit Table (Table 6)
  H. Separation Table (Table 3.1)
  Increase estimate change multiplier = .778
  Reduce estimate change multiplier = .630

|                                  1*      3      1.92   -.0165|
>============================================================<
|                                  1*      3      1.70   -.0146|
>============================================================<
|                                  1*      3      1.50   -.0129|
>============================================================<
|                                  1*      3      1.32   -.0114|
>============================================================<
|                                  1*      3      1.17   -.0101|
>============================================================<
|                                  1*      3      1.03   -.0089|
>============================================================<
|                                  1*      3       .91   -.0079|
>============================================================<
|   26      .69     .0091    254   1*      3       .81   -.0070|
>============================================================<
|   27      .61     .0080    254   1*      3       .72   -.0062|
>============================================================<
|   28      .54     .0071    254   1*      3       .63   -.0055|
>============================================================<
|   29      .47     .0063    254   1*      3       .56   -.0049|
>============================================================<
|   30      .42     .0056    254   1*      3       .50   -.0043|
>============================================================<
|   31      .37     .0049    254   1*      3       .44   -.0038|
--------------------------------------------------------------
 Calculating JMLE Fit Statistics
>============================================================<
Time for estimation: 0:0:4.563
Output to C:\Users\knsu0\Desktop\ZOU687WS.TXT
data-6.xlsx
--------------------------------------------------------------
| PERSON     300 INPUT     300 MEASURED              INFIT         OUTFIT   |
|           TOTAL    COUNT     MEASURE  REALSE    IMNSQ  ZSTD  OMNSQ  ZSTD|
| MEAN      14.2      4.0        1.30     .95       .99   -.2   1.00   -.2|
| P.SD       2.7       .0        1.84     .28      1.10   1.3   1.12   1.3|
| REAL RMSE    .99 TRUE SD   1.55  SEPARATION  1.56  PERSON RELIABILITY  .71|
|-------------------------------------------------------------------------|
| ITEM        24 INPUT       4 MEASURED              INFIT         OUTFIT   |
|           TOTAL    COUNT     MEASURE  REALSE    IMNSQ  ZSTD  OMNSQ  ZSTD|
| MEAN    1066.8    300.0         .00     .10      1.00   -.2   1.00   -.3|
| P.SD      81.6       .0         .76     .01       .25   3.0    .24   3.0|
| REAL RMSE    .10 TRUE SD    .75  SEPARATION  7.40  ITEM   RELIABILITY  .98|
--------------------------------------------------------------
 Output written to C:\Users\knsu0\Desktop\ZOU687WS.TXT
 CODES= 12345
IDFILE=* 5-24 *
Measures constructed: use "Diagnosis" and "Output Tables" menus
```

〈그림 6-17〉 [Diagnosis]에서 문항 적합도 검증

표시된 부분을 살펴보면, 2번 문항(Psy2)의 곤란도(난이도)가 가장 높고, 그 다음 4번 문항(Psy4), 3번 문항(Psy3), 그리고 1번 문항(Psy1)이 가장 낮게 나타난 것을 볼 수 있다. 그리고 내적합도(INFIT) 지수와 외적합도(OUTFIT) 지수를 살펴보면 모두 0.50 부터 1.50 사이로 나타났다. 네 문항 모두 문항의 적합도 기준을 만족하는 것을 알 수 있다. 이와같이 나머지 다섯 요인도 실행하고 논문 결과를 작성하면 된다.

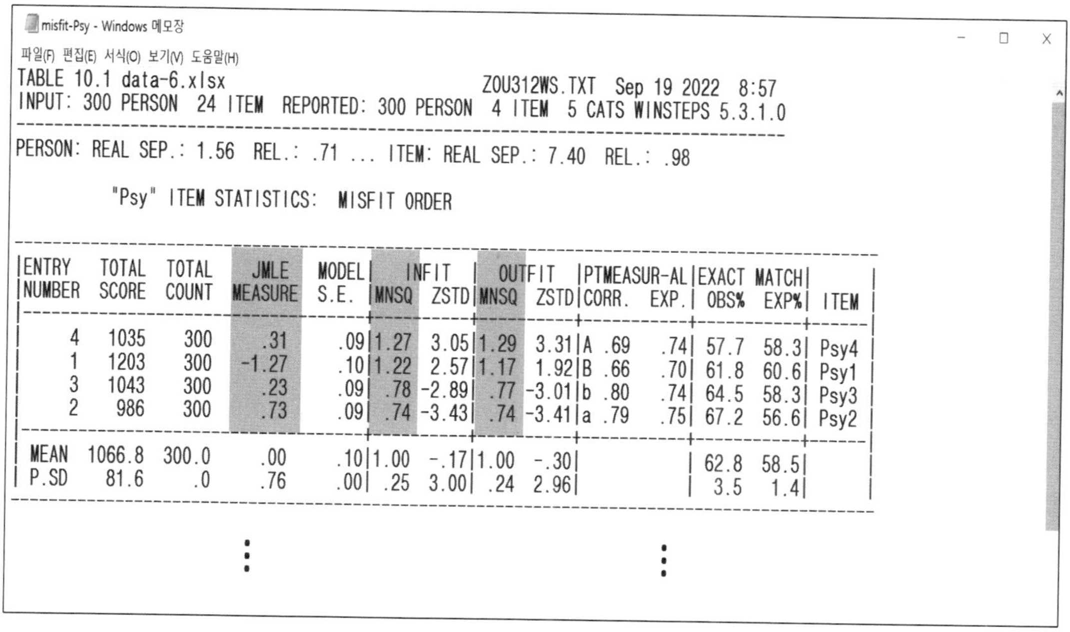

misfit-Psy - Windows 메모장

파일(F) 편집(E) 서식(O) 보기(V) 도움말(H)

TABLE 10.1 data-6.xlsx ZOU312WS.TXT Sep 19 2022 8:57
INPUT: 300 PERSON 24 ITEM REPORTED: 300 PERSON 4 ITEM 5 CATS WINSTEPS 5.3.1.0

PERSON: REAL SEP.: 1.56 REL.: .71 ... ITEM: REAL SEP.: 7.40 REL.: .98

"Psy" ITEM STATISTICS: MISFIT ORDER

ENTRY NUMBER	TOTAL SCORE	TOTAL COUNT	JMLE MEASURE	MODEL S.E.	INFIT MNSQ	INFIT ZSTD	OUTFIT MNSQ	OUTFIT ZSTD	PTMEASUR-AL CORR.	PTMEASUR-AL EXP.	EXACT MATCH OBS%	EXACT MATCH EXP%	ITEM
4	1035	300	.31	.09	1.27	3.05	1.29	3.31	A .69	.74	57.7	58.3	Psy4
1	1203	300	-1.27	.10	1.22	2.57	1.17	1.92	B .66	.70	61.8	60.6	Psy1
3	1043	300	.23	.09	.78	-2.89	.77	-3.01	b .80	.74	64.5	58.3	Psy3
2	986	300	.73	.09	.74	-3.43	.74	-3.41	a .79	.75	67.2	56.6	Psy2
MEAN	1066.8	300.0	.00	.10	1.00	-.17	1.00	-.30			62.8	58.5	
P.SD	81.6	.0	.76	.00	.25	3.00	.24	2.96			3.5	1.4	

⋮ ⋮

〈그림 6-18〉 문항 적합도 검증 결과 일부 (심리요인)

6-13) 요인별 문항 곤란도와 적합도 분석 논문 결과 쓰기

(첨부된 자료: misfit-Psy, misfit-Edu, misfit-Soc, misfit-Rel, misfit-Phy, misfit-Aes에서 TABLE 10.1 보고 작성).

〈표 6-4〉 요인별 문항 곤란도와 적합도 분석

요인	문항	곤란도	INFIT	OUTFIT	요인	문항	곤란도	INFIT	OUTFIT
심리요인	1	−1.27	1.22	1.17	휴식요인	1	0.02	0.80	0.78
	2	0.73	0.74	0.74		2	0.01	0.80	0.77
	3	0.23	0.78	0.77		3	0.42	1.09	1.12
	4	0.31	1.27	1.29		4	−0.46	1.28	1.35
교육요인	1	−0.37	1.00	0.97	신체요인	1	−1.27	1.22	1.17
	2	−1.04	1.04	0.95		2	0.73	0.74	0.74
	3	1.51	1.22	1.24		3	0.23	0.78	0.77
	4	−0.11	0.80	0.79		4	0.31	1.27	1.29
사회요인	1	−0.42	0.76	0.72	미적요인	1	0.50	1.11	1.12
	2	0.22	1.33	1.32		2	−0.78	0.92	0.90
	3	−0.13	1.01	1.03		3	0.08	1.13	1.10
	4	0.33	0.84	0.83		4	0.20	0.81	0.82

〈표 6-4〉는 여가활동 만족도 6개 요인(심리요인, 교육요인, 사회요인, 휴식요인, 신체요인, 미적요인)별로 문항 곤란도와 적합도를 분석한 결과이다. 심리요인은 문항 2번, 문항 4번, 문항 3번, 문항 1번 순으로 곤란도(난이도)가 높게 나타났다. 그리고 적합도 지수(INFIT, OUTFIT)의 적합기준(0.50~1.50)에서 부적합하거나 과적합한 문항은 나타나지 않았다. 교육요인은 문항 3번, 문항 4번, 문항 1번, 문항 2번 순으로 곤란도가 높게 나타났고, 적합기준을 모두 만족하는 것으로 나타났다. 사회요인은 문항 4번, 문항 2번, 문항 3번, 문항 1번 순으로 곤란도가 높게 나타났고, 적합기준을 모두 만족하는 것으로 나타났다. 휴식요인은 문항 3번, 문항 1번, 문항 2번, 문항 4번 순으로 곤란도가 높게 나타났고, 적합기준을 모두 만족하는 것으로 나타났다. 신체요인은 문항 2번, 문항 4번, 문항 3번, 문항 1번 순으로 곤란도가 높게 나타났고, 적합기준을 모두 만족하는 것으로 나타났다. 그리고 미적요인은 문항 1번, 문항 4번, 문항 3번, 문항 2번 순으로 곤란도가 높게 나타났고, 적합기준을 모두 만족하는 것으로 나타났다.

6-14) 요인별 성별에 따른 차별기능문항 분석

성별에 따른 차별기능문항(DIF) 추출은 척도 개발과정에서 적지않게 사용된다. 그 이유는 대부분의 척도는 남자에게만 또는 여자에게만 사용되지 않고 남녀 모두에게 사용되는 것이기 때문이다. 흔히 성별에 따라 유의하게 차이가 나타나는 문항을 검증하기 위해서 독립표본 t 검정(independent t-test) 또는 일원분산분석(one-way ANOVA)을 사용할 수 있다. 그런데 이 두 분석과 성별에 따른 DIF 분석은 다른 맥락의 분석이라는 것을 이해하는게 중요하다.

Rasch 모형을 적용한 성별에 따른 차별기능문항 분석은 남녀가 동일한 속성을 가지고 있다는 가정하에 통계적으로 유의한 차이가 나타나는 문항을 추출하는 것이다. 즉 남녀에 관계없이 동일하게 기능하는 문항인지를 판단하는 것이다. 동일하게 기능하지 못하는 문항을 제거하는 것은 척도 개발 과정에서 요구된다. 단 연구목적이 척도 개발이 아니고 척도 분석이라면, 제거하는 것이 아니라 분석 결과를 제시하는 것으로 충분하다.

앞서 소개한 **〈그림 6-6〉**(235쪽)부터 **〈그림 6-8〉** 과정으로 설계서 winsteps-specification-3-re-Psy를 실행시키고, 다시 앞서 소개한 **〈그림 4-10〉**(171쪽)과 **〈그림 4-11〉**(172쪽)과 같이 진행하면 심리요인 네 문항 중에서 성별에 따른 차별기능문항이 있는지 검토할 수 있다. 그 결과는 다음 **〈그림 6-19〉**와 같다(첨부된 자료: DIF-gender-Psy).

DIF-gender-Psy - Windows 메모장

파일(F) 편집(E) 서식(O) 보기(V) 도움말(H)

TABLE 30.1 data-6.xlsx ZOU171WS.TXT Sep 21 2022 13:37
INPUT: 300 PERSON 24 ITEM REPORTED: 300 PERSON 4 ITEM 5 CATS WINSTEPS 5.3.1.0

DIF class/group specification is: DIF= @GENDER

① PERSON CLASS/	Obs-Exp Average	DIF MEASURE	DIF S.E.	② PERSON CLASS/	Obs-Exp Average	DIF MEASURE	DIF S.E.	DIF CONTRAST	JOINT S.E.	Rasch-Welch t	d.f.	Prob.	Mantel Chi-squ	Prob.	Size CUMLOR	Active Slices	ITEM Number	Name
1	-.09	-.99	.14	2	.09	-1.52	.14	.53	.20	2.63	290	.0090	6.3266	.0119	.68	12	1	Psy1
1	.01	.70	.13	2	-.01	.75	.13	-.05	.18	-.27	290	.7895	.3917	.5314	-.17	12	2	Psy2
1	-.02	.29	.14	2	.02	.18	.13	.11	.19	.58	290	.5630	1.2483	.2639	.29	12	3	Psy3
1	.10	.03	.14	2	-.10	.55	.13	-.52	.19	-2.76	289	.0061	6.9472	.0084	-.65	12	4	Psy4
2	.09	-1.52	.14	1	-.09	-.99	.14	-.53	.20	-2.63	290	.0090	6.3266	.0119	-.68	12	1	Psy1
2	-.01	.75	.13	1	.01	.70	.13	.05	.18	.27	290	.7895	.3917	.5314	.17	12	2	Psy2
2	.02	.18	.13	1	-.02	.29	.14	-.11	.19	-.58	290	.5630	1.2483	.2639	-.29	12	3	Psy3
2	-.10	.55	.13	1	.10	.03	.14	.52	.19	2.76	289	.0061	6.9472	.0084	.65	12	4	Psy4

⋮ ⋮ ⋮

〈그림 6-19〉 성별에 따른 차별기능문항 검증 결과 일부 (심리요인)

남자를 1, 여자를 2로 코딩했다. 따라서 ①번 틀에 제시된 값들은 남자 분석 결과이고, ②번 틀에 제시된 값들은 여자 분석 결과이다. 그리고 표시한 부분들이 논문 결과표 작성에 필요하다. 연구자가 엄격하게 세 가지 검정통계량(Rasch-Welch t값, Mantel Chi-squ값, Size CUMLOR 값)이 모두 유의할 때 차별기능문항으로 판단할 수 있다. 또는 연구자가 온화하게 세 가지 통계량 중에서 한 개, 또는 두 개만 유의할 때 차별기능문항으로 판단할 수도 있다.

네 문항 중에서 1번 문항(Psy1)과 4번 문항(Psy4)이 세 가지 통계량이 모두 유의하게 나타났다. 즉 두 문항은 Rasch-Welch t값, Mantel Chi-squ값의 유의확률이 모두 유의수준 0.05보다 작게 나타났고, Size CUMLOR 값에 절대값이 유의기준 0.43보다 크게 나타났다. 구체적으로 ①번 틀과 ②번 틀 안에 문항의 곤란도를 나타내는 DIF MEASURE를 살펴보면, 1번 문항은 남자가 더 높은 곤란도가 나타났고, 4번 문항은 여자가 더 높은 곤란도가 나타난 것을 볼 수 있다. 따라서 1번 문항은 여자에게 유리한 문항(여자가 더 높은 응답범주 선택하는 문항), 4번 문항은 남자에게 유리한 문항(남자가 더 높은 응답범주 선택하는 문항)인 것을 알 수 있다. 이와같이 나머지 다섯 요인도 실행하고 논문 결과를 작성하면 된다.

6-15) 요인별 성별에 따른 차별기능문항 분석 논문 결과 쓰기

(첨부된 자료: DIF-gender-Psy, DIF-gender-Edu, DIF-gender-Soc, DIF-gender-Rel, DIF-gender-Phy, DIF-gender-Aes에서 TABLE 30.1 보고 작성)

<표 6-5> 요인별 성별에 따른 차별기능문항(DIF) 분석

요인	문항	남자 DIF 측정치(곤란도)	여자 DIF 측정치(곤란도)	DIF 차이	RW−t값	MH−χ^2	Size CUMLOR	차별등급
심리 요인	1	−0.99	−1.52	0.53	2.26*	6.326*	0.68	C
	2	0.70	0.75	−0.05	−0.27	0.391	−0.17	A
	3	0.29	0.18	0.11	0.58	1.248	0.29	A
	4	0.03	0.55	−0.52	−2.76*	6.947*	−0.65	C
교육 요인	1	−0.40	−0.34	−0.06	−0.26	0.209	−0.12	A
	2	−0.95	−1.13	0.18	0.81	0.111	0.10	A
	3	1.39	1.62	−0.23	−1.15	0.312	−0.14	A
	4	−0.03	−0.18	0.16	0.72	0.696	0.22	A

사회 요인	1	−0.56	−0.30	−0.26	−1.21	2.592	−0.50	B
	2	0.18	0.25	−0.07	−0.34	0.015	0.03	A
	3	0.07	−0.33	0.40	1.91	2.557	0.44	B
	4	0.29	0.37	−0.07	−0.37	0.173	−0.12	A
휴식 요인	1	0.02	0.02	0.00	0.00	0.098	0.08	A
	2	0.16	−0.14	0.30	1.55	2.641	0.51	B
	3	0.24	0.60	−0.37	−1.94	3.044	−0.44	B
	4	−0.42	−0.50	0.08	0.39	0.047	0.06	A
신체 요인	1	0.38	0.63	−0.25	−1.53	3.361	−0.43	B
	2	0.13	−0.15	0.29	1.74	7.526*	0.75	C
	3	−0.02	−0.15	0.14	0.82	0.817	0.23	A
	4	−0.50	−0.32	−0.18	−1.08	1.134	−0.27	A
미적 요인	1	0.73	0.27	0.46	2.17*	3.660	0.53	B
	2	−0.78	−0.78	0.00	0.00	0.001	0.01	A
	3	−0.03	0.18	−0.21	−0.98	0.957	−0.28	A
	4	0.07	0.32	−0.25	−1.14	1.251	−0.32	A

*$p < .05$

<표 6-5>는 여가활동 만족도 측정척도 6개 요인(심리요인, 교육요인, 사회요인, 휴식요인, 신체요인, 미적요인)별로 성별에 따른 차별기능문항(DIF)을 분석한 결과이다. DIF 측정치는 로짓(logits)값으로 차별기능문항의 곤란도(난이도)를 나타내고, DIF 차이는 남자 차별기능문항 곤란도와 여자 차별기능문항 곤란도 값의 차이를 나타낸다. 그리고 Rasch-Welch t검정(RW-t 값), Mantel-Haenszel Chi-square 검정(MH-χ^2), Size CUMLOR 값은 남자와 여자의 차별기능문항 곤란도가 통계적으로 유의한 차이가 있는지를 검토하는 검정통계량이다. 이 연구에서는 유의수준 5%로 설정하였고, Size CUMLOR 값의 절대값이 0.43 미만은 차별되지 않는 문항(차별등급: A), 0.43에서 0.63은 중간 차별기능문항(차별등급: B), 0.64 이상은 큰 차별기능문항(차별등급: C)으로 설정하였다. 우선 심리요인에서는 1번 문항과, 4번 문항이 세 가지 검정통계량에서 모두 성별에 따라 통계적으로 유의하게 차별되는 문항으로 나타났다. DIF 측정치를 살펴보면, 1번 문항은 여자가 높은 척도에 응답하도록 유도하는 문항, 4번 문항은 남자가 높은 척도에 응답하도록 유도하는 차별기능문항인 것을 알 수 있다. 나머지 다섯 요인은 세 가지 검정통계량에서 모두 성별에 따라 통계적으로 유의하게 차별되는 문항은 없는 것으로 나타났다.

6-16) 요인별 연령범주에 따른 차별기능문항 분석

성별에 따른 차별기능문항(DIF) 추출은 척도 개발 연구 또는 척도 분석 연구에서 쉽게 찾아볼 수 있지만, 다른 인구통계학적 변인들(연령범주, 지역범주, 학년 등)에 따른 차별기능문항 추출을 제시한 연구는 많지 않다. 그 이유는 연구자가 분석하는 척도가 누구한테 사용되는지가 중요하기 때문이다. 즉 대부분의 척도는 남녀에게 모두 사용되어지기 때문에 성별에 따라 차별이되는 문항 추출은 많은 연구에서 볼 수 있다.

이 연구에서는 성별뿐만 아니라 연령을 세 범주화(20~34세; 35~49세; 50~64세)하여 조사하였다. 구체적으로 연령범주를 살펴보면, 20세부터 64세까지 성인들만 이 척도에 응답할 수 있는 것을 알 수 있다. 즉 유아, 청소년, 그리고 노인은 이 연구의 여가활동 만족도 측정척도 응답에 참여할 수 없는 것이다. 그렇다면 15년 차이로 범주화된 세 성인 연령 집단에게 차별되는 문항을 추출하는 것이 의미가 있을까? 연구자가 15년 차이 성인 세 집단에 동일하게 기능하지 못하는 문항은 부적절한 문항이라고 정의를 한다면 의미가 있다고 할 수 있다.

연구목적에 따라 세 집단으로 구성된 연령범주에 따른 차별기능문항을 분석하기 위해서는 앞서 소개한 **<그림 6-6>**(235쪽)부터 **<그림 6-8>** 방법으로 설계서 winsteps-specification-3-re-Psy를 실행시키고, [Output Tables]에서 [30. ITEM DIF, between/within]을 클릭한다. 그리고 다음 **<그림 6-20>**과 같이 [@AGE]를 선택하고, [OK]를 클릭하면 **<그림 6-21>**과 같은 연령범주에 따른 DIF 결과 메모장이 나타난다(첨부된 자료: DIF-age-Psy).

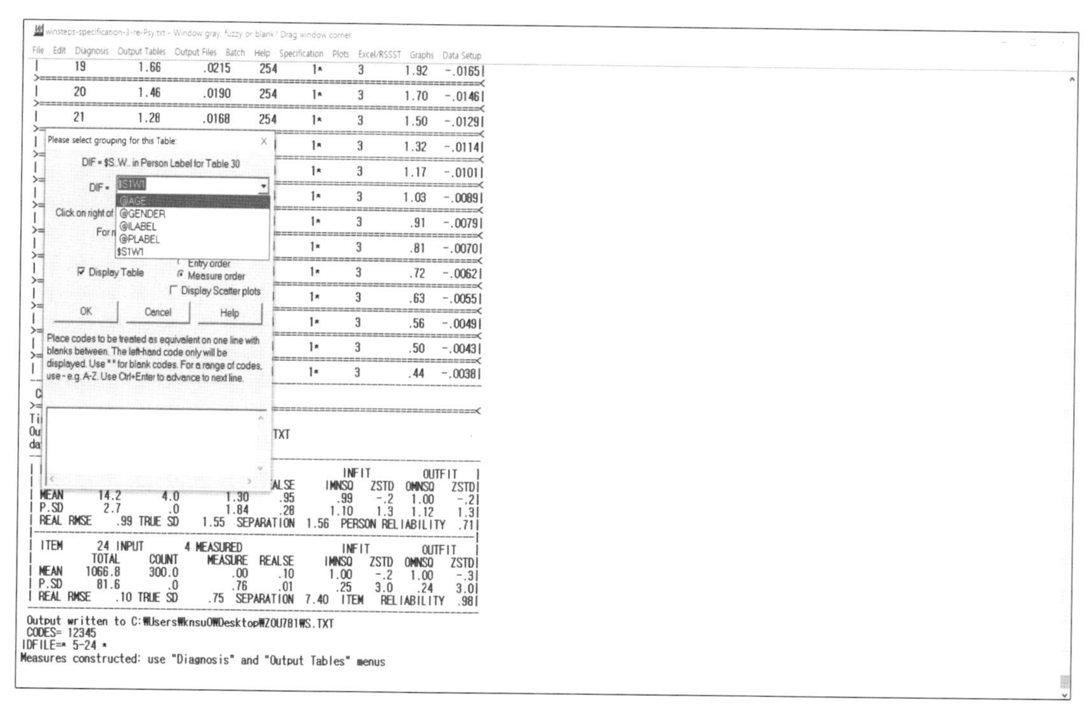

<그림 6-20> 연령범주에 따른 차별기능문항 선택

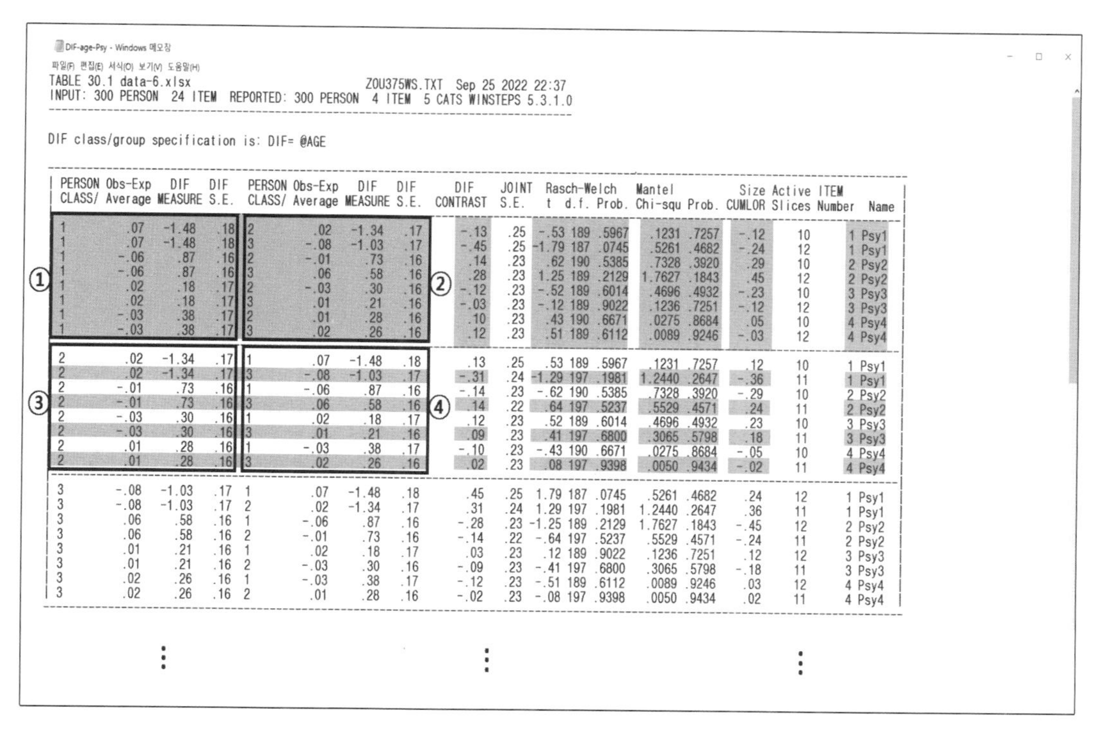
DIF-age-Psy - Windows 메모장

TABLE 30.1 data-6.xlsx ZOU375WS.TXT Sep 25 2022 22:37
INPUT: 300 PERSON 24 ITEM REPORTED: 300 PERSON 4 ITEM 5 CATS WINSTEPS 5.3.1.0

DIF class/group specification is: DIF= @AGE

PERSON CLASS/	Obs-Exp Average	DIF MEASURE	DIF S.E.	PERSON CLASS/	Obs-Exp Average	DIF MEASURE	DIF S.E.	DIF CONTRAST	JOINT S.E.	Rasch-Welch t	d.f.	Prob.	Mantel Chi-squ	Prob.	Size CUMLOR	Active Slices	ITEM Number	Name
1	.07	-1.48	.18	2	.02	-1.34	.17	-.13	.25	-.53	189	.5967	.1231	.7257	-.12	10	1	Psy1
1	.07	-1.48	.18	3	-.08	-1.03	.17	-.45	.25	-1.79	187	.0745	.5261	.4682	-.24	12	1	Psy1
1	-.06	.87	.16	2	-.01	.73	.16	.14	.23	.62	190	.5385	.7328	.3920	.29	10	2	Psy2
1	-.06	.87	.16	3	.06	.58	.16	.28	.23	1.25	189	.2129	1.7627	.1843	.45	12	2	Psy2
1	.02	.18	.17	2	-.03	.30	.16	-.12	.23	-.52	189	.6014	.4696	.4932	-.23	10	3	Psy3
1	.02	.18	.17	3	.01	.21	.16	-.03	.23	-.12	189	.9022	.1236	.7251	-.12	12	3	Psy3
1	-.03	.38	.17	2	.01	.28	.16	.10	.23	.43	190	.6671	.0275	.8684	.05	10	4	Psy4
1	-.03	.38	.17	3	.02	.26	.16	.12	.23	.51	189	.6112	.0089	.9246	-.03	12	4	Psy4
2	.02	-1.34	.17	1	.07	-1.48	.18	.13	.25	.53	189	.5967	.1231	.7257	.12	10	1	Psy1
2	.02	-1.34	.17	3	-.08	-1.03	.17	-.31	.24	-1.29	197	.1981	1.2440	.2647	-.36	11	1	Psy1
2	-.01	.73	.16	1	-.06	.87	.16	-.14	.23	-.62	190	.5385	.7328	.3920	-.29	10	2	Psy2
2	-.01	.73	.16	3	.06	.58	.16	.14	.22	.64	197	.5237	.5529	.4571	.24	11	2	Psy2
2	-.03	.30	.16	1	.02	.18	.17	.12	.23	.52	189	.6014	.4696	.4932	.23	10	3	Psy3
2	-.03	.30	.16	3	.01	.21	.16	.09	.23	.41	197	.6800	.3065	.5798	.18	11	3	Psy3
2	.01	.28	.16	1	-.03	.38	.17	-.10	.23	-.43	190	.6671	.0275	.8684	-.05	10	4	Psy4
2	.01	.28	.16	3	.02	.26	.16	.02	.23	.08	197	.9398	.0050	.9434	-.02	11	4	Psy4
3	-.08	-1.03	.17	1	.07	-1.48	.18	.45	.25	1.79	187	.0745	.5261	.4682	.24	12	1	Psy1
3	-.08	-1.03	.17	2	.02	-1.34	.17	.31	.24	1.29	197	.1981	1.2440	.2647	.36	11	1	Psy1
3	.06	.58	.16	1	-.06	.87	.16	-.28	.23	-1.25	189	.2129	1.7627	.1843	-.45	12	2	Psy2
3	.06	.58	.16	2	-.01	.73	.16	-.14	.22	-.64	197	.5237	.5529	.4571	-.24	11	2	Psy2
3	.01	.21	.16	1	.02	.18	.17	.03	.23	.12	189	.9022	.1236	.7251	.12	12	3	Psy3
3	.01	.21	.16	2	-.03	.30	.16	-.09	.23	-.41	197	.6800	.3065	.5798	-.18	11	3	Psy3
3	.02	.26	.16	1	-.03	.38	.17	-.12	.23	-.51	189	.6112	.0089	.9246	.03	12	4	Psy4
3	.02	.26	.16	2	.01	.28	.16	-.02	.23	-.08	197	.9398	.0050	.9434	.02	11	4	Psy4

<그림 6-21> 연령범주에 따른 차별기능문항 분석 결과 일부 (심리요인)

앞서 성별에 따른 차별기능문항 분석과 달리 세 집단(1번 집단= 20~34세; 2번 집단= 35~49세; 3번 집단= 50~64세)이기 때문에 **<그림 6-19>**보다 더 많은 결과가 나타난다. 구체적으로 ①번 틀, ②번 틀, ③번 틀, ④번틀 안에 DIF MEASURE(차별기능문항 곤란도) 지수가 논문 결과에 필요하다. ①번 틀과 ②번 틀에서는 각 문항마다 1번 집단과 2번 집단, 그리고 1번 집단과 3번 집단을 비교할 수 있다. ③번 틀과 ④번 틀에서는 각 문항마다 2번 집단과 3번 집단을 비교할 수 있다.

표시된 논문 작성에 필요한 부분을 살펴보면 여가활동 만족도 심리요인 네 문항은 연령범주에 따라 모두 통계적으로 유의한 차별기능문항은 없는 것을 알 수 있다. 구체적으로 각 문항마다 세 집단을 두 집단씩 비교한 결과를 볼 수 있다. 예를 들어 1번 문항(Psy1)은 1번 집단(20~34세)과 2번 집단(35~49세) 간에는 Rasch-Welch t값과 Mantel Chi-square 값의 유의확률이 모두 유의수준 0.05보다 크게 나타났고, Size CUMLOR 값에 절대값이 유의기준 0.43보다 작게 나타났다. 또한 1번 집단(20~34세)과 3번 집단(50~64세), 그리고 2번 집단(35~49세)과 3번 집단(50~64세)도 모두 Rasch-Welch t값과 Mantel Chi-square 값의 유의확률이 모두 유의수준 0.05보다 크게 나타났고, Size CUMLOR 값에 절대값이 유의기준 0.43보다 작게 나타났다. 따라서 1번 문항(Psy1)은 연령범주에 따라 차별되지 않는 문항이라고 할 수 있다. 이런 방식으로 심리요인의 나머지 세 문항과 남은 다섯 요인도 실행하고 논문 결과를 작성하면 된다.

6-17) 요인별 연령범주에 따른 차별기능문항 분석 논문 결과 쓰기

(첨부된 자료: DIF-age-Psy, DIF-age-Edu, DIF-age-Soc, DIF-age-Rel, DIF-age-Phy, DIF-age-Aes에서 TABLE 30.1 보고 작성).

〈표 6-6〉 요인별 연령범주에 따른 차별기능문항(DIF) 분석

요인	문항	연령 범주1	연령 범주2	DIF 측정치1	DIF 측정치2	DIF 차이	RW-t값	MH-χ^2	Size CUMLOR	차별등급
심리 요인	1	20~34세	35~49세	−1.48	−1.34	−0.13	−0.53	0.123	−0.12	A
		20~34세	50~64세	−1.48	−1.03	−0.45	−1.79	0.526	−0.24	A
		35~49세	50~64세	−1.34	−1.03	−0.31	−1.29	1.244	−0.36	A
	2	20~34세	35~49세	0.87	0.73	0.14	0.62	0.733	0.29	A
		20~34세	50~64세	0.87	0.58	0.28	1.25	1.763	0.45	B
		35~49세	50~64세	0.73	0.58	0.14	0.64	0.553	0.24	A
	3	20~34세	35~49세	0.18	0.30	−0.12	−0.52	0.470	−0.23	A
		20~34세	50~64세	0.18	0.21	−0.03	−0.12	0.124	−0.12	A
		35~49세	50~64세	0.30	0.21	0.09	0.41	0.307	0.18	A
	4	20~34세	35~49세	0.38	0.28	0.10	0.43	0.028	0.05	A
		20~34세	50~64세	0.38	0.26	0.12	0.51	0.009	−0.03	A
		35~49세	50~64세	0.28	0.26	0.02	0.08	0.005	−0.02	A
교육 요인	1	20~34세	35~49세	−0.47	−0.34	−0.13	−0.46	0.114	−0.12	A
		20~34세	50~64세	−0.47	−0.32	−0.14	−0.53	0.036	0.07	A
		35~49세	50~64세	−0.34	−0.32	−0.02	−0.06	0.056	0.08	A
	2	20~34세	35~49세	−0.89	−1.07	0.19	0.66	1.836	0.52	B
		20~34세	50~64세	−0.89	−1.14	0.26	0.91	1.990	0.59	B
		35~49세	50~64세	1.07	−1.14	0.07	0.25	0.001	−0.01	A
	3	20~34세	35~49세	1.47	1.51	−0.05	−0.18	0.640	−0.26	A
		20~34세	50~64세	1.47	1.57	−0.10	−0.41	2.799	−0.57	B
		35~49세	50~64세	1.51	1.57	−0.06	−0.23	0.509	−0.23	A
	4	20~34세	35~49세	−0.11	−0.11	0.00	0.00	0.003	−0.02	A
		20~34세	50~64세	−0.11	−0.13	0.02	0.08	0.412	0.23	A
		35~49세	50~64세	−0.11	−0.13	0.02	0.08	0.334	0.20	A

사회 요인	1	20~34세	35~49세	−0.53	−0.29	−0.24	−0.89	0.740	−0.33	A
		20~34세	50~64세	−0.53	−0.45	−0.08	−0.30	0.037	0.07	A
		35~49세	50~64세	−0.29	−0.45	0.16	0.63	0.647	0.29	A
	2	20~34세	35~49세	0.19	0.00	0.19	0.74	0.388	0.19	A
		20~34세	50~64세	0.19	0.45	−0.27	−1.07	1.505	−0.39	A
		35~49세	50~64세	0.00	0.45	−0.45	−1.87	1.481	−0.38	A
	3	20~34세	35~49세	−0.20	0.03	−0.23	−0.87	0.142	−0.13	A
		20~34세	50~64세	−0.20	−0.24	0.04	0.16	0.001	0.01	A
		35~49세	50~64세	0.03	−0.24	0.27	1.08	0.266	0.17	A
	4	20~34세	35~49세	0.51	0.27	0.24	0.96	0.094	0.10	A
		20~34세	50~64세	0.51	0.23	0.29	1.17	1.863	0.53	B
		35~49세	50~64세	0.27	0.23	0.05	0.20	0.058	0.08	A
휴식 요인	1	20~34세	35~49세	0.02	−0.01	0.03	0.12	0.109	0.12	A
		20~34세	50~64세	0.02	0.02	0.00	0.00	0.009	0.03	A
		35~49세	50~64세	−0.01	0.02	−0.03	−0.12	0.201	−0.16	A
	2	20~34세	35~49세	0.01	0.01	0.00	0.00	0.457	−0.24	A
		20~34세	50~64세	0.01	0.01	0.00	0.00	0.041	−0.08	A
		35~49세	50~64세	0.01	0.01	0.00	0.00	0.412	0.26	A
	3	20~34세	35~49세	0.51	0.29	0.23	0.95	0.605	0.24	A
		20~34세	50~64세	0.51	0.46	0.05	0.24	0.052	−0.07	A
		35~49세	50~64세	0.29	0.46	−0.17	−0.75	0.538	−0.23	A
	4	20~34세	35~49세	−0.55	−0.29	−0.26	1.02	0.331	−0.18	A
		20~34세	50~64세	−0.55	−0.52	−0.03	−0.11	0.107	0.10	A
		35~49세	50~64세	−0.29	−0.52	0.23	0.95	0.401	0.21	A
신체 요인	1	20~34세	35~49세	0.56	0.59	−0.03	−0.14	0.001	−0.01	A
		20~34세	50~64세	0.56	0.36	0.20	0.98	2.269	0.50	B
		35~49세	50~64세	0.59	0.36	0.23	1.14	0.727	0.24	A
	2	20~34세	35~49세	−0.01	−0.01	0.00	0.00	0.241	−0.16	A
		20~34세	50~64세	−0.01	−0.01	0.00	0.00	0.391	−0.22	A
		35~49세	50~64세	−0.01	−0.01	0.00	0.00	0.008	−0.03	A
	3	20~34세	35~49세	−0.12	−0.26	0.14	0.70	0.494	0.23	A
		20~34세	50~64세	−0.12	0.11	−0.22	1.09	2.053	−0.49	B
		35~49세	50~64세	−0.26	0.11	−0.36	1.81	4.102*	−0.64	C
	4	20~34세	35~49세	−0.44	−0.32	−0.12	−0.59	0.010	−0.03	A
		20~34세	50~64세	−0.44	−0.45	0.01	0.07	0.003	−0.02	A
		35~49세	50~64세	−0.32	−0.45	0.13	0.67	0.667	0.26	A

미적 요인	1	20~34세	35~49세	0.45	0.84	−0.39	−1.49	3.965*	−0.67	C
		20~34세	50~64세	0.45	0.20	0.25	0.93	0.219	0.17	A
		35~49세	50~64세	0.84	0.20	0.64	2.54*	6.526*	0.91	C
	2	20~34세	35~49세	−0.84	−0.83	−0.01	−0.04	0.228	0.18	A
		20~34세	50~64세	−0.84	−0.68	−0.16	−0.56	0.000	0.00	A
		35~49세	50~64세	−0.83	−0.68	−0.15	−0.54	0.810	−0.32	A
	3	20~34세	35~49세	0.08	−0.20	0.29	1.03	1.194	0.40	A
		20~34세	50~64세	0.08	0.33	−0.25	−0.92	0.681	−0.30	A
		35~49세	50~64세	−0.20	0.33	−0.53	−2.04*	2.656	−0.60	B
	4	20~34세	35~49세	0.29	0.15	0.14	0.52	0.458	0.24	A
		20~34세	50~64세	0.29	0.17	0.12	0.46	0.279	0.18	A
		35~49세	50~64세	0.15	0.17	−0.02	−0.07	0.018	−0.04	A

*$p < .05$

〈표 6-6〉은 여가활동 만족도 설문지의 6개 요인(심리요인, 교육요인, 사회요인, 휴식요인, 신체요인, 미적요인)별로 연령범주(20~34세; 35~49세; 50~64세)에 따른 차별기능문항(DIF)을 분석한 결과이다. DIF 측정치는 로짓(logits)값으로 각 문항의 두 연령범주의 차별기능문항 곤란도(난이도)를 나타낸다. 구체적으로 세 집단으로 구분된 연령범주를 두 집단씩 비교하기 때문에 연령범주1, 연령범주2로 구분하였고, DIF 측정치1이 연령범주1에 대한 차별기능문항 곤란도이고, DIF 측정치2가 연령범주2에 대한 차별기능문항 곤란도를 나타낸다. 세 집단으로 구분된 연령범주이기에 각 문항마다 두 집단씩 세 번의 연령범주 비교 결과가 나타난다. DIF 차이는 두 연령범주의 차별기능문항 곤란도의 차이를 나타낸다. 그리고 Rasch-Welch t검정(RW-t값), Mantel-Haenszel Chi-square 검정(MH-χ^2), Size CUMLOR 값은 차별기능문항 곤란도가 통계적으로 유의한 차이가 나타나는지 검증하는 검정통계량이다. 이 연구에서는 유의수준 5%로 설정하였고, Size CUMLOR 값의 절대값이 0.43 미만은 차별되지 않는 문항(차별등급: A), 0.43에서 0.63은 중간 차별기능문항(차별등급: B), 0.64 이상은 큰 차별기능문항(차별등급: C)으로 설정하였다.

첫째, 심리요인에서는 2번 문항에서 연령범주 20~34세 집단과 50~64세 집단 간에 Size CUMLOR 값은 0.45로 중간 정도 차별되는 것으로 나타났다. 다른 문항들은 연령범주에 따른 차별기능문항으로 나타나지 않았다. 둘째, 교육요인에서는 2번 문항에서 연령범주 20~34세 집단과 35~49세 집단 간에 Size CUMLOR 값은 0.52로, 20~34세 집단과 50~64세 집단 간에 Size CUMLOR 값은 0.59로 중간 정도 차별되는 것으로 나타났다. 또한 3번 문항에서는

20~34세 집단과 50~64세 집단 간에서만 Size CUMLOR 값은 −0.57로 중간 정도 차별되는 것으로 나타났다. 셋째, 사회요인에서는 4번 문항에서 연령범주 20~34세 집단과 50~64세 집단 간에 Size CUMLOR 값은 0.53으로 중간 정도 차별되는 것으로 나타났다. 넷째, 휴식요인에서는 연령범주에 따라 통계적으로 유의하게 차별되는 문항은 나타나지 않았다. 다섯째, 신체요인에서는 1번 문항에서 20~34세 집단과 50~64세 집단 간에 Size CUMLOR 값은 0.50으로 중간 정도 차별되는 것으로 나타났다. 그리고 3번 문항에서 20~34세 집단과 50~64세 집단 간에 Size CUMLOR 값은 −0.49로 중간 정도 차별되는 것으로 나타났다. 또한 3번 문항에서는 35~49세 집단과 50~64세 집단 간에는 MH-χ^2은 4.102로 $p < .05$ 수준에서 통계적으로 유의한 차이가 나타났으며, Size CUMLOR 값은 −0.64로 크게 차별되는 것으로 나타났다. 여섯째, 미적요인에서는 1번 문항에서 20~34세 집단과 35~49세 집단 간에는 MH-χ^2은 3.965로 $p < .05$ 수준에서 통계적으로 유의한 차이가 나타났으며, Size CUMLOR 값은 −0.67로 크게 차별되는 것으로 나타났다. 특히 35세~49세 집단과 50~64세 집단 간에는 RW-t값은 2.54, MH-χ^2은 6.526으로 $p < .05$ 수준에서 통계적으로 유의한 차이가 나타났으며, Size CUMLOR 값도 0.91로 크게 차별되는 것으로 나타났다. 3번 문항은 35세~49세 집단과 50~64세 집단 간에는 RW-t값은 −2.04로 $p < .05$ 수준에서 통계적으로 유의한 차이가 나타났으며, Size CUMLOR 값은 −0.60으로 중간 정도 차별되는 것으로 나타났다.

[알아두기]
논문 결과 유의확률 작성법: APA 규정

미국심리학회(APA: American Psychological Association)에서는 논문 결과를 작성할 때 통계 프로그램에서 나타나는 유의확률 그대로 제시하도록 규정하였다. 그런데 **<표 6-6>**에 결과는 APA 규정을 따르지 않았다. 예를 들어 다음 그림에 표시된 신체요인의 3번 문항 결과를 '35~49세 집단과 50~64세 집단 간에는 MH-χ^2은 4.102로 $p < .05$ 수준에서 통계적으로 유의한 차이가 나타났다'로 작성하였다. APA 규정에 따르면 '35~49세 집단과 50~64세 집단 간에는 MH-$\chi^2(1, N=300) = 4.10$, $p = .043$ 수준에서 통계적으로 유의한 차이가 나타났다'로 작성해야 한다. 참고로 괄호 안에 1은 자유도이고, 300은 표본 수이다.

PERSON CLASS/	Obs-Exp Average	DIF MEASURE	DIF S.E.	PERSON CLASS/	Obs-Exp Average	DIF MEASURE	DIF S.E.	DIF CONTRAST	JOINT S.E.	Rasch-Welch t	d.f.	Prob.	Mantel Chi-squ	Prob.	Size CUMLOR	Active Slices	ITEM Number	Name
1	-.03	.56	.15	2	-.04	.59	.14	-.03	.20	-.14	191	.8860	.0006	.9809	-.01	13	17	Phy1
1	-.03	.56	.15	3	.07	.36	.14	.20	.20	.98	188	.3260	2.2687	.1320	.50	13	17	Phy1
1	.00	-.01	.15	2	.00	-.01	.14	.00	.20	.00	191	1.000	.2412	.6233	-.16	13	18	Phy2
1	.00	-.01	.15	3	.00	-.01	.14	.00	.20	.00	188	1.000	.3906	.5320	-.22	13	18	Phy2
1	.01	-.12	.15	2	.08	-.26	.14	.14	.20	.70	191	.4847	.4939	.4822	.23	13	19	Phy3
1	.01	-.12	.15	3	-.10	.11	.14	-.22	.20	-1.09	188	.2787	2.0525	.1520	-.49	13	19	Phy3
1	.02	-.44	.15	2	-.04	-.32	.14	-.12	.21	-.59	191	.5583	.0097	.9216	-.03	13	20	Phy4
1	.02	-.44	.15	3	.03	-.45	.14	.01	.21	.07	188	.9477	.0029	.9568	-.02	13	20	Phy4
2	-.04	.59	.14	1	-.03	.56	.15	.03	.20	.14	191	.8860	.0006	.9809	.01	13	17	Phy1
2	-.04	.59	.14	3	.07	.36	.14	.23	.20	1.14	192	.2554	.7265	.3940	.24	13	17	Phy1
2	.00	-.01	.14	1	.00	-.01	.15	.00	.20	.00	191	1.000	.2412	.6233	.16	13	18	Phy2
2	.00	-.01	.14	3	.00	-.01	.14	.00	.20	.00	192	1.000	.0078	.9298	-.03	13	18	Phy2
2	.08	-.26	.14	1	.01	-.12	.15	-.14	.20	-.70	191	.4847	.4939	.4822	-.23	13	19	Phy3
2	.08	-.26	.14	3	-.10	.11	.14	-.36	.20	-1.81	192	.0712	**4.1024**	**.0428**	-.64	13	19	Phy3
2	-.04	-.32	.14	1	.02	-.44	.15	.12	.21	.59	191	.5583	.0097	.9216	.03	13	20	Phy4
2	-.04	-.32	.14	3	.03	-.45	.14	.13	.20	.67	192	.5063	.6666	.4142	.26	13	20	Phy4
3	.07	.36	.14	1	-.03	.56	.15	-.20	.20	-.98	188	.3260	2.2687	.1320	-.50	13	17	Phy1
3	.07	.36	.14	2	-.04	.59	.14	-.23	.20	-1.14	192	.2554	.7265	.3940	-.24	13	17	Phy1
3	.00	-.01	.14	1	.00	-.01	.15	.00	.20	.00	188	1.000	.3906	.5320	.22	13	18	Phy2
3	.00	-.01	.14	2	.00	-.01	.14	.00	.20	.00	192	1.000	.0078	.9298	.03	13	18	Phy2
3	-.10	.11	.14	1	.01	-.12	.15	.22	.20	1.09	188	.2787	2.0525	.1520	.49	13	19	Phy3
3	-.10	.11	.14	2	.08	-.26	.14	.36	.20	1.81	192	.0712	4.1024	.0428	.64	13	19	Phy3
3	.03	-.45	.14	1	.02	-.44	.15	-.01	.21	-.07	188	.9477	.0029	.9568	.02	13	20	Phy4
3	.03	-.45	.14	2	-.04	-.32	.14	-.13	.20	-.67	192	.5063	.6666	.4142	-.26	13	20	Phy4

그런데 논문 결과 작성법은 연구자가 투고하는 학회지 규정과 학교 논문작성 규정에 따르는 것이 중요하다. 더 중요한 것은 연구자가 나온 결과를 이해하고 논문 결과 표와 글을 바르게 작성했지이다. **<표 6-6>**은 APA 규정에 따르지 않고 유의수준 0.05보다 유의확률(p)이 낮게 나타난 검정통계량(RW-t값, MH-χ^2)에 *을 표시했다.

그리고 완성된 표 밑에 *$p < .05$는 *이 표시된 검정통계량은 유의수준 0.05보다 유의확률(p)이 낮게 나타난 것을 표현한 것이다. 이처럼 표를 작성하는 스타일은 연구자가 판단하고 설명할 수 있으면 된다. APA 학회지에 투고할 때 APA 규정에 따르면 된다.

WINSTEPS 프로그램 그래프와 플롯 탐색

FACETS 프로그램과 WINSTEPS 프로그램에 다른 점은 FACETS 프로그램은 기초가 되는 2국면에 다수의 변인을 추가한 분석이 가능하고, WINSTEPS 프로그램은 2국면(응답자 속성과 문항 난이도)에 하나의 변인만을 더 추가한 분석이 가능하다고 하였다. 따라서 FACETS 프로그램에서도 2국면에 하나의 변인만을 추가해서 분석한다면 WINSTEPS 프로그램과 동일한 결과가 산출된다.

그럼에도 불구하고 WINSTEPS 프로그램이 필요한 이유는 2국면에 하나의 변인만을 추가해서 분석할 경우에는 FACETS 프로그램보다 더 자세한 결과들을 볼 수 있기 때문이다. 구체적으로 WINSTEPS 프로그램에서 분석된 결과의 그래프(graph)와 플롯(plot), 그리고 결과표(table)가 더 많이 제공된다. 즉 2국면과 하나의 변인과의 수리적 관계를 좌표계에 점과 선 또는 면으로 시각화된 정보를 많이 볼 수 있다. 특히 2019년 WINSTEPS 4.4.7 버전부터는 R 프로그램과 연결이 안정화되면서 더 다양한 그래프 결과들을 제공하고 있다.

7-1) WINSTEPS 그래프

이 책의 'FACETS 프로그램 활용하여 논문 결과 작성하기' 마지막 페이지 그림과 앞서 **<그림**

4-6〉(158쪽)을 설명하면서 7장에서 더 보기 좋은 그래프를 소개한다고 하였다. 우선 data-4를 가지고 완성한 설계서, winsteps-specification-1 파일을 실행한다. 그리고 다음 **〈그림 7-1〉**과 같이 [Graphs]를 클릭하고, [Display by scale group]을 클릭한다. 그러면 다음 **〈그림 7-2〉**와 같이 응답범주 확률 곡선(Probability Category Curve) 그래프를 조정할 수 있는 창이 나타난다. 만일 2023년 WINSTEPS 5.4.0 이상의 버전을 사용한다면 다음 **[알아두기]**를 참고하고 실행하면 된다.

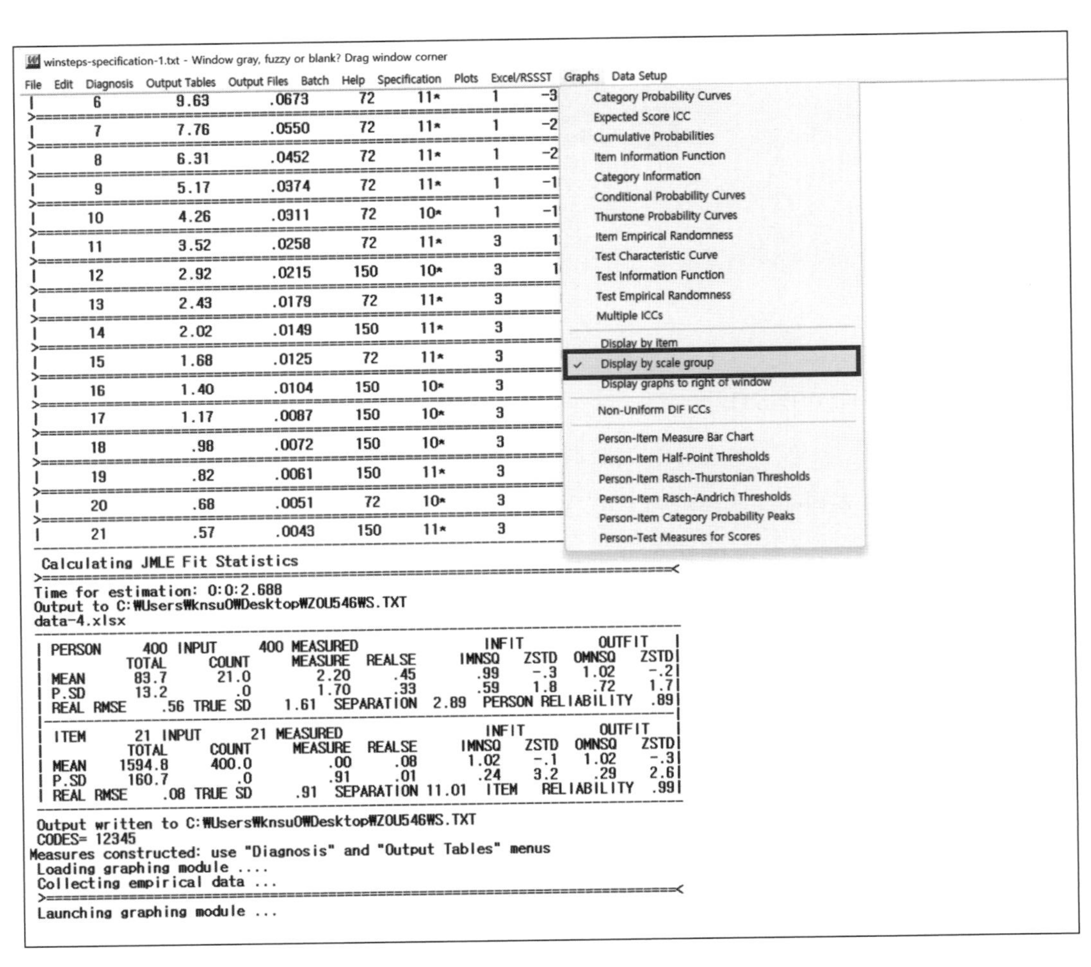

〈그림 7-1〉 그래프 탐색 (Display by scale group)

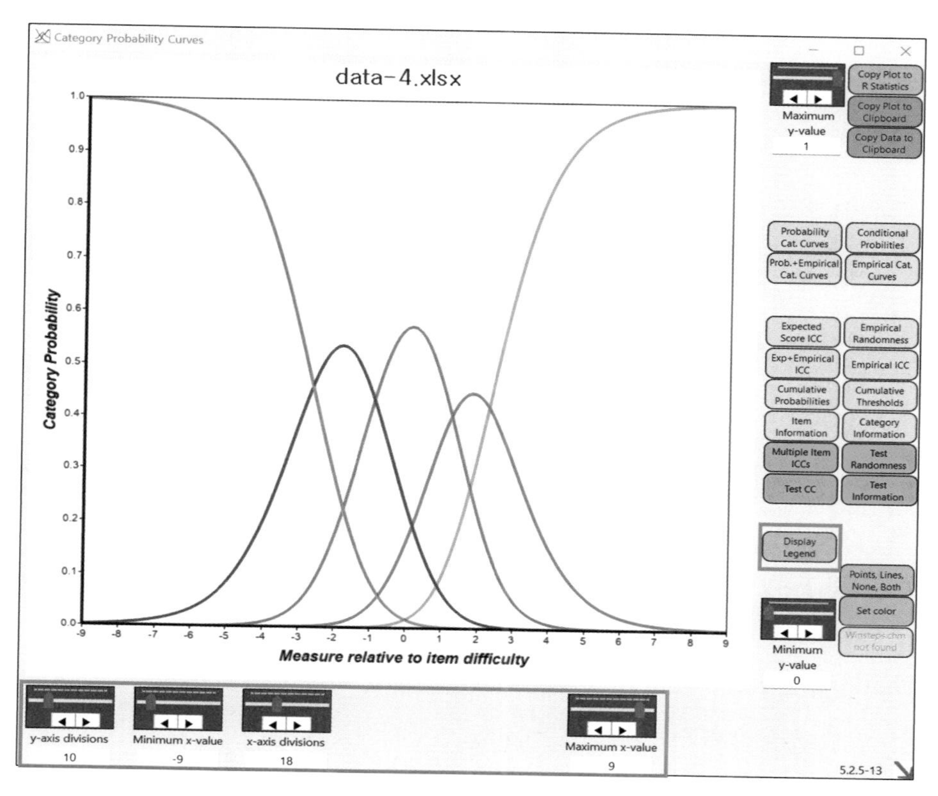

<그림 7-2> 응답범주 확률곡선 조정 화면

우선 앞서 소개한 **<그림 4-6>**(158쪽)과 동일하게 가로축을 설정하기 위해서는 **<그림 7-2>**에 빨간 틀로 표시한 아래 부분에 [Minimum x-value]를 −4로 조정하고, [Maximum x-value]를 4로 조정한다. 그리고 [x-axis divisions]를 0으로 조정하고, [y-axis divisions]를 5로 조정하면 보기 좋게 그래픽된다. 또한 오른쪽 아래쪽 부분(표시한 빨간 틀)에 [Display Legend]를 클릭하면 각 곡선의 색이 몇 점 척도를 의미하는지 범례가 나타난다. 참고로 빨간색 틀로 표시하지 않은 오른쪽 위 아래에 Y축에 최대값 [Maximum y-value]와 Y축에 최소값 [Minimum y-value]는 그대로 1(100%)과 0(0%) 디폴트 값으로 조정하지 않는 것이 적절하다. 이와같이 연구자가 결정한 응답범주 확률곡선을 앞서 소개한 **<그림 4-6>**과 함께 나타내면 다음 **<그림 7-3>**과 같다.

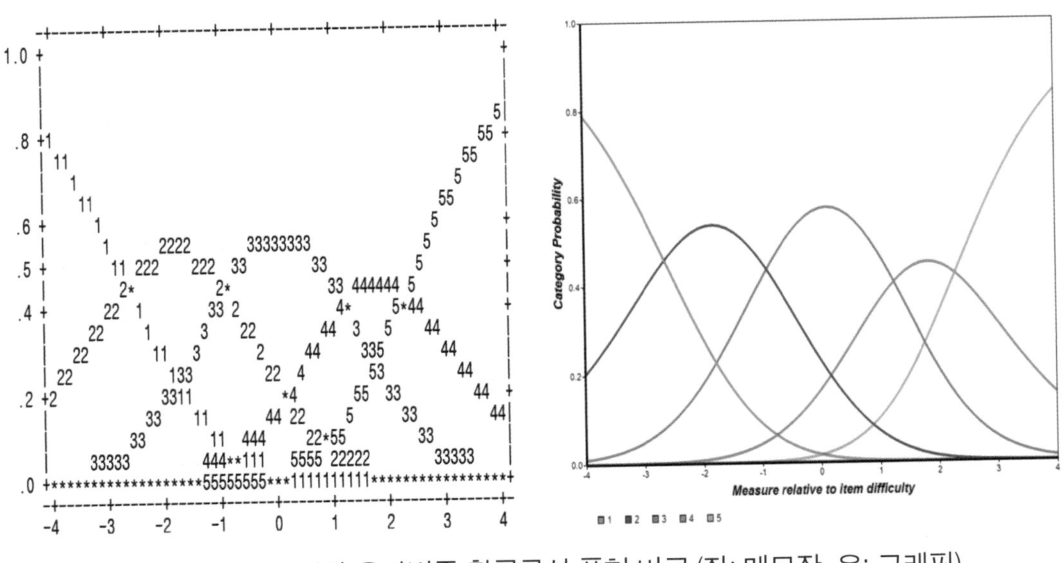

<그림 7-3> 동일한 응답범주 확률곡선 표현 비교(좌: 메모장, 우: 그래픽)

앞서 제시한 **<표 4-2>**(157쪽)와 같이 응답범주의 적합도 검증 결과표를 작성하고, **<그림 7-3>**에 제시한 응답범주 확률곡선에 좌 또는 우를 연구자가 선택해서 함께 제시하면 된다. 논문에서 그래프를 제시할 때 가로축과 세로축이 무엇을 의미하는지를 제시하는 것이 중요하다. 앞서 FACETS, WINSTEPS 응답범주의 적합도 검증에서 응답범주 확률곡선의 가로축과 세로축에 대해 설명하였다. 즉 가로축은 응답자의 속성(능력)을 의미하는 로짓값이고 세로축은 범주에 응답할 확률값이다.

그런데 그래픽 되어진 그림 X축은 'Measure relative to item difficulty'라고 제시되어 있다. 그대로 해석하면 '문항 곤란도(난이도)에 관련된 측정값'이다. 따라서 X축이 응답자의 속성이 아니라 문항 곤란도라고 해석할 수도 있다. 그러나 Rasch 모형에서 중요한 것은 응답자의 속성(능력)과 문항의 곤란도를 동일한 로짓(logits) 척도 선상에서 측정하는 것이다. 그래서 'Measure relative to item difficulty'의 의미는 그래프의 Y축 내용을 참고하여 문항의 곤란도와 관련된 측정값으로 해석하라는 것이지, X축을 항상 문항 곤란도로 해석하라는 것이 아니다. 기본적으로 Rasch 모형을 적용한 심리측정척도 분석에서 X축, 'Measure relative to item difficulty'는 응답자의 속성(능력)이 된다.

[알아두기]
WINSETES 5.3.2부터 그래프 업그레이드

<그림 7-2>는 WINSTEPS 5.3.2부터 업그레이드가 된 그래프이다. 이전 버전과 다른점은 오른쪽 아래 모서리에 화살표 아이콘이 추가된 것이다. 즉 자유롭게 마우스로 창 크기를 늘리고 줄여서 그래프 크기를 변경할 수 있다. 이전 버전에 그래프 창에 디자인이 더 마음에 든다면 변경할 수도 있다. [Edit]를 클릭하고 [Edit Initial Settings]를 클릭하면 다음과 같은 창이 생긴다.

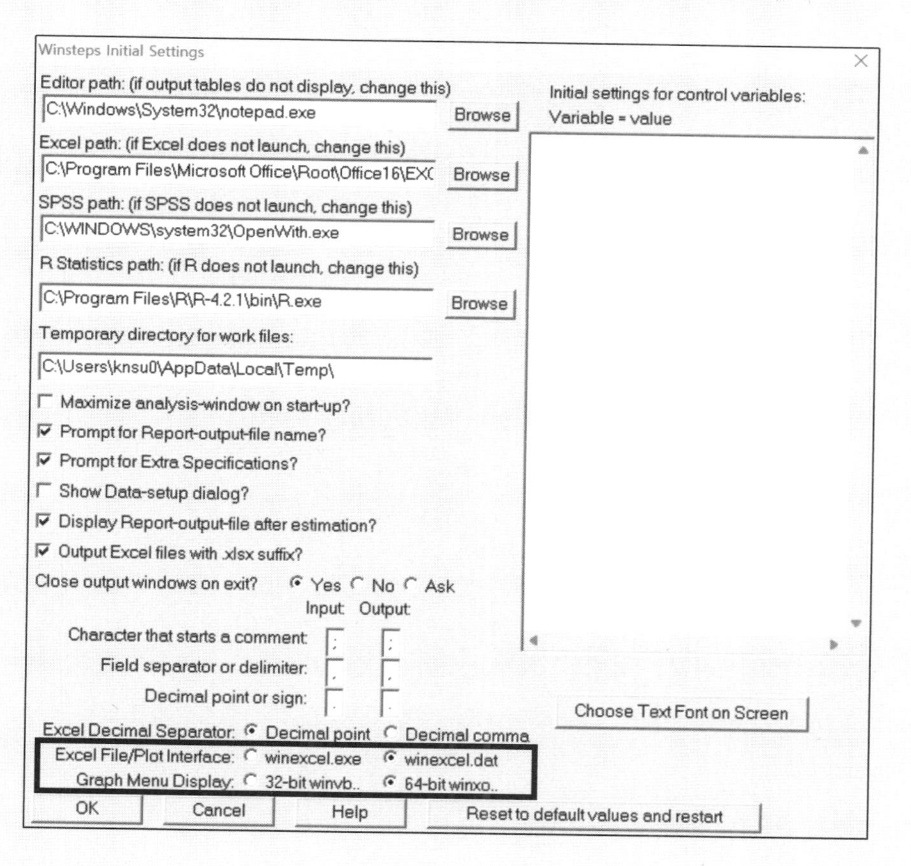

검은색 틀로 표시한 부분이 WINSTEPS 5.3.2 버전부터 추가되었다. 디폴트로 위와같이 설정되어 있다. 만일 이전 버전의 그래픽을 보고 싶으면, [Graph Menu Display]에서 [64-bit winxo..]가 아닌 [32-bit winvb..]를 선택하면 된다.

그리고 [Excel File/Plot Interface]는 자신의 컴퓨터 사양에 따라 변경해야 더 적합한 EXCEL 그래프 결과를 볼 수 있다. 만일 EXCEL 그래프 결과가 제시되는 분석에서 EXCEL 그래프 실행이 안 되는 오류가 생기면, 디폴트로 설정되어 있는 [winexcel.dat]를 [winexcel.exe]로 변경해서 분석하면 된다.

단 연구자가 최근(2023년) 이후에 업그레이드된 WINSTEPS 5.4.0 버전을 구매하고 이용한다면 위 작업을 할 필요가 없다. **<그림 7-1>**과 같이 [Graphs]를 클릭하면 다음 그림과 같이 다르게 나타난다.

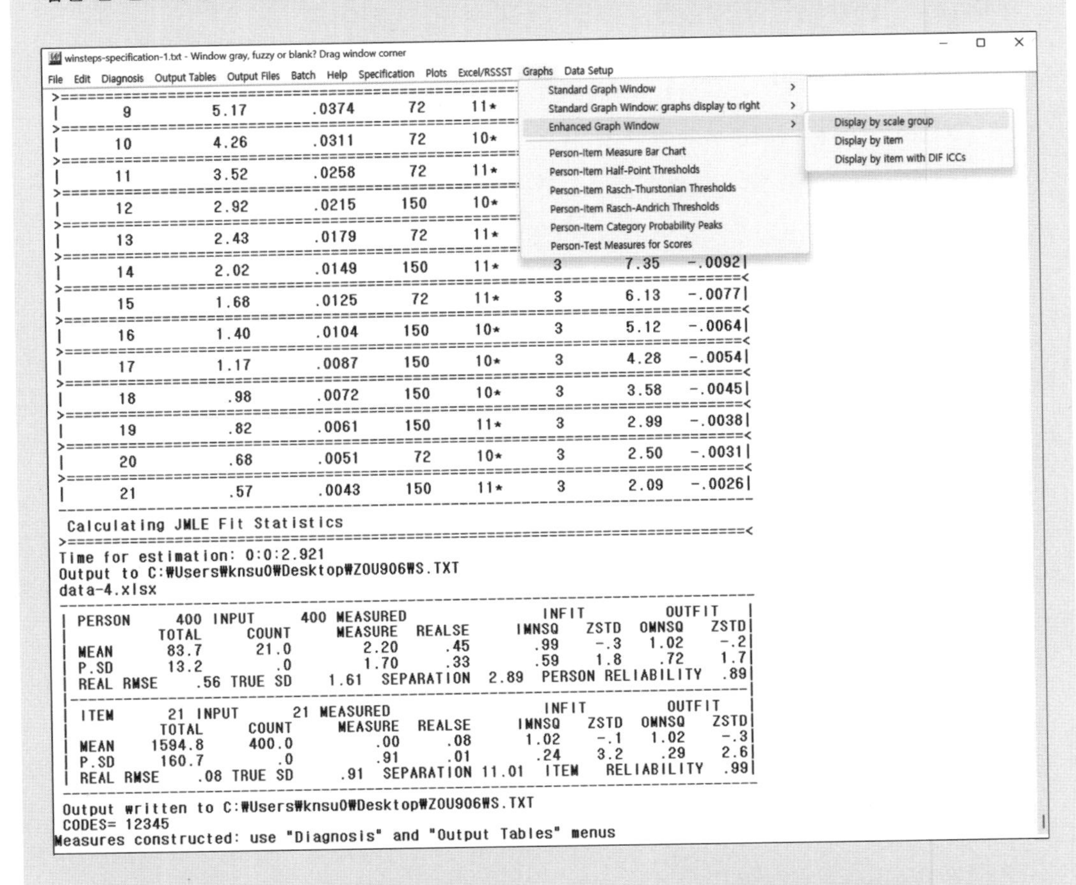

최근 업그레이드된 그래프를 보기 위해서는 [Enhanced Graph Window]에 들어가서 선택해야 한다. 그리고 [Display by scale group]을 클릭한다. 그러면 **<그림 7-2>**와 동일하게 응답범주 확률 곡선(Probability Category Curve) 그래프를 조정할 수 있는 창이 나타난다.

7-2) DIF 결과 EXCEL 그래프

이 책에서 성별에 따른 차별기능문항(DIF) 추출 방법을 소개하는 **<그림 4-11>**(172쪽)에서 [Display Graphs]와 [Display Scatter plots]를 체크하면 EXCEL 그래프가 생성된다고 하였다. 따라서 **<그림 4-11>**에서 [Display Graphs]와 [Display Scatter plots]를 체크하고, [OK] 클릭하여

생성되는 창에 [Marker]를 클릭하면 EXCEL 그래프 결과 두 개가 나타난다.

우선 다음 **<그림 7-4>**는 [Display Graphs] 결과에서 첫 번째 sheet, DIF Measure에 있는 그래프다(첨부된 자료: DIF-graph-1-measure order). 가로축은 문항번호를 나타내고, 세로축은 DIF 문항 곤란도를 나타내는 로짓(logits)값이다. 파란선은 남자의 DIF 문항 곤란도를 나타내고, 빨간선은 여자의 DIF 문항 곤란도를 나타낸다. 분석 코딩을 남자는 1, 여자는 2로 했기 때문에 오른쪽 작은 네모안을 보고 판단 할 수 있다. 그리고 중간의 녹색선은 남자와 여자 DIF 문항 곤란도의 기본선이다. 즉 남자와 여자 DIF 곤란도를 대표하는 중간값으로, 이 값을 기준으로 가로축의 문항 곤란도(난이도)가 낮은 문항 순서(문항 13, 문항 8, 문항 9, 문항 14, 문항 12, 문항 11, 문항 10, 문항 4, 문항 3, 문항 2, 문항 7, 문항 1, 문항 6, 문항 16, 문항 5, 문항 20, 문항 15, 문항 21, 문항 17, 문항 19, 문항 18)로 그래프가 제시되는 것이다.

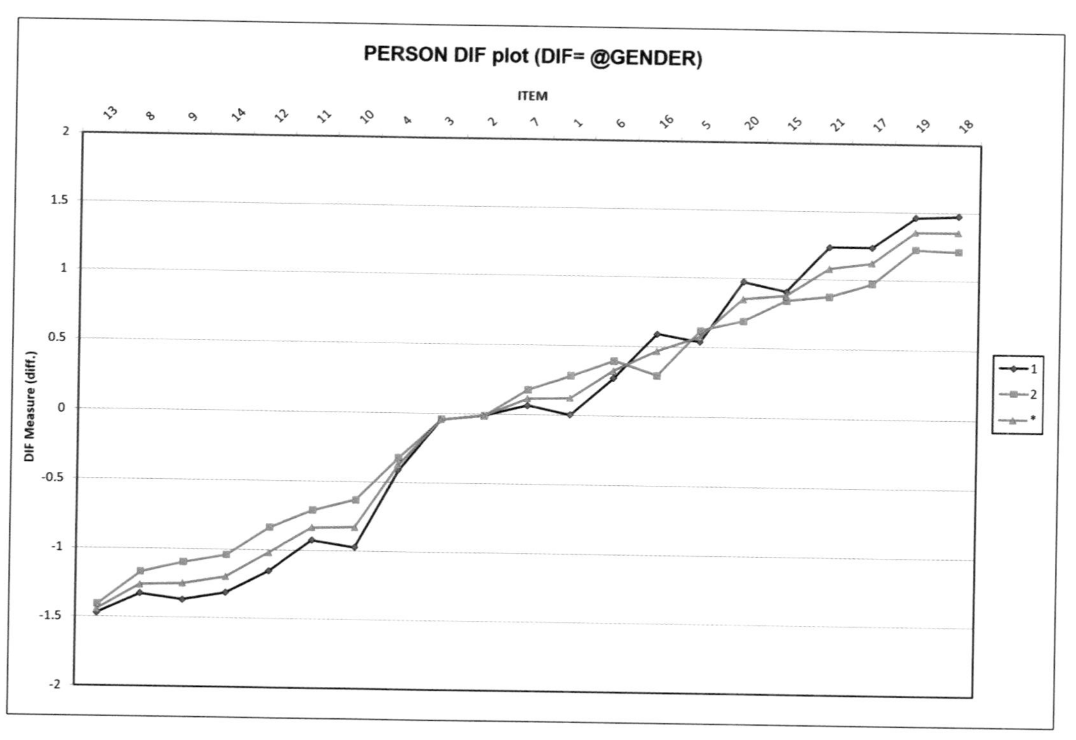

<그림 7-4> 성별에 따른 차별기능문항 그래프 (가로축 문항 난이도 순서 정렬)

만일 연구자가 앞서 소개한 **<그림 4-11>**(172쪽)에서 [Display Graphs] 밑에 디폴트로 체크되어 있는 [Measure order] 대신 [Entry order]를 체크하고 실행하면 다음 **<그림 7-5>**와 같이 나타난다

(첨부된 자료: DIF-graph-1-entry order). 즉 가로축이 작은 문항 번호부터 순서대로 정렬된 것을 볼 수 있다. 최종 해석은 **<그림 7-4>**와 동일하다. 어떤 스타일에 그래프를 제시할 것인지는 연구자가 판단하면 된다. 연구자가 선택한 그래프를 이 책에서 소개한 성별에 따른 차별기능문항 추출 논문 결과 쓰기, **<표 4-5>**(177쪽) 밑에 같이 제시하면 독자들이 어떤 문항에서 상대적으로 더 차별이 되는지를 쉽게 파악할 수 있다. 즉 **<표 4-5>**와 그래프를 비교하면, 21문항 중에서 파란선과 빨간선에 간격이 큰 문항일수록 성별에 따라 차별이 큰 문항인 것을 확인할 수 있다. 또한 문항별로 남자와 여자 중에서 누구에게 더 유리하게 차별되는지도 쉽게 볼 수 있다.

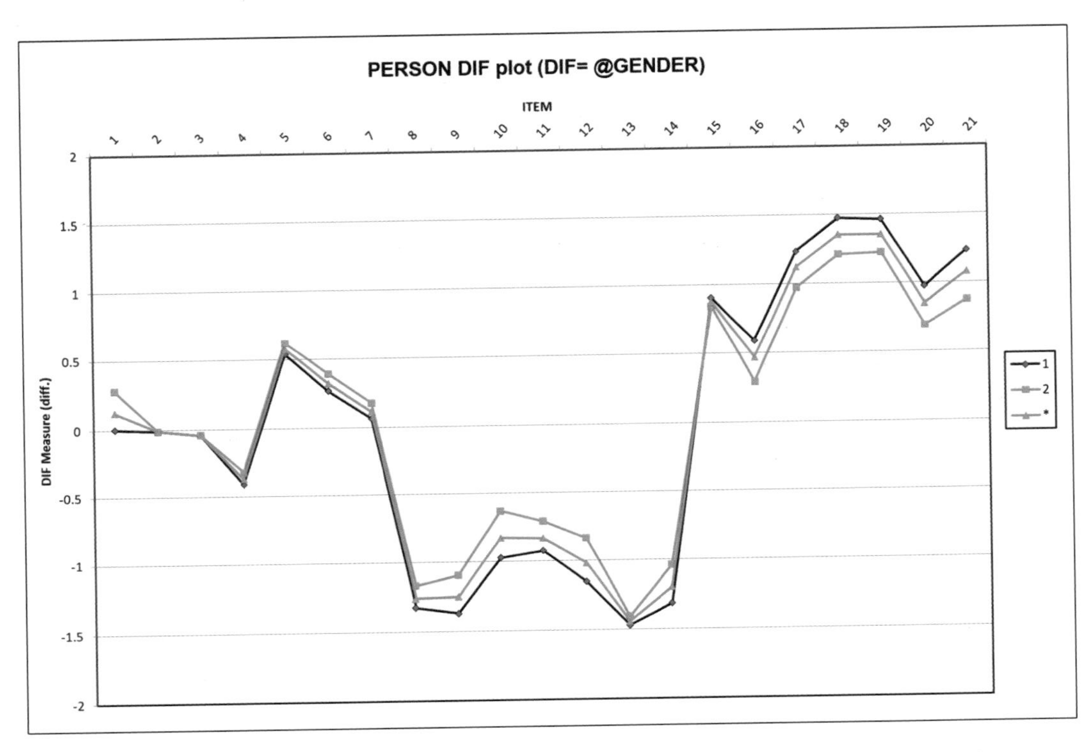

<그림 7-5> 성별에 따른 차별기능문항 그래프 (가로축 문항번호 순서 정렬)

[알아두기]
DIF Size, DIF t-value, DIF Score, Item Average 그래프

실행된 EXCEL 파일(DIF-graph-1-entry order)에 두 번째 sheet에 DIF Size 그래프, 세 번째 sheet에 DIF t-value 그래프, 네 번째 sheet에 DIF Score 그래프, 다섯 번째 sheet에는 Item Average 그래프

가 나타난다. 그리고 여섯 번째 Worksheet는 모든 그래프에 측정치들이 제시되어 있다.

이 그래프들은 위에 소개한 첫 번째 sheet에 DIF Measure 그래프와는 다르게 TABLE 30.2 결과를 토대로 그려진다. 구체적으로 이 책에 첨부된 자료 중 성별에 따른 DIF 분석 결과를 나타내는 메모장 DIF-gender-1을 열어보면 다음과 같은 TABLE 30.2를 볼 수 있다.

```
♀TABLE 30.2 data-4.xlsx                                ZOU843WS.TXT  Oct 26 2022 11:32
INPUT: 400 PERSON  21 ITEM  REPORTED: 400 PERSON  21 ITEM  5 CATS WINSTEPS 5.3.2.0

DIF class/group specification is: DIF= @GENDER
```

PERSON CLASS/	OBSERVATIONS COUNT	SCORE	AVERAGE	BASELINE EXPECT	MEASURE	DIF SCORE	DIF MEASURE	DIF SIZE	DIF S.E.	DIF t	d.f.	Prob.	ITEM Number	Name
1	200	564	2.82	2.76	.12	.06	.00	-.12	.10	-1.22	198	.2222	1	item1
2	200	621	3.11	3.17	.12	-.06	.28	.16	.11	1.41	180	.1615	1	item1
1	200	566	2.83	2.83	-.01	.00	-.01	.00	.10	.00	198	1.000	2	item2
2	200	643	3.21	3.22	-.01	.00	-.01	.00	.11	.00	180	1.000	2	item2
1	200	569	2.85	2.84	-.04	.00	-.04	.00	.10	.00	198	1.000	3	item3
2	200	646	3.23	3.23	-.04	.00	-.04	.00	.12	.00	180	1.000	3	item3
1	200	607	3.04	3.01	-.37	.02	-.41	-.04	.10	-.41	198	.6829	4	item4
2	200	666	3.33	3.35	-.37	-.02	-.32	.05	.12	.43	180	.6650	4	item4
1	200	505	2.53	2.50	.58	.02	.54	-.04	.09	-.39	198	.6981	5	item5
2	200	593	2.96	2.98	.58	-.02	.62	.05	.11	.42	180	.6757	5	item5
1	200	535	2.67	2.65	.32	.03	.27	-.05	.10	-.56	198	.5752	6	item6
2	200	612	3.06	3.09	.32	-.03	.39	.07	.11	.62	180	.5386	6	item6
1	200	557	2.79	2.76	.12	.03	.07	-.05	.10	-.50	198	.6174	7	item7
2	200	629	3.14	3.17	.12	-.02	.18	.06	.11	.54	180	.5867	7	item7
1	200	687	3.43	3.41	-1.26	.03	-1.33	-.07	.12	-.58	198	.5608	8	item8
2	200	719	3.60	3.62	-1.26	-.02	-1.17	.09	.14	.64	180	.5206	8	item8
1	200	690	3.45	3.41	-1.25	.04	-1.37	-.12	.12	-1.00	198	.3207	9	item9
2	200	715	3.58	3.62	-1.25	-.04	-1.10	.15	.14	1.14	180	.2539	9	item9
1	200	659	3.30	3.23	-.83	.06	-.97	-.15	.11	-1.36	198	.1762	10	item10
2	200	687	3.43	3.50	-.83	-.06	-.63	.20	.12	1.58	180	.1150	10	item10
1	200	655	3.28	3.23	-.83	.04	-.93	-.09	.11	-.87	198	.3865	11	item11
2	200	692	3.46	3.50	-.83	-.04	-.71	.13	.13	.99	180	.3212	11	item11
1	200	674	3.37	3.31	-1.02	.06	-1.16	-.14	.11	-1.22	198	.2231	12	item12
2	200	700	3.50	3.55	-1.02	-.05	-.84	.18	.13	1.42	180	.1573	12	item12
1	200	697	3.48	3.48	-1.44	.01	-1.47	-.03	.12	-.23	198	.8162	13	item13
2	200	731	3.65	3.66	-1.44	-.01	-1.41	.03	.14	.21	180	.8301	13	item13
1	200	686	3.43	3.39	-1.20	.04	-1.32	-.12	.12	-1.01	198	.3160	14	item14
2	200	712	3.56	3.60	-1.20	-.04	-1.04	.15	.13	1.16	180	.2495	14	item14
1	200	463	2.32	2.33	.88	-.02	.91	.03	.09	.30	198	.7642	15	item15
2	200	574	2.87	2.85	.88	.02	.85	-.04	.11	-.37	180	.7153	15	item15
1	200	499	2.49	2.56	.47	-.07	.59	.12	.09	1.32	198	.1886	16	item16
2	200	620	3.10	3.03	.47	.07	.29	-.18	.11	-1.58	180	.1166	16	item16
1	200	427	2.13	2.20	1.12	-.06	1.24	.12	.10	1.23	198	.2220	17	item17
2	200	563	2.82	2.75	1.12	.07	.97	-.15	.11	-1.38	180	.1685	17	item17
1	200	401	2.01	2.07	1.35	-.06	1.47	.12	.10	1.24	198	.2176	18	item18
2	200	542	2.71	2.65	1.35	.06	1.21	-.14	.11	-1.36	180	.1740	18	item18
1	200	402	2.01	2.07	1.35	-.06	1.46	.11	.10	1.14	198	.2548	19	item19
2	200	541	2.70	2.65	1.35	.06	1.22	-.13	.11	-1.26	180	.2090	19	item19
1	200	456	2.28	2.35	.85	-.07	.98	.12	.09	1.29	198	.1988	20	item20
2	200	587	2.93	2.87	.85	.07	.69	-.16	.11	-1.49	180	.1389	20	item20
1	200	427	2.13	2.22	1.08	-.09	1.24	.16	.10	1.64	198	.1030	21	item21
2	200	571	2.86	2.77	1.08	.09	.88	-.20	.11	-1.86	180	.0644	21	item21

TABLE 30.2도 TABLE 30.1과 같이 성별에 따른 차별기능문항(DIF)을 통계적으로 추출할 수 있다. 단 TABLE 30.1과는 다른 맥락으로 DIF를 추정한다. 우선 검은색 틀로 표시한 두 행과 표시된 부분들을 이해해야 한다. 검은색 틀은 문항 1번의 결과를 나타낸다. 따라서 문항 1번이 성별에 따른 DIF인지를 검증하기 위해서 표시된 부분 지수들이 필요하다. 왼쪽부터 첫 번째 표시된 부분(OBSERVATIONS AVERAGE)은 200명의 남자(1)와 200명의 여자(2)가 범주에 응답한 값을 토대로 각각 로짓값으로 제시한 관찰된 값이다(남자=2.82; 여자=3.11). 그리고 두 번째 표시된 부분(BASELINE EXPECT)은 남녀 전체 응답자 400명을 토대로 각각 로짓값으로 추정한 기대된 값이

다(남자=2.76, 여자=3.17).

그리고 세 번째 표시된 부분(DIF SCORE)은 첫 번째(OBSERVATIONS AVERAGE) 로짓값에서 두 번째(BASELINE EXPECT) 로짓값을 뺀 값이다(남자=0.06; 여자=−0.06).

또한 네 번째 표시된 부분(DIF SIZE)은 차이 정도를 나타내는 효과크기다(남자=−0.12; 여자=0.16). 다섯 번째 표시된 부분(DIF t)은 검정통계량(남자=−1.22; 여자=1.41)이고, 여섯 번째 표시된 부분(Prob.)은 유의확률이다(남자=0.2222; 여자=0.1615). 그런데 여기서 유의확률 해석에 주의할 점은 남녀 간의 차이가 아니라 남자 관찰된 지수(2.82)와 전체 추정된 지수(2.76) 간의 차이(0.06)가 통계적으로 유의한지를 검증하는 유의확률이다.

따라서 검은색 틀에 첫 번째 줄의 유의확률이 0.05보다 작게 나타나면 문항 1번은 '남자에게 통계적으로 유의미하게 편파적이다'라고 해석하면 된다. 그러나 문항 1번에 유의확률은 0.2222로 유의수준 0.05에서 통계적으로 남자에게 차별되는 문항은 아닌 것으로 나타났다. 여자의 경우도 살펴보면, 문항 1번에 유의확률은 0.1615로 유의수준 0.05에서 통계적으로 여자에게도 차별되는 문항이 아닌 것으로 나타났다.

이렇게 두 줄씩 모든 문항 해석해 보면, 21문항이 모두 남자 또는 여자에게 유의수준 0.05에서 통계적으로 유의미하게 차별되는 문항은 없는 것으로 나타났다. 유의한 차이가 없기에 효과크기(DIF SIZE)를 살펴봐도 모든 문항이 0.43 미만으로 차별이 안 되는 것을 알 수 있다. DIF SIZE 값은 앞서 소개한 **<그림 4-12>**(173쪽), 성별에 따른 차별기능문항 TABLE 30.1에서 설명한 Size CUMLOR 값의 기준과 동일하게 해석하면 된다. 즉 절대값이 0.43에서 0.63의 경우는 약하게 중간 정도 차별되는 문항이고, 절대값이 0.64 이상일 경우는 중간이상 강하게 차별되는 문항이다.

정리하면, EXCEL 프로그램으로 나타나는 DIF 그래프(첨부된 자료: DIF-graph-1-entry order), 두 번째 sheet에 DIF Size 그래프는 위 TABLE 30.2에서 DIF SIZE 값을 나타낸 그래프다. 세 번째 sheet에 DIF t-value 그래프는 TABLE 30.2에서 DIF t값을 나타낸 그래프다. 네 번째 sheet에 DIF Score 그래프는 TABLE 30.2에서 DIF SCORE 값을 나타낸 그래프다. 그리고 다섯 번째 sheet에는 Item Average 그래프는 TABLE 30.2에서 OBSERVATIONS AVERAGE 값을 나타낸 그래프다. 문항 번호 순으로 정리한 EXCEL 그래프는 다음과 같다. 위 내용을 이해하고 다음 그림들을 선택해서 앞서 소개한 **<표 4-5>**(177쪽)와 함께 제시하는 것도 의미가 있다. 네 그림 모두 선의 간격이 큰 문항일수록 통계적으로 유의하게 성별에 따라 차별되는 문항일 가능성이 높다.

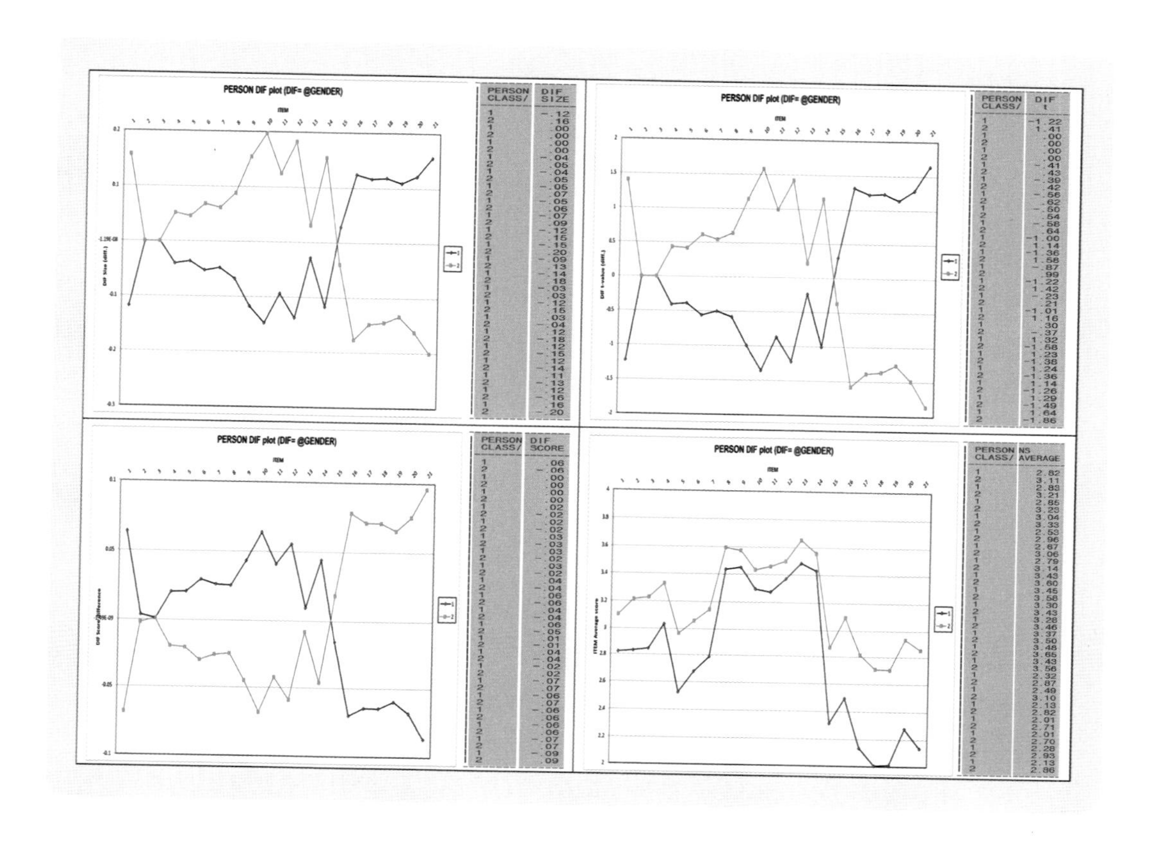

7-3) DIF 결과 EXCEL 산점도

앞서 소개한 **<그림 4-11>**(172쪽)에서 [Display Graphs]와 [Display Scatter plots]를 체크하고, [OK] 클릭하여 생성되는 창에 [Marker]를 클릭하면 EXCEL 그래프 결과 두 개가 나타난다고 하였다. 그 중에서 하나의 EXCEL 결과가 지금까지 소개한 [Display Graphs] 결과이고, 남은 하나의 EXCEL 결과가 바로 [Display Scatter plots] 결과이다. 즉 성별에 따른 차별기능문항(DIF) 추정 결과를 EXCEL 프로그램에 산점도(scatter plots)로 제시해 준다. 다음 **<그림 7-6>**은 [Display Scatter plots] 결과에서 첫 번째 sheet, 1.S.E.-ITEM-DIF에 있는 산점도다(첨부된 자료: DIF-scatter plots-1-marker).

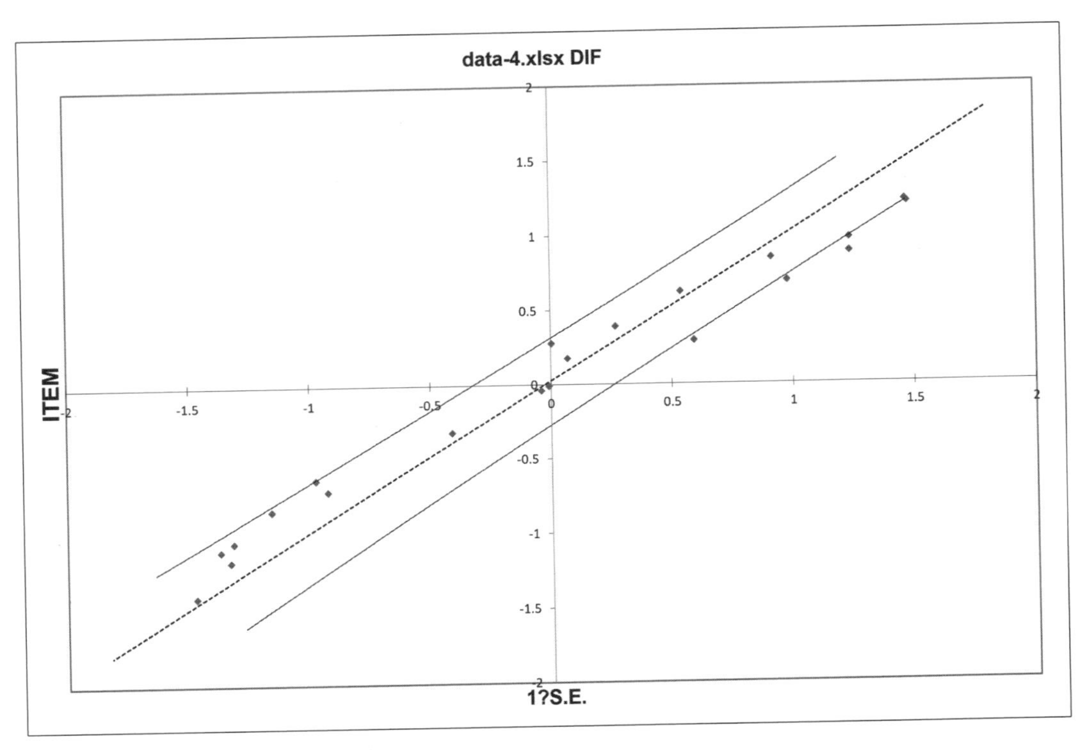

<그림 7-6> 남자 DIF 측정값과 여자 DIF 측정값 산점도 (Marker)

이 그림에서 혼동을 주는 것은 가로축에 제시된 1?S.E와 세로축에 제시된 ITEM이다. 즉 가로축(X축)이 1?S.E(1?표준오차) 값이고, 세로축(Y축)이 ITEM 번호라는 혼동을 준다. 그러나 제시된 1?S.E와 ITEM은 산점도를 산출하는데 사용된 변수일 뿐이지 X축과 Y축 척도에 명칭을 나타내는 것은 절대 아니다.

구체적으로 X축은 남자의 DIF 측정값(DIF MEASURE)이고, Y축은 여자의 DIF 측정값(DIF MEASURE)이다. 따라서 X축은 1로 코딩된 남자의 속성(진로불안감)을 나타내는 로짓값이고, Y축은 2로 코딩된 여자의 속성을 나타내는 로짓값이다. 업데이트된 WINSTEPS 5.4.0 버전부터는 X축의 1?S.E가 1로, Y축의 ITEM이 2로 나타나도록 수정되었다.

그리고 MARKER(◆)들은 X축과 Y축에 값을 고려한 21문항에 위치를 나타낸다. 앞서 소개한 **<그림 4-12>**(173쪽)에 ①번 틀에 남자 DIF MEASURE 값과 ②번 틀에 여자 DIF MEASURE 값을 토대로 각 문항의 위치를 나타낸 산점도인 것이다. 구체적으로 MARKER(◆) 들이 각각 어떤 문항들인지를 알기 위해서는 **<그림 4-11>**(172쪽)에서 [Display Graphs]와 [Display Scatter plots]를 체크하고, [OK] 클릭하여 생성되는 창에 [Marker]를 클릭하지 말고, [Label] 또는 [Entry number] 또는 [Entry+Label]을 클릭하면 알 수 있다.

다음 **<그림 7-7>**은 앞서 소개한 **<그림 4-11>**에서 [Display Graphs]와 [Display Scatter plots]를 체크하고, [OK] 클릭했을 때 생성되는 창이다. 산점도 스타일을 ◆으로 나타낼 것인지, 문항 이름 또는 번호로 나타낼 것인지를 선택하는 창이다.

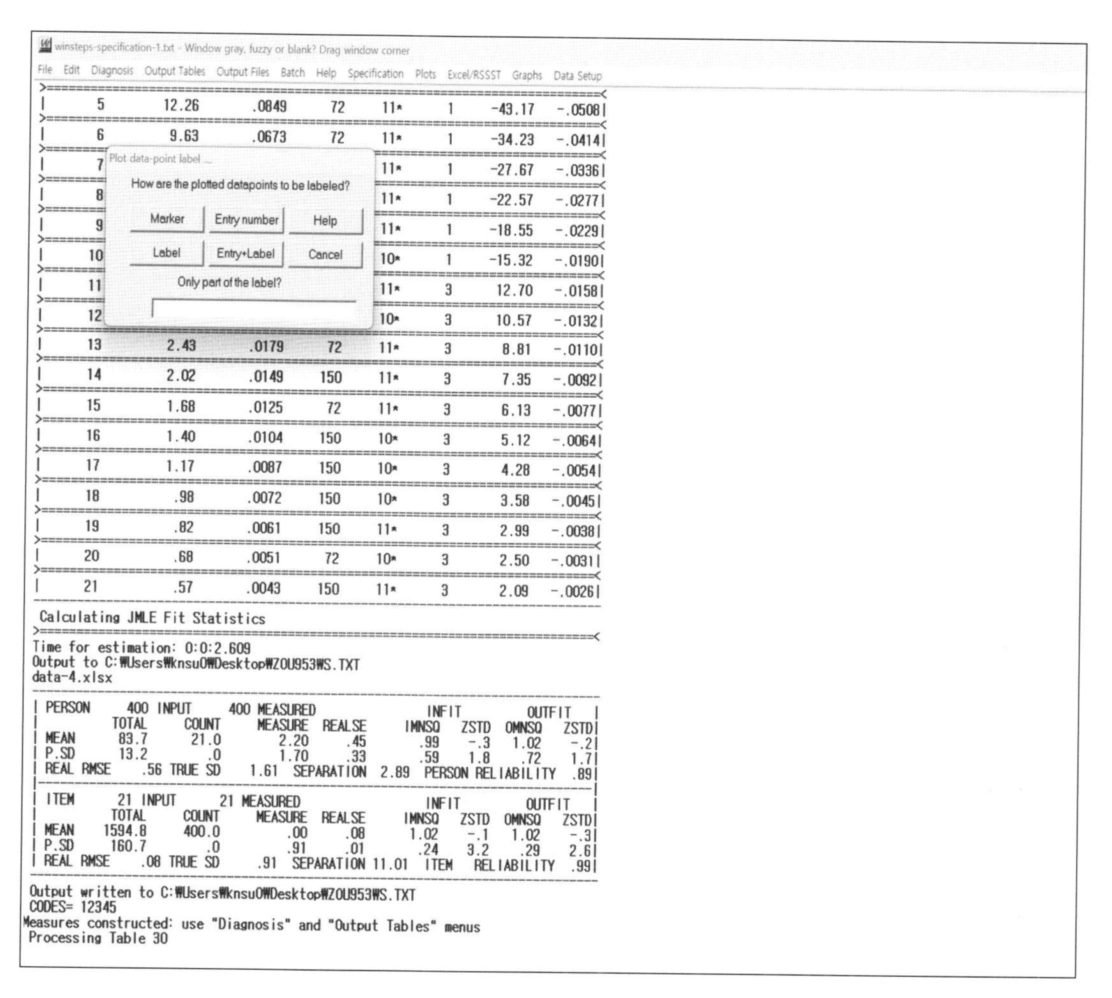

<그림 7-7> 산점도 스타일 선택 창

구체적으로 [Marker]를 클릭하면 위에 **<그림 7-6>**과 같이 나타나고, [Label]을 클릭하면 ◆ 대신에 문항 이름(item1, item2 … item20, item21)이 나타난다. [Entry number]를 클릭하면 간명하게 문항 번호(1, 2 … 20, 21)만 나타난다. 또한 [Entry+Label]을 클릭하면 문항 이름과 문항 번호(1. item1, 2. item2 …20. item20, 21. item21)가 모두 나타난다. 간명하게 나타나도록

[Entry number]를 클릭하면 다음 **<그림 7-8>**과 같이 나타난다(첨부된 자료: DIF-scatter plots-1-entry number).

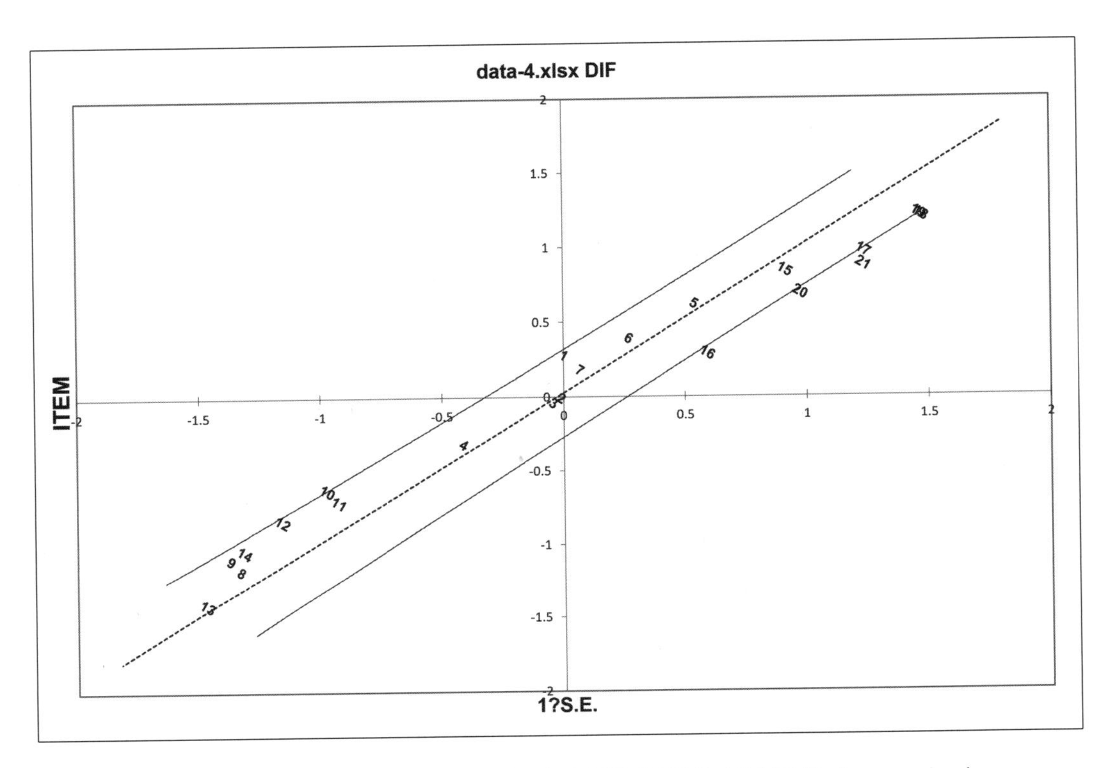

<그림 7-8> 남자 DIF 측정값과 여자 DIF 측정값 산점도 (Entry number)

◆ 대신 각 문항 번호가 나타나는 것을 볼 수 있다. 문항들 가운데 점선은 측정된 산점도(문항 번호)에 X축과 Y축의 동등한 영향을 고려하여 중앙에 대표하는 공동 추세선(joint trend line)이다. 그리고 이 공동 추세선을 중심으로 위 아래 실선은 95% 신뢰구간을 나타내는 선이다. 따라서 95% 신뢰구간을 벗어나는 문항은 성별에 따라 통계적으로 유의한 차이가 있는 문항으로 판단할 수 있다. 즉 95% 신뢰구간을 벗어난 문항은 유의수준 5%에서 통계적으로 유의한 성별에 따른 차별기능문항이라고 할 수 있다.

문항 21번, 20번, 16번 10번이 95% 신뢰구간을 조금 벗어난 것을 볼 수 있다. 따라서 앞서 소개한 성별에 따른 차별기능문항 추출 논문 쓰기, **<표 4-5>**(177쪽) 결과와 위 **<그림 7-8>**을 논문에 같이 제시하는 것도 권장한다. 그리고 앞서 설명한 것처럼 논문에는 **<그림 7-8>**에 1?S.E.과 ITEM를 삭제하고, X축은 남자 DIF MEASURE, Y축은 여자 DIF MEASURE로 제시해야 된다. 즉 X축은 남자 차별기능문항 곤란도, Y축은 여자 차별기능문항 곤란도를 나타내는 로짓(logits)값이다.

[알아두기]
DIF와 DTF에 차이

위 결과가 나타난 엑셀 파일을 보면 sheet2에는 1.S.E.-ITEM-DTF로 명명된 산점도가 하나 더 제시되어 있다. 문항의 위치는 동일하지만 신뢰구간이 상이한 것을 볼 수 있다. 차별기능문항, DIF는 Differential Item Functioning의 준말이고 DTF는 Differential Test Functioning의 준말이다. 따라서 DTF는 차별기능검사가 된다. DIF(차별기능문항)와 DTF(차별기능검사)의 차이점은 DIF가 각 문항들마다 연구자가 결정한 변인(성별, 학년 등)에 따라 차별되는 문항을 분석하는 것이라면, DTF는 전체 문항을 하나의 검사로 보고 연구자가 결정한 변인(성별, 학년 등)에 따라 차별되는 검사인지를 분석하는 것이다. 예를 들어 같은 문항들을 지필검사, 컴퓨터검사, 인터뷰검사로 측정하였을 때 성별에 따라 차별이 되는 검사, 또는 학년에 따라 차별이 되는 검사가 무엇인지를 추정하는 것이 DTF다. 하나의 척도를 개발 및 타당화, 또는 분석(탐색)하는 과정에서 DTF 검증은 요구되지 않는다.

7-4) 문항별 응답범주 확률곡선(probability category curve) 그래프

WINSTEPS 프로그램에 장점은 앞서 소개한 **<그림 7-1>**처럼 전체 응답범주가 적합한지를 그래프로 탐색할 수도 있지만, 더 구체적으로 각 문항마다 응답범주가 적합한지를 그래프로 탐색할 수도 있다. 문항별로 그래프를 탐색하기 위해서는 다음 **<그림 7-9>**와 같이 [Graph]에서 [Display by Item]을 클릭한다. 그러면 **<그림 7-10>**과 같이 문항별로 그래프를 탐색할 수 있는 창이 나타난다.

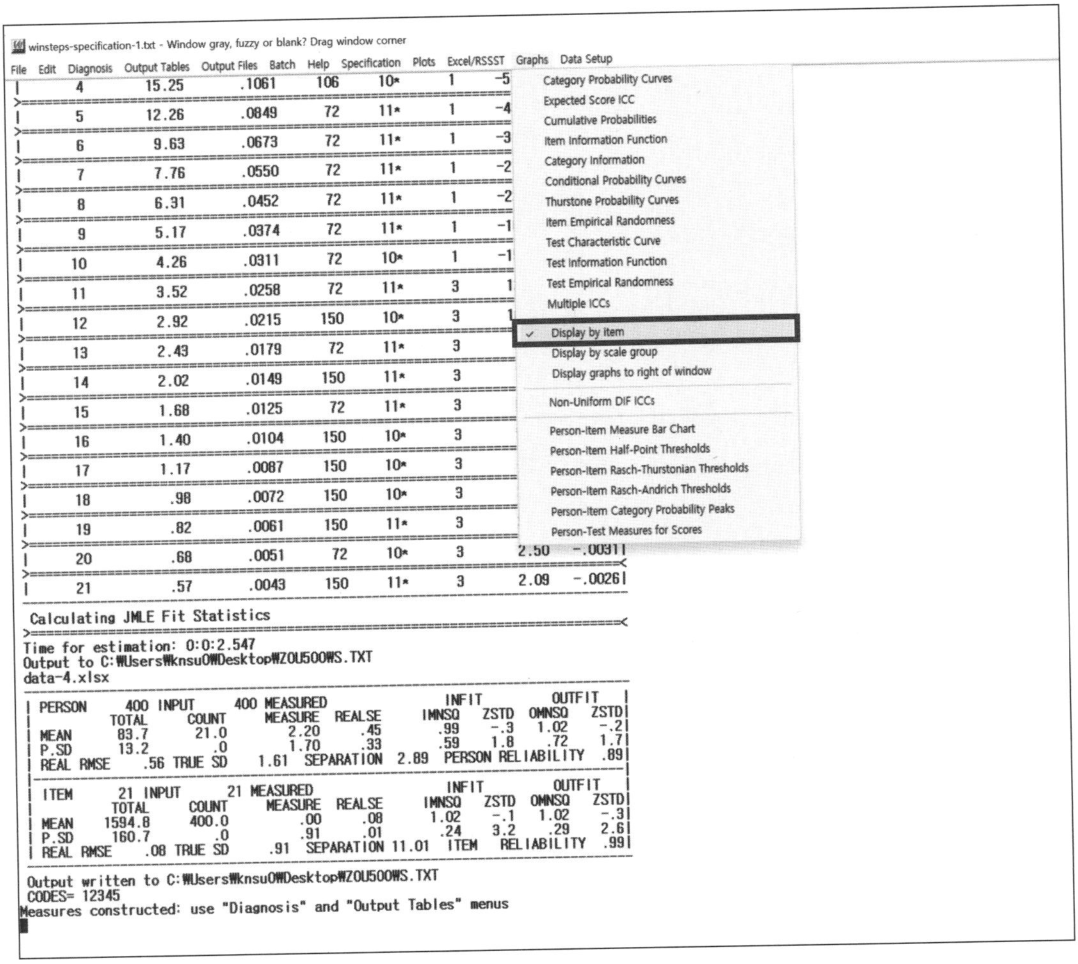

winsteps-specification-1.txt - Window gray, fuzzy or blank? Drag window corner

File Edit Diagnosis Output Tables Output Files Batch Help Specification Plots Excel/RSSST Graphs Data Setup

```
|   4    15.25   .1061   106   10*   1   -5
|   5    12.26   .0849    72   11*   1   -4
|   6     9.63   .0673    72   11*   1   -3
|   7     7.76   .0550    72   11*   1   -2
|   8     6.31   .0452    72   11*   1   -2
|   9     5.17   .0374    72   11*   1   -1
|  10     4.26   .0311    72   10*   1   -1
|  11     3.52   .0258    72   11*   3    1
|  12     2.92   .0215   150   10*   3    1
|  13     2.43   .0179    72   11*   3
|  14     2.02   .0149   150   11*   3
|  15     1.68   .0125    72   11*   3
|  16     1.40   .0104   150   10*   3
|  17     1.17   .0087   150   10*   3
|  18      .98   .0072   150   10*   3
|  19      .82   .0061   150   11*   3
|  20      .68   .0051    72   10*   3   2.50  -.0031|
|  21      .57   .0043   150   11*   3   2.09  -.0026|
 Calculating JMLE Fit Statistics
Time for estimation: 0:0:2.547
Output to C:\Users\knsu0\Desktop\ZOU500WS.TXT
data-4.xlsx
| PERSON    400 INPUT     400 MEASURED                INFIT         OUTFIT  |
|          TOTAL    COUNT     MEASURE  REALSE    IMNSQ  ZSTD   OMNSQ  ZSTD|
| MEAN      83.7     21.0       2.20     .45       .99   -.3   1.02   -.2|
| P.SD      13.2       .0       1.70     .33       .59   1.8    .72   1.7|
| REAL RMSE    .56 TRUE SD    1.61  SEPARATION  2.89  PERSON RELIABILITY  .89|
|                                                                          |
| ITEM       21 INPUT      21 MEASURED                INFIT         OUTFIT  |
|          TOTAL    COUNT     MEASURE  REALSE    IMNSQ  ZSTD   OMNSQ  ZSTD|
| MEAN    1594.8    400.0        .00     .08      1.02   -.1   1.02   -.3|
| P.SD     160.7       .0        .91     .01       .24   3.2    .29   2.6|
| REAL RMSE    .08 TRUE SD     .91  SEPARATION 11.01  ITEM   RELIABILITY  .99|

Output written to C:\Users\knsu0\Desktop\ZOU500WS.TXT
CODES= 12345
Measures constructed: use "Diagnosis" and "Output Tables" menus
```

Category Probability Curves
Expected Score ICC
Cumulative Probabilities
Item Information Function
Category Information
Conditional Probability Curves
Thurstone Probability Curves
Item Empirical Randomness
Test Characteristic Curve
Test Information Function
Test Empirical Randomness
Multiple ICCs
✓ Display by item
Display by scale group
Display graphs to right of window
Non-Uniform DIF ICCs
Person-Item Measure Bar Chart
Person-Item Half-Point Thresholds
Person-Item Rasch-Thurstonian Thresholds
Person-Item Rasch-Andrich Thresholds
Person-Item Category Probability Peaks
Person-Test Measures for Scores

〈그림 7-9〉 문항별 그래프 탐색 (Display by Item)

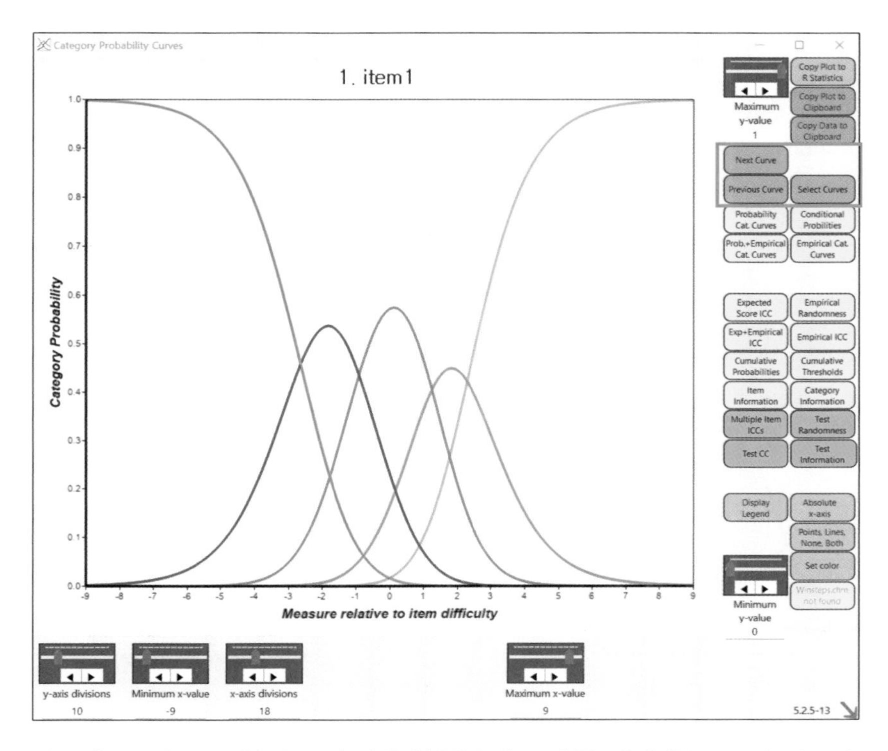

<그림 7-10> 문항별 응답범주 확률곡선 그래프 탐색 (Display by Item)

우선 앞서 소개한 **<그림 7-2>**(269쪽)와 비교해 보면 그림 위에 전체 자료(data-4.xlsx)를 대표하는 하나의 그래프가 아니라 한 문항(1. item1)의 그래프인 것을 볼 수 있다. 따라서 **<그림 7-2>**에는 없었던 빨간색 틀로 표시한 오른쪽에 세 개의 초록색 버튼, [Next Curve], [Previous Curve], [Select Curve]가 추가된 것을 볼 수 있다. [Next Curve]를 클릭하면 다음 문항의 응답범주 확률곡선을 볼 수 있고, [Previous Curve]를 클릭하면 이전 문항의 응답범주 확률곡선을 볼 수 있다. 그리고 [Select Curve]는 문항을 선택할 수 있는 창이 생기고 원하는 문항을 클릭해서 볼 수 있다.

그런데 어떤 문항을 선택해도 문항별 응답범주 확률곡선은 모두 동일하게 나타난다. 그 이유는 실행한 설계서(winsteps-specification-1)가 Rasch 평정척도모형으로 설계되었기 때문이다. 앞서 설명했듯이 Rasch 평정척도모형은 전체 문항을 대표하는 하나의 응답범주 확률곡선을 검증할 수 있고, Rasch 부분점수모형은 각 문항별로 응답범주 확률곡선을 검증할 수 있다고 하였다.

따라서 부분점수모형으로 설계한 메모장, winsteps-specification-1-PCM을 앞서 소개한 **<그**

림 5-2>(211쪽)처럼 실행한다. 그리고 다시 [Graphs]에서 [Display by Item]을 클릭한다. 그러면 **<그림 7-10>**이 나타나고, 이제 [Next Curve] 또는 [Previous Curve] 또는 [Select Curve]를 클릭하면 다음 **<그림 7-11>**과 같이 각각의 문항마다 다른 응답범주 확률곡선을 탐색할 수 있다.

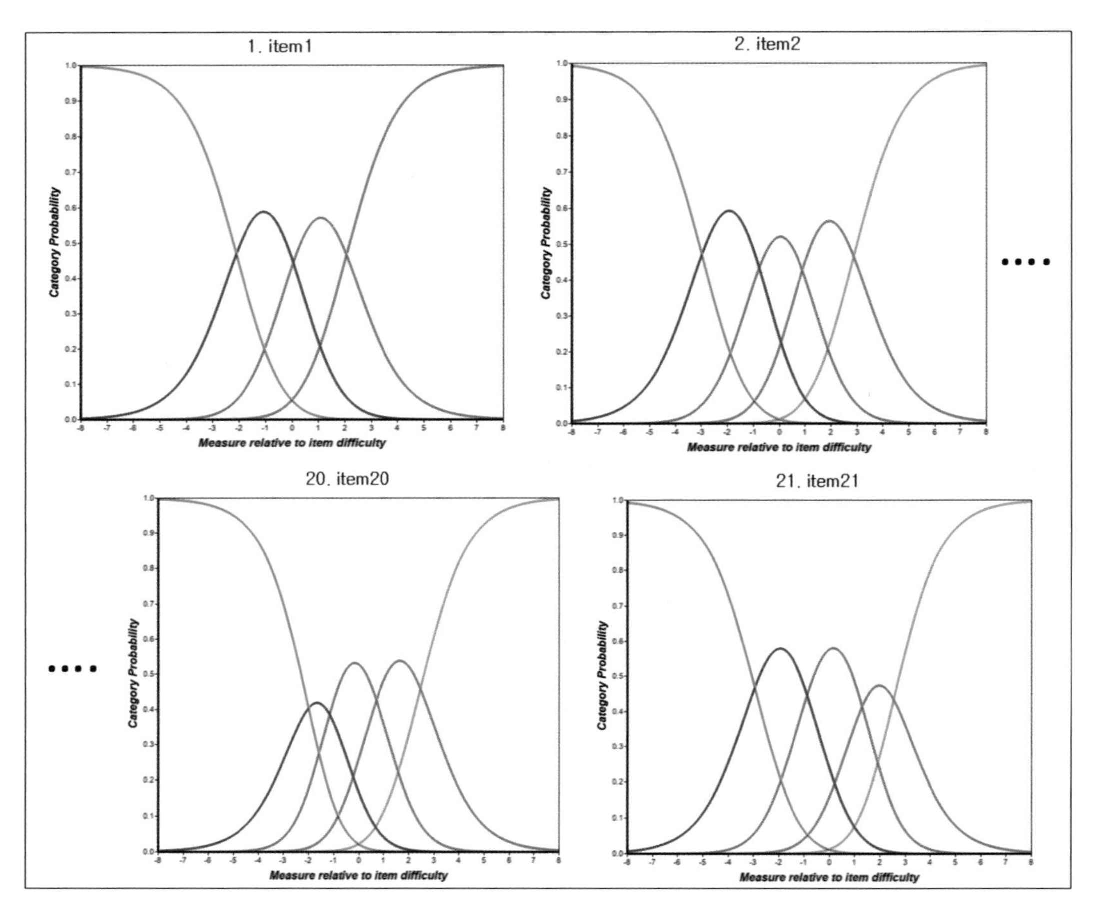

<그림 7-11> 문항별 응답범주 확률곡선 결과 (21문항 중 네 문항 예)

7-5) 문항별 응답범주 확률곡선과 실증곡선 그래프

WINSTEPS 프로그램은 응답범주 확률곡선을 그래프 창에서 각 문항별로 자세하게 제시해준다. 다음 **<그림 7-12>**에서 빨간색 틀 안에 표시한 노란 버튼 ① [Probability Cat. Curves], ② [Conditional Probilities], ③ [Prob.+Empirical Cat. Curves], ④ [Empirical Cat. Curves]를 각각 클릭하면 응답범주 확률곡선이 다른 형태로 나타난다.

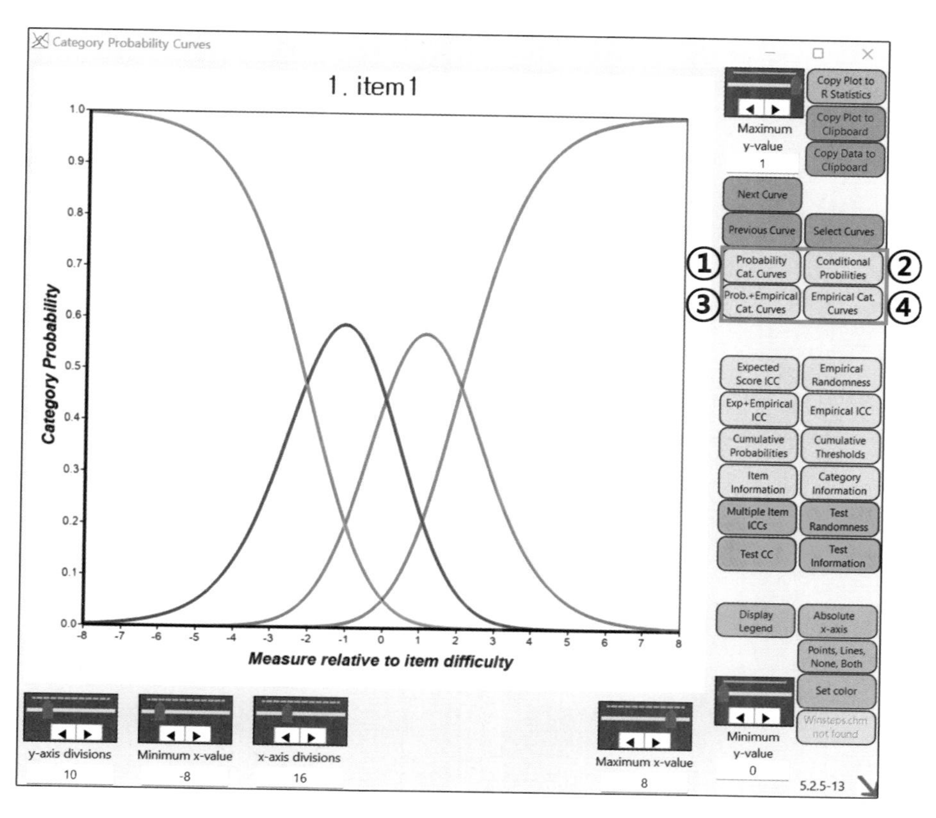

<그림 7-12> 문항별 응답범주 확률곡선 그래프 구체적 검토

빨간 틀에 ① [Probability Cat. Curves]는 [Graphs]에서 [Display by Item]을 클릭하면 처음 나타나는 결과다. 즉 [Probability Cat. Curves]를 클릭하면 **<그림 7-12>**와 같은 응답범주(category: Cat.) 확률곡선 결과가 나타난다.

② [Conditional Probilities]는 [Conditional Probabilities]와 동의어이고 조정된 확률 곡선 형태로 바뀌어 나타난다. 곡선의 간격 폭이 동일할수록 응답범주에 문제가 없는 것을 의미한다.

③ [Prob.+Empirical Cat. Curves]는 ① 응답범주 확률곡선과 응답범주 실증된(empirical) 곡선을 동시에 나타낸다. 여기서 실증된 곡선(실증곡선)은 관찰된(observed) 곡선(관찰곡선)을 의미한다. 그리고 ④ [Empirical Cat. Curves]는 응답범주 실증된 곡선만 제시된다.

예를 들어 **<그림 7-13>**은 [Next Curve] 또는 [Previous Curve] 또는 [Select Curve]를 클릭해서 문항 7번(7. item 7)을 선택하였고 ①, ②, ③, ④ 결과를 함께 정리해서 제시한 그림이다.

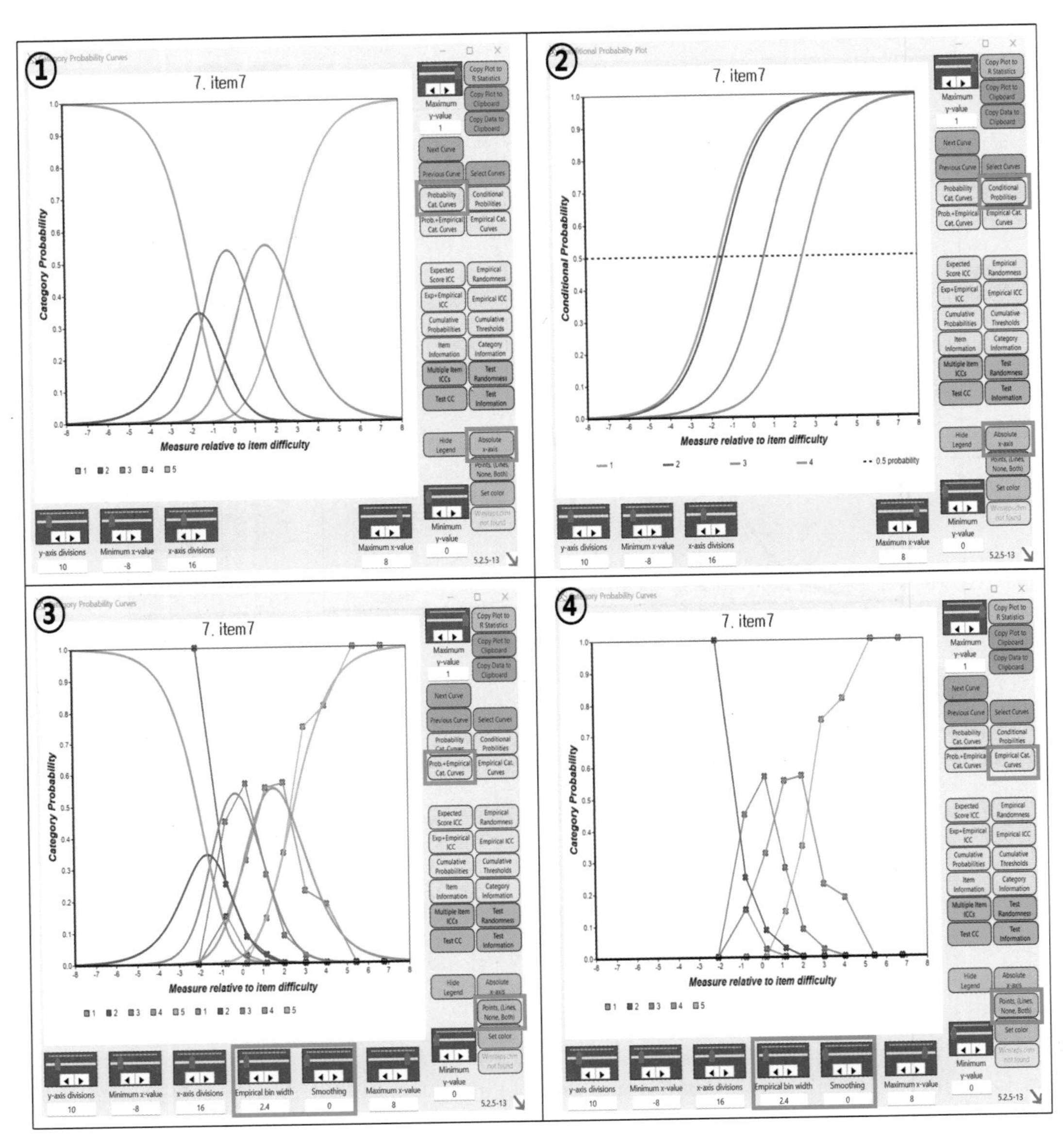

<그림 7-13> 문항별 그래프 구체적 검토 예 (문항 7번)

①번 응답범주 확률곡선 결과를 살펴보면, 다섯 개의 확률곡선을 볼 수 있고, 각 확률 곡선의 색으로 몇 번 범주인지를 알 수 있다. 앞서 소개한 **<그림 4-6>**(158쪽)에서 구체적으로 설명한 것처럼 각 범주의 확률 곡선의 교차점이 단계조정값을 나타낸다. 이 단계조정값이 점차적으로 증가할 때 적합한 응답범주라고 할 수 있다.

그리고 빨간색 틀로 표시한 [Absolute x-axis]는 X축 값의 범위가 달라진다. 즉 [Absolute x-axis]를 클릭하면 X축이 절대적인(absolute) 측정단위 기준으로 변경된 그래프가 나타난다. 구체적으로 WINSTEPS 프로그램에서 절대적인 X축 측정단위, [Absolute x-axis]는 X축을 상대적인 X축 측정단위, [Relative x-axis]로 변경하기 전의 X축 척도라고 할 수 있다. 예를 들어 [Absolut x-axis]는 문항의 곤란도가 2 로짓값이고 응답자 속성이 5 로짓값이라면, 처음에 디폴트로 제시되어 있는 [Relative x-axis]는 문항의 곤란도가 0 로짓값이고 응답자 속성은 3(=5−2) 로짓값으로 고정한 것이다. 따라서 최종 해석은 동일하기 때문에 반드시 [Absolute x-axis]를 클릭하여 해석할 필요는 없다. 만일 [Absolute x-axis]를 클릭한 그래프가 더 보기 좋게 제시된다면 [Absolute x-axis]를 클릭한 그래프를 제시하고 해석해도 무방하다.

②번 조정된 확률곡선을 살펴보면, ① 응답범주 확률곡선보다 응답범주의 적합성을 더 쉽게 볼 수 있다. 구체적으로 응답범주 확률곡선에서 추정된 단계조정값을 근거로 하여 문항특성곡선 형태로 응답범주가 적합한지를 볼 수 있다. 즉 5점 척도에 네 개의 단계조정값을 근거로 하여 다섯 개의 응답범주 확률곡선이 네 개의 문항특성곡선으로 조정된다. Y축(조정된 확률) 50%에 점선이 네 개의 문항특성곡선과 만나는 X축 값이 바로 단계조정값이 된다. 따라서 1번 문항특성곡선(빨간색), 2번 문항특성곡선(파란색), 3번 문항특성곡선(보라색), 4번 문항특성곡선(연두색)이 차례대로 동등한 간격으로 나열되어야 한다. 그런데 네 개의 문항특성곡선이 차례대로는 나열되었지만 1번과 2번 문항특선곡선의 간격이 상대적으로 매우 좁은 것을 볼 수 있다. 문항 7번에 5점 척도를 적용하는데는 문제가 있다는 것을 쉽게 알 수 있다.

③번 응답범주 확률곡선과 응답범주 실증된 곡선을 살펴보면, 응답범주 확률곡선은 ①번과 동일하다. 그리고 실증된 곡선은 응답범주 확률곡선에 겹쳐져 포인트점과 실선으로 나타난 것을 볼 수 있다. 여기서 실증된(empirical) 곡선이란 실제 측정된 값을 근거로 조정되는 곡선이다. 실증된 곡선이 나타나는 ③번과 ④번 그림에서는 빨간색 틀로 표시한 실증된 곡선의 스타일을 변경하는 두 가지, [Empirical bin width]와 [Smoothing] 버튼이 더 나타난 것을 볼 수 있다. [Empirical bin width]는 실증된 곡선에 포인트 점 간격을 조정하는 것이고, [Smoothing]은 실증된 곡선에 포인터 점을 없애고 곡선의 정도를 조정하는 것이다.

④번은 응답범주 확률곡선 없이 간명하게 실증된 곡선만을 제시해 준다. 당연히 [Empirical bin width]와 [Smoothing]로 형태를 조정할 수 있다. 또한 빨간색 틀로 표시한 [Point,(Lines, None, Both)]를 클릭해서 실증된 곡선에 표시된 포인트 점과 선을 삭제할 수도 있다. 이처럼 ③번과 ④번에 나타나는 실증된 곡선의 형태를 [Empirical bin width], [Smoothing],

[Point,(Lines, None, Both)]를 통해 연구자가 자유롭게 바꿀 수 있지만, 처음에 디폴트로 나타난 실증된 곡선 형태가 분석 결과로 제시하기에 가장 적합한 그래프라고 할 수 있다.

7-6) 예상된 문항특성곡선과 응답범주의 중앙점 그래프

문항특성곡선은 Rasch 모형에서 매우 중요하다. 구체적으로 문항특성곡선(ICC: item characteristic curve)은 문항반응기능(IRF: item response function)이라도고 명명하고, X축은 응답자의 속성(능력)이 되고, Y축은 정답확률 또는 응답척도 점수가 된다. 즉 Y축은 인지적 영역 검사에서는 정답확률이 되고 정의적 영역 검사에서는 응답범주 점수가 된다.

다음 **<그림 7-14>**에서 빨간색 틀로 표시한 [Expected Score ICC]를 클릭하면 이론적으로 예상된(기대된) 문항특성곡선과 응답범주 중앙점을 제시하는 그래프가 나타난다. 그리고 아래 빨간색 틀로 표시한 [Hide Legend]는 원래 디폴트로 써있는 [Display Legend]를 클릭한 것이다. 따라서 그래프 밑에 문항특성곡선(Model ICC/IRF)과 점선(0.5 score zones)이 무엇을 의미하는지 나타난 것이다. 항상 [Display Legend]를 클릭하고 해석하는 것을 권장한다.

구체적으로 **<그림 7-14>**는 Rasch 부분점수모형으로 설계된 메모장(winsteps-specification-1-PCM)이 아닌, Rasch 평정척도모형으로 설계된 메모장 파일, winsteps-specification-1로 다시 실행한 결과이다. 따라서 모든 문항이 동일한 문항특성곡선과 응답범주의 중앙점이 나타난다. 그 이유는 Rasch 평정척도모형은 응답범주 간격은 모든 문항이 동일하다고 가정하기 때문이다.

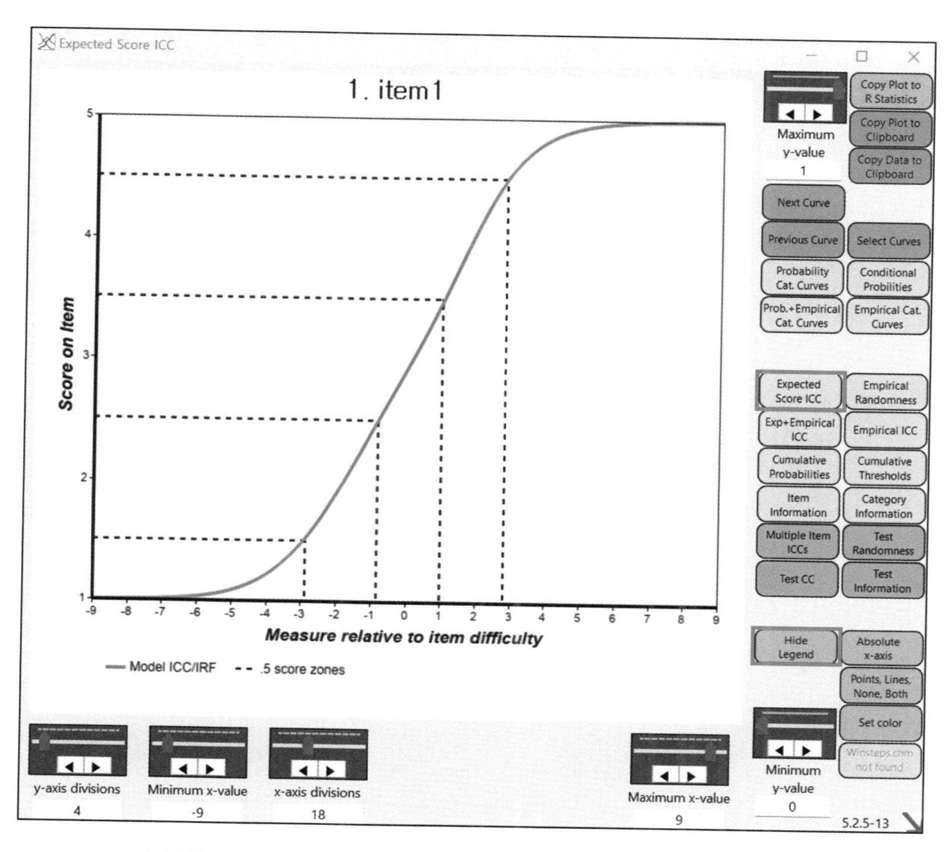

〈그림 7-14〉 예상되는 문항특성곡선과 응답범주 중앙점

결과를 살펴보면, X축은 응답자의 속성(능력)을 로짓값으로 나타내고, Y축은 응답범주, 5점 척도를 나타낸다. 그리고 Y축 각 척도의 중앙점에서 점선이 시작되어 문항특성곡선과 만나는 지점에 X축에서 응답자의 속성값을 볼 수 있다. 즉 Y축 1.5에 해당하는 응답자 속성은 약 −3 정도 되는 것을 볼 수 있고, 2.5에 해당하는 응답자 속성은 약 −1 정도, 3.5에 해당하는 응답자 속성은 약 1 정도, 그리고 4.5에 해당하는 응답자 속성은 약 3 정도인 것을 볼 수 있다. 정확한 값은 응답범주 결과를 나타내는 [3.2+Rating (partial credit) scale]을 클릭하고 TABLE 3.2에 두 번째 표 그림에 [SCORE-TO-MEASURE-ZONE]에 제시된다(첨부된 자료: rating-scale-1). 다음 **〈그림 7-15〉**에 표시된 부분이다.

CATEGORY LABEL	JMLE STRUCTURE MEASURE	S.E.	SCORE-TO-MEASURE AT CAT.	----ZONE----		50% CUM. PROBABLTY	COHERENCE M->C	C->M	RMSR	ESTIM DISCR
1	NONE		(-3.85)	-INF	-2.97		0%	0%	1.8782	
2	-2.64	.12	-1.82	-2.97	-.84	-2.78	53%	24%	1.0449	.73
3	-.91	.05	.13	-.84	1.02	-.87	57%	57%	.6542	.95
4	1.25	.03	1.83	1.02	2.80	1.11	44%	61%	.5347	1.09
5	2.29	.03	(3.60)	2.80	+INF	2.54	79%	65%	.6125	1.04

<그림 7-15> 응답범주 중앙점 측정값 (응답자 속성)

앞서 응답범주 수의 적합성 검증하는 방법 중요 순위 5가지를 자세히 제시하였다. 5가지 중에서 응답범주가 증가할수록 단계조정값(step calibration = Rasch Andrich thresholds)이 증가하면 응답범주 수가 적합할 수 있다고 하였다. 같은 맥락으로 '응답범주가 증가할수록, 응답자 속성을 나타내는 응답범주 중앙점(SCORE TO MEASURE ZONE = Rasch half-point thresholds)이 증가한다면 응답범주 수가 적합하다는 것을 지지할 수이다. 그러나 응답범주 중앙점 값은 단계조정값처럼 기준이 명확히 설정되어 있지는 않다. 단 응답범주 중앙점 값(X축 응답자 속성)의 증가 간격이 동일할수록 적합한 응답범주라고 할 수는 있다.

7-7) 문항별 실증적 무작위성 그래프

<그림 7-16>은 [Expected Score ICC] 열에 빨간색 틀로 표시한 [Empirical Randomness]를 클릭하면 나타난다. 실증적 무작위성 문항 그래프들을 문항별로 선택하여 볼 수 있다. 여기서 실증적(empirical)에 의미는 실제 관측된 값을 근거로 조정하는 것을 의미한다. X축은 응답자의 속성을 나타내고, Y축은 문항 적합도 값을 나타낸다. 또한 여기서 무작위성(randomness)의 의미는 통계의 표본 추출에서 일어날 수 있는 모든 조건을 동등한 확률로 발생하도록 조정한 것을 의미한다.

Y축에 문항 적합도 값은 외적합도 제곱평균(outfit mean of square)과 내적합도 제곱평균(infit mean of square)으로 구성된다. 앞서 소개한 **<표 4-3>**(167쪽)에서 문항의 적합도를 판단하는 기준을 살펴보면 모두 1.0을 기준으로 높아질수록 부적합한 문항이 되고, 낮아질수록 과적합한 문항이 된다.

따라서 Y축에 적합도 1.0 값을 기준 점선으로 제시한 것이다. 구체적으로 **<그림 7-16>**은 21

문항 결과 중에서 적합도가 가장 부적합(misfit)하게 나타난 10번 문항과 가장 과적합(over-fit)하게 나타난 16번 문항 그래프다(첨부된 자료: item-fit-1).

빨간색 선은 외적합도 값을 나타내고 파란색 선은 내적합도 값을 나타낸다. 따라서 두 선이 겹쳐져 있을수록 외적합도 값과 내적합도 값이 동일하게 나타난 것을 의미한다. 상대적으로 왼쪽 그림 문항 10번이 오른쪽 그림 문항 16번보다 외적합도 값과 내적합도 값이 동일하게 나타나지 않은 것을 알 수 있다.

문항 10번은 전반적으로 1.0 기준선을 초과하는 것을 볼 수 있고, 문항 16번은 전반적으로 1.0 기준선을 초과하지 않는 것을 볼 수 있다. 따라서 문항 10번은 부적합한 문항으로 추정될 확률이 높고, 문항 16번은 과적합한 문항으로 추정될 확률이 높은 것을 알 수 있다.

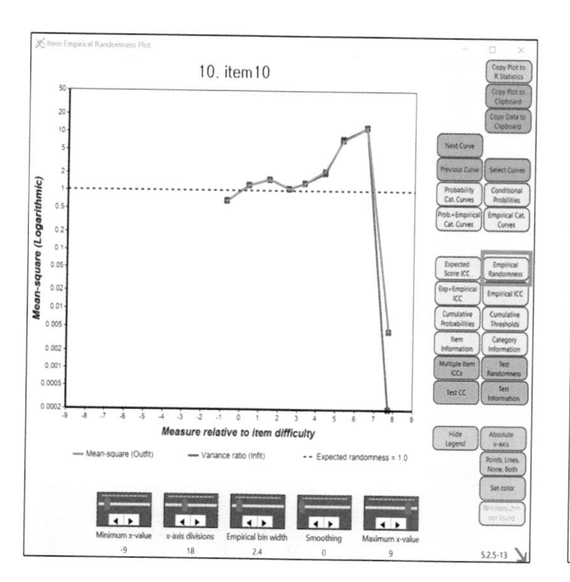

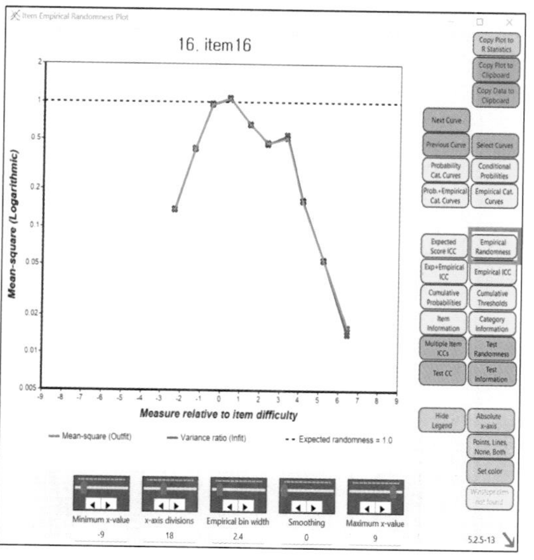

〈그림 7-16〉 실증적 무작위성 그래프 (21문항 중 부적합 문항 10번, 과적합 문항 16번)

또한 실증적 무작위성 그래프 통해서 알 수 있는 정보는 각 문항마다 응답자의 속성이 어느 정도 일 때 부적합한 문항 또는 과적합한 문항이 되는지를 볼 수 있다. 문항 10번은 응답자 속성 측정값이 약 6.5에 가까울 때 매우 부적합하고, 약 8.0에 가까울 때 매우 과적합한 것을 볼 수 있다. 이에 비해 문항 16번은 응답자 속성 측정범위 약 −2.5~6.5에서 적합도 값이 1.0을 넘지 않기 때문에 부적합한 문항으로 판단되지 않는 것을 알 수 있다. 또한 응답자 속성이 약 6.5일 때 상대적으로 가장 과적합한 문항인 것인 것을 알 수 있다.

7-8) 예상된 문항특성곡선, 실증된 문항특성곡선, 그리고 95% 신뢰구간 곡선

다음 **<그림 7-17>**은 빨간색 틀로 표시한 [Exp + Empirical ICC]를 클릭하면 나타나는 그래프이다. 앞서 설명한 것처럼 문항특선곡선(ICC)이기 때문에 당연히 X축은 응답자의 속성을 로짓값으로 나타내고, Y축은 응답범주를 나타낸다.

구체적으로 중앙에 빨간색 선은 **<그림 7-14>**와 동일한 예상된(기대된) 문항특성곡선이다. 그리고 파란색 선은 실증된 문항특성곡선이다, 그리고 회색선은 실증된 문항특성곡선의 95% 신뢰구간 곡선이다. 구체적으로 실증된 문항특성곡선은 실제 관측된 측정 데이터를 기반으로 한다. 그리고 Rasch 모형으로 X축과 Y축을 예상된 문항특성곡선과 동일한 형태로 추정한다. 따라서 실증된 문항특성곡선이 95% 신뢰구간 곡선에 포함되면 적합한 문항이 될 확률이 높아진다.

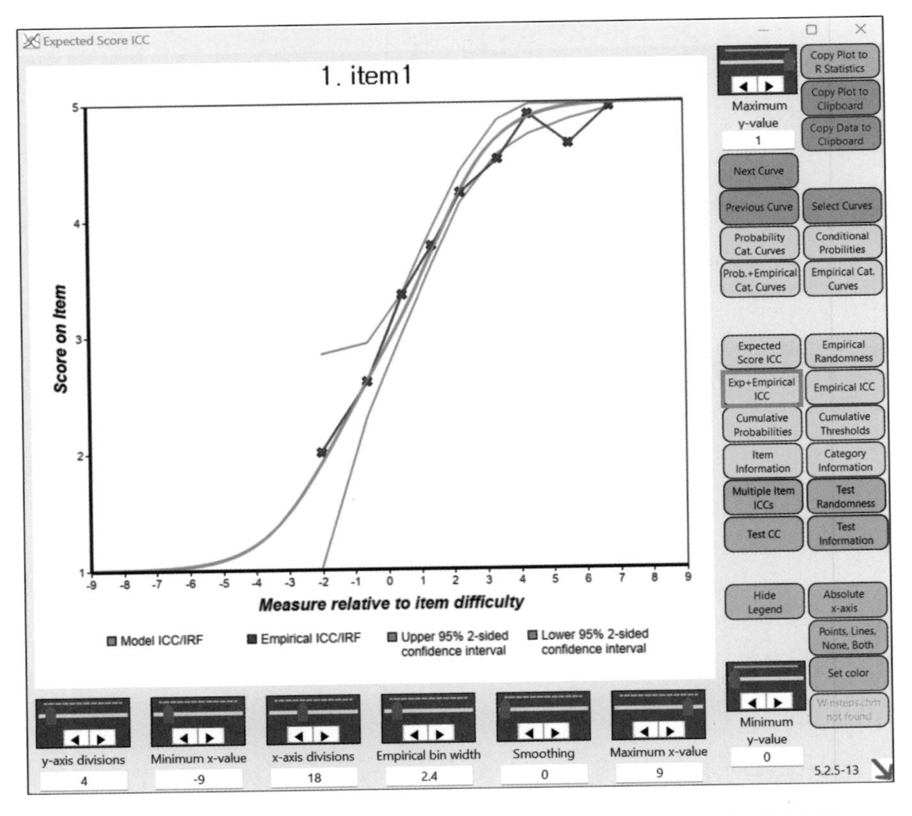

<그림 7-17> 예상된, 실증된 문항특선곡선, 95% 신뢰구간 곡선

그런데 문항의 적합도 지수가 적합하게 나타났음에도 불구하고 실증된 문항특선곡선의 일부분이 95% 신뢰구간 곡선을 넘어서는 것을 볼 수 있다. **<그림 7-17>**에 해당하는 문항 1번의 적합도 분석 결과인 앞서 소개한 **<그림 4-8>**(163쪽)을 살펴보면 내적합도 값은 0.81, 외적합도 값은 1.06으로 두 적합도 지수가 1.0에 가까운 적합한 문항인 것을 알 수 있다. 따라서 문항 적합도 지수 결과와 위 그림을 함께 논문에 제시하는 것은 연구결과 해석에 혼동을 준다.

이러한 경우에는 아래쪽에 [Empirical bin width]를 높거나 낮게 조정하여 95% 신뢰구간 곡선 안에 실증된 문항특선곡선이 많이 벗어나지 않게 조정하는 것이 적합하다. 또는 [Minimum x-value]와 [Maximum x-value]의 간격(응답자의 속성 제시 간격)을 좁게 만들어서 95% 신뢰구간 곡선에 실증된 문항특선곡선이 모두 포함되는 것을 보여주는 것이 적합하다. 다음 **<그림 7-18>**에 왼쪽 그림은 [Empirical bin width]를 조정한 그림이고, 오른쪽 그림은 [Minimum x-value]와 [Maximum x-value]의 간격을 조정한 그림이다.

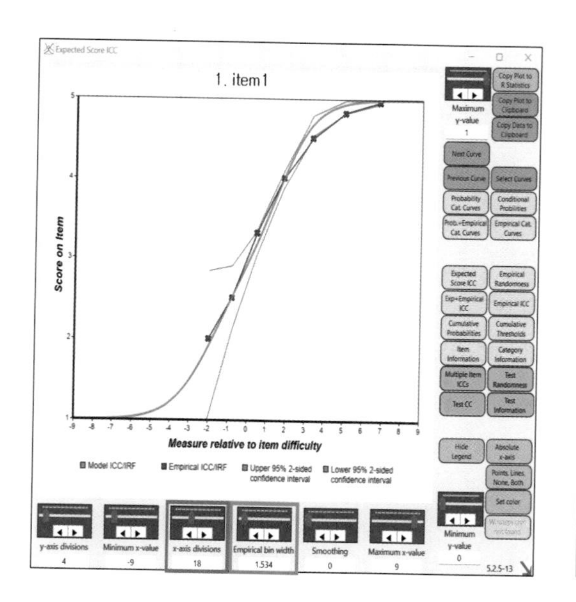

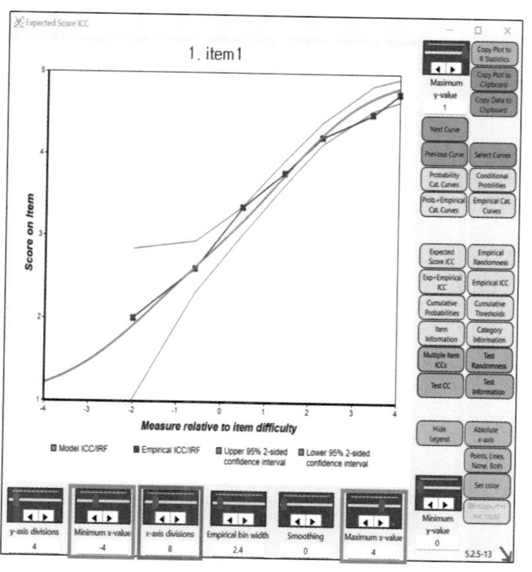

<그림 7-18> 실증된 문항특성곡선과 95% 신뢰구간 곡선 조정

구체적으로 왼쪽 그림에 빨간색 틀로 표시한 [Empirical bin width]에 ◀을 반복적으로 클릭하면서 **<그림 7-17>** 디폴트 값 2.4에서 가장 적절하게 나타나는 1.534로 변경한 것이다. 그리고 초록색 틀로 표시한 [x-axis divisions]의 ◀ 또는 ▶을 반복적으로 클릭하여 X축 값이 간명하게 정수로 제시되게 조정한 것이다.

오른쪽 그림은 [Empirical bin width]는 **〈그림 7-17〉** 디폴트 값 2.4 그대로 조정하지 않고, 95% 신뢰구간 곡선을 벗어나기 시작하는 응답자 속성, 약 4.0 값을 고려하여 [Maximum x-value]에 ◀을 반복적으로 클릭하여 4.0 값으로 조정하였다. 그리고 예상된 문항특성곡선이 보기 좋게 [Minimum x-value]에 ▶을 반복적으로 클릭하여 4.0에 대칭되는 −4.0으로 조정한 것이다. 이처럼 논문 결과에는 문항의 적합도 지수를 나타내는 표뿐만 아니라 문항별로 위와같은 방법으로 적합하게 조정한 그래프를 같이 제시하는 것을 권장한다.

[알아두기]
[Exp + Empirical ICC], [Empirical ICC], and [Empirical bin width]

[Exp + Empirical ICC] 옆에 [Empirical ICC]는 [Exp + Empirical ICC] 그래프에 일부분만을 보여주는 것이다. 앞서 설명했듯이 [Exp + Empirical ICC]를 클릭하면 **〈그림 7-17〉**과 같이 세 개의 곡선(예상된 문항특성곡선, 실증된 문항특성곡선, 95% 신뢰구간 곡선)이 모두 제시된다. [Empirical ICC]를 클릭하면 실증된 문항특성곡선만 나타난다.

그리고 **〈그림 7-18〉**에서 [Empirical bin width]를 통해서 실증된(empirical) 문항특성곡선이 95% 신뢰구간 곡선에 포함되도록 조정하는 방법을 소개하였다. 이 방법을 실증된 문항특성곡선 그래프를 보기 좋게 조작하는 것으로 오해할 수 있다. 그러나 그렇지 않다. 실제 측정된 값이 그래프에 제시되는 간격의 폭을 줄이거나 늘려서 해석하기 쉽게 조정하는 것이다. 통계학에서 bin width에 의미는 히스토그램(histogram)을 나타낼 때 X축에 간격을 몇 개의 동일한 간격으로 나눌 것인지를 의미한다.

예를 들어 동일한 연속형 자료로 히스토그램 그래프를 작성할 때 연속형 자료의 X축 간격을 어떻게 설정하는가에 따라서 다음과 같이 그래프 모양이 다르게 나타난다. 왼쪽 그래프와 오른쪽 그래프 모두 X축은 응답자 속성을 나타내고, Y축은 빈도를 나타낸다. 구체적으로 살펴보면, 두 그래프 모두 X축에 최소값은 −5이고 최대값은 8로 동일하게 설정되었지만, 왼쪽 그래프는 X축 단위 간격이 7개이고 오른쪽 그래프는 21개이다.

이처럼 히스토그램의 단위 간격을 몇으로 설정하는지를 통계학에서 bin width 설정이라고 명명하고 있다. 통계 프로그램에서 bin width를 연구자가 어떻게 설정하는가에 따라서 그래프에 모양과 위치가 달라질 수 있다. 당연히 동일한 자료로 나타나는 그래프이기에 최종 해석은 동일하다.

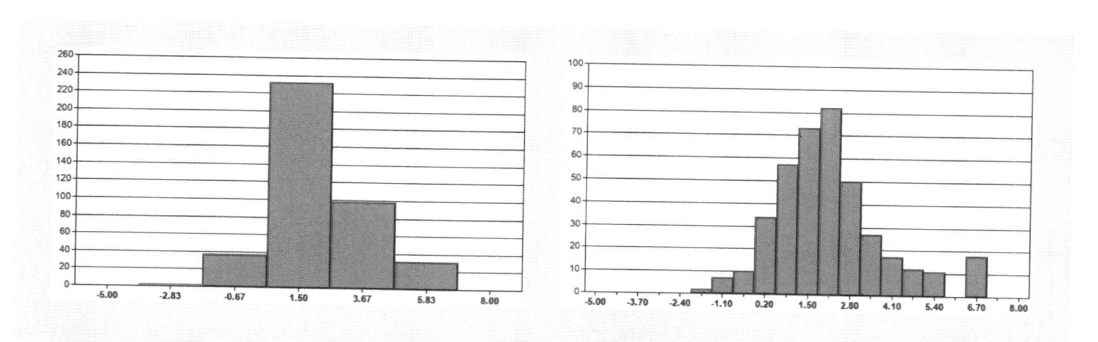

이와 같은 맥락으로 WINSTEPS 프로그램은 연구자가 [Empirical bin width]를 통해 그래프 형태를 조정할 수 있도록 하였다. 연구자가 bin width로 그래프의 형태를 조정하는 이유는 논문 결과의 표와 그래프를 보는 독자가 이해하기 쉽게 하기 위해서다. 즉 표에 제시된 값과 일치하는 실증된 문항특성곡선을 보여주기 위해서 조정하는 것이다.

7-9) 누적된 확률곡선 그래프

다음 **<그림 7-19>**는 응답범주의 적합성을 지지할 수 있는 누적된 확률곡선 그래프다. X축은 응답자 속성을 나타내고, Y축은 누적된 확률 값을 나타낸다. 구체적으로 왼쪽 그림에 빨간색 틀로 표시한 [Cumulative Probabilities]를 클릭하면 누적된 확률곡선 그래프가 나타난다. 그리고 오른쪽 그림에 빨간색 틀로 표시한 [Cumulative Thresholds]를 클릭하면 누적된 확률곡선에 임계값(threshold)을 명확히 볼 수 있도록 누적확률값(cumulative probability)이 0.5일 때 교차점을 중심으로 대칭된 그래프가 같이 제시된다.

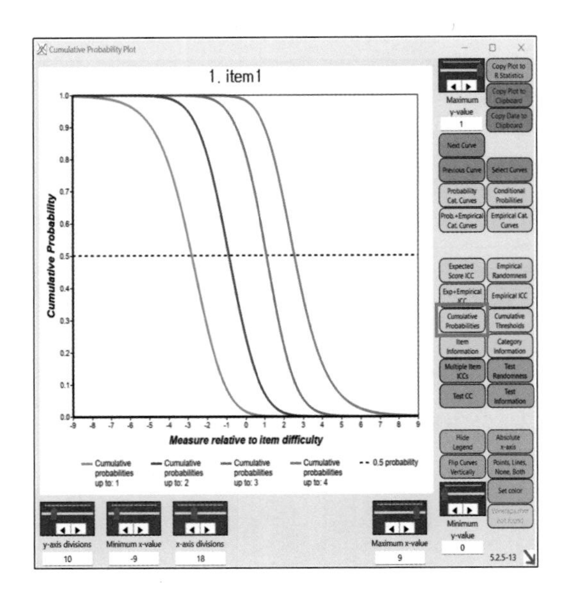

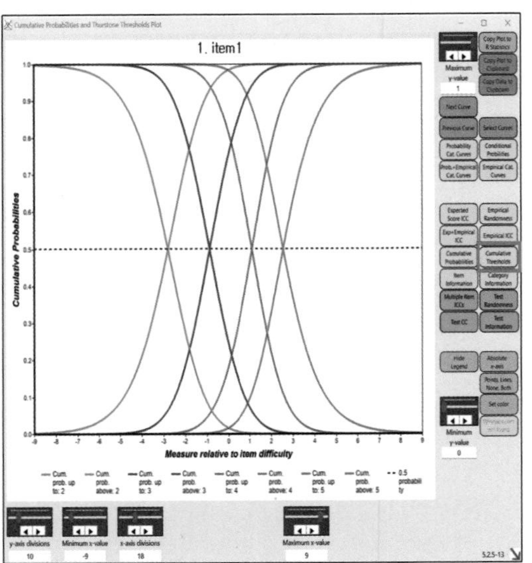

〈그림 7-19〉 누적된 확률곡선 그래프

교차점에 해당하는 응답자의 속성 값(X축 값)을 명확히 제시하는 표는 앞서 Rasch-Andrich thresholds 값(=ANDRICH THRESHOLD), Rasch-half-point thresholds 값(=SCORE-TO-MEASURE ZONE)을 볼 수 있는 표에 제시되어 있다. 즉 [3.2+Rating (partial credit) scale]을 클릭하고 TABLE 3.2에 [50% CUM. PROBABLTY]가 제시되어 있다(첨부된 자료: rating-scale-1). 이 값을 누적된 확률곡선 중앙점으로 Rasch-Thurstone thresholds 값 또는 Rasch-Thurstonian thresholds 값이라고 명명한다. 다음 **〈그림 7-20〉**에 표시된 부분이다.

CATEGORY LABEL	JMLE STRUCTURE MEASURE	S.E.	SCORE-TO-MEASURE AT CAT.	----ZONE----		50% CUM. PROBABLTY	COHERENCE M->C	C->M	RMSR	ESTIM DISCR
1	NONE		(-3.85)	-INF	-2.97		0%	0%	1.8782	
2	-2.64	.12	-1.82	-2.97	-.84	-2.78	53%	24%	1.0449	.73
3	-.91	.05	.13	-.84	1.02	-.87	57%	57%	.6542	.95
4	1.25	.03	1.83	1.02	2.80	1.11	44%	61%	.5347	1.09
5	2.29	.03	(3.60)	2.80	+INF	2.54	79%	65%	.6125	1.04

〈그림 7-20〉 누적된 확률 곡선 중앙점 (응답자 속성)

Rasch-Thurstone thresholds 값은 응답범주 중앙점(Rasch half-point thresholds)처럼 단계적으로 증가한다면 응답범주 수가 적합하다는 것을 지지할 수이다. 그러나 Rasch-Andrich thresholds 값(단계조정값)과는 다르게 Rasch half-point thresholds 값(응답범주 중앙점)처럼

기준이 명확히 제시되어 있지는 않다. 명확한 기준은 없지만 Rasch-Thurstone thresholds 값(누적확률 곡선 중앙점)도 각 범주별로 응답자 능력(X축) 증가 간격이 동일할수록 적합한 응답범주라고 할 수 있다.

[알아두기]

Rasch-Andrich thresholds, Rasch-half-point thresholds, Rasch-Thurstonian thresholds

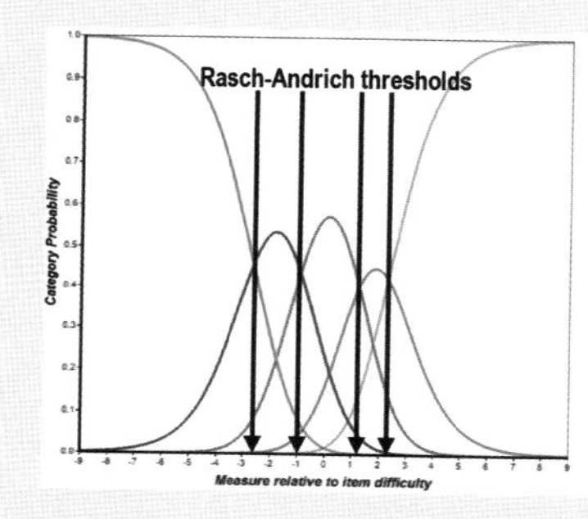

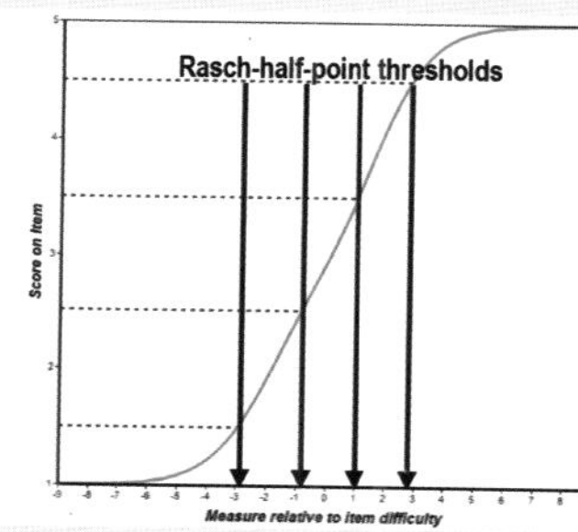

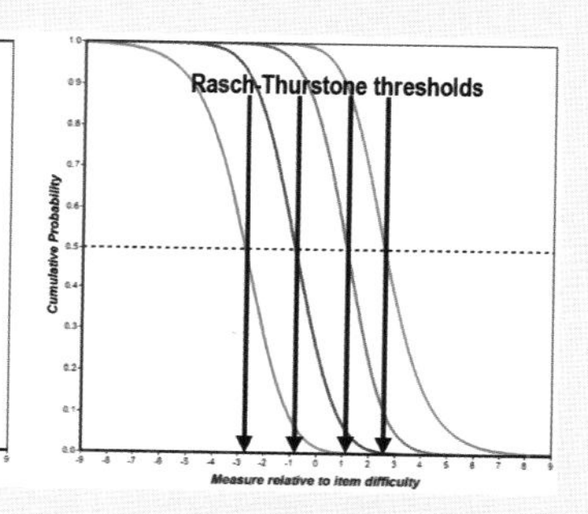

세 가지 그래프 중에서 왼쪽에 있는 Rasch-Andrich thresholds 값이 응답범주 수가 적절한지를 판단할 수 있는 방법 중에 하나라고 할 수 있다. 나머지 두 그래프는 각 응답범주가 어느정도의 속성을 가진 응답자를 측정하는지를 보여주는 그래프라고 할 수 있다. 세 가지 그래프는 Rasch 평정척도모형을 근거로 추정된 그래프이다. 따라서 모든 문항에서 동일한 그래프가 나타난다.

만일 연구자가 Rasch 부분점수모형으로 설계하였다면, 각 문항마다 세 가지 그래프는 모두 상이하게 나타난다. 첨부된 자료 winsteps-specification-1-PCM을 토대로 실행하면 탐색할 수 있다.

7-10) 문항정보함수와 응답범주 정보함수

다음 **<그림 7-21>** 왼쪽 그림은 문항정보함수(item information function)를 나타내고, 오른쪽 그림은 응답범주 정보함수(category information function)를 나타낸다. 구체적으로 두 그림 모두 X축은 응답자의 속성(능력)을 나타내고, Y축은 정보의 양을 나타내는 측정치로 오차의 역수와 관계가 있다. 즉 정보의 양이 높아지면 측정의 표준오차는 작아진다. 따라서 Y축 1.00

에 가까울수록 오차는 작아지고 정보의 양은 커진다.

왼쪽의 문항정보함수 그래프는 빨간색 틀로 표시한 [Item information]을 클릭하면 나타난다. 응답자의 속성 측정에 기여하는 정보의 양을 확인하는데 사용되고 기준치는 없다. 즉 어떤 수치를 넘어서야 높은 정보 또는 낮은 정보라고 판단할 수 없다는 것이다. 응답자 속성 측정치(X축)가 약 1.0~2.0 로짓값에서 정보의 양이 많은 것을 알 수 있다.

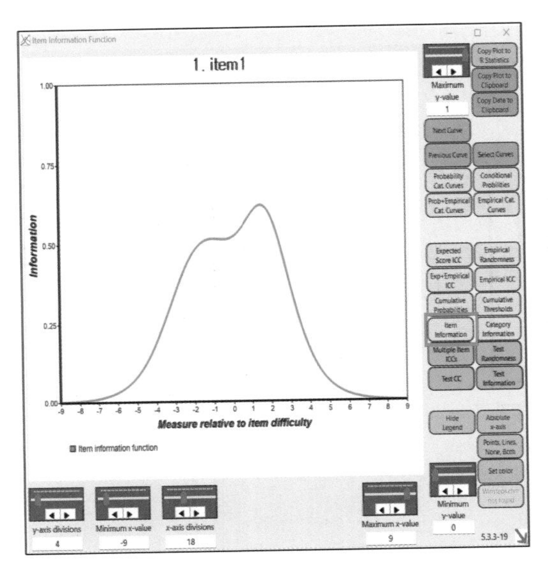

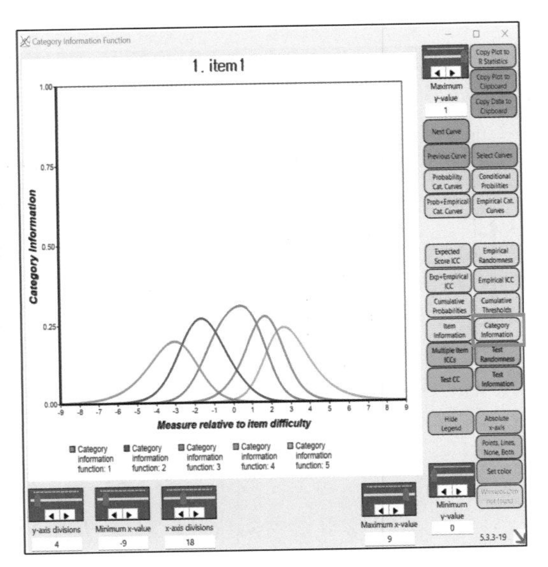

〈그림 7-21〉 문항정보함수와 응답범주 정보함수 그래프

오른쪽 응답범주 정보함수 그래프는 빨간색 틀로 표시한 [Category Information]을 클릭하면 나타난다. 어떤 범주에서 정보의 양이 많은지, 적은지를 확인하는데 사용되는 그래프라고 할 수 있으며, 문항정보함수처럼 기준치는 없다. 전체적으로 응답자 속성이 높아질 수록 1번 응답범주부터 5번 응답범주까지 점차적으로 증가되는 것을 볼 수 있고, 상대적으로 3번 응답범주가 정보의 양이 많고, 1번 응답범주가 정보의 양이 적은 것을 알 수 있다.

두 그래프 결과는 Rasch 평정척도모형을 기반으로 추정되었기 때문에 전체 문항을 대표하는 하나의 그래프 결과만을 볼 수 있다. 즉 [Next Curve]를 클릭해도 모든 문항에 문항정보함수와 응답범주 정보함수는 동일하게 나타난다. 만일 Rasch 부분점수모형을 기반으로 추정한다면 (첨부된 자료: winsteps-specification-1-PCM), 각 문항별로 다르게 나타나는 것을 볼 수 있다.

7-11) 문항별 예상된, 실증된 문항특선곡선과 문항정보함수 동시 그래프

앞서 WINSTEPS 프로그램은 [Exp + Empirical ICC]로 각 문항마다 **<그림 7-17>**(292쪽)처럼 문항별 예상된, 실증된 문항특성곡선과 95% 신뢰구간을 제시하는 그래프를 소개하였다. 그런데 [Multiple Item ICCs]를 클릭하면, 예상된, 실증된 문항특선곡선, 그리고 문항정보함수를 연구자가 원하는 문항들을 선택하여 하나의 그래프 안에 같이 제시된 그래프 결과를 볼 수 있다.

구체적으로 다음 **<그림 7-22>**에 왼쪽 그림은 winsteps-specification-1을 실행시켜 [Graphs]를 클릭하고, [Display by item]을 클릭하면 처음 나타나는 문항별 범주확률곡선이다. 그리고 검은색 틀로 표시한 [Multiple Item ICCs]를 클릭하면, 오른쪽 위에 그림 ①이 나타난다. 그러면 연구자가 원하는 문항들을 선택하여 하나의 그래프에 모두 같이 나타나는 결과를 볼 수 있다. 우선 그림 ①의 첫 번째 열에 Model ICC/IRF는 예상된 문항특성곡선을 나타나게 할 것인지를 선택하는 셀이고, 두 번째 열에 Empirical ICC는 실증된 문항특성곡선을 나타나게 할 것인지를 선택하는 셀이다. 그리고 세 번째 열에 Information Curve는 문항정보함수를 나타나게 할 것인지를 선택하는 셀이다.

오른쪽 아래 그림은 winsteps-specification-1을 실행시켜 나타나는 문항 적합도 분석 결과이다. 따라서 앞서 소개한 **<그림 4-8>**(163쪽)과 동일한 결과표에 일부이다. 위에 빨간색으로 표시한 문항 10번이 가장 부적합하게 나타났고(적합도 지수 가장 높음), 중간에 분홍색으로 표시한 문항 20번이 가장 적합하게 나타났다(적합도 지수 1.00에 가장 가까움). 그리고 파란색으로 표시한 문항 16번이 가장 과적합하게 나타났다(적합도 지수 가장 낮음).

이렇게 특성이 있는 세 문항을 하나의 그래프에 나타내기 위해서 다음 **<그림 7-23>**에서 왼쪽 위 그림 ②와 같이 해당되는 셀을 클릭하고, [OK]를 클릭하면 가운데 ②와 같은 그래프가 나타난다. 또한 왼쪽 아래 그림 ③과 같이 해당되는 셀을 클릭하고, [OK]를 클릭하면 오른쪽 ③과 같은 그래프가 나타난다.

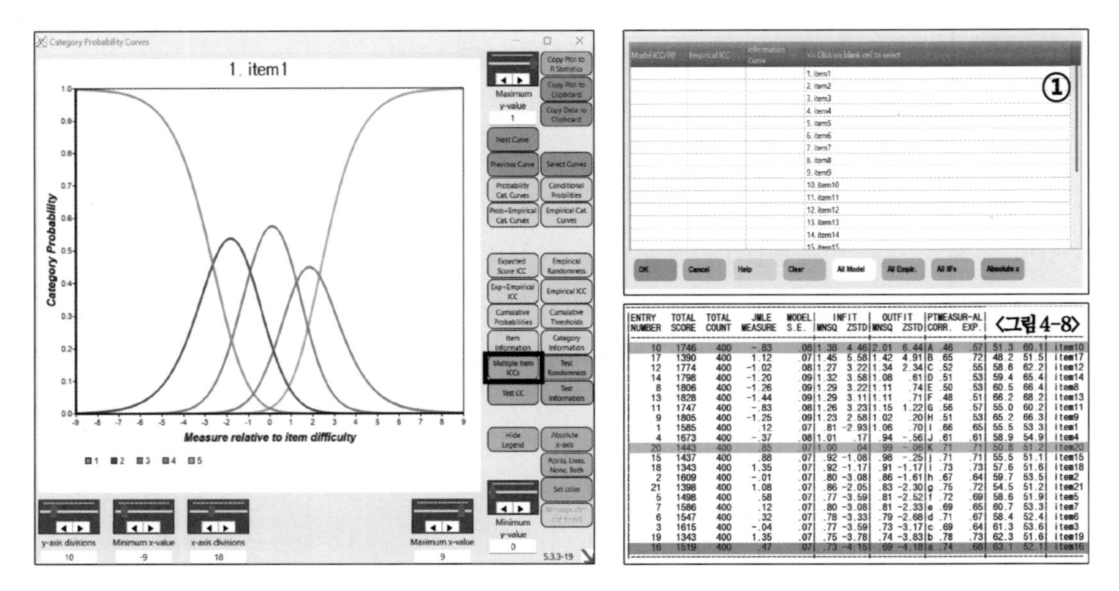

〈그림 7-22〉 Multiple Item ICCs 활용

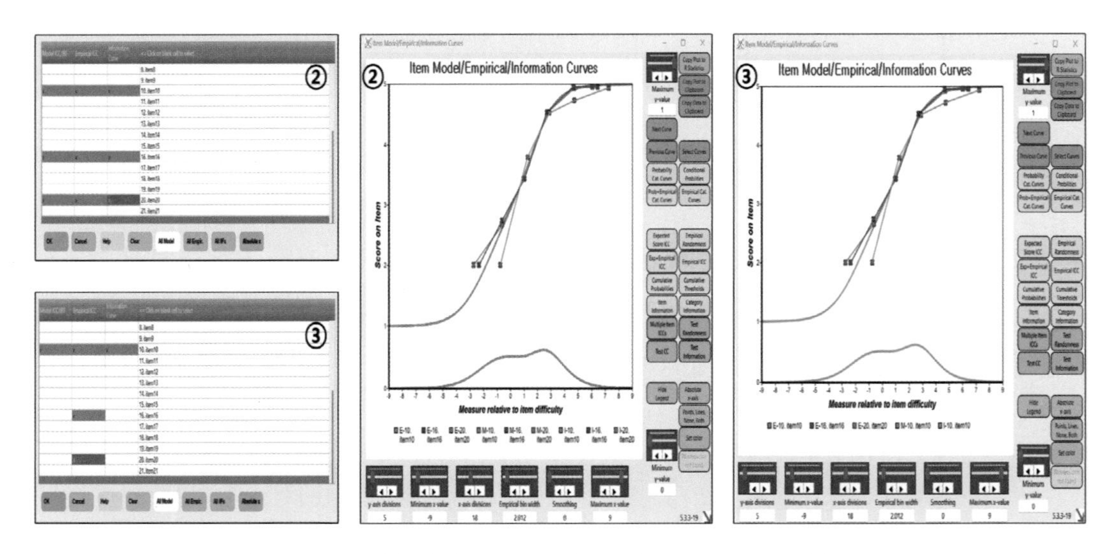

〈그림 7-23〉 Multiple Item ICCs 활용 (Rasch 평정척도모형)

왼쪽 위 그림 ②와 아래 그림 ③이 다르게 선택되었음에도 불구하고 가운데 ② 그래프와 오른쪽 ③ 그래프가 완전히 동일한 모양으로 나타난 것을 볼 수 있다. 그 이유는 실행된 winsteps-specification-1은 Rasch 평정척도모형 설계이기 때문이다. 앞서 Rasch 평정척도모형과 Rasch 부분점수모형에 차이점을 자세히 설명했듯이, Rasch 평정척도모형의 예측된 문항특성곡선(Expected ICC/IRF)과 문항정보함수(Information Curve)는 전체문항을 대표해서 하

나씩만 추정된다. 반면 [Expected ICC]는 실증된 문항특성곡선(Empirical ICC)을 나타내기 때문에 Rasch 평정척도모형 분석에서도 각 문항마다 구체적으로 하나씩 나타난다.

따라서 Rasch 평정척도모형 분석에서는 왼쪽 위 그림 ②와 같이 모두 선택하지 않고, 왼쪽 아래 그림 ③과 같이 모든 문항에서 동일하게 나타나는 예측된 문항특성곡선(Model ICC/IRF)과 문항정보함수(Information Curve)는 한 문항에 한 번만 체크해도 된다. 그리고 연구자가 탐색하고 싶은 문항들은 가운데 실증된 문항특성곡선(Empirical ICC) 셀만 체크하면 된다.

Rasch 부분점수모형 설계서, winsteps-specification-1-PCA를 가지고 동일하게 **<그림 7-23>**과 같이 실행한 결과는 다음 **<그림 7-24>**와 같다. Rasch 부분점수모형은 각 문항마다 예측된 문항특성곡선과 문항정보함수도 다르게 추정되기 때문에 그림 ②와 ③의 결과가 당연히 다르게 나타난다. 즉 오른쪽 그림 ③을 살펴보면 문항 10번은 예측된 문항특성곡선, 실증된 문항특성곡선, 문항정보함수를 모두 선택했기 때문에 세 가지 그래프가 모두 나타난다. 반면 문항 16번과 문항 20번은 실증된 문항특성곡선만 선택했기 때문에 예측된 문항특성곡선과 문항정보함수는 나타나지 않는다.

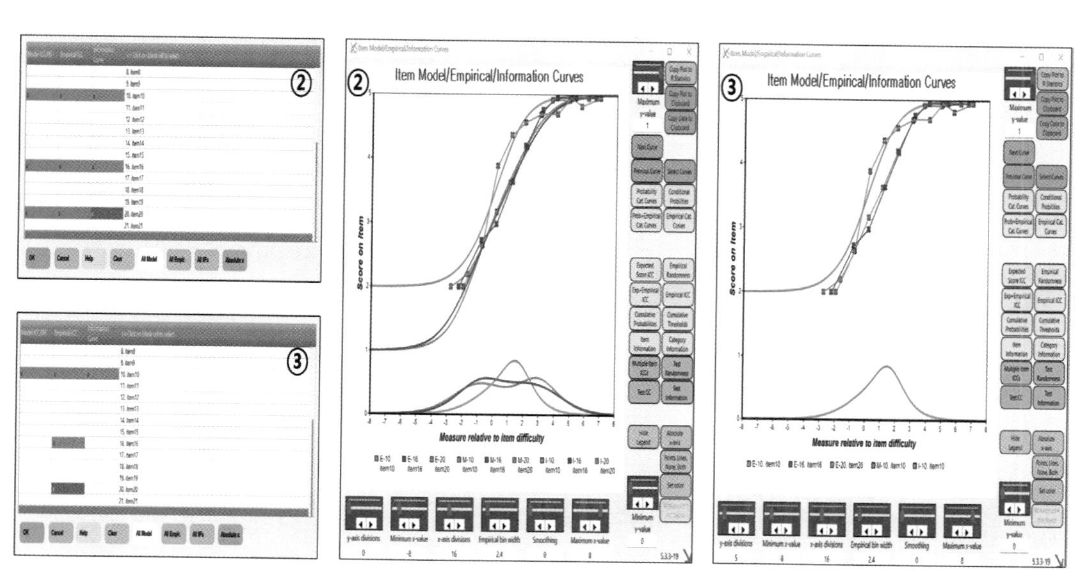

<그림 7-24> Multiple Item ICCs 활용 (Rasch 부분점수모형)

[알아두기]
동시 그래프 선택 방법과 [Absolute x]에 의미

그래프에서 [Multiple Item ICCs]를 클릭하면 바로 동시 그래프를 선택하는 창이 나타나고, 연구자가 원하는 문항들을 선택할 수 있다고 하였다. 만일 모든 문항을 선택, 해지하고 싶으면 다음 그림에서 검은색 틀로 표시한 버튼들을 사용하면 된다.

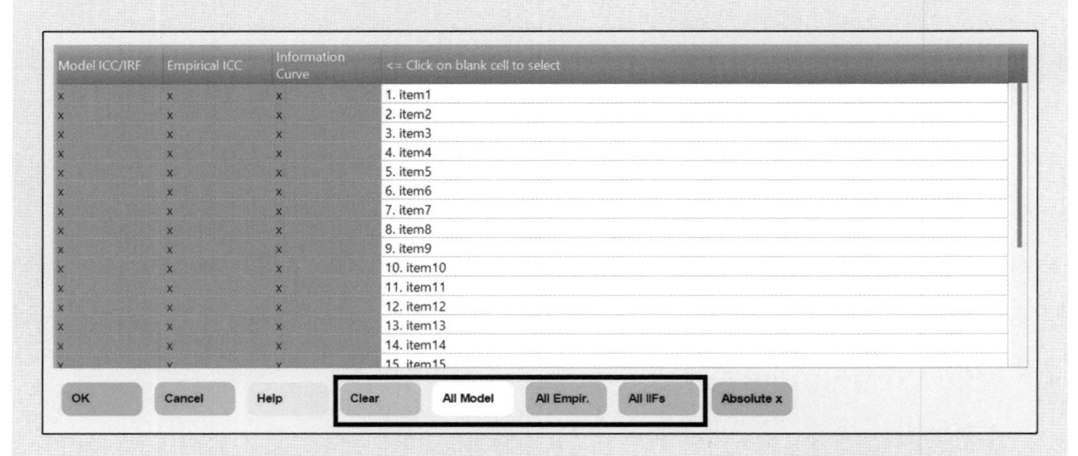

또한 가장 오른쪽 주황색 [Absolute x] 버튼을 클릭하면, 앞서 설명한 절대적인 X축 단위로 변경된 그래프가 나타난다. 다시 변경된 [Relative x]를 클릭하면 상대적인 X축 단위로 변경된 그래프가 나타난다. 앞서 설명했듯이 최종 연구의 결론은 달라지지 않기 때문에 두 그래프 중 전반적으로 보기 좋게 나타난 X축 단위를 선택하면 된다. 만일 연구자가 Rasch 부분점수모형으로 연구설계를 하였고 많은 그래프를 동시에 제시하고 싶은 경우에는 [Absolute x]를 클릭하여 절대적인 X축 단위로 변경하는 것을 권장한다. 그래프들이 더 명확히 구분되어 보기쉽게 나타나기 때문이다.

7-12) 검사 무작위성 그래프, 검사특성곡선, 검사정보함수

다음 **<그림 7-25>**는 winsteps-specification-1 설계로 실행한 검사 무작위성 그래프, 검사특성곡선, 검사정보함수를 나타낸다. 구체적으로 왼쪽 그림은 검은색 틀로 표시한 [Test Randomness]를 클릭하면 나타나는 검사 무작위성 그래프이다. 그리고 가운데 그림은 [Test ICC]를 클릭하면 나타나는 검사특성곡선이고, 빨간색 틀로 표시한 Y축의 간격 ◀를 반복적으로 클릭해서 보기 쉽게 조정한 것이다. 그리고 오른쪽 그림은 [Test Information]을 클릭하면 나타나는 검사정보함수이다.

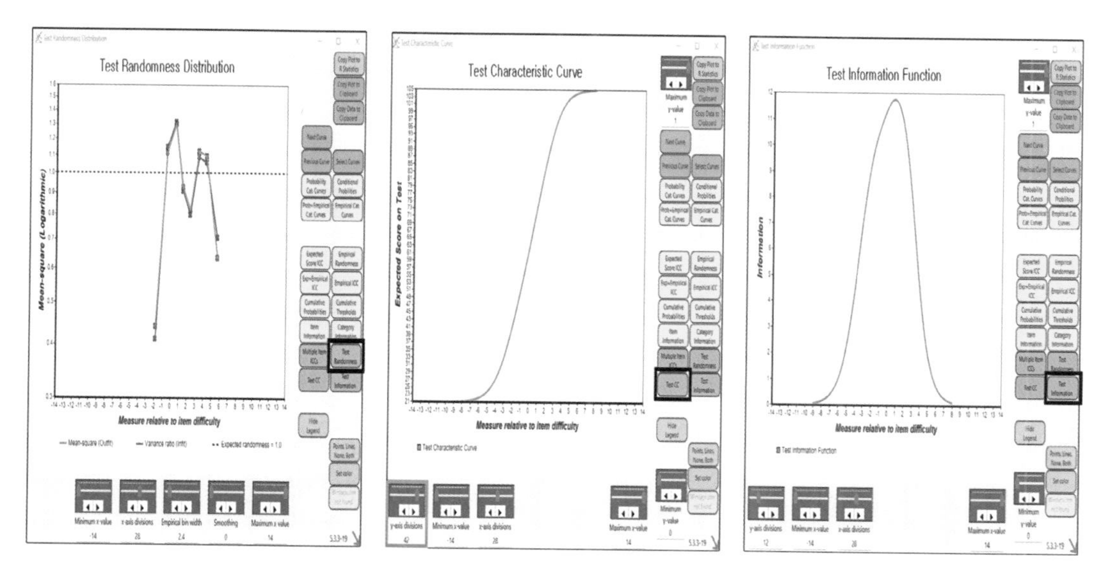

〈그림 7-25〉 검사 무작위성 분포, 검사특성곡선, 검사정보함수 그래프

우선 검사 무작위성(test randomness) 그래프는 앞서 설명한 문항별 실증적 무작위성 그래프를 대표하는 하나의 그래프라고 할 수 있다. 총 21문항으로 구성된 전체 검사의 내적합도 값과 외적합도 값이 어느정도 일치하는지, 적합도가 1.0을 크게 초과하는 부적합한 문항이 어느정도 있는지를 전반적으로 검토할 수 있는 그래프라고 할 수 있다.

검사특성곡선(test characteristic curve: TCC)은 앞서 설명한 문항별로 제시되는 예상된(기대된) 문항특성곡선을 대표하는 하나의 곡선으로, 총 21문항으로 구성된 전체 검사에서 응답자 속성이 증가할수록 실제 높은 응답점수를 선택하는지를 보여준다. 즉 X축은 응답자의 속성(진로불안감)을 나타내고 Y축은 최저 응답점수(21문항 모두 1점 척도 선택=21점)부터 최고 응답점수(21문항 모두 5점 척도 선택=105점)를 나타낸다. 이 그래프를 통해 전반적으로 응답자 속성이 낮을수록 낮은 응답범주를, 높을수록 높은 응답범주를 선택하는 것을 볼 수 있다. 참고로 [Output Tables]를 클릭하고 [20. PERSON score table]을 클릭하면 메모장 결과 파일이 나타나고, 동일한 그래프 결과를 좀 더 자세하게 볼 수 있다.

검사정보함수(test information function: TIF)는 앞서 설명한 문항정보함수를 대표하는 함수로, 총 문항에 응답한 응답자들의 잠재적인 속성을 얼마나 정확하게 추정하는가를 Rasch 모형을 근거로 추정한 함수다. 문항정보함수처럼 검사정보함수도 기준 측정값은 없지만, 면적이 클수록 정보의 양이 많아지고 측정의 표준오차는 작아진다. 구체적으로 이 함수의 측정값을 정확히 보고 싶으면 [Output Files]를 클릭하고 [TCC + TIF File TCCFILE=]을 클릭하면 선택 창이 나타나고, 디폴트 설정 상태인 Text Editor를 ⦿ EXCEL로 변경하고, [OK]를 클릭하면 EXCEL 파일이 생성된다. 생성된 EXCEL 파일에 INFORMATION이 Y축 검사 정보량 값이고, MEASURE가 X축 응답자 속성값이다. 따라서 응답자의 속성값이 어느정도일 때 가장 높은 정보량이 나타나는지를 탐색할 수 있다. EXCEL 파일 첫 번째 행을 필터로 설정하여 오름차순, 내림차순 정렬을 이용하면 쉽게 탐색할 수 있다. 응답자 속성값(logits)이 0.81일 때 검사의 정보량이 가장 높은 것을 알 수 있다(첨부된 자료: winsteps-specification-1-TIFFILE).

[알아두기]
What is the [Output Files]?

WINSTEPS 프로그램에서 실행 후 논문 결과에 많이 사용되는 [Output Tables] 옆에 표시한 [Output files]를 클릭하면 다음과 같이 여러 결과를 볼 수 있는 선택 항목이 나타나는 것을 볼 수 있다.

```
winsteps-specification-1.txt - Window gray, fuzzy or blank? Drag window corner
File  Edit  Diagnosis  Output Tables  [Output Files]  Batch  Help  Specification  Plots  Excel/RSSST  Graphs  Data Setup

| 4    15.25     -54.81  -.0686|
| 5    12.26     -43.17  -.0508|
| 6     9.63     -34.23  -.0414|
| 7     7.76     -27.67  -.0336|
| 8     6.31     -22.57  -.0277|
| 9     5.17     -18.55  -.0229|
| 10    4.26     -15.32  -.0190|
| 11    3.52      12.70  -.0158|
| 12    2.92      10.57  -.0132|
| 13    2.43       8.81  -.0110|
| 14    2.02       7.35  -.0092|
| 15    1.68       6.13  -.0077|
| 16    1.40       5.12  -.0064|
| 17    1.17       4.28  -.0054|
| 18     .98       3.58  -.0045|
| 19     .82       2.99  -.0038|
| 20     .68       2.50  -.0031|
| 21     .57       2.09  -.0026|

  Control variable list=
  PERSON Agreement File AGREEFILE=
  Category/Option/Distractor File DISFILE=
  Expected scores on items file EFILE=
  Graphics File GRFILE=
  Guttmanized File GUTTMAN=
  ITEM S Correlation File ICORFILE=
  ITEM File IFILE=
  Matrix File IPMATRIX=
  Item-Structure File ISFILE=
  PERSON S Correlation File PCORFILE=
  PERSON File PFILE=
  Response File RFILE=
  Score File SCFILE=
  Structure-Threshold File SFILE=
  Simulated Data File SIFILE=
  SVD File SVDFILE=
  TCC + TIF File TCCFILE=
  Transposed Data File TRPOFILE=
  Observation File XFILE=
  ConstructMap Item and Student files
  Facets Specification and Data files
  ITEM File IFILE= Field Selection
  PERSON File PFILE= Field Selection

 Calculating JMLE Fit Statistics
Time for estimation: 0:0:3.969
Output to C:₩Users₩knsu0₩Desktop₩ZOU859₩S.TXT
data-4.xlsx
| PERSON     400 INPUT      400 MEASURED                 INFIT          OUTFIT    |
|          TOTAL      COUNT      MEASURE  REALSE     IMNSQ   ZSTD   OMNSQ   ZSTD|
| MEAN      83.7       21.0         2.20     .45       .99    -.3    1.02    -.2|
| P.SD      13.2         .0         1.70     .33       .59    1.8     .72    1.7|
| REAL RMSE  .56 TRUE SD   1.61  SEPARATION  2.89  PERSON RELIABILITY       .89|
|-------------------------------------------------------------------------------|
| ITEM       21 INPUT       21 MEASURED                 INFIT          OUTFIT    |
|          TOTAL      COUNT      MEASURE  REALSE     IMNSQ   ZSTD   OMNSQ   ZSTD|
| MEAN    1594.8      400.0          .00     .08      1.02    -.1    1.02    -.3|
| P.SD     160.7         .0          .91     .01       .24    3.2     .29    2.6|
| REAL RMSE  .08 TRUE SD    .91  SEPARATION 11.01  ITEM   RELIABILITY       .99|

Output written to C:₩Users₩knsu0₩Desktop₩ZOU859₩S.TXT
CODES= 12345
Measures constructed: use "Diagnosis" and "Output Tables" menus
```

이 항목들 중에서 [TCC + TIF File TCCFILE=]을 클릭하고, 나타나는 창에 디폴트를 EXCEL로 변경하고 그대로 [OK]를 클릭하면 EXCEL 파일로 자료가 나타난다고 하였다. 즉 [TCC + TIF File TCCFILE=]을 클릭하면 TCC(검사특성곡선)와 TIF(검사정보함수) 그래프가 나타나는데 활용된 자료가 제공되는 것이다.

이처럼 다른 항목도 WINSTEPS 프로그램의 표 또는 그래프 결과가 나타나는데 활용된 실제 자료를 조정하기 쉬운 EXCEL 파일로 제공받을 수 있다. 기본적으로 디폴트 상태에서 [OK]를 클릭하면 메모장 파일로 자료가 나타나고, EXCEL 밑에 ⊙ SPSS를 클릭하면 SPSS 프로그램 파일로 자료가 나타난다.

7-13) 비균일적 차별기능문항 특성곡선 그래프

지금까지 WINSTEPS 프로그램에서 제공하는 문항과 검사에 대한 그래프들에 의미를 소개하였다. 다음 **〈그림 7-26〉**에 ①번 틀에 그래프들은 모두 [Display by Item]에서 볼 수 있다. 따라서 처음 [Graphs]를 클릭하면 [Display by Item] 앞에 ∨ 표시가 되어 있는 것이다. 업그레이드된 WINSTEPS 5.4.0 부터는 ①번 틀 부분이 모두 삭제되었다.

[Display by Item] 밑에 [Display by scale group]은 앞서 **〈그림 7-1〉**(268쪽)에서 소개했듯이 전체 문항들을 대표하는 하나의 집단(group) 그래프 결과를 보여주는데 사용된다. 따라서 Rasch 평정척도모형 응답범주의 적합성 검증에서 소개하였다. 그리고 [Display by scale group] 밑에 [Display graphs to right of windows]는 그래프를 조정하는 버튼이 왼쪽에 나타나고, 그래프가 오른쪽에 나타나도록 변경하는 것이다. 앞서 소개한 모든 그래프 그림들은 조정하는 버튼이 오른쪽에 나타나고, 그래프가 왼쪽에 나타난다. 조정하는 버튼 위치가 반대로 보이게 하고 싶은 연구자에게 필요한 것이다. 당연히 모든 그래프 결과는 동일하게 나타난다.

이 장에서는 WINSTEPS 프로그램에서 제시하는 차별기능문항 그래프에 대해서 설명한다. 우선 ②번 틀로 표시한 비균일적 차별기능문항 특성곡선, [Non-uniform DIF ICCs]를 클릭하면, 다음 **〈그림 7-27〉**과 같이 어떤 변인에 따른 차별기능문항 그래프를 나타나게 할 것인지 선택하는 창이 나타난다.

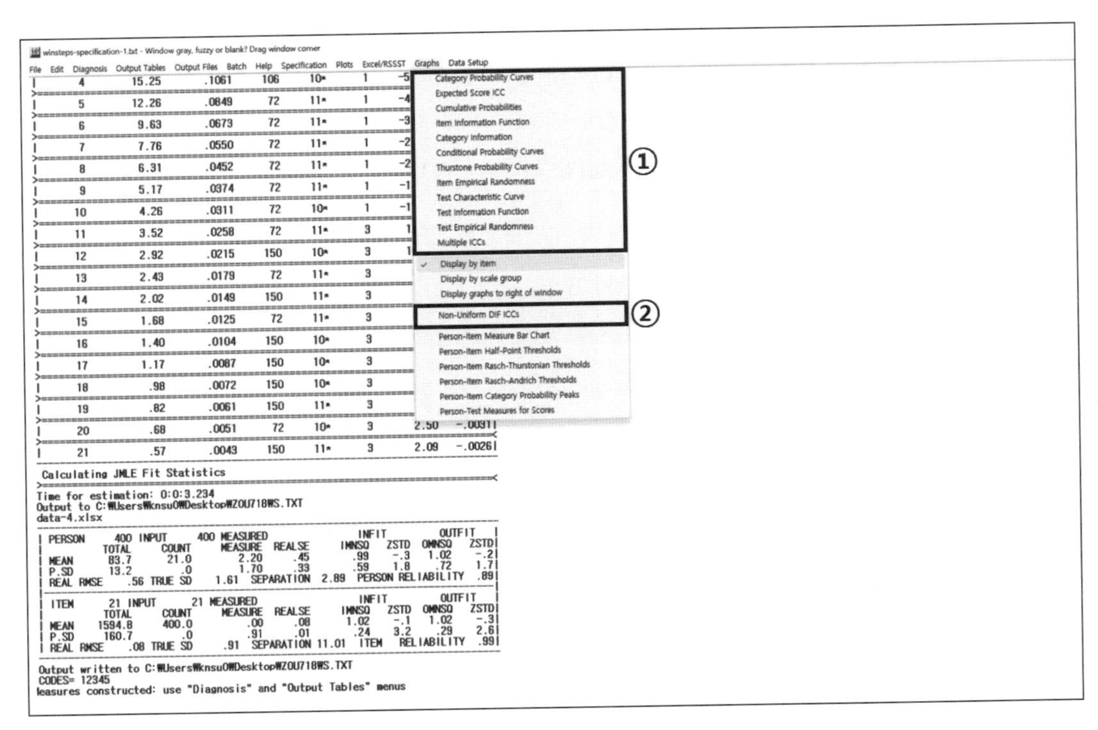

〈그림 7-26〉 Non-uniform DIF ICCs 그래프 선택

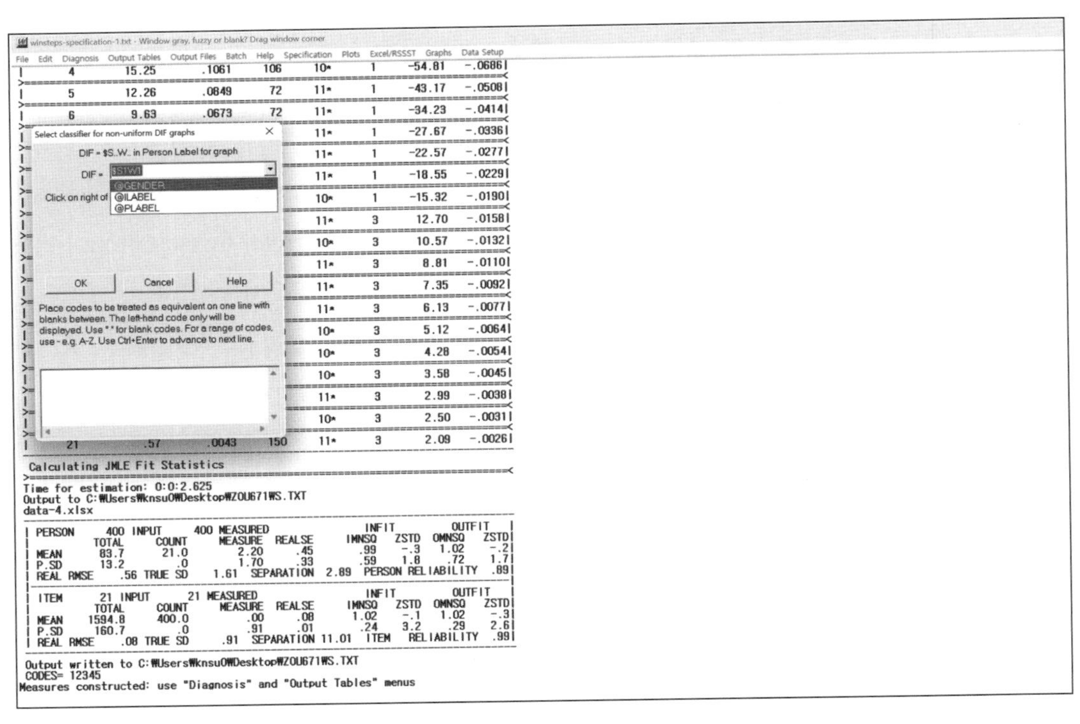

〈그림 7-27〉 성별에 따른 Non-uniform DIF ICCs 그래프 실행 (1)

대부분 척도 개발 연구에서는 성별에 따라 차별이되는 문항을 추출하는 것이 일반적이다. 따라서 지금 실행한 winsteps-specification-1 설계에도 성별이 변인으로 포함되어 있기 때문에 GENDER를 선택할 수 있게 나타나는 것이다. 즉 성별에 따른 차별기능문항 추출이 연구 목적 중 하나이기 때문에 성별 국면을 설계서 작성시 포함시킨 것이다. GENDER를 선택하고 [OK]를 클릭하면 다음 **<그림 7-28>**에 ①번 창이 생성된다. 그리고 검은색 틀로 표시한 [Non-Uniform DIF]를 클릭하면 ②번 창이 나타난다.

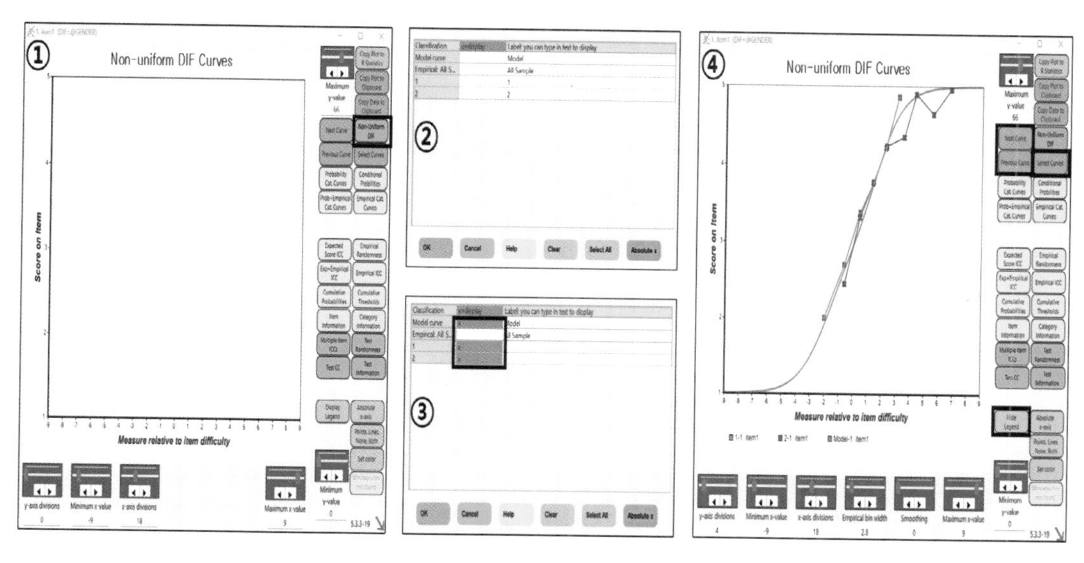

<그림 7-28> 성별에 따른 Non-uniform DIF ICCs 그래프 실행 (2)

②번은 한 그래프 면상에 어떤 결과 그래프들이 동시에 나타나게 할 것인지를 연구자가 선택하는 창이다. 초록색 [x=display] 아래 네 가지에 선택 중에서 [Model curve]는 예상된 문항특성곡선을 의미하고, [Empirical: All S...]은 실증된 전체 문항특성곡선(Empirical all sample curve)을 의미한다. 그리고 그 밑에 1, 2는 연구자가 성별을 1은 남자, 2는 여자로 코딩했기 때문에 1을 선택하면 실증된 남자 문항특성곡선, 2를 선택하면 실증된 여자 문항특성곡선이 한 그래프에 나타난다.

여기서 연구 목적은 성별에 따른 차별기능문항 특성곡선을 그래프에서 비교해 보는 것이기 때문에 1과 2는 모두 선택하였고 표준이 되는 [Model curve]를 선택하였다. 그러나 [Empirical: ALL S...]은 남자, 여자를 모두 고려한 실증된 하나의 문항특성곡선으로 동시에 제시되면 해석에 혼동을 줄 수 있어서 선택하지 않았다. 이렇게 선택여부를 보여주는 것이 바로 그림

③번이다. 선택하면 초록색으로 변하고 x 표시가 나타난다. 이렇게 [OK]를 클릭하면, 최종 결과인 ④번 그래프가 나타난다.

④번 그래프에서는 우선 오른쪽 아래 검은색 틀로 표시한 [Display Legend]를 클릭하면 [Hide Legend]로 변경되면서, 한 그래프 면상에 나타난 그래프가 무엇인지 알려주는 색상과 문항번호가 나타난다. 항상 그래프에서 [Display Legend]를 먼저 클릭하는 것을 권장한다. 그다음 위에 검은 틀로 표시한 [Next Curve], [Previous Curve], [Select Curves]를 클릭하면서 연구자가 원하는 문항의 차별기능문항 특성곡선을 선택하여 볼 수 있다.

앞서 4장 **〈표 4-5〉**(177쪽)에서 지금 실행한 winsteps-specification-1 설계로 성별에 따른 차별기능문항 논문 결과 쓰는 방법을 소개하였다. 그 결과를 살펴보면 가장 차별되는 문항은 21번이고, 가장 차별되지 않는 문항은 2번인 것을 알 수 있다. 따라서 두 문항의 그래프를 제시하면 다음 **〈그림 7-29〉**와 같다. X축은 응답자의 속성을 로짓값으로 나타내고, Y축은 응답범주를 나타낸다.

구체적으로 문항 2번의 경우는 남자의 실증된 문항특성곡선(빨간색)과 여자의 실증된 문항특성곡선(파란색)이 큰 차이가 없이 겹쳐지는 것을 볼 수 있다. 반면 문항 21번의 경우는 남자의 실증된 문항특성곡선(빨간색)과 여자의 실증된 문항특성곡선(파란색)이 차이가 나는 것을 볼 수 있다. 즉 문항 21번의 경우는 전반적으로 남자가 여자에 비해 낮은 척도에 응답하는 문항인 것을 알 수 있다. 따라서 21번 문항은 남자가 여자에 비해 더 곤란해(어려워)하는 문항이라고 할 수 있다. 참고로 업그레이드된 WINSTEPS 5.4.2 버전은 선의 색을 바꿀수 있고, 그래프의 크기를 조정할 수 있는 버튼이 추가되었다.

이처럼 앞서 4장에 **〈표 4-5〉** 논문 결과에서 성별에 따라 통계적으로 유의하게 차별되는 문항들은 그래프와 같이 제시하는 것을 권장한다. 표 결과와 그래프를 통해 성별에 따른 차별기능문항에 대해 더 자세하게 이해할 수 있을 것이다.

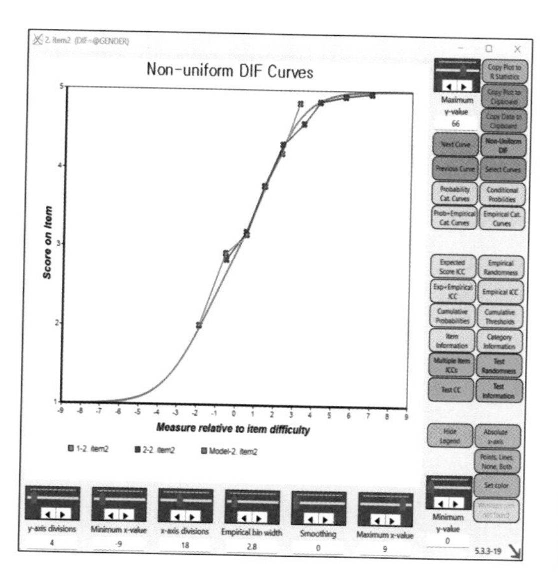

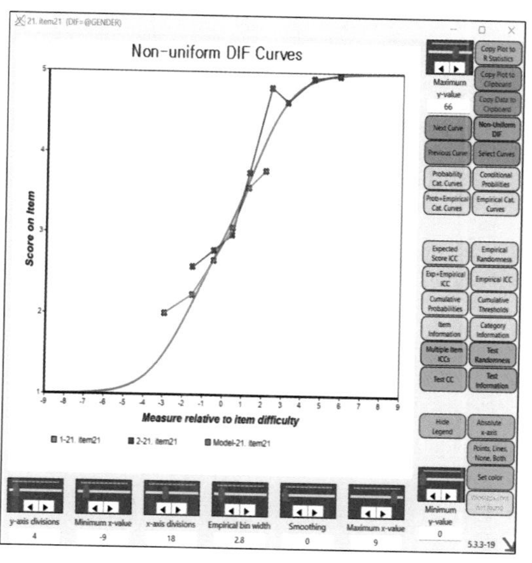

〈그림 7-29〉 성별에 따른 비균일적 차별기능문항 비교(좌: 문항 2번, 우: 문항 21번)

[알아두기]
비균일적 차별기능문항 특성곡선과 균일적 차별기능문항 특성곡선

이론적으로 차별기능문항 특성곡선은 다음 그림의 좌측 그래프 형태인 균일적 차별기능문항 특성곡선(uniform-DIF ICCs)과 우측 그래프 형태인 비균일적 차별기능문항 특성곡선(non-uniform DIF ICCs)으로 분리된다.

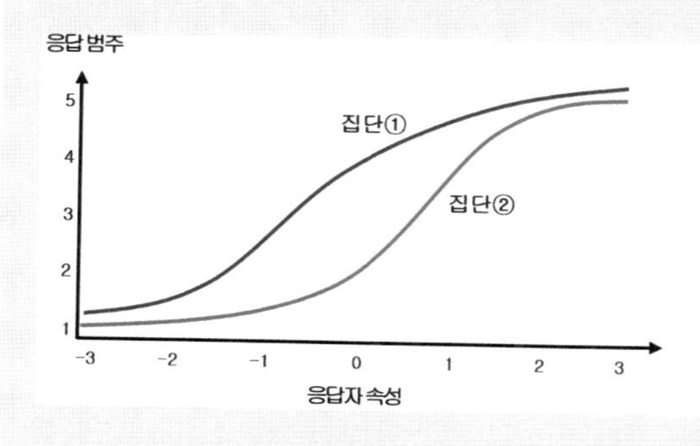

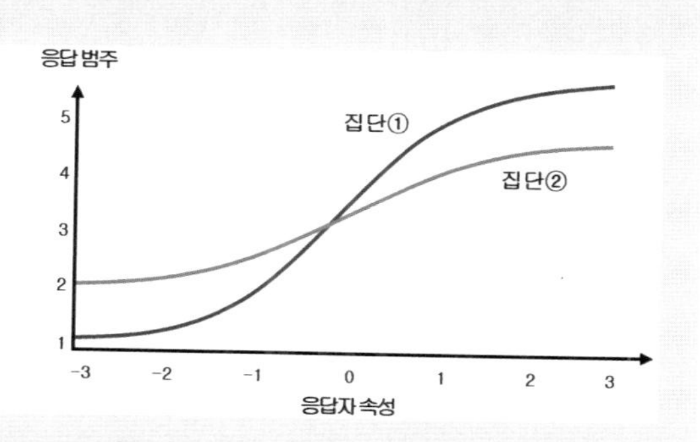

모든 응답자의 속성에서 한 집단이 다른집단에 비해 응답범주를 선택할 확률이 모두 균일적으로 높거나, 낮으면 균일적 차별기능문항 특성곡선이다. 반면 응답자의 속성에 따라 집단들에 차별기능문항 특성곡선이 한번이라도 교차되어 응답범주를 선택할 확률이 달라지는 경우가 생기면 비

균일적 차별기능문항 특성곡선이 된다.

WINSTEPS 프로그램 그래프에서 비균일적 차별기능문항 특성곡선(non-uniform DIF ICCs)만을 제시하는 이유는 차별기능문항(DIF)의 실증된 문항특성곡선은 집단 간 응답자 속성에 따라 교차되는 형태로 나타나기 때문이다.

그러나 WINSTEPS 5.3.4 버전부터는 집단에 따른 실증된 문항특선곡선을 수학적으로 조정하여 전체적으로 기대된(예상된) 균일적 차별기능문항 특성 곡선 형태도 제시가 되도록 업그레이드되었다. 동일한 속성을 가지고 있음에도 불구하고 전체적으로 어떤 집단이 더 어렵게 응답하는지 쉽게 파악할 수 있기 때문이다.

따라서 위에 제시한 **<그림 7-28>**에 ②번이 다음과 같이 변경되었다.

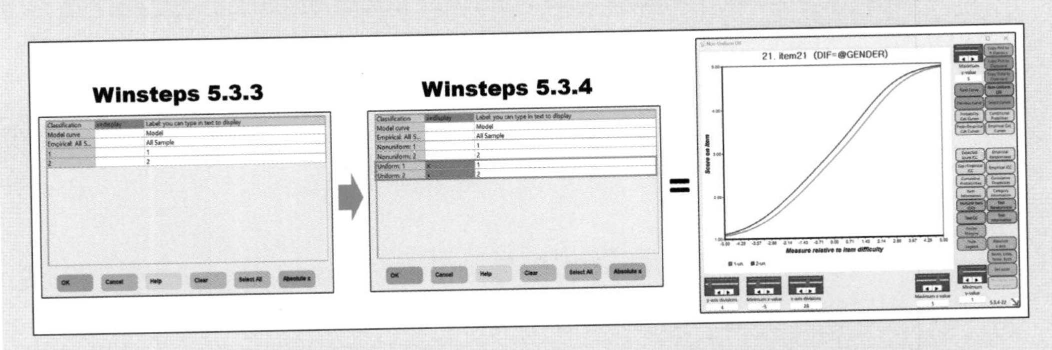

가운데 빨간색 틀로 표시된 부분이 균일적 차별기능문항 특성곡선을 나타나게 선택하는 부분이다. 마우스로 클릭하면 초록색으로 표시되고 [OK]를 클릭하고, [Select Curves]에서 21번 문항을 선택한 그림이다. 즉 문항 21번이 성별에 따라 차별되는 정도를 볼 수 있는 예상된 균일적 차별기능문항특성 곡선이 두 개 나타났다. 빨간색 곡선이 남자(1)이고, 파란색 곡선이 여자(2)를 나타낸다. 남자곡선이 여자곡선보다 균일적으로 오른쪽에 위치하고 있는 것을 쉽게 볼 수 있다. 문항특성곡선이 상대적으로 오른쪽에 위치할수록 곤란도(난이도)가 높은 문항이된다.

해석하면, 21번 문항은 남자가 여자에 비해 더 곤란하게 어렵게 생각하는 것을 알 수 있다. 따라서 남자가 여자보다 더 낮은 척도에 많이 응답하는 것을 알 수 있고, DIF MEASURE(차별기능문항 곤란도)는 남자가 여자보다 더 높게 나타난다(**<표 4-5>**(177쪽)의 21번 문항).

7-14) 응답자 속성과 문항 곤란도 특성 동일선상 히스토그램

Rasch 모형을 기반으로 한 WINSTEPS 프로그램의 장점 중 하나는 응답자의 속성(능력)과 문항의 곤란도(난이도)를 동일 선상(로짓값)에서 비교할 수 있다는 것이다. 다음 **<그림 7-30>**에 ①번 틀은 지금까지 설명된 그래프들이고 ②번 틀은 응답자 속성과 문항 곤란도 특성을 기반으로 동일선상에 나타낸 히스토그램들이다(winsteps-specification-1 실행).

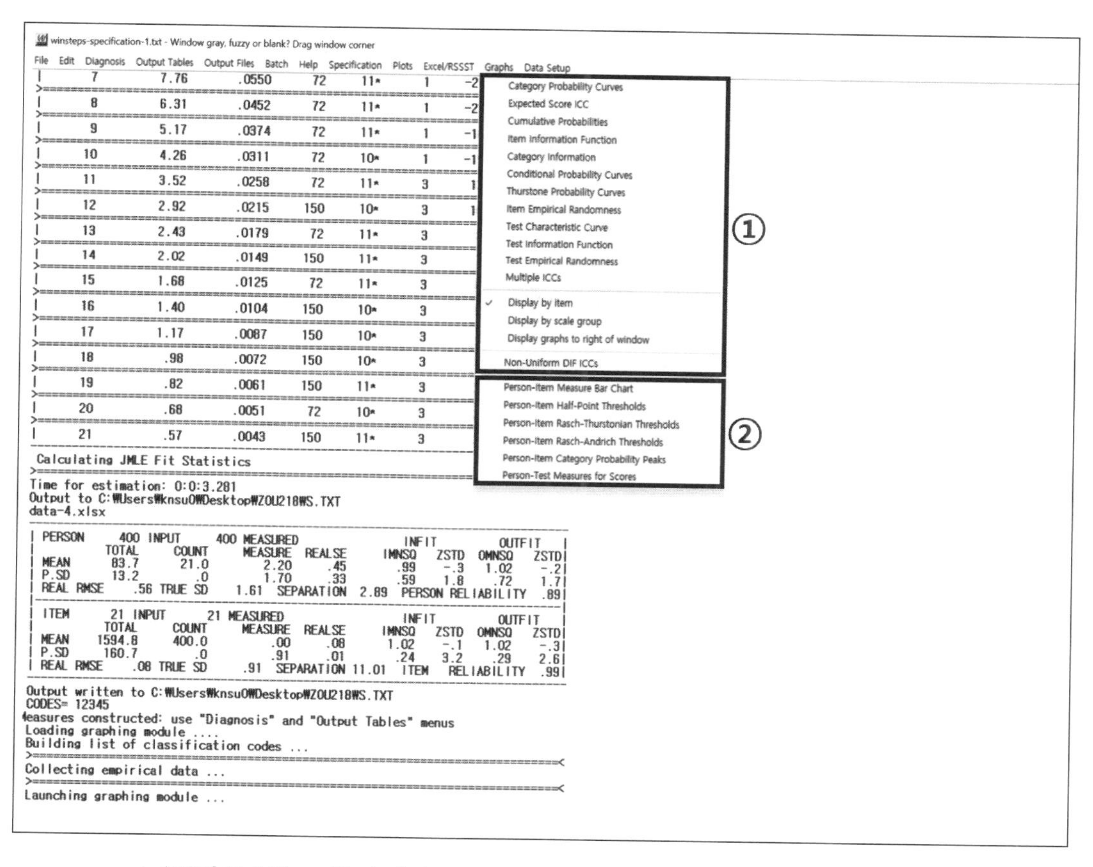

<그림 7-30> 응답자 속성과 문항 곤란도 특성 동일선상 도표 선택

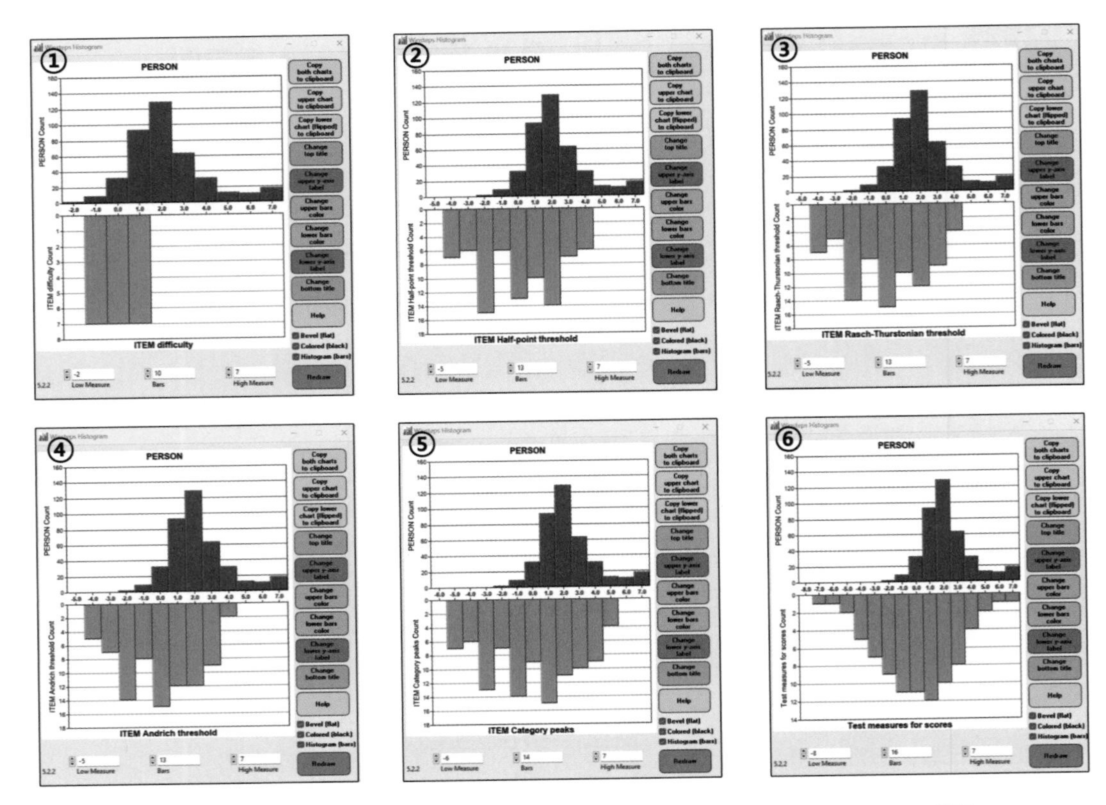

<그림 7-31> 응답자 속성과 문항 곤란도 특성 동일선상 히스토그램들

<그림 7-31>은 **<그림 7-30>**에 ②번 틀 안을 위에서부터 순서대로 클릭했을 때 나타나는 히스토그램들이다. 구체적으로 ①번은 [Person-Item Measure Bar Chart]를 클릭하면 나타나는 히스토그램이다. 위에 파란색 히스토그램은 응답자의 속성 빈도(총 400명)를 나타내고, 아래 빨간색 히스토그램은 문항의 곤란도 빈도(21문항)를 나타낸다. 중요한 것은 동일선상(가로축=로짓값)에서 위치를 비교해서 보여준다는 것이다. 따라서 앞서 자세히 설명한 응답자 속성과 문항 곤란도 분포도와 같은 맥락으로 이해할 수 있다(**<그림 4-19>**(193쪽)).

②번은 [Person-Item Half-Point Thresholds]를 클릭하면 나타나는 히스토그램이다. 위에 파란색 히스토그램은 응답자의 속성 빈도를 나타내고, 아래 빨간색 히스토그램은 문항의 곤란도를 Rasch half-point thresholds 값으로 변환한 빈도를 나타낸다. 따라서 앞서 자세히 설명한 응답자 속성과 세밀한 곤란도 분포도와 같은 맥락으로 이해할 수 있다(**<그림 4-25>**(202쪽)).

③번은 [Person-Item Rasch-Thurstonian Thresholds]를 클릭하면 나타나는 히스토그램이다. 위에 파란색 히스토그램은 응답자의 속성 빈도를 나타내고, 아래 빨간색 히스토그램은 문항

의 곤란도를 Rasch-Thurstonian Thresholds 값으로 변환한 빈도를 나타낸다. 그리고 ④번은 [Person-Item Rasch-Andrich Thresholds]를 클릭하면 나타나는 히스토그램이다. 위에 파란색 히스토그램은 동일하게 응답자의 속성 빈도를 나타내고, 아래 빨간색 히스토그램은 문항의 곤란도를 Rasch-Andrich Thresholds 값으로 변환한 빈도를 나타낸다. 앞서 Rasch half-point thresholds 값과 Rasch-Thurstonian Thresholds 값과 Rasch-Andrich Thresholds 값은 같은 맥락으로 이해해도 된다고 설명하였다. 따라서 ②번, ③번, ④번은 응답자의 속성 히스토그램과 문항 곤란도 히스토그램 범위가 동일한 것을 볼 수 있다.

⑤번은 [Person-Item Category Probability Peaks]를 클릭하면 나타나는 히스토그램이다. 위에 파란색 히스토그램은 응답자의 속성 빈도를 나타내고, 아래 빨간색 히스토그램은 문항의 곤란도를 각 응답범주에 중요 점수로 나타낸다. 적합성을 판단하는 기준은 없기 때문에 앞서 제시하지 않았지만, [Output Tables]에서 [1. Variable (wright) maps]를 클릭하면 나타나는 메모장의 TABLE 1.8과 같은 맥락의 그래프이다. 이 그래프도 응답자의 능력과 문항의 곤란도의 분포가 같은 척도 선상에서 어느정도 일치하는지를 볼 수 있는 그래프라고 할 수 있다.

⑥번은 [Person-Test Measures for Scores]를 클릭하면 나타나는 히스토그램이다. 위에 파란색 히스토그램은 응답자의 속성 빈도를 나타내고, 아래 빨간색 히스토그램은 문항의 곤란도를 문항들의 실제 검사 점수에 해당하는 로짓값으로 나타낸다. 역시 ⑤번 그래프처럼 척도의 적합성을 판단하는 기준은 없기 때문에 앞서 제시하지 않았지만, 이 그래프 측정치를 나타내는 표는 [Output Tables]에서 [20. PERSON score table]을 클릭하면 나타나는 메모장의 TABLE 20.1에 MEASURE 로짓값을 히스토그램으로 나타낸 것이다.

위 그래프 중에서 현실적으로 논문에 응답범주 수의 적절성을 판단하는데 사용될 수 있는 ①번 그래프를 중심으로 자세히 설명하면 다음 **<그림 7-32>**와 같다.

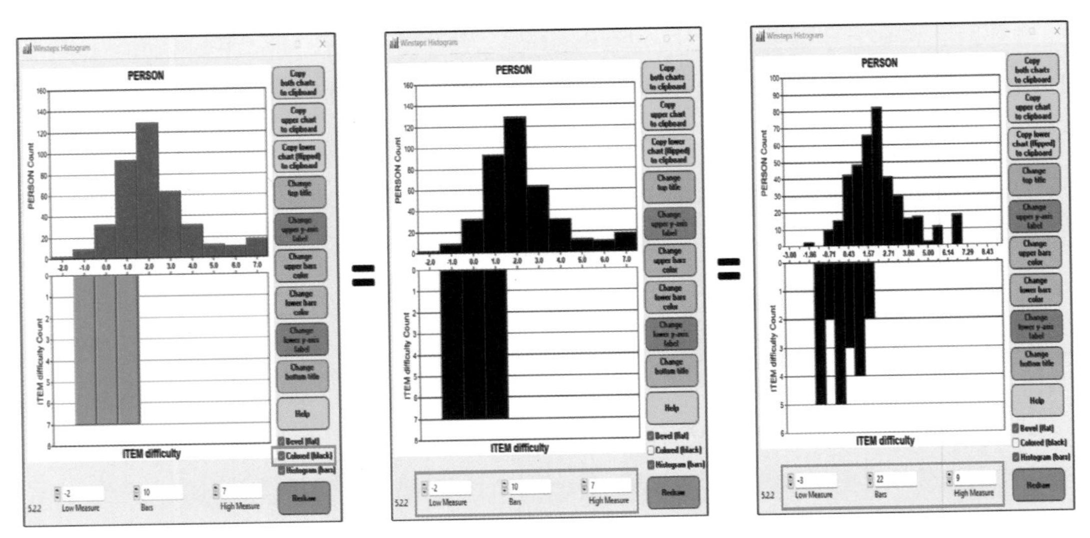

〈그림 7-32〉 응답자 속성과 문항 곤란도 동일선상 히스토그램 논문 작성을 위한 편집

우선 세 그림의 오른쪽에 모두 동일하게 제시된 버튼들을 설명하면 다음과 같다. 오른쪽 노란색 [Copy both charts to clipboard]를 클릭하면 왼쪽에 위와 아래 그래프가 모두 복사되어 연구자가 사용하는(한글, 워드 등) 프로그램에 그대로 붙여넣을 수 있다. 그리고 [Copy upper chart to clipboard]는 위에 그래프만을 복사해서 붙여넣을 수 있다. 반대로 [Copy lower chart(flipped) to clipboard]는 밑에 그래프만 복사해서 측정단위가 그래프 밑에 나타나게 붙여넣을 수 있다.

하늘색으로 위에 표시된 [Change top title]을 클릭하면 위에 PERSON 제목을 연구자가 원하는 제목으로 바꿀 수 있고, 하늘색으로 아래 표시된 [Change bottom title]을 클릭하면 밑에 Item difficulty 제목을 바꿀 수 있다. 그리고 보라색으로 위에 표시된 [Change upper y-axis label]을 클릭하면 위 그래프 왼쪽 PERSON Count를 연구자가 원하는 제목으로 바꿀 수 있고, 보라색으로 아래 표시된 [Change lower y-axis label]을 클릭하면 아래 그래프 왼쪽 ITEM difficulty Count를 바꿀 수 있다.

가운데 회색으로 위에 표시된 [Change upper bars color]는 위에 그래프 바에 색깔을 연구자가 원하는 색으로 변경할 수 있고, 아래에 표시된 [Change lower bars color]는 아래 그래프 바에 색을 변경할 수 있다. 그리고 마지막 노란색 [Help]를 클릭하면 지금까지 설명한 내용 및 전체적인 Winsteps Histogram을 설명하는 창이 나타난다. [Help] 밑에 [Bevel (flat)]에 체크를 클릭하면 히스토그램에 바를 구분하는 선이 없어지고, [Histogram (bars)]에 체크를 클릭하면, 모든 바의 간격이 좁아진다.

그러나 지금까지 설명한 버튼들의 기능은 그래프를 연구자가 원하는 대로 보기 좋게 만드는 기능이다. 실제 논문 또는 저널은 대부분 그래프와 그림이 흑백으로 제시되기 때문에 **〈그림 7-32〉**는 실제 필요한 버튼과 체크를 세 가지 그림으로 제시한 것이다.

왼쪽 그림에 빨간색 틀로 표시한 [Colored(black)]을 체크하면 가운데 그림과 같이 흑백으로 바뀐다. 그리고 가운데 그림에 빨간색 틀로 표시한 구간의 [Low Measure]는 두 히스토그램 가운데 로짓 측정 척도의 최저값을 ▲ 또는 ▼를 클릭하여 설정하는 창이고, [High Measure]는 최고값을 ▲ 또는 ▼를 클릭하여 설정하는 창이다. 그리고 [Bars]는 앞서 [알아두기](294쪽)에서 설명한 bin width와 동일한 개념이다. 즉 Bars에 의미는 히스토그램의 X축에 간격을 몇 개의 동일한 간격으로 나눌 것인지를 의미한다. 따라서 연구자가 빨간색 틀에 세 가지, [Low Measure], [High Measure], [Bars] 측정값을 보기 좋게 조정하는 것이 중요하다. 오른쪽 그림은 필자가 [Low Measure]=−3, [High Measure]=22, [Bars]=9로 조정하고 밑에 연두색, [Redraw] 버튼을 클릭한 그림이다. 연구자가 결과표에 나타낸 값들과 일치하도록 그래프를 조정해서 논문에 제시하는 것이 중요하다.

WINSTEPS 프로그램 [Graphs]에서 혼동하지 말아야 할 것은 앞서 소개한 **〈그림 7-18〉**(293쪽)에서 [Empirical bin width]를 이용하여 그래프와 해당되는 결과표가 일치하게 조정하는 것과 **〈그림 7-32〉**에서 [Low Measure], [High Measure], [Bars]를 이용하여 그래프와 해당되는 결과표가 일치하게 조정하는 것이다.

앞서 제시했듯이 연구자가 [Empirical bin width]를 조정하는 것과 여기서 [Low Measure], [High Measure], [Bars]에 디폴트 숫자를 조정하는 것은 그래프를 독자가 이해하기 쉽게 조정하는 것이지 조작하는 것이 아니다.

7-15) WINSTEPS 플롯

지금까지 WINSTEPS 프로그램 [Graphs] 창을 통해 나타나는 다양한 그래프들을 소개하였다. 이 외에도 WINSTEPS 프로그램은 [Plots] 창을 통해서도 다양한 그래프들을 제공하고 있다. 그래프와 플롯은 모두 자료를 보기 좋게 선도하는 것이다. 즉 여러 값의 수리적 관계를 좌표계에 점과 선 또는 면으로 나타내는 것을 의미한다. 그런데 WINSTEPS 프로그램에서 [Graphs]는 WINSTEPS 프로그램 내에서 직접 나타나게 하는 그래프를 의미하고, WINSTEPS 프로그램에서 [Plots]는 WINSTEPS 프로그램이 EXCEL 프로그램 또는 R 프로그램에서 그래프를 나타나게 하는 것을 의미한다. 즉 WINSTEPS 프로그램에서 플롯이란 EXCEL 프로그램 또는 R 프로그램에서 나타나는 그래프다.

다음 **<그림 7-33>**은 [Plots]를 클릭하면 나타나는 결과 창이다(winsteps-specification-1 실행). 표시한 ①번 틀과 ②번 틀 안에서 EXCEL 프로그램으로 나타나는 그래프들을 선택해서 볼 수 있다. 두 틀에 차이는 ①번 틀은 [Output Tables]에서 제시되지 않는 EXCEL 프로그램 그래프들이고, ②번 틀은 [Output Tables]에서 설정하면 메모장 결과와 함께 제시되는 EXCEL 프로그램 그래프들이다.

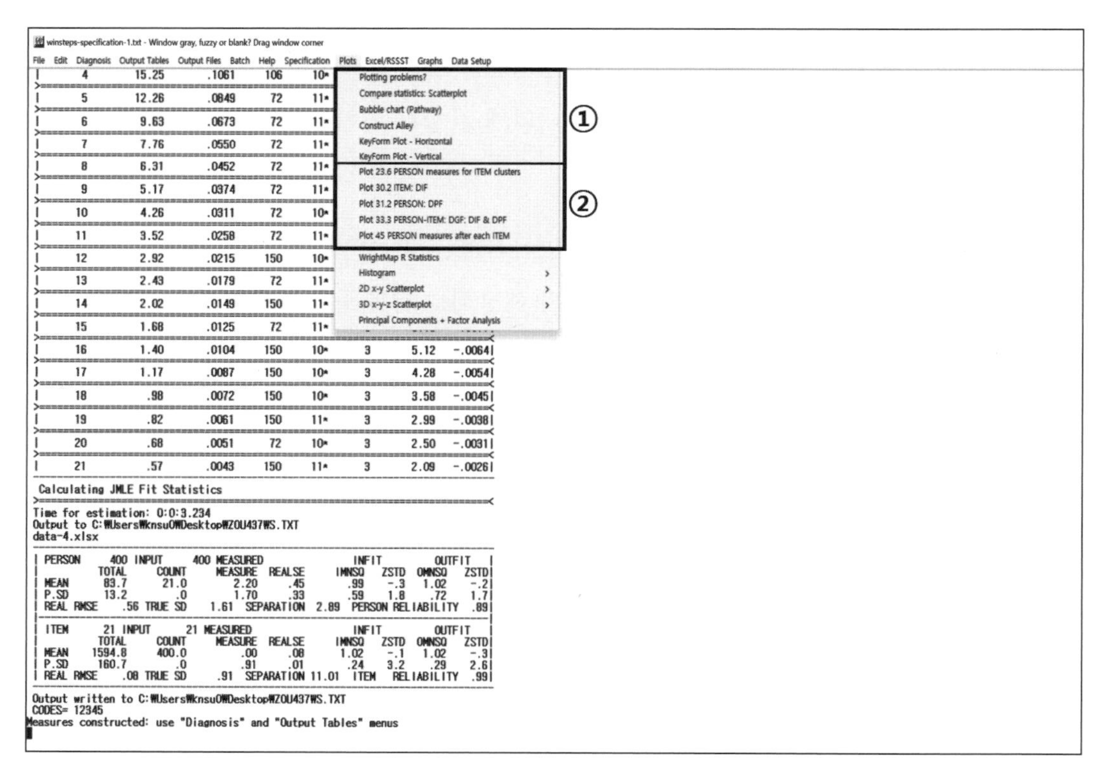

<그림 7-33> WINSTEPS 플롯 선택 부분 (1)

우선 ①번 틀 안에 첫 번째 행에 [Plotting problem?]을 클릭하면 EXCEL 프로그램과 WINSTEPS 프로그램이 계속 업그레이드가 되면서 연결 과정에서 나타날 수 있는 그래프 문제점과 해결방안에 대해 설명하는 창이 나타난다.

두 번째 행에 [Compare statistics: Scatterplot]를 클릭하면 다음 **<그림 7-34>**에 ①번 그림이 나타난다. 그러면 연구자는 검은색 틀로 표시된 X축과 Y축에 원하는 통계변수를 선택하여 문항 산포도(scatterplot)가 EXCEL 파일에 생성되게 만들 수 있다. 필자는 ②번 그림처럼 X축은 내적합도 제곱평균 [7.Infit Mean-square]를 선택하고 Y축은 디폴트로 되어 있는 문항 곤란도를 나타내는 로짓값(Measure), [2.Measure]를 선택하였다. 그리고 [OK]를 클릭하면 ③번과 같은 그림이 나타난다. 앞서 자세히 설명했듯이 생성되는 EXCEL 그래프에 문항 표시 스타일 중에서 문항 번호만 나타나는 [Entry number]를 클릭하면, ④번 그림과 같은 EXCEL 그래프가 자동으로 나타난다(첨부된 자료: scatterplot-1).

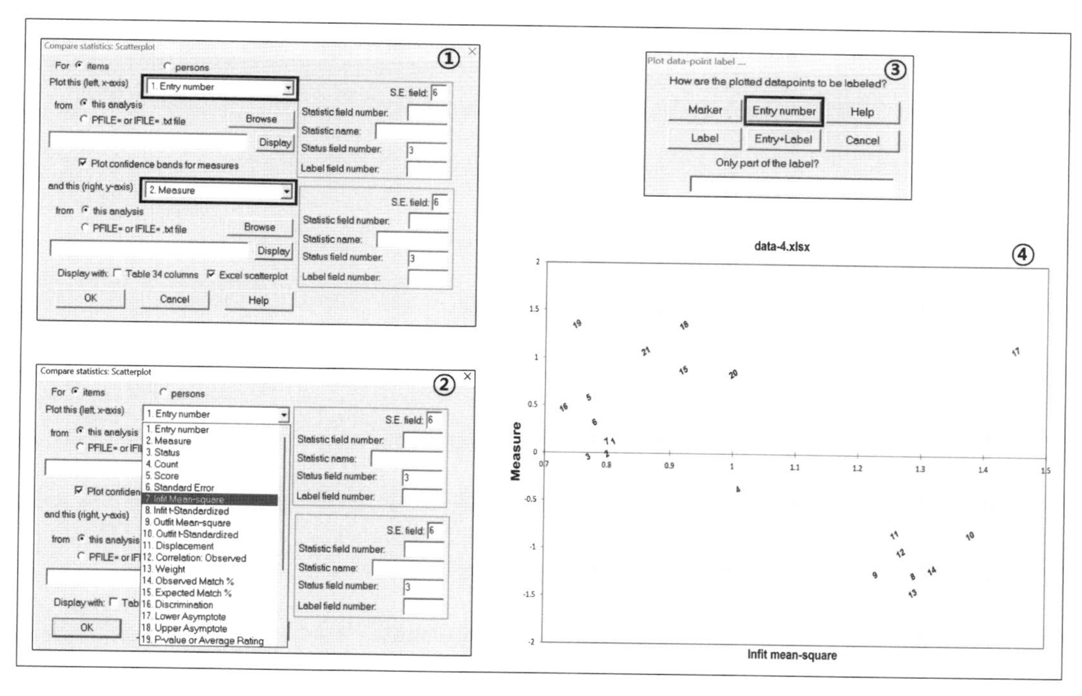

<그림 7-34> EXCEL 프로그램 산포도 만들기

구체적으로 EXCEL 프로그램에 나타난 ④번 산포도를 통해서 가장 오른쪽에 문항 17번의 내적합도 제곱평균 값이 가장 높아서 부적합한 것을 볼 수 있고(1.40 초과), 가장 왼쪽에 문항 16번이 내적합도 제곱평균 값이 가장 낮은 것을 볼 수 있다. 또한 문항의 곤란도는 문항 19번과 18번이 높은 것을 볼 수 있고 문항 13번이 낮은 것을 볼 수 있다. 따라서 문항 19번과 18번

에 응답자들이 낮은 응답범주를 많이 선택하고, 문항 13번에 높은 응답범주를 많이 선택하는 것을 알 수 있다. 이렇게 나타난 산포도를 [Output Tables]에 [10. ITEM (column): fit order]를 클릭하면 나타나는 TABLE 10.1 결과와 비교하면 이해하는데 도움이 된다. 따라서 이 책에 TABLE 10.1을 토대로 문항 적합도 분석 논문 결과를 작성한 **〈표 4-4〉**(169쪽)와 ④번 산포도를 같이 제시하는 것도 의미가 있다.

다음으로 **〈그림 7-33〉**에서 세 번째 행에 [Bubble chart (Pathway)]는 문항들의 적합도(내적합도 지수, 외적합도 지수)와 문항 곤란도(난이도) 값, 그리고 문항의 표준오차에 의해서 생성되는 Bubble chart (거품 크기 모양 그래프)를 제시해 준다. 또한 응답자들의 적합성(내적합도 지수, 외적합도 지수)와 응답자 능력 값, 그리고 응답자의 표준오차에 의해서 생성되는 Bubble chart를 제시해 준다.

[Bubble chart (Pathway)]를 클릭하면 다음 **〈그림 7-35〉**에 ①번 그림이 먼저 나타난다. 그럼 연구자는 첫 번째 Display a Bubble Chart for: 에서는 문항들(items)의 적합도와 난이도를 Bubble chart로 나타나게 할 것인지, 응답자들(persons)의 적절성과 속성(능력)을 Bubble chart로 나타나게 할 것인지를 선택할 수 있다.

그리고 두 번째 Display bubbles: 에서는 가로축(X축)과 세로축(Y축)에 변인을 바꾸는 것이다. 우선 디폴트로 가로축이 문항의 적합도(또는 응답자 적절성)로 설정되어 있고, 세로축이 문항 난이도(또는 응답자 속성)로 설정되어 있다. 따라서 디폴트로 선택되어져 있는 [Measures vertically, Fit horizontally]로 실행해서 나타나는 그래프 보고, 다시 [Measures horizontally, Fit vertically]를 선택하고 실행해서 나타나는 그래프를 본 후 연구자가 선택하면 된다. 궁극적으로 그래프 결과의 해석은 동일하다.

세 번째, Fit statistic type: 은 Bubble chart에 외적합도(outfit) 지수를 나타나게 할 것인지, 내적합도(infit) 지수를 나타나게 할 것인지를 선택하는 것이다. 역시 연구자가 논문에 제시하고 싶은 값을 선택하면 된다. 앞서 설명했듯이 외적합도 지수는 소수의 극단값에 민감한 지수이고 내적합도 지수는 소수의 극단값에 덜 민감하도록 보완된 지수라고 할 수 있다.

마지막에 Fit statistic expression: 은 Bubble chart에 문항의 적합도 기준값을 어떤 척도로 할 것인지를 선택하는 것이다. 구체적으로 문항의 적합도와 곤란도를 Bubble chart로 나타내기 위해 디폴트로 설정된 첫 번째 [Standardized(t ZStd)]로 실행하면 X축이 표준화 Z값을 근거로 연구자가 선택한 과적합도(overfit) 지수 또는 부적합도(misfit) 지수가 나타난다. 두 번째, [Mean-square (interval scaled=log)]로 실행하면 X축이 모두 동간척도(로짓값) 적합도 지수의 제곱평균을 근거로 연구자가 선택한 과적합도 지수 또는 부적합도 지수가 나타난다. 세 번째 [Mean-square (chi-squared/df)]로 실행하면 X축이 적합도 지수(χ^2/df)의 제곱평균을 근거로 연구자가 선택한 과적합도 지수 또는 부적합도 지수가 나타난다.

그리고 오른쪽 작은 그림을 둘러싼 y-axis at left, x-axis at bottom, y-axis at right, x-axis at top은 실행 후 나타나는 EXCEL Bubble Chart 그림에 변수 글씨 위치가 어디에 나타나게 할 것인지를 선택하는 것이다.

다음 **<그림 7-35>**에 ①번 그림은 디폴트로 되어 있는 값이다. 즉 생성되는 Bubble chart에 문항들의 문항 적합도가 가로축에, 문항 난이도가 세로축에 나타나게 설정되어 있는 것이다. 여기서 가로축에 문항 적합도는 외적합도 값이 표준화 Z값 척도로 나타나게 설정되어 있는 것이다. 그리고 ①번 그림에서 [OK]를 클릭하면 EXCEL 그래프 문항 표시 스타일을 선택하는 창이 나타나고, 문항 번호만 표시되는 [Entry number]를 클릭하면 ②번 그림이 나타난다(첨부된 자료: bubble chart-1-items).

중요한 것은 ②번 그림을 해석하는 것이다. 우선 앞서 제시한 것처럼 가로축은 표준화 Z값으로 문항의 적합도를 제시하는 값 중에 하나라고 할 수 있다. 일반적으로 내적합도 지수와 외적합도 지수에 범위는 0.60 이상이고 1.40 이하이면 적합하다고 할 수 있다. 이처럼 표준화 Z값에 기준은 명확하게 정의되어 있지 않지만 표준화 Z값이 0에서 양수로 멀어질수록 부적합한 문항(일반적으로 3.0 이상)이 되고 음수로 멀어질수록 과적합한 문항(일반적으로 −3.0 이하)이 된다. winsteps-specification-1 설계서를 실행 후 문항의 적합도 결과를 나타내는 앞서 소개한 **<그림 4-8>**(163쪽)을 살펴보면, 문항 10번은 내・외적합도 지수의 표준화 Z값이 4.46, 6.44인 것을 볼 수 있다. 그리고 문항 17번은 내・외적합도 지수의 표준화 Z값이 5.58, 4.91인 것을 볼 수 있다. 따라서 문항 10번과 문항 17번은 내・외적합도 지수의 표준화 Z값이 모두 3.0 이상으로 나타났기 때문에 부적합한 문항이라고 판단할 수 있다.

또한 앞서 소개한 **<그림 4-8>**에 문항 곤란도(JMLE MEASURE) 값과 ②번 그림을 비교해 보면 문항 19번과 18번이 높은 것을 알 수 있다. 그리고 **<그림 4-8>**에 표준오차(MODEL S.E.)가 클수록 Bubble의 크기가 큰 것을 볼 수 있다.

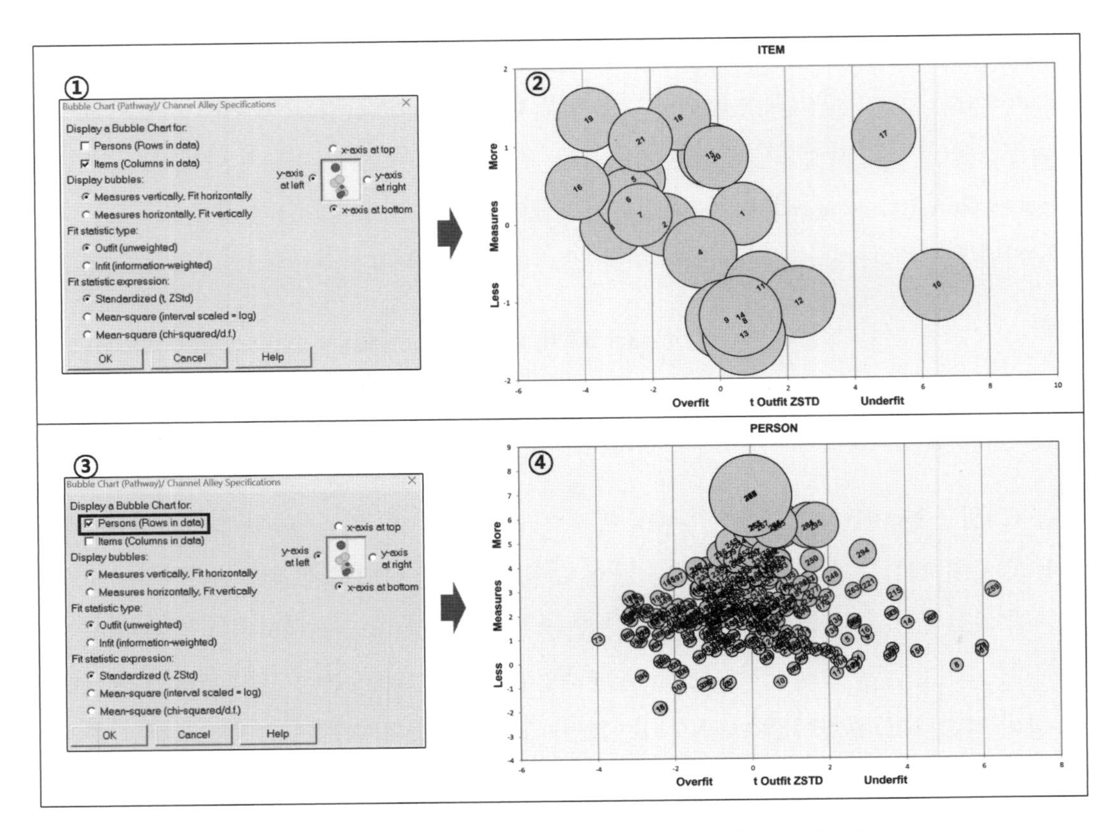

<그림 7-35> EXCEL 프로그램 Bubble chart 만들기

<그림 7-35>에 ③번 그림은 검은색 틀로 표시한 것처럼 Display a Bubble Chart for: 에서 선택되어 있는 Items (Columns in data) 대신 Persons (Row in data)를 선택한 것이다. 그리고 나머지는 디폴트로 설정된 상태에서 [OK]를 클릭하면 EXCEL 그래프에 응답자 표시 스타일을 선택하는 창이 나타나고, 응답자 번호만 표시되는 [Entry number]를 클릭하면 ④번 그림이 나타난다(첨부된 자료: bubble chart-1-persons).

역시 중요한 것은 ④번 그림을 해석하는 것이다. 가로축은 표준화 Z값으로 문항이 아닌 응답자의 적합성을 제시하는 값 중에 하나라고 할 수 있다. 전체적으로 가장 부적합(underfit)한 응답자는 가장 오른쪽에 위치한 259번인 것을 볼 수 있다. 그리고 가장 과적합한 응답자는 가장 왼쪽에 위치한 73번인 것을 볼 수 있다. winsteps-specification-1 설계서를 실행 후 [Output Tables]에서 [6. PERSON (row): fit order]를 클릭하고 나타나는 메모장 첫 TABLE 6.1을 살펴보면, 가장 부적합한 응답자가 259번(외적합도= 6.07; 표준화 Z값=6.26)인 것을 알 수 있고, 가장 과적합한 응답자가 73번(외적합도= 0.22; 표준화 Z값=−3.98)인 것을 알 수 있다.

또한 winsteps-specification-1 설계서를 실행후 [Output Tables]에서 [17. PERSON measure]를 클릭하고 나타나는 메모장 첫 TABLE 17.1을 살펴보면 응답자 속성(JMLE MEASURE)은 응답자 266번, 269번, 272번, 273번, 274번, 275번, 276번, 279번, 282번, 283번, 287번, 288번, 289번, 290번, 292번, 298번, 299번, 300번, 총 18명의 응답자가 동일하게 가장 높은 것을 알 수 있다. 즉 모든 문항에 가장 높은 척도를 선택한 것이다. 또한 동일한 18명의 표준오차(MODEL S.E.)도 가장 높게 나타난 것을 볼 수 있다. 따라서 ④번 그림과 비교해 보면 가장 높은 위치에 가장 큰 겹쳐진 Bubble들을 볼 수 있다. 이 Bubble들이 바로 위에 제시한 18명에 Bubble이고, Bubble 크기가 상대적으로 가장 큰 것은 표준오차가 가장 크기 때문이다.

그리고 앞서 **〈그림 7-33〉**(316쪽)에 네 번째 행의 [Construct Alley]는 [Bubble chart]와 같은 맥락이다. 즉 [Construct Alley]를 클릭하면 **〈그림 7-35〉**에 ①번 그림이 나타나고, 동일한 과정으로 클릭하면 Bubble 형태가 아닌 Alley(통로, 선) 형태로 EXCEL 그래프가 나타난다. 다음 **〈그림 7-36〉**에 왼쪽 그림은 [Construct Alley]를 클릭하고, **〈그림 7-35〉**에 ③번과 동일하게 설정하여 나타나는 창에 응답자 번호만 표시되는 [Entry number]를 클릭하면 생성되는 그래프다(첨부된 자료: alley-1). 그리고 오른쪽 그림은 **〈그림 7-35〉**에 ④번과 같은 그림이다. 그림의 형태만 Alley 형태와 Bubble 형태로 다를 뿐 최종 해석은 동일하다.

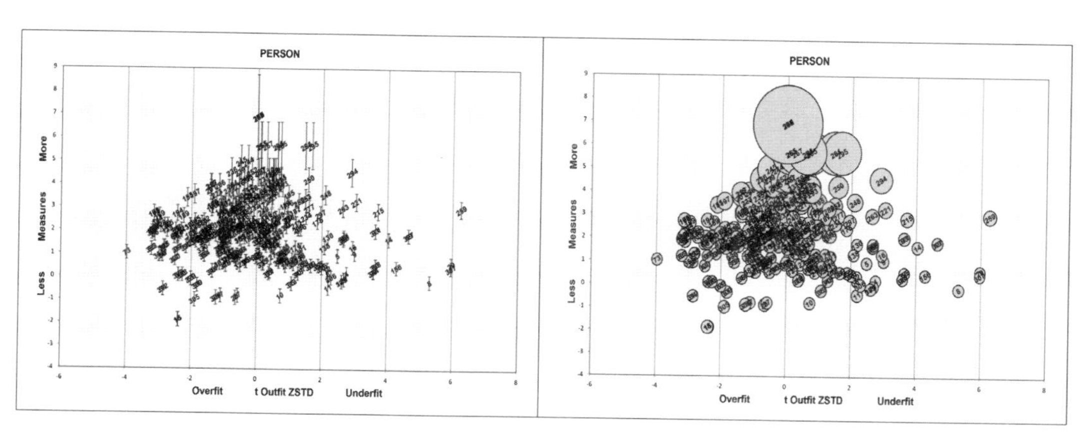

〈그림 7-36〉 EXCEL 프로그램 Construct Alley와 Bubble chart 비교

〈그림 7-33〉 ①번 틀에 마지막 두 행, [KeyForm Plot - Horizontal]과 [KeyForm Plot - Vertical]은 응답자의 총점(속성), 그리고 응답자의 속성(로짓값)과 표준오차(standard error)를 통해 각 문항의 응답범주 위치로 곤란도를 파악할 수 있다. [KeyForm Plot - Horizontal]은 수평(가

로)형태로 나타내고, [KeyForm Plot -Vertical]은 수직(세로)형태로 나타낸다. 따라서 최종 해석은 동일하다.

다음 **<그림 7-37>**에 왼쪽 그림은 [KeyForm Plot - Horizontal]을 클릭하고, 나타나는 창에 응답자 번호와 문항표시를 함께 나타나게 하는 [Entry + Label]을 클릭하면 생성되는 결과이다. 그리고 오른쪽 그림은 [KeyForm Plot - Vertical]을 클릭하고 나타나는 창에 동일하게 [Entry + Label]을 클릭하면 생성되는 결과이다.

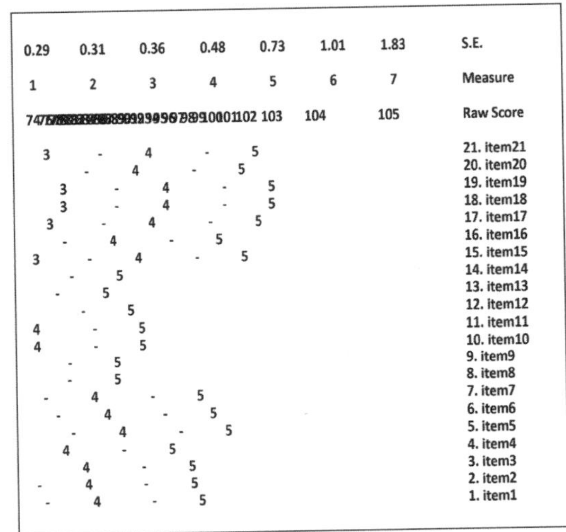

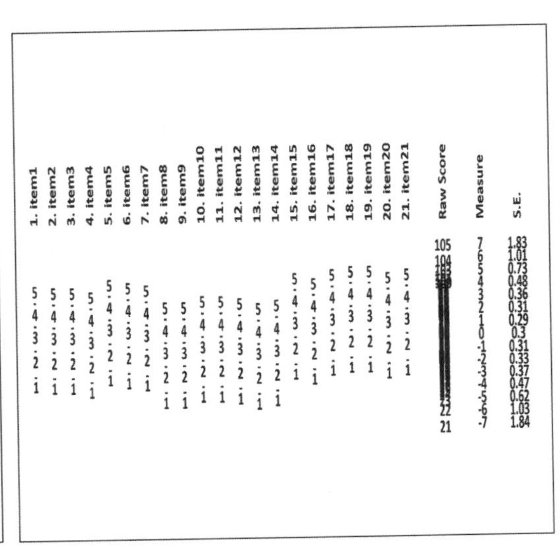

<그림 7-37> EXCEL 프로그램 KeyForm Plot (좌: 수평형태; 우: 수직형태)

이 결과는 winsteps-specification-1 설계서를 실행한 결과이고, 21문항의 내용은 앞서 소개한 **<그림 1-1>**(126쪽)을 보면 알 수 있다. 즉 체육교육전공 대학생의 진로불안감을 5점 척도(5점 응답범주)로 측정하는 21문항이다. 구체적으로 첨부한 자료, data-4를 보면 400명의 학생(남학생 200명, 여학생 200명)을 측정한 것을 알 수 있다. 그리고 21문항에 모두 5점으로 응답한 학생은 총 응답 속성 원점수가 105점이 나타나고, 모두 1점으로 응답한 학생은 총 응답 속성 원점수가 21점이 나타나는 것도 알 수 있다.

이렇게 측정된 것을 인지하고 우측에 수직형태 KeyForm 그림부터 해석하면, Raw Score는 응답자들의 실제 응답 속성 원점수 최하 21점부터 최고 105점까지를 나타낸 것이다. 그리고 Measure는 응답자의 속성 원점수를 동간척도인 로짓값으로 표준화한 값이다. 즉 21점부터

105점을 −7점부터 7점까지 로짓값으로 변환시킨 값이다. 그리고 S.E.는 표준오차(standard error)를 나타낸다. −7점부터 7점까지의 각 로짓값에 대한 표준오차를 나타낸 것이다.

Rasch 모형을 기반으로 한 WINSTEPS 프로그램의 측정 척도(measure)인 로짓(logits)값에는 항상 표준오차(S.E.)가 함께 제시된다. 그 이유는 로짓값은 설문조사 자료에서 계산이 되는 실제값(Raw Score)의 추정값이 되기 때문이다. 따라서 추정값이 실제값에서 얼마나 멀리 떨어져 있는지를 정량화하는 표준오차가 함께 제시되어야 하는 것이다.

이렇게 세 가지 척도(Raw Score, Measure, S.E)가 제시되고 각 문항별로 5점 척도의 위치를 파악할 수 있다. 즉 모든 문항이 5점 척도가 적용되었고, 8번, 9번, 13번, 14번이 상대적으로 응답범주가 낮은 위치에 있는 것을 볼 수 있다. 따라서 8번, 9번, 13번, 14번 문항들은 전반적으로 속성(진로불안감)이 낮은 사람들을 측정하는 응답범주인 것을 알 수 있다. 반대로 18번, 19번은 상대적으로 높은 위치에 있는 것을 볼 수 있다. 따라서 18번과 19번 문항은 전반적으로 속성이 높은 사람들을 측정하는 응답범주인 것을 알 수 있다.

그리고 좌측에 수평형태 KeyForm 그림은 Row Score, Measure, 그리고 S.E 값을 절반 정도만 보여준다. 우측에 수직형태는 Row Score 범위가 최하점 21점부터 최고점 105점까지를 보여주는데 비해 좌측 수평형태 KeyForm은 최하점 74점부터 최고점 105점까지를 보여준다. 이 점수를 표준화한 Measure 값이 1점부터 7점까지인 것을 알 수 있으며, 이에 해당되는 표준오차 범위는 0.29에서 1.83인 것을 볼 수 있다. 즉 우측에 수직형태 KeyForm 그림을 가로로 반을 잘라서 보기 좋게 세운 그림이 좌측에 수평형태 KeyForm 그림이라고 할 수 있다. 간단하게 제시했기 때문에 우측의 수직형태 KeyForm 그림에 비해 좌측에 수평형태 KeyForm 그림에서 쉽게 8번, 9번, 13번, 14번 문항들은 전반적으로 속성이 낮은 사람들을 측정하는 응답범주이고, 18번과 19번 문항은 전반적으로 속성이 높은 사람들을 측정하는 응답범주인 것을 알 수 있다.

[알아두기]
WINSTEPS 플롯과 TABLE 연결

지금까지 WINSTEPS 프로그램의 [Output Tables]에서 제시되지 않는 EXCEL 프로그램 그래프들을 소개하였다. 중요한 것은 생성되는 EXCEL 프로그램 그래프들의 가로축(X축), 세로축(Y축)에 의미를 이해하고 어떻게 논문에 나타내야 하는지 일 것이다. 그러기 위해서는 제시된 EXCEL 프로그램 그래프들이 [Output Tables] 중에서 어떤 TABLE과 연결되는지를 다시 간명하게 정리할 필요가 있다.

<그림 7-34>에 ④번 그림과 매칭되는 TABLE은 winsteps-specification-1 메모장을 실행시키고 나타나는 [Output Tables]에 [10. Item (column): fit order]의 TABLE 10.1 결과표와 비교해야 한다. 구체적으로 ④번 그림에 X축이 TABLE 10.1의 내적합도 제곱평균(INFIT MNSQ) 지수이고, Y축이 문항의 곤란도(JMLE MEASURE)이다.

<그림 7-35>에 ②번 그림과 매칭되는 TABLE도 위와 동일한 TABLE 10.1 결과표이다. 다만 ②번 그림에 X축이 TABLE 10.1의 외적합도 표준화 Z값(OUTFIT ZSTD)이고, Y축은 문항의 곤란도(JMLE MESURE)이다. 그리고 버블의 크기는 각 문항들의 표준오차(MODEL S.E.)에 크기다.

그리고 **<그림 7-35>**에 ④번 그림과 매칭되는 TABLE은 winsteps-specification-1 메모장을 실행시키고 나타나는 [Output Tables]에 [17. PERSON measure]의 TABLE 6.1 결과표와 비교해야 한다. 구체적으로 ④번 그림에 X축이 TABLE 6.1의 외적합도 표준화 Z값(OUTFIT ZSTD)이고, Y축은 응답자의 속성(JMLE MEASURE)이다. 그리고 버블의 크기는 각 응답자들의 표준오차(MODEL S.E.)에 크기다. **<그림 7-36>**에 우측 그래프는 바로 위에 설명한 **<그림 7-35>** ④번 그림과 동일한 그래프이고, 좌측 그래프도 ④번 그래프의 버블의 크기를 세로선의 길이로 나타낸 것이다. 따라서 논문 결과 작성시 TABLE의 해당되는 부분과 그림을 함께 제시하고 설명하는 것을 권장한다.

마지막으로 **<그림 7-37>**과 매칭되는 TABLE은 winsteps-specification-1 메모장을 실행시키고 나타나는 [Output Tables]를 클릭하고, [2. Measure forms (all)]을 클릭하면 나타나는 메모장에 TABLE 2.6 그림이다. 참고로 [Diagnosis]을 클릭하고 [B. Empirical Item-Category Measures (Table 2.6)]을 클릭해도 메모장 TABLE 2.6을 볼 수 있다.

<그림 7-37>은 EXCEL 프로그램에 두 가지 형태 그래프로 나타나지만, TABLE 2.6은 명확하게 하나의 그래프로 나타난다. 다음 그림이 TABLE 2.6이다.

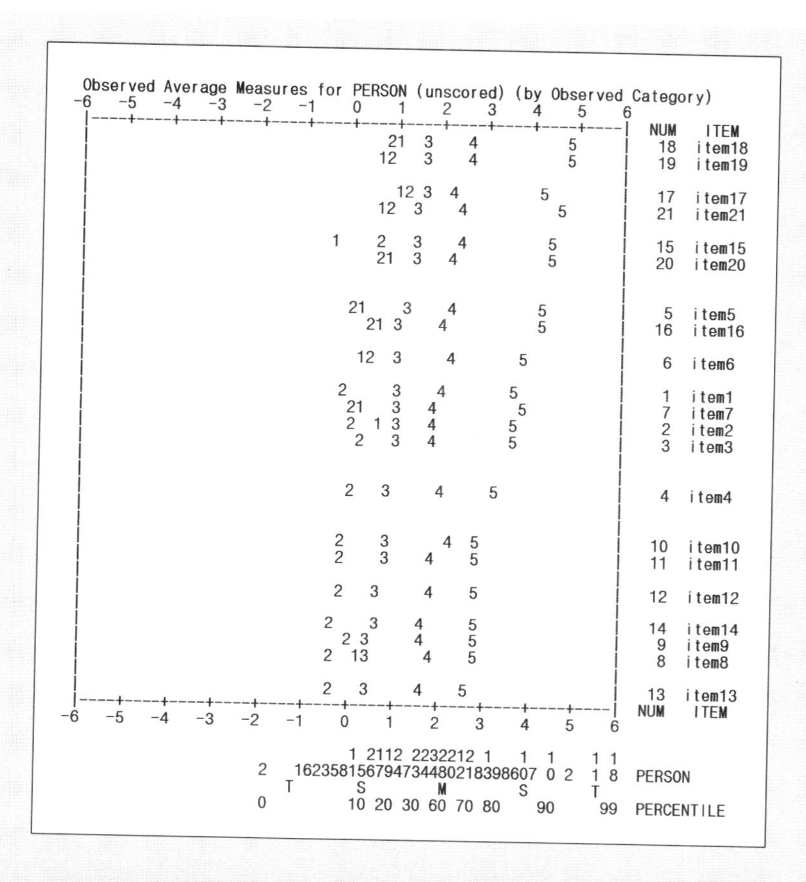

<그림 7-37>에 수평형태 그래프에 전체를 다 보여준다고 할 수 있다. 가로축은 응답자의 속성, 로짓값을 −6부터 6까지로 나타내고 있다. 그리고 세로축은 해석하기 쉽게 21문항의 곤란도 순서대로 나열되어 있다. 문항 18번이 곤란도가 가장 높고, 문항 13번이 가장 곤란도가 낮은 것을 알 수 있다.

또한 중요한 해석은 문항마다 왼쪽에 나타난 5점 응답범주(5점 척도)의 순서와 위치다. 각 문항마다 응답범주에 순서와 간격, 전반적 위치가 다른 것을 볼 수 있다. 원칙적으로 응답범주가 1점부터 5점까지 차례대로 나열된 문항이 적합한 문항이라고 할 수 있다. 즉 속성(진로불안감)이 높은 사람은 높은 응답범주를 선택하고, 속성이 낮은 사람은 낮은 응답범주를 선택하는 것이 적합한 응답범주다. 따라서 응답범주 순서가 바뀐 문항은 응답자의 속성을 바르게 측정할 수 없는 문항이라고 할 수 있다. 그렇다면 1점과 2점 순서가 바뀐 일곱 문항(18번, 20번, 5번, 16번, 7번, 2번, 8번)은 부적합한 것인가?

John Mike Linacre 교수는 척도의 순서가 바뀐 간격이 크다면 문제가 되지만 그렇지 않다면 큰 문제는 아니라고 하였다. 심리측정척도 연구에서 1번과 2번 척도는 간격이 좁게 바뀌는 경우가 많이 나타난다고 하였다. 그 이유는 1번과 2번을 선택하는 응답자 수(빈도)가 많지 않기 때문이라고 하였다.

정리하면, 순서가 바뀐 1번과 2번에 간격이 좁고 1번과 2번을 선택한 응답자가 적다면, 큰 문제가 되지 않는 문항이다. 그러나 1번과 2번을 선택한 응답자가 많음에도 불구하고 순서가 바뀐거라면 자료에 문제가 있는 것이고 그 문항은 삭제할 필요가 있다.

1점과 2점 순서가 바뀐 일곱 문항을 구체적으로 살펴보면 바뀐 1번과 2번 범주 간격이 다른 범주들 간격 비해 상대적으로 좁은 것을 볼 수 있다. 또한 각 범주에 응답자 빈도를 살펴보기 위해서는 [Output Tables]에 [13. ITEM: measure]에 있는 TABLE 13.3을 보면 알 수 있다. 일곱 문항 모두 1점과 2점에 응답한 빈도가 매우 적은 것을 볼 수 있다. 따라서 모든 문항이 응답범주에 큰 문제는 없다고 해석할 수 있다.

그리고 그림 아래쪽 PERSON 왼쪽에 나열된 숫자들은 응답자 속성 위치에 따른 응답자 수를 나타낸다. 예를 들어, 가장 오른쪽에 세로로 읽으면 18이 되는 것에 의미는 응답자 속성 점수(로짓값)가 6이 되는 응답자가 18명이라는 것이다. 그리고 바로 왼쪽 옆에 세로로 읽으면 11에 의미는 응답자 속성 점수가 약 5.6인 응답자가 11명이라는 것이다. 그리고 바로 왼쪽 옆에 세로로 읽으면 2에 의미는 응답자 속성 점수가 5인 응답자가 2명이라는 것이다. 이런 방식으로 왼쪽으로 읽으면 총 400명에 응답자인 것을 알 수 있다. 밑에 M은 응답자 속성의 평균에 위치이고 S는 평균±1×표준편차, T는 평균±2×표준편차에 위치를 나타낸다. 그리고 가장 밑에 행은 백분위(PERCENTILE)를 나타낸다. 따라서 응답자 속성(진로불안감)이 상위 10%에 해당하는 응답자 수는 41명(18+11+2+10)이라고 할 수 있다.

7-16) TABLE + WINSTEPS 플롯

다음 **<그림 7-38>**은 앞서 소개한 **<그림 7-33>**(316쪽)에 ②번 틀에 첫 행, [Plots 23.6 PERSON measures for ITEM clusters]를 클릭하면 나타나는 창이다(winsteps-specification-2 실행). 앞서 소개한 문항 차원성 탐색을 실행하는 **<그림 4-14>**(181쪽)와 동일해 보이는 창이지만 디폴트가 다르게 설정되어 있다. 즉 앞서 소개한 **<그림 4-14>**는 [Display Table 23]이 체크되어 있고, **<그림 7-38>**은 [Display Excel Scatterplot of person estimated for 1st Contrast]가 체크되어 있다. 그 이유는 [Plots]에서는 EXCEL 프로그램으로 그래프를 나타나게 하는 것이 우선이고,

[Output Tables]에서는 메모장 결과표가 나타나게 하는 것이 우선이기 때문이다. 중요한 것은 EXCEL 그래프와 메모장 결과표를 함께 해석할 수 있는 것이다.

따라서 이번에는 앞서 문항 차원성 결과와 연결하기 위해 winsteps-specificaion-2 설계서를 실행하여 [Plots]에 [Plots 23.6 PERSON measures for ITEM clusters]를 실행하였다. 그리고 **〈그림 7-38〉**에 디폴트로 체크되어 있는 [Display Excel Scatterplot of person estimated for 1st Contrast]와 위에 [Display Table 23]을 둘 다 체크하고 [OK]를 클릭하면 다음 **〈그림 7-39〉**가 나타난다.

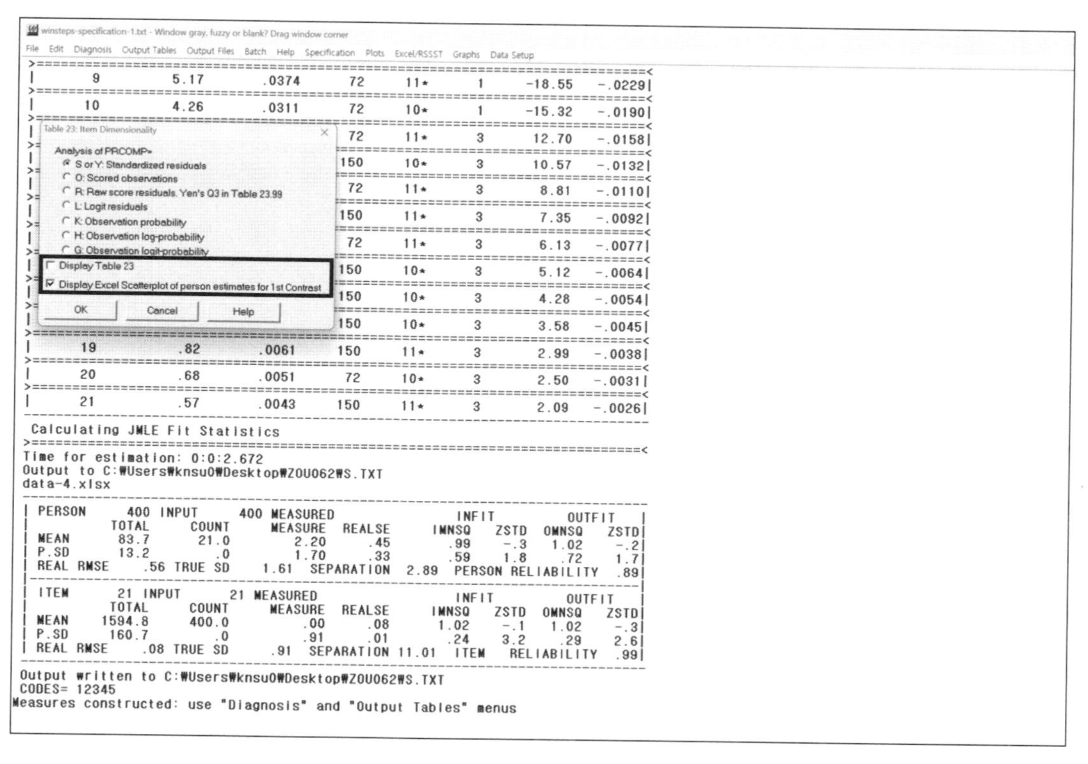

〈그림 7-38〉 차원성 탐색을 위한 응답자 속성 EXCEL 산포도 실행

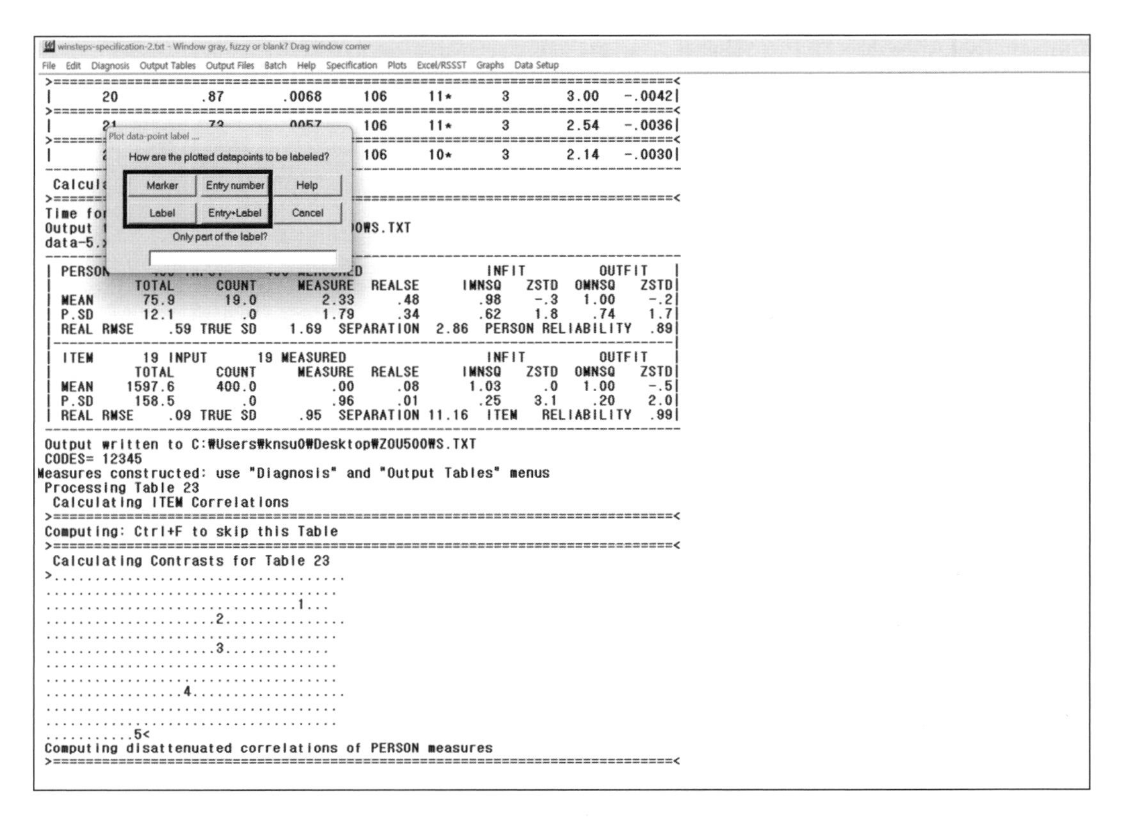

〈그림 7-39〉 응답자 속성 EXCEL 산포도 형태 선택 창

앞서 소개한 EXCEL 그래프에 형태를 선택하는 작은 창이 나타난다. 검은색 틀로 표시한 네 가지 버튼 중에서 연구자가 원하는 형태 버튼을 클릭하면 된다. 응답자의 번호만 간명하게 나타나게 하기 위해서 [Entry number]를 클릭하는 것을 권장한다. [Entry number]를 클릭하면 다음 **〈그림 7-40〉**과 같이 응답자 속성 EXCEL 산포도와 메모장 결과가 나타난다.

이 그림을 이해하기 위해서는 앞서 문항 차원성 분석 결과를 나타내는데 소개한 **〈그림 4-16〉**(184쪽)을 다시 검토해 볼 필요가 있다. WINSTEPS 프로그램에 차원성 검증은 항상 세 개의 군집(Cluster 1, Cluster 2, Cluster 3)으로 나누어지고 각 군집간의 Disattenuated Correlation(강화된 상관)이 0.70 이상이면 일차원성을 충족한다고 하였다. 그리고 0.30 이상이고 0.70 미만이면 일차원성을 충족하지 못하고, 0.30 미만이라면 일차원성을 명확히 충족하지 못한다고 하였다. 또한 만일 강화된 상관이 음수로 나타나면 문항 내용과 코딩한 자료를 검토할 필요가 있다고 하였다.

이 결과를 앞서 **〈그림 4-16〉**에서는 TABLE 23.1을 통해서 보여줬다면, **〈그림 7-40〉**에서는

EXCEL 프로그램 그래프로 보여준다. 구체적으로 ①번은 군집 1(Cluster 1)과 군집 2(Cluster 2)의 응답자 속성의 상관을 나타내는 산포도, ②번은 군집 1(Cluster 1)과 군집 3(Cluster 3)의 응답자 속성의 상관을 나타내는 산포도, ③번은 군집 2(Cluster 2)와 군집 3(Cluster 3)의 응답자 속성의 상관을 나타내는 산포도이다. 그리고 ④번 TABLE 23.6을 토대로 ①번, ②번, ③번 산포도가 그려지는 것이다.

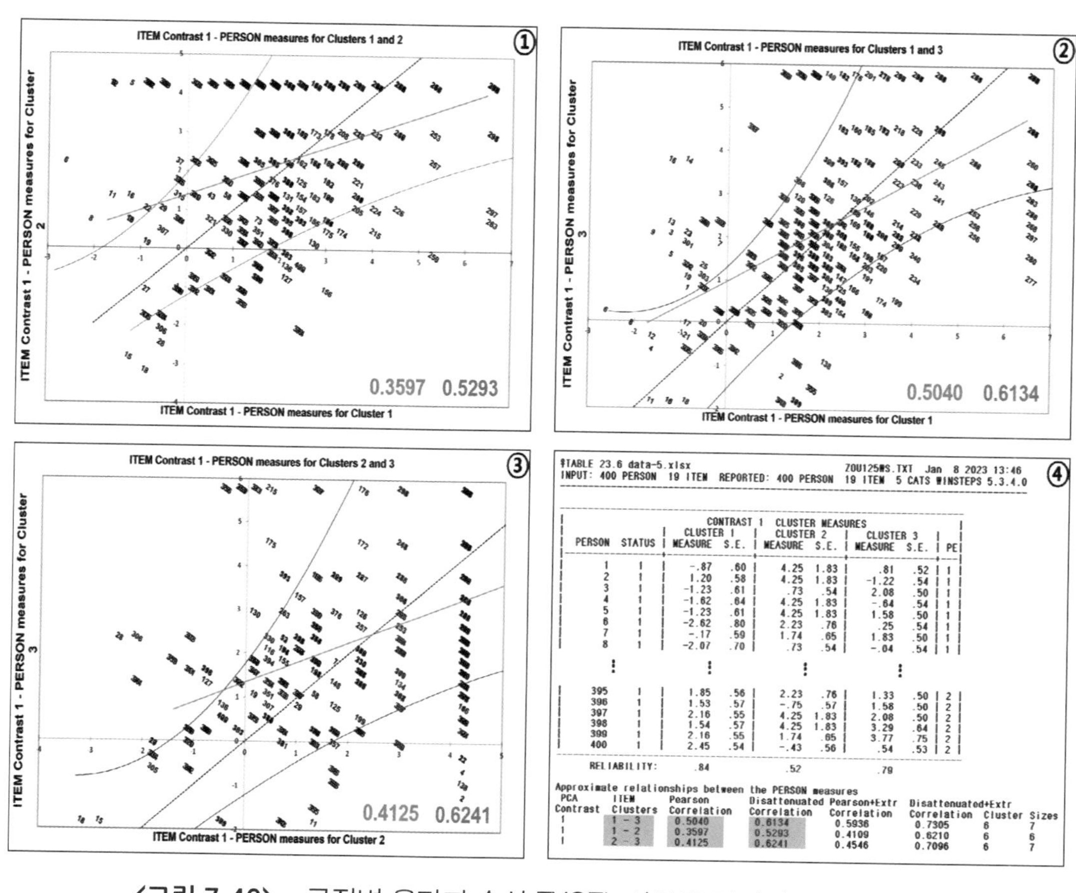

TABLE 23.6 data-5.xlsx ZOU125WS.TXT Jan 8 2023 13:46
INPUT: 400 PERSON 19 ITEM REPORTED: 400 PERSON 19 ITEM 5 CATS WINSTEPS 5.3.4.0

CONTRAST 1 CLUSTER MEASURES

PERSON	STATUS	CLUSTER 1 MEASURE	CLUSTER 1 S.E.	CLUSTER 2 MEASURE	CLUSTER 2 S.E.	CLUSTER 3 MEASURE	CLUSTER 3 S.E.	PE
1	1	-.87	.60	4.25	1.83	.81	.52	1
2	1	1.20	.58	4.25	1.83	-1.22	.54	1
3	1	-1.23	.61	.73	.54	2.08	.50	1
4	1	-1.62	.64	4.25	1.83	-.64	.54	1
5	1	-1.23	.61	4.25	1.83	1.58	.50	1
6	1	-2.62	.80	2.23	.76	.25	.54	1
7	1	-.17	.59	1.74	.65	1.83	.50	1
8	1	-2.07	.70	.73	.54	-.04	.54	1
⋮		⋮		⋮		⋮		
395	1	1.85	.56	2.23	.76	1.33	.50	2
396	1	1.53	.57	-.75	.57	1.58	.50	2
397	1	2.16	.55	4.25	1.83	2.08	.50	2
398	1	1.54	.57	4.25	1.83	3.29	.64	2
399	1	2.16	.55	1.74	.65	3.77	.75	2
400	1	2.45	.54	-.43	.56	.54	.53	2
RELIABILITY:		.84		.52		.79		

Approximate relationships between the PERSON measures

PCA Contrast	ITEM Clusters	Pearson Correlation	Disattenuated Correlation	Pearson+Extr Correlation	Disattenuated+Extr Correlation	Cluster	Sizes
1	1 - 3	0.5040	0.6134	0.5936	0.7305	6	7
1	1 - 2	0.3597	0.5293	0.4109	0.6210	6	6
1	2 - 3	0.4125	0.6241	0.4546	0.7096	6	7

〈그림 7-40〉 군집별 응답자 속성 EXCEL 산포도 결과와 TABLE 23.6

구체적으로 ①번 산포도의 X축은 군집 1 응답자들 속성(능력)을 나타내는 로짓값이고, Y축은 군집 2 응답자들의 속성을 나타내는 로짓값이다. 즉 ④번의 CLUSTER 1 MEASURE 값이 X축이고, CLUSTER 2 MEASURE 값이 Y축이다.

이처럼 ②번 산포도의 X축은 군집 1 응답자들 속성(능력)을 나타내는 로짓값이고, Y축은 군집 3 응답자들의 속성을 나타내는 로짓값이다. 따라서 ④번의 CLUSTER 1 MEASURE 값이

X축이고, CLUSTER 3 MEASURE 값이 Y축이다.

같은 맥락으로 ③번 산포도의 X축은 군집 2 응답자들 속성(능력)을 나타내는 로짓값이고, Y축은 군집 3 응답자들의 속성을 나타내는 로짓값이다. 따라서 ④번의 CLUSTER 2 MEASURE 값이 X축이고, CLUSTER 3 MEASURE 값이 Y축이다.

그리고 각 산포도에 나타난 점선 대각직선은 식별선(identity line)으로 개인 측정값(응답자 속성 로짓값)이 두 군집에서 동일한 응답자 번호는 이 식별선 상에 놓인다. 즉 X축과 Y축의 90도의 절반 45도 대각직선이다. 그리고 이 식별선을 중심으로 양측 곡선은 95% 신뢰구간이다. 따라서 이 선 밖에 응답자 번호는 X축과 Y축의 응답자 속성이 상당히 다르다는 것을 의미한다.

또한 빨간색 직선은 추세선(trend line)으로 응답자 속성 측정값의 관계를 보여주는 회귀선이다. ④번의 빨간색으로 표시한 Pearson Correlation 계수를 기반으로 추정되는 일차함수다. 따라서 Pearson의 Correlation이 1.0에 가까울수록 응답자 번호들은 빨간 추세선에 가깝게 몰려있게 된다. 그리고 ④번의 초록색으로 표시한 상관계수는 앞서 자세히 설명한 Disattenuated Correlation(강화된 상관) 계수이다.

정리하면, **<그림 7-40>**은 문항의 차원성을 탐색하기 위한 세 개의 산포도와 측정표이다. 응답자들(번호들)이 95% 신뢰구간내에 몰려있을수록 두 상관계수(Pearson Correlation, Disattenuated Correlation)는 모두 1.0에 가까워지고 일차원성을 충족시킨다. 일차원성을 충족시키는지 여부는 기준이 설정되어 있는 Disattenuated Correlation 값으로 판단하면 된다. 따라서 문항들의 차원성을 판단하기 위해서는 앞서 **<그림 4-16>**(184쪽)과 더불어 **<그림 7-40>**을 함께 논문 결과에 제시하는 것도 의미가 있다.

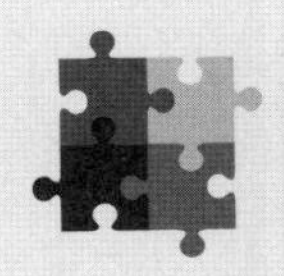

[알아두기]
Analysis of PRCOMP=

차원성을 탐색하기 위해 [Output Tables]에서 [23. ITEM: dimentionality]를 클릭하면 **<그림 7-38>**과 같이 나타나는 작은 창에 Analysis of PRCOMP= 이라고 제시되어 있다. 여기서 PRCOMP는 Residual type for principal components analysis의 줄임 명령어다. 차원성을 탐색하기 위해 주성분 분

석 잔차 형태를 어떻게 산출할 것인지를 선택하는 것이다. 결론적으로 차원성 탐색을 위한 선택은 지금까지 설명한 디폴트인 S or Y: Analyze the standardized residuals가 가장 적합하다. **<그림 7-40>**과 같이 산포도와 메모장 TABLE 결과가 제시되고, 차원성 판단 기준이 명확하기 때문이다. 그 다음으로 R: Row score residuals. Yen's Q3 in Table 23.99도 TABLE과 비교하여 차원성 탐색을 적용할 수 있지만, S or Y 방법보다 오래전 사용되었던 방법으로 권장하지 않는다. 나머지 방법들도 95% 신뢰구간에 얼마나 응답자 측정값이 포함되는지로 차원성을 판단할 수 있지만 S or Y: Analyze the standardized residuals 처럼 명확한 지수와 기준이 없다.

7-17) DIF, DTF, DPF, DGF 플롯

앞서 차별기능문항(DIF: Differential Item Functioning)과 차별기능검사(DTF: Differential Test Functioning)에 대해서 설명하였다. 다시 정리하면, DIF는 문항이 응답자 집단(성별, 학년 등)에 차별없이 동일하게 기능하는지를 검증하는 것이고, DTF는 검사(전체 문항)가 집단(성별, 학년 등)에 차별없이 동일하게 기능하는지를 검증하는 것이라고 하였다.

현실적으로 척도 개발에서 요구되는 분석은 문항이 성별에 따라 차별없이 동일하게 기능하는지를 검증하는 성별에 따른 DIF이다. 따라서 WINSTEPS 프로그램에서 성별에 따른 DIF에 대해서 자세히 설명하였다. 즉 앞서 7-2)(272쪽)와 7-3)(277쪽)에서 성별에 따른 DIF가 EXCEL 프로그램으로 나타나는 그래프들에 대해 자세히 소개하였다.

그러나 다음 **<그림 7-41>**에 검은색 틀 내용은 지금까지 설명하지 않은 부분이다. 우선 첫 번째 [Plot 31.2 PERSON DPF]에서 DPF는 차별기능응답자(Differential Person Functioning)의 줄임어로 DIF에서 문항(Item)이 응답자(Person)로 변화된 개념으로 이해하고 해석하면 된다 (winsteps-specification-1 실행).

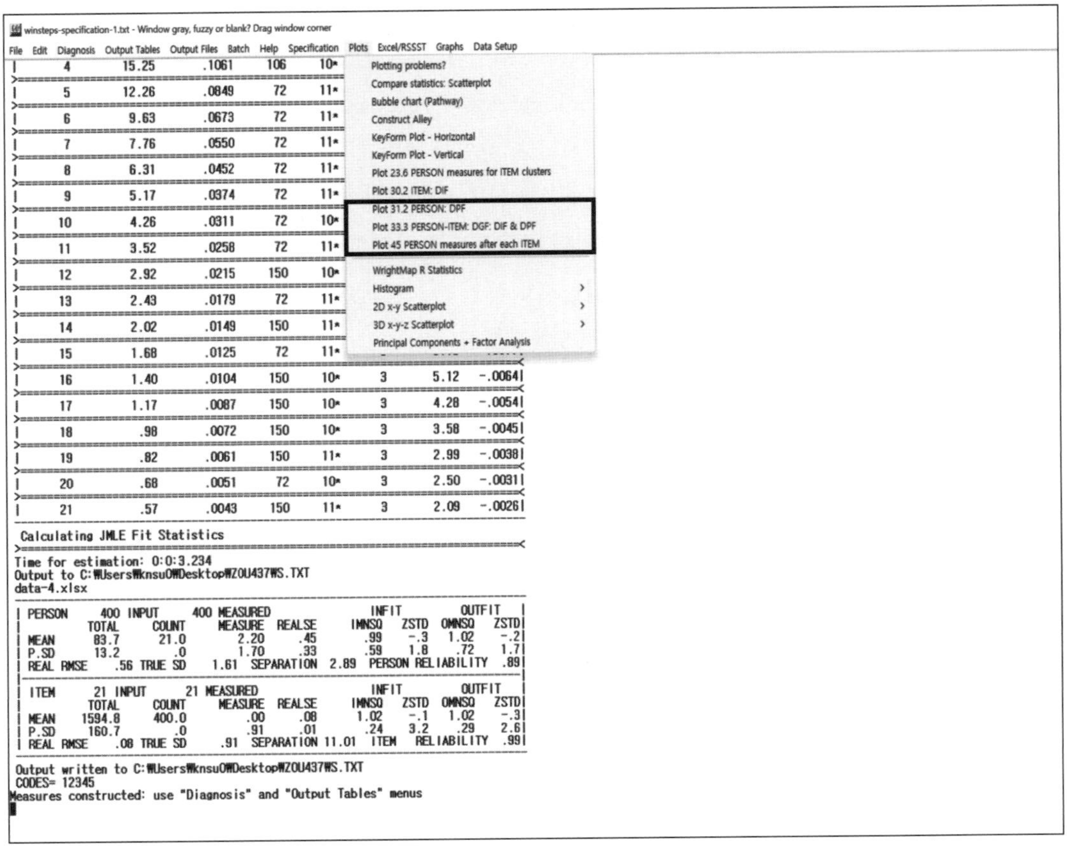

```
winsteps-specification-1.txt - Window gray, fuzzy or blank? Drag window corner
File  Edit  Diagnosis  Output Tables  Output Files  Batch  Help  Specification  Plots  Excel/RSSST  Graphs  Data Setup
|      4     15.25     .1061    106    10*
|      5     12.26     .0849     72    11*
|      6      9.63     .0673     72    11*
|      7      7.76     .0550     72    11*
|      8      6.31     .0452     72    11*
|      9      5.17     .0374     72    11*
|     10      4.26     .0311     72    10*
|     11      3.52     .0258     72    11*
|     12      2.92     .0215    150    10*
|     13      2.43     .0179     72    11*
|     14      2.02     .0149    150    11*
|     15      1.68     .0125     72    11*
|     16      1.40     .0104    150    10*     3     5.12   -.0064|
|     17      1.17     .0087    150    10*     3     4.28   -.0054|
|     18       .98     .0072    150    10*     3     3.58   -.0045|
|     19       .82     .0061    150    11*     3     2.99   -.0038|
|     20       .68     .0051     72    10*     3     2.50   -.0031|
|     21       .57     .0043    150    11*     3     2.09   -.0026|
 Calculating JMLE Fit Statistics
Time for estimation: 0:0:3.234
Output to C:WUsersWknsu0WDesktopWZOU437WS.TXT
data-4.xlsx
| PERSON     400 INPUT     400 MEASURED                    INFIT         OUTFIT   |
|            TOTAL      COUNT      MEASURE   REALSE     IMNSQ   ZSTD  OMNSQ  ZSTD|
| MEAN        83.7       21.0         2.20      .45        .99    -.3   1.02   -.2|
| P.SD        13.2         .0         1.70      .33        .59    1.8    .72   1.7|
| REAL RMSE    .56 TRUE SD    1.61  SEPARATION  2.89  PERSON RELIABILITY    .89|
|--------------------------------------------------------------------------------|
| ITEM        21 INPUT      21 MEASURED                    INFIT         OUTFIT   |
|            TOTAL      COUNT      MEASURE   REALSE     IMNSQ   ZSTD  OMNSQ  ZSTD|
| MEAN      1594.8      400.0          .00      .08       1.02    -.1   1.02   -.3|
| P.SD       160.7         .0          .91      .01        .24    3.2    .29   2.6|
| REAL RMSE    .08 TRUE SD     .91  SEPARATION 11.01  ITEM   RELIABILITY    .99|
Output written to C:WUsersWknsu0WDesktopWZOU437WS.TXT
CODES= 12345
Measures constructed: use "Diagnosis" and "Output Tables" menus
```

Plotting problems?
Compare statistics: Scatterplot
Bubble chart (Pathway)
Construct Alley
KeyForm Plot - Horizontal
KeyForm Plot - Vertical
Plot 23.6 PERSON measures for ITEM clusters
Plot 30.2 ITEM: DIF
Plot 31.2 PERSON: DPF
Plot 33.3 PERSON-ITEM: DGF: DIF & DPF
Plot 45 PERSON measures after each ITEM
WrightMap R Statistics
Histogram >
2D x-y Scatterplot >
3D x-y-z Scatterplot >
Principal Components + Factor Analysis

〈그림 7-41〉 WINSTEPS 플롯 선택 부분 (2)

DIF는 문항이 응답자 집단에 차별없이 동일하게 기능하는지를 검증하는 것이라면, DPF는 응답자들이 문항에 차별됨없이 동일하게 반응하는가를 검증하는 것이다. 즉 연구자가 DIF를 검증하는 것은 DPF를 검증하는 것과 궁극적인 해석에는 차이가 없다. 따라서 심리측정척도 개발 연구에서는 응답자 집단(성별, 학년 등)에 따른 DIF(차별기능문항)를 검증하였다면, 문항에 따른 DPF(차별기능응답자)를 검증할 필요는 없다.

WINSTEPS 프로그램 플롯에서는 DPF에 유의미한 EXCEL 그래프가 나타나게 하기 위해서는 **〈그림 7-41〉**에서 [Plot 31.2 PERSON DPF]를 클릭하면 다음 **〈그림 7-42〉**가 나타난다. 여기서 성별에 따른 차별기능문항(DIF)에 대한 그래프를 나타나게 하는 것이 목적이 아니고, 응답자들이 문항에 따라 차별되는지를 알아보기 위한 것이 목적이기 때문에 @GENDER가 아닌 @ILABEL(문항표시)를 DPF로 선택해야한다.

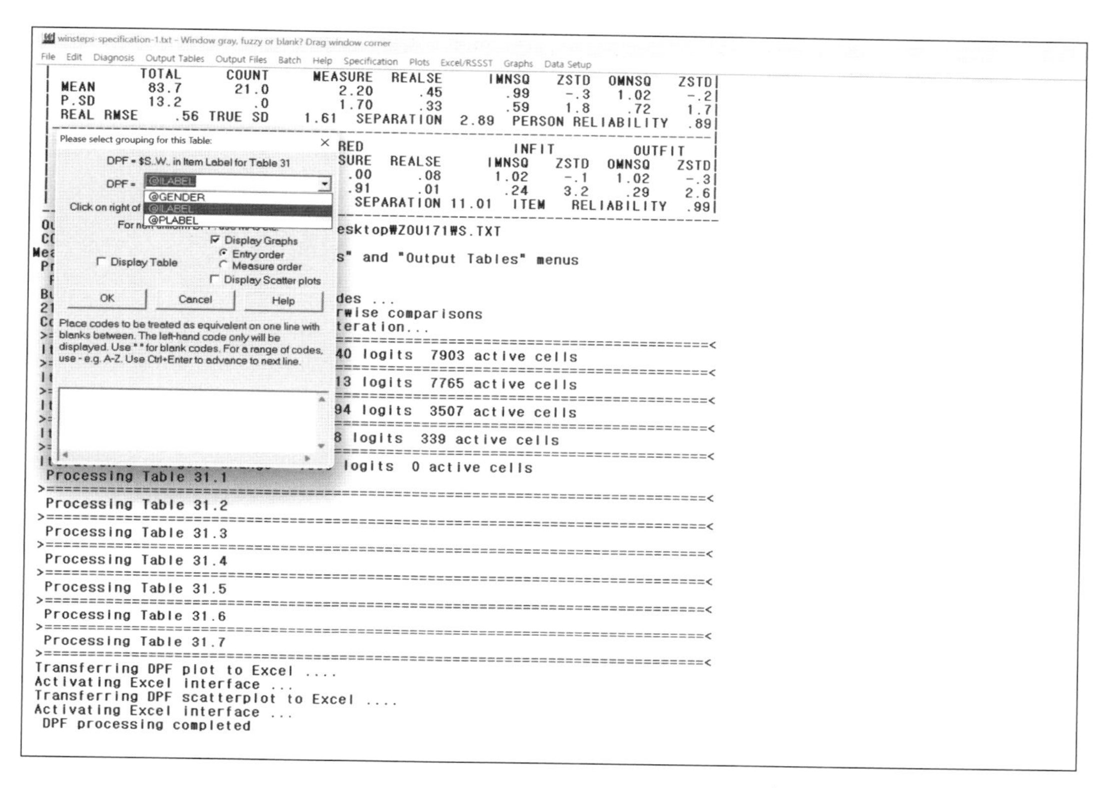

<그림 7-42> DPF 그래프 선택 부분

그리고 그래프가 문항번호 순서대로 나타나게 하기 위해서 [Entry order]를 선택하고 [OK]를 클릭하면 EXCEL 그래프에 형태를 선택하는 창이 나타나고, 응답자 번호가 간명하게 나타나게 하기 위해서는 [Entry number]를 클릭한다. 그러면 다음 **<그림 7-43>**과 같은 EXCEL 그래프가 나타난다. 단 문항수와 응답자수가 많을수록 EXCEL 그래프가 나타나는데 많은 시간(분)이 소요될 수도 있다.

구체적으로 **<그림 7-43>**은 첫 번째 sheet, DIF Measure에 있는 그래프다(첨부된 자료: DPF-plot-1-entry order). 가로축은 응답자 번호를 나타내고, 세로축은 DPF 응답자 속성(능력)을 나타내는 로짓(logits)값이다. 구체적으로 가로축의 응답자 번호는 400명 번호를 다 나타낼 수 없기 때문에 임의로 13번호 간격으로 제시된 것이다. 그리고 세로축의 응답자 속성은 높은 척도(4점 또는 5점)에 많이 응답하는 응답자 일수록 높은 로짓값(높은 진로불안감)이 나타난다.

이 그래프는 21문항에 따른 400명의 응답자 속성이 모두 제시되기 때문에 전반적인 형태로만 해석할 수 있다. 응답자의 속성 대부분이 −5에서 7 범위에 속하는 것을 알 수 있고, 274번

287번 응답자 주변의 응답자들이 상대적으로 높은 진로불안감을 가지고 있는 것을 볼 수 있다. 오른쪽에 나열된 21문항(item1, item10, item11, item12, item13, item14, item15, item16, item17, item18, item19; item2, item20, item21; item3; item4; item5; item6; item7; item8; item9)은 알파벳과 숫자를 고려하여 오름차순으로 정렬된 것이다. 그리고 마지막 *표시된 연두색 X선은 전체 문항들을 대표하는 하나의 추세선이라고 할 수 있다.

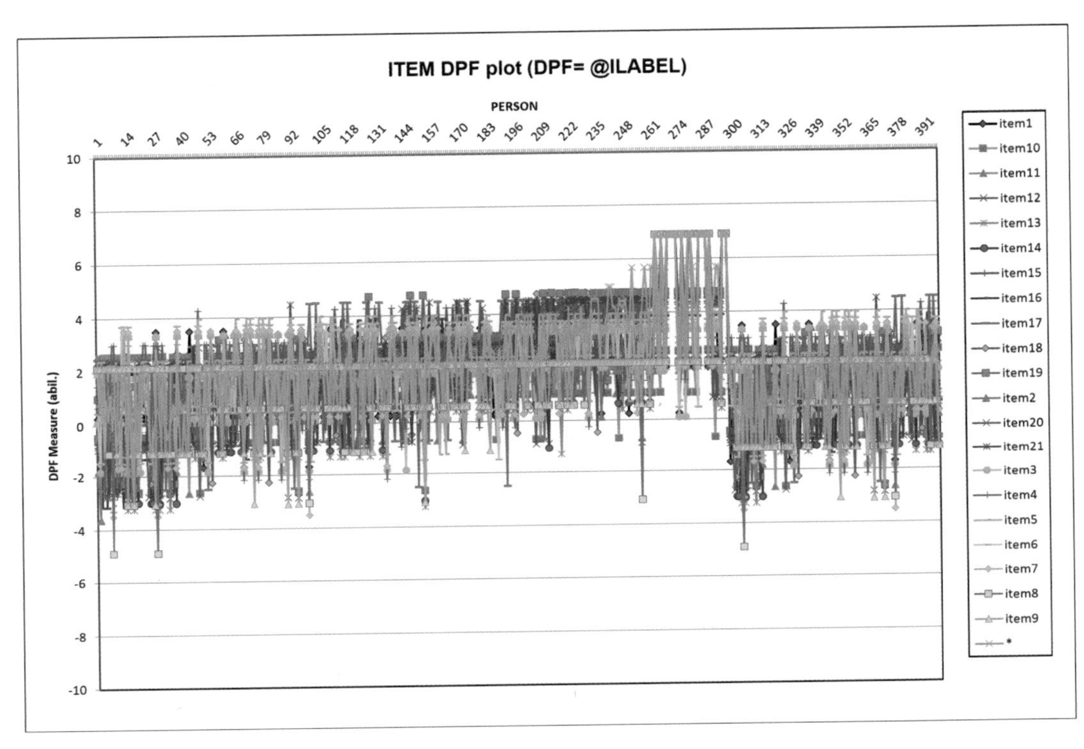

<그림 7-43> 문항에 따른 DPF 그래프

나머지 sheet인 DPF Size, DPF t-value, DPF Score는 세로축 척도만 변경된 것이다. 모두 TABLE 31.2에 값들을 분류하여 EXCEL 플롯으로 나타낸 것이다(첨부된 자료: DPF-table 31.2-1). 이 책에 앞서 첨부한 EXCEL 자료, DIF-graph-1-entry order와 여기서 첨부한 EXCEL 자료, DPF-plot-1-entry order를 비교하면 DIF 그래프와 DPF 그래프를 쉽게 이해할 수 있다.

또한 첨부된 메모장 자료, DPF-table 31.2-1에 TABLE 31.2를 살펴보면, 문항에 따른 응답자의 능력은 모두 유의수준 5%에서 유의한 차이가 없는 것을 볼 수 있다. 즉 400명의 응답자가 21문항에 차별없이 동일하게 반응하는 것을 의미한다. 이 책에 앞서 첨부한 메모장 자료, DIF-gender-1에 TABLE 30.2와 여기에 첨부한 메모장 자료, DPF-table 31.2-1에 TABLE 31.2

를 비교하면, 성별에 따른 차별기능문항과, 문항에 따른 차별기능응답자의 통계적 유의성을 이해할 수 있다. DIF-gender-1에 TABLE 30.2에 대해서는 [알아두기](274쪽) DIF Size, DIF t-value, DIF Score, Item Average 그래프에 자세히 설명되어 있다.

지금까지 DIF, DTF, DPF에 대해 정리하였다. 다음으로 DGF는 Differential Group Functioning의 줄임어로 차별기능집단으로 해석된다. DGF에 특성은 DIF에 집단(성별, 학년 등)과 DPF에 문항의 상호작용(interaction)을 보여주는 것이다. **〈그림 7-41〉**에서 검은색 틀 안에 두 번째 [Plot 33.3 PERSON-ITEM: DGF: DIF & DPF]를 클릭하면 다음 **〈그림 7-44〉**가 나타난다.

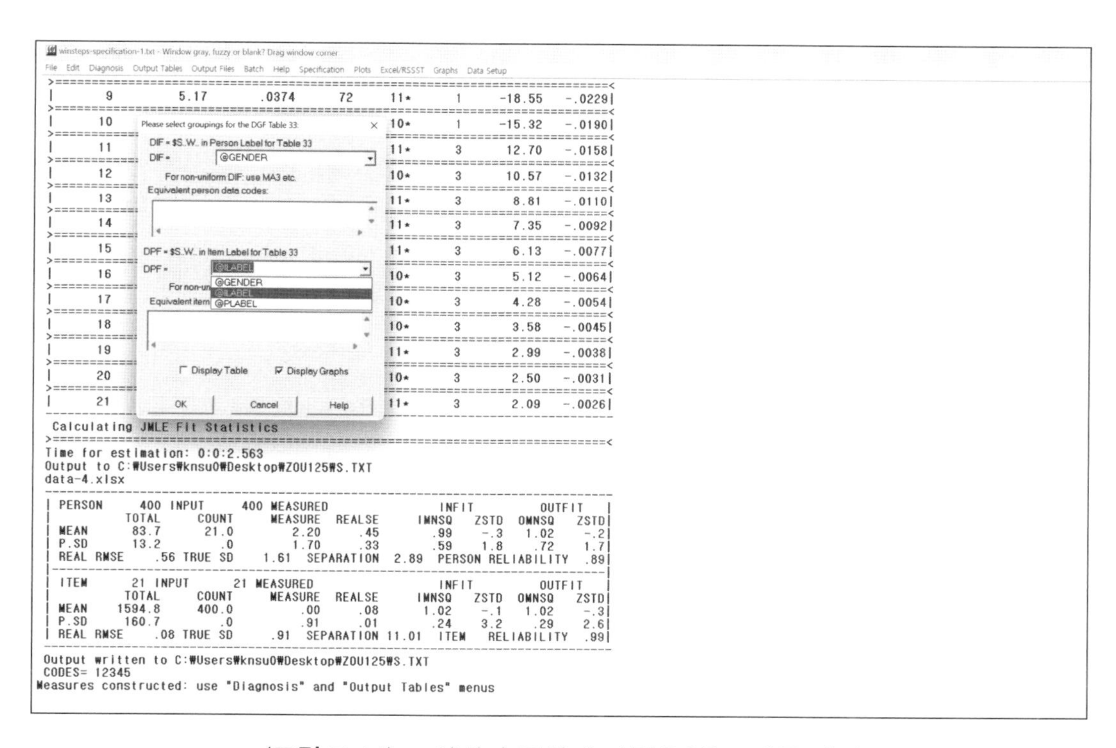

〈그림 7-44〉 성별과 문항에 따른 DGF 그래프 설정

그리고 DIF 집단은 성별을 선택하고(DIF = @GENDER), DPF 집단은 문항을 선택한다(DPF = @ILABEL). 그리고 [OK]를 클릭하면 다음 **〈그림 7-45〉**와 같은 EXCEL 그래프 파일이 나타난다(첨부된 자료: DGF-plot-1). 또한 디폴트로 체크되어 있는 [Display Graphs] 왼쪽에 [Display Table]을 체크하면 다음 **〈그림 7-46〉**과 같은 메모장 TABLE 결과가 동시에 나타난다. 이 메모장 TABLE 결과는 [Output Tables]에서 [33. PERSON-ITEM: DIF & DPF]를 클릭하면 나타나는 메모장 TABLE 결과와 동일하다(첨부된 자료: DGF-gender-item-1).

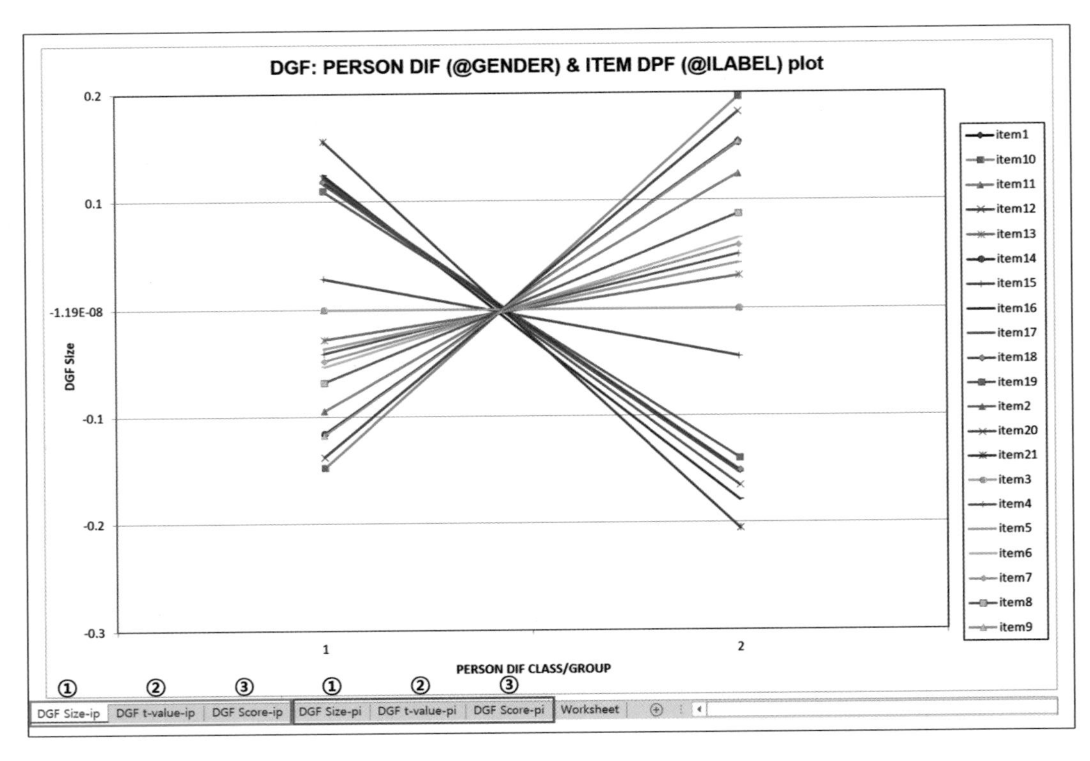

〈그림 7-45〉 성별과 문항에 따른 DGF 그래프

TABLE 33.3 data-4.xlsx ZOU125WS.TXT Jan 16 2023 12:52
INPUT: 400 PERSON 21 ITEM REPORTED: 400 PERSON 21 ITEM 5 CATS WINSTEPS 5.4.0.0

DGF CLASS/GROUP-LEVEL BIAS/INTERACTIONS FOR DIF=@GENDER AND DPF=@ILABEL

PERSON CLASS/GROUP	OBSERVATIONS COUNT	AVERAGE	BASELINE EXPECT	③ DGF SCORE	① DGF SIZE	DGF S.E.	② DGF t	Prob.	ITEM CLASS/GROUP
1	200	2.82	2.76	.06	-.12	.10	-1.21	.2261	item1
1	200	3.30	3.23	.06	-.15	.11	-1.36	.1759	item10
1	200	3.28	3.23	.04	-.09	.11	-.88	.3815	item11
1	200	3.37	3.31	.06	-.14	.11	-1.22	.2231	item12
1	200	3.48	3.48	.01	-.03	.12	-.23	.8162	item13
1	200	3.43	3.39	.04	-.12	.12	-1.00	.3201	item14
1	200	2.32	2.33	-.02	.03	.09	.30	.7642	item15
1	200	2.49	2.56	-.07	.12	.09	1.32	.1886	item16
1	200	2.13	2.20	-.06	.12	.10	1.23	.2220	item17
1	200	2.01	2.07	-.06	.12	.10	1.24	.2176	item18
1	200	2.01	2.07	-.06	.11	.10	1.14	.2548	item19
1	200	2.83	2.83	.00	.00	.10	.00	1.000	item2
1	200	2.28	2.35	-.07	.12	.09	1.29	.1988	item20
1	200	2.13	2.22	-.09	.16	.10	1.64	.1030	item21
1	200	2.85	2.84	.00	.00	.10	.00	1.000	item3
1	200	3.04	3.01	.02	-.04	.10	-.41	.6829	item4
1	200	2.53	2.50	.02	-.04	.09	-.39	.6981	item5
1	200	2.67	2.65	.03	-.05	.10	-.56	.5752	item6
1	200	2.79	2.76	.03	-.05	.10	-.50	.6174	item7
1	200	3.43	3.41	.03	-.07	.12	-.58	.5608	item8
1	200	3.45	3.41	.04	-.12	.12	-1.00	.3207	item9
2	200	3.11	3.17	-.06	.15	.11	1.38	.1688	item1
2	200	3.43	3.50	-.06	.20	.12	1.57	.1174	item10
2	200	3.46	3.50	-.04	.12	.13	.98	.3263	item11
2	200	3.50	3.55	-.05	.18	.13	1.41	.1599	item12
2	200	3.65	3.66	-.01	.03	.14	.21	.8350	item13
2	200	3.56	3.60	-.04	.15	.13	1.15	.2527	item14
2	200	2.87	2.85	.02	-.04	.11	-.41	.6786	item15
2	200	3.10	3.03	.07	-.18	.11	-1.60	.1102	item16
2	200	2.82	2.75	.07	-.15	.11	-1.44	.1516	item17
2	200	2.71	2.64	.07	-.15	.11	-1.43	.1529	item18
2	200	2.70	2.64	.06	-.14	.11	-1.33	.1861	item19
2	200	3.21	3.22	.00	.00	.11	.00	1.000	item2
2	200	2.93	2.86	.07	-.17	.11	-1.53	.1284	item20
2	200	2.86	2.76	.09	-.21	.11	-1.91	.0571	item21
2	200	3.23	3.23	.00	.00	.12	.00	1.000	item3
2	200	3.33	3.35	-.02	.05	.12	.42	.6761	item4
2	200	2.96	2.98	-.02	.04	.11	.38	.7017	item5
2	200	3.06	3.09	-.03	.07	.11	.59	.5574	item6
2	200	3.14	3.17	-.02	.06	.11	.52	.6028	item7
2	200	3.60	3.62	-.02	.09	.14	.64	.5254	item8
2	200	3.58	3.62	-.04	.15	.14	1.14	.2570	item9

TABLE 33.4 data-4.xlsx ZOU125WS.TXT Jan 16 2023 12:52
INPUT: 400 PERSON 21 ITEM REPORTED: 400 PERSON 21 ITEM 5 CATS WINSTEPS 5.4.0.0

DGF CLASS/GROUP-LEVEL BIAS/INTERACTIONS FOR DIF=@GENDER AND DPF=@ILABEL

ITEM CLASS/GROUP	OBSERVATIONS COUNT	AVERAGE	BASELINE EXPECT	③ DGF SCORE	① DGF SIZE	DGF S.E.	② DGF t	Prob.	PERSON CLASS/GROUP
item1	200	2.82	2.76	.06	-.12	.10	-1.21	.2261	1
item1	200	3.11	3.17	-.06	.15	.11	1.38	.1688	2
item10	200	3.30	3.23	.06	-.15	.11	-1.36	.1759	1
item10	200	3.43	3.50	-.06	.20	.12	1.57	.1174	2
item11	200	3.28	3.23	.04	-.09	.11	-.88	.3815	1
item11	200	3.46	3.50	-.04	.12	.13	.98	.3263	2
item12	200	3.37	3.31	.06	-.14	.11	-1.22	.2231	1
item12	200	3.50	3.55	-.05	.18	.13	1.41	.1599	2
item13	200	3.48	3.48	.01	-.03	.12	-.23	.8162	1
item13	200	3.65	3.66	-.01	.03	.14	.21	.8350	2
item14	200	3.43	3.39	.04	-.12	.12	-1.00	.3201	1
item14	200	3.56	3.60	-.04	.15	.13	1.15	.2527	2
item15	200	2.32	2.33	-.02	.03	.09	.30	.7642	1
item15	200	2.87	2.85	.02	-.04	.11	-.41	.6786	2
item16	200	2.49	2.56	-.07	.12	.09	1.32	.1886	1
item16	200	3.10	3.03	.07	-.18	.11	-1.60	.1102	2
item17	200	2.13	2.20	-.06	.12	.10	1.23	.2220	1
item17	200	2.82	2.75	.07	-.15	.11	-1.44	.1516	2
item18	200	2.01	2.07	-.06	.12	.10	1.24	.2176	1
item18	200	2.71	2.64	.07	-.15	.11	-1.43	.1529	2
item19	200	2.01	2.07	-.06	.11	.10	1.14	.2548	1
item19	200	2.70	2.64	.06	-.14	.11	-1.33	.1861	2
item2	200	2.83	2.83	.00	.00	.10	.00	1.000	1
item2	200	3.21	3.22	.00	.00	.11	.00	1.000	2
item20	200	2.28	2.35	-.07	.12	.09	1.29	.1988	1
item20	200	2.93	2.86	.07	-.17	.11	-1.53	.1284	2
item21	200	2.13	2.22	-.09	.16	.10	1.64	.1030	1
item21	200	2.86	2.76	.09	-.21	.11	-1.91	.0571	2
item3	200	2.85	2.84	.00	.00	.10	.00	1.000	1
item3	200	3.23	3.23	.00	.00	.12	.00	1.000	2
item4	200	3.04	3.01	.02	-.04	.10	-.41	.6829	1
item4	200	3.33	3.35	-.02	.05	.12	.42	.6761	2
item5	200	2.53	2.50	.02	-.04	.09	-.39	.6981	1
item5	200	2.96	2.98	-.02	.04	.11	.38	.7017	2
item6	200	2.67	2.65	.03	-.05	.10	-.56	.5752	1
item6	200	3.06	3.09	-.03	.07	.11	.59	.5574	2
item7	200	2.79	2.76	.03	-.05	.10	-.50	.6174	1
item7	200	3.14	3.17	-.02	.06	.11	.52	.6028	2
item8	200	3.43	3.41	.03	-.07	.12	-.58	.5608	1
item8	200	3.60	3.62	-.02	.09	.14	.64	.5254	2
item9	200	3.45	3.41	.04	-.12	.12	-1.00	.3207	1
item9	200	3.58	3.62	-.04	.15	.14	1.14	.2570	2

〈그림 7-46〉 성별과 문항에 따른 DGF 그래프 측정값을 나타내는 TABLE

〈그림 7-45〉가 성별과 문항에 따른 DGF 그래프를 EXCEL 프로그램에 나타낸 것이고, **〈그림 7-46〉**은 **〈그림 7-45〉**에 측정값을 나타내는 TABLE이다. 구체적으로 왼쪽에 TABLE 33.3은 성별(남자: 1, 여자: 2) 숫자를 오름차순으로 정렬한 것이고 오른쪽 TABLE 33.4는 문항 알파벳 숫자를 오름차순으로 정렬한 것이다. 결과는 동일하기 때문에 연구자가 보기 쉬운 TABLE을 보면 된다.

〈그림 7-45〉 아래 빨간색 틀에 ①번은 가로축을 성별로 나타내고 세로축은 **〈그림 7-46〉**에 ①번 DGF SIZE 측정치가 된다. 따라서 성별에 따라 각 21문항의 DGF SIZE가 어떻게 다른지를 볼 수 있다. 그리고 **〈그림 7-45〉** 아래 파란색 틀에 ①번은 가로축을 문항으로 나타내고 세로축은 동일하게 **〈그림 7-46〉**에 ①번 DGF SIZE 측정치가 된다. 따라서 각 21문항에 따라 성별의 DGF SIZE가 어떻게 다른지를 다른 형태 그래프로 볼 수 있다. 그래프 형태는 다르지만 최종 해석은 동일하다.

그리고 **〈그림 7-45〉** 아래 빨간색 틀에 ②번은 가로축을 성별로 나타내고 세로축은 **〈그림 7-46〉**에 ②번 DGF t값이 된다. 따라서 성별에 따라 각 21문항의 DGF t값이 어떻게 다른지를 볼 수 있다. 그리고 **〈그림 7-45〉** 아래 파란색 틀에 ②번은 가로축을 문항으로 나타내고 세로축은 동일하게 **〈그림 7-46〉**에 ②번 DGF t값이 된다. 따라서 각 21문항에 따라 성별의 DGF t값이 어떻게 다른지를 다른 형태 그래프로 볼 수 있다. 최종 해석은 동일하다.

이와같이 **〈그림 7-45〉** 아래 빨간색 틀에 ③번은 가로축을 성별로 나타내고 세로축은 **〈그림 7-46〉**에 ③번 DGF SCORE 값이 된다. 따라서 성별에 따라 각 21문항의 DGF SCORE 값이 어떻게 다른지를 볼 수 있다. 그리고 **〈그림 7-45〉** 아래 파란색 틀에 ③번은 가로축을 문항으로 나타내고 세로축은 동일하게 **〈그림 7-46〉**에 ③번 DGF SOCRE 값이 된다. 따라서 각 21문항에 따라 성별의 DGF SCORE 값이 어떻게 다른지를 다른 형태 그래프로 볼 수 있다. 당연히 최종 해석은 동일하다.

[알아두기]
성별에 따른 DIF vs 성별과 문항에 따른 DGF

앞서 심리측정척도 개발에 많이 적용하는 성별에 따른 DIF 분석에 대해 자세히 설명하였다. 그리고 이번에는 성별과 문항에 따른 DGF를 소개하였다. 목적이 동일하기 때문에 두 결과는 큰 차이가 없게 나타난다. 즉 성별에 따른 DIF 검증 결과와 성별과 문항에 따른 DGF는 매우 유사한 결과가 나타난다. 성별과 문항에 따른 DGF 결과 중 TABLE 33.1(첨부된 자료: DGF-gender-item-1)과 성별에 따른 DIF 결과 중 TABLE 30.1(첨부된 자료: DIF-gender-1)을 비교하면 알 수 있다.

그렇다면 문항이 성별에 차별없이 동일하게 적용되는가를 검증하기 위해서는 DIF와 DGF 중 무엇을 적용해야 되는 것일까? 두 분석 결과에 차이점과 제시해 주는 그래프의 특성을 보고 연구자가 판단하면 된다. 성별과 문항에 따른 DGF 결과 중 TABLE 33.1의 결과와 성별에 따른 DIF 결과 중 TABLE 30.1의 결과는 다음과 같다.

TABLE 33.1 data-4.xlsx ZOU125WS.TXT Jan 16 2023 12:52
INPUT: 400 PERSON 21 ITEM REPORTED: 400 PERSON 21 ITEM 5 CATS WINSTEPS 5.4.0.0

DGF CLASS/GROUP-LEVEL BIAS/INTERACTIONS FOR DIF=@GENDER AND DPF=@ILABEL

PERSON CLASS/GROUP	DGF SCORE	DGF SIZE	DGF S.E.	PERSON CLASS/GROUP	DGF SCORE	DGF SIZE	DGF S.E.	DGF CONTRAST	JOINT S.E.	Rasch-Welch t	d.f.	Prob.	ITEM CLASS/GROUP
1	.06	-.12	.10	2	-.06	.15	.11	-.27	.15	-1.84	395	.0667	item1
1	.06	-.15	.11	2	-.06	.20	.12	-.34	.17	-2.08	396	.0383	item10
1	.04	-.09	.11	2	-.04	.12	.13	-.22	.17	-1.32	395	.1883	item11
1	.06	-.14	.11	2	-.05	.18	.13	-.32	.17	-1.87	396	.0627	item12
1	.01	-.03	.12	2	-.01	.03	.14	-.06	.19	-.31	394	.7574	item13
1	.04	-.12	.12	2	-.04	.15	.13	-.27	.18	-1.52	396	.1294	item14
1	-.02	.03	.09	2	.02	-.04	.11	.07	.14	.51	396	.6103	item15
1	-.07	.12	.09	2	.07	-.18	.11	.30	.15	2.08	395	.0384	item16
1	-.06	.12	.10	2	.07	-.15	.11	.27	.14	1.89	396	.0595	item17
1	-.06	.12	.10	2	.07	-.15	.11	.27	.14	1.89	397	.0590	item18
1	-.06	.11	.10	2	.06	-.14	.11	.25	.14	1.75	397	.0809	item19
1	.00	.00	.10	2	.00	.00	.11	.00	.15	.00	395	1.000	item2
1	-.07	.12	.09	2	.07	-.17	.11	.29	.14	2.00	396	.0464	item20
1	-.09	.16	.10	2	.09	-.21	.11	.36	.14	2.52	396	.0122	item21
1	.00	.00	.10	2	.00	.00	.12	.00	.15	.00	394	1.000	item3
1	.02	-.04	.10	2	-.02	.05	.12	-.09	.16	-.58	395	.5598	item4
1	.02	-.04	.09	2	-.02	.04	.11	-.08	.14	-.54	395	.5865	item5
1	.03	-.05	.10	2	-.03	.07	.11	-.12	.15	-.81	395	.4175	item6
1	.03	-.05	.10	2	-.02	.06	.11	-.11	.15	-.72	395	.4712	item7
1	.03	-.07	.12	2	-.02	.09	.14	-.16	.18	-.86	395	.3891	item8
1	.04	-.12	.12	2	-.04	.15	.14	-.27	.18	-1.51	396	.1315	item9
2	-.06	.15	.11	1	.06	-.12	.10	.27	.15	1.84	395	.0667	item1
2	-.06	.20	.12	1	.06	-.15	.11	.34	.17	2.08	396	.0383	item10
2	-.04	.12	.13	1	.04	-.09	.11	.22	.17	1.32	395	.1883	item11
2	-.05	.18	.13	1	.06	-.14	.11	.32	.17	1.87	396	.0627	item12
2	-.01	.03	.14	1	.01	-.03	.12	.06	.19	.31	394	.7574	item13
2	-.04	.15	.13	1	.04	-.12	.12	.27	.18	1.52	396	.1294	item14
2	.02	-.04	.11	1	-.02	.03	.09	-.07	.14	-.51	396	.6103	item15
2	.07	-.18	.11	1	-.07	.12	.09	-.30	.15	-2.08	395	.0384	item16
2	.07	-.15	.11	1	-.06	.12	.10	-.27	.14	-1.89	396	.0595	item17
2	.07	-.15	.11	1	-.06	.12	.10	-.27	.14	-1.89	397	.0590	item18
2	.06	-.14	.11	1	-.06	.11	.10	-.25	.14	-1.75	397	.0809	item19
2	.00	.00	.11	1	.00	.00	.10	.00	.15	.00	395	1.000	item2
2	.07	-.17	.11	1	-.07	.12	.09	-.29	.14	-2.00	396	.0464	item20
2	.09	-.21	.11	1	-.09	.16	.10	-.36	.14	-2.52	396	.0122	item21
2	.00	.00	.12	1	.00	.00	.10	.00	.15	.00	394	1.000	item3
2	-.02	.05	.12	1	.02	-.04	.10	.09	.16	.58	395	.5598	item4
2	-.02	.04	.11	1	.02	-.04	.09	.08	.14	.54	395	.5865	item5
2	-.03	.07	.11	1	.03	-.05	.10	.12	.15	.81	395	.4175	item6
2	-.02	.06	.11	1	.03	-.05	.10	.11	.15	.72	395	.4712	item7
2	-.02	.09	.14	1	.03	-.07	.12	.16	.18	.86	395	.3891	item8
2	-.04	.15	.14	1	.04	-.12	.12	.27	.18	1.51	396	.1315	item9

TABLE 30.1 data-4.xlsx ZOU443WS.TXT Jun 14 2022 9:53
INPUT: 400 PERSON 21 ITEM REPORTED: 400 PERSON 21 ITEM 5 CATS WINSTEPS 5.2.4.0

DIF class/group specification is: DIF=$S1W1

PERSON CLASS/	Obs-Exp Average	DIF MEASURE	DIF S.E.	PERSON CLASS/	Obs-Exp Average	DIF MEASURE	DIF S.E.	DIF CONTRAST	JOINT S.E.	Rasch-Welch t	d.f.	Prob.	Mantel Chi-squ	Prob.	Size CUMLOR	Active Slices	ITEM Number	Name
1	.06	.00	.10	2	-.07	.28	.11	-.28	.15	-1.86	366	.0631	1.9135	.1666	-.34	41	1	item1
1	.00	-.01	.10	2	.00	-.01	.11	.00	.15	.00	362	1.000	.3522	.5528	-.15	41	2	item2
1	.00	-.04	.10	2	.00	-.04	.12	.00	.15	.00	362	1.000	1.0154	.3136	-.26	41	3	item3
1	.02	-.41	.10	2	-.02	-.32	.12	-.09	.16	-.60	362	.5520	2.1698	.1407	-.37	41	4	item4
1	.02	.54	.09	2	-.02	.62	.11	-.08	.14	-.57	366	.5683	.2202	.6389	.12	41	5	item5
1	.03	.27	.10	2	-.03	.39	.11	-.12	.15	-.83	365	.4053	.5528	.4572	-.18	41	6	item6
1	.03	.07	.10	2	-.03	.18	.11	-.11	.15	-.74	364	.4604	1.6025	.2055	-.32	41	7	item7
1	.03	-1.33	.12	2	-.03	-1.17	.14	-.16	.18	-.87	364	.3861	.2871	.5921	-.16	41	8	item8
1	.04	-1.37	.12	2	-.05	-1.10	.14	-.27	.18	-1.52	367	.1301	1.6467	.1994	-.40	41	9	item9
1	.06	-.97	.11	2	-.07	-.63	.12	-.34	.17	-2.09	367	.0377	.3769	.5393	-.17	41	10	item10
1	.04	-.93	.11	2	-.04	-.71	.13	-.22	.17	-1.32	365	.1876	1.4401	.2301	-.34	41	11	item11
1	.06	-1.16	.11	2	-.06	-.84	.13	-.32	.17	-1.87	368	.0618	1.5197	.2177	-.35	41	12	item12
1	.01	-1.47	.12	2	-.01	-1.41	.14	-.06	.19	-.31	361	.7537	.0576	.8103	.08	41	13	item13
1	.04	-1.32	.12	2	-.05	-1.04	.13	-.27	.18	-1.53	367	.1265	.5055	.4771	-.22	41	14	item14
1	-.02	.91	.09	2	.02	.85	.11	.07	.14	.47	368	.6367	1.2054	.2723	.27	41	15	item15
1	-.07	.59	.09	2	.08	.29	.11	.30	.15	2.06	363	.0405	3.0573	.0804	.45	41	16	item16
1	-.06	1.24	.10	2	.07	.97	.11	.26	.14	1.85	369	.0655	2.3846	.1225	.36	41	17	item17
1	-.06	1.47	.10	2	.07	1.21	.11	.26	.14	1.84	371	.0663	2.5433	.1108	.40	41	18	item18
1	-.06	1.46	.10	2	.07	1.22	.11	.24	.14	1.70	371	.0897	1.6128	.2041	.34	41	19	item19
1	-.07	.98	.09	2	.08	.69	.11	.28	.14	1.97	367	.0498	2.2077	.1373	.36	41	20	item20
1	-.09	1.24	.10	2	.10	.88	.11	.36	.14	2.48	369	.0136	3.8220	.0506	.48	41	21	item21
2	-.07	.28	.11	1	.06	.00	.10	.28	.15	1.86	366	.0631	1.9135	.1666	.34	41	1	item1
2	.00	-.01	.11	1	.00	-.01	.10	.00	.15	.00	362	1.000	.3522	.5528	.15	41	2	item2
2	.00	-.04	.12	1	.00	-.04	.10	.00	.15	.00	362	1.000	1.0154	.3136	.26	41	3	item3
2	-.02	-.32	.12	1	.02	-.41	.10	.09	.16	.60	362	.5520	2.1698	.1407	.37	41	4	item4
2	-.02	.62	.11	1	.02	.54	.09	.08	.14	.57	366	.5683	.2202	.6389	-.12	41	5	item5
2	-.03	.39	.11	1	.03	.27	.10	.12	.15	.83	365	.4053	.5528	.4572	.18	41	6	item6
2	-.03	.18	.11	1	.03	.07	.10	.11	.15	.74	364	.4604	1.6025	.2055	.32	41	7	item7
2	-.03	-1.17	.14	1	.03	-1.33	.12	.16	.18	.87	364	.3861	.2871	.5921	.16	41	8	item8
2	-.05	-1.10	.14	1	.04	-1.37	.12	.27	.18	1.52	367	.1301	1.6467	.1994	.40	41	9	item9
2	-.07	-.63	.12	1	.06	-.97	.11	.34	.17	2.09	367	.0377	.3769	.5393	.17	41	10	item10
2	-.04	-.71	.13	1	.04	-.93	.11	.22	.17	1.32	365	.1876	1.4401	.2301	.34	41	11	item11
2	-.06	-.84	.13	1	.06	-1.16	.11	.32	.17	1.87	368	.0618	1.5197	.2177	.35	41	12	item12
2	-.01	-1.41	.14	1	.01	-1.47	.12	.06	.19	.31	361	.7537	.0576	.8103	-.08	41	13	item13
2	-.05	-1.04	.13	1	.04	-1.32	.12	.27	.18	1.53	367	.1265	.5055	.4771	.22	41	14	item14
2	.02	.85	.11	1	-.02	.91	.09	-.07	.14	-.47	368	.6367	1.2054	.2723	-.27	41	15	item15
2	.08	.29	.11	1	-.07	.59	.09	-.30	.15	-2.06	363	.0405	3.0573	.0804	-.45	41	16	item16
2	.07	.97	.11	1	-.06	1.24	.10	-.26	.14	-1.85	369	.0655	2.3846	.1225	-.36	41	17	item17
2	.07	1.21	.11	1	-.06	1.47	.10	-.26	.14	-1.84	371	.0663	2.5433	.1108	-.40	41	18	item18
2	.07	1.22	.11	1	-.06	1.46	.10	-.24	.14	-1.70	371	.0897	1.6128	.2041	-.34	41	19	item19
2	.08	.69	.11	1	-.07	.98	.09	-.28	.14	-1.97	367	.0498	2.2077	.1373	-.36	41	20	item20
2	.10	.88	.11	1	-.09	1.24	.10	-.36	.14	-2.48	369	.0136	3.8220	.0506	-.48	41	21	item21

DGF 결과에 비해 DIF 결과가 더 상세하게 제시된 것을 볼 수 있다. 즉 DGF 결과는 Rasch-Welch t 검정 결과만으로 성별에 따른 차별기능집단(차별기능문항)을 판별할 수 있는데 비해, DIF 결과는 Rasch-Welch t검정 결과뿐만 아니라 Mantel Chi-squre 검정 결과와 Size CUMLOR 검정 결과를 포함해서 성별에 따른 차별기능문항을 판별할 수 있다.

Rasch-Welch t검정 결과만으로 판단하면, 성별과 문항에 따른 DGF 결과와 성별에 따른 DIF 결과는 유의수준 5%에서 동일하게 문항 10번, 문항 16번, 문항 20번, 문항 21번인 것을 알 수 있다. 만일 연구자가 성별에 따른 차별기능문항을 추출을 Rasch-Welch t검정만으로도 충분하다고 판단하면, DIF와 DGF 중에서 어떤 것을 적용해도 최종 결과는 동일하다.

마지막으로 **<그림 7-41>**(332쪽)에 검은색 틀 세 번째, [Plot 45 PERSON measures after each ITEM]은 [Output Tables]에 [45 PERSON incremental Measures]에서 나타나는 표에 일부분을 EXCEL 그래프로 나타낸다. 이 EXCEL 그래프는 각 문항에 대한 응답자의 속성을 추정하는 그래프로 분석에 응답자 수는 250명으로 제한한다. 따라서 이 그래프는 우선적으로 연구자가 분석하고자 하는 응답자를 250명 이내로 선택하여야 한다. 그리고 선택된 응답자들이 각 문항에 대해서 순차적으로 어느 정도 속성이 변화되는지 비교할 수 있는 그래프라고 할 수 있다.

현실적으로 척도 개발 연구보다는 소수의 응답자들이 각 문항에 대해서 문항 번호 순서대로 응답자 속성(능력)이 어떻게 달라지는지를 탐색하는 연구에 적절한 분석이라고 할 수 있다. 따라서 winsteps-specification-1 설계서를 다음 **〈그림 7-47〉**과 같이 수정하였다. 구체적으로 왼쪽 설계서가 winsteps-specification-1 설계서이고, 오른쪽 설계서에 표시한 부분이 왼쪽 설계서에 추가 및 수정된 부분이다(첨부된 자료: winsteps-specification-1-person incremental). 구체적으로 오른쪽 설계서에 명령어 PDELETE=+1−10을 추가하였다. 이 명령어에 의미는 첫 줄부터 10명의 응답자만을 선택해서 분석하라는 명령어다. 따라서 아래 표시한 응답자 10명만 분석에 적용된다. 그리고 선택된 10명은 남자 1로 코딩되어 있던 것을 알파벳 A, B, C, D, E, F, G, H, I, J로 수정하였다. 그 이유는 생성되는 EXCEL 그래프에서 문항 번호가 증가함에 따라 어떤 응답자의 속성이 어떻게 변화하는지를 알아보기 위해서다.

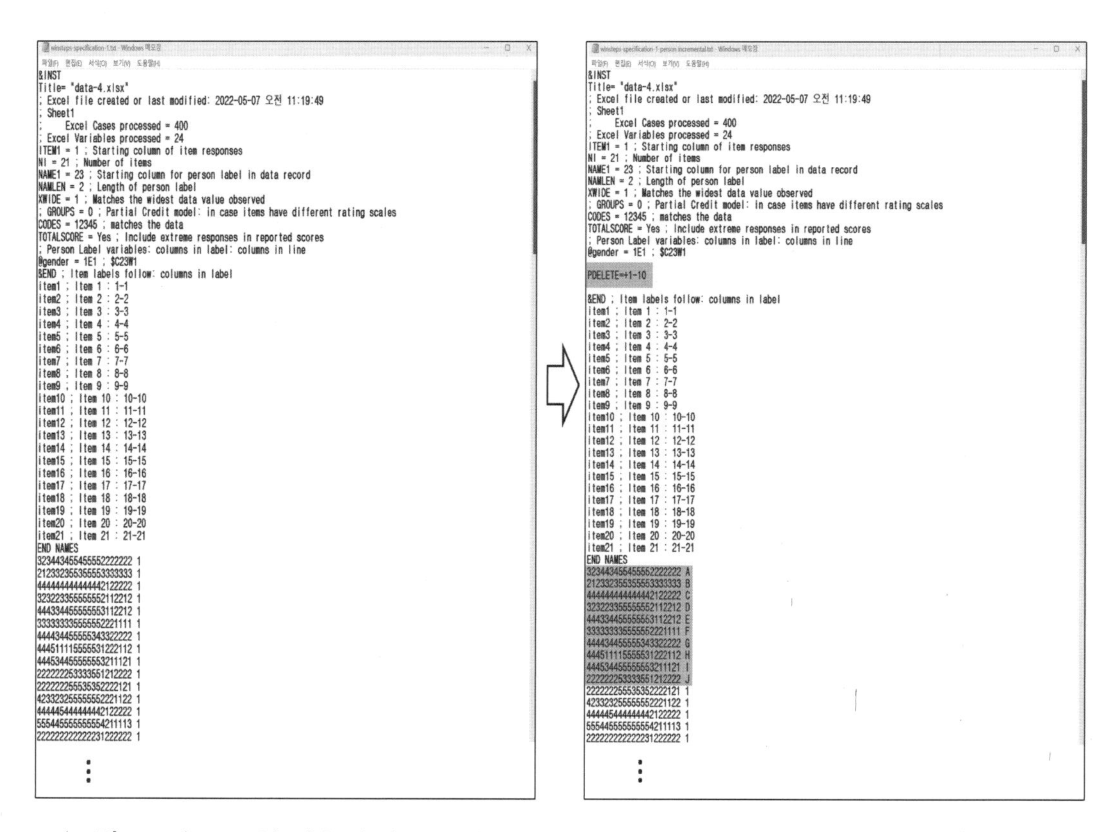

```
winsteps-specification-1.txt - Windows 메모장
파일(F) 편집(E) 서식(O) 보기(V) 도움말(H)
&INST
Title= "data-4.xlsx"
; Excel file created or last modified: 2022-05-07 오전 11:19:49
; Sheet1
;     Excel Cases processed = 400
; Excel Variables processed = 24
ITEM1 = 1 ; Starting column of item responses
NI = 21 ; Number of items
NAME1 = 23 ; Starting column for person label in data record
NAMLEN = 2 ; Length of person label
XWIDE = 1 ; Matches the widest data value observed
; GROUPS = 0 ; Partial Credit model: in case items have different rating scales
CODES = 12345 ; matches the data
TOTALSCORE = Yes ; Include extreme responses in reported scores
; Person Label variables: columns in label: columns in line
@gender = 1E1 ; $C23W1
&END ; Item labels follow: columns in label
item1 ; Item 1 : 1-1
item2 ; Item 2 : 2-2
item3 ; Item 3 : 3-3
item4 ; Item 4 : 4-4
item5 ; Item 5 : 5-5
item6 ; Item 6 : 6-6
item7 ; Item 7 : 7-7
item8 ; Item 8 : 8-8
item9 ; Item 9 : 9-9
item10 ; Item 10 : 10-10
item11 ; Item 11 : 11-11
item12 ; Item 12 : 12-12
item13 ; Item 13 : 13-13
item14 ; Item 14 : 14-14
item15 ; Item 15 : 15-15
item16 ; Item 16 : 16-16
item17 ; Item 17 : 17-17
item18 ; Item 18 : 18-18
item19 ; Item 19 : 19-19
item20 ; Item 20 : 20-20
item21 ; Item 21 : 21-21
END NAMES
323443455455552222222 1
212332355355553333333 1
444444444444442122222 1
323223355555552112212 1
444334455555553112212 1
333333335555552221111 1
444434455555343322222 1
444511115555531222112 1
444534455555553211121 1
222222253333551212222 1
222222255535352222121 1
423323255555552221122 1
444445444444442122222 1
555445555555554211113 1
222222222222231222222 1
⋮
```

```
winsteps-specification-1-person incremental.txt - Windows 메모장
파일(F) 편집(E) 서식(O) 보기(V) 도움말(H)
&INST
Title= "data-4.xlsx"
; Excel file created or last modified: 2022-05-07 오전 11:19:49
; Sheet1
;     Excel Cases processed = 400
; Excel Variables processed = 24
ITEM1 = 1 ; Starting column of item responses
NI = 21 ; Number of items
NAME1 = 23 ; Starting column for person label in data record
NAMLEN = 2 ; Length of person label
XWIDE = 1 ; Matches the widest data value observed
; GROUPS = 0 ; Partial Credit model: in case items have different rating scales
CODES = 12345 ; matches the data
TOTALSCORE = Yes ; Include extreme responses in reported scores
; Person Label variables: columns in label: columns in line
@gender = 1E1 ; $C23W1

PDELETE=+1-10

&END ; Item labels follow: columns in label
item1 ; Item 1 : 1-1
item2 ; Item 2 : 2-2
item3 ; Item 3 : 3-3
item4 ; Item 4 : 4-4
item5 ; Item 5 : 5-5
item6 ; Item 6 : 6-6
item7 ; Item 7 : 7-7
item8 ; Item 8 : 8-8
item9 ; Item 9 : 9-9
item10 ; Item 10 : 10-10
item11 ; Item 11 : 11-11
item12 ; Item 12 : 12-12
item13 ; Item 13 : 13-13
item14 ; Item 14 : 14-14
item15 ; Item 15 : 15-15
item16 ; Item 16 : 16-16
item17 ; Item 17 : 17-17
item18 ; Item 18 : 18-18
item19 ; Item 19 : 19-19
item20 ; Item 20 : 20-20
item21 ; Item 21 : 21-21
END NAMES
323443455455552222222 A
212332355355553333333 B
444444444444442122222 C
323223355555552112212 D
444334455555553112212 E
333333335555552221111 F
444434455555343322222 G
444511115555531222112 H
444534455555553211121 I
222222253333551212222 J
222222255535352222121 1
423323255555552221122 1
444445444444442122222 1
555445555555554211113 1
222222222222231222222 1
⋮
```

〈그림 7-47〉 문항 번호에 따른 응답자 속성 변화를 보기 위한 winsteps-specification-1 설계서 변경

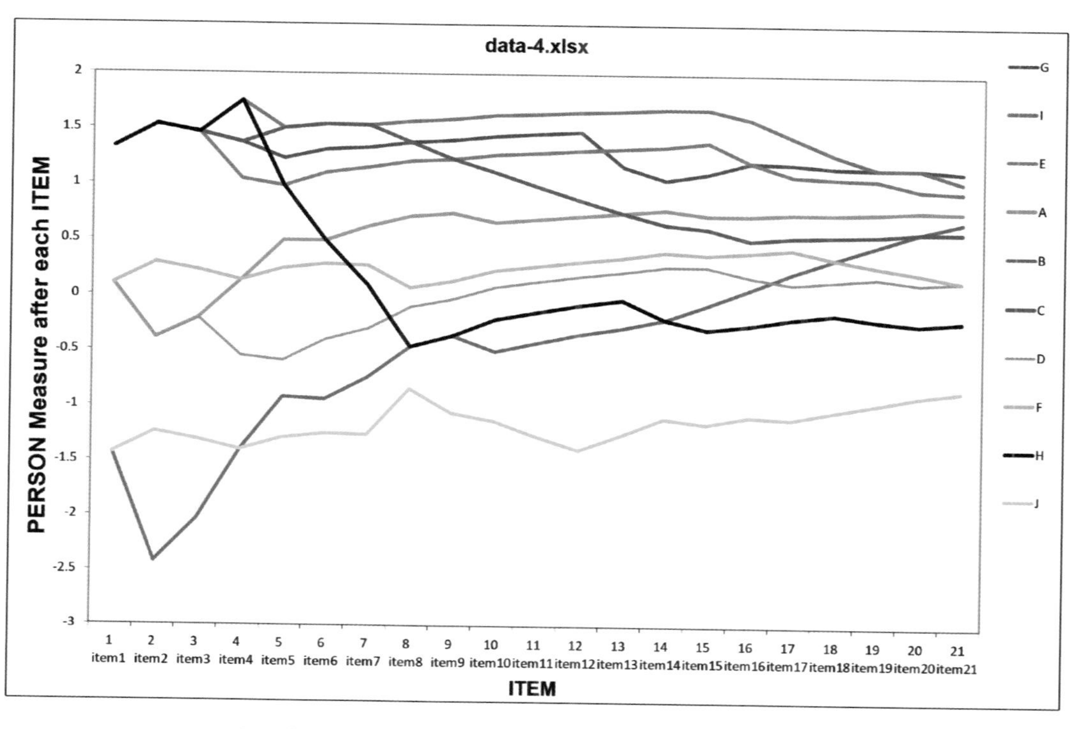

<그림 7-48> 문항에 따른 응답자 속성 변화 그래프

<그림 7-41>에 검은색 틀 마지막 [Plot 45 PERSON measures after each ITEM]을 클릭하면, [Please select out put for Table 45]라는 작은 창이 나타나고, 선택된 디폴트로 [OK]를 클릭하면 다음 **<그림 7-48>**과 같은 EXCEL 그래프가 나타난다(첨부된 자료: person-plot-incremental-1).

가로축은 문항 번호를 순서대로 나타내고, 세로축은 응답자들의 속성(진로불안감)을 나타낸다. 그리고 오른쪽에 10명의 응답자가 G, I, E, A, B, C, D, F, H, J 순서로 나타난 것은 응답의 총합 속성순서다. 즉 G 응답자가 문항 1번부터 문항 21번까지 상대적으로 높은 척도에 많이 응답한 것이고(진로불안감 높음), J 응답자가 상대적으로 낮은 척도에 많이 응답한 것이다(진로불안감 낮음). 그러나 전체 문항응답에 총합점수 순서이기 때문에 G 응답자 그래프가 모든 문항에서 가장 높이 있고, J 응답자 그래프가 가장 낮게 있는 것은 아니다. 전반적으로 크게 변화된 응답자를 해석하면 응답자 B(연한 파란색 선)가 문항 2번에서 가장 낮은 진로불안감 척도에 응답하였고, 문항 번호가 증가할수록 높은 진로불안감 척도에 응답하는 패턴을 볼 수 있다. 그리고 응답자 H(검정색 선)가 문항 4번에서 가장 높은 가장 높은 진로불안감 척도에 응답하였고, 문항 번호 5번부터 크게 낮은 척도에 응답하다가 문항 9번부터 큰 변화없이 중간정도 척도에 응답하는 것을 볼 수 있다.

8 WINSTEPS 프로그램과 R 프로그램

WINSTEPS 프로그램에서 그래프 버튼([Graphs])과 플롯 버튼([Plots])의 차이점은 [Graphs]는 WINSTEPS 프로그램 내에서 나타나는 도표를 의미하고, [Plots]는 WINSTEPS 프로그램 외에 다른 프로그램에서 나타나는 도표를 의미한다. 앞서 소개한 **〈그림 7-33〉**(316쪽)에 표시한 검은색 틀 부분은 모두 EXCEL 프로그램으로 나타나는 도표들이다. 그리고 다음 **〈그림 8-1〉**에 표시한 검은색 틀 부분은 모두 R 프로그램으로 나타나는 도표들이다(winsteps-specification-2 실행).

```
winsteps-specification-2.txt - Window gray, fuzzy or blank? Drag window corner
File  Edit  Diagnosis  Output Tables  Output Files  Batch  Help  Specification  Plots  Excel/RSSST  Graphs  Data Setup

|  11    4.15   .0317   10   Plotting problems?                                 0197|
|  12    3.47   .0267   10   Compare statistics: Scatterplot                    0165|
|  13    2.90   .0224   10   Bubble chart (Pathway)                             0139|
|  14    2.44   .0188   10   Construct Alley                                    0117|
|  15    2.05   .0158   10   KeyForm Plot - Horizontal                          0099|
|  16    1.72   .0134   10   KeyForm Plot - Vertical                            0083|
|  17    1.45   .0113   10   Plot 23.6 PERSON measures for ITEM clusters        0070|
|  18    1.22   .0096   10   Plot 30.2 ITEM: DIF                                0059|
|  19    1.03   .0080   10   Plot 31.2 PERSON: DPF                              0050|
                             Plot 33.3 PERSON-ITEM: DGF: DIF & DPF
                             Plot 45 PERSON measures after each ITEM
                             WrightMap R Statistics
                             Histogram                >
                             2D x-y Scatterplot       >
                             3D x-y-z Scatterplot     >
                             Principal Components + Factor Analysis
|  20     .87   .0068  106   11*   3   3.00   -.0042|
|  21     .73   .0057  106   11*   3   2.54   -.0036|
|  22     .62   .0049  106   10*   3   2.14   -.0030|
-------------------------------------------------------
 Calculating JMLE Fit Statistics
>=====================================================<
Time for estimation: 0:0:2.812
Output to C:\Users\knsu0\Desktop\ZOU703\S.TXT
data-5.xlsx
--------------------------------------------------------------------------------
| PERSON     400 INPUT      400 MEASURED                INFIT         OUTFIT   |
|          TOTAL       COUNT      MEASURE  REALSE    IMNSQ   ZSTD  OMNSQ   ZSTD|
| MEAN      75.9        19.0         2.33     .48      .98    -.3   1.00    -.2|
| P.SD      12.1          .0         1.79     .34      .62    1.8    .74    1.7|
| REAL RMSE      .59 TRUE SD    1.69  SEPARATION  2.86 PERSON RELIABILITY  .89|
|------------------------------------------------------------------------------|
| ITEM       19 INPUT       19 MEASURED                 INFIT         OUTFIT   |
|          TOTAL       COUNT      MEASURE  REALSE    IMNSQ   ZSTD  OMNSQ   ZSTD|
| MEAN    1597.6       400.0          .00     .08     1.03     .0   1.00    -.5|
| P.SD     158.5          .0          .96     .01      .25    3.1    .20    2.0|
| REAL RMSE      .09 TRUE SD     .95  SEPARATION 11.16 ITEM   RELIABILITY  .99|
--------------------------------------------------------------------------------
 Output written to C:\Users\knsu0\Desktop\ZOU703\S.TXT
 CODES= 12345
Measures constructed: use "Diagnosis" and "Output Tables" menus
Writing Category/Option/Distractor File: C:\Users\knsu0\AppData\Local\Temp\51-703\S.txt
 R Statistics launched
```

〈그림 8-1〉 WINSTEPS 플롯 선택 부분 (R 프로그램 그래프)

8-1) R 프로그램 연결

R 프로그램으로 그래프가 나타나게 하려면 R 프로그램을 설치해야 한다. 구글에서 검색창에 "R"만 타이핑하고 엔터를 누르면 R 프로그램을 설치할 수 있는 사이트들이 검색된다. 그 중에서 윈도우를 사용하는 연구자는 R-4.2.2 for Windows를 클릭하고 나타나는 첫 행의 Download R-4.2.2 for Windows를 클릭하면 R 프로그램을 무료로 다운받고 설치할 수 있다. 설치하는 방법은 다운받은 프로그램을 실행하고, 변경없이 계속해서 [다음] 버튼을 클릭하면 쉽게 설치가 완료되고 바탕화면에 R 프로그램 아이콘이 나타난다. 당연히 R-4.2.2 for Windows 보다 더 업그레이드된 R 프로그램을 설치해도 무방하다.

이렇게 설치가 완료되면 WINSTEPS 프로그램과 R 프로그램을 연결시켜야 한다. 그러기 위해서는 당연히 WINSTEPS 프로그램은 설치가 되어 있어야 하고, 바탕화면에 나타난 R 프로그램 아이콘을 실행한다. 그러면 다음 **<그림 8-2>**가 나타난다.

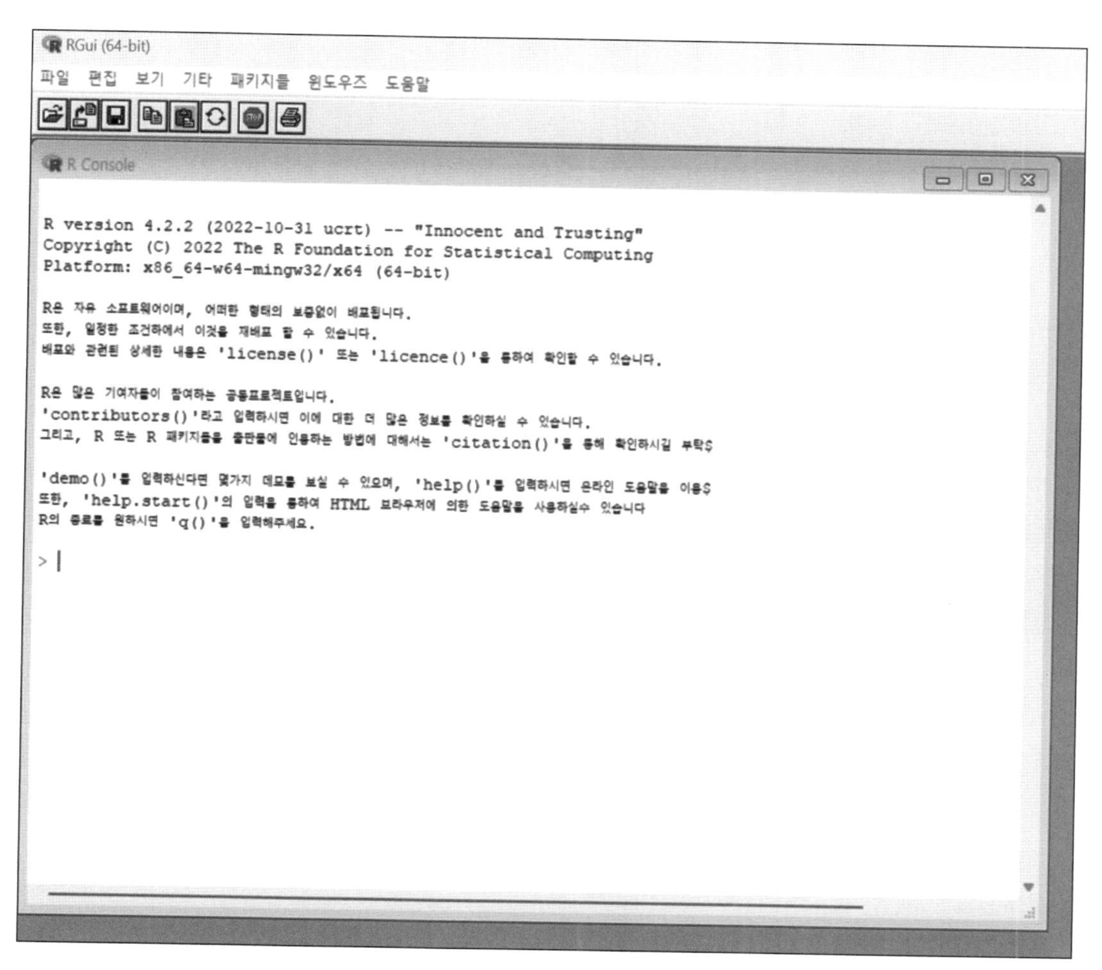

<그림 8-2> R 프로그램 실행 시 나타나는 첫 창

첫 번째 행에 [패키지들]을 클릭하면 나타나는 창에서 [패키지(들) 설치하기...]을 클릭한다. 그러면 다음 **<그림 8-3>**과 같은 창이 나타난다. WINSTEPS와 연결되는 패키지가 있는 국가를 선택하면 된다. 우리나라 Korea를 찾아서 선택해도 되지만, 바로 보이는 두 번째 행 Australia를 선택하고 [OK]를 클릭해도 WINSTEPS와 연결되는 동일한 패키지를 찾을 수 있다. 따라서 **<그림 8-3>**과 같이 Australia를 선택하고 [OK]를 클릭하면, 다음 **<그림 8-4>**와 같이 패키지를 선택하는 창이 나타난다.

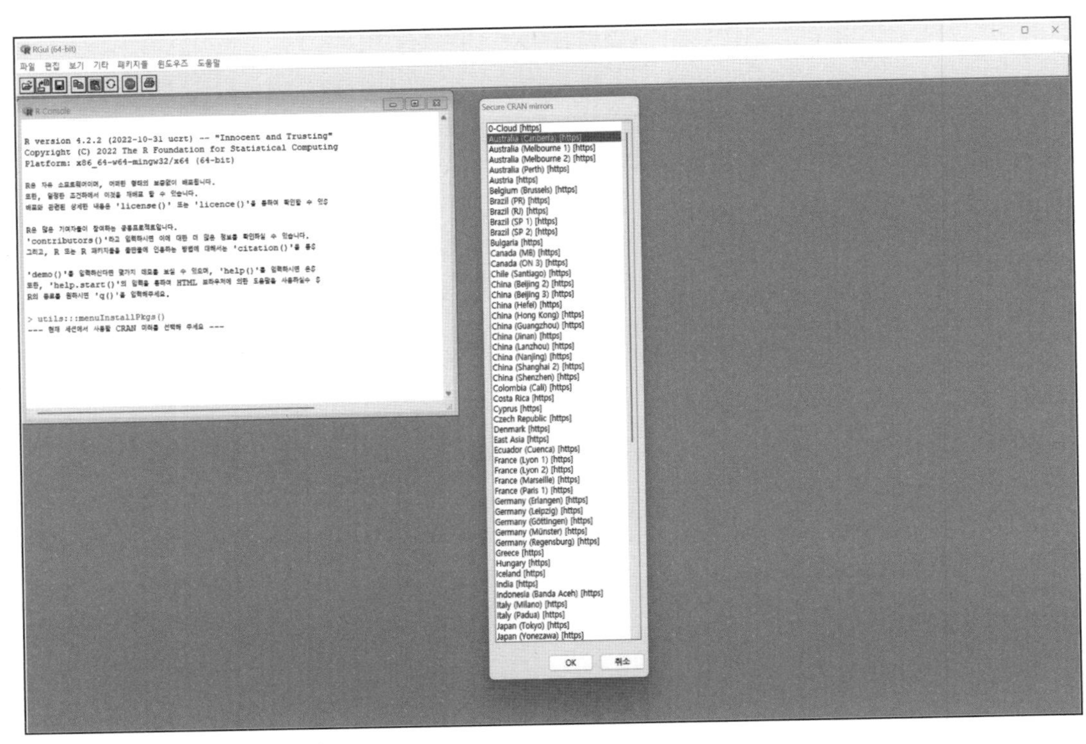

〈그림 8-3〉 R 프로그램 패키지 설치를 위한 선택 창

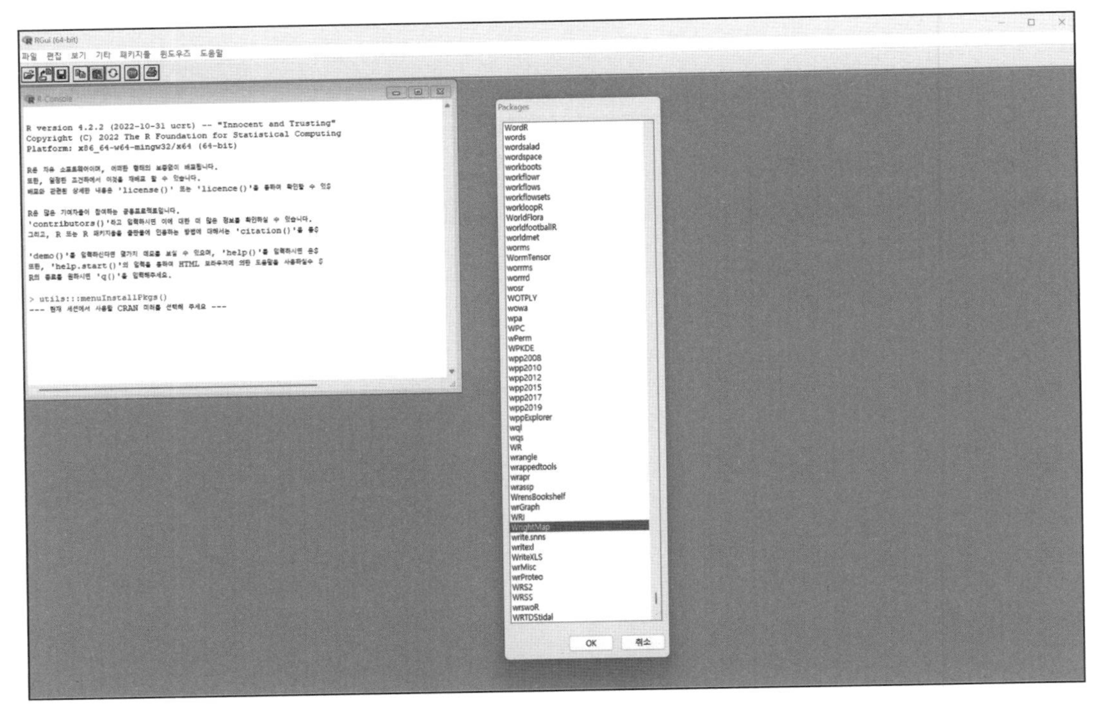

〈그림 8-4〉 R 프로그램에서 WrightMap 패키지 선택

WINSTEPS 프로그램과 연결되는 패키지가 바로 [WrightMap]이다. 따라서 **〈그림 8-4〉**와 같이 [WrightMap]을 찾아 선택하고, [OK]를 클릭하면 다음 **〈그림 8-5〉**에 좌측 그림과 같이 실행되고, 우측 그림에 검은색 틀 내용이 나타나면 [WrightMap] 패키지 설치가 완료된 것이다.

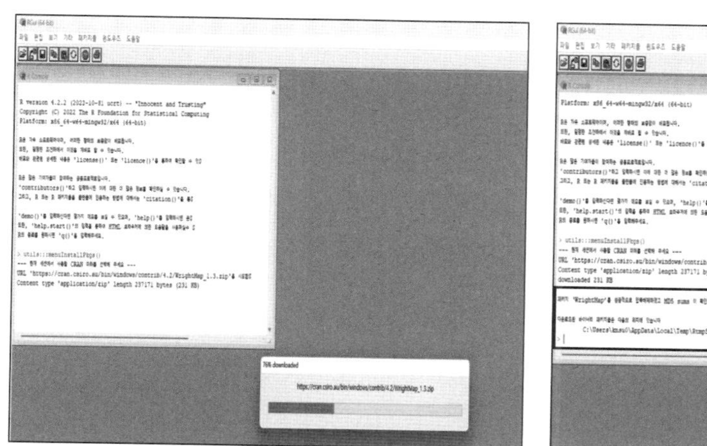

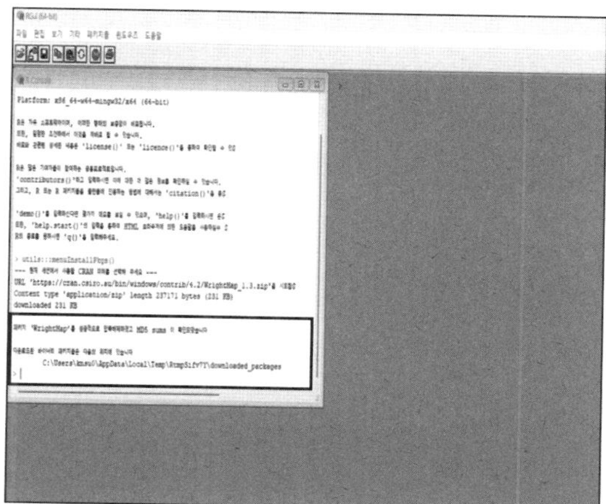

〈그림 8-5〉 R 프로그램에서 WrightMap 패키지 설치 완료

이렇게 R 프로그램 설치와 [WrightMap] 패키지 설치가 완료되면, WINSTEPS 프로그램은 자동으로 R 프로그램 설치 경로를 탐색하고 연결되어진다. 잘 연결되었는지를 확인하기 위해서는 [Edit]에서 [Edit Initial Settings]를 클릭하면 다음 **〈그림 8-6〉**과 같은 창이 나타난다.

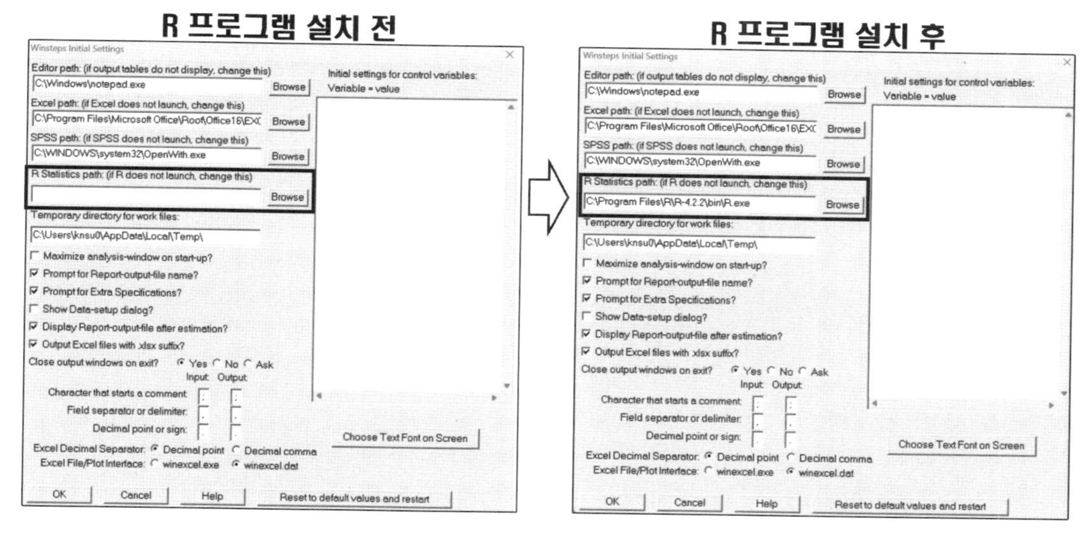

〈그림 8-6〉 WINSTEPS 프로그램에 R 프로그램 연결 확인

구체적으로 **<그림 8-6>**에 좌측 그림은 R 프로그램 설치되기 전에 [Edit Initial Settings]를 클릭하면 나타나는 창이고, 우측 그림은 R 프로그램이 설치된 후에 [Edit Initial Settings]를 클릭하면 나타나는 창이다. R 프로그램을 설치한 후에는 검은색 틀로 표시한 구간에 R 프로그램이 설치된 경로가 자동으로 생성되어 있는 것을 볼 수 있다.

8-2) WINSTEPS 프로그램을 통한 R 프로그램 그래프 생성

<그림 8-1>(344쪽)에서 검은색 틀안에 첫 번째 [WrightMap R statistics]를 클릭하면 다음 **<그림 8-7>**이 나타난다. 우선 디폴트로 설정된 상태에서 왼쪽 아래 검은색 틀로 표시한 [Wright Map]을 클릭하면 R 프로그램으로 다음 **<그림 8-8>**이 나타난다.

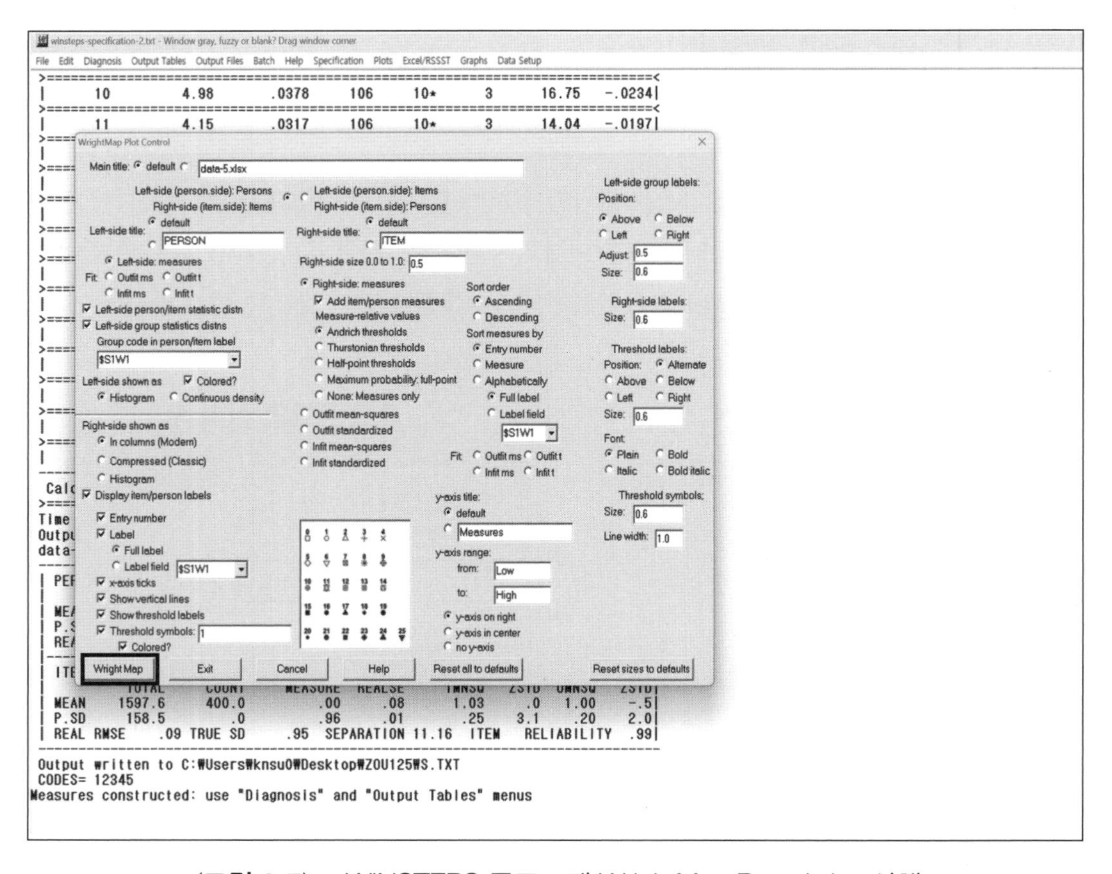

<그림 8-7> WINSTEPS 프로그램 WrightMap R statistics 실행

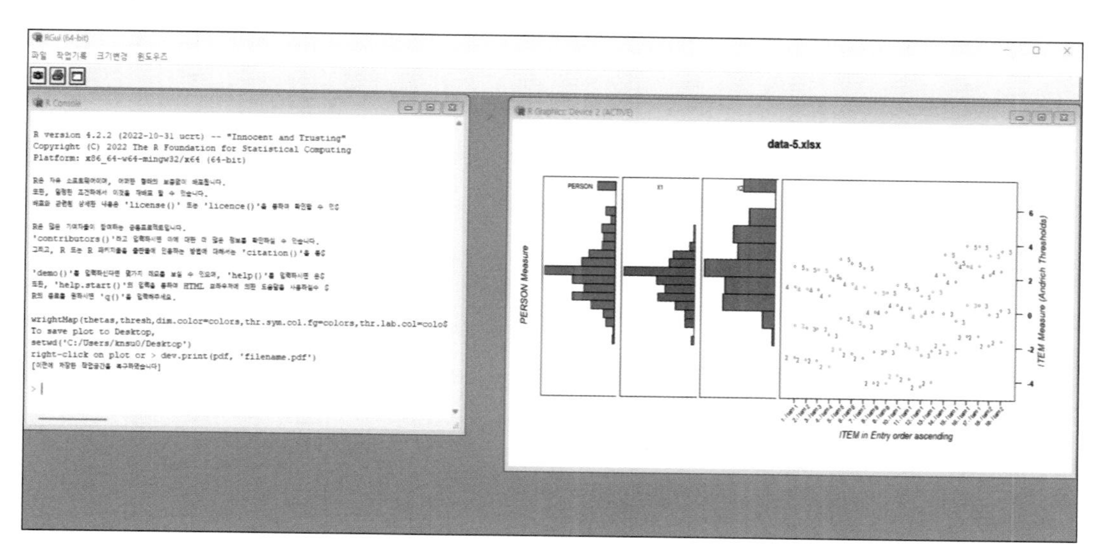

〈그림 8-8〉 WINSTEPS 프로그램 Wright Map 실행 후 R 프로그램 그래프 결과

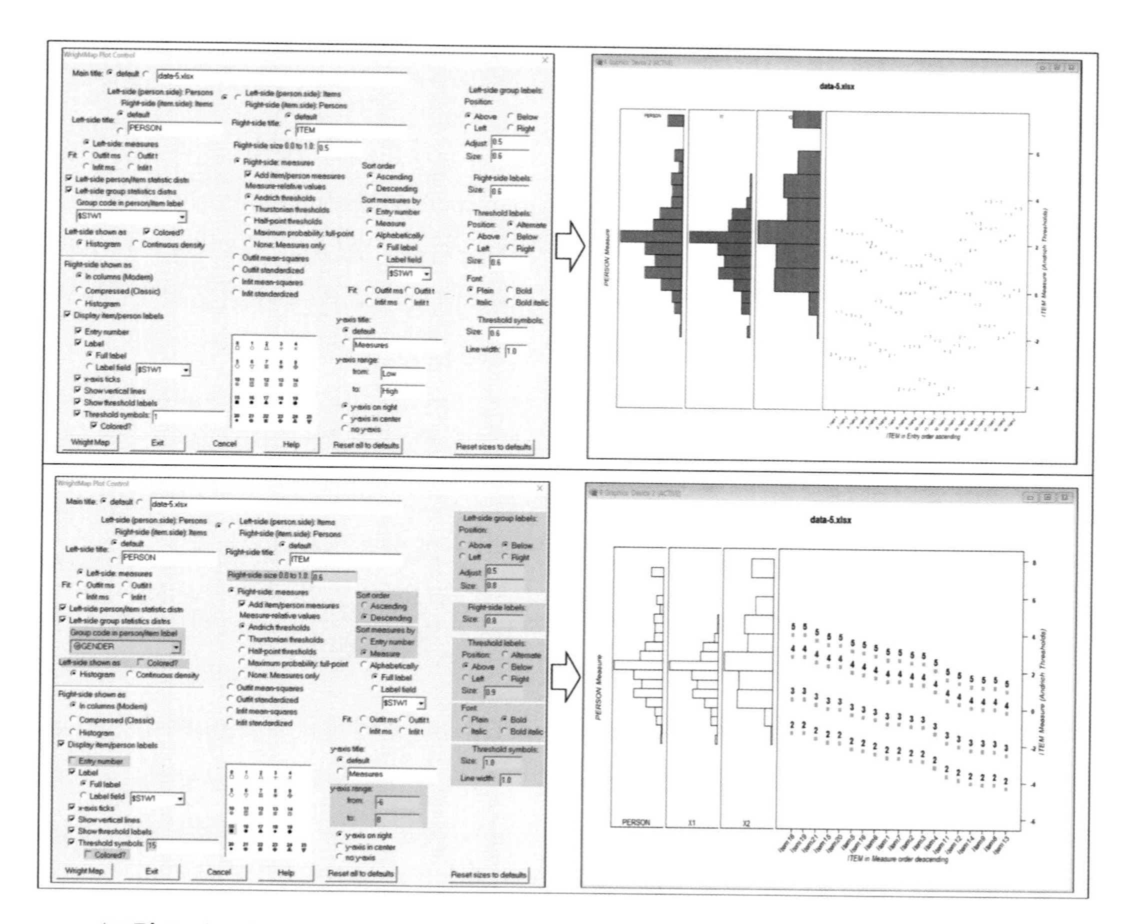

〈그림 8-9〉 WINSTEPS 프로그램 Wright Map에서 R 프로그램 그래프 형태 조정

그리고 **〈그림 8-9〉**에 위에 두 그림은 **〈그림 8-7〉**과 **〈그림 8-8〉**을 정리한 그림이다. 즉 [WrightMap R statistics]를 클릭하고, 아무것도 조정하지 않은 디폴트 상태에서 [Wright Map]을 클릭하면 나타나는 R 프로그램 그래프다. 그리고 아래 두 그림 중에서 왼쪽에 빨간색으로 표시한 부분은 위에 디폴트 상태를 변경한 부분이다. 따라서 아래 오른쪽 그림처럼 그래프 형태가 위와 다르게 나타나는 것을 볼 수 있다.

그래프에 형태를 변경한 것이지, 위와 아래 그림은 동일한 결과를 나타내는 그래프다. 왼쪽에 세 개의 히스토그램은 왼쪽부터 첫 번째가 전체 응답자의 속성(능력) 분포를 히스토그램으로 나타낸 것이고, 두 번째가 응답자 중에서 1로 코딩된 남자 응답자의 속성 분포를 히스토그램으로 나타낸 것이고, 세 번째가 응답자 중에서 2로 코딩된 여자 응답자의 속성 분포를 히스토그램으로 나타낸 것이다. 그리고 오른쪽에 그림은 각 문항마다 Andrich Thresholds 값을 수직 선상으로 나타낸 것이다. Andrich Thresholds 값이 높은 위치에 있을수록 문항 곤란도(난이도)가 높은 문항을 의미한다. 즉 응답자 속성과 각 문항 응답범주의 위치 정도(문항 곤란도)를 동일한 로짓(logits) 수직 척도 선상에서 보여주는 그래프다.

구체적으로 변경한 빨간색 부분에 따라 오른쪽 아래 그림이 변경된 부분을 설명하면 다음과 같다. 첫째, 왼쪽 위에서 첫 번째 빨간색 부분, [Group code in person/item label]이 $S1W1로 설정되어 있던 것을 @GENDER로 변경하였다. WINSTEPS 프로그램에서 $S1W1에 의미는 Start1 & Width1에 줄임어이다. 즉 문항과 추가 변인(성별: 1=남자; 2=여자)에 첫 숫자가 시작되는 1구간(=$S1)에서 숫자 간격이 1 자리수(=W1)라는 것을 의미한다.

실행된 메모장 설계서, winsteps-specification-2는 21문항 중 부적합한 두 문항이 제거된 19문항과 추가 변인은 성별(1:남자, 2:여자)로만 설계되었다. 따라서 $S1W1를 @GENDER로 변경하지 않아도 그래프 결과는 동일하게 나타난다. 즉 winsteps-specification-2는 문항 뒤에 성별 변인이 처음으로 남자 1과 여자 2로, 모두 한 자리수로 코딩되어 있기 때문에 WINSTEPS 프로그램은 $S1W1을 변경하지 않아도 @GENDER로 인식한다는 것이다.

둘째, 왼쪽 위에서 두 번째 빨간색 부분, [Left-side shown as] 옆에 [☑ Colored?]를 [☐ Colored?]로 변경하였다. 왼쪽에 세 개의 히스토그램의 채우기 색깔을 없앤 것이다. 대부분의 학회지에 그림은 색이 흑회백으로 나타나는 경우가 많기 때문에 연구자가 히스토그램의 색깔을 없애는 기능이라고 할 수 있다. 왼쪽 마지막 빨간색 부분의 [☑ Colored?]를 [☐ Colored?]로 바꾼 것도 오른쪽에 그림을 흑색, 회색 백색으로만 나타나게 하기 위한 것이다.

셋째, [☑ Entry number]를 [☐ Entry number]로 변경하면 오른쪽 측정 그림 아래 문항 앞에 순서를 나타내는 숫자를 없애는 것이다. 예를 들어 1.item1에서 1. 이 삭제되고 item1로 간명하게 변경되도록 하는 것이다.

넷째, 왼쪽 아래에서 두 번째 빨간색 부분, [☑ Threshold symbols:] 옆에 숫자 15에 의미는 옆에 0부터 25 기호 모양을 선택하는 것이다. 즉 Andrich Thresholds 값을 수직 선상으로 나타내면서 각 척도 간격을 구분하는 기호 모양을 선택하는 것이다. 디폴트 1 기호 모양에서 15 기호 모양으로 변경한 것이다.

다섯째, 가운데 변경한 위에서 첫 번째 빨간색 부분, [Right-side size 0.0 to 1.0:]의 디폴트 0.5를 0.6으로 변경하였다. 왼쪽의 응답자 속성을 나타내는 히스토그램의 구간과 오른쪽 Andrich Thresholds 값으로 각 문항의 곤란도를 나타내는 구간의 길이를 결정하는 것이다. 즉 디폴트는 두 구간의 길이가 동일하게 0.5 (왼쪽 5: 오른쪽 5)로 설정되어 있는 것을 0.6으로 변경하면 오른쪽 구간의 길이가 더 길게 0.6 (왼쪽 4: 오른쪽 6) 나타나도록 조정하는 것이다. **〈그림 8-9〉**에 오른쪽 위와 아래 그래프를 비교해 보면 알 수 있다.

여섯째, 가운데 변경한 위에서 두 번째, 세 번째 빨간색 부분, [Sort order]를 [Ascending]에서 [Descending]으로 변경하였고, [Sort measures by]를 [Entry number]에서 [Measure]로 변경하였다. 우선 [Sort order]를 디폴트인 [Ascending]으로 실행하면 낮은 [Entry number]를 기준으로 문항이 왼쪽부터 나열된다. 반대로 [Descending]으로 변경하면 높은 [Entry number]를 기준으로 문항이 왼쪽부터 나열된다.

이렇게 우선적으로 높은 [Entry number]를 기준으로 문항이 왼쪽부터 나열된 상태에서 [Sort measure by]를 [Entry number]에서 [Measure]로 변경하면 문항의 난이도가 높은, 즉 Andrich Thresholds 값이 높은 문항 순서로 왼쪽부터 나열된다. 따라서 오른쪽 위에 그림과 아래 그림이 크게 달라진 것을 볼 수 있다.

일곱째, 가운데 아래 빨간색 부분은 응답자 속성과 문항의 곤란도를 나타내는 로짓 척도의 범위를 조정한 것이다. 처음 디폴트에 세로축 로짓 척도의 범위는 low부터 high로 설정되어 있다. 그런데 히스토그램과 Andrich Thresholds 값이 더 중앙에 보이게 하기 위해 −6과 8로 변경한 것이다. 즉 연구자가 그래프를 더 해석하기 쉽게 로짓 척도 범위를 조정하면 된다.

여덟째, 오른쪽에 빨간색 부분은 문항 곤란도 부분에 글자 형태를 변경하는 것이다. [Left-side

group labels:]는 히스토그램 위에 나타난 PERSON, X1, X2의 위치 변경과 글자크기 변경이다. 글자 위치는 디폴트 [Above]에서 [Below]로 변경하여, 위에서 아래로 내려간 것이다. 그리고 [Adjust] 디폴트 0.5에 의미는 글자 위치를 가운데 정렬하는 것이고, 1.0에 가까워 질수록 글자 위치가 오른쪽으로 옮겨진다. 그리고 [Size]는 글자 크기다. 글자가 더 크게 나타나게 하기 위해서 디폴트 0.6에서 0.8로 변경하였다.

[Right-side labels:]에 [Size]는 오른쪽 가로축 글자 크기 변경이다. 즉 Item18, Item19 … Item13의 글자크기를 변경하는 것이다. 0.6에서 0.8로 변경하였다. 더 명확하게 문항을 구별할 수 있다. [Threshold labels:]는 Andrich Thresholds에 제시된 척도 경계점 값, 5, 4, 3, 2에 글자 위치와 글자 크기 변경이다. 좀 더 명확히 보여지도록 글자 위치를 디폴트 [Alternate]에서 [Above]로 변경하였고, 글자 크기는 디폴트 0.6에서 0.9로 변경한 것이다.

[Font]는 Andrich Thresholds에 제시된 척도 경계점 값, 5, 4, 3, 2에 글자 굵기와 기울임을 선택하는 것이고, 마지막 [Threshold symbols:]에 [Size]는 Andrich Thresholds에 제시된 척도 경계점 기호 모양의 크기와 선의 굵기를 조정하는 것이다. 더 명확하게 보이게 하기위해 [Font]는 굵게 [Bold]로 변경하였고, 기호 모양의 크기도 0.6에서 1.0으로 변경한 것이다.

[알아두기]
R 프로그램 그래프의 장점

〈그림 8-9〉와 앞서 소개한 **〈그림 4-19〉**(193쪽), 그리고 **〈그림 7-31〉**(312쪽)은 모두 응답자의 속성과 문항의 곤란도를 동일한 로짓 척도상에서 비교하는 그래프들이다. 차이점이 있다면 **〈그림 4-19〉**와 **〈그림 7-31〉**은 WINSTEPS 프로그램을 통해 제시되고, **〈그림 8-9〉**는 R 프로그램을 통해 제시된다. 구체적으로 WINSTEPS 프로그램을 통해 제시되는 **〈그림 4-19〉**는 메모장에서 그래프가 제시되고, **〈그림 7-31〉**은 WINSTEPS 프로그램내에서 히스토그램으로 생성된다.

이처럼 WINSTEPS 프로그램을 통해서 응답자 속성과 문항 곤란도 그래프를 탐색할 수 있다. 그럼에도 불구하고 R 프로그램을 통해서 응답자 속성과 문항 곤란도 그래프를 제시하는 이유는 무엇일까? 그 이유는 우선 위에 제시한 것처럼 집단별로 나누어진 응답자의 특성 분포를 볼 수 있을 뿐만 아니라, 제시하지 않은 두 가지 특성을 더 가지고 있다.

첫째, 다음 그림에 왼쪽 설정은 **〈그림 8-9〉** 아래 그림과 동일한 설정에서 빨간색으로 표시한 부분만 변경하였다. 즉 [Left-side shown as] 디폴트인 [Histogram]에서 [Continuous density]로 변경하였다. 이렇게 설정하고 [Wright Map]을 클릭하면 히스토그램으로 나타났던 응답자 속성이 연속 밀도 함수로 변경되어 전체집단, 남자집단, 여자집단의 분산도를 더 쉽게 볼 수 있도록 그래프가 나타난다.

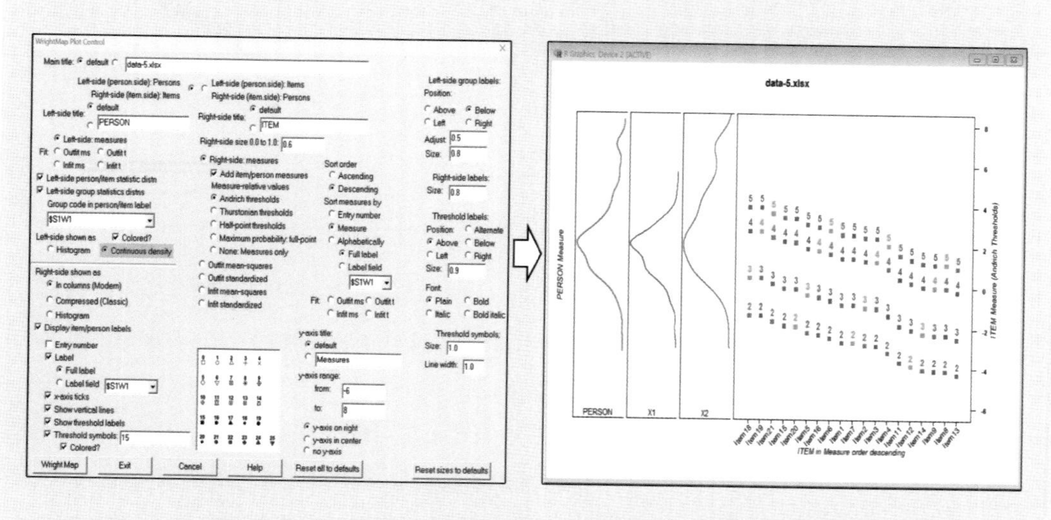

둘째, 다음 그림에 왼쪽 설정은 **〈그림 8-9〉** 위에 그림과 동일한 디폴트 설정에서 빨간색으로 표시한 부분만 변경하였다. 가장 위에 빨간색으로 표시한 부분은 그래프에 좌우를 변경하는 것이다. 즉 디폴트는 [Left-side (person side): Persons, Right-side (item side): Items]에 체크가 되어 있다. 좌측이 응답자 속성이고 우측이 문항 곤란도였다. 이 설정을 반대로 [Left-side (person side): Items, Right-side (item side): Persons]에 체크하면 좌측이 문항 곤란도가 되고, 우측이 응답자 속성이 되는 것이다. 따라서 그 밑에 빨간색 표시한 부분에 [Left-side title]과 [Right-side title]이 자동으로 변경되는 것을 볼 수 있다.

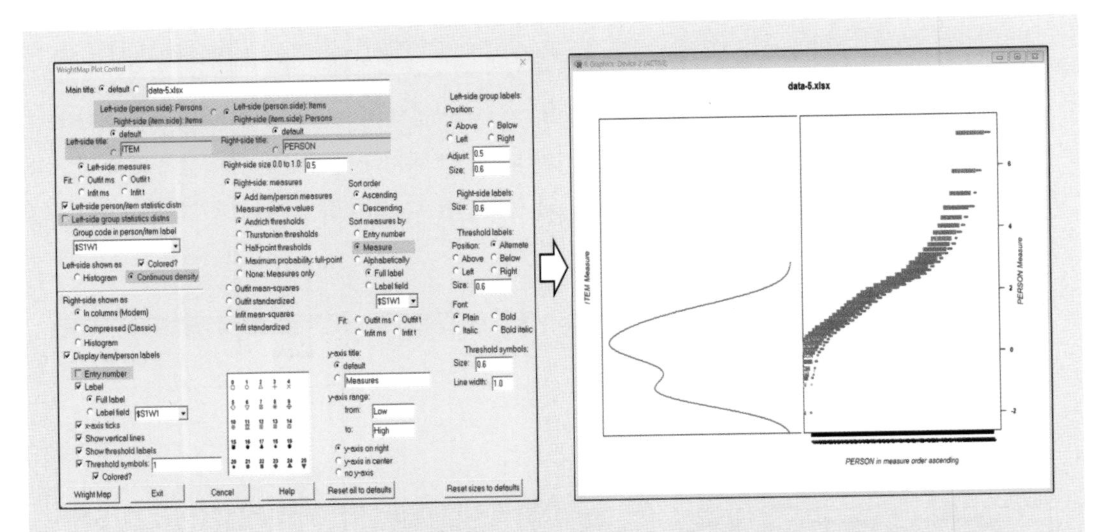

그 다음에 좌측으로 옮겨진 문항의 곤란도 분포가 성별에 따라 구분되어 나도지 않도록 [☐ Left-side group statistics distns]의 디폴트 체크를 해지하였다. 그리고 문항의 곤란도 그래프가 히스토그램보다 연속 밀도 함수 분포로 나오도록 [Continuous density]를 체크하였다. 또한 오른쪽 응답자 속성 구간 가로축에 응답자의 번호 이외에는 순서번호가 나타나지 않도록 [☐ Entry number]에 체크를 해지하였다. 응답자가 400명으로 많기 때문에 응답자 번호가 보이지 않게 검게 나타난 것을 볼 수 있다. 마지막으로 오른쪽 빨간색 부분을 응답자의 속성이 나타나도록 디폴트 [Entry number]를 [Measure]로 변경하였다. 변경하지 않은 [Sort order]가 [Ascending]으로 설정되어 있기 때문에 속성이 낮은 응답자부터 높은 응답자 순서대로 나타난 것을 볼 수 있다. [Descending]으로 변경하면 응답자 속성분포가 반대로 나타난다.

이 그래프는 개발된 19문항으로 응답자 속성(진로불안감)이 높은 응답자는 측정하기 어려운 것을 보여준다. 그러나 자세한 해석은 앞서 **<그림 4-26>**(205쪽) 응답자 속성과 문항 곤란도 분포도 논문 결과 쓰기에 제시하였다.

8-3) WINSTEPS 프로그램을 통한 R 프로그램의 히스토그램 생성

앞서 [알아두기](294쪽) [Exp + Empirical ICC], [Empirical ICC], and [Empirical bin width]에서 히스토그램에 특성을 설명하였다. 원칙적으로 히스토그램은 표로 되어 있는 도수의 분포상태를 알아보기 쉽게 나타내는 그래프이다. 따라서 X축은 측정 변인에 단위 간격(bin width)을 나타내고 Y축은 빈도(frequency)를 나타낸다. WINSTEPS 프로그램은 R 프로그램을 통해 다양한 히스토그램을 생성시킨다.

다음 **<그림 8-10>**은 R 프로그램을 통해 생성되는 다양한 히스토그램 실행 메뉴를 보여준다. 이 중에서 검은색 틀로 표시한 부분은 문항과 응답자를 조정 변인(control variable)으로 하는 히스토그램을 생성시킬 수 있다. 논문에 제시하는데 의미있는 히스토그램이라고 할 수 있다.

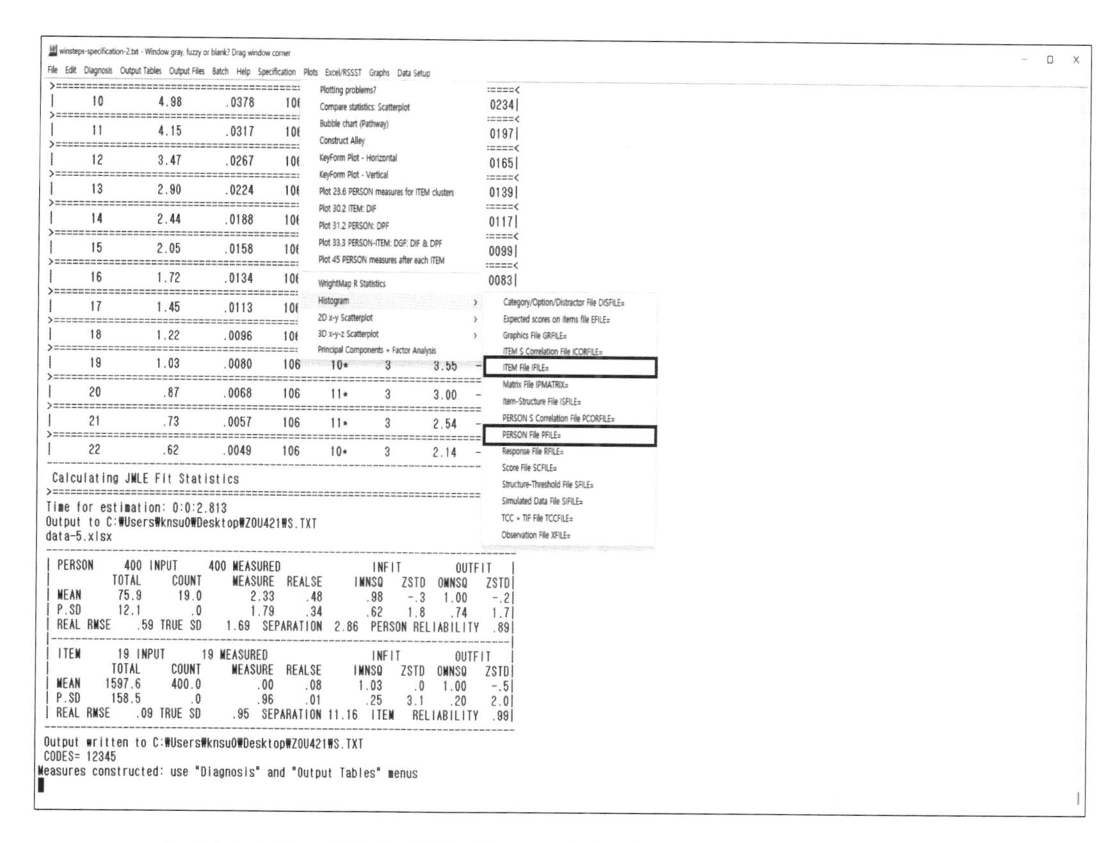

<그림 8-10> WINSTEPS 프로그램에서 R 프로그램 히스토그램 생성

우선 **<그림 8-10>**에 첫 번째 검은색 틀, [ITEM File IFILE=]을 클릭하면 다음 **<그림 8-11>**에서 ①번 그림 창이 나타난다. 히스토그램의 X축 변인을 선택하기 위해 [data values:] 디폴트 1.ENTRY 옆에 ▼를 클릭하면 ②번 그림처럼 다양한 변인들이 나타난다. 연구자가 원하는 히스토그램의 X축 측정 변인을 선택하면 되는 것이다. 여기서 선택된 2.MEASURE는 문항의 곤란도(난이도)를 의미한다. 즉 히스토그램의 X축 측정 변인은 문항의 곤란도 단위 간격이 된다. 그리고 왼쪽 아래 [Histogram] 버튼을 클릭하면 바로 R 프로그램에서 ⑤번 히스토그램이 나타난다.

④번 그림은 문항의 곤란도를 나타내는 TABLE 13.1이다. 빨간색 틀로 표시한 부분이 문항 곤란도 로짓값이다. ⑤번 히스토그램의 X축은 ④번 그림에서 빨간색 틀 안에 문항 곤란도 값이 6개 범주로 분할된 것이다. 6개 각 범주의 빈도를 보여준다. 곤란도가 −1.5에서 −1.0에 해당하는 쉬운 문항(곤란도가 낮은 문항)이 5개로 가장 많은 것을 알 수 있고, 곤란도가 −1.0에서 −0.5에 해당하는 문항은 1개로 가장 적은 것을 알 수 있다.

③번 그림에 빨간색 틀은 생성되는 히스토그램의 색상을 변경할 수 있다. [bar internal color:]와 [bar border color:]의 ⊙ default 체크를 옆으로 옮기고 Number에 숫자를 변경하여 연구자가 원하는 색상으로 변경할 수 있다. Set1을 4로 변경하면 밑에 나열된 Set1 색상척도의 왼쪽부터 네 번째 색으로 히스토그램 막대 색상이 변경되는 것이고, Paired를 3으로 변경하면 밑에 나열된 Paried 색상척도 왼쪽부터 세 번째 색으로 히스토그램 막대 테두리 선의 색상이 변경되는 것이다. 이와같이 변경하고 [Histogram] 버튼을 클릭하면 바로 R 프로그램에서 ⑥번 히스토그램이 나타난다.

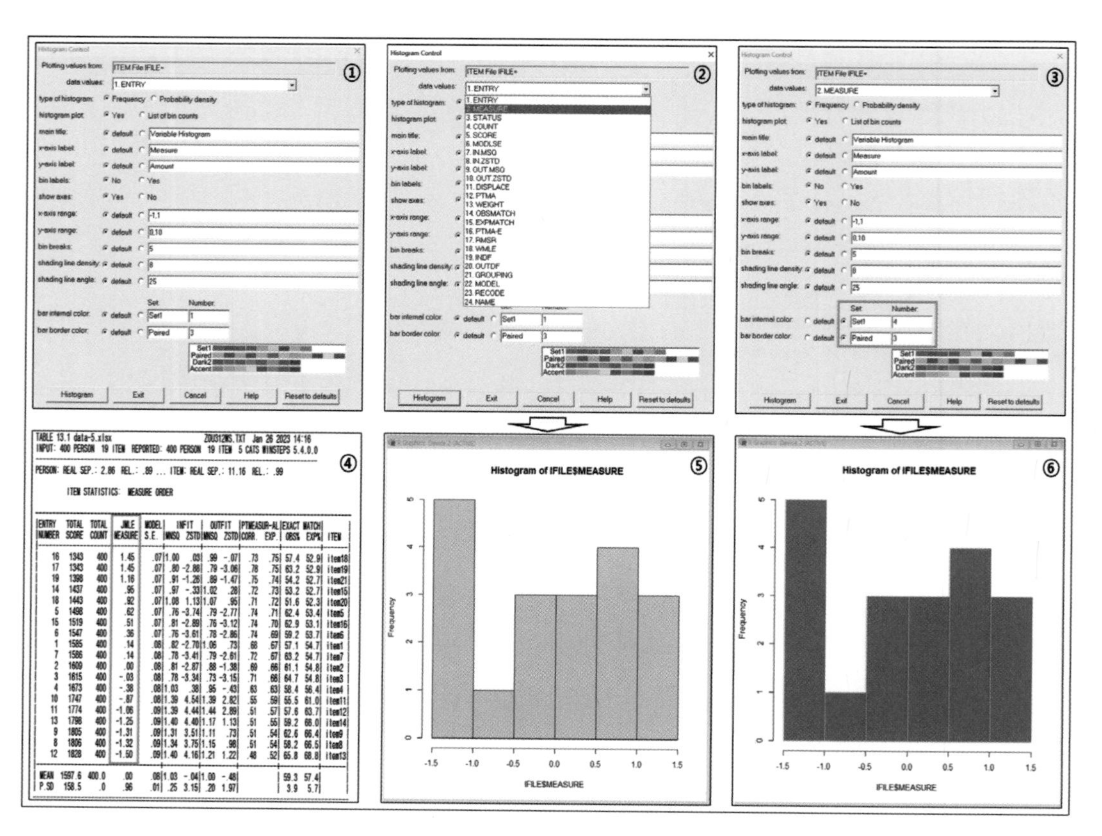

TABLE 13.1 data-5.xlsx ZOU312WS.TXT Jan 26 2023 14:16
INPUT: 400 PERSON 19 ITEM REPORTED: 400 PERSON 19 ITEM 5 CATS WINSTEPS 5.4.0.0

PERSON: REAL SEP.: 2.86 REL.: .89 ... ITEM: REAL SEP.: 11.16 REL.: .99

ITEM STATISTICS: MEASURE ORDER

ENTRY NUMBER	TOTAL SCORE	TOTAL COUNT	JMLE MEASURE	MODEL S.E.	INFIT MNSQ	INFIT ZSTD	OUTFIT MNSQ	OUTFIT ZSTD	PTMEASUR-AL CORR.	PTMEASUR-AL EXP.	EXACT MATCH OBS%	EXACT MATCH EXP%	ITEM
16	1343	400	1.45	.07	1.00	.03	.99	-.07	.73	.75	57.4	52.9	item18
17	1343	400	1.45	.07	.80	-2.88	.79	-3.06	.78	.75	63.2	52.9	item19
19	1398	400	1.16	.07	.91	-1.26	.89	-1.47	.75	.74	54.2	52.7	item21
14	1437	400	.95	.07	.97	-.33	1.02	.28	.72	.73	53.2	52.7	item15
18	1443	400	.92	.07	1.08	1.13	1.07	.95	.71	.72	51.6	52.3	item20
5	1498	400	.62	.07	.76	-3.74	.79	-2.77	.74	.71	62.4	53.4	item5
15	1519	400	.51	.07	.81	-2.89	.76	-3.12	.74	.70	62.9	53.1	item16
6	1547	400	.36	.07	.76	-3.61	.78	-2.86	.74	.69	59.2	53.7	item6
1	1585	400	.14	.08	.82	-2.70	1.06	.73	.68	.67	57.1	54.7	item1
7	1586	400	.14	.08	.78	-3.41	.79	-2.61	.72	.67	63.2	54.7	item7
2	1609	400	.00	.08	.81	-2.87	.88	-1.38	.69	.66	61.1	54.8	item2
3	1615	400	-.03	.08	.78	-3.34	.73	-3.15	.71	.68	64.7	54.8	item3
4	1673	400	-.38	.08	1.03	.38	.95	-.43	.63	.63	58.4	56.4	item4
10	1747	400	-.87	.08	1.39	4.54	1.39	2.82	.55	.59	55.5	61.0	item11
11	1774	400	-1.06	.09	1.39	4.44	1.44	2.89	.51	.57	57.6	63.7	item12
13	1798	400	-1.25	.09	1.40	4.40	1.17	1.13	.51	.55	59.2	66.0	item14
9	1805	400	-1.31	.09	1.31	3.51	1.11	.73	.51	.54	62.6	66.4	item9
8	1806	400	-1.32	.09	1.34	3.75	1.15	.98	.51	.54	58.2	66.5	item8
12	1828	400	-1.50	.09	1.40	4.16	1.21	1.22	.48	.52	65.8	68.8	item13
MEAN	1597.6	400.0	.00	.08	1.03	-.04	1.00	-.48			59.3	57.4	
P.SD	158.5	.0	.96	.01	.25	3.15	.20	1.97			3.9	5.7	

〈그림 8-11〉 WINSTEPS 프로그램에서 R 프로그램 문항 곤란도 히스토그램 실행 결과

다음으로 <그림 8-10>에 두 번째 검은색 틀, [PERSON File PFILE=]을 클릭하면 다음 <그림 8-12>에서 ①번 그림 창이 바로 나타나고, 연구자가 2.MEASURE를 선택하면 히스토그램의 X축은 응답자의 속성(능력) 단위 간격이 된다. 그리고 왼쪽 아래 [Histogram] 버튼을 클릭하면 바로 R 프로그램에서 ③번 히스토그램이 나타난다.

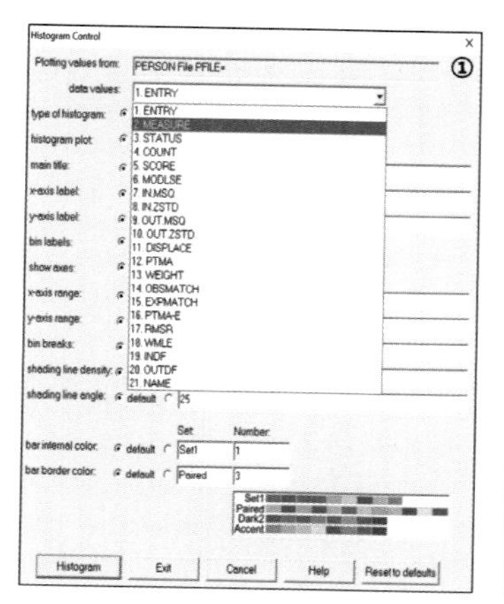

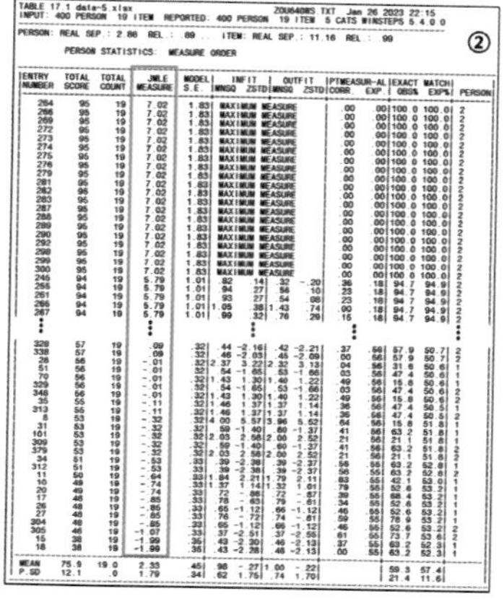

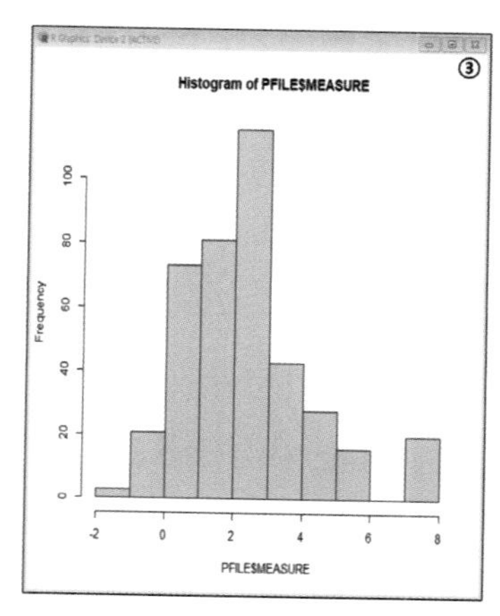

<그림 8-12> WINSTEPS 프로그램에서 R 프로그램 응답자 속성 히스토그램 실행 결과

②번 그림은 400명 응답자 속성을 나타내는 TABLE 17.1이다. 빨간색 틀로 표시한 부분이 응답자 속성 로짓값이다. ③번 히스토그램의 X축은 ②번 그림에서 빨간색 틀 안에 응답자 속성값을 10개의 범주로 분할한 것이다. 그리고 10개의 각 범주의 빈도를 보여준다. 속성(진로불안감)이 2.0에서 3.0에 해당하는 응답자가 가장 많은 것을 볼 수 있고, 6.0에서 7.0에 해당하는 응답자는 없는 것을 보여준다.

[알아두기]
Output Files에서 다른 프로그램 자료 획득

WINSTEPS 프로그램의 장점은 R 프로그램에서 그래프로 나타나게 한 자료들을 쉽게 EXCEL 또는 SPSS 프로그램 파일로 다운받을 수 있다. <그림 8-10>에서 나타난 창에 내용과 많이 중복되는 내용 창이 바로 다음 그림과 같은 [Output Files] 창이다. <그림 8-10>에서 [ITEM File IFILE=]과 [PERSON File PFILE=]을 실행했기 때문에 다음 그림에서 [ITEM File IFIE=]과 [PERSON File PFILE=] 앞에만 ✔가 표시되어 있는 것이다.

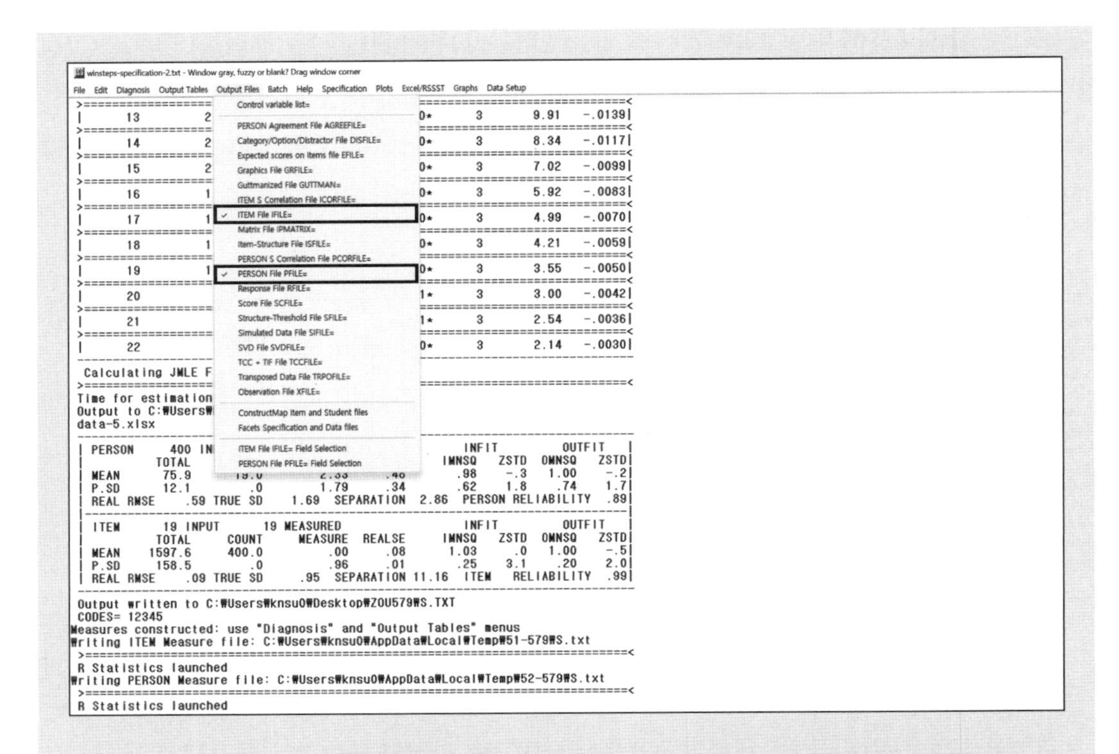

우선 표시된 [ITEM File IFILE=]을 클릭하면 다음 그림의 왼쪽 창이 나타나고, 연구자가 원하는 프로그램으로 코딩된 자료가 나오도록 선택하면 된다. 일반화된 EXCEL 프로그램 또는 SPSS 프로그램을 선택하면, 선택된 프로그램으로 R 프로그램에 그래프를 만드는데 사용된 코딩 자료가 나타난다.

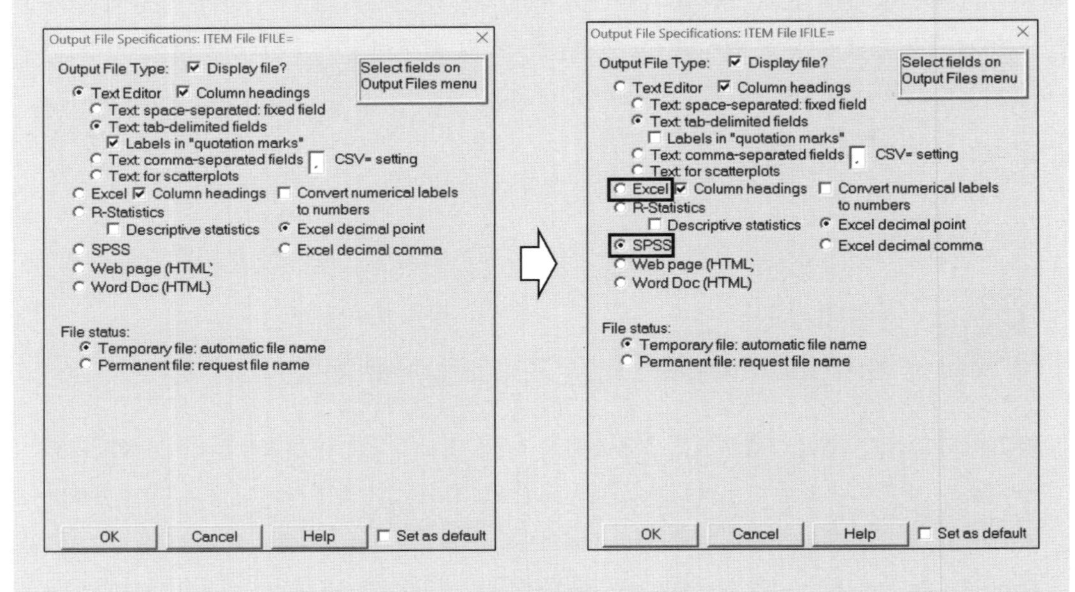

다음으로 [PERSON File PFILE=]을 클릭하면 위 그림과 같이 동일하게 나타나고 SPSS를 선택하고 [OK]를 클릭하면 자동으로 SPSS 프로그램이 실행되면서 다음 그림과 같이 코딩된 자료가 나타난

다. SPSS 프로그램이 없으면 EXCEL 파일을 선택하면 동일한 형태로 EXCEL 파일에 코딩된 자료가 나타난다.

	entry	measure	status	count	score	s.e#	inmnsq	inmnzstd	outmnsq	outmzstd	displace	ptma	weight	obsmatch	expmatch	ptma e	rmsresid	warmmean	infitdf	outfitdf	name
1	1	.90	1	19.0000	65.0000	.32	1.3279	1.0613	1.3283	1.0513	.00	.8951	1.0000	21.0530	51.6080	.5815	.8351	.9000	20.5700	20.1300	1
2	2	.80	1	19.0000	64.0000	.32	1.6676	1.8917	1.6145	1.7516	.00	.6777	1.0000	42.1050	51.7600	.5793	.9358	.8000	20.4700	19.9700	1
3	3	.70	1	19.0000	63.0000	.32	1.1095	.4411	1.1731	.6212	.00	.7165	1.0000	31.5790	52.2060	.5768	.7630	.7000	20.3700	19.8200	1
4	4	.19	1	19.0000	58.0000	.32	2.0358	2.6320	1.9816	2.4920	.00	.8728	1.0000	36.8420	51.0990	.5641	1.0261	.2000	19.7600	19.3200	1
5	5	1.10	1	19.0000	67.0000	.32	1.7196	2.0217	1.7522	2.0818	.00	.8506	1.0000	21.0530	49.6740	.5852	.9490	1.1000	20.7600	20.4700	1
6	6	.09	1	19.0000	57.0000	.32	1.9180	2.3919	1.8640	2.2619	.00	.9100	1.0000	36.8420	50.7340	.5619	.9936	.1000	19.6300	19.2700	1
7	7	1.20	1	19.0000	68.0000	.32	.9484	-.0691	.9919	.0810	.00	.7970	1.0000	36.8420	49.2690	.5864	.7038	1.2000	20.8500	20.6400	1
8	8	-.32	1	19.0000	53.0000	.32	4.0015	5.5740	3.9609	5.5240	.00	.6407	1.0000	15.7890	51.8300	.5558	1.4188	-.3200	19.2200	19.2100	1
9	9	1.20	1	19.0000	68.0000	.32	1.9593	2.5420	2.0331	2.6820	.00	.9142	1.0000	21.0530	49.2690	.5864	1.0116	1.2000	20.8500	20.6400	1
10	10	-.74	1	19.0000	49.0000	.33	1.3717	1.1414	1.3186	1.0113	.00	.7912	1.0000	52.6320	53.1980	.5540	.8195	-.7400	19.2300	19.3900	1
11	11	-.64	1	19.0000	50.0000	.33	1.8422	2.2118	1.7906	2.1118	.00	.8324	1.0000	42.1050	53.0270	.5541	.9531	-.6300	19.1800	19.3100	1
12	12	.30	1	19.0000	59.0000	.32	1.9191	2.4019	1.8755	2.2919	.00	.9338	1.0000	15.7890	51.1540	.5665	.9983	.3000	19.8900	19.3800	1
13	13	.80	1	19.0000	64.0000	.32	1.3795	1.1914	1.4472	1.3514	.00	.6606	1.0000	36.8420	51.7600	.5793	.8512	.8000	20.4700	19.9700	1
14	14	1.92	1	19.0000	75.0000	.33	2.7589	4.0628	2.5575	3.6426	.00	.7443	1.0000	42.1050	51.9200	.5779	1.1683	1.9100	21.5100	20.5900	1
15	15	-1.99	1	19.0000	38.0000	.35	.4291	-2.2996	.4642	-2.1295	.00	.3730	1.0000	63.1580	52.2860	.5487	.4314	-1.9800	21.2000	21.7400	1
16	16	1.40	1	19.0000	70.0000	.32	2.3123	3.2423	2.2837	3.1823	.00	.6830	1.0000	31.5790	47.5550	.5873	1.0942	1.4000	21.0500	20.9100	1
17	17	-.85	1	19.0000	48.0000	.33	.7819	-.6292	.7888	-.6092	.00	.3421	1.0000	52.6320	53.1670	.5541	.6164	-.8500	19.3200	19.5000	1
18	18	-1.99	1	19.0000	38.0000	.35	.4330	-2.2796	.4636	-2.1295	.00	.0000	1.0000	63.1580	52.2860	.5487	.4334	-1.9800	21.2000	21.7400	1
19	19	.19	1	19.0000	58.0000	.32	1.1013	.4111	1.0686	.3211	.00	.6216	1.0000	36.8420	51.0990	.5641	.7547	.2000	19.7600	19.3200	1
20	20	-.74	1	19.0000	49.0000	.33	.7197	-.8593	.7173	-.8693	.00	.3880	1.0000	68.4210	53.1980	.5540	.5936	-.7400	19.2300	19.3900	1
	⋮		⋮		⋮	⋮		⋮		⋮	⋮		⋮		⋮		⋮		⋮	⋮	
380	380	1.20	1	19.0000	68.0000	.32	.7292	-.8593	.7234	-.8793	.00	.7720	1.0000	47.3680	49.2690	.5864	.6171	1.2000	20.8500	20.6400	2
381	381	.70	1	19.0000	63.0000	.32	.7129	-.9193	.7245	-.8593	.00	.2060	1.0000	68.4210	52.2060	.5768	.6117	.7000	20.3700	19.8200	2
382	382	1.81	1	19.0000	74.0000	.32	.6055	-1.4094	.5897	-1.4594	.00	.7391	1.0000	63.1580	50.4420	.5814	.5508	1.8100	21.4500	20.8400	2
383	383	1.61	1	19.0000	72.0000	.32	.6001	-1.4294	.6088	-1.3794	.00	.7572	1.0000	52.6320	47.0240	.5858	.5537	1.6000	21.2700	21.0200	2
384	384	2.72	1	19.0000	82.0000	.35	.7197	-.8893	.6745	-.8893	.00	.6568	1.0000	52.6320	55.5730	.5254	.5487	2.7000	20.1900	15.0400	2
385	385	3.12	1	19.0000	85.0000	.38	.8389	-.3992	.6383	-.8494	.00	.7679	1.0000	68.4210	62.0470	.4834	.5507	3.0900	17.7600	11.1800	2
386	386	2.47	1	19.0000	80.0000	.34	.7570	-.7592	.6945	-.8993	.00	.6813	1.0000	68.4210	54.2060	.5462	.5818	2.4600	21.0400	17.2800	2
387	387	1.81	1	19.0000	74.0000	.32	.6804	-1.0793	.7331	-.8493	.00	.6832	1.0000	63.1580	50.4420	.5814	.5839	1.8100	21.4500	20.8400	2
388	388	2.03	1	19.0000	76.0000	.33	.5313	-1.7695	.5790	-1.4794	.00	.6115	1.0000	63.1580	51.7510	.5736	.5090	2.0200	21.5400	20.2100	2
389	389	1.00	1	19.0000	66.0000	.32	.7642	-.7192	.7862	-.6292	.00	.3564	1.0000	68.4210	51.2160	.5835	.6332	1.0000	20.6600	20.3000	2
390	390	2.47	1	19.0000	80.0000	.34	.7416	-.8193	.6592	-1.0293	.00	.7489	1.0000	68.4210	54.2060	.5462	.5759	2.4600	21.0400	17.2800	2
391	391	2.36	1	19.0000	79.0000	.34	.9329	-.1191	1.1138	.4411	.00	.1543	1.0000	42.1050	53.7860	.5546	.6546	2.3500	21.2900	18.2300	2
392	392	1.92	1	19.0000	75.0000	.33	.8040	-.5892	.8282	-.4792	.00	.4592	1.0000	57.8950	51.9200	.5779	.6307	1.9100	21.5100	20.5900	2
393	393	1.40	1	19.0000	70.0000	.32	.4253	-2.3096	.4261	-2.2996	.00	.5559	1.0000	68.4210	47.5550	.5873	.4693	1.4000	21.0500	20.9100	2
394	394	1.50	1	19.0000	71.0000	.32	1.1419	.5411	1.2146	.7512	.00	.2630	1.0000	47.3680	47.8530	.5869	.7666	1.5000	21.1600	21.0000	2
395	395	1.71	1	19.0000	73.0000	.32	.9880	.0610	1.0092	.1310	.00	.6608	1.0000	57.8950	50.4900	.5840	.7073	1.7000	21.3700	20.9800	2
396	396	.80	1	19.0000	64.0000	.32	1.0594	.2911	1.0223	.1810	.00	.0977	1.0000	47.3680	51.7600	.5793	.7459	.8000	20.4700	19.9700	2
397	397	2.36	1	19.0000	79.0000	.34	.2665	-3.3897	.2772	-3.0397	.00	.8892	1.0000	84.2110	53.7860	.5546	.3499	2.3500	21.2900	18.2300	2
398	398	2.59	1	19.0000	81.0000	.35	1.4929	1.4815	1.1998	.6512	.00	.7040	1.0000	63.1580	54.7880	.5364	.8046	2.5800	20.6800	16.2100	2
399	399	2.59	1	19.0000	81.0000	.35	1.0381	.2210	1.3373	.9913	.00	.4677	1.0000	42.1050	54.7880	.5364	.6709	2.5800	20.6800	16.2100	2
400	400	.80	1	19.0000	64.0000	.32	1.3392	1.0913	1.3569	1.1214	.00	-.1845	1.0000	36.8420	51.7600	.5793	.8386	.8000	20.4700	19.9700	2

첫 번째 열에 entry는 1부터 400 응답자 id를 나타낸다. 그리고 마지막 열에 name의 1은 남자, 2는 여자를 나타낸다. 이렇게 코딩된 자료로 다양한 기술통계, 추리통계분석이 가능하다. 예를 들어 성별에 따라 두 번째 열에 응답자의 속성(measure)이 통계적으로 유의한 차이가 있는지를 검증할 수 있다. 또한 일곱 번째 열에 내적합도 지수(inmnsq)와 아홉 번째 열에 외적합도 지수(outmnsq)의 상관관계는 어떠한지를 검증 할 수 있다. 이 외에도 수많은 통계분석이 가능하다. 특히 검은색 틀로 표시하지 않았지만, [Output Files]에 [Observation File XFILE=]을 클릭하여 나타나는 SPSS 프로그램 자료는 다층모형분석에 사용될 수도 있다. 이처럼 WINSTEPS 프로그램은 일반화된 통계 프로그램과 호환이 되어 많은 양적연구가 이루어지는데 도움이 된다.

8-4) WINSTEPS 프로그램을 통한 R 프로그램의 산점도 (2D x-y Scatterplot) 생성

WINSTEPS 프로그램은 R 프로그램을 통해 다양한 2차원 산점도를 보여준다. 즉 X축과 Y축을 연구자가 선택하여 산점도 형태의 그래프가 제시된다. 앞서 **<그림 8-10>**에서 [Histogram]

바로 밑에 [2D x-y Scatterplot]를 선택하면 동일하게 조정 변인 선택 창이 나타난다. [ITEM File IFILE=]과 [PERSON File PFILE=]을 중점으로 2차원 산점도를 소개하면 다음과 같다.

우선 [2D x-y Scatterplot]에 [ITEM File IFILE=]을 클릭하면 다음 **<그림 8-13>**에 왼쪽 위에 그림이 나타난다. 디폴트는 X축이 문항 번호(1.ENTRY)로 되어 있고, Y축이 문항 곤란도(2.MEASURE)로 되어 있다. 그대로 [2D x-y Scatterplot] 버튼을 클릭하면 R 프로그램에서 오른쪽 산점도 그래프가 나타난다. 결과를 살펴보면 12번째 문항에 곤란도가 가장 낮고, 16번째, 17번째 문항의 곤란도가 가장 높은 것을 알 수 있다. 정확한 문항 번호는 TABLE 14.1을 보면 알 수 있다.

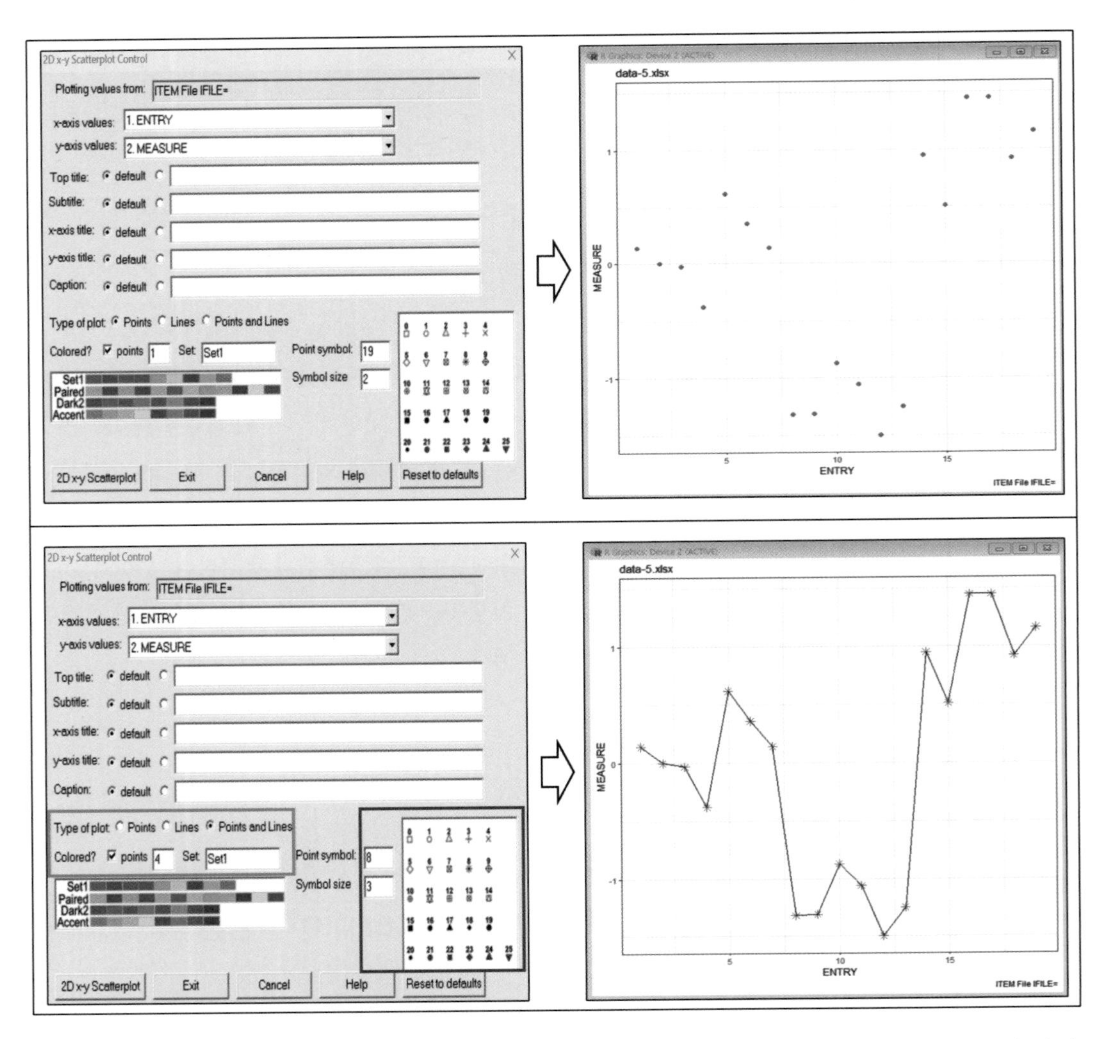

<그림 8-13> WINSTEPS 프로그램에서 R 프로그램 문항 번호와 곤란도 산점도 실행 결과

왼쪽 아래 그림에 빨간색 틀과 파란색 틀은 연구자가 산점도의 색과 형태를 변경하기 위한 구간이다. 구체적으로 왼쪽 그림에서 빨간색 틀에 디폴트 ⊙ Points를 ⊙ Point and Lines로 변경하였다. 그러면 오른쪽 아래 R 프로그램 그래프와 같이 각 산점를 연결하는 선이 나타난다. 그리고 산점의 색상을 연구자가 원하는 대로 변경할 수 있다. Set1 줄에 4번째 보라색으로 변경하였다. Set1 줄 밑에 Paired, Dark2, Accent에 색상을 선택할 수도 있다. 즉 Set1 대신 Paired 또는 Dark2 또는 Accent를 타이핑 하고 원하는 색상을 왼쪽부터 나열된 순서 숫자로 입력하면 된다. 그리고 파란색 틀은 산점의 형태와 크기를 변경하는 것이다. 산점의 모양을 디폴트 19번 모양에서 8번 모양으로 변경하였고, 크기는 디폴트 2에서 3으로 더 크게 변경하였다.

다음으로 [2D x-y Scatterplot]에 [PERSON File PFILE=]을 클릭하면 다음 **<그림 8-14>**에 왼쪽 그림이 나타난다. 이번에는 X축은 응답자 번호를 나타내는 디폴트 [1.ENTRY]를 선택하고, Y축은 과적합도 지수를 나타내는 [9.OUT.MSQ]를 선택하였다. 그리고 [2D x-y Scatterplot] 버튼을 클릭하면, R 프로그램에서 가운데 그림, 산포도 그래프가 나타난다. 초록색 선은 외적합도 지수 2.0 경계선이다. 외적합도 지수 기준은 다양하지만 2.0 이상이면 확신없이 비균일적인 응답을 하는 응답자를 의미한다. 그리고 오른쪽 그림은 왼쪽의 빨간색 틀에 숫자가 가운데 R 프로그램 그래프의 X축이 되고, 초록색 틀에 숫자가 Y축이 된다. 즉 TABLE 6.1을 통해 구체적으로 그래프를 해석할 수 있다. 259번 응답자가 가장 외적합도 지수가 높기 때문에 상대적으로 가장 비균일적인 응답자인 것을 알 수 있다.

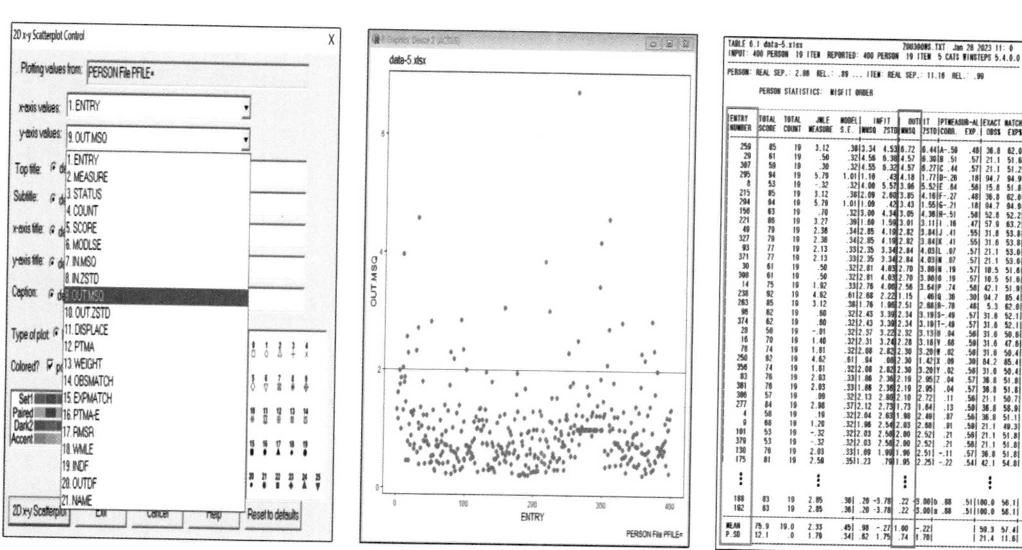

<그림 8-14> WINSTEPS 프로그램에서 R 프로그램 응답자 외적합도 지수 산점도 실행 결과

8-5) WINSTEPS 프로그램을 통한 R 프로그램의 산점도 (3D x-y-z Scatterplot) 생성

WINSTEPS 프로그램은 R 프로그램을 통해 다양한 3차원 산점도까지 보여준다. 즉 X축과 Y축, 그리고 Z축을 연구자가 선택하여 3차원 산점도 형태의 그래프를 제시한다. 앞서 소개한 **<그림 8-10>**(355쪽)에서 [2D x-y Scatterplot] 밑에 [3D x-y-z Scatterplot]를 클릭하면 [Histogam], [2D x-y Scatterplot]와 동일하게 조정 변인 선택 창이 나타난다. [ITEM File IFILE=]과 [PERSON File PFILE=]을 중점으로 3차원 산점도를 소개하면 다음과 같다.

우선 [ITEM File IFILE=]을 클릭하면 다음 **<그림 8-15>**에 ①번 그림 창이 나타난다. 그리고 그대로 왼쪽 아래 [3D x-y-z Scatterplot] 버튼을 클릭하면 클릭하면, R 프로그램을 통해 ②번 3차원 산점도 그래프가 나타난다. 구체적으로 ①번 그림을 설명하면, 먼저 연구자가 X축, Y축, Z축의 변인을 선택해야 한다. 선택하기 전에 디폴트로 X축 변인(x-axis values)은 문항 번호(1.ENTRY), Y축 변인(y-axis values)은 문항 곤란도(2.MEASURE), Z축 변인(z-axis values)은 상태(3.STATUS)로 되어 있다. ②번 산점도 그래프를 살펴보면, 직육면체 형태로 보이는 바닥면에 사각형 가로가 X축(문항 번호: ENTRY)이고, 세로가 Y축(문항 난이도: MEASURE)이다. 그리고 세로 모서리 높이가 Z축(문항 상태: STATUS)인 것을 볼 수 있다. 그리고 ②번 산점도 그래프의 X축 또는 Y축 중에서 하나의 축은 항상 고정된 4단계(4칸)의 척도로 나누어진다. 그 이유 3차원으로 생성되는 다트(점)의 위치를 해석하기 쉽게 하기 위해서다. 따라서 ①번 그림 중간에 [Colored?]에 points의 색깔 선택란은 4개로 고정되어 있는 것이다.

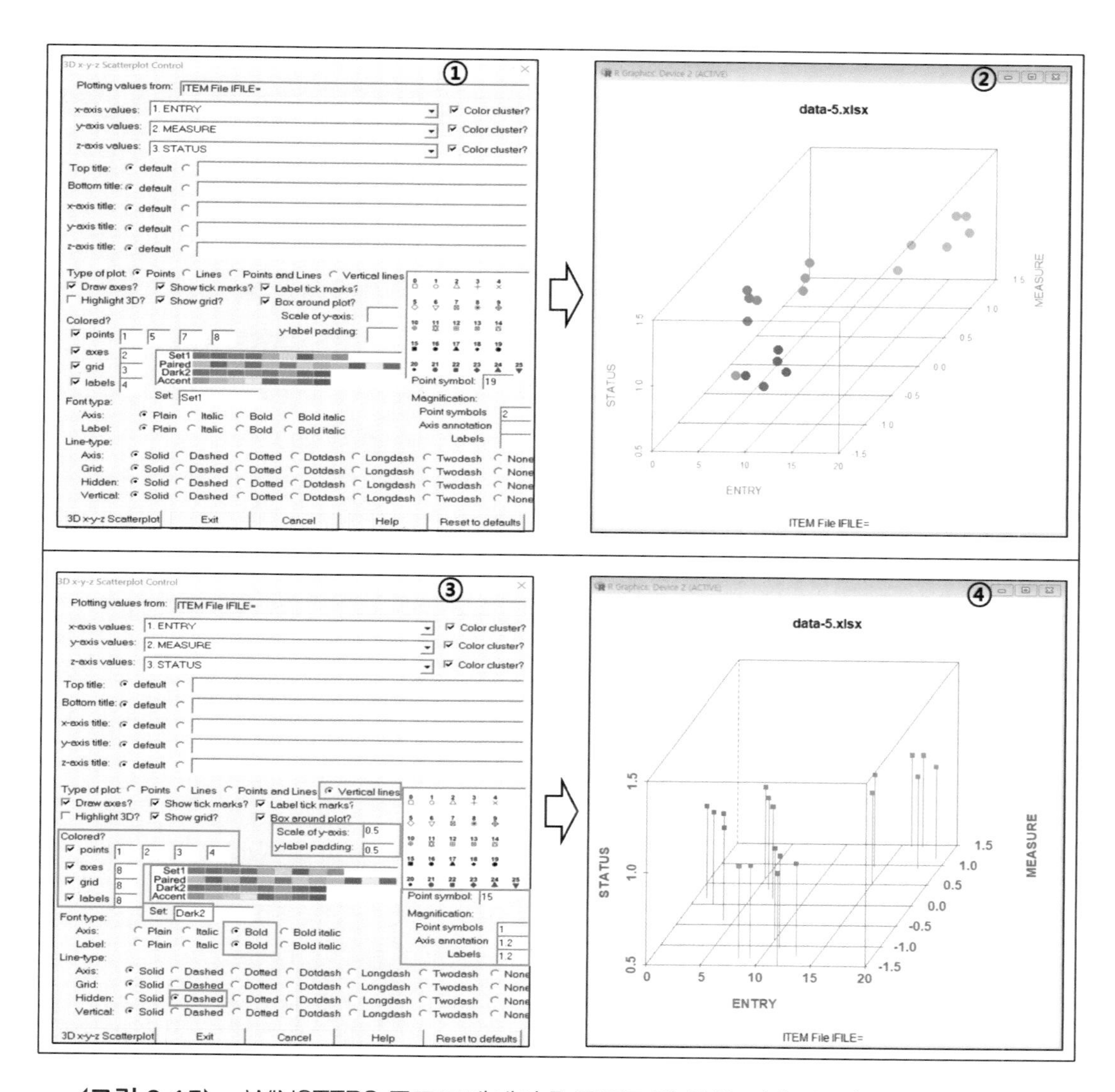

〈그림 8-15〉 WINSTEPS 프로그램에서 R 프로그램 문항 번호, 곤란도, 현상 산점도 실행 결과

WINSTEPS 프로그램 [ITEM File IFILE=]에서 [3.STATUS] 값에 의미는 문항에 상태(현상)를 의미한다. STATUS 값이 1.0은 문항 곤란도가 기본적으로 추정된 상태를 의미하고, 3.0은 실제 측정 상태를 의미한다. 0.0은 극한 최대 추정값을 의미한다. 만일 STATUS 값이 음수로 나타나면 문항의 곤란도가 부적절하게 추정된 상태를 의미한다. 즉 1.0을 중심으로 3.0에 가까울수록 문항 곤란도의 오차가 적은 상태를 의미하고 0에 가까울수록 문항 곤란도 오차가 큰 상태를 의미한다. 그리고 음수로 나타나면 문항 곤란도 추정 상태에 문제가 있다는 것을 의미한다. WINSTEPS 프로그램을 통한 R 프로그램 3차원 산점도 그래프의 STATUS 값의 범

위는 1.0을 중심으로 ±0.5에 해당하는 척도가 기본으로 나타난다. 그런데 문항의 표준오차(standard error)가 크게 나타나지 않는다면, 대부분 문항의 STATUS 값은 1.0으로 동일하게 나타난다.

이처럼 3차원 산점도는 X축, Y축, Z축에 의해서 직육면체 형태다. 그리고 내부에 19개의 다트(점)가 바로 문항 19개이고, 문항의 곤란도(난이도), 문항 상태(STATUS) 측정값에 의해서 직육면체 안에서 다트 위치가 결정되는 것이다. 그러나 ②번 그림과 같이 디폴트로 나타난 3차원 산점도는 직육면체 내부에 다트에 높이가 혼동을 준다. 따라서 ③번 그림과 같이 디폴트 값을 연구자가 변경하면 ④번 그림과 같이 3차원 산점도를 볼 수 있다.

구체적으로 ③번 그림에 변경한 빨간색 틀 부분을 차례대로 살펴보면, 우선 가장 위에 빨간틀 [Vertical line]을 선택하면 형성된 다트들에 세로 선이 생성된다. 그러면 세로 선의 길이로 각 다트들의 Z축 높이를 알 수 있기 때문에 STATUS 값이 문항마다 어느정도 차이가 있는지를 볼 수 있다. STATUS 값으로 생성된 세로 선을 보면 모두 동일한 길이인 것을 볼 수 있다. 모든 문항에서 STATUS 값이 동일하게 1.0으로 나타난 것이다. 즉 문항 곤란도 추정된 상태(STATUS)가 기본적으로 모두 동일한 것이다.

이러한 경우는 3차원 산점도에 의미가 없다. 모든 문항의 Z축 값이 같기 때문에 2차원 산점도로 보는 것이 더 간명하게 문항 번호에 따른 문항 곤란도에 위치를 파악할 수 있다. 앞서 소개한 **〈그림 8-13〉**에 제시한 2차원 산점도 그래프와 비교하면 알 수 있다.

그 다음 빨간색 틀로 표시한 [Scale of y-axis:]와 [y-label padding:]을 빈 칸에서 0.5와 0.5로 변경하였다. [Scale of y-axis:]는 Y축에 길이를 변경하는 것이고, [y-label padding:]은 Y축을 고려하여 X축의 길이를 변경하는 것이다 양수로 크게 변경할수록 X축 길이가 좁아지고, 음수로 설정하면 X축 길이가 넓어진다. 기준 값은 없기 때문에 연구자가 0.5 단위로 변경해 가면서 보기 쉽게 변경하면 된다. 모두 0.5로 변경했을때가 정육면체 형태로 보기 좋게 변경된다고 할 수 있다.

그리고 왼쪽 빨간색 틀로 표시한 [Colored?]는 3차원 산점도 그래프 선들의 색을 구체적으로 결정하는 것이다. 우선적으로 [Set:]를 먼저 결정해야 한다. 즉 제시된 네 가지 색상척도(Set1, Paired, Dark2, Accent) 중에서 어떤 색상척도에 색을 선택할 것인지 연구자가 결정하여 [Set:] 옆에 타이핑해야 한다. 디폴트 Set1 색상척도에서 Dark2 로 변경하였다. 그 다음에 결정한

Dark2 색상척도를 살펴보면 8개의 색상이 나열된 것을 볼 수 있다. 8개 색상을 선택하는 번호는 왼쪽부터 차례대로 1번부터 8번으로 프로그램에 결정되어 있다.

따라서 연구자는 체크된 ☑ points, ☑ axes, ☑ grid, ☑ labels 옆에 칸에 디폴트 번호를 삭제하고 원하는 색상 번호를 타이핑하면 된다. ☑ points의 색상은 Dark2 색상척도의 1, 2, 3, 4로 변경하였다. 4단계의 척도로 되어 있는 X축, ENTRY의 왼쪽 칸부터 다트 색과 Vertical line 색이 선택한 색(Dark2의 1, 2, 3, 4번 색)으로 변경된 것을 볼 수 있다. ☑ axes 색상은 X축, Y축, Z축 선들의 색을 결정하는 것이다. 짙은 회색으로 나타나도록 8을 선택하였다. ☑ grid 색상은 직육면체에 바닥면, 바둑판 모양의 선들의 색을 결정하는 것이다. 동일하게 짙은 회색으로 나타나도록 8을 선택한 것이다. 그리고 ☑ labels 색상은 X축, Y축, Z축 선들에 색과 나타난 글자(ENTRY, MEASURE, STATUS)의 색을 결정하는 것으로 일관성있게 모두 회색으로 나타나도록 8을 선택한 것이다. 이처럼 연구자가 원하는데로 3차원 그래프 다트와 선들의 색을 변경할 수 있다.

그리고 오른쪽 아래 빨간색 틀로 표시 [Point symbol:]은 위 다트 모양에 숫자를 보고, 원하는 다트의 모양 번호를 입력하는 칸이다. 디폴트 19번 모양을 15번 모양으로 변경하였다. 그리고 [Magnification:] 아래 [Point symbols]는 다트모양의 크기설정이다. 디폴트 2를 1로 변경하였다. ②번 그림 다트보다 ④번 그림 다트 크기가 더 작아진 것을 볼 수 있다. 그리고 [Axis annotation]은 X축, Y축, Z축 숫자의 크기를 변경할 수 있다. 그리고 [Label]은 X축, Y축, Z축에 ENTRY, MEASURE, STATUS의 글자 크기를 변경할 수 있다. 모두 빈 칸에서 1.2로 변경하면 숫자 크기가 커진다. 즉 양수로 크게 설정할수록 글자 크기가 커진다.

가운데 아래 빨간색 틀 [Axis:]와 [Label:]을 모두 ⊙ BOLD로 변경한 것은 X축, Y축, Z축 숫자와 글자를 모두 굵게 보이도록 하기 위해서다. 마지막 아래 빨간색 틀 [Hidden:]을 ⊙ Dashed로 변경하면 직육면체 뒤에 세로 모서리 선이 실선에서 점선으로 변경된다.

정리하면, WINSTEPS 프로그램 ①번 그림에 의해 R 프로그램에 나타나는 ②번 그래프와, WINSTEPS 프로그램 ①번 그림을 ③번 그림과 같이 변경했을 때 R 프로그램에 나타나는 ④번 그래프를 이해하면 된다. 그럼 연구자가 원하는대로 그래프를 디자인 할 수 있다.

[알아두기]
의미있는 3D x-y-z Scatterplot?

앞서 X축은 문항 번호, Y축은 문항 곤란도, 그리고 Z축은 문항 상태(STATUS)로 설정하여 3차원 산포도를 설명하였다. 그러나 Z축은 모든 문항에서 동일한 값, 1.0으로 나타났기 때문에 3차원 산포도에 의미가 없다고 하였다. 따라서 아래 그림은 X축과 Y축은 동일하지만 Z축 변인을 내적합도 지수(7. IN.MSQ)로 변경하였다. 그러면 의미 있는 3차원 산포도가 나타난다.

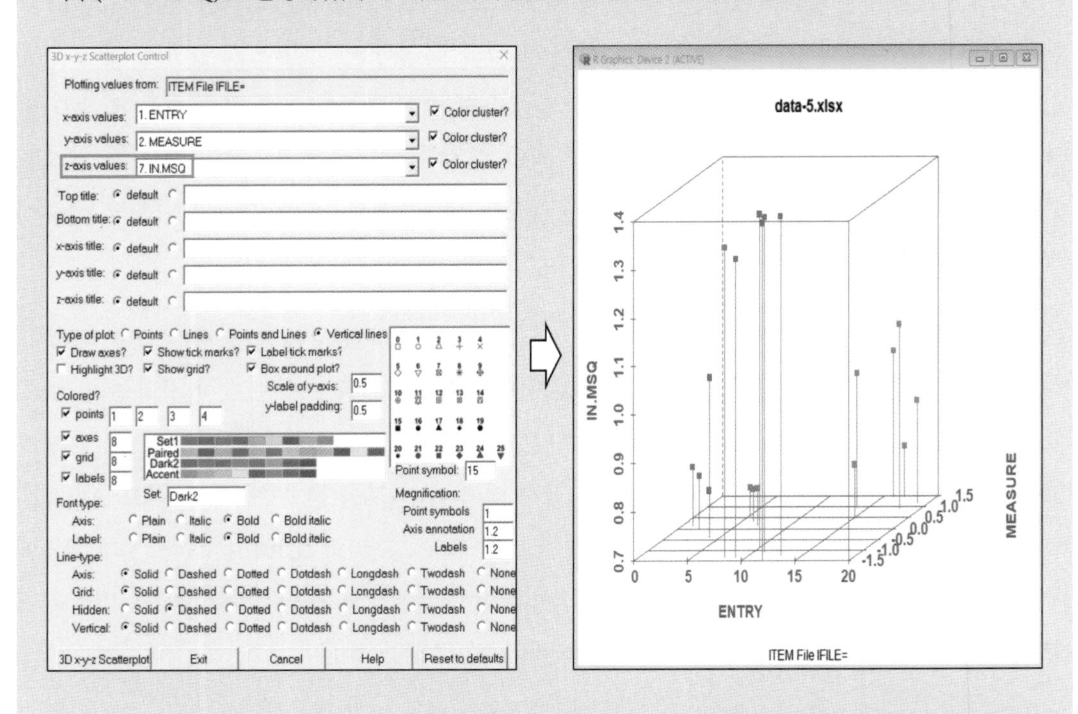

몇 번 문항에서 곤란도가 높고 낮으며, 내적합도 지수가 높고 낮음까지 한 번에 볼 수 있는 의미있는 3차원 산포도라고 할 수 있다. 다만 3차원 산포도만으로는 상세한 값을 구분하기 어렵기 때문에 표와 함께 제시하는 것을 권장한다. 즉 논문에는 아래 그림과 같이 TABLE 14.1에 빨간색 틀 부분을 표로 만들고 3차원 산포도를 같이 제시하는게 적절하다. 여기서 혼동하지 말하야 할 부분은 첫 번째 왼쪽 빨간색 틀 ENTRY NUMBER와 마지막 오른쪽 빨간색 틀 ITEM이다. ENTRY NUMBER와 ITEM 번호 숫자가 완전히 일치하지 않는 이유는 부적합한 두 문항(ITEM10, ITEM17)을 삭제하고 분석한 결과이기 때문이다. 실행한 winsteps-specification-2 메모장 설계서를 보면 알 수 있다.

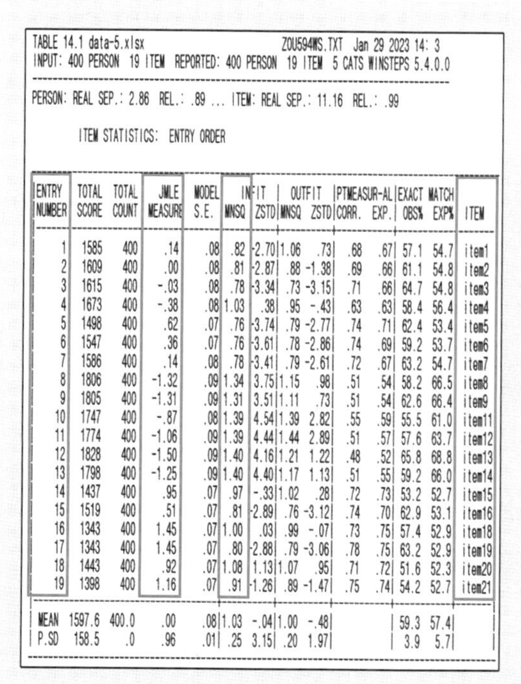

TABLE 14.1 data-5.xlsx ZOU594WS.TXT Jan 29 2023 14: 3
INPUT: 400 PERSON 19 ITEM REPORTED: 400 PERSON 19 ITEM 5 CATS WINSTEPS 5.4.0.0

PERSON: REAL SEP.: 2.86 REL.: .89 ... ITEM: REAL SEP.: 11.16 REL.: .99

ITEM STATISTICS: ENTRY ORDER

ENTRY NUMBER	TOTAL SCORE	TOTAL COUNT	JMLE MEASURE	MODEL S.E.	INFIT MNSQ	INFIT ZSTD	OUTFIT MNSQ	OUTFIT ZSTD	PTMEASUR-AL CORR.	PTMEASUR-AL EXP.	EXACT MATCH OBS%	EXACT MATCH EXP%	ITEM
1	1585	400	.14	.08	.82	-2.70	1.06	.73	.68	.67	57.1	54.7	item1
2	1609	400	.00	.08	.81	-2.87	.88	-1.38	.69	.66	61.1	54.8	item2
3	1615	400	-.03	.08	.78	-3.34	.73	-3.15	.71	.66	64.7	54.8	item3
4	1673	400	-.38	.08	1.03	.38	.95	-.43	.63	.63	58.4	56.4	item4
5	1498	400	.62	.07	.76	-3.74	.79	-2.77	.74	.71	62.4	53.4	item5
6	1547	400	.36	.07	.76	-3.61	.78	-2.86	.74	.69	59.2	53.7	item6
7	1586	400	.14	.08	.78	-3.41	.79	-2.61	.72	.67	63.2	54.7	item7
8	1806	400	-1.32	.09	1.34	3.75	1.15	.98	.51	.54	58.2	66.5	item8
9	1805	400	-1.31	.09	1.31	3.51	1.11	.73	.51	.54	62.6	66.4	item9
10	1747	400	-.87	.08	1.39	4.54	1.39	2.82	.55	.59	55.5	61.0	item11
11	1774	400	-1.06	.09	1.39	4.44	1.44	2.89	.51	.57	57.6	63.7	item12
12	1828	400	-1.50	.09	1.40	4.16	1.21	1.22	.48	.52	65.8	68.8	item13
13	1798	400	-1.25	.09	1.40	4.40	1.17	1.13	.51	.55	59.2	66.0	item14
14	1437	400	.95	.07	.97	-.33	1.02	.28	.72	.73	53.2	52.7	item15
15	1519	400	.51	.07	.81	-2.89	.76	-3.12	.74	.70	62.9	53.1	item16
16	1343	400	1.45	.07	1.00	.03	.99	-.07	.73	.75	57.4	52.9	item18
17	1343	400	1.45	.07	.80	-2.88	.79	-3.06	.78	.75	63.2	52.9	item19
18	1443	400	.92	.07	1.08	1.13	1.07	.95	.71	.72	51.6	52.3	item20
19	1398	400	1.16	.07	.91	-1.26	.89	-1.47	.75	.74	54.2	52.7	item21
MEAN	1597.6	400.0	.00	.08	1.03	-.04	1.00	-.48			59.3	57.4	
P.SD	158.5	.0	.96	.01	.25	3.15	.20	1.97			3.9	5.7	

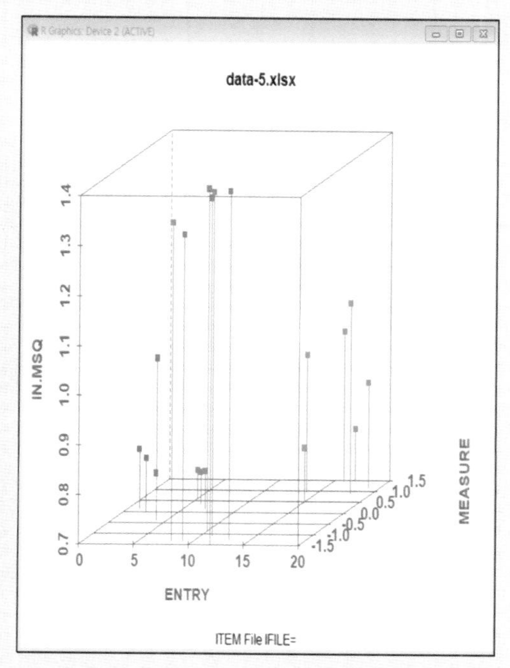

다음으로 [3D x-y-z Scatterplot]에 [PERSON File PFILE=]을 클릭하면 다음 **<그림 8-16>**에 왼쪽 그림이 나타난다. 이번에는 X축은 응답자 번호를 나타내는 디폴트 [1.ENTRY]를 선택하고, Y축은 응답자 속성(능력)을 나타내는 디폴트 [2.MEASURE]를 선택하고, Z축은 응답 총합점수, [5.SCORE]를 선택하였다. 그리고 앞서 소개한 **<그림 8-15>**를 참고하여 왼쪽 그림은 연구자가 원하는데로 설정하고, 왼쪽 아래 [3D x-y-z Scatterplot] 버튼을 클릭하면 가운데 3차원 산포도 그래프가 나타난다. 400명의 응답자를 100명씩 4등분된 색으로 응답자 번호와 응답자 속성에 따른 응답 총합점수를 3차원 산점도 그래프로 볼 수 있다. 응답 총합점수가 높을수록 진로불안감이 높은 응답자를 의미한다.

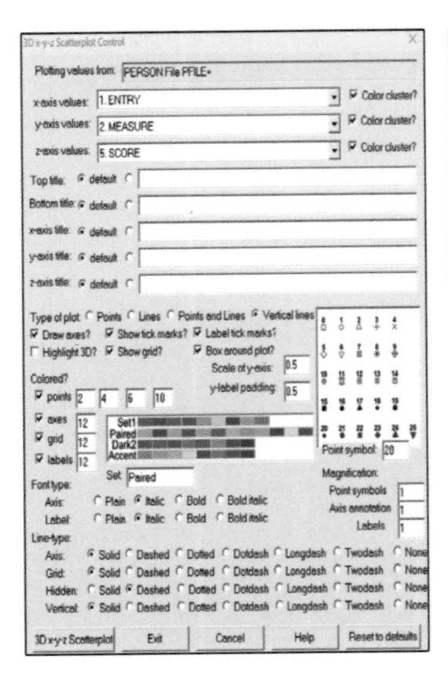

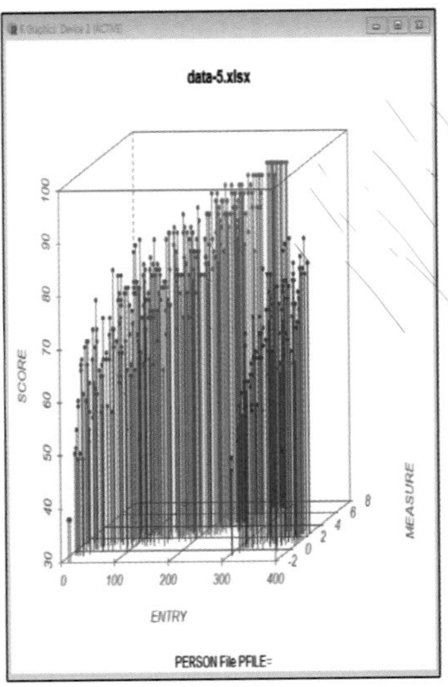

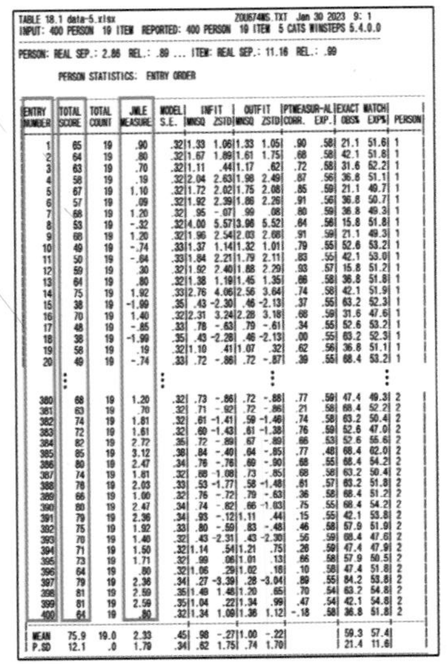
TABLE 18.1 data-5.xlsx ZOU674WS.TXT Jan 30 2023 9: 1
INPUT: 400 PERSON 19 ITEM REPORTED: 400 PERSON 19 ITEM 5 CATS WINSTEPS 5.4.0.0

PERSON: REAL SEP.: 2.86 REL.: .89 ... ITEM: REAL SEP.: 11.16 REL.: .99

PERSON STATISTICS: ENTRY ORDER

ENTRY NUMBER	TOTAL SCORE	TOTAL COUNT	JMLE MEASURE	MODEL S.E.	INFIT MNSQ	INFIT ZSTD	OUTFIT MNSQ	OUTFIT ZSTD	PTMEASUR-AL CORR.	PTMEASUR-AL EXP.	EXACT MATCH OBS%	EXACT MATCH EXP%	PERSON
1	65	19	.90	.32	1.33	1.06	1.33	1.05	.90	.58	21.1	51.6	1
2	64	19	.80	.32	1.67	1.89	1.61	1.75	.68	.58	42.1	51.8	1
3	63	19	.70	.32	1.11	.44	1.17	.62	.72	.58	31.6	52.2	1
4	58	19	.19	.32	2.04	2.63	1.98	2.49	.87	.56	36.8	51.1	1
5	67	19	1.10	.32	1.72	2.02	1.75	2.08	.85	.59	21.1	49.7	1
6	57	19	.09	.32	1.92	2.39	1.86	2.26	.91	.56	36.8	50.7	1
7	68	19	1.20	.32	.95	-.07	.99	.08	.80	.59	36.8	49.3	1
8	53	19	-.32	.32	4.00	5.57	3.98	5.52	.64	.56	15.8	51.8	1
9	68	19	1.20	.32	1.96	2.54	2.03	2.68	.91	.59	21.1	49.3	1
10	49	19	-.74	.33	1.37	1.14	1.32	1.01	.79	.55	52.6	53.2	1
11	50	19	-.64	.33	1.84	2.21	1.79	2.11	.83	.55	42.1	53.0	1
12	59	19	.30	.32	1.92	2.40	1.88	2.29	.93	.57	15.8	51.2	1
13	64	19	.80	.32	1.38	1.19	1.45	1.35	.86	.58	36.8	51.8	1
14	75	19	1.92	.33	2.76	4.06	2.56	3.64	.74	.58	42.1	51.9	1
15	38	19	-1.99	.35	.43	-2.30	.46	-2.13	.37	.55	63.2	52.3	1
16	70	19	1.40	.32	2.31	3.24	2.28	3.18	.68	.59	31.6	47.6	1
17	48	19	-.85	.33	.78	-.63	.79	-.61	.34	.55	52.6	53.2	1
18	38	19	-1.99	.35	.43	-2.28	.46	-2.13	.00	.55	63.2	52.3	1
19	58	19	.19	.32	1.10	.41	1.07	.32	.62	.56	36.8	51.1	1
20	49	19	-.74	.33	.72	-.86	.72	-.87	.39	.55	68.4	53.2	1
⋮				⋮				⋮				⋮	
380	68	19	1.20	.32	.73	-.86	.72	-.88	.77	.59	47.4	49.3	2
381	63	19	.70	.32	.71	-.92	.72	-.86	.21	.58	68.4	52.2	2
382	74	19	1.81	.32	.61	-1.41	.59	-1.46	.74	.58	63.2	50.4	2
383	72	19	1.61	.32	.60	-1.43	.61	-1.38	.76	.59	52.6	47.0	2
384	82	19	2.72	.35	.72	-.89	.67	-.89	.66	.53	52.6	56.6	2
385	85	19	3.12	.38	.84	-.40	.64	-.85	.77	.48	68.4	62.0	2
386	80	19	2.47	.34	.76	-.76	.69	-.90	.68	.55	68.4	54.2	2
387	74	19	1.81	.32	.88	-1.08	.73	-.85	.68	.58	63.2	50.4	2
388	76	19	2.03	.33	.53	-1.77	.58	-1.48	.61	.57	63.2	51.8	2
389	66	19	1.00	.32	.76	-.72	.79	-.63	.36	.58	68.4	51.2	2
390	80	19	2.47	.34	.74	-.82	.66	-1.03	.75	.55	68.4	54.2	2
391	79	19	2.36	.34	.93	-.12	1.11	.44	.15	.55	42.1	53.8	2
392	75	19	1.92	.33	.80	-.59	.83	-.48	.46	.58	57.9	51.9	2
393	70	19	1.40	.32	.43	-2.31	.43	-2.30	.56	.59	68.4	47.6	2
394	71	19	1.50	.32	1.14	.54	1.21	.75	.28	.59	47.4	47.9	2
395	73	19	1.71	.32	.99	.06	1.01	.13	.66	.58	57.9	50.5	2
396	64	19	.80	.32	1.06	.29	1.02	.18	.10	.58	47.4	51.8	2
397	79	19	2.36	.34	.27	-3.39	.28	-3.04	.89	.55	84.2	53.8	2
398	81	19	2.59	.35	1.49	1.48	1.20	.65	.70	.54	63.2	54.8	2
399	81	19	2.59	.35	1.04	.22	1.34	.99	.47	.54	42.1	54.8	2
400	64	19	.80	.32	1.34	1.09	1.36	1.12	-.18	.58	36.8	51.8	2
MEAN	75.9	19.0	2.33	.45	.98	-.27	1.00	-.22			59.3	57.4	
P.SD	12.1	.0	1.79	.34	.62	1.75	.74	1.70			21.4	11.6	

<그림 8-16> WINSTEPS 프로그램에서 R 프로그램 응답자 번호, 속성, 총합점수 산점도 실행 결과

구체적으로 오른쪽 그림 TABLE 18.1을 통해 그래프를 해석할 수 있다. TABLE 18.1에서 가장 왼쪽 빨간색 틀에 있는 값이 3차원 산점도 그래프에 X축 값(ENTRY NUMBER = 응답자 번호)이고, 가운데 빨간색 틀 값이 Z축 값(TOTAL SCORE = 응답자 총합점수)이 된다. 그리고, 마지막 빨간색 틀에 값이 Y축 값(JMLE MEASURE = 응답자 속성: 진로불안감)이 된다.

[알아두기]
ALL BLACK 산점도 그래프

WINSTEPS 프로그램을 통한 R 프로그램 산점도 그래프의 축과 점과 글에 색상은 제시된 네 가지 척도(Sat1, Paried, Dark2, Accent)에서 고를 수 있다. 그런데 연구자들은 흑백으로만 출판되는 학회지를 고려하면 축과 점과 글을 모두 검정색으로 변경하고 싶을 수 있다. 그러나 네 가지 척도에 색상 중에는 완전 검정색은 찾아 볼 수 없다. 이 문제를 해결하는 방법은 R 프로그램에서 제공하는 색상 패키지를 설치하고, 원하는 색을 타이핑 또는 선택하면 가능하다. 색상 패키지(RColorBrewer)는 기본적으로 설치되어 있다. 설치가 의심되어 다시 RColorBrewer 패키지를 설치하고 싶다면 앞서 소개한 **<그림 8-4>**(346쪽)에서 WrightMap 패키지를 선택한 것처럼 RColorBrewer 패키지를 찾아서 선택하고 [OK]를 클릭하여 실행하면 된다.

다음 그림에서 가운데 그림에 검은틀 부분처럼 변경하고, 실행하면 오른쪽 그림과 같이 3차원 산점도 그래프 색상이 모두 검정색으로 나타난다. 빨간색 틀 부분은 그래프 제목, X축, Y축, Z축의 문자를 연구자가 변경할 수 있다는 것을 보여준 것이다. **<그림 8-16>**에 두 번째 그림과 비교해 보면 어떻게 변경된 것인지 쉽게 이해할 수 있다. 그리고 산점도 형태를 Vertical lines 대신 디폴트 값인 Points를 선택하였다. 그 이유는 응답자 수가 많아서 직육면체 안이 검은색으로 가득 차 보일 수 있기 때문이다.

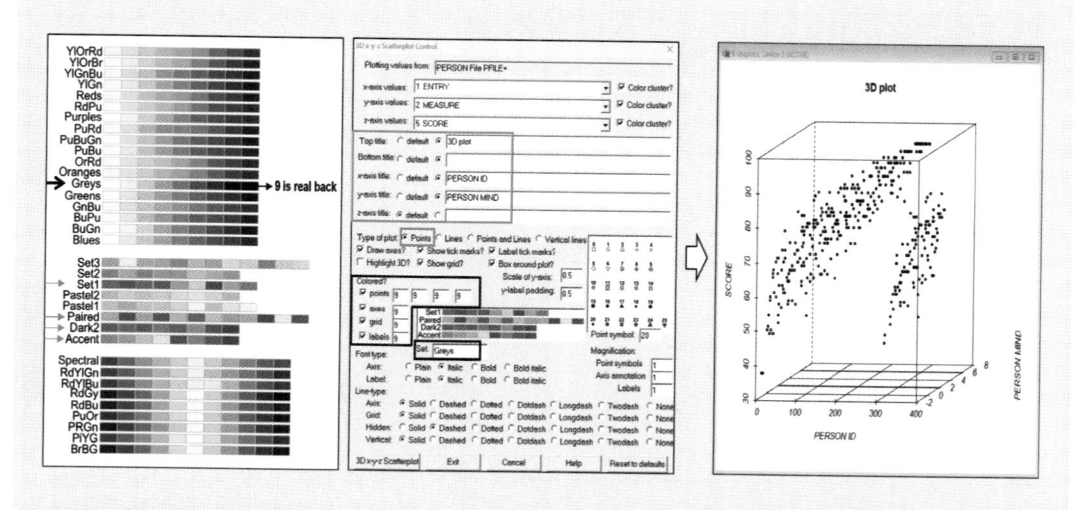

WINSTEPS 프로그램에서는 R 프로그램 색상 패키지에 너무 많은 색이 있기 때문에 왼쪽 그림에 빨간색 화살표로 표시한 네 가지 색 선택 척도(Set1, Paired, Dark2, Accent)만 나타낸 것이다. 그런데 연구자는 R 프로그램 RColorBrewer 패키지에서 제공하는 왼쪽 그림에 모든 색상을 선택할 수 있다. 3D 그래프가 모두 검정색으로 나타나도록 선택하는 방법은 우선 가운데 그림에 작은 검은색 틀 안에 원하는 색 척도 명칭을 입력한다. 완전 검정색이 있는 Greys 라고 입력하면 된다. 그리고 바로 위에 검은색 틀 안에 숫자를 모두 9로 입력한다. 여기서 모두 숫자 9로 입력하는 이유는 Greys 색 선택 척도에 9번째 색이 완전 검정색이기 때문이다. ALL BLACK 3차원 산점도 그래프로 변경된 것을 볼 수 있다.

8-6) WINSTEPS 프로그램을 통한 R 프로그램의 스크리 플롯 (scree plots) 생성

WINSTEPS 프로그램은 R 프로그램을 통해 주성분 분석(principal components analysis: PCA)과 탐색적 요인분석(exploratory factor analysis: EFA)의 스크리 플롯(도표)도 생성시킨

다. 구체적으로 R 프로그램에 나타나는 스크리 도표로 차원성을 판단할 수 있다. 앞서 소개한 **<그림 8-10>**(355쪽)에 [Plots] 마지막 행 [Principal Components + Factor Analysis]를 클릭하면, 다음 **<그림 8-17>**에 ①번 그림이 나타난다.

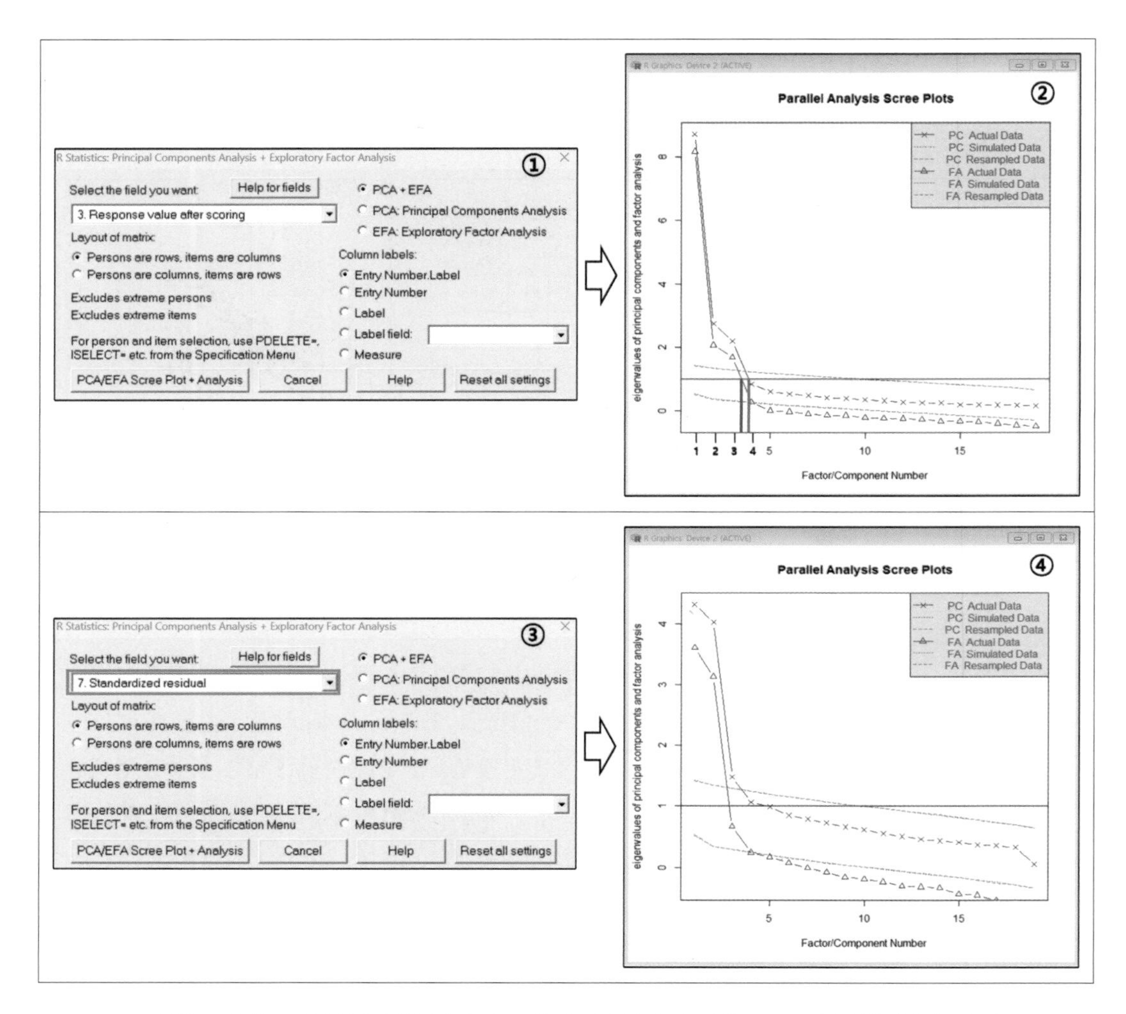

<그림 8-17> WINSTEPS 프로그램에서 R 프로그램 스크리 도표 실행 결과

그리고 디폴트 설정 상태에서 왼쪽 아래 [PCA/EFA Scree Plot + Analysis] 버튼을 클릭하면 오른쪽 ②번 그림, 스크리 도표가 R 프로그램에서 나타난다. 우선 ①번 그림에 디폴트 설정 상태인 [3. Response value after scoring]에 의미는 측정된 응답점수 척도 그대로 주성분 분석과 탐색적 요인분석의 스크리 도표를 생성시킨다는 것이다. 즉 WINSTEPS 프로그램에 주된 척도인 로짓(logits) 측정 척도로 변환시키지 않은 순수한 코딩 자료(원자료) 그대로 PCA와

EFA를 실행하는 것을 의미한다.

그리고 채크된 [⦿ Person are rows, items are columns]에 의미는 이 분석에 사용되고 있는 자료의 코딩 형태를 선택한 것이다. 즉 실행된 winsteps-specification-2 파일(19문항)에 코딩 형태가 수평형태(wide format)인지 수직형태(long format)인지를 체크하는 것이다. 실행된 winsteps-specification-2 파일은 응답자(person)가 가로이고, 문항(item)이 세로로 코딩된 수평형태이기 때문에 밑에 [Person are columns, items are rows]로 변경할 필요가 없다.

오른쪽에 디폴트로 체크된 [⦿ PCA + EFA]는 한 그래프에 주성분 분석 스크리 도표와 탐색적 요인분석 스크리 도표를 함께 제시한다는 것을 의미한다. 연구자가 주성분 분석 스크리 도표만 나타내고 싶다면 두 번째 [PCA: Principal Components Analysis]를 체크하면 되고, 탐색적 요인분석 스크리 도표만 나타내고 싶다면 세 번째 [EFA: Exploratory Factor Analysis]를 체크하면 된다. [⦿ PCA + EFA] 이기 때문에 ②번 그림에 주성분 분석 스크리 도표와 탐색적 요인분석 스크리 도표가 모두 나타난 것이다.

그리고 [Column Labels:]에 있는 선택은 R 프로그램에 제시되는 그래프 모양을 변경하기 위한 것이 아니다. R 프로그램 통계 결과 창에 나타나는 표(Standardized loadings based upon correlation matrix)에 변수 명칭을 변경하는 것이다. 따라서 분석 결과와 그래프 모양에 영향을 주지 않기 때문에 선택할 필요가 없다.

②번 스크리 도표를 구체적으로 살펴보면, 오른쪽 상단에 각 선이 무엇을 나타내는지 제시하였다. 파란색 ✕ 선은 원자료로 주성분 분석을 실시한 스크리 도표 결과이고(PC Actual Data), 파란색 △ 선은 원자료로 탐색적 요인분석을 실시한 스크리 도표 결과이다(FA Actual Data). 그리고 위에서 두 번째 빨간색 ┈┈ 점선은 시뮬레이션 무작위(random) 데이터로 주성분 분석을 실시한 스크리 도표 결과이고(PC Simulated Data), 위에서 세 번째 빨간색 ---- 점선은 리샘플링 무작위 데이터로 주성분 분석을 실시한 스크리 도표 결과이다(PC Resampled Data).

시뮬레이션(Simulated)과 리샘플링(Resampling)은 무작위 데이터를 생성하는 일반화된 두 가지 방법이다. 이 두 방법으로 생성된 빨간 점선 스크리 도표 선이 겹쳐져 있을수록 차원성 분석에 문제가 없는 데이터라고 할 수 있다. 위에 있는 빨간 점선이 하나의 선으로 보이지만 두 빨간색 점선이 겹쳐있는 것이다. 이와 같은 맥락으로 아래서 두 번째 빨간색 ┈┈ 점선은 시뮬레이션 무작위 데이터로 탐색적 요인분석을 실시한 스크리 도표 결과이고(FA Simulated

Data), 가장 아래 빨간색 ---- 점선은 리샘플링 무작위 데이터로 탐색적 요인분석을 실시한 스크리 도표 결과이다(FA Resampled Data). 역시 아래 빨간 점선이 하나의 선으로 보이지만 두 빨간색 점선이 겹쳐있는 것이다. 따라서 주성분 분석과 탐색적 요인분석을 통한 스크리 도표로 차원성 분석을 하는데 문제가 없는 것을 알 수 있다.

②번에 두 스크리 도표에 차원성을 해석하면 다음과 같다. 우선 스크리 도표 그래프의 X축은 요인/성분 번호(Factor/Component Number)를 나타내고, Y축은 고유값(eigenvalue)을 나타낸다. 고유값 1에 가로선이 그려진 것은 일반적으로 고유값 1과 스크리 도표가 만나는 지점에 X축 값이 요인 수가 되기 때문이다. 주성분 분석 스크리 도표가 고유값 1과 만나는 X축 지점을 초록색 선으로 표시하였다. X축 값이 4에 가깝기 때문에 요인수가 4개에 가까운 것을 의미한다. 그리고 탐색적 요인분석 스크리 도표가 고유값 1과 만나는 X축 지점을 보라색 선으로 표시하였다. X축 값이 3에 가깝기 때문에 요인 수는 3개에 가까운 것을 의미한다. 따라서 진로불안감 19문항이 하나의 요인(차원)으로 구성된 것은 아니라는 것을 의미한다. 즉 일차원성(unidimensionality)을 충족한다고 할 수 없다.

③번 그림은 디폴트 [3. Response value after scoring]을 빨간색 틀로 표시한 [7. Standardized residual]로 변경한 것이다. 그리고 ④번은 ③번 그림에 왼쪽 아래 [PCA/EFA Scree Plot + Analysis] 버튼을 클릭하면, R 프로그램에 나타나는 스크리 도표 결과다. ④번 스크리 도표와 ②번 스크리 도표에 공통점은 차원성을 검증하는 것이라면, 차이점은 Y축의 고유값에 척도가 다르다는 것이다.

구체적으로 ②번 스크리 도표는 대중화된 통계 프로그램, SPSS에서 실행되는 탐색적 요인분석 결과에서 제시되는 스크리 도표 결과와 동일한 고유값 척도가 사용된다. 즉 ②번 스크리 도표 결과는 SPSS 탐색적 요인분석 스크리 도표 결과와 동일하게 나타난다. 이와 달리 ④번 스크리 도표는 WINSTEPS 프로그램에 주요 척도인 로짓값을 근거로 한 고유값 척도가 사용된다. 앞서 차원성 검증에서 자세히 소개한 '요인에 대조하여 설명되지 않는 분산'에 고유값 척도가 Y축이 된다.

다음 **<그림 8-18>** ①번 그림에 빨간색 틀은 그래프에 주성분 분석 스크리 도표만 나타나도록 변경한 것이다. ②번 그림은 ①번 그림에서 왼쪽 아래 [PCA/EFA Scree Plot + Analysis] 버튼을 클릭하면, R 프로그램에 나타나는 주성분 분석 스크리 도표다. 그리고 ③번 그림은 앞서 차원성을 판단하는 분석에서 사용된 TABLE 23.0에 일부분이다(첨부된 자료: item-dimensionality-2). 빨간색으로 표시한 '요인에 대조하여 설명되지 않는 분산'의 고유값(Eigenvalue)이 ②번 스크리 도표의 Y축 척도가 되는 것이다. 따라서 X축 '1요인에 대조하여 설명되지 않는 분산'의 고유값이 3.0 이상(4.3071)로 나타났기 때문에 일차원성을 충족한다고 할 수 없다.

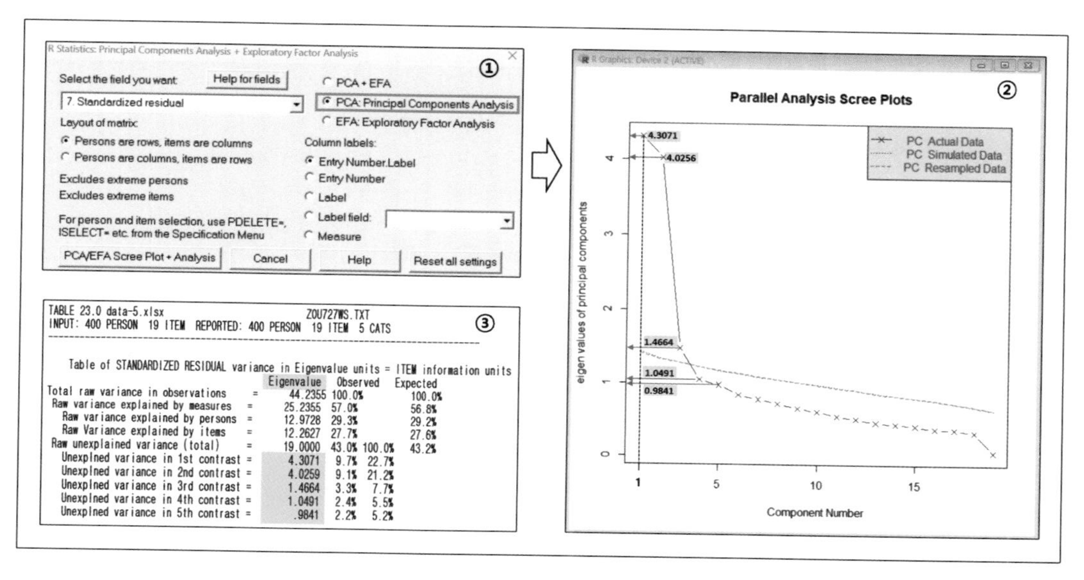

		Eigenvalue	Observed		Expected
Total raw variance in observations	=	44.2355	100.0%		100.0%
Raw variance explained by measures	=	25.2355	57.0%		56.8%
Raw variance explained by persons	=	12.9728	29.3%		29.2%
Raw Variance explained by items	=	12.2627	27.7%		27.6%
Raw unexplained variance (total)	=	19.0000	43.0%	100.0%	43.2%
Unexplned variance in 1st contrast	=	4.3071	9.7%	22.7%	
Unexplned variance in 2nd contrast	=	4.0259	9.1%	21.2%	
Unexplned variance in 3rd contrast	=	1.4664	3.3%	7.7%	
Unexplned variance in 4th contrast	=	1.0491	2.4%	5.5%	
Unexplned variance in 5th contrast	=	.9841	2.2%	5.2%	

〈그림 8-18〉 WINSTEPS 프로그램을 통한 R 프로그램 스크리 도표의 차원성 탐색

정리하면, WINSTEPS 프로그램을 통해 R 프로그램에 제시되는 두 가지 형태의 스크리 도표는 문항의 차원성을 검증하는데 활용될 수 있다. 즉 연구자가 사용하는 심리측정척도의 문항들이 몇 개의 요인으로 구성되는지를 탐색할 수 있는 도표다.

WINSTEPS 프로그램으로 인지능력검사 자료 분석

지금까지 WINSTEPS 프로그램을 통해 심리측정척도 검사 자료를 분석하는 방법을 자세히 소개하였다. 이 장에서는 마지막으로 WINSTEPS 프로그램으로 인지능력검사 자료를 분석하는 방법을 소개한다. 정의적 영역을 측정하는 심리측정척도(심리검사)는 정답이 없다. 이에 비해 인지능력을 측정하는 시험에는 반드시 정답이 있다. 따라서 다음 **〈그림 9-1〉**과 같이 코딩이 된다(첨부된 자료: data-7)

	A	B	C	D	E	F	G	H	I	J	K	L	M	N
1	id	gender	p1	p2	p3	p4	p5	p6	p7	p8	p9	p10	p11	p12
2	1	1	1	1	1	0	1	0	1	1	1	0	0	0
3	2	1	1	1	1	1	1	1	0	0	1	0	0	0
4	3	1	1	1	1	1	1	1	0	0	0	1	0	0
5	4	1	1	1	1	1	0	1	1	1	1	0	0	0
6	5	1	1	1	1	1	1	1	0	1	1	0	1	1
7	6	1	1	0	1	1	0	1	0	1	1	0	0	1
8	7	1	1	1	1	1	0	0	1	1	1	0	0	0
9	8	1	1	1	0	1	0	0	1	0	1	0	1	1
10	9	1	1	0	1	1	0	0	0	0	1	0	0	1
11	10	1	1	1	1	1	1	0	1	1	1	0	1	0
12	11	1	1	1	1	1	1	1	1	0	1	0	0	1
13	12	1	1	1	1	1	1	1	1	1	1	0	0	0
14	13	1	1	1	1	1	0	0	1	0	1	0	0	0
15	14	1	1	0	1	1	0	1	1	1	1	1	0	0
16	15	1	1	1	1	1	0	1	1	1	1	0	0	0
17	16	1	1	1	1	1	0	1	1	1	1	0	1	0
18	17	1	1	1	1	1	0	1	1	1	1	0	1	0
19	18	1	1	1	1	1	0	1	0	0	1	1	0	1
20	19	1	1	1	0	1	0	0	0	1	1	0	0	0
21	20	1	1	1	1	1	0	0	1	0	1	0	1	1
22	21	2	1	0	1	0	0	0	1	1	1	1	1	1
23	22	2	1	1	1	1	0	1	1	1	1	0	1	1
24	23	2	1	1	1	1	1	1	0	1	1	0	1	0
	⋮				⋮				⋮				⋮	
84	83	2	1	1	1	1	0	0	1	1	1	0	1	1
85	84	2	1	0	1	1	1	0	1	1	1	0	0	1
86	85	2	1	1	1	0	0	0	1	0	1	0	0	0
87	86	2	1	0	0	1	1	0	1	1	1	0	1	1
88	87	2	1	1	1	1	1	1	1	0	1	0	0	1
89	88	2	0	0	1	0	0	0	0	0	1	0	0	1

〈그림 9-1〉 EXCEL 프로그램에 인지능력 검사 자료 코딩

구체적으로 88명 학생이 12문항의 인지능력 시험(농구 지식 검사)을 본 결과를 EXCEL 프로그램에 코딩한 것이다. 참고로 SPSS 프로그램에 위와 동일하게 코딩하고 실행해도 무방하다. 중요한 것은 WINSTEPS 프로그램은 위와같은 인지능력검사 자료에서는 1을 정답으로 인식하고, 0을 오답으로 인식한다는 것이다. 그리고 위 자료는 연구자가 남자를 1로 코딩하고 여자를 2로 코딩하였다. 예를 들어 1번 학생(id=1)은 남자이고, 12문항 중에서 5문항 틀리고 7문항 맞춘 것이다. 그리고 88번 학생은 여자이고, 12문항 중에서 9문항을 틀리고 3문항을 맞춘 것이다.

이 자료를 가지고 WINSTEPS 메모장 설계서를 만들기 위해서는 앞서 자세히 소개한 **〈그림 2-1〉**(130쪽)부터 **〈그림 2-10〉**(137쪽)까지 실행하고, 생성된(완성된) 메모장 설계서를 저장하면 된다(첨부된 자료: winsteps-specification-4). 그리고 저장된 자료를 **〈그림 2-11〉**(137쪽)부터 **〈그림 2-15〉**(139쪽)까지 실행하면 다음 **〈그림 9-2〉**와 같은 실행 종료 화면이 나타난다.

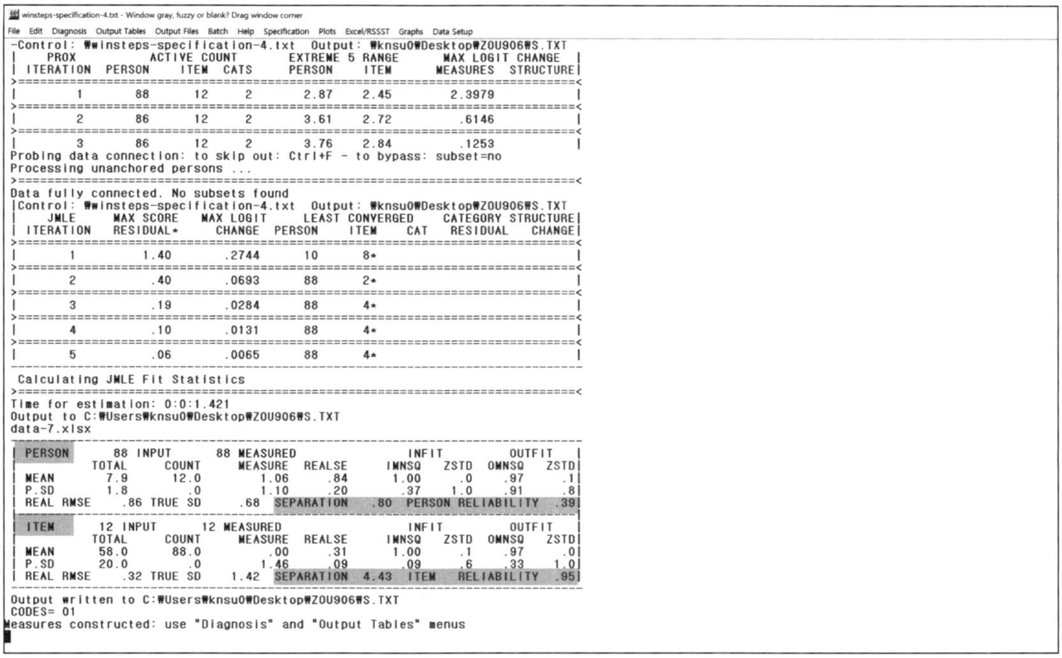

```
winsteps-specification-4.txt - Window gray, fuzzy or blank? Drag window corner
File  Edit  Diagnosis  Output Tables  Output Files  Batch  Help  Specification  Plots  Excel/RSSST  Graphs  Data Setup
-Control: ₩winsteps-specification-4.txt  Output: ₩knsu0₩Desktop₩ZOU906₩S.TXT
|    PROX         ACTIVE COUNT         EXTREME 5 RANGE       MAX LOGIT CHANGE  |
| ITERATION  PERSON     ITEM  CATS     PERSON     ITEM      MEASURES  STRUCTURE|
>=============================================================================<
|         1      88       12     2       2.87     2.45        2.3979           |
>=============================================================================<
|         2      86       12     2       3.61     2.72         .6146           |
>=============================================================================<
|         3      86       12     2       3.76     2.84         .1253           |
Probing data connection: to skip out: Ctrl+F - to bypass: subset=no
Processing unanchored persons ...
>=============================================================================<
Data fully connected. No subsets found
|Control: ₩winsteps-specification-4.txt  Output: ₩knsu0₩Desktop₩ZOU906₩S.TXT
|    JMLE     MAX SCORE  MAX LOGIT     LEAST CONVERGED    CATEGORY STRUCTURE|
| ITERATION   RESIDUAL*     CHANGE  PERSON     ITEM    CAT   RESIDUAL    CHANGE|
>=============================================================================<
|        1       1.40      .2744      10       8*                              |
>=============================================================================<
|        2        .40      .0693      88       2*                              |
>=============================================================================<
|        3        .19      .0284      88       4*                              |
>=============================================================================<
|        4        .10      .0131      88       4*                              |
>=============================================================================<
|        5        .06      .0065      88       4*                              |
-------------------------------------------------------------------------------
 Calculating JMLE Fit Statistics
>=============================================================================<
Time for estimation: 0:0:1.421
Output to C:₩Users₩knsu0₩Desktop₩ZOU906₩S.TXT
data-7.xlsx
-------------------------------------------------------------------------------
| PERSON      88 INPUT       88 MEASURED                 INFIT          OUTFIT   |
|            TOTAL       COUNT       MEASURE  REALSE     IMNSQ   ZSTD  OMNSQ   ZSTD|
| MEAN         7.9        12.0          1.06     .84      1.00     .0    .97     .1|
| P.SD         1.8          .0          1.10     .20       .37    1.0    .91     .8|
| REAL RMSE     .86 TRUE SD      .68  SEPARATION   .80  PERSON RELIABILITY  .39|
|-------------------------------------------------------------------------------|
| ITEM        12 INPUT      12 MEASURED                  INFIT          OUTFIT   |
|            TOTAL       COUNT       MEASURE  REALSE     IMNSQ   ZSTD  OMNSQ   ZSTD|
| MEAN        58.0        88.0           .00     .31      1.00     .1    .97     .0|
| P.SD        20.0          .0          1.46     .09       .09     .6    .33    1.0|
| REAL RMSE     .32 TRUE SD     1.42  SEPARATION  4.43  ITEM   RELIABILITY  .95|
-------------------------------------------------------------------------------
Output written to C:₩Users₩knsu0₩Desktop₩ZOU906₩S.TXT
CODES= 01
Measures constructed: use "Diagnosis" and "Output Tables" menus
```

〈그림 9-2〉 완성된 메모장 설계서 실행 종료

표시된 부분은 피험자(PERSON) 분리(SEPARATION)지수와 신뢰도(RELIABILITY) 지수, 그리고 문항(ITEM) 분리(SEPARATION)지수와 신뢰도(RELIABILITY) 지수를 나타낸다. 분석된 결과를 자세히 볼 수 있는 [Diagnosis] 또는 [Output Tables]를 클릭하지 않아도 가장 먼저 제시되는 중요한 지수들이다.

앞서 심리측정척도 분석에서 자세히 소개한 것처럼 같은 맥락으로 이해하면 된다. 즉 피험자 분리지수와 문항 분리지수 기준은 2.00이다. 그리고 피험자 신뢰도 지수와 문항 신뢰도 지수 기준은 0.80이다. 수학 공식에 의해 분리지수가 2.00이 나타나면 신뢰도 지수는 0.80으로 계산된다. 따라서 현실적으로 분리지수 기준 또는 신뢰도 지수 기준 중에서 하나만 제시하고 해석해도 된다.

설정된 기준을 통한 해석은 피험자 분리지수가 2.00 이상(=피험자 신뢰도 지수가 0.80 이상)으로 나타나면, 피험자의 능력이 적절하게 분포되어 있다는 것이고, 문항 분리지수가 2.00 이상(=문항 신뢰도 지수가 0.80 이상)으로 나타나면, 문항의 난이도가 적절하게 분포되어 있다는 것이다. 만일 피험자 분리지수가 2.00 미만으로 나타나면 피험자들에 능력이 매우 비슷하다는 것을 의미하고, 문항 분리지수가 2.00 미만으로 나타나면 문항의 난이도가 매우 비슷하다는 것을 의미한다.

결과를 살펴보면 피험자 분리지수가 0.80, 신뢰도 지수가 0.39로 기준을 크게 못 미치는 것으로 나타났다. 88명 피험자의 능력은 두 집단 이상으로 분리되기가 어렵다는 것이다. 따라서 피험자 능력이 적절하게 분포되어 있지 못한 것을 의미한다. 반면 문항 분리지수가 4.43, 신뢰도 지수가 0.95로 기준을 충족하는 것으로 나타났다. 12개 문항의 난이도는 두 단계 이상으로 분리될 수 있다는 것이다. 따라서 문항 난이도가 적절하게 분포되어 있다는 것을 의미한다.

9-1) 피험자 능력과 문항 난이도 분포도 분석

〈그림 9-2〉에서 [Output Tables]를 클릭하고, [1. Variable(Wright) maps]를 클릭하면, 다음 **〈그림 9-3〉**이 나타난다(첨부된 자료: variable-wright-maps-4).

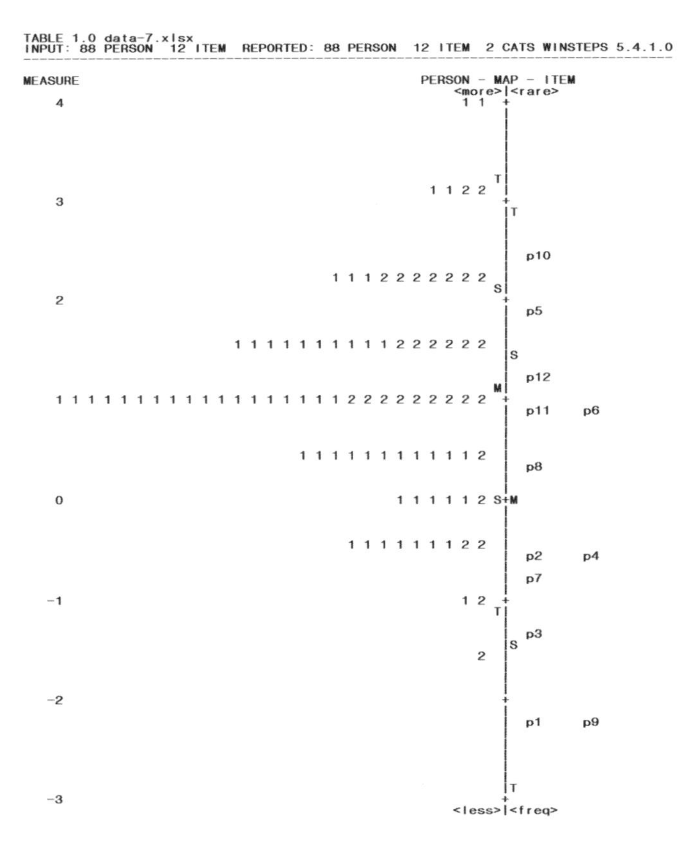

〈그림 9-3〉 피험자 능력과 문항 난이도 분포도

동일한 수직 로짓(logits) 척도에 왼쪽은 피험자의 능력 분포를 나타내고, 오른쪽은 문항의 난이도 분포를 나타낸다. 따라서 피험자 능력과 문항 난이도 분포도라고 명명할 수 있다. 이 분포도의 핵심은 하나의 로짓 척도에서 두 분포에 위치를 상세하게 비교할 수 있다는 것이다. M은 로짓 척도의 평균이고, S는 M±(1×표준편차)를 나타내고, T는 M±(2×표준편차)를 나타낸다. 하나의 수직 척도에 왼쪽(피험자 능력)과 오른쪽(문항 난이도)의 M, S, T에 위치로 일치 정도를 파악할 수 있다. 즉 수직 로짓 척도 중심으로 왼쪽과 오른쪽에 M, S, T에 위치와 간격이 동일할수록 12문항이 88명의 피험자 능력을 측정하는데 문제가 없다고 할 수 있다.

그런데 **<그림 9-3>**을 살펴보면 피험자 능력과 문항 난이도의 M, S, T에 위치와 간격이 일치하지 않는 것을 볼 수 있다. 구체적으로 피험자 능력을 대표하는 평균값(왼쪽 M)이 문항 난이도를 대표하는 평균값(오른쪽 M)보다 더 높은 것을 볼 수 있다. 반면 피험자 능력의 분산도를 나타내는 값(왼쪽 S, T)의 간격은 문항 난이도의 분산도를 나타내는 값(오른쪽 S, T)의 간격보다 작은 것을 볼 수 있다.

이렇게 두 분포가 일치하지 않는 정도를 숫자로 표현할 수 있는 값이 바로 피험자 분리지수와 신뢰도 지수다. 피험자 분리지수(0.80)와 신뢰도 지수(0.39)가 허용 기준보다 매우 낮게 나타났다. 따라서 88명의 능력을 12문항이 측정하는데 문제가 있다고 할 수 있다. 이 문제를 해결하기 위해서는 88명에 대한 교육에 문제점이 무엇인지, 그리고 출제된 문항은 적합한지를 검토할 필요가 있다.

9-2) 문항 난이도와 적합도 분석

<그림 9-3>과 피험자 분리지수를 통해서 피험자의 능력 수준을 12문항이 유의하게 측정하는데는 문제가 있는 것을 알 수 있다. 그렇다면 구체적으로 각 문항의 난이도와 적합도를 분석해 볼 필요가 있다. **<그림 9-2>**에서 [Output Tables]를 클릭하고, [13. ITEM: measure]를 클릭하면 문항의 난이도 변인을 기준으로 내림차순으로 정렬된 메모장 결과가 나타난다(첨부된 자료: item-difficulty-4). 논문을 작성하는데 필요한 부분은 **<그림 9-4>**와 같다.

TABLE 13.1 data-7.xlsx
INPUT: 88 PERSON 12 ITEM REPORTED: 88 PERSON 12 ITEM 2 CATS WINSTEPS 5.4.1.0

PERSON: REAL SEP.: .80 REL.: .39 ... ITEM: REAL SEP.: 4.43 REL.: .95

ITEM STATISTICS: MEASURE ORDER

ENTRY NUMBER	TOTAL SCORE	TOTAL COUNT	JMLE MEASURE	MODEL S.E.	INFIT MNSQ	INFIT ZSTD	OUTFIT MNSQ	OUTFIT ZSTD	PTMEASUR-AL CORR.	PTMEASUR-AL EXP.	EXACT MATCH OBS%	EXACT MATCH EXP%	ITEM
10	22	88	2.39	.27	1.04	.29	.95	-.14	.41	.42	76.7	78.4	p10
5	29	88	1.91	.25	1.05	.46	.95	-.23	.41	.43	68.6	73.0	p5
12	40	88	1.26	.24	1.10	1.18	1.32	2.36	.31	.43	67.4	67.2	p12
6	47	88	.87	.24	1.03	.43	1.12	1.01	.38	.42	66.3	66.6	p6
11	47	88	.87	.24	.99	-.11	.93	-.52	.44	.42	61.6	66.6	p11
8	56	88	.36	.24	1.03	.32	1.02	.18	.38	.40	69.8	70.4	p8
2	69	88	-.51	.28	.84	-1.03	.68	-1.33	.49	.35	81.4	79.0	p2
4	70	88	-.59	.29	.88	-.76	.70	-1.17	.46	.34	82.6	80.0	p4
7	72	88	-.76	.30	1.06	.40	1.13	.52	.27	.33	82.6	82.1	p7
3	78	88	-1.38	.35	1.00	.09	.75	-.51	.31	.28	87.2	88.4	p3
1	83	88	-2.21	.48	.85	-.27	.38	-1.06	.37	.21	94.2	94.2	p1
9	83	88	-2.21	.48	1.11	.41	1.74	1.15	.07	.21	94.2	94.2	p9
MEAN	58.0	88.0	.00	.30	1.00	.12	.97	.02			77.7	78.3	
P.SD	20.0	.0	1.46	.08	.09	.57	.33	1.04			10.5	9.6	

<그림 9-4> 문항 난이도와 적합도 분석

ENTRY NUMBER는 문항 번호이다. 문항 난이도가 높은 순서로 정렬한 표이기 때문에 문항 10번이 난이도가 가장 높고, 문항 9번과 문항 1번이 난이도가 가장 낮은 것을 알 수 있다. 난이도는 TOTAL SCORE와 TOTAL COUNT로도 쉽게 해석할 수 있다. 즉 TOTAL COUNT는 각 문항에 응답한 학생(피험자) 수를 나타내고, TOTAL SCORE는 정답한 학생 수를 나타낸다. TOTAL COUNT를 보면 모든 문항에 피험자 88명이 모두 응답한 것을 알 수 있다. 또한 TOTAL SCORE를 보면 문항 10번이 정답한 학생수(22명)가 가장 적고, 문항 9번과 문항 1번이 정답한 학생수(83명)가 가장 많은 것을 볼 수 있다. 따라서 문항 10번이 난이도가 가장 높고, 문항 9번과 문항 1번이 난이도가 가장 낮은 것을 알 수 있다.

문항 난이도를 로짓값으로 계산한 것이 바로 JMLE MEASURE이다. 문항 10번에 난이도가 가장 높게 나타났고, 문항 9번과 문항 1번의 난이도가 가장 낮게 나타난 것을 확인할 수 있다.

문항의 적합도를 판단하는 INFIT (MNSQ) 지수와 OUTFIT (MNSQ) 지수에 기준은 다양하지만 앞서 소개한 **<표 4-3>**(167쪽)을 참고하여 인지능력 검사에서 적용할 기준을 결정할 수 있다. 이 검사는 체육교사가 임의적으로 출제한 농구 지식 검사 문항이기 때문에 1.30을 초과하면 부적합한 문항, 0.70 미만이면 과적합한 문항이라고 할 수 있다. 인지능력검사에서 INFIT 지수와 OUTFIT 지수를 해석하는 방법은 심리검사와 동일하다.

INFIT 지수 또는 OUTFIT 지수가 연구자가 결정한 1.30을 초과하면 부적합한 문항이다. 높은 능력을 가진 피험자가 많이 틀리고, 낮은 능력을 가진 피험자가 많이 맞추는 기이한 문항이라고 할 수 있다. 따라서 1.30을 초과하는 문항은 삭제하는 것이 적합하다. 반면, 0.70 미만인 과적합한 문항은 높은 능력을 가진 피험자가 많이 맞추고, 낮은 능력을 가진 피험자가 많이 틀리는 당연한 문항이라고 할 수 있다. 따라서 문항이 너무 많은 상황이 아니라면 과적합한 문항을 삭제할 필요가 없다. 결과를 살펴보면, 12번 문항과 9번 문항의 OUTFIT 지수가 1.30을 초과한 것을 볼 수 있다. 두 문항은 부적합한 문항인 것을 알 수 있다.

앞서 심리측정척도 문항의 적합도를 분석한 **〈그림 4-8〉**(163쪽)과 인지능력검사 문항의 적합도를 분석한 **〈그림 9-4〉**를 비교해 보면 논문에 필요한 부분이 조금 다르다. 심리측정척도에서는 문항의 곤란도(난이도)보다 문항의 적합도에 더 중점을 두는 분석이기 때문이다. 따라서 심리측정척도 문항에 적합도를 판단하는데 있어서는 점이연 상관계수의 기준도 0.30으로 설정되어 사용되고 있다. 그러나 인지능력검사에서 점이연 상관계수에 기준은 명확하지 않다. 따라서 인지능력검사에서는 **〈그림 9-4〉**에 표시한 부분으로 문항의 난이도와 적합도를 분석하는 것으로 충분하다.

9-3) 피험자 능력과 적합도 분석

인지능력검사에서는 정답이 있기 때문에 피험자의 능력을 평가하는 것도 매우 중요하다. **〈그림 9-2〉**(377쪽)에서 [Output Tables]를 클릭하고, [17. PERSON: measure]를 클릭하면 피험자 능력 변인을 기준으로 내림차순으로 정렬된 메모장 결과가 나타난다(첨부된 자료: person-ability-4). 논문을 작성하는데 필요한 부분은 다음 **〈그림 9-5〉**와 같다.

TABLE 17.1 data-7.xlsx
INPUT: 88 PERSON 12 ITEM REPORTED: 88 PERSON 12 ITEM 2 CATS WINSTEPS 5.4.1.0

PERSON: REAL SEP.: .80 REL.: .39 ... ITEM: REAL SEP.: 4.43 REL.: .95

PERSON STATISTICS: MEASURE ORDER

ENTRY NUMBER	TOTAL SCORE	TOTAL COUNT	JMLE MEASURE	MODEL S.E.	INFIT MNSQ	INFIT ZSTD	OUTFIT MNSQ	OUTFIT ZSTD	PTMEASUR-AL CORR.	PTMEASUR-AL EXP.	EXACT MATCH OBS%	EXACT MATCH EXP%	PERSON
35	12	12	4.52	1.88	MAXIMUM MEASURE				.00	.00	100.0	100.0	1
40	12	12	4.52	1.88	MAXIMUM MEASURE				.00	.00	100.0	100.0	1
34	11	12	3.15	1.11	.68	-.22	.24	-.32	.50	.30	91.7	91.6	1
38	11	12	3.15	1.11	.68	-.22	.24	-.32	.50	.30	91.7	91.6	1
52	11	12	3.15	1.11	1.24	.54	.91	.41	.18	.30	91.7	91.6	2
82	11	12	3.15	1.11	1.24	.54	.91	.41	.18	.30	91.7	91.6	2
5	10	12	2.22	.86	1.10	.37	1.88	.97	.25	.41	91.7	84.0	1
22	10	12	2.22	.86	.55	-1.02	.29	-.32	.66	.41	91.7	84.0	2
30	10	12	2.22	.86	1.55	1.17	7.43	2.60	-.15	.41	75.0	84.0	2
32	10	12	2.22	.86	1.15	.47	.84	.32	.35	.41	75.0	84.0	1
44	10	12	2.22	.86	1.48	1.05	1.09	.51	.19	.41	75.0	84.0	1
53	10	12	2.22	.86	1.05	.26	.62	.11	.43	.41	75.0	84.0	2
55	10	12	2.22	.86	1.05	.26	.62	.11	.43	.41	75.0	84.0	2
56	10	12	2.22	.86	.94	.03	.51	-.02	.49	.41	75.0	84.0	2
60	10	12	2.22	.86	.55	-1.02	.29	-.32	.66	.41	91.7	84.0	2
62	10	12	2.22	.86	.55	-1.02	.29	-.32	.66	.41	91.7	84.0	2
10	9	12	1.56	.77	.84	-.34	.54	-.29	.60	.48	75.0	79.7	1
11	9	12	1.56	.77	1.07	.30	.74	.00	.48	.48	75.0	79.7	1
12	9	12	1.56	.77	.84	-.34	.54	-.29	.60	.48	75.0	79.7	1
16	9	12	1.56	.77	.54	-1.38	.35	-.64	.74	.48	91.7	79.7	1
17	9	12	1.56	.77	.54	-1.38	.35	-.64	.74	.48	91.7	79.7	1
23	9	12	1.56	.77	1.13	.45	1.25	.56	.38	.48	75.0	79.7	2
25	9	12	1.56	.77	.54	-1.38	.35	-.64	.74	.48	91.7	79.7	2
	⋮			⋮					⋮				⋮
37	5	12	-.49	.71	1.20	.67	1.31	.70	.43	.56	75.0	75.1	1
58	5	12	-.49	.71	1.07	.32	1.01	.21	.52	.56	75.0	75.1	2
64	5	12	-.49	.71	.50	-1.68	.39	-1.30	.83	.56	91.7	75.1	1
70	5	12	-.49	.71	.89	-.23	.76	-.31	.63	.56	75.0	75.1	1
80	5	12	-.49	.71	1.88	2.16	1.79	1.37	.10	.56	41.7	75.1	1
85	5	12	-.49	.71	.52	-1.59	.41	-1.25	.82	.56	91.7	75.1	2
49	4	12	-1.00	.73	.77	-.58	.64	-.37	.66	.53	91.7	77.2	1
61	4	12	-1.00	.73	1.05	.27	1.24	.55	.47	.53	75.0	77.2	2
88	3	12	-1.56	.77	1.20	.63	1.83	1.04	.31	.49	75.0	80.2	2
MEAN	7.9	12.0	1.06	.79	1.00	.01	.97	.06			77.7	78.3	
P.SD	1.8	.0	1.10	.19	.37	1.03	.91	.83			12.9	4.0	

〈그림 9-5〉 피험자 능력과 적합도 분석 (피험자 능력 내림차순 정렬)

ENTRY NUMBER는 피험자(학생) 번호이다. 피험자 능력이 높은 순서로 정렬한 표이기 때문에 35번 학생과 40번 학생이 가장 높은 점수를 받았고, 88번 학생이 가장 낮은 점수를 받은 것을 알 수 있다. TOTAL SCORE와 TOTAL COUNT로도 쉽게 확인할 수 있다. 즉 35번 학생과 40번 학생은 총 12문항에서 12점을 획득하였고, 88번 학생은 총 12문항에서 3점을 획득한 것을 알 수 있다.

피험자의 능력을 로짓값으로 계산한 것이 JMLE MEASURE이다. 따라서 35번 학생과 40번 학생에 능력이 가장 높고, 88번 학생의 능력이 가장 낮은 것을 확인할 수 있다. 그런데 여기서 중요한 것은 맞춘 문항 수가 같다고 해서 무조건 동일한 능력을 가졌다고 할 수는 없다. 즉 JMLE MEASURE이 같다고 해서 완전히 같은 능력을 가지고 있다고는 할 수 없다. 예를 들어 두 문항을 틀려서 동일하게 10점을 받은 5번 학생과 22번 학생을 비교해 보자.

구체적으로 5번 학생과 22번 학생에 실제 자료(data-7)를 살펴보면 서로 틀린 문항이 동일하지 않다. 5번 학생은 문항 7번과 문항 10번을 틀렸고, 22번 학생은 문항 5번과 문항 10번을 틀렸다. 그럼에도 불구하고 두 학생의 JMLE MEASURE(능력) 값은 동일하게 나타났다.

그 이유는 JMLE MEASURE는 TOTAL SCORE와 TOTAL COUNT를 근거로 계산된 로짓값이기 때문이다. 즉 문항 수와 정답 수에 의해 계산되어지는 것이지 어떤 문항을 맞추고 틀렸는지는 고려되지 않는다. 따라서 5번 학생과 10번 학생에 추정된 능력은 같다고 할 수 있지만, 실제 능력이 같다고 할 수는 없다.

그렇다면, 실제 능력을 어떻게 평가해야 할까? 첫째, 두 학생이 틀린 문항에 난이도를 고려해야 한다. 앞서 소개한 **<그림 9-4>**를 보면, 두 학생이 다르게 틀린 문항 5번의 난이도는 1.91이고, 문항 7번 난이도는 −0.76인 것을 알 수 있다. 즉 문항 5번이 문항 7번보다 어려운 문항이라고 할 수 있다. 그렇다면 상대적으로 어려운 문항 5번을 틀린 22번 학생이 상대적으로 쉬운 문항 7번을 틀린 5번 학생보다 더 높은 능력이라고 평가할 수 있다.

둘째, 피험자 능력의 적합도를 판단하는 INFIT 지수와 OUTFIT 지수를 비교해 볼 수 있다. 다음 **<그림 9-6>**은 **<그림 9-5>**와 같은 결과다. 다만 [6. PERSON (row): fit order]를 클릭하여 적합도 변인을 기준으로 내림차순으로 정렬된 메모장 결과다(첨부된 자료: person-fit-4).

```
TABLE 6.1 data-7.xlsx
INPUT: 88 PERSON  12 ITEM  REPORTED: 88 PERSON  12 ITEM  2 CATS WINSTEPS 5.4.1.0
--------------------------------------------------------------------------------
PERSON: REAL SEP.: .80  REL.: .39 ... ITEM: REAL SEP.: 4.43  REL.: .95

        PERSON STATISTICS:  MISFIT ORDER
```

ENTRY NUMBER	TOTAL SCORE	TOTAL COUNT	JMLE MEASURE	MODEL S.E.	INFIT MNSQ	INFIT ZSTD	OUTFIT MNSQ	OUTFIT ZSTD	PTMEASUR-AL CORR.	PTMEASUR-AL EXP.	EXACT MATCH OBS%	EXACT MATCH EXP%	PERSON
30	10	12	2.22	.86	1.55	1.17	7.43	2.60	A -.15	.41	75.0	84.0	2
31	8	12	1.01	.73	1.94	2.27	3.42	2.44	B -.10	.53	58.3	76.2	2
3	7	12	.50	.71	1.97	2.35	2.82	2.45	C -.06	.55	50.0	75.6	1
79	7	12	.50	.71	1.69	1.81	2.35	1.99	D .12	.55	50.0	75.6	1
39	8	12	1.01	.73	1.71	1.83	2.05	1.40	E .10	.53	58.3	76.2	1
5	10	12	2.22	.86	1.10	.37	1.88	.97	F .25	.41	91.7	84.0	1
80	5	12	-.49	.71	1.88	2.16	1.79	1.37	G .10	.56	41.7	75.1	1
86	8	12	1.01	.73	1.61	1.61	1.87	1.24	H .17	.53	58.3	76.2	2
88	3	12	-1.56	.77	1.20	.63	1.83	1.04	I .31	.49	75.0	80.2	2
⋮				⋮				⋮			⋮		
83	9	12	1.56	.77	.65	-.96	.43	-.49	r .68	.48	91.7	79.7	2
59	6	12	.01	.70	.62	-1.17	.50	-1.10	q .78	.56	83.3	76.0	2
22	10	12	2.22	.86	.55	-1.02	.29	-.32	p .66	.41	91.7	84.0	2
60	10	12	2.22	.86	.55	-1.02	.29	-.32	o .66	.41	91.7	84.0	2
62	10	12	2.22	.86	.55	-1.02	.29	-.32	n .66	.41	91.7	84.0	2
4	8	12	1.01	.73	.54	-1.51	.39	-.93	m .78	.53	91.7	76.2	1
15	8	12	1.01	.73	.54	-1.51	.39	-.93	l .78	.53	91.7	76.2	1
16	9	12	1.56	.77	.54	-1.38	.35	-.64	k .74	.48	91.7	79.7	1
17	9	12	1.56	.77	.54	-1.38	.35	-.64	j .74	.48	91.7	79.7	1
24	8	12	1.01	.73	.54	-1.51	.39	-.93	i .78	.53	91.7	76.2	2
25	9	12	1.56	.77	.54	-1.38	.35	-.64	h .74	.48	91.7	79.7	2
42	8	12	1.01	.73	.54	-1.51	.39	-.93	g .78	.53	91.7	76.2	1
46	8	12	1.01	.73	.54	-1.51	.39	-.93	f .78	.53	91.7	76.2	1
73	8	12	1.01	.73	.54	-1.51	.39	-.93	e .78	.53	91.7	76.2	1
85	5	12	-.49	.71	.52	-1.59	.41	-1.25	d .82	.56	91.7	75.1	2
64	5	12	-.49	.71	.50	-1.68	.39	-1.30	c .83	.56	91.7	75.1	1
7	7	12	.50	.71	.46	-1.93	.36	-1.38	b .85	.55	100.0	75.6	1
13	6	12	.01	.70	.41	-2.13	.35	-1.64	a .88	.56	100.0	76.0	1
MEAN	7.9	12.0	1.06	.79	1.00	.01	.97	.06			77.7	78.3	
P.SD	1.8	.0	1.10	.19	.37	1.03	.91	.83			12.9	4.0	

〈그림 9-6〉 피험자 능력과 적합도 분석 (적합도 내림차순 정렬)

5번 학생의 내 · 외적합도 지수가 모두 22번 학생에 비해 부적합한 것을 알 수 있다. 즉 상대적으로 5번 학생이 22번 학생에 비해 비차원적인 응답을 하는 부적합한 피험자라고 평가할 수 있고, 22번 학생은 자기가 확신하는 문항에만 신중히 응답을 하는 과적합한 피험자라고 평가할 수 있다. 따라서 5번 학생과 22번 학생의 추정된 능력은 같지만, 실제 능력은 22번 학생이 5번 학생에 비해 상대적으로 더 우수하다고 평가할 수 있다.

9-4) 일차원성 검증과 지역독립성 검증

인지능력검사에서도 일차원성 검증과 지역독립성 검증이 요구된다. 여기서 일차원성 검증에 의미는 12문항이 동일한 능력(농구 지식)을 측정하는가를 검증하는 것이다. 그리고 지역독립성 검증에 의미는 한 문항에 정답이 다른 문항 정답에 영향을 주지 않는가를 검증하는 것이다. **<그림 9-2>**(377쪽)에서 [Output Tables]를 클릭하고, [23. ITEM: dimensionality]를 클릭하면 문항의 차원성과 지역독립성 결과가 나타난다(첨부된 자료: dimensionality and independence-4). 논문을 작성하는데 필요한 부분은 다음 **<그림 9-7>**과 같다.

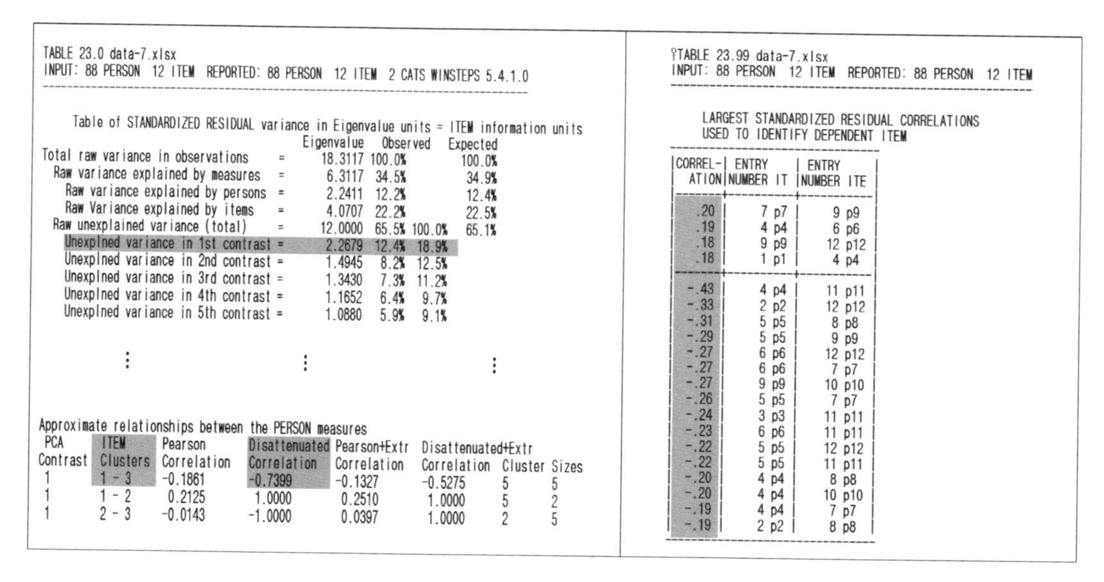

```
TABLE 23.0 data-7.xlsx
INPUT: 88 PERSON  12 ITEM  REPORTED: 88 PERSON  12 ITEM  2 CATS WINSTEPS 5.4.1.0
--------------------------------------------------------------------------------

    Table of STANDARDIZED RESIDUAL variance in Eigenvalue units = ITEM information units
                                          Eigenvalue   Observed   Expected
Total raw variance in observations     =    18.3117 100.0%          100.0%
  Raw variance explained by measures   =     6.3117  34.5%           34.9%
    Raw variance explained by persons  =     2.2411  12.2%           12.4%
    Raw Variance explained by items    =     4.0707  22.2%           22.5%
  Raw unexplained variance (total)     =    12.0000  65.5% 100.0%    65.1%
    Unexplned variance in 1st contrast =     2.2679  12.4%  18.9%
    Unexplned variance in 2nd contrast =     1.4945   8.2%  12.5%
    Unexplned variance in 3rd contrast =     1.3430   7.3%  11.2%
    Unexplned variance in 4th contrast =     1.1652   6.4%   9.7%
    Unexplned variance in 5th contrast =     1.0880   5.9%   9.1%

        ⋮                    ⋮                    ⋮

Approximate relationships between the PERSON measures
 PCA      ITEM     Pearson      Disattenuated Pearson+Extr  Disattenuated+Extr
Contrast  Clusters Correlation  Correlation   Correlation   Correlation   Cluster Sizes
 1        1 - 3    -0.1861      -0.7399       -0.1327       -0.5275       5     5
 1        1 - 2     0.2125       1.0000        0.2510        1.0000       5     2
 1        2 - 3    -0.0143      -1.0000        0.0397        1.0000       2     5
```

```
TABLE 23.99 data-7.xlsx
INPUT: 88 PERSON  12 ITEM  REPORTED: 88 PERSON  12 ITEM
--------------------------------------------------------

    LARGEST STANDARDIZED RESIDUAL CORRELATIONS
    USED TO IDENTIFY DEPENDENT ITEM
-----------------------------------
|CORREL-| ENTRY      | ENTRY      |
|  ATION|NUMBER IT   |NUMBER ITE  |
|-------+------------+------------|
|   .20 |      7 p7  |     9 p9   |
|   .19 |      4 p4  |     6 p6   |
|   .18 |      9 p9  |    12 p12  |
|   .18 |      1 p1  |     4 p4   |
|-------+------------+------------|
|  -.43 |      4 p4  |    11 p11  |
|  -.33 |      2 p2  |    12 p12  |
|  -.31 |      5 p5  |     8 p8   |
|  -.29 |      5 p5  |     9 p9   |
|  -.27 |      6 p6  |    12 p12  |
|  -.27 |      6 p6  |     7 p7   |
|  -.27 |      9 p9  |    10 p10  |
|  -.26 |      5 p5  |     7 p7   |
|  -.24 |      3 p3  |    11 p11  |
|  -.23 |      6 p6  |    11 p11  |
|  -.22 |      5 p5  |    12 p12  |
|  -.22 |      5 p5  |    11 p11  |
|  -.20 |      4 p4  |     8 p8   |
|  -.20 |      4 p4  |    10 p10  |
|  -.19 |      4 p4  |     7 p7   |
|  -.19 |      2 p2  |     8 p8   |
-----------------------------------
```

<그림 9-7> 문항의 차원성과 지역독립성 검증

왼쪽 그림은 문항의 차원성을 검증하기 위한 1요인에 대조하여 설명되지 않는 분산(unexplained variance in 1st contrast) 결과와 강화된 상관(Disattenuated correlation)계수 결과다. 그리고 오른쪽 그림은 문항의 지역독립성을 검증하기 위한 최대 표준화 잔차 상관계수(largest standardized residual correlations)결과다.

1요인에 대조하여 설명되지 않는 분산이 3.0 미만이면 일차원성을 충족시킨다고 할 수 있다. 또한 군집 1(Cluster 1)과 군집 3(Cluster 3)의 강화된 상관계수가 0.70 이상이면 일차원성을 충족시킨다고 할 수 있다. 결과를 살펴보면, 1요인의 대조하여 설명되지 않는 분산이 2.2679

로 나타났다. 일차원성을 충족한다고 할 수 있다. 그러나 군집 1과 군집 3의 강화된 상관계수는 −0.7399로 나타났다. 이처럼 강화된 상관계수가 음수로 나타나면 일차원성 충족을 지지할 수 없고, 문항내용과 자료에 문제가 있는 것을 의미한다.

지역독립성 검증의 기준은 문항들 간의 최대 표준화 잔차 상관계수의 절대값이 0.30 미만이면 확실히 지역독립성을 충족시킨다고 할 수 있다. 그리고 인지능력검사에서는 절대값이 0.70 미만이어도 지역독립성을 충족시킨다고 할 수 있다. 따라서 0.70 미만을 지역독립성 기준으로 설정하고 결과를 살펴보면, 제시된 문항들 간의 상관계수의 절대값은 모두 0.70 미만인 것을 알 수 있다. 여기서 전체 12문항들 간의 상관계수가 모두 다 상세하게 제시되지 않는 이유는 중복되는 상관관계를 제거한 후 유의한 상관관계만 제시되는 것이기 때문이다. 따라서 TABLE 23.99 결과로 전체 12문항의 지역독립성은 충족된다고 할 수 있다.

정리하면, 12문항에 추정된 일차원성은 충족된다고 할 수 있다. 다만 군집 1과 군집 3의 강화된 상관계수가 음수로 나타난 것은 문항내용 또는 피험자 응답에 문제점이 있다는 것을 의미한다. 그리고 문항 간 지역독립성은 충족된다고 할 수 있다. 즉 한 문항에 정답이 다른 문항을 정답하는데 큰 영향을 주지 않는다는 것을 의미한다.

9-5) 성별에 따른 차별기능문항 검증

남녀 모두 응시하는 인지능력검사에서 성별에 따른 차별기능문항 추출은 중요하다. 동일한 능력을 가지고 있음에도 불구하고 남자 또는 여자라는 이유로 정답에 영향을 주는 문항은 부적절하다. 즉 남녀 모두에게 동일하게 기능하지 못하는 차별기능문항을 추출하고 누구에게 공평하지 못한 문항인지를 검증할 필요가 있다. **〈그림 9-2〉**(377쪽)에서 [Output Tables]를 클릭하고, [30. ITEM: DIF, between/within]을 클릭하면 작은 창이 나타난다. 그러면 @GENDER를 선택하고 [OK]를 클릭하면 결과가 나타난다(첨부된 자료: DIF-gender-4). 논문 결과를 작성하는데 필요한 부분은 다음 **〈그림 9-8〉**과 같다.

```
TABLE 30.1 data-7.xlsx
INPUT: 88 PERSON  12 ITEM  REPORTED: 88 PERSON  12 ITEM  2 CATS WINSTEPS 5.4.1.0
-------------------------------------------------------------------------------

DIF class/group specification is: DIF= @GENDER
```

PERSON CLASS/	Obs-Exp Average	DIF MEASURE	DIF S.E.	PERSON CLASS/	Obs-Exp Average	DIF MEASURE	DIF S.E.	DIF CONTRAST	JOINT S.E.	Rasch-Welch t	d.f.	Prob.	Mantel-Haenszel Chi-squ	Prob.	Size CUMLOR	Active Slices	ITEM Number	Name
1	.01	-2.35	.60	2	-.01	-1.95	.78	-.40	.99	-.40	62	.6896	.2105	.6464	-.36	8	1	p1
1	.01	-.54	.34	2	-.01	-.45	.51	-.10	.61	-.16	54	.8745	.0086	.9260	-.22	8	2	p2
1	.00	-1.38	.42	2	.00	-1.44	.66	.05	.78	.07	52	.9461	.0360	.8496	-.49	8	3	p3
1	.03	-.78	.35	2	-.05	-.20	.48	-.58	.60	-.97	59	.3367	1.2869	.2566	-1.18	8	4	p4
1	.04	1.69	.31	2	-.07	2.31	.43	-.62	.53	-1.16	57	.2491	.0478	.8270	-.28	8	5	p5
1	.10	.41	.29	2	-.18	1.78	.41	-1.37	.50	-2.73	58	.0083	5.7699	.0163	-1.39	8	6	p6
1	-.02	-.66	.34	2	.03	-1.05	.59	.39	.68	.57	48	.5744	.1518	.6968	.46	8	7	p7
1	-.10	.83	.29	2	.19	-1.05	.59	1.87	.66	2.84	43	.0068	7.5523	.0060	1.77	8	8	p8
1	.01	-2.35	.60	2	-.01	-1.95	.78	-.40	.99	-.40	62	.6896	.0056	.9401	-.90	8	9	p9
1	-.04	2.72	.39	2	.08	1.95	.41	.77	.57	1.36	72	.1774	1.2940	.2553	.80	8	10	p10
1	.01	.83	.29	2	-.02	.96	.41	-.13	.50	-.26	57	.7971	.0232	.8790	-.07	8	11	p11
1	-.03	1.42	.30	2	.06	.96	.41	.46	.51	.91	58	.3668	.0389	.8436	.25	8	12	p12
2	-.01	-1.95	.78	1	.01	-2.35	.60	.40	.99	.40	62	.6896	.2105	.6464	.36	8	1	p1
2	-.01	-.45	.51	1	.01	-.54	.34	.10	.61	.16	54	.8745	.0086	.9260	.22	8	2	p2
2	.00	-1.44	.66	1	.00	-1.38	.42	-.05	.78	-.07	52	.9461	.0360	.8496	.49	8	3	p3
2	-.05	-.20	.48	1	.03	-.78	.35	.58	.60	.97	59	.3367	1.2869	.2566	1.18	8	4	p4
2	-.07	2.31	.43	1	.04	1.69	.31	.62	.53	1.16	57	.2491	.0478	.8270	.28	8	5	p5
2	-.18	1.78	.41	1	.10	.41	.29	1.37	.50	2.73	58	.0083	5.7699	.0163	1.39	8	6	p6
2	.03	-1.05	.59	1	-.02	-.66	.34	-.39	.68	-.57	48	.5744	.1518	.6968	-.46	8	7	p7
2	.19	-1.05	.59	1	-.10	.83	.29	-1.87	.66	-2.84	43	.0068	7.5523	.0060	-1.77	8	8	p8
2	-.01	-1.95	.78	1	.01	-2.35	.60	.40	.99	.40	62	.6896	.0056	.9401	.90	8	9	p9
2	.08	1.95	.41	1	-.04	2.72	.39	-.77	.57	-1.36	72	.1774	1.2940	.2553	-.80	8	10	p10
2	-.02	.96	.41	1	.01	.83	.29	.13	.50	.26	57	.7971	.0232	.8790	.07	8	11	p11
2	.06	.96	.41	1	-.03	1.42	.30	-.46	.51	-.91	58	.3668	.0389	.8436	-.25	8	12	p12

〈그림 9-8〉 성별에 따른 차별기능문항 검증

남자 1, 여자 2로 코딩되었기 때문에 왼쪽부터 첫 번째 DIF MEASURE 값이 남학생 차별기능 문항 난이도를 나타내는 로짓값이고, 두 번째 DIF MEASURE 값이 여학생 차별기능 문항 난이도를 나타내는 로짓값이다. 그리고 DIF CONTRAST 값이 첫 번째 DIF MEASURE 값에서 두 번째 DIF MEASURE 값을 뺀 값으로 남녀학생 차별기능 문항 난이도의 차이값이다. 따라서 이 차이값에 절대값이 클수록 남녀에게 동일하게 기능하지 못하는 차별기능문항이라고 할 수 있다.

그리고 남녀 DIF MEASURE 값이 통계적으로 유의한 차이가 있는지, 즉 DIF CONTRAST 값이 유의한지를 검증하는 검정통계량이 표시된 Rasch-Welch t값, Mantel-Haenszel χ^2값, 그리고 Size CUMLOR 값이다. Rasch-Welch t값과 Mantel-Haenszel χ^2값은 유의확률이 제시되기 때문에 일반적으로 유의수준 5%에서 남녀 DIF MEASURE 값이 통계적으로 유의한 차이가 있는지를 판단할 수 있다. 그리고 Size CUMLOR 값은 실제 효과크기로 차별 기준이 제시된다. Size CUMLOR 값의 절대값이 0.43에서 0.63의 경우는 약간에서 보통 차별되는 문항으로 판단할 수 있고, Size CUMLOR 값의 절대값이 0.64 이상일 경우는 보통에서 크게 차별되는 문항으로 판단할 수 있다.

세 가지 기준을 근거로 성별에 따라 통계적으로 유의하게 차별되는 문항은 문항 6번과 문항 8번인 것을 볼 수 있다. 즉 문항 6번과 문항 8번은 Rasch-Welch t값과 Mantel-Haenszel χ^2값에 의한 유의확률이 0.05보다 작게 나타났고, Size CUMLOR 값의 절대값이 0.64 이상으로 나타났다. 통계적으로 유의하게 그리고 실제 크게 차별된다고 할 수 있다. 그렇다면 남자와 여자 중 누구에게 더 유리하게 작동하는 문항인지를 판단해야 한다. 남자와 여자의 DIF MEASURE 값을 보면 알 수 있다. 즉 남자의 차별기능 문항 난이도와 여자의 차별기능 문항 난이도를 비교해서 판단할 수 있다.

문항 6번의 경우 남자 차별기능 문항 난이도는 0.41이고, 여자 차별기능 문항 난이도는 1.78이다. 여자의 차별기능 문항 난이도가 남자의 차별기능 문항 난이도보다 더 높은 문항이다. 즉 여자가 더 어려워하는 문항이다. 따라서 남자에게 유리하게 작동하는 문항, 남자가 더 쉽게 정답을 선택할 수 있게 만들어진 차별기능문항인 것을 알 수 있다.

문항 8번의 경우도 살펴보면 남자 차별기능 문항 난이도는 0.83이고, 여자 차별기능 문항 난이도는 −1.05이다. 문항 6번과는 반대로 남자의 차별기능 문항 난이도가 여자의 차별기능 문항 난이도보다 더 높은 문항이다. 즉 남자가 더 어려워하는 문항이다. 따라서 여자에게 유리하게 작동하는 문항, 여자가 더 쉽게 정답을 선택할 수 있게 만들어진 차별기능문항인 것을 알 수 있다.

[알아두기]
논문 결과 작성과 분석에 대한 자신감

이 장에서는 논문 결과를 작성하는 예시는 제시하지 않았다. 그 이유는 앞서 4장(149쪽)부터 6장(266쪽)까지 논문 결과를 작성하는 예시를 자세하게 소개했기 때문이다. 심리검사에서 응답자 속성과 문항 곤란도가 인지능력검사에서는 피험자 능력과 문항 난이도로 표현될 뿐, 논문 결과표를 만드는 방법과 글 쓰는 방법에는 큰 차이가 없다. 연구자는 자신감을 가지고 논문 결과를 작성하길 바란다.

지금까지 FACETS 프로그램과 WINSTEPS 프로그램 활용 방법과 논문 결과를 작성하는 방법을 소개하였다. 그런데 자주 볼 수 있는 글의 표현, '~연구자의 판단이다.' 또는 '~연구자의 몫이다.'는 양적연구를 경험한 학자들은 이해할 수 있을 것이다.

연구자가 추리통계에서 유의수준을 어떻게 설정했는지, 탐색적 요인분석에서 요인부하량 기준을 어떻게 설정했는지, 그리고 확인적 요인분석에서 모형 적합도 기준을 어떻게 설정했는지에 따라 연구의 최종 결론은 달라진다.

연구자가 응답범주 수 결정 기준을 어떻게 설정했는지, 문항의 적합도 기준을 어떻게 설정했는지, 일차원성과 지역독립성 검증 기준을 어떻게 설정했는지, 그리고 DIF 추출 기준을 어떻게 설정했는지에 따라 연구의 최종 결론은 달라진다.

어떻게 기준을 설정하고 분석하는 것이 적절한지 고민하는 필자에게 77세 John Michael Linacre 교수는 다음과 같은 문장으로 자신감을 주었다.

Remember that you control the analysis. The analysis does not control you.

참고문헌

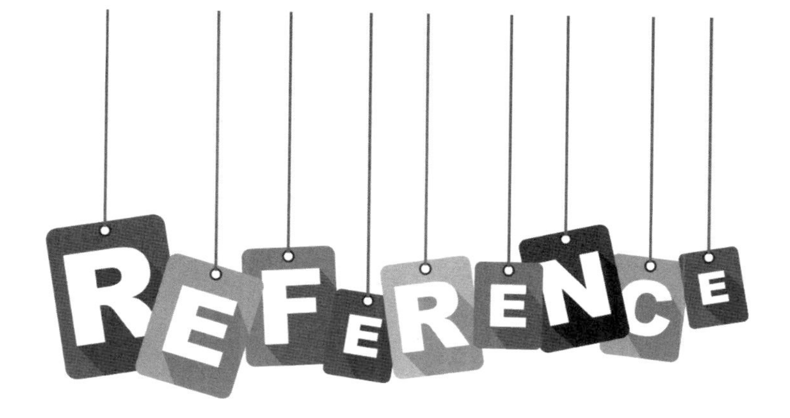

성태제 (2016). 문항반응이론의 이해와 적용. 서울: 교육과학사.

장소영, 신동일 (2009). 언어교육평가 연구를 위한 FACETS 프로그램. 서울: 글로벌콘텐츠.

지은림 (2000). Rasch 모형의 이론과 실제. 서울: 교육과학사.

채선희, 지은림, 백순근, 설현수 (2003). 문항반응이론의 이론과 실제: 외국어 수행평가를 중심으로. 경기: 서현사.

Bond, T. G., & Fox, C. M. (2015). Applying the Rasch model: Fundamental measurement in the human sciences. Psychology Press.

Linacre, J. M. (2023). A User's Guide to FACETS Rasch-Model Computer Programs: Program Manual 3.85.1 by John M. Linacre. winsteps.com/manuals.htm

Linacre, J. M. (2023). A User's Guide to WINSTEPS MINISTEP Rasch-Model Computer Programs: Program Manual 5.4.0 by John M. Linacre. winsteps.com/manuals.htm

도움이 된 워크숍

강상조 (2008). WINSTEPS 프로그램 활용 방법. 한국체육대학교.

강태훈 (2010). 문항반응이론의 응용. 서울대학교.

김아영 (2017). 정의적 척도 개발과 타당도. 이화여자대학교.

김재철 (2017). 검사도구의 제작과 타당화. 한남대학교.

지은림 (2008). FACFORM & FACETS 프로그램 활용 방법. 경희대학교.

홍세희 (2019). 검사개발과 타당화. 고려대학교.

도움이 된 이메일 답변

강민수 (2010). 일차원성 가정과 적합도 지수에 대한 답변.

박찬호 (2012). Rasch 모형 분석과 R 프로그램에 대한 답변.

설현수 (2018). Rasch 평정척도모형과 Rasch 부분점수모형에 대한 답변.

John Michael Linacre (2019). Answered about FACFORM keyword in notepad.

John Michael Linacre (2019). Answered about FACFORM program don't need in Windows.

John Michael Linacre (2019). Answered about construct of FACETS specification in Windows.

John Michael Linacre (2019). Answered about the meaning of '?' in FACETS specification.

John Michael Linacre (2019). Answered about FACETS specification data line error.

John Michael Linacre (2019). Answered about FACETS specification variable number error.

John Michael Linacre (2019). Answered about the Strata index meaning in FACETS.

John Michael Linacre (2019). Answered about meaning of 'Warning (6) There may be 4 disjoint subsets.'

John Michael Linacre (2019). Answered about Non-center= , and Positive= in FACETS specification.

John Michael Linacre (2019). Answered about Vertical= in FACETS specification.

John Michael Linacre (2019). Answered about the R99 and R99K in FACETS specification.

John Michael Linacre (2019). Answered about the Inter-rater= in FACETS specification.

John Michael Linacre (2019). Answered about meaning of 'Inter-rater agreement opportunities.'

John Michael Linacre (2019). Answered about the Fair(M) average meaning in Table 7.

John Michael Linacre (2019). Answered about the Fair(M) average range changing formula.

John Michael Linacre (2019). Answered about skewed leniency distribution.

John Michael Linacre (2019). Answered about unobserved intermediate categories in Table 8.1.

John Michael Linacre (2019). Answered about meaning of model, fixed, random, and RMSE.

John Michael Linacre (2019). Answered about same of DIF and item Bias.

John Michael Linacre (2019). Answered about the null hypothesis for bias-size t-test.

John Michael Linacre (2019). Answered about bia/interaction results in Table 14.5 and 13.5.

John Michael Linacre (2019). Answered about Rasch-Welch t-test and DIF contrast.

John Michael Linacre (2019). Answered about general method of making FACETS specification.

John Michael Linacre (2019). Answered about making dummy variable in FACETS specification.

John Michael Linacre (2019). Answered about method of using FACETS version 3.81.2.

John Michael Linacre (2019). Answered about method of using WINSTEPS version 4.4.4.

John Michael Linacre (2019). Answered about making Rasch PCM in FACETS specification.
John Michael Linacre (2019). Answered about making same results of FACETS and WINSTEPS.
John Michael Linacre (2019). Answered about difference of FACETS and WINSTEPS.
John Michael Linacre (2019). Answered about sample size stability in Many-facet Rasch model.
John Michael Linacre (2019). Answered about method of using WINSTEPS version 4.4.5.
John Michael Linacre (2019). Answered about method of writing paper using WINSTEPS.
John Michael Linacre (2020). Answered about SPSS data starting error in WINSTEPS version 4.5.2.
John Michael Linacre (2020). Answered about solution of SPSS data starting error in WINSTEPS.
John Michael Linacre (2020). Answered about method of using WINSTEPS version 4.5.2.
John Michael Linacre (2020). Answered about meaning of facets and variables in WINSTEPS.
John Michael Linacre (2020). Answered about advantage of FACETS and WINSTEPS.
John Michael Linacre (2020). Answered about Separation = square-root(reliability/(1-reliability)).
John Michael Linacre (2020). Answered about meaning of separation index and items-persons map.
John Michael Linacre (2020). Answered about half-point thresholds scores in items-persons map.
John Michael Linacre (2020). Answered about item separation index and person separation index.
John Michael Linacre (2020). Answered about criterion about item & person separation index.
John Michael Linacre (2020). Answered about SIZE CUMLOR index in DIF result.
John Michael Linacre (2020). Answered about Mantel-Haenszel DIF result.
John Michael Linacre (2020). Answered about calculating method of SIZE CUMLOR in FACETS.
John Michael Linacre (2020). Answered about the linking design for FACETS program working.
John Michael Linacre (2020). Answered about random assignment of raters to use FACETS.
John Michael Linacre (2020). Answered about difference of Fair Average and Measure in Table 7.2.1.
John Michael Linacre (2020). Answered about unexpected responses in Table 4.1.
John Michael Linacre (2021). Answered about method of using WINSTEPS version 4.8.2.
John Michael Linacre (2021). Answered about setting up the spssio32.dll to fix SPSS problem.
John Michael Linacre (2021). Answered about difference of WINSTEPS software package.
John Michael Linacre (2021). Answered about problem of WINSTEPS version 4.8.2 Korean language.
John Michael Linacre (2021). Answered about control of WINSTEPS version 4.8.2 program.
John Michael Linacre (2021). Answered about performance of WINSTEPS version 4.8.2.
John Michael Linacre (2021). Answered about difference between WINSTEPS 4.0.1 and 4.8.2.
John Michael Linacre (2021). Answered about difference between FACETS 3.80.3 and 3.83.6.
John Michael Linacre (2021). Answered about suggestion of Korean file name.
John Michael Linacre (2021). Answered about the 3-method to analyze dimensionality.
John Michael Linacre (2021). Answered about global fit statistics probability problem.
John Michael Linacre (2022). Answered about infit MNSQ and outfit MNSQ standard setting.
John Michael Linacre (2022). Answered about two-facet and many-facet in WINSTEPS and FACETS.
John Michael Linacre (2022). Answered about non-centered= , and unconstrained= in FACETS.
John Michael Linacre (2022). Answered about different results of FACETS and WINSTEPS.
John Michael Linacre (2022). Answered about meaning of misfit and overfit.

John Michael Linacre (2022). Answered about the logits scale and interval scale, ratio scales.
John Michael Linacre (2022). Answered about zero of separation index and reliability index.
John Michael Linacre (2022). Answered about post-hoc test in FACETS program.
John Michael Linacre (2022). Answered about utilizing student's t-test to post-hoc test in FACETS.
John Michael Linacre (2022). Answered about validity of rating scale and criterion of item information.
John Michael Linacre (2022). Answered about reliability index and Cronbach's Alpha.
John Michael Linacre (2022). Answered about meaning of Spearman reliability in FACETS.
John Michael Linacre (2022). Answered about expectation measure at category –0.5 in FACETS.
John Michael Linacre (2022). Answered about criterion of Andrich Threshold (=step calibration).
John Michael Linacre (2022). Answered about sample size in psychometrics survey paper.
John Michael Linacre (2022). Answered about interpretation of Table 2.2 in WINSTEPS.
John Michael Linacre (2022). Answered about the 'Window gray or fuzzy?'and 'Finish iterating'.
John Michael Linacre (2022). Answered about the 'Edit Initial Settings' in WINSTEPS.
John Michael Linacre (2022). Answered about problem of global fit statistics chi-squared in WINSTEPS.
John Michael Linacre (2022). Answered about problem of R program no launch in WINSTEPS.
John Michael Linacre (2022). Answered about R program launch using WINSTEPS-ZERO.rdata.
John Michael Linacre (2022). Answered about method of R program and WINSTEPS linking.
John Michael Linacre (2022). Answered about easy linking method of R program and WINSTEPS.
John Michael Linacre (2022). Answered about changing global fit statistics in WINSTEPS version 5.2.3.
John Michael Linacre (2022). Answered about ZOU000WS file in WINSTEPS program starting.
John Michael Linacre (2022). Answered about 1.4 logits to verify rating scale category effectiveness.
John Michael Linacre (2022). Answered about Andrich thresholds and category measure.
John Michael Linacre (2022). Answered about EXCEL plots of DIF and DPF.
John Michael Linacre (2022). Answered about wrong name of X-axis and Y-axis on the DIF plot.
John Michael Linacre (2022). Answered about request of the Size CUMLOR graph to verify effect size.
John Michael Linacre (2022). Answered about error of observation average in one EXCEL plot.
John Michael Linacre (2022). Answered about PRCOMP= for item dimensionality.
John Michael Linacre (2022). Answered about LINELENGTH= to fix the items-persons map.
John Michael Linacre (2022). Answered about ISGROUPS= to show the grouped rating scale model.
John Michael Linacre (2022). Answered about character of the Rasch RSM and the Rasch PCM.
John Michael Linacre (2022). Answered about ISELECT= is useful and GPCM is not Rasch model.
John Michael Linacre (2022). Answered about method about using ISELECT= correctly.
John Michael Linacre (2022). Answered about WINSTEPS factor results are controlled by ISELCET=.
John Michael Linacre (2022). Answered about analysis order and Table number in WINSTEPS.
John Michael Linacre (2022). Answered about meaning the PERSON (row) and ITEM (column).
John Michael Linacre (2022). Answered about meaning of PERSON (row) infit and outfit index.
John Michael Linacre (2022). Answered about writing method of item overfit and misfit result.
John Michael Linacre (2022). Answered about writing method of person overfit and misfit result.
John Michael Linacre (2022). Answered about FORMFEED= to remove Table form-feed.

John Michael Linacre (2022). Answered about meaning of A, B, C, D, E, F, G, H in Diagnosis.
John Michael Linacre (2022). Answered about researcher selecting ISGROUP= or ISELECT= logically.
John Michael Linacre (2022). Answered about solution of the error message in WINSTEPS version 5.3.2.
John Michael Linacre (2022). Answered about edit initial settings in WINSTEPS version 5.3.2.
John Michael Linacre (2022). Answered about setting to fix EXCEL plots in WINSTEPS version 5.3.2.
John Michael Linacre (2022). Answered about meaning of DIF, DTF, and DPF.
John Michael Linacre (2022). Answered about joint trend line in DIF scatter plot.
John Michael Linacre (2022). Answered about the 95% confidence interval in DIF scatter plot.
John Michael Linacre (2022). Answered about control of empirical curve summarize.
John Michael Linacre (2022). Answered about empirical variable same to observe variable.
John Michael Linacre (2022). Answered about '50% CUM. PROBABILITY' in Table 3.2.
John Michael Linacre (2022). Answered about method of using WINSTEPS version 5.3.3.
John Michael Linacre (2022). Answered about non-uniform DIF button in WINSTEPS version 5.3.3.
John Michael Linacre (2022). Answered about the 'Empirical bin width' button in graph.
John Michael Linacre (2022). Answered about the 'Absolute x-axis' and 'Relative x-axis'.
John Michael Linacre (2022). Answered about the Test Randomness graph, TCC, and TIF.
John Michael Linacre (2022). Answered about the non-uniform DIF and 'Batch' meaning in WINSTEPS.
John Michael Linacre (2022). Answered about adjust for non-uniform DIF in WINSTEPS.
John Michael Linacre (2022). Answered about the 'plotting problems' button.
John Michael Linacre (2023). Answered about meaning of the standard error in estimating.
John Michael Linacre (2023). Answered about seven types of data available from XFILE= in WINSTEPS.
John Michael Linacre (2023). Answered about the identity line and the trend line in EXCEL plot.
John Michael Linacre (2023). Answered about the 3-cluster in Table 23.1 in WINSTEPS.
John Michael Linacre (2023). Answered about meaning of the STATUS in Table 23.6 in WINSTEPS.
John Michael Linacre (2023). Answered about interpretation of the 3-cluster reliability.
John Michael Linacre (2023). Answered about meaning of the DPF plot item order.
John Michael Linacre (2023). Answered about criterion of disattenuated correlation in WINSTEPS.
John Michael Linacre (2023). Answered about interpretation of the DGF plot in WINSTEPS.
John Michael Linacre (2023). Answered about reporting about the DGF plot and Table 33.3.
John Michael Linacre (2023). Answered about the person incremental measures.
John Michael Linacre (2023). Answered about meaning of the PDELETE= in WINSTEPS.
John Michael Linacre (2023). Answered about problem of the WrightMap plot control to R program plots.
John Michael Linacre (2023). Answered about setting of the 3D R graph color.
John Michael Linacre (2023). Answered about WINSTEPS does not perform the factor analysis.
John Michael Linacre (2023). Answered about the simulated data line in scree plots.
John Michael Linacre (2023). Answered about the 'Control Labels' in WINSTEPS and R program.

찾아보기

[O]

[P]

[R]

[S]

[T]

[U]

[V]

[W]

[Z]